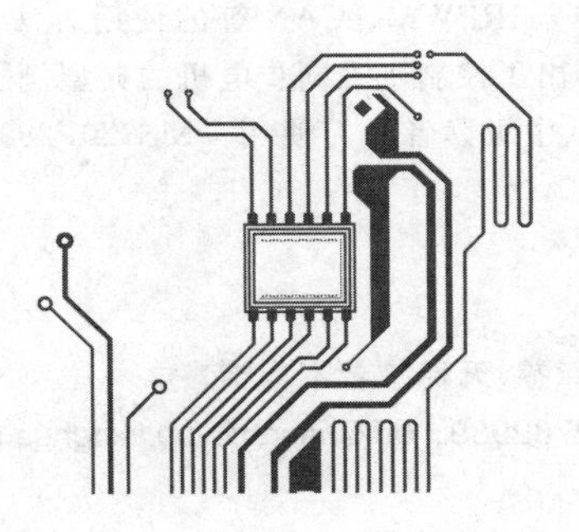

TMS320F28335 DSP原理、开发及应用

◎ 符晓　朱洪顺　编著

清華大学出版社
北京

内容简介

本书介绍了TI公司的TMS320F28335 DSP在工业控制与电机驱动系统中的开发与应用。以CCS 6.x版本为基础，讲述了其编程开发的方法与流程，并描述了编译器与链接器的各种典型选项及其含义。基于TMS320F28335 DSP的众多片上外设，描述了电机控制中常用片上外设与接口，如GPIO、ADC、ePWM、eQEP、eCAP、SCI、SPI、DMA、XINTF、HRPWM、eCAN等的使用方法，并附有具体的例程。最后，描述了电机控制常用算法的具体实现，并给出了控制永磁同步电机的典型例子。

本书可作为DSP开发应用的初、中级读者学习使用TMS320F2833x DSP的教材，也可为其他层次的DSP开发应用人员提供参考。

图书在版编目(CIP)数据

TMS320F28335 DSP原理、开发及应用/符晓，朱洪顺编著.—北京：清华大学出版社，2017(2022.7重印)
(电子设计与嵌入式开发实践丛书)
ISBN 978-7-302-43793-2

Ⅰ.①T… Ⅱ.①符… ②朱… Ⅲ.①数字信号处理 Ⅳ.①TN911.72

中国版本图书馆CIP数据核字(2016)第100215号

责任编辑：刘 星
封面设计：刘 键
责任校对：梁 毅
责任印制：朱雨萌

出版发行：清华大学出版社
网 址：http://www.tup.com.cn，http://www.wqbook.com
地 址：北京清华大学学研大厦A座 **邮 编**：100084
社 总 机：010-83470000 **邮 购**：010-62786544
投稿与读者服务：010-62776969，c-service@tup.tsinghua.edu.cn
质量反馈：010-62772015，zhiliang@tup.tsinghua.edu.cn
课件下载：http://www.tup.com.cn，010-83470236
印 装 者：三河市铭诚印务有限公司
经 销：全国新华书店
开 本：185mm×260mm **印 张**：33.25 **字 数**：810千字
版 次：2017年10月第1版 **印 次**：2022年7月第9次印刷
印 数：10001～11200
定 价：79.00元

产品编号：063914-01

前言

TMS320F28335 属于 TI 公司的 C2000 系列 DSP 的高端系列。它具有强大的数字信号处理功能，集成了大量的外设供控制使用，具有微控制器（MCU）的功能，并兼有 RISC 处理器的代码密度（RISC 的特点是单周期指令执行，寄存器到寄存器操作，以及改进的哈佛结构、循环寻址）和 DSP 的执行速度。除此之外，其开发过程与微控制器的开发过程又比较相似（微控制器的功能包括易用性、直观的指令集、字节包装和拆包、位操作），其处理能力强大，片上外设丰富，在高性能的电机控制领域中得到了广泛的引用。

本书作者在 TI 公司从事 C2000 系列 DSP 开发应用多年，书中集合了作者在开发过程中的一些经验，供广大读者交流、讨论。

本书共 18 章。

第 1～15 章讲述基础知识，首先简要介绍目前用于高性能电机控制开发的 DSP 现状，其次重点描述 TMS320F28335 DSP CPU＋FPU 的架构特点。接着，基于目前最新的 CCStudio 6.x 软件，描述开发、编程的思想与软件的基本使用方法。最后针对 TMS320F28335（书中简称 F28335）DSP 具有众多功能强大的外设的特点，重点分析时钟与中断控制的流程，并描述电机控制中常用的片上外设与接口，如 GPIO、ADC、ePWM、eQEP、eCAP、SCI、SPI、DMA、XINTF 等的使用方法，并附有具体的例程。

第 16～18 章为应用部分，给出了交流调速中常用算法的 DSP 实现方法，并以永磁同步电机为例，描述了完整的矢量控制系统及其 DSP 实现方案，最后描述了如何自己动手打造一个最小系统板。

在本书的编写过程中，参阅了一些优秀的图书和文献资料，在此对这些作品的作者表示感谢。其中对 TI 公司器件手册、用户指南中图表的直接引用已得到 TI 公司的授权。尤其要感谢清华大学出版社工作人员为本书的出版所做的大量工作。

由于时间仓促，书中的疏漏与不当之处在所难免，恳请广大读者批评、指正。

编　者

2017 年 5 月

Foreword

前言

目录

Contents

第1章

电机控制 DSP 简介

说起 DSP，一般代表 Digital Signal Processing，即数字信号处理，或者 Digital Signal Processor，即数字信号处理器，本书主要针对后者进行描述。

在 DSP 出现之前，数字信号处理只能依靠 MPU（微处理器）来完成，但 MPU 较低的处理速度无法满足高速实时的要求。DSP 数字信号处理器的历史最早可以追溯到 1978 年。在这一年，Intel 公司发布了一种“模拟信号处理器”2920 处理器。它包含一组带有一个内部信号处理器的片上 ADC/DAC，但由于它不含硬件乘法器，因此在市场上销售并不成功。1979 年，AMI 发布了 S2811 处理器，它被设计成微处理器的周边装置，必须由主处理器初始化后才能工作。S2811 在市场上也不成功。1979 年，贝尔实验室发表了第一款单芯片 DSP，即 Mac4 型微处理器。1980 年的 IEEE 国际固态电路会议上出现了第一批独立、完整的 DSP，它们是 NEC 的 μPD7720 处理器和 AT&T 的 DSP1 处理器。1983 年，德州仪器（TI）公司生产的第一款 DSP TMS32010 取得了巨大的成功，时至今日 TI 已成为通用 DSP 市场的龙头。

DSP 完成数字信号处理的简单过程如图 1-1 所示。

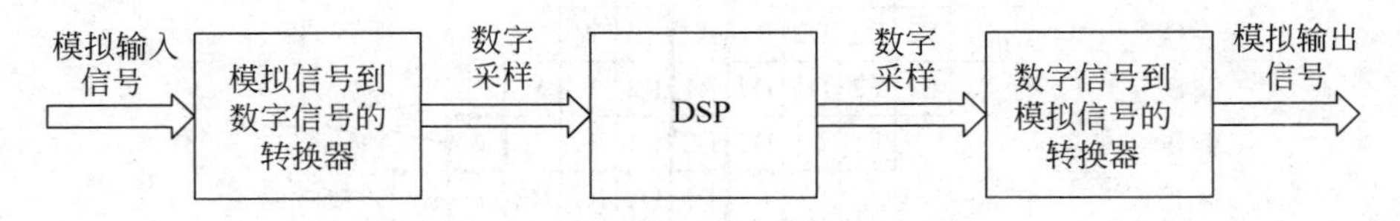

图 1-1　DSP 用于数字信号处理的过程

DSP 所能处理的信号都是数字信号，所以为了接收并处理现实世界中的模拟信号，首先需要把这些模拟信号通过由传感器、滤波器和运算放大器所组成的信号处理电路进行转换和滤波，然后送入模拟/数字转换器（ADC）进行采样和处理，才能转换为 DSP 可以处理的信号。在 DSP 完成算法的执行之后，既可以把数字信号通过数字通信的方式，例如 RS-232、CAN 通信等，送入其他的数字系统，也可以把数字信号通过数字/模拟信号转换器（DAC），转换为模拟信号输出到现实世界中。这里所讲的 DAC 并不一定局限于一个 DAC 转换芯片，而是代表一种转换机制。例如在电机控制系统中，在控制算法计算得到开关器件的占空比之后，通过脉冲宽度调制技术（PWM）来控制变频器，从而达到控制电机中电压的目的。

1.1 DSP芯片的主要特点

区别于传统的CPU和MCU等处理芯片，现代DSP一般包含以下特点。

1. 哈佛结构或者改进的哈佛结构

传统的通用CPU大多采用冯·诺依曼结构，片内的指令空间和数据空间共用存储空间，并使指令和数据共享同一总线，使得信息流的传输成为限制计算性能的瓶颈，影响了数据处理速度的提高。哈佛结构是指程序和数据空间独立的体系结构，目的是为了减轻程序运行时的访存瓶颈，其数据和指令的储存可同时进行，且指令和数据可有不同的数据宽度。改进的哈佛结构增加了公共数据总线，在数据空间、程序空间与CPU之间进行分时复用。举例说明哈佛结构的优势：最常见的卷积运算中，一条指令同时取两个操作数，在流水线处理时，同时还有一个取指操作，如果程序和数据通过一条总线访问，取指和取数必会产生冲突，而这对大运算量循环执行的效率是非常不利的，哈佛结构则能基本上解决取指和取数的冲突问题。

2. 多级流水线技术

典型情况下，完成一条指令需要3个步骤，即取指令、指令译码和执行指令，通常的流程需要数个机器周期才能完成。流水线技术(pipeline)是指在延时较长的组合逻辑(一般是多级组合逻辑)中插入寄存器，将较长的组合逻辑拆分为多个较短的组合逻辑，以提高设计的执行效率。以TI公司F28335系列DSP的8级流水线为例，流水线的处理流程如图1-2所示。如果使用串行方法来实现一系列复杂的指令，从A的F1一直执行到A的W，串行需要8次；而改用流水线之后，执行A的F2的时候，B的F1也同时进行了，相当于进行了“准并行”处理。

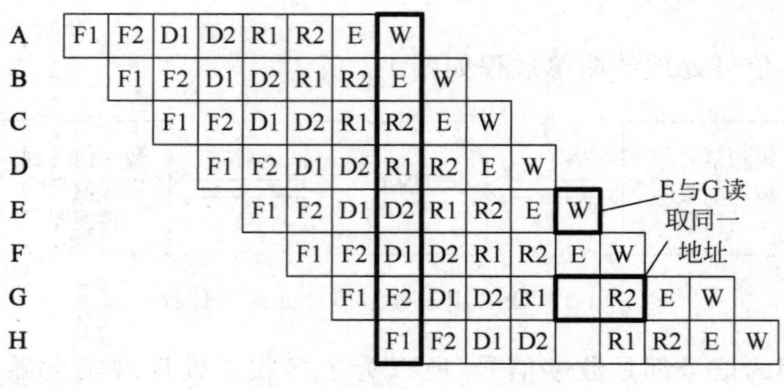

图1-2 TI F28335系列DSP的8级流水线

流水线处理方式之所以能够在很大程度上提高数据流的处理速度，是因为复制了处理模块，它是算法的硬件实现中面积换取速度思想的一种具体体现，即“空间换时间”。

3. 乘积累加(MAC)运算

分析常见的数字信号处理算法,可以发现大量消耗处理器资源的主要是卷积运算、点积运算和矩阵多项式的求值运算等,其中最普遍的操作为乘法和累加操作。在现代DSP中,普遍内置了MAC硬核,可以在一个指令内完成取操作数、相乘并累加的过程,从而极大地提高矩阵运算的效率。

4. 特殊的指令

为了更好地实现数字信号处理的相关算法,DSP一般带有一些特殊指令,例如常见的蝶形运算指令等。在TI公司F28335系列DSP中,带有大量的特殊指令,例如MOVAD指令可以一次完成加载操作数、移位和累加等多个功能。

5. 专门的外设

早期出现的DSP芯片中,片上外设资源并不丰富,需要在片外集成其他专用芯片以扩展功能。随着芯片设计工艺的进步,现在的DSP芯片已经集成了大量的片上外设,极大地简化了系统设计。以TI公司C2000系列DSP为例,一般都集成了片上ADC、PWM、SCI、SPI、CAP、QEP、McBSP等多种常用外设,以满足复杂控制系统的要求。

1.2 常用电机控制芯片

目前的高性能电机控制应用一般都使用了PWM技术。在一个PWM开关周期内,数据采集、状态观测、信号滤波、坐标系变换、调节器控制、PWM产生、通信处理和故障保护等操作对数据处理的实时性要求很高,其数据更新周期一般在几kHz,甚至更高。此外,对于数据精度、片上的外设集成等也有较高的要求。为此,多个芯片厂商都推出了专用的电机控制专业芯片。除了市场占用率较高的TI C2000系列之外,还有ADI公司的Blackfin处理器家族中的BF50x系列、Freescale公司的MC56F800x/56F801x/56F802x/56F803x/56F824x/ MC56F825x系列等。此外,随着技术的进步,带有大量并行逻辑、片上系统并集成大量电机控制IP核的中高端FPGA也逐渐进入电机控制领域,如Xilinx公司的Spartan6、Zynq7000系列FPGA等,当然其性价比目前还无法与DSP相媲美。

1.3 TI公司的DSP介绍

作为DSP领域技术和市场领先的公司之一,TI的DSP产品线非常丰富。从1982年推出TMS320C10至今30多年的时间里,已经发展出了数个系列的近300种DSP产品,主要包括以下多个系列。

1. C2000系列

TI公司C2000系列是支持高性能集成外设的32位微控制器,适用于实时控制应用。其数学优化型内核可为设计人员提供能够提高系统效率、可靠性以及灵活性的方法。C2000系列具有功能强大的集成型外设,是理想的单芯片控制解决方案,可用于电机控制、数字电源、照明及可再生能源等领域。因为C2000系列偏重于工业控制功能,所以该系列一度曾经被称为 DSC(Digital Signal Controller,数字信号控制器)。

2. C5000 系列

TMS320C5000 系列超低功耗 DSP 平台提供了业界功耗最低的广泛 16 位 DSP 产品系列,性能高达 600MIPS。这些产品针对强大且经济高效的嵌入式信号处理解决方案进行了优化,其中包括音频、通信、医疗、安保和工业应用中的便携式器件。其待机功率低至 0.15mW,工作功率低于 0.15mW/MHz,是业界功耗最低的 16 位 DSP。即使在执行 75% 双 MAC 和 25% ADD 这样的大活动量操作(无空闲周期)时,包含存储器在内的核心工作功率也仍然低于 0.15mW/MHz。

3. C6000 系列

C6000 系列 DSP 平台提供行业最高性能的定点和浮点 DSP,其中包括运行速度高达 1.2GHz 的最快定点 DSP,具体细分又包括高性能多核 C647x DSP、功耗优化的 C62x/64x、DSP+ARM9 的 OMAP-L1x、DSP+ARM Cortex-A8 的 OMAP3525/30 SoC 等。它是高性能音频、视频、影像和宽带基础设施应用的理想选择,主要应用领域包括软件定义无线电(SDR)、指纹识别、专业音频混合器、点钞机、超声波系统及矢量信号分析仪等。

4. DaVinci 系列

DaVinci(达芬奇)数字媒体处理器是信号处理解决方案,专为数字视频、影像和视觉应用而设计。DaVinci 平台提供片上系统,包括视频加速器和相关外设。产品包括 DM64x DSP、DSP + ARM Cortex-A8 的 DM37x/81x、基于数字信号处理器(DSP)的全功能 DM64x SoC 等。DaVinci 系列针对视频编码和解码应用进行了优化,可用于数字标牌、可视门铃、内窥镜、视频通信系统、视频会议、视频安全和视频基础设施等领域。

5. KeyStone 系列

KeyStone 多核系列主要分为不含 ARM 的 C665x/7x 系列和集成了 ARM 的 66AK2Hx/66AK2Ex 系列,针对云计算、媒体处理、高性能计算、转码、安全、游戏、分析和虚拟桌面基础设施等应用进行了专门的优化。

6. 其他系列

主要指年代相对久远,已经不建议在新的设计中采用的器件,包括 C1x、C2x、C5x、C2xx、C3x、C4x、C8x 等。其中,C3x 特别是 TMS320VC33,以其大容量、高性能和浮点运算的特点在实际应用中仍可以大量见到。

1.3.1 C2000 电机控制 DSP 的分类

TI C2000 系列 DSP 专为实时控制应用而设计,如今进入市场已超过 15 年。C2000 系列包含一百多种产品,占目前销售中 TI DSP 产品分类的超过 42%的比例,从最低价格少于 2 美元、工作频率高达 80MHz 的 Piccolo 定点到频率高达 300MHz 并带有浮点处理 FPU 的 Delfino 系列,覆盖了各种各样的控制应用。

1. Concerto 系列

Concerto 在拉丁语中是"协奏曲"的意思,符合该系列 DSP 的特点,即将 ARM Cortex-M3 内核与 C2000 的 F28335 内核结合到一个设备之上,实现了连接和控制一体化,主要包括 F28M35Ex/Hx/Mx 三类。通过 Concerto,太阳能逆变器和工业控制等应用能保留以下优势,即在维护单芯片解决方案的同时将通信和控制部分分隔开来。

2. Delfino 系列

Delfino 是意大利语中“海豚”的意思。Delfino 系列主要包括 F28335 和 F2834x 系列,它们为实时控制应用带来了领先的浮点性能和集成度。Delfino 微控制器系列将高达 300MHz 的 DSP F28335 内核与集成的浮点性能相结合,可简化开发过程,而其提供的高性能可满足严苛的实时应用。借助高性能内核、控制优化型外设和可扩展开发平台,Delfino 微控制器系列可以降低系统成本,提高系统可靠性,并提升工业电源电子、电力传输、可再生能源和智能传感等应用的性能。

3. Piccolo 系列

Piccolo 是意大利语中“长笛”的意思。Piccolo 系列主要包括 F2802x/3x/6x,采用最新的架构技术成果和增强型外设,能够为通常难以承担相应成本的应用带来 32 位实时控制功能的优势。无论是需要具有 F2802x 系列、额外闪存和 F2803x 系列高效控制环路 CLA 的定点 40～60MHz 性能,还是浮点、双倍内存和 F2806x 系列的新型 Viterbi 复杂数学运算法(VCU),Piccolo MCU 均可满足需求。Piccolo 的实时控制通过在诸如太阳能逆变器、白色家电设备、混合动力汽车电池、电力线通信(PLC)和 LED 照明等应用中实施高级算法,实现了更高的系统效率与精度。

4. 28xxx 32 位定点系列

该系列即通常所称的 28 系列 DSP,其主要特点是 32 位核心、最高 150MHz 运行频率等,分为 F282xx/280x/281x/2801x/2804x 等,面向数字电机控制、数字电源、可再生能源、电力线通信、照明、工业、汽车、医疗和消费市场的先进的传感等领域。

5. 24x 系列

早期的 F24x,如 F206,在控制领域得到了广泛的应用。经过改进的 C240x 系列 16 位 DSP,最高可提供 40MIPS 的运算能力,应用领域包括设备/白色家电、工业自动化、电源转换、计量、办公设备和传感等。

6. 扩展的 28x 系列

针对不同的工业应用,新的系列产品加入了更多的特性,例如有的包含 ARM 硬核,有的是双核 C28 CPU,有的则加入了工业安全特性等。

1.3.2 F28335 系列的特点

F28335 作为 Delfino 系列的一员,是由 C2000 DSP 发展而来的。这首先说明它具有强大的数字信号处理(DSP)功能;其次,它集成了大量的外设供控制使用,又具有微控制器(MCU)的功能;它还兼有 RISC 处理器的代码密度(RISC 的特点是单周期指令执行,寄存器到寄存器操作,以及改进的哈佛结构、循环寻址)和 DSP 的执行速度。除此之外,其开发过程与微控制器的开发过程又比较相似(微控制器的功能包括易用性,直观的指令集,字节包装和拆包及位操作),其处理能力强大,片上外设丰富,在高性能的电机控制领域中呈现出迅猛的发展趋势。该系列的主要特性如下。

(1) 高性能静态 CMOS 技术。

- 主频最高达 150MHz(6.67ns 时钟周期);
- 1.9V/1.8V 内核,3.3V I/O 设计。

(2) 高性能 32 位 CPU(TMS320F28335)。

- IEEE-754 单精度浮点单元(FPU);
- 16×16 和 32×32 介质访问控制(MAC)运算;
- 16×16 双 MAC;
- 哈佛总线架构;
- 快速中断响应和处理;
- 统一存储器编程模型和高效代码(使用 C/C++和汇编语言)。

(3) 6 通道 DMA 处理器(用于 ADC、McBSP、ePWM、XINTF 和 SARAM)。

(4) 16 位或 32 位外部接口(XINTF):可处理超过 2M×16 地址范围。

(5) 片内存储器。

- F28335 含有 256K×16 位闪存,34K×16 位 SARAM;
- F28334 含有 128K×16 位闪存,34K×16 位 SARAM;
- F28332 含有 64K×16 位闪存,26K×16 位 SARAM;
- 1K×16 位一次性可编程(OTP) ROM。

(6) 引导 ROM (8K×16 位):支持软件引导模式(通过 SCI、SPI、CAN、I2C、McBSP、XINTF 和并行 I/O),支持标准数学表。

(7) 时钟和系统控制:支持动态锁相环(PLL)比率变化,片载振荡器,安全装置定时器模块。

(8) GPIO0~GPIO63 引脚可以连接到 8 个外部内核中断其中的一个。

(9) 可支持全部 58 个外设中断的外设中断扩展(PIE)块。

(10) 128 位安全密钥/锁:保护闪存/ OTP/RAM 模块,防止固件逆向工程。

(11) 增强型控制外设。

- 多达 18 个脉宽调制(PWM)输出;
- 高达 6 个支持 150ps 微边界定位(MEP)分辨率的高分辨率脉宽调制器(HRPWM)输出;
- 高达 6 个事件捕捉输入;
- 2 个正交编码器接口;
- 高达 8 个 32 位定时器(6 个 eCAP 以及 2 个 eQEP);
- 高达 9 个 32 位定时器(6 个 ePWM 以及 3 个 XINTCTR)。

(12) 3 个 32 位 CPU 定时器。

(13) 串行端口外设。

- 2 个控制器局域网(CAN)模块;
- 3 个 SCI (UART)模块;

- 2个McBSP模块(可配置为SPI);
- 1个SPI模块;
- 1个内部集成电路(I2C)总线。

(14) 12位模/数转换器(ADC),16个通道。

- 80ns转换率;
- 2×8通道输入复用器;
- 两个采样保持;
- 单一/同步转换;
- 内部或者外部基准。

(15) 多达88个具有输入滤波功能可单独编程的多路复用通用输入/输出(GPIO)引脚。

(16) JTAG边界扫描支持IEEE标准1149.1-1990标准测试端口和边界扫描架构。

(17) 高级仿真特性:分析和断点功能;借助硬件的实时调试。

(18) 开发支持包括:ANSI C/C++编译器/汇编语言/连接器,Code Composer Studio IDE,DSP/BIOS,数字电机控制和数字电源软件库。

(19) 低功耗模式和省电模式。

- 支持IDLE(空闲)、STANDBY(待机)、HALT(暂停)模式;
- 可禁用独立外设时钟。

(20) 字节序:小端序。

(21) 封装选项:无铅,绿色封装;薄型四方扁平封装(PGF,PTP);MicroStar BGA(ZHH);塑料BGA封装(ZJZ)。

(22) 温度选项:A:−40~85℃(PGF,ZHH,ZJZ);S:−40~125℃(PTP,ZJZ);Q:−40~125℃(PTP,ZJZ)。

1.3.3 F28335系列的引脚说明

F28335包含多种封装,以常见的176引脚PGF/PTP薄型四方扁平封装(LQFP)为例进行说明,其顶视图如图1-3所示。引脚信号说明如表1-1所示。

GPIO功能(在表1-1中用黑体显示)在复位时为默认值,表1-1中列出的外设信号是供替代的功能;有些外设功能并不在所有器件上提供;输入不是5V耐压的;所有能够产生XINTF输出功能的引脚有8mA(典型)的驱动强度;即使引脚没有配置XINTF功能,也有此驱动能力。所有其他引脚有一个4mA驱动力的驱动典型值(除另有注明外)。所有GPIO引脚为I/O/Z且有一个内部上拉电阻器,此内部上拉电阻器可在每个引脚上有选择性地启用/禁用,这一特性只适用于GPIO引脚。GPIO0~GPIO11引脚上的上拉电阻器在复位时并不启用,GPIO12~GPIO87引脚上的上拉电阻器复位时被启用。

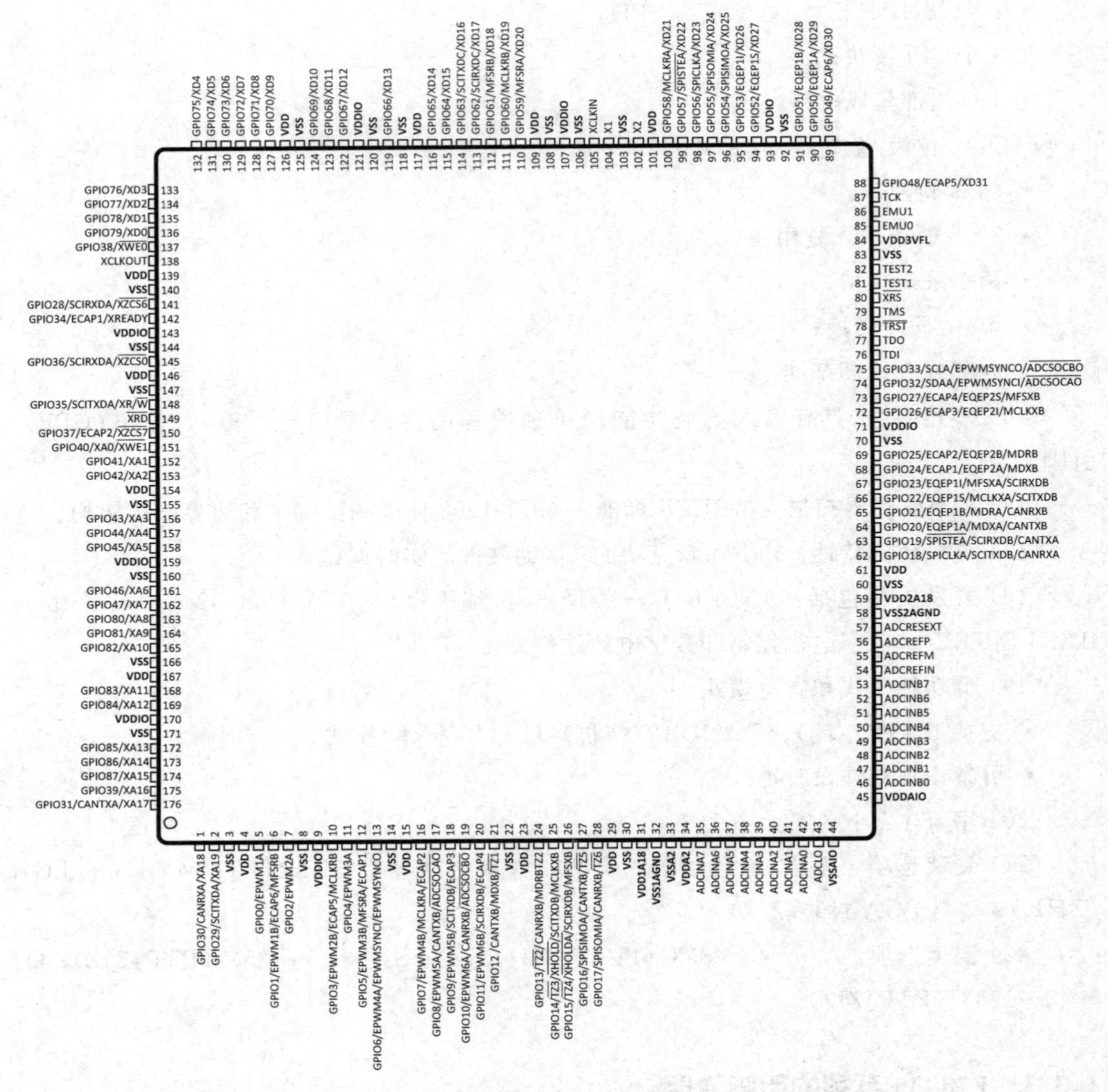

图 1-3 F28335 176 引脚 PGF/PTP 薄型四方扁平封装(LQFP)(顶视图)

表 1-1 F28335 引脚说明

名称	引脚编号			说 明
	PGF/PTP	ZHH BALL	ZJZ BALL	
JTAG				
$\overline{\text{TRST}}$	78	M10	L11	使用内部下拉电阻进行 JTAG 测试复位。当被驱动为高电平时,$\overline{\text{TRST}}$使扫描系统获得器件运行的控制权。如果这个信号未连接或者被驱动至低电平,此器件在功能模式下运转,并且测试复位信号被忽略

续表

名称	引脚编号			说明
	PGF/PTP	ZHH BALL	ZJZ BALL	
$\overline{\text{TRST}}$	78	M10	L11	注：$\overline{\text{TRST}}$是一个高电平有效测试引脚并且必须在正常器件运行期间一直保持低电平。在这个引脚上需要一个外部下拉电阻器。这个电阻器的值应该基于适用于这个设计的调试器推进源代码的驱动强度。通常一个2.2kΩ电阻器可提供足够的保护。由于这是应用专用的，建议针对调试器和应用正确运行对每个目标板进行验证(I，↓)
TCK	87	N12	M14	带有内部上拉电阻的JTAG测试时钟(I，↑)
TMS	79	P10	M12	带有内部上拉电阻器的JTAG测试模式选择(TMS)。这个串行控制输入在TCK上升沿上的TAP控制器中计时(I，↑)
TDI	76	M9	N12	带有内部上拉电阻的JTAG测试数据输入(TDI)。TDI在TCK的上升沿上所选择的寄存器(指令或者数据)内计时(I，↑)
TDO	77	K9	N13	JTAG扫描输出，测试数据输出(TDO)。所选寄存器(指令或者数据)的内容被从TCK下降沿上的TDO移出(O/Z，8mA驱动)
EMU0	85	L11	N7	仿真器引脚0。当$\overline{\text{TRST}}$被驱动至高电平时，这个引脚被用作一个到(或者来自)仿真器系统的中断并且在JTAG扫描过程中被定义为输入/输出。这个引脚也被用于将器件置于边界扫描模式中。在EMU0引脚处于逻辑高电平状态并且EMU1引脚处于逻辑低电平状态时，$\overline{\text{TRST}}$引脚的上升沿将把器件锁存在边界扫描模式。(I/O/Z，8mA驱动强度↑) 注意：建议在这个引脚上连接一个外部上拉电阻器。这个电阻器的值应该基于适用于这个设计的调试器推进源代码的驱动强度。通常一个2.2～4.7kΩ的电阻器已可以满足要求。由于这是应用专用的，建议针对调试器和应用正确运行对每个目标板进行验证

续表

名称	引脚编号			说　明
	PGF/PTP	ZHH BALL	ZJZ BALL	
EMU1	86	P12	P8	仿真器引脚 1。当$\overline{TRST}$被驱动至高电平时,这个引脚被用作一个到(或者来自)仿真器系统的中断并且在 JTAG 扫描过程中被定义为输入/输出。这个引脚也被用于将器件置于边界扫描模式中。在 EMU0 引脚处于逻辑高电平状态并且 EMU1 引脚处于逻辑低电平状态时,$\overline{TRST}$引脚的上升沿将把器件锁存在边界扫描模式。(I/O/Z,8mA 驱动强度↑) 注意:建议在这个引脚上连接一个外部上拉电阻器。这个电阻器的值应该基于适用于这个设计的调试器推进源代码的驱动强度。通常一个 2.2～4.7kΩ 的电阻器已可以满足要求。由于这是应用专用的,建议针对调试器和应用正确运行对每个目标板进行验证
		闪存		
VDD3VFL	84	M11	L9	3.3V 闪存内核电源引脚。这个引脚应该一直被连接至 3.3V
TEST1	81	K10	M7	测试引脚。为 TI 预留。必须被保持为未连接(I/O)
TEST2	82	P11	L7	测试引脚。为 TI 预留。必须被保持为未连接(I/O)
		时钟		
XCLKOUT	138	C11	A10	取自 SYSCLKOUT 的输出时钟。XCLKOUT 或者与 SYSCLKOUT 的频率一样,或者为其一半,或为其四分之一。这是由位[18:16](XTIMCLK)和在 XINTCNF2 寄存器中的位 2 (CLKMODE)控制的。复位时,XCLKOUT＝SYSCLKOUT/4。通过将 XINTCNF2[CLKOFF]设定为 1,XCLKOUT 信号可被关闭。与其他 GPIO 引脚不同,复位时,不将 XCLKOUT 引脚置于一个高阻抗状态(O/Z,8mA 驱动)
XCLKIN	105	J14	G13	外部振荡器输入。这个引脚被用于从一个外部 3.3V 振荡器引入一个时钟。在这种情况下,X1 引脚必须连接到 GND。如果使用到了晶振/谐振器(或 1.9V 外部振荡器被用来把时钟引入 X1 引脚),此引脚必须连接到 GND(I)

续表

名称	引脚编号			说明
	PGF/PTP	ZHH BALL	ZJZ BALL	
X1	104	J13	G14	内部/外部振荡器输入。为了使用这个振荡器，一个石英晶振或者一个陶瓷电容器必须被连接在X1和X2上。X1引脚以1.9V内核数字电源为基准。一个1.9V外部振荡器也可被连接至X1引脚。在这种情况下，XCLKIN引脚必须接地。如果一个3.3V外部振荡器与XCLKIN引脚一起使用，X1必须接至GND(I)
X2	102	J11	H14	内部振荡器输出。可将一个石英晶振或者一个陶瓷电容器连接在X1和X2。如果X2未使用，它必须保持在未连接状态(O)
复位				
$\overline{XRS}$	80	L10	M13	器件复位(输入)和安全装置复位(输出)。器件复位。XRS导致器件终止执行。PC将指向包含在位置0x3FFFC0中的地址。当XRS被置为高电平时，在PC指向的位置开始执行。当一个安全装置复位发生时，这个引脚被DSP驱动至低电平。安全装置复位期间，在512个OSCCLK周期的安全装置复位持续时间内，XRS引脚被驱动为低电平。(I/OD，↑) 这个引脚的输出缓冲器是一个有内部上拉电阻的开漏器件。建议由一个开漏器件驱动这个引脚
ADC信号				
ADCINA7	35	K4	K1	ADC组A，通道7输入(I)
ADCINA6	36	J5	K2	ADC组A，通道6输入(I)
ADCINA5	37	L1	L1	ADC组A，通道5输入(I)
ADCINA4	38	L2	L2	ADC组A，通道4输入(I)
ADCINA3	39	L3	L3	ADC组A，通道3输入(I)
ADCINA2	40	M1	M1	ADC组A，通道2输入(I)
ADCINA1	41	N1	M2	ADC组A，通道1输入(I)
ADCINA0	42	M3	M3	ADC组A，通道0输入(I)
ADCINB7	53	K5	N6	ADC组B，通道7输入(I)
ADCINB6	52	P4	M6	ADC组B，通道6输入(I)
ADCINB5	51	N4	N5	ADC组B，通道5输入(I)
ADCINB4	50	M4	M5	ADC组B，通道4输入(I)
ADCINB3	49	L4	N4	ADC组B，通道3输入(I)
ADCINB2	48	P3	M4	ADC组B，通道2输入(I)
ADCINB1	47	N3	N3	ADC组B，通道1输入(I)
ADCINB0	46	P2	P3	ADC组B，通道0输入(I)

续表

名称	引脚编号			说　明
	PGF/PTP	ZHH BALL	ZJZ BALL	
ADCLO	43	M2	N2	低基准(连接至模拟接地)(I)
ADCRESEXT	57	M5	P6	ADC 外部电流偏置电阻器。将一个 22kΩ 电阻器接至模拟接地
ADCREFIN	54	L5	P7	外部基准输入(I)
ADCREFP	56	P5	P5	内部基准正输出。要求将一个低等效串联电阻(ESR)(低于 1.5Ω)的 2.2μF 陶瓷旁通电容器接至模拟接地。 注：使用 ADC 时钟速率从系统使用的电容器数据表中提取 ESR 技术规范
ADCREFM	55	N5	P4	内部基准中输出。要求将一个低等效串联电阻(ESR)(低于 1.5Ω)的 2.2μF 陶瓷旁通电容器接至模拟接地。 注：使用 ADC 时钟速率从系统使用的电容器数据表中提取 ESR 技术规范
CPU 和 I/O 电源引脚				
VDDA2	34	K2	K4	ADC 模拟电源引脚
VSSA2	33	K3	P1	ADC 模拟接地引脚
VDDAIO	45	N2	L5	ADC 模拟 I/O 电源引脚
VSSAIO	44	P1	N1	ADC 模拟 I/O 接地引脚
VDD1A18	31	J4	K3	ADC 模拟电源引脚
VSS1AGND	32	K1	L4	ADC 模拟接地引脚
VDD2A18	59	M6	L6	ADC 模拟电源引脚
VSS2AGND	58	K6	P2	ADC 模拟接地引脚
VDD	4	B1	D4	CPU 和逻辑数字电源引脚
VDD	15	B5	D5	
VDD	23	B11	D8	
VDD	29	C8	D9	
VDD	61	D13	E11	
VDD	101	E9	F4	
VDD	109	F3	F11	
VDD	117	F13	H4	
VDD	126	H1	J4	
VDD	139	H12	J11	
VDD	146	J2	K11	
VDD	154	K14	L8	
VDD	167	N6		

续表

名称	引脚编号			说 明
	PGF/PTP	ZHH BALL	ZJZ BALL	
VDDIO	9	A4	A13	数字 I/O 电源引脚
VDDIO	71	B10	B1	
VDDIO	93	E7	D7	
VDDIO	107	E12	D11	
VDDIO	121	F5	E4	
VDDIO	143	L8	G4	
VDDIO	159	H11	G11	
VDDIO	170	N14	L10	
VDDIO			N14	
VSS	3	A5	A1	数字接地引脚
VSS	8	A10	A2	
VSS	14	A11	A14	
VSS	22	B4	B14	
VSS	30	C3	F6	
VSS	60	C7	F7	
VSS	70	C9	F8	
VSS	83	D1	F9	
VSS	92	D6	G6	
VSS	103	D14	G7	
VSS	106	E8	G8	
VSS	108	E14	G9	
VSS	118	F4	H6	
VSS	120	F12	H7	
VSS	125	G1	H8	
VSS	140	H10	H9	
VSS	144	H13	J6	
VSS	147	J3	J7	
VSS	155	J10	J8	
VSS	160	J12	J9	
VSS	166	M12	P13	
VSS	171	N10	P14	
VSS		N11		
VSS		P6		
VSS		P8		
GPIO 和外设信号				
GPIO0/EPWM1A	5	C1	D1	通用输入/输出 0 (I/O/Z)、增强型 PWM1 输出 A 和 HRPWM 通道(O)
GPIO1/EPWM1B/ECAP6/MFSRB	6	D3	D2	通用输入/输出 1(I/O/Z)、增强 PWM1 输出 B(O)、增强型捕捉 6 输入/输出(I/O)、McBSP-B 接收帧同步(I/O)

续表

名称	引脚编号			说明
	PGF/PTP	ZHH BALL	ZJZ BALL	
GPIO2/EPWM2A	7	D2	D3	通用输入/输出 2(I/O/Z)、增强型 PWM2 输出 A 和 HRPWM 通道(O)
GPIO3/EPWM2B/ECAP5/MCLKRB	10	E4	E1	通用输入/输出 3(I/O/Z)、增强 PWM2 输出 B(O)、增强型捕捉 5 输入/输出(I/O)、McBSP-B 接收帧同步(I/O)
GPIO4/EPWM3A	11	E2	E2	通用输入/输出 4(I/O/Z)、增强型 PWM3 输出 A 和 HRPWM 通道(O)
GPIO5/EPWM3B/MFSRA/ECAP1	12	E3	E3	通用输入/输出 5(I/O/Z)、增强 PWM3 输出 B(O)、McBSP-B 接收帧同步(I/O)、增强型捕捉输入/输出 1(I/O)
GPIO6/EPWM4A/EPWM/SYNCI/EPWM/SNCO	13	E1	F1	通用输入/输出 6(I/O/Z)、增强型 PWM4 输出 A 和 HRPWM 通道(O)、外部 ePWM 同步脉冲输入(I)、外部 ePWM 同步脉冲输出(O)
GPIO7/EPWM4B/MCLKRA/ECAP2	16	F2	F2	通用输入/输出 7(I/O/Z)、增强 PWM4 输出 B(O)、McBSP-B 接收时钟(I/O)增强型捕捉输入/输出 2(I/O)
GPIO8/EPWM5A/CANTXB/$\overline{\text{ADCSOCAO}}$	17	F1	F3	通用输入/输出 8(I/O/Z)、增强型 PWM5 输出 A 和 HRPWM 通道(O)、增强型 CAN-B 传输(O)、ADC 转换启动 A(O)
GPIO9/EPWM5B/SCITXDB/ECAP3	18	G5	G1	通用输入/输出 9(I/O/Z)、增强 PWM5 输出 B(O)、SCI-B 发送数据(I/O)、增强型捕捉输入/输出 3(I/O)
GPIO10/EPWM6A/CANRXB/$\overline{\text{ADCSOCBO}}$	19	G4	G2	通用输入/输出 10(I/O/Z)、增强型 PWM6 输出 A 和 HRPWM 通道(O)、增强型 CAN-B 接收(O)、ADC 转换启动 B(O)
GPIO11/EPWM6B/SCIRXDB/ECAP4	20	G2	G3	通用输入/输出 11(I/O/Z)、增强型 PWM6 输出 B(O)、SCI-B 接收数据(I)、增强型 CAP 输入/输出 4(I/O)
GPIO12/$\overline{\text{TZ1}}$/CANTXB/MDXB	21	G3	H1	通用输入/输出 12(I/O/Z)、触发区输入 1(I)、增强型 CAN-B 传输(O)、McBSP-B 串行数据传输(O)
GPIO13/$\overline{\text{TZ2}}$/CANRXB/MDRB	24	H3	H2	通用输入/输出 13(I/O/Z)、触发区输入 2(I)、增强型 CAN-B 接收(O)、McBSP-B 串行数据接收(O)

续表

名称	引脚编号			说　明
	PGF/PTP	ZHH BALL	ZJZ BALL	
GPIO14/$\overline{TZ3}$/$\overline{XHOLD}$/SCITXDB/MCLKXB	25	H2	H3	通用输入/输出14(I/O/Z)、触发区输入3、外部保持请求XHOLD,当有效时(低电平),请求外部接口XINIF释放外部总线并将所有总线和选通脉冲置于一个高阻抗状态。为阻止该事件的发生,当TZ3信号变为有效,通过写入XINTCNF2[HOLD]=1来禁用此功能。如果没有这样做,XINTF总线将在TZ3变为低电平时随时进入高阻抗状态。在ePWM端,TZn信号在默认情况下被忽略,除非它们由代码启用。当任一当前的访问完成并且在XINIF上没有等待的访问时,XINIF将释放总线(I)。SCI-B传输(O)、McBSP-B传输时钟(I/O)
GPIO15/$\overline{TZ4}$/$\overline{XHOLDA}$/SCIRXDB/MFSXB	26	H4	J1	通用输入/输出15(I/O/Z)、触发区输入4、外部保持确认。在GPADIR寄存器中,此选项的引脚功能基于所选择的方向。如果此引脚被配置为输入,则TZ4功能就会被选择。如果此引脚被配置为输出,则XHOLDA功能就会被选择。当XININ已经准予一个XHOLD请求时,XHOLDA被驱动至有效(低电平)。所有XINIF总线和选通闸门将处于高阻抗状态。当XHOLD信号被释放时,XHOLDA被释放。当XHOLDA为有效(低电平)时,外部器件应该只驱动外部总线(I/O)。SCI-B接收(I)、McBSP-B传输帧同步(I/O)
GPIO16/SPISIMOA/CANTXB/$\overline{TZ5}$	27	H5	J2	通用输入/输出16(I/O/Z)、SPI从器件输入,主器件输出(I/O)、增强型CAN-B发送(O)、触发区输入5(I)
GPIO17/SPISOMIA/CANRXB/$\overline{TZ6}$	28	J1	J3	通用输入/输出17(I/O/Z)、SPI-A从器件输出,主器件输入(I/O)、增强型CAN-B接收(I)、触发区输入6(I)
GPIO18/SPICLKA/SCITXDB/CANRXA	62	L6	N8	通用输入/输出18(I/O/Z)、SPI-A时钟输入/输出(I/O)、SCI-B传输(O)、增强型CAN-A接收(I)
GPIO19/$\overline{SPISTEA}$/SCIRXDB/CANTXA	63	K7	M8	通用输入/输出19(I/O/Z)、SPI-A从器件发送使能输入/输出(I/O)、SCI-B接收(I)、增强型CAN-A传输(O)
GPIO20/EQEP1A/MDXA/CANTXB	64	L7	P9	通用输入/输出20(I/O/Z)、增强型QEP1输入A(I)、McBSP-A串行数据传输(O)、增强型CAN-B传输(O)

续表

名称	引脚编号			说　明
	PGF/PTP	ZHH/BALL	ZJZ/BALL	
GPIO21/EQEP1B/MDRA/CANRXB	65	P7	N9	通用输入/输出 21(I/O/Z)、增强型 QEP1 输入 B(I)、McBSP-A 串行数据接收(1)、增强型 CAN-B 接收(1)
GPIO22/EQEP1S/MCLKXA/SCITXDB	66	N7	M9	通用输入/输出 22(I/O/Z)、增强型 QEP1 选通脉冲(I/O)、McBSP-A 传输时钟(I/O)、SCI-B 传输(O)
GPIO23/EQEP1I/MFSXA/SCIRXDB	67	M7	P10	通用输入/输出 23(I/O/Z)、增强型 QEP1 索引(I/O)、McBSP-A 传输帧同步(I/O)、SCI-B 接收(I)
GPIO24/ECAP1/EQEP2A/MDXB	68	M8	N10	通用输入/输出 24(I/O/Z)、增强型捕获 1(I/O)、增强型 QEP2 输入 A(I)、McBSP-B 串行数据传输(O)
GPIO25/ECAP2/EQEP2B/MDRB	69	N8	M10	通用输入/输出 25(I/O/Z)、增强型捕获 2(I/O)、增强型 QEP2 输入 B(I)、McBSP-B 串行数据接收(I)
GPIO26/ECAP3/EQEP2I/MCLKXB	72	K8	P11	通用输入/输出 26(I/O/Z)、增强型捕获 3(I/O)、增强型 QEP2 索引(I/O)、McBSP-B 传输时钟(I/O)
GPIO27/ECAP4/EQEP2S/MFSXB	73	L9	N11	通用输入/输出 27(I/O/Z)、增强型捕获 4(I/O)、增强型 QEP2 选通脉冲(I/O)、McBSP-B 传输帧同步(I/O)
GPIO28/SCIRXDA/$\overline{\text{XZCS6}}$	141	E10	D10	通用输入/输出 28(I/O/Z)、SCI 接收数据(I)、外部接口区域 6 芯片选择(O)
GPIO29/SCITXDA/XA19	2	C2	C1	通用输入/输出 29(I/O/Z)、SCI 传输数据(O)、外部接口地址线路 19(O)
GPIO30/CANRXA/XA18	1	B2	C2	通用输入/输出 30(I/O/Z)、增强型 CAN-A 接收(I)、外部接口地址线路 18(O)
GPIO31/CANTXA/XA17	176	A2	B2	通用输入/输出 31(I/O/Z)、增强型 CAN-A 传输(I)、外部接口地址线路 17(O)
GPIO32/SDAA/EPWMSYNCI/$\overline{\text{ADCSOCAO}}$	74	N9	M11	通用输入/输出 32(I/O/Z)、I^2C 数据开漏双向端口(I/OD)、增强型 PWM 外部同步脉冲输入(I)、ADC 转换启动 A(O)
GPIO33/SCLA/EPWMSYNCO/$\overline{\text{ADCSOCBO}}$	75	P9	P12	通用输入/输出 33(I/O/Z)、I^2C 时钟开漏双向端口(I/OD)、增强型 PWM 外部同步脉冲输出(O)、ADC 转换启动 B(O)
GPIO34/ECAP1/XREADY	142	D10	A9	通用输入/输出 34(I/O/Z)、增强型捕捉输入/输出 1(I/O)、外部接口就绪信号。 注意:/此引脚始终是(直接)连接到 XINTF 的。如果一个应用程序使用引脚作为 GPIO,同时还使用了 XINTF,则应配置 XINTF 来忽略就绪

续表

名称	引脚编号			说明
	PGF/PTP	ZHH/BALL	ZJZ/BALL	
GPIO35/SCITXDA/XR/$\overline{W}$	148	A9	B9	通用输入/输出 35(I/O/Z)、SCI 传输数据(O)、外部接口读取,不能写入选通脉冲
GPIO36/SCIRXDA/$\overline{XZCS0}$	145	C10	C9	通用输入/输出 36(I/O/Z)、SCI 接收数据(I)、外部接口 0 区芯片选择(O)
GPIO37/ECAP2/$\overline{XZCS7}$	150	D9	B8	通用输入/输出 37(I/O/Z)、增强型捕获输入/输出 2(I/O)、外部接口 7 区芯片选择(O)
GPIO38/$\overline{XWE0}$	137	D11	C10	通用输入/输出 38(I/O/Z)、外部接口写入使能 0(O)
GPIO39/XA16	175	B3	C3	通用输入/输出 39(I/O/Z)、外部接口地址线路 16(O)
GPIO40/XA0/$\overline{XWE1}$	151	D8	C8	通用输入/输出 40(I/O/Z)、外部接口地址线路 0、外部接口写入使能 1(O)
GPIO41/XA1	152	A8	A7	通用输入/输出 41(I/O/Z)、外部接口地址线路 1(O)
GPIO42/XA2	153	B8	B7	通用输入/输出 42(I/O/Z)、外部接口地址线路 2(O)
GPIO43/XA3	156	B7	C7	通用输入/输出 43(I/O/Z)、外部接口地址线路 3(O)
GPIO44/XA4	157	A7	A6	通用输入/输出 44(I/O/Z)、外部接口地址线路 4(O)
GPIO45/XA5	158	D7	B6	通用输入/输出 45(I/O/Z)、外部接口地址线路 5(O)
GPIO46/XA6	161	B6	C6	通用输入/输出 46(I/O/Z)、外部接口地址线路 6(O)
GPIO47/XA7	162	A6	D6	通用输入/输出 47(I/O/Z)、外部接口地址线路 7(O)
GPIO48/ECAP5/XD31	88	P13	L14	通用输入/输出 48(I/O/Z)、增强型捕捉输入/输出 5(I/O)、外部接口数据线 31(I/O/Z)
GPIO49/ECAP6/XD30	89	N13	L13	通用输入/输出 49(I/O/Z)、增强型捕捉输入/输出 6(I/O)、外部接口数据线 30(I/O/Z)
GPIO50/EQEP1A/XD29	90	P14	L12	通用输入/输出 50(I/O/Z)、增强型 QEP1 输入 A(I/O)、外部接口数据线 29(I/O/Z)
GPIO51/EQEP1B/XD28	91	M13	K14	通用输入/输出 51(I/O/Z)、增强型 QEP1 输入 B(I)、外部接口数据线 28(I/O/Z)
GPIO52/EQEP1S/XD27	94	M14	K13	通用输入/输出 52(I/O/Z)、增强型 QEP1 选通脉冲(I/O)、外部接口数据线 27(I/O/Z)
GPIO53/EQEP1I/XD26	95	L12	K12	通用输入/输出 53(I/O/Z)、增强型 QEP1 索引(I/O)、外部接口数据线 26(I/O/Z)
GPIO54/SPISIMOA/XD25	96	L13	J14	通用输入/输出 54(I/O/Z)、SPI-A 从器件输入,主器件输出(I/O)、外部接口数据线 25(I/O/Z)

续表

名称	引脚编号			说　明
	PGF/PTP	ZHH/BALL	ZJZ/BALL	
GPIO55/SPISOMIA/XD24	97	L14	J13	通用输入/输出 55(I/O/Z)、SPI-A 从器件输出，主器件输入(I/O)、外部接口数据线 24(I/O/Z)
GPIO56/SPICLKA/XD23	98	K11	J12	通用输入/输出 56(I/O/Z)、SPI-A 时钟(I/O)、外部接口数据线 23(I/O/Z)
GPIO57/$\overline{\text{SPISTEA}}$/XD22	99	K13	H13	通用输入/输出 57(I/O/Z)、SPI-A 从器件发送使能(I/O)、外部接口数据线 22(I/O/Z)
GPIO58/MCLKRA/XD21	100	K12	H12	通用输入/输出 58(I/O/Z)、McBSP-A 接收时钟(I/O)、外部接口数据线 21(I/O/Z)
GPIO59/MFSRA/XD20	110	H14	H11	通用输入/输出 59(I/O/Z)、McBSP-A 接收帧同步(I/O)、外部接口数据线 20(I/O/Z)
GPIO60/MCLKRB/XD19	111	G14	G12	通用输入/输出 60(I/O/Z)、McBSP-B 接收时钟(I/O)、外部接口数据线 19(I/O/Z)
GPIO61/MFSRB/XD18	112	G12	F14	通用输入/输出 61(I/O/Z)、McBSP-B 接收帧同步(I/O)、外部接口数据线 18(I/O/Z)
GPIO62/SCIRXDC/XD17	113	G13	F13	通用输入/输出 62(I/O/Z)、SCI-C 接收数据(I/O)、外部接口数据线 17(I/O/Z)
GPIO63/SCITXDC/XD16	114	G11	F12	通用输入/输出 63(I/O/Z)、SCI-C 发送数据(O)、外部接口数据线 16(I/O/Z)
GPIO64/XD15	115	G10	E14	通用输入/输出 64(I/O/Z)、外部接口数据线 15(O)
GPIO65/XD14	116	F14	E13	通用输入/输出 65(I/O/Z)、外部接口数据线 14(I/O/Z)
GPIO66/XD13	119	F11	E12	通用输入/输出 66(I/O/Z)、外部接口数据线 13(I/O/Z)
GPIO67/XD12	122	E13	D14	通用输入/输出 67(I/O/Z)、外部接口数据线 12(I/O/Z)
GPIO68/XD11	123	E11	D13	通用输入/输出 68(I/O/Z)、外部接口数据线 11(I/O/Z)
GPIO69/XD10	124	F10	D12	通用输入/输出 69(I/O/Z)、外部接口数据线 10(I/O/Z)
GPIO70/XD9	127	D12	C14	通用输入/输出 70(I/O/Z)、外部接口数据线 9(I/O/Z)
GPIO71/XD8	128	C14	C13	通用输入/输出 71(I/O/Z)、外部接口数据线 8(I/O/Z)
GPIO72/XD7	129	B14	B13	通用输入/输出 72(I/O/Z)、外部接口数据线 7(I/O/Z)
GPIO73/XD6	130	C12	A12	通用输入/输出 73(I/O/Z)、外部接口数据线 6(I/O/Z)
GPIO74/XD5	131	C13	B12	通用输入/输出 74(I/O/Z)、外部接口数据线 5(I/O/Z)

续表

名称	引脚编号			说　明
	PGF/PTP	ZHH/BALL	ZJZ/BALL	
GPIO75/XD4	132	A14	C12	通用输入/输出 75(I/O/Z)、外部接口数据线 4(I/O/Z)
GPIO76/XD3	133	B13	A11	通用输入/输出 76(I/O/Z)、外部接口数据线 3(I/O/Z)
GPIO77/XD2	134	A13	B11	通用输入/输出 77(I/O/Z)、外部接口数据线 2(I/O/Z)
GPIO78/XD1	135	B12	C11	通用输入/输出 78(I/O/Z)、外部接口数据线 1(I/O/Z)
GPIO79/XD0	136	A12	B10	通用输入/输出 79(I/O/Z)、外部接口数据线 0(I/O/Z)
GPIO80/XA8	163	C6	A5	通用输入/输出 80(I/O/Z)、外部接口地址线 8(I/O/Z)
GPIO81/XA9	164	E6	B5	通用输入/输出 81(I/O/Z)、外部接口地址线 9(I/O/Z)
GPIO82/XA10	165	C5	C5	通用输入/输出 82(I/O/Z)、外部接口地址线 10(I/O/Z)
GPIO83/XA11	168	D5	A4	通用输入/输出 83(I/O/Z)、外部接口地址线 11(I/O/Z)
GPIO84/XA12	169	E5	B4	通用输入/输出 84(I/O/Z)、外部接口地址线 12(I/O/Z)
GPIO85/XA13	172	C4	C4	通用输入/输出 85(I/O/Z)、外部接口地址线 13(O)
GPIO86/XA14	173	D4	A3	通用输入/输出 86(I/O/Z)、外部接口地址线 14(O)
GPIO87/XA15	174	A3	B3	通用输入/输出 87(I/O/Z)、外部接口地址线 15(O)
$\overline{XRD}$	149	B9	A8	外部接口读取使能

注：I=输入，O=输出，Z=高阻抗，OD=开漏，↑=上拉，↓=下拉。

1.4 F28335 DSP 的内核

F28335 的完整功能方框图如图 1-4 所示，从整体的系统功能来看，可以划分为 3 部分：CPU 与总线、存储单元和外设。

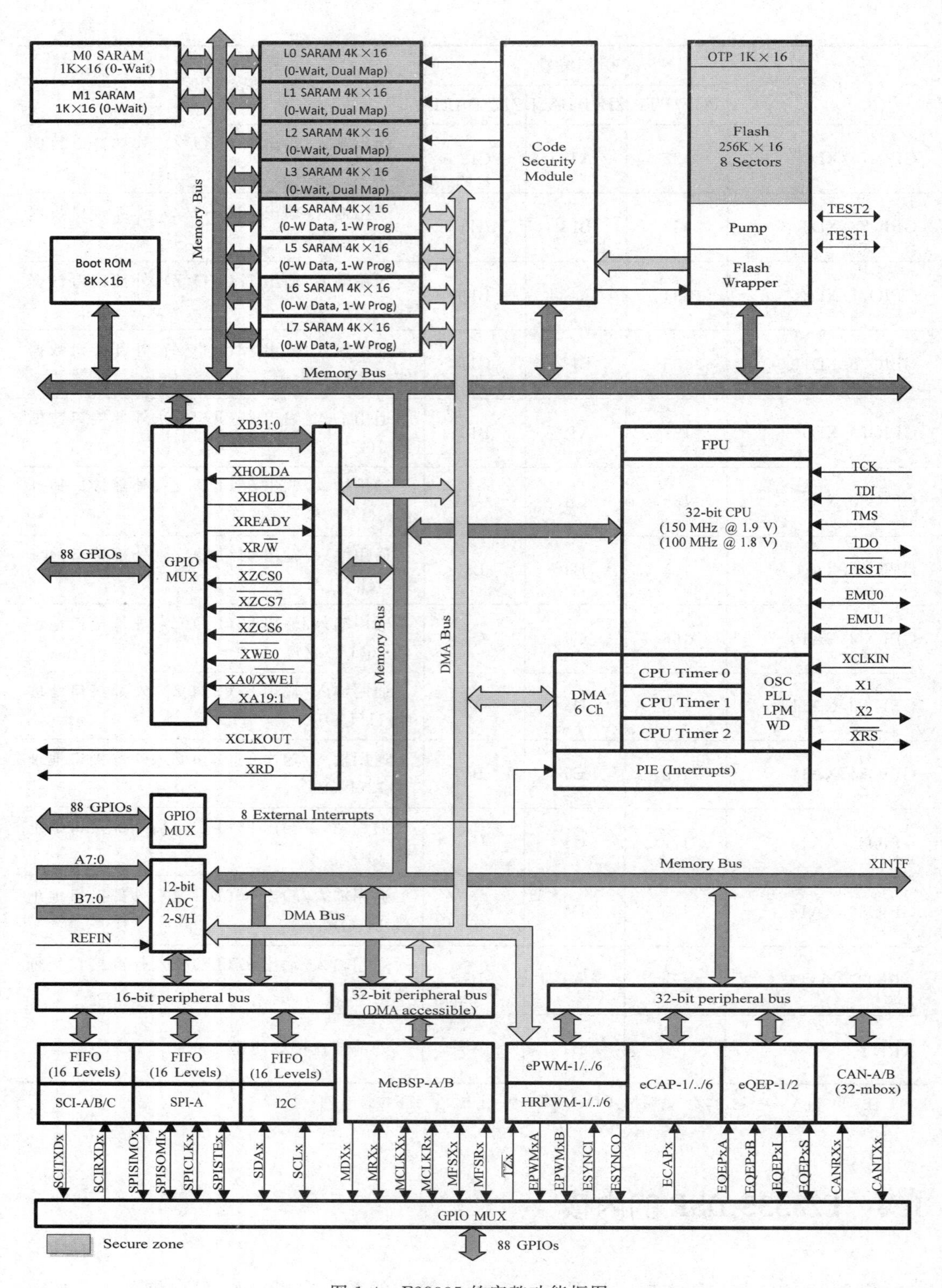

图 1-4 F28335 的完整功能框图

1.4.1 CPU介绍

基于F28335 CPU+FPU的控制器和TI现有的F28x具有相同的32位定点CPU架构，同时支持16位与32位的指令操作；使用前者可以减少对存储空间的占用，提高代码密度，使用后者则可以充分发挥32位CPU的优势，加快指令的执行时间。此外，F28335的CPU还包括一个单精度(32位)的IEEE 754浮点单元(FPU)，如图1-5所示。这是一个非常高效的C/C++引擎，它能使用户用高层次的语言开发系统控制软件。系统控制任务通常由微控制器处理，F28335在处理DSP算术任务时可与处理系统控制任务同时有效，这样就省却了对第二个处理器的需要(早期的控制系统板经常由MCU/DSP/ASIC+FPGA才能满足要求)。32×32位MAC的64位处理能力使得控制器能够有效地处理更高的数字分辨率问题。添加了带有关键寄存器自动环境保存的快速中断响应，使得一个器件能够用最小的延时处理很多异步事件。F28335的CPU+FPU有一个具有流水线式存储器访问的8级保护管道，这个流水线式操作使得F28335能够高速执行而无须求助于昂贵的高速存储器，此外，特别分支超前硬件大大减少了条件不连续而带来的延时，而特别存储条件操作又进一步提升了系统性能。

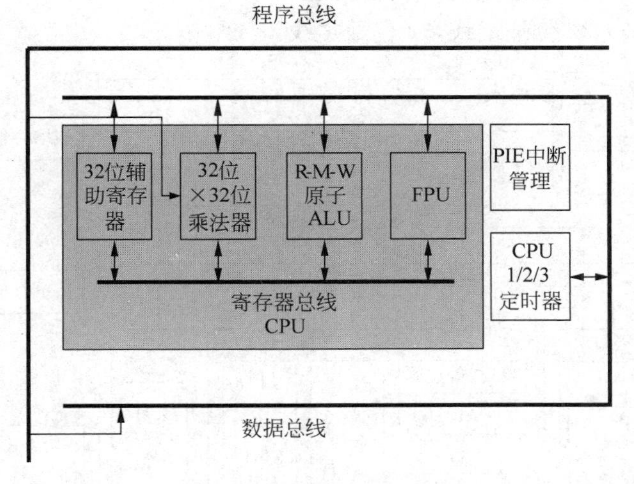

图1-5 CPU+FPU架构

目前可以在程序里面使用64位的浮点(long double)，但是需要编辑器的配合(简单理解，相当于是“软”支持，类似于时序逻辑里面的复用)。其次，32×32位MAC可以同时支持两路16×16位乘且累加指令，可在“复用”的基础上加以理解。

F28335的CPU还支持一种叫“原子指令”的读/写简化机制(Atomics Read/Modify/Write)，可以在单个时钟周期内完成“读取—修改—写回”的操作。原子指令是小的、通用的不可中断指令。原子指令可以更快地完成读/写操作，并具有更小的代码规模，如图1-6所示。

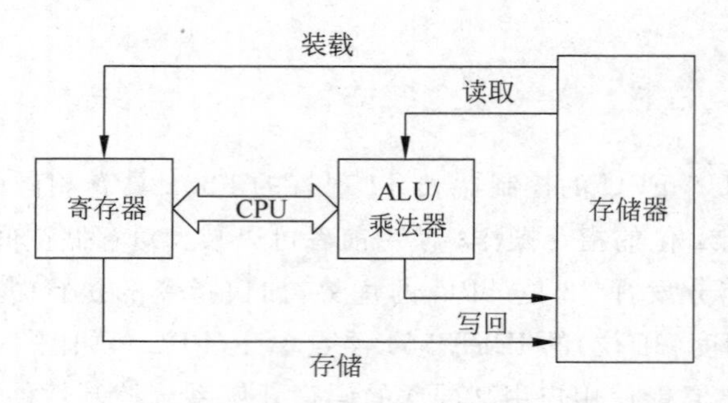

图 1-6　原子指令示意图

1.4.2 总线结构

F28335 的总线分为内存总线和外设总线两种，其内存总线的功能框图如图 1-7 所示。多总线被用于在内存和外设以及 CPU 之间传输数据。F28335 内存总线架构分为 3 类。

(1) 程序读总线：22 位地址线，32 位数据线；

(2) 数据读总线：32 位地址线，32 位数据线；

(3) 数据写总线：32 位地址线，32 位数据线。

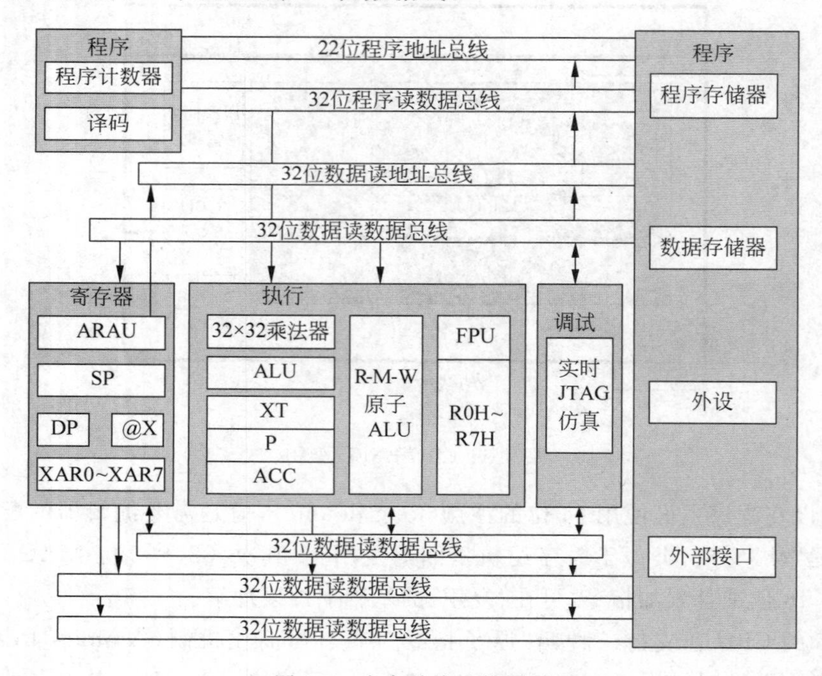

图 1-7　内存总线功能框图

为了实现不同 TI DSP 系列器件间的外设迁移，F28335 器件采用一个针对外设互连的外设总线标准。外设总线桥复用了多种总线，此总线将处理器内存总线组装进一个由 16 条地址线路和 16/32 条数据线路和相关控制信号组成的单总线中。支持外设总线的 3 个版本：一个版本只支持16位访问(被称为外设帧2)，另一个版本支持16/32位访问(被称为外设帧1)，第三个版本支持DMA访问和16/32位访问(被称为外设帧3)。

1.4.3 流水线机制

流水线设计是高速电路设计中的一个常用设计手段。如果某个设计的处理流程分为若干步骤，而且整个数据处理是“单流向”的，即没有反馈或者迭代运算，前一个步骤的输出是下一个步骤的输入，则可以考虑采用流水线设计方法来提高系统的工作频率。流水线的缺点是会在设计中引入流水线延时，插入一级寄存器带来的流水线延时是一个时钟周期。F28335的流水线在图1-2中已经给出。

F28335还使用了一个特殊的8级保护管道，最大限度地提高吞吐量。这里有一种特殊的保护机制，即不允许对同一位置同时进行读/写，以避免时序的冲突。这样的流水线还可以减小在运算过程中对高速缓存的需求，同时又可以最大程度减少时序读/写中的不确定性。

1.4.4 FPU流水线

F28335附带了专门的浮点处理引擎(Floating Point Unit，FPU)，可以理解为一个协处理器。既然是两个并行的处理器，则在它们直接之间就涉及数据的交换，且整数与浮点格式之间的转换需要1个延时槽(delay slot)。其余的指令，例如load、store、max、min、absolute、negative等，则不需要延时槽。其流水线如图1-8所示。

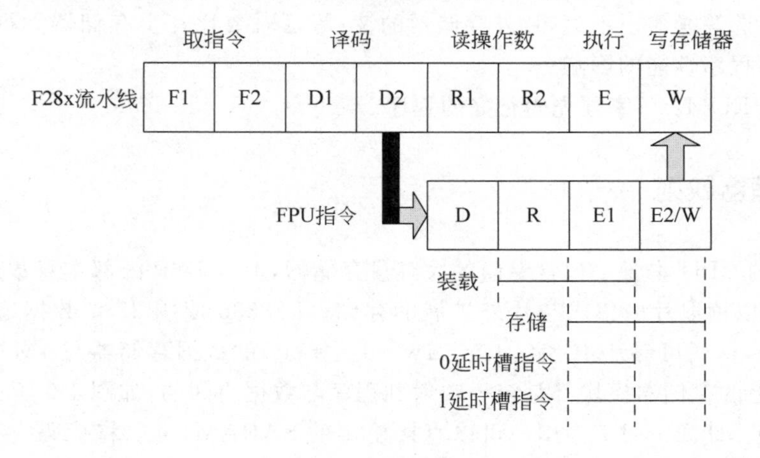

图1-8 FPU流水线

其基本特性为：

(1) 浮点运算是没有流水线保护的，例如，FPU可以在前一条指令写操作结束前就发出一条新的指令；

(2) 汇编器检测流水线的冲突；

(3) 编译器将阻止流水线的冲突；

(4) 在浮点流水线的延时槽中防止非冲突指令可以提高性能。

浮点运算是没有流水线保护的,这意味着一些与其有关的指令需要使用延时槽来等待操作完成;在使用汇编编程的时候,需要手动插入很多 NOP 指令来解决此问题(用 C 语言编程的时候,这个问题由编译器来自动处理了),或者使用在操作之间不会产生时序冲突的指令。在 FPU 的汇编指令中,如果一条指令需要在它的指令周期结束后插入一个延时槽,在这个指令以"p"结尾;如果需要插入两个延时槽,则这个指令以"2p"结尾,此时每个周期都以一个新的指令开始,其结果到 2 个指令之后才有效。

1.5 F28335 DSP 的存储器

F28335 的存储器空间被划分为程序存储与数据存储,其中一些存储器既可用于存储程序,也可用于存储数据。一般而言,F28335 DSP 上的存储介质有以下几种。

(1) Flash 存储器:可以把程序烧写到 Flash,从而脱离仿真器运行;此外,Flash 烧写的时候可以把特定的加密位一起烧写,达到保护知识产权的目的。

(2) 单周期访问 RAM(Single Access RAM,SARAM):在单个机器周期内只能访问一次的 RAM。

(3) OTP(One Time Programmable,一次编程):只能写入一次的非挥发性内存,适合于工厂大批量烧写。

(4) 片外存储:在片内资源不够的时候,可以外扩 Flash 和 RAM,此类产品的型号很多,选择余地较大;与 DSP 的连接方式可以选择直接连接地址线、数据线,也可以用 CPLD 来辅助完成片选等操作。不过,片外存储器的读/写延时要比片上存储器大得多,在使用时需要考虑它对程序性能的影响。

(5) Boot ROM:厂家预先固化好的程序。

1.5.1 存储器映射

F28335 的 CPU 本身不包含专门的大容量存储器,但是 DSP 内部本身集成了片内的存储器,CPU 可以读取片内集成与片外扩展的存储。F28335 使用 32 位数据地址线与 22 位的程序地址线,从而可寻址 4G 字(word,1word=16bit)的数据存储器与 4M 字的程序存储器。F28335 上的存储器模块都是统一映射到程序与数据空间的,如图 1-9 所示。

其中,M0、M1、L0~L7 为用户可以直接使用的 SARAM,可以将代码、变量、常量等存在其地址范围内。XINTF 对应外部存储器的地址。reserved 空间是保留空间,不能对它们进行操作,否则会引起不可预料的后果。有一些空间是被密码保护的,包括 L0、L1、L2、L3、OTP、Flash、ADC CAL 和 Flash PF0。L4、L5、L6、L7、XINTF Zone 0/6/7 这些空间是可以被 DMA(直接存储器访问)访问的。L0、L1、L2、L3 是双映射的,这个模式主要是与 F281x 系列的 DSP 兼容用的,因为 F2812 的存储空间相对 F28335 要小,只含有相当于其低地址范围的存储空间。

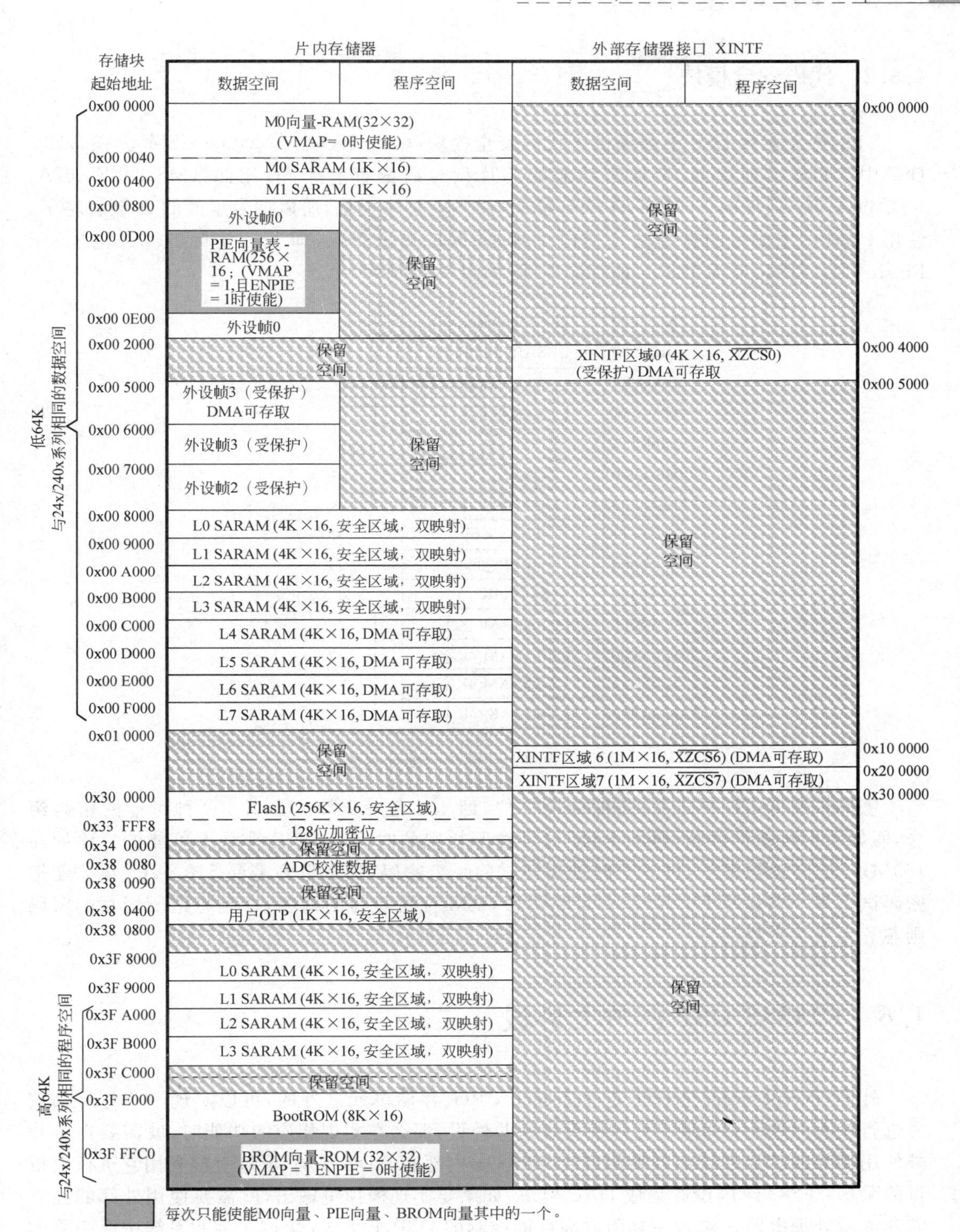

图 1-9　F28335 的存储器映射

1.5.2 代码安全模块

TI 的绝大多数 DSP 中都提供了代码安全模块(Code Security Module,CSM)。在 C2000 DSP 中 F204x 系列里面,带加密功能的芯片型号后面都有个 A,比如 TMS320LF2407A、LF2406A 等;后面的 F28335 的 DSP 都含有 CSM 加密模块,所以型号里面的 A 被省略了。使用 CSM 的主要目的就是防止逆向工程,并保护知识产权,即 IP。实际的 CSM 是位于 Flash 中的一段长度为 128bit 的存储空间,如图 1-10 所示。

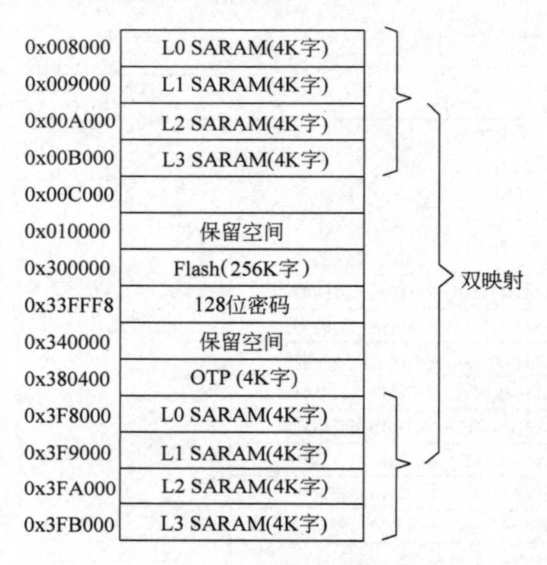

图 1-10 CSM 模块的地址示意

密码长度可由用户定义,长度为 128 位,即 128 位 $=2^{128}=3.4\times10^{38}$ 种可能的密码组合,假如采用枚举符试算,再加上读/写时钟所耗费的时间,破解几乎是不可能的。比如在 150MHz 的时钟频率下,每 8 个时钟周期试验一组密码,那么最多需要 5.8×10^{23} 年才能把密码试出来。在烧写 Flash 时,一定要注意 CSM 位所烧写的内容,一旦忘记所烧写的密码则芯片无法再次烧写。

1.6 F28335 DSP 的片上外设

外设(Peripherals)是 DSP 芯片上除了 CPU、存储单元之外的,可以实现一些与外部信号进行交互的单元;如果芯片内部没有这些外设,那么在实现相应的功能时,就需要在芯片外使用额外的芯片来处理。举例说明,F28335 内部有 ADC 模块,可以直接利用它进行模拟量的采集;F28335 内没有集成 DAC 模块,如果要实现模拟量输出,就需要使用外部的独立芯片或者处理电路。作为一款面向高性能控制的 DSP,F28335 集成了控制系统中所必需的所有外设,主要包含以下几种。

(1) ePWM:6 个增强的 PWM 模块,包括 ePWM1、ePWM2、ePWM3、ePWM4、ePWM5、ePWM6;相对于 F2812 的两组事件管理器,ePWM 可以单独控制各个引脚,功能

更强大。

(2) eCAP：增强的捕捉模块，包括eCAP1、eCAP2、eCAP3、eCAP4、eCAP5、eCAP6。

(3) eQEP：增强的正交编码模块，包括eQEP1和eQEP2，可接两个增量编码器。

(4) ADC：增强的A/D采样模块，12位精度、16位通道、80ns的转换时间。

(5) Watchdog Timer：1个看门狗模块。

(6) McBSP：两个多通道串行缓存接口(Multichannel Buffered Serial Port)，包括McBSP-A和McBSP-B，可以连接一些高速的外设，比如音频处理模块等。

(7) SPI：1个串行外设接口(Serial Peripheral Interface)，可以连接许多具有SPI接口的外设芯片，比如DAC芯片TLC7724等。

(8) SCI：3个串行通信接口(Serial Communications Interface)，包括SCI-A、SCI-B和SCI-C，主要完成UART功能。可外接电平转换电路，例如232电平转换芯片，就可实现RS-232通信。

(9) I2C(I^2C或IIC)：集成电路模块总线(Inter-integrated Circuit Module)，可以连接具有I2C接口的芯片，其优点是连线少，使用方便。

(10) CAN：2个增强的控制局域网功能，包括eCAN-A和eCAN-B。

(11) GPIO：增强的通用I/O接口。通过相应的控制寄存器，可以在一个引脚上分别切换到3种不同的信号模式。

(12) DMA：6通道直接存储器存取(Direct Memory Access)，可不经过CPU而直接与外设、存储器进行数据交换，减轻了CPU的负担，同时提高了效率。

1.7 习题

1. 简要描述DSP芯片的主要特点。
2. 搜集主流电机控制芯片的分类与特点。
3. 整理出C2000系列DSP的具体分类与型号。
4. 以常见的176引脚PGF/PTP薄型四方扁平封装(LQFP)的F28335为例，找出与SCI有关的通用I/O引脚。
5. TMS320F28335的地址线是什么？并据此计算可寻址的最大地址范围。
6. TMS320F28335的数据线有多少根？
7. 描述模拟电源与数字电源，模拟地与数字地的区别。
8. 描述主频与时钟周期的关系，并分别计算CPU时钟频率为150MHz、100MHz、50MHz和30MHz情况下的时钟周期。
9. 查找TMS320F28335的各种封装，并描述各自的优点、缺点。
10. 与JTAG相关的引脚有几个？
11. TMS320F28335的片上存储器有哪些？
12. TMS320F28335的片上RAM被划分为哪些区间？
13. TMS320F28335的外部存储器被划分为哪些区间？
14. 代码安全模块的作用是什么？
15. 描述TMS320F28335主要的片上外设。

第2章

软件开发平台与编程方法

2.1 基于 CCS 的开发流程

基于 CCS 集成开发环境的 DSP 软件的开发流程如图 2-1 所示。

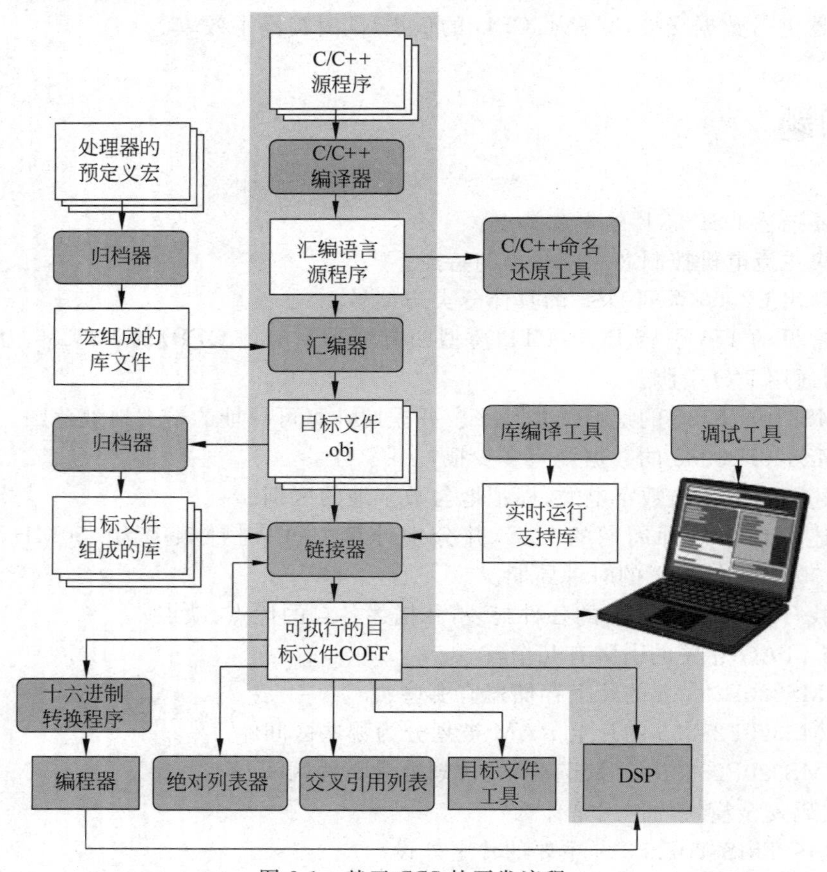

图 2-1　基于 CCS 的开发流程

其中各个组成部分的含义如下。

(1) 编译器 Compiler：与编程效率直接相关(如果没有使用汇编直接编写代码的话)，它的直接用途是将 C/C++代码编译为针对 DSP 汇编指令集的汇编代码。目前的 C 和 C++语言标准有多个版本，CCS 的编译器目前支持的版本如下：

① C 语言的 C89 和 C99 版本的 ISO 标准(C99 部分支持，主要是与 C89 一样的特性)。C 语言里常用的功能都是支持的，除了一些多字节字符和一些极少数的特性等。可参考 C 语言图书 *The C Programming Language* 第二版。

② C++语言的 2003 版本的 ISO 标准，可参考 Ellis 和 Stroustrup 编写的经典书籍 *The Annotated C++ Reference Manual*，同时也支持一部分的嵌入式 C++特性。因为 C++的特性众多，而许多特性并不适用于这样一种嵌入式的环境，所以不支持的特性相比 C 要多一些。

(2) 汇编器 Assembler：作用是将汇编语言代码转换为机器语言(目标文件)，这里的汇编代码包括前面由 C/C++生成的汇编代码和直接编写的汇编代码。

(3) 链接器 Linker：作用是把所有的库文件、目标文件等链接成为一个可执行的目标文件。其中包含程序的机器代码和数据，以及其他用来链接和加载该程序所需的信息(在 TI DSP 上是 COFF 格式，一般是.out 二进制文件)；同时根据内存地址的分配对各目标文件进行重定位，并解析外部参考。例如，在一个源程序里引用另一个源程序中定义的变量就可以理解为外部参考，假如一个目标文件引用了一个未定义的符号(symbol，指一些变量、函数名字等)，则链接器搜索其他目标文件中定义的全局符号，找到匹配的符号修补指令，否则报告一个错误。所以，如果链接器提示 symbol 未定义，说明对应的文件没有加到工程里面。

(4) 归档器 Archiver：用来对文档(Archive)或者库(library)中的文件进行分离和合并。这些文档或库可以是源文件库，也可以是目标文件库。归档器可以对库进行新建、添加、删除、替换和提取等操作。

(5) 实时支持库 RTS：包括标准 C 和 C++的运行支持函数、编译器公用程序函数、浮点运算函数和 C 编译器支持的 I/O 函数。

(6) 十六进制转换程序 HEX：把编译、链接等步骤生成的可执行文件，转换为十六进制文件，例如.HEX 格式，然后可以烧写到 EEPROM、Flash 等存储器之中。

(7) 绝对列表器(Absolute list)：读取目标文件并输出.abs 文件，通过汇编.abs 文件可产生含有绝对地址的列表文件，并自动创建列表文件。

(8) 交叉引用列表(Cross reference list)：与链接器中外部参考解析相关，它用目标文件产生参照列表文件，可显示符号及其定义，以及符号所在的源文件。

(9) C/C++命名还原工具 Mangling：C/C++编译器会将程序中的变量名、函数名按照特定的规则转换成编译器内部使用的名称，这个过程被称作 Name Mangling，反过程被称作 Name Demangling，即命名还原工具。内部名称包含了变量或函数的更多信息，例如编译器看到"? g_var@@3HA"，就知道这是：int g_var。具体的还原规则一般是不开放给用户的。

(10) 调试工具 Debugger：例如 CCS 软件中包含的调试功能，使得用户可以用断点、图形窗口等进行软件的调试。

此外，没有明确列在图 2-1 的流程中，但是隐含在流程中，或者也有可能会用到的工具或者流程包括：

(1) 优化工具：在编译时对代码进行优化的工具，可以根据期望的优化级别，进行从没有优化直至 CPU 寄存器级别的优化。

(2) 反编译器：可以对目标文件进行解码，显示对应的汇编语言。在 CCS 的调试模式下，打开 disassembler 窗口，然后单步运行，就可观察汇编指令是如何执行的。

(3) 加载器：把可执行的二进制文件复制到 DSP 的内存中，并运行启动程序，使得程序从程序入口处开始运行，这个入口地址可能是地址 0，也可能是带有一个偏移量的地址。

(4) 库文件：多个目标文件的压缩包，包含了所有目标文件定义的全局符号的索引。在源程序中如果找不到某些符号的定义，链接器会尝试从库里面提取出对应的目标文件，然后链接到可执行文件里。

2.2 链接时的命令文件——cmd 文件

cmd 文件是编译完成之后链接各个目标文件时，用来指示各个数据、符号等是如何划分到各个段，以及每个段所使用的存储空间的。

C28x 的编译器把存储空间划分为如下 2 个部分进行管理。

(1) 程序存储空间：包含可执行的代码、初始化的记录和 switch-case 使用的表。

(2) 数据存储空间：包含外部变量、静态变量以及系统的栈；一般情况下，各个寄存器对应的存储空间也归类在数据空间里。

为了方便管理，不同种类的代码、变量等往往又被分配到不同的段(section)之中，则存储空间的划分就转换为对段地址的分配问题了。例如，在下面的代码中，就规定了.text 这个段会存放在 RAM 中 Page0 下面的 RAML1 中，RAML1 的起始地址是 0x009000，长度是 0x001000。

```
MEMORY
{
/* 省略不在此显示的代码 */
PAGE 0 :
      RAML1    : origin=0x009000, length=0x001000
      RAML2    : origin=0x00A000, length=0x001000
/* 省略不在此显示的代码 */
}

SECTIONS
{
/* 省略不在此显示的代码 */
   .text      : > RAML1,      PAGE=0
/* 省略不在此显示的代码 */
}
```

如果用户代码尺寸特别大导致无法存储在某个段中，例如在上面的例子中，产生.text 的实际大小是 size xxx，但是 RAML1 的 size 只有 yyy 这样比较小的空间，以至于无法生成输出文件。此时可以把上面对应的 RAML1 的长度，即 length 增大，使得.text 段所分配的地址空间变多。但是 RAML1 地址空间扩大之后，挤占了 RAML2 的空间，导致地址重叠，

此时 RAML2 的起始位置要后移,其长度也要相应地缩减,才能不产生地址覆盖错误。修改之后可以为:

```
RAML1        : origin=0x009000, length=0x001500
RAML2        : origin=0x00A500, length=0x000500
```

还有一个解决方法则是把.text 分配到其他更长的地址空间里去;如果没有现成的地址范围比较长的段,也可以合并现有的段,修改方法比如把 RAML2 删除,把它的地址全部合并到 RAML1 中去,而.text 还是分配在 RAML1,就没有问题了。删除 RAML2 的时候要注意,它在没有被任何段使用的情况下才能操作,否则编译、链接的时候会提示其他的段找不到对应的存储单元。

下面解释一下各个段的含义。

1. 初始化的段

初始化的段包含了数据和可执行代码,通常情况下是只读的。

(1).cinit 和.pinit。包含了初始化变量和常量所用的表格,是只读的。

C28x .cinit 被限制在 16 位范围内,即低 64K 范围。

(2).const。包含了字符串常量、字符串文字、选择表以及使用 const 关键字定义(但是不包括 volatile 类型,并假设使用小内存模型)的只读型变量。

(3).econst。包含了字符串常量,以及使用 far 关键字定义的全局变量和静态变量。

(4).switch。存放 switch-case 指令所使用的选择表。

(5).text。通常是只读的,包含所有可执行的代码,以及编译器编译产生的常量。

2. 无初始化的段

无初始化的段虽然不会被初始化,但是仍然需要在存储单元(一般是 RAM)中保留相关的地址空间。

(1).bss。为全局和静态变量保留存储空间。在启动或者程序加载的时候,C/C++的启动程序会把.cinit 段中的数据(一般存放在 ROM 中)复制到.bss 段中。

(2).ebss。为 far 关键字定义(仅适用于 C 代码)的全局和静态变量保留存储空间。在启动或者程序加载的时候,C/C++的启动程序会把.cinit 段中的数据(一般存放在 ROM 中)复制到.ebss 段中。

(3).stack。默认情况下,栈(stack)保存在.stack 段中(参考 boot.asm),这个段用来为栈保留存储空间。栈(stack)的作用主要有:

① 保留存储空间用于存储传递给函数的参数;

② 为局部变量分配相关的地址空间;

③ 保存处理器的状态;

④ 保存函数的返回地址;

⑤ 保存某些临时变量的值。

需要注意的是,.stack 段只能使用低 64K 地址的数据存储单元,因为 CPU 的 SP 寄存器是 16 位的,它无法读取超过 64K 的地址范围。此外,编译器无法检查栈的溢出错误(除非自己编写某些代码来检测),这将导致错误的输出结果,所以要为栈分配一个相对较大的存储空间,它的默认值是 1K 字。改变栈的大小的操作可以通过编译器选项——stack_size

来完成。

(4).sysmem。为动态内存分配保留存储空间,从而为 malloc、calloc、realloc 和 new 等动态内存分配程序服务。如果这几个动态内存管理函数没有在 C/C++代码中用到的话,则不需要创建.sysmem 段。

此外,经常提到"堆栈",在这里只讲了栈,那堆(heap)的作用是什么?堆是用来做动态内存分配的,因为在 DSP 上 RAM 资源仍然是相对宝贵的,所以堆占用的存储空间不能无限扩展,对于 near 关键字修饰的堆,其占用的地址空间最大只能到 32K 字;对于 far 关键字修饰的堆,它使用的存储空间由编译器自动设置,默认只有 1K 字。

(5).esysmem。为 far malloc 函数分配动态存储空间。如果没有用到这个函数,则编译器不会自动创建.esysmem 段。

对于汇编器,它会自动创建.text、.bss 和.data 三个段。可以使用#pragma CODE_SECTION 和#pragma DATA_SECTION 来创建更多的段。

默认情况下,各个段所分配的存储空间配置如表 2-1 所示(可根据需要进行更改)。

表 2-1 各个段所默认分配的存储空间

段	存储类型	页	段	存储类型	页
.bss	RAM	1	.esysmem	RAM	1
.cinit	ROM 或 RAM	0	.pinit	ROM 或 RAM	0
.const	ROM 或 RAM	1	.stack	RAM	1
.data	RAM		.switch	ROM 或 RAM	0,1
.ebss	RAM		.sysmem	RAM	1
.econst	ROM 或 RAM	1	.text	ROM 或 RAM	0

最后,以一个 ADC 寄存器对应的内存地址分配的例子,来看看 cmd 文件是如何完成的(事实上所有寄存器的内存地址分配在 TI 的外设和头文件包中已经做好了,这里是个演示)。

首先,在使用寄存器(或者自定义的变量)的头文件或者源程序里,为寄存器(或者自定义的变量)指定一个自定义的段:

```
#ifdef __cplusplus
    #pragma DATA_SECTION("AdcRegsFile")
#else
    #pragma DATA_SECTION(AdcRegs,"AdcRegsFile");
#endif
    volatilestruct ADC_REGS AdcRegs;            //使得结构体被分配在指定的段中
```

然后,在 cmd 文件中,在 SECTIONS 下把 AdcRegsFile 这个段分配到 ADC 这块内存区域中,并在 MEMORY 中定义 ADC 这块内存区域的起始位置和长度。

```
MEMORY
{
PAGE0:      /* Program Memory */
            /* 省略不相关内容的显示 */
PAGE1:/* Data Memory */
            /* 省略不相关内容的显示 */
```

```
    ADC : origin=0x007100, length=0x000020      /* ADC registers */
            /* 省略不相关内容的显示 */
}
SECTIONS
{
    /* 省略不相关内容的显示 */
    AdcRegsFile   :>ADC,    PAGE=1
    /* 省略不相关内容的显示 */
}
```

以上是一个自定义段并制定内存区域的完整例子。如果不需要这样的自定义，则可以默认使用 CCS 自带的 cmd 文件。

2.3 外设寄存器的头文件与初始化

为了对一个外设进行编程，通常只需要对其控制寄存器(一般为 xxxcon 这样的命名)的整体或者相应的位进行编程。更为直接的方式是，直接把一个十六进制的数值写到外设所对应的存储器地址；但在多次操作并且写不同控制值的时候，这样的写方式重复度很高且效率低。在 DSP F28335 的编程中，为了使源程序更加简捷、模块化，往往把一些寄存器的描述、全局变量、结构体、一些模块化定义的参数放在头文件中，并且在多个源程序中都可以进行引用，从而方便编程与程序的修改调试。F28335 DSP C 代码的头文件是 C 函数、宏、外设的结构及变量定义等，这一套文件被称为“头文件”。在这种方式下，寄存器和它们的位用结构体和共用体来进行预定义，并使用 C 代码编写的函数和宏进行结构体的初始化，本质上即对寄存器的相应位进行操作。

下面先举例子看看传统方式与新方法的对比。

传统的寄存器操作方法：

```
#define ADCTRL1 (volatile unsigned int *)0x00007100
#define ADCTRL2 (volatile unsigned int *)0x00007101
...
void main(void)
{
    *ADCTRL1=0x1234;                              //写整个寄存器
    *ADCTRL2 |= 0x4000;                           //复位 ADC 采样的序列 1
}
```

在早期的 DSP 编程中，比如在 TMS320LF2407A 那一代的芯片编程中，一般都使用这样的方法。这种方法是有一定优点的，比如：

(1) 代码比较简洁，输入起来也比较简单。

(2) 变量的名字就是寄存器的名字，方便了从器件手册上面查找相应的信息，更容易理解代码的含义，同时记忆起来也比较方便。

其不足之处在于：

(1) 需要使用单独的掩码来分别操作独立的位，比如上面代码的“*ADCTRL2 |= 0x4000”这一句，为了只操作寄存器的第 14 位，而不对其余的位产生影响，需要使用“|=”这

样麻烦的操作，而且一不小心写错位就会产生错误的结果。

(2) 在调试时，无法很方便地直接在 watch window 里面输入寄存器名字后就直接读出相应位的值；代码的效率不够高，比如在需要对 ADCTRL2 的多个位分别进行操作的时候，需要写很多行"* ADCTRL2 |= *****"这样的代码。

如果需要对寄存器的某一个位进行单独操作怎么办呢？这种情况很常见，比如在一个定时器的控制寄存器的配置中，需要对它的 Timer 使能位进行操作，而其余的位不变，即不受影响。这时，可以用下面这样的操作方法，即一种模块化、结构化的方法，还以前面那个 ADC 寄存器配置的情况为例：

```
void main(void)
{
    AdcRegs.ADCTRL1.all=0x1234;              //需要配置整个寄存器的所有位
    AdcRegs.ADCTRL2.bit.RST_SEQ1=1;          //只配置特定的位,复位 ADC 采样的序列 1
}
```

对比一下上次使用的赋值语句"* ADCTRL2 |= 0x4000;"，再看看本次使用的"AdcRegs.ADCTRL2.bit.RST_SEQ1=1;"，使用的方便程度一目了然。

在使用 CCS 编程的时候，它自带智能提醒功能(前提是所有寄存器及它们的位都已在头文件中定义，并在源程序中引用)。例如只要输入了 AdcRegs，然后按下"."这个符号，CCS 会自动提示第二级的寄存器有哪些。这种编程方式的缺点主要是记忆不方便，好在 CCS 编辑器的自动完成功能解决了此问题；优点则是很容易控制单独的位，可以直接在 watch window 里面观察每一个位的值。

前面讲了两种不同的寄存器书写以及调用的方法。直观上看，书写、记忆方面的不同是它们的区别，那它们的代码大小、代码的效率会不会有什么不同呢？以一个 CPU Timer 操作的程序为例，观察同一段代码分别采用两种方法书写时，编译生成的汇编文件的区别。首先是结构化的定义法(开启相同的编译器选项，都不使用优化选项)。

源程序为：

```
//Stop CPU Timer0
CpuTimer0Regs.TCR.bit.TSS=1;
//Load new 32-bit period value
CpuTimer0Regs.PRD.all=0x00010000;
//Start CPU Timer0CpuTimer0
Regs.TCR.bit.TSS=0;
```

生成的汇编程序为(在单步调试的时候可以直接在 CCS 里面看到，或者开启 CCS 编译时生成.asm 文件的选项)：

```
MOVW DP, #0030
OR @4, #0x0010
MOVL XAR4, #0x010000
MOVL @2, XAR4
AND @4, #0xFFEF
```

编译生成的代码只占用了 5 个字，执行时间为 5 个时钟周期(也说明 CCS 的 C 编译器是十分高效的!)。那传统的方法其效率和结构化定义法会不会一样呢？是变好还是变差？

以下面的这段程序为例进行分析。

源程序为：

```
//Stop CPU Timer0
* TIMER0TCR |= 0x0010;
//Load new 32-bit period value
* TIMER0TPRD32=0x00010000;
//Start CPU Timer0
* TIMER0TCR &= 0xFFEF;
```

编程生成的汇编程序为：

```
MOV @AL, * (0:0x0C04)
ORB AL, #0x10
MOV * (0:0x0C04), @AL
MOVL XAR5, #0x010000
MOVL XAR4, #0x000C0A
MOVL * +XAR4[0], XAR5
MOV @AL, * (0:0x0C04)
AND @AL, #0xFFEF
MOV * (0:0x0C04), @AL
```

从代码的长度就可以明显看出，传统方法生成的代码，其占用的存储空间和执行时间都明显变长了。

读到这里读者可能会问，二者的目的是一样的（停止 CPU 定时器，重载它的周期值，然后重新启动定时器），为何后者的效率要差？分析如下：

(1) 结构化的定义方法可以更好地利用 DP 寻址模式以及前面提到的 F28335 的 CPU 所支持的一种叫“原子指令”的读/写简化机制（Atomics Read/Modify/Write）。

(2) 而#define 这样的定义方式依靠指针来进行随机存取，无法有效利用 F28335 的 Atomic 操作。

一般情况下，F28335 DSP 外设与头文件的主要内容包括：

(1) 所有外设的名字（例如 CpuTimer0Regs，一般是每个单词的首字母大写）、结构（包含控制寄存器、状态寄存器、输入/输出端口）；

(2) 所有的寄存器名字（例如 TCR、TIM、TPR，一般是全部大写字母）；

(3) 寄存器各个位的说明（例如 POL、TOG、TSS，一般是全部大写字母）；

(4) 寄存器的地址。

举例说明，即如下的结构：

```
PeripheralName.RegisterName.all                //Access full 16 or 32-bit register
PeripheralName.RegisterName.half.LSW           //Access low 16-bit of 32-bit register
PeripheralName.RegisterName.half.MSW           //Access high 16-bit of 32-bit register
PeripheralName.RegisterName.bit.FieldName      //Access specified bit fields of register
```

外设的名字、寄存器的名字在每个外设对应的头文件中可以找到，一般情况下和器件手册里面是一一对应的，但是在早期发布的外设与头文件包中可能存在一定的差异，所以如果在 CCS 中编译的时候提示找不到寄存器，或者感觉程序里面的寄存器名字与器件手册不一致时，可在头文件里面核对一下寄存器的地址，因为这是不会改变的。或者是在 CCS 里面直接选择 file→load gel 文件，在下载了. out 文件到 DSP 中的 RAM 之后，就可直接在 CCS 的菜单上单击相应的寄存器内容显示功能了。. gel 文件可用 Windows 系统自带的记事本打开，其内容是添加所有外设的菜单操作与观测。

```
//menuitem "Watch F28335 DSP Peripheral Structures";
...
GEL_WatchAdd("AdcRegs");
...
```

至于头文件里面定义寄存器的方法、结构等，一般情况下没有必要去深究，因为这些头文件是 TI 官方发布的，与当前的器件版本中各个位的定义是一一对应的，并且有定期维护，不会因为使用现有的定义出现编译方面的问题；唯一需要注意的就是，在器件修订版本升级或者外设头文件包升级的时候，要注意读一下修订说明，以避免意外赋值等现象的发生（虽然这种概率也是很小的）。

2.4 数值的处理

为了更深入地理解数值的处理方式，从而编写高效的代码，需要对数值的表示方法、浮点数与定点数的区别、二进制下的数学运算方法等有一定的了解。例如，乘积比乘数大时，结果是如何存储的？需要说明的是，本书所提到的数值处理方法主要适用于 F28335 系列，虽然二进制的处理在大多数 CPU 上大同小异，但是 FPU 的处理以及一些 CPU 指令还是存在一定区别的。

2.4.1 二进制下 2 的补码

二进制的表示方法是计算技术中应用最为广泛的一种数制。以原码的方式表示时，具有以下的典型特点。

(1) 每一位只有两种值：0 和 1；

(2) 每一位都对应十进制系统中 2 的幂；

(3) 最低有效位(Least Significant Bit，LSB)为 1，位于二进制数的最右侧；

(4) 位数越多，代表的数值的绝对值越大。

举两个简单的小例子：

$0110_2=(0\times8)+(1\times4)+(1\times2)+(0\times1)=6_{10}$

$11110_2=(1\times16)+(1\times8)+(1\times4)+(1\times2)+(0\times1)=30_{10}$

可以看出，如果使用原码的方式来表示一个数，那只能表示一个非负的数，因为按照上面的法则，一个 n 位的二进制数，以原码表示时，其最高位也只能表示 2^{n-1}，却无法表示出一个负数，这样在处理有符号数的运算时就会无能为力。为此，采用二进制的反码表示方法，将最左边的位作为最高有效位(Most Significant Bit，MSB)，在表示一个有符号数时，代表这个数值的符号；若 MSB=1，则表示数据为负值；若 MSB=0，则表示数据为正。重复上面的例子，此时二进制数 0110 代表的十进制数结果不变，而二进制数 11110 由于首位变为符号位,代表了一个负数,结果发生了变化。

$0110_2=(0\times-8)+(1\times4)+(1\times2)+(0\times1)=6_{10}$

$11110_2=(1\times-16)+(1\times8)+(1\times4)+(1\times2)+(0\times1)=-2_{10}$

利用补码表示方法首位为符号位的特点,可以分析一下下面这个有趣的运算:

0110_2按位取反后为 1001_2,再加 1,得
$1010_2=-6_{10}$
11110_2按位取反后为 00001_2,再加 1,得
$00010_2=2_{10}$

可以看出,补码表示的数,除符号位外,和按位取反后加 1 得到的结果是一样的,也和减 1 后按位取反得到的结果是一样的,这叫作补码运算的加逆(additive inverse)运算,一个显著的用途就是把减法转变为加法运算。

2.4.2 F28335 的符号扩展模式

F28335 系列的 CPU,既可以处理无符号的二进制数,也可以处理 2 的补码形式的有符号数。F28335 的状态寄存器 ST 中的符号扩展模式位(Sign Extension Mode,SXM),表明了送入累加器的操作数是否运行在符号扩展模式下,它仅适用有符号数的运算情况。在使用汇编语言编程的时候,最好是在每个模块的开头就设置正确的 SXM 模式,以保证得到正确的结果,例如:

```
; Calculate signed value: ACC=(VarB << 10) + (23 << 6);
SETC SXM                        ; Turn sign extension mode on
MOV ACC,@VarB << #10            ; Load ACC with VarB left shifted by 10
ADD ACC,#23 << #6               ; Add 23 left shifted by 6 to ACC
```

通过符号扩展,在把一个很小的数值存到一个位数更多的寄存器中时,首先,需要把小的数值在该寄存器中进行右对齐;其次,要把符号位(即 MSB)填充到寄存器中数值左侧未使用的所有位中,这就是 F28335 的符号扩展模式。这样做的目的是什么呢?先看下面的例子,以前面例子用到的 6_{10} 和 -2_{10} 存入一个 8 位的寄存器为例,如表 2-2 所示。

表 2-2 符号扩展示例

原始数据	右对齐	符号扩展
$0110_2=6_{10}$	0110	$0000\ 0110=6_{10}$
$11110_2=-2_{10}$	11110	$111\ 111100=-2_{10}$

从表 2-2 中可以看出,因为正数的符号位为 0,所以在经过符号扩展后,添加的位全部是 0,结果不受到任何影响,而负数的符号位为 1,添加了多个 1 后,最终表示的数仍然是正确的。扩展符号位的主要目的,就是保持负数的符号不变,从而输出正确的结果。11110_2如果不扩充符号位,存入 8 位寄存器变成 $000\ 11110_2$,结果变成了 30_{10},显然错误。那只扩充第一个符号位呢?11110_2变成 $100\ 11110_2$,结果成了 -98_{10},也不对。

2.4.3 二进制乘法

F28335 的 CPU 在执行乘法运算时，操作数是 16 位的，并对结果进行 32 位的累加（32 位×32 位的乘法也是被 MAC 支持的，但是结果分为高 32 位和低 32 位，在使用汇编编程时需要手动选择将哪一半结果保存在乘法结果寄存器 P 中）。为了简化说明过程，以 2 个 4 位的二进制有符号数的乘法为例，结果送入 8 位的累加器，存储单元是 4 位的，对应实际 F28335 系统里面 16 位的操作数，32 位的累加器，16 位的存储单元位宽，其计算过程如图 2-2 所示。

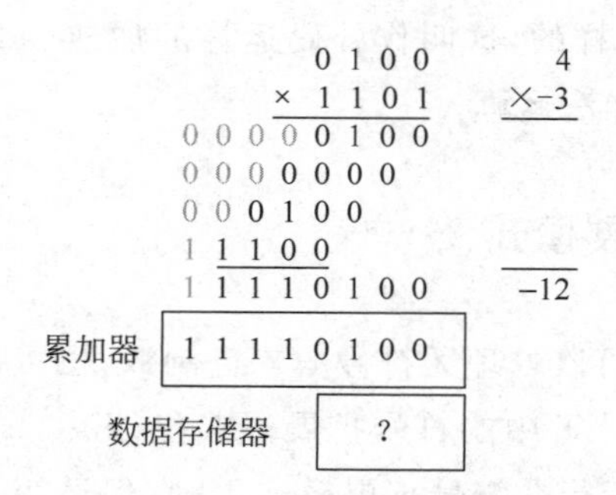

图 2-2 有符号的整数乘法

通过上面的例子看出，补码二进制乘法的方法与普通十进制乘法的方法是一致的，但是在最后一次运算中，将符号位考虑在内了；此外，在有符号数的补码乘法中，要对结果进行符号位扩展，才能将正确的结果保存到累加寄存器中。

此时存在另外一个问题：如何把 8 位的累加器中的结果存入 4 位的存储器？如果把累加器的结果截取，只存低 4 位或者高 4 位，显然将导致错误的结果输出。如果把高、低 4 位各存入两个存储单元，结果当然是正确的，但是将不可避免地增加代码尺寸、存储器空间占用和指令时间，因为写两个存储单元要使用至少两个指令周期。

2.4.4 二进制小数

二进制整数的运算相对来说还是比较简单的，真正复杂的在于小数的运算。小于 1 的小数（纯小数）之间，无论如何互相相乘，其结果都不会超过－1～1 的范围，因此，如果上一节的例子中是两个纯小数相乘，在保存累加器的内容到存储单元时就不会有什么困难了。要正确高效地使用二进制小数的运算，首先要了解小数用二进制是如何表示的。为了有效地表示有符号数，仍然需要用 2 的补码形式。此时，最左边的位仍然为 MSB，代表符号位，其余的位则依次表示 1/2 的幂，即

-2^0	·	2^{-1}	2^{-2}	2^{-3}	…	$2^{-(n-1)}$

举例如下：

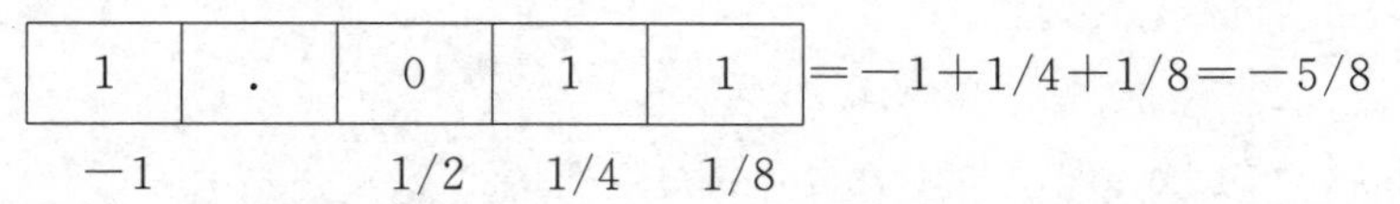

在 F28335 的 CPU 执行乘法时，CPU 在接收到操作数之后，其本身并不知道收到的二进制数是纯小数还是整数类型，因此需要编程者首先清楚结果如何解释。仍以上节中的两个二进制数乘法为例，需要注意的是，此时假设的是两个小数相乘的情况，所以结果会发生变化，如图 2-3 所示。

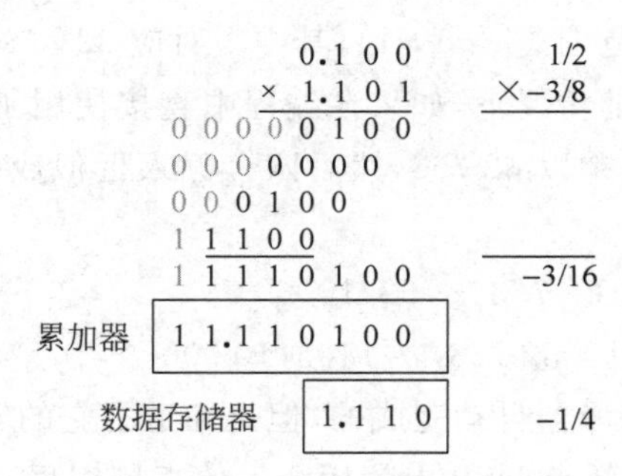

图 2-3　二进制小数的乘法

注意观察乘法结果中小数点的位置，可以看出其小数位的位数确定方法和普通的十进制小数乘法是相同的，即乘法结果的小数位数等于两个乘数的小数位数之和。如果舍弃后 3 位，即放弃 3 位精度，此时结果正好是 4 位，存入数据存储单元之中，从小数位数的角度考虑，可以定义这样“1 位整数＋3 位小数”来表示一个小数的格式为 Q3，即 Q 代表小数位数。假设相乘的两个小数数一个是 Qx，另一个是 Qy 格式，则在不减少精度的情况下，结果的格式是 $Q(x+y)$。保存 $Q(x+y)$ 可以保留最多的有效位，但是也要考虑到数据占用的存储空间等问题。

2.4.5　定点编程与浮点编程

在编译程序的时候，TI 的 COFF 格式可以识别出十进制、十六进制、二进制等形式，但是这些形式无一例外的都是整数形式。虽然在编写代码时可以使用小数、浮点数，但是经过编译器编译之后送给 CPU 的仍然还是整数的形式，所以首先要清楚小数和整数之间的转换关系。

这个转换关系的思想，与电机控制系统里面经常用到的“标准化”是类似的，以 16 位的有符号整数表示 Q15 格式的小数为例，如图 2-4 所示。

1 — 32 767 — 0x7FFF
1/2 — 16 384 — 0x4000
0 — 0 — 0x0000
−1/2 — −16 384 — 0xC000
−1 — −32 767 — 0x8000
×32 768 (2^{15})

图 2-4　16 位有符号数与纯小数的转换关系

以 $y=0.707x$ 为例，可以使用如下代码进行转换。

```
void main(void)
{
    int16 coef=32768 * 707 /1000 ;            //0.707 in Q15
    int16 x, y;
    y= (int16) ( (int32) coef * (int32) x ) >>15);
}
```

16 位的有符号数，采用 Q15 的格式，意味着小数位数是 15 位，整数位同时是符号位只有 1 位，那它所代表的小数范围是[－1, 1)，其中 1 对应 32 768，－1 对应于 32 768。所以在不启用 FPU 进行浮点处理的情况下，如果在编程中直接使用了一个小数，那编译器编译程序的时候将首先把这个小数乘以 32 768，然后四舍五入近似成整数之后再送入编译器。具体的过程看下面的两个例子。

小数 0.62 的表示方法：32 768 × 62/100

小数 0.1405 的表示方法：32 768 × 1405/10 000

上述的转换工作是由编译器自动完成的，但是知道了它的转换过程之后，就能明白在定点 DSP 或者未启用 FPU 的浮点 DSP 上使用浮点数直接编程，为何效率会比全部用整数编程低得多了，因为每次小数到整数的转换都伴随着一次乘法和除法。如果自己在编程时预先把所有的浮点数都手动转换为整数格式，运算效率自然会提高，但是编程的速度也将大打折扣。

总结整数类型和纯小数类型的各自特点如下。

(1) 整型：表示的数的范围由变量的位数 n 决定，n 越大表示的数的范围越大；整型变量的精度固定为 1；两个绝对值大于 1 的整数相乘，其乘积将扩大，有可能超过位数 n 表示的范围，造成上溢(overflow)或者下溢(underflow)。16 位×16 位的整数乘法，其结果为 32 位，F28335 的累加器是 32 位的，可以正常保存累加结果，但是当把 32 位的结果存储到 16 位宽的存储单元中时，存在如何取舍的问题。

(2) 纯小数：表示的数的范围是[－1, 1)，精度由变量的位数 n 决定；小数位数越多，有效位数越高；两个纯小数相乘，其乘积的范围永远在[－1, 1)的范围内，但是在变量的位数 n 确定的情况下，会损失一定的精度，例如 16 位×16 位的小数乘法的乘积保存在 32 位的累加器中时，不存在精度的损失，但是如果把结果的前 16 位存储到存储单元中，就损失了后 16 位的精度。通常情况下，认为只要有±0.5 LSB 的精度，数据就是精确的，那么一次累加之后的最坏情况下，误差是 1 LSB；经过 256 次累加，此时累积误差达到 8 LSB，如果将累加器的高 16 位存入存储单元中，虽然会损失一部分精度(这是不可避免的)，但是累加过程中的误差也同样被消除了。

2.4.6 IEEE-754 单精度浮点

F28335 的 FPU 完全支持 IEEE-754 单精度的 32 位浮点格式。以二进制表示，其数据格式示意为：

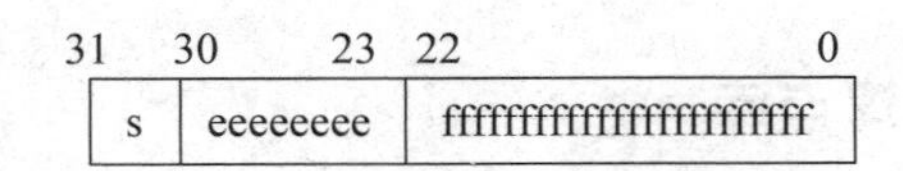

其中，最高位即第31位为符号位，第23～30位为指数位，低23位为尾数，即小数位。其表达数据的含义为：

(1) 如果指数＝255且尾数≠0，则结果＝NaN。NaN"是不是一个数"(Not a Number)的缩写，主要用于表达出错的数据，例如求0.0除以0.0或者求负数的平方根，都会导致结果是NaN。

(2) 如果指数＝255且尾数＝0，则结果＝＋Inf或者－Inf。Inf是无穷(infinite)的缩写。根据符号位s来决定，s为0则结果为＋∞，s为1则结果为－∞。

(3) 如果0＜指数＜255，则结果＝$(-1)^s \times 2^{(指数-127)} \times (1.尾数)$。

"1.尾数"说明位数表示是一个大于1的小数，即带小数。

(4) 如果指数＝0且尾数≠0，则结果＝$(-1)^s \times 2^{(-126)} \times (0.尾数)$。

"0.尾数"说明位数表示是一个小于1的小数，即纯小数。

(5) 如果指数＝0且尾数＝0，则结果＝$(-1)^s \times 0.0$。

例如，十六进制的0x41200000对应的符号位为0即正数，指数位＝130，尾数＝0.25，对应上面的情况(3)，则它表示的浮点数是：$(-1)^0 \times 2^{(130-127)} \times (1.25) = 10.0$。

从上面的5种转换关系可以得出结论：绝对值大的数，指数部分与小数部分相乘之后，小数点会向左移动，造成了精度的损失。单精度浮点23位尾数换算为十进制后，数值的精度只有7位，因为尾数部分有23位，在二进制与十进制分别表示的数的个数相等的情况下，有$2^{23}=10^{23k}$，$k=\lg^2 \approx 0.301$。所以，2^{23}换算到十进制，相当于有$23 \times \lg^2 \approx 6.9237$位精度。精度的损失可以用下面的例子来说明。

300 000.00和300 000.01是相等的吗？

从数学关系上讲，显然两个数字是不相等的。但是在IEEE 754单精度浮点里，在小数点后有23位数，而1.000...000经过2^{23}的运算后小数点会往前移动18位，那么小数点后面就只剩下5位，最小只能表示到$1/(2^5)=0.031\ 25>0.01$，即精度损失之后，无法表示到0.01这么小的间隔上，所以在实际的存储空间里面两个数表示的值是相等的。

从上面的叙述中可以看出，绝对值越小，分辨率越高；绝对值越大，分辨率越低。所以，采用IEEE-754单精度浮点格式时，从数轴上看，离原点越近，精度越高，离原点越远，精度就越低，如图2-5所示。

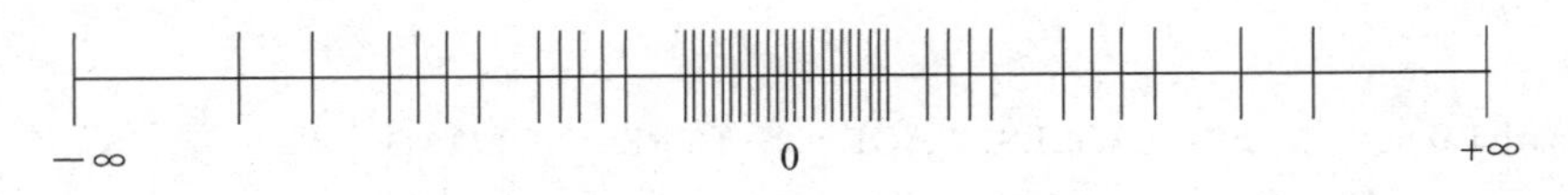

图2-5 IEEE 754格式精度与数值范围示意图

使用浮点方式进行编程，其效率要比把浮点手动转换为定点的方式高得多，且易于调试。F28335的FPU对IEEE 754单精度浮点有着完美的支持，但是在CCS环境下使用FPU进行浮点处理时，一定要打开相应的FPU选项，并添加相应的库文件。此外，在编写程序时，一些除以常数的操作，比如一个变量Voltage/4096.0，并不需要把"/4096.0"手动转换为"×0.000 244 140 625"，因为编译器在编译时会自动转换。

2.4.7 调用 TI 的实时浮点库

为了方便用户更高效地进行编程，F28335 的 BootROM 中固化了常用的 FPU 数学表，称为 FPU 的快速实时支持库(Fast Run-Time Support(RTS) library)，其运算已经被高度优化，执行效率达到最优化，其中包含了如下的三大类数学函数。

(1) 三角函数：atan、atan2、sin、cos、sincos(即结果同时输出正弦值与余弦值)。

(2) 平方根函数：sqrt、isqrt(平方根的倒数)。

(3) 除法运算：在程序中直接使用除法符号“/”即可。

为了正常地调用上面的库函数，在程序编译之前首先要完成以下步骤。

(1) 升级 CCS 的 F28335 codegen tools 到 V5.0.2 及其以上的版本。如果安装最新的 CCS 开发环境，则可以忽略此步骤。

(2) 在 TI 官方网站下载 F28335 Floating Point Unit FastRTS Library 的相关文件，解压之后包括说明文档、库文件、头文件以及一个示例工程。将相关的头文件、库文件加入自己的工程之中。

(3) 在需要调用上述数学函数的地方，添加对文件 F28335_FPU_FastRTS.h 以及 math.h 的引用。

(4) 需要将 CCS 的编译选项修改为：

```
-g -o3 -d"_DEBUG" -d"LARGE_MODEL" -ml -v28 --float_support=fpu32
```

与未调用快速实时支持库的工程的主要区别在于，启用了最大程度的优化(-o3)，添加了 FPU 的支持(--float_support=fpu32)。

(5) 在 cmd 文件中需要添加 FPU 数学表的地址定义，如下：

```
MEMORY
{
PAGE 0 :
...
FPUTABLES : origin=0x3FEBDC, length=0x0006A0
...
}
SECTIONS
{
...
FPUmathTables : > FPUTABLES, PAGE=0, TYPE=NOLOAD
...
}
```

(6) 各个数学函数在调用时的方法与普通的 C 程序中直接引用数学函数的方法基本一致，例如：

```
#include <math.h>
#include "F28335_FPU_FastRTS.h"
float32 atan2 (float32 X, float32 Y)
```

对除法的引用也十分简单，例如：

```
float32 X, Y, Z;
...
<Initialize X, Y>
...
Z=Y/X                                    //实质是内部调用了 FS$$DIV 函数
```

在调用 FPU 数学表时，各个函数的执行时间是确定的，根据程序存储位置是位于零等待的 RAM 还是 BootROM 中，结果存在一定的差别，如表 2-3 所示。

表 2-3 FPU 数学表中函数的调用时间

数学函数与存储位置	零等待 SARAM	BootROM
atan	47	51
atan2	49	53
cos	38	42
division	24	24
isqrt	25	25
sin	37	41
sincos	44	50
sqrt	28	28

2.5 DSP 编程中的数据类型

DSP 的 C/C++编程时支持的数据类型如表 2-4 所示。

表 2-4 C28x C/C++支持的数据类型

类型	位宽/bit	内部表示方法	最 小 值	最 大 值
char，signed char	16	ASCII	−32 768	32 767
unsigned char，_Bool	16	ASCII	0	65 535
short	16	2 的补码	−32 768	32 767
unsigned short	16	二进制	0	65 535
int，signed int	16	2 的补码	−32 768	32 767
unsigned int	16	二进制	0	65 535
long，signed long	32	2 的补码	−2 147 483 648	2 147 483 647
unsigned long	32	二进制	0	4 294 967 295
long long，signed long long	64	2 的补码	−9 223 372 036 854 775 808	9 223 372 036 854 775 807
unsigned long long	64	二进制	0	18 446 744 073 709 551 615
enum	16	2 的补码	−32 768	32 767
float	32	IEEE-754 32bit	1.192 092 90e−38	3.402 823 5e+38

续表

类型	位宽/bit	内部表示方法	最 小 值	最 大 值
double	32	IEEE-754 32bit	1.192 092 90e−38	3.402 823 5e+38
long double	64	IEEE-754 64bit	2.225 073 85e−308	1.797 693 13e+308
pointers	16	二进制	0	0xFFFF
far pointers	22	二进制	0	0x3FFFFF

注：

(1) float、double 和 long double 显示的是最小的精度。

(2) 在 C28x DSP 中，一个字节(byte)是 16 个比特(bit)，即 16 位，这与通常在 PC 上讲的一个字节是 8 个比特的概念是不一样的，在计算时一定要注意。

(3) ANSI/ISO C 中，sizeof 运算符返回的 char 类型的宽度是 1bit。但是在 C28x DSP 中，为了给 char 类型的变量分配独立的地址，char 类型的宽度被设置为 16bit，即一个 C28x DSP 的字节。所以在 C28x DSP 中，字节(byte)和字(word)都是 16bit 宽，是等效的。

在了解了 F28335 DSP 支持的数据类型的基础上，还要特别注意以下问题。

1. 64 位整数的处理

从表 2-4 中，可以看出 F28335 的编译器是支持 64 位的整数类型的，这使得在处理某些高精度智能编码器的反馈数据时特别方便。一个 long long 类型的整数需要使用 ll 或者 LL 前缀，才能被 I/O 正确处理，例如，使用下面的代码才能正确把它们显示在屏幕上：

```
printf("%lld", 0x0011223344556677);
printf("%llx", 0x0011223344556677);
```

需要注意的是，虽然编译器支持了 64 位整数，但是实际的 CPU 的累加器还有相关的 CPU 寄存器仍然是 32 位的，在程序运行时，64 位整数类型是被 CPU“软支持”的。可以添加相关的实时运行库来提高效率，其中包含了 llabs()、strtoll()和 strtoull()等函数。

2. 浮点的处理

从表 2-4 中可以看出，C28x 的编译器支持 32 位的单精度浮点、64 位的单精度和双精度浮点运算。在定义双精度 64 位变量时，也要记得使用 l 或者 L 前缀，否则会被视为双精度的 32 位变量，造成精度的损失。例如：

```
long double a=12.34L;          /* 初始化为双精度 64 位浮点 */
long double b=56.78;           /* 把单精度浮点强制类型转换为双精度浮点 */
```

在 I/O 处理时，也要标有相关的前缀，例如：

```
printf("%Lg", 1.23L);
printf("%Le", 3.45L);
```

需要注意的是，虽然编译器支持了双精度浮点，但是 FPU 只支持硬件的 32 位单精度浮点，在程序运行时，双精度浮点类型是被 CPU“软支持”的。特别是 long double 的操作，需要多个 CPU 寄存器的配合才能完成(代码尺寸和执行时间都会变长)；在多个 long double 操作数的情况下，前两个操作数的地址会传递到 CPU 辅助寄存器 XAR4 和 XAR5 中，其他的地址则被放置在栈中。例如下面的代码：

```
long double foo(long double a, long double b, long double c)
{
long double d=a + b + c;
return d;
}
long double a=1.2L;
long double b=2.2L;
long double c=3.2L;
long double d;
void bar()
{
d=foo(a, b, c);
}
```

在函数 bar()中调用 foo 的时候,CPU 寄存器的值如表 2-5 所示。

表 2-5 CPU 寄存器的值

CPU 寄存器	寄存器的值
XAR4	变量 a 的地址
XAR5	变量 b 的地址
*-SP[2]	变量 c 的地址
XAR6	变量 d 的地址

在 C28x 的浮点操作中,以加法为例,其汇编代码是有区别的:

```
LCR FS$$ADD          ;单精度加法
LCR FD$$ADD          ;双精度加法
```

一般情况下,没有特殊的需要,完全可以不使用双精度的浮点,例如在电机控制系统中,因为 A/D 采样的精度限制,整个系统无法实现双精度浮点那么高的精度。

3. 在不同类型的数据之间赋值时,要仔细检查

单精度与双精度,有符号与无符号,一个大于 65 535 的数赋给 16 位宽的类型,它们之间不正确的转换要么会导致精度的损失,要么会直接导致错误的输出结果。

例如,假设用 Excel 处理 DSP 输出数据的话,因为 Excel 中浮点类型只能使用双精度的浮点数,所以如果把 DSP 中单精度的浮点数据取出放入 Excel 中,会发现数据将发生变化,例如,单精度浮点的 0.2 放到 Excel 中,就变成了 0.200 000 002 980 232。

4. C 语言编程时,需要特别注意乘法和除法

在 C 语言中,双目运算符两边运算数的类型必须一致,才能得到正确的输出结果。例如:

```
1.0/2.0=0.5
1.0/2=0
```

所以在使用乘法和除法时,涉及类似上面例子的操作时,可在相关的变量、常量中添加小数点,或者乘以小数 1.0 等类似的操作,保证输出结果的正确性。

2.6 基于 CCS 6.x 的开发流程

Code Composer Studio 是一种集成开发环境(IDE),支持 TI 的微控制器和嵌入式处理器产品系列。Code Composer Studio 包含一整套用于开发和调试嵌入式应用的工具。它包含了用于优化的 C/C++编译器、源码编辑器、项目构建环境、调试器、描述器以及多种其他功能。直观的 IDE 提供了单个用户界面,可帮助用户完成应用开发流程的每个步骤。从 4.0 版本开始,Code Composer Studio 将 Eclipse 软件框架的优点和 TI 先进的嵌入式调试功能相结合,为嵌入式开发人员提供了一个引人注目、功能丰富的开发环境。读者可在 TI 网站搜索该软件并免费下载;可以使用免费授权的版本进行学习,虽然它存在最大 32KB 的代码尺寸限制,但是对于初学者和一般的应用来说是完全没有问题的。

本节将介绍如何使用 TI 公司的软件开发环境 CCS 来完成 DSP 软件的开发工作,本节相关操作以 6.0 版本 CCS 为基础;4.x 与 5.x 版本的使用方法与 6.x 版本非常类似。

2.6.1 新建工程

双击桌面图标,弹出图 2-6 所示的工作区间指定对话框,工作区间用于保存用户对软件的所有配置。

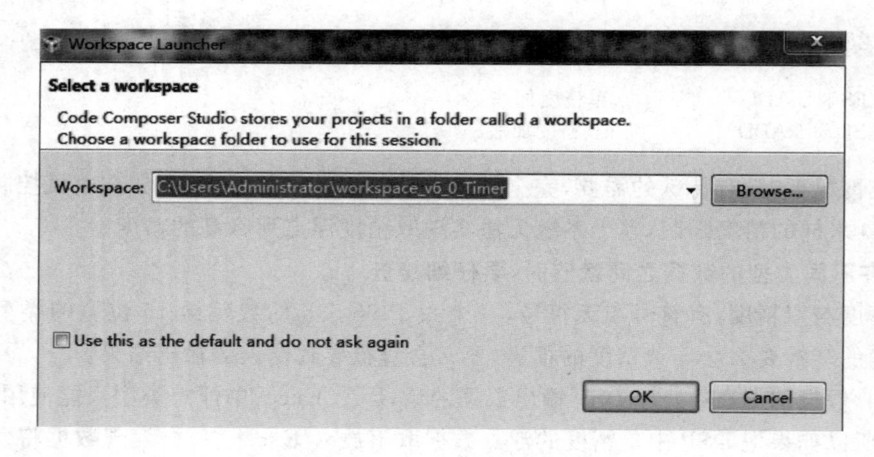

图 2-6 指定一个工作区间

单击 OK 按钮进入 CCS 主界面,如图 2-7 所示。

以下将以 TMS320F28335 的定时器开发为例介绍如何使用 CCS 的各种功能。在主界面中单击图标,或选择 File→New→CCS Project,将打开工程建立对话框,如图 2-8 所示。

Target 下拉列表框中选择芯片类型为 TMS320F28335,在 Project name 文本框中输入工程名,接下来选择 Empty Project,单击 Finish 按钮即完成一个工程的建立。在工程管理窗口中可以看到建立的工程,如图 2-9 所示。

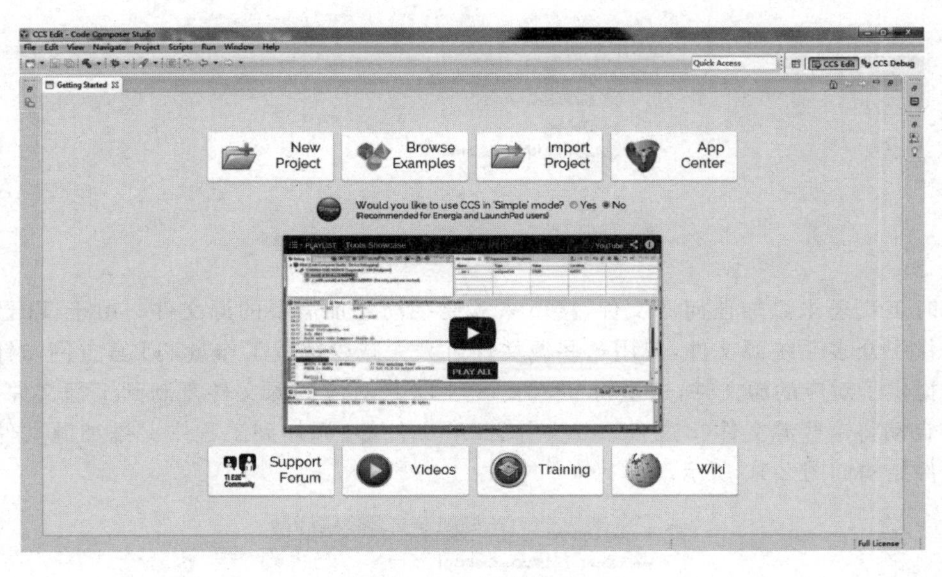

图 2-7　CCS 主界面

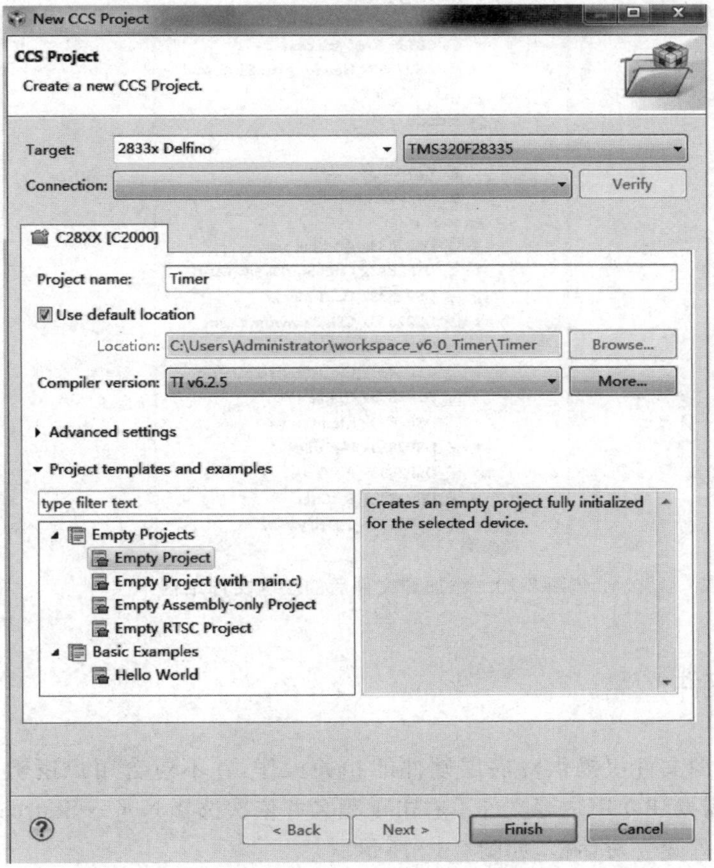

New CCS Project

CCS Project

Create a new CCS Project.

Target: 2833x Delfino　TMS320F28335

Connection:　Verify

C28XX [C2000]

Project name: Timer

Use default location

Location: C:\Users\Administrator\workspace_v6_0_Timer\Timer　Browse...

Compiler version: TI v6.2.5　More...

Advanced settings

Project templates and examples

type filter text

Empty Projects
- Empty Project
- Empty Project (with main.c)
- Empty Assembly-only Project
- Empty RTSC Project

Basic Examples
- Hello World

Creates an empty project fully initialized for the selected device.

?　< Back　Next >　Finish　Cancel

图 2-8　工程建立对话框

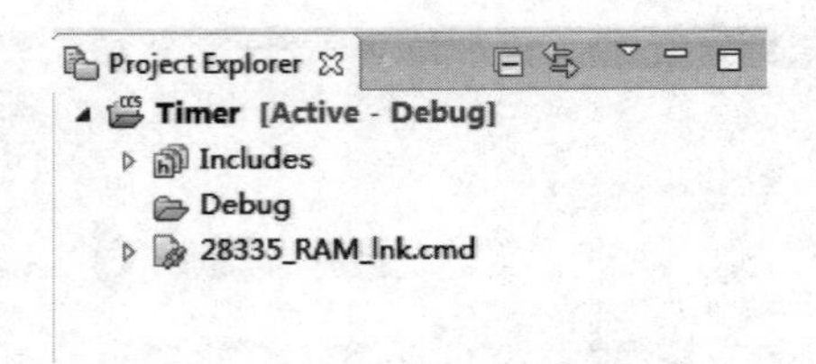

图 2-9 建立的工程

此时工程还未添加任何源文件，接下来需要手动添加需要的源文件。由于 TI 已经为用户提供了众多系统源文件，使用这些源文件可大大减少编程工作量，TI 官方网站针对不同器件提供了对应的源文件，这里将 2833x 系列 DSP 对应的源文件复制到工程文件夹下，CCS 会自动将这些源文件(c 文件、lib 文件、cmd 文件等)添加到工程中。添加源文件后的工程文件结构如图 2-10 所示。

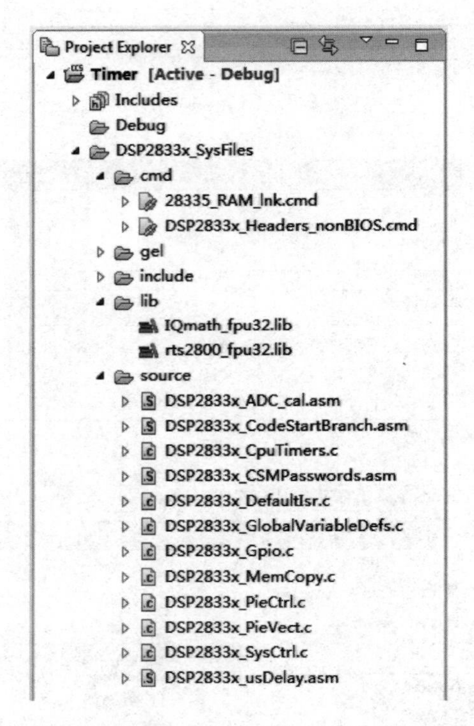

图 2-10 添加源文件后的工程文件结构

2.6.2 添加文件

系统提供的源文件仅提供对底层硬件的相关操作，并不包含用户逻辑如 main()函数等，因此这里还需要建立用户源文件。右击工程名并依次选择 New→Source File，如图 2-11 所示。打开源文件建立对话框，如图 2-12 所示。

这里将源文件命名为 main. c，单击 Finish 按钮完成源文件的建立，并将其添加到工程中。在 main. c 文件中输入以下代码，代码实现的功能为：定时器 0 产生 100μs 的中断周

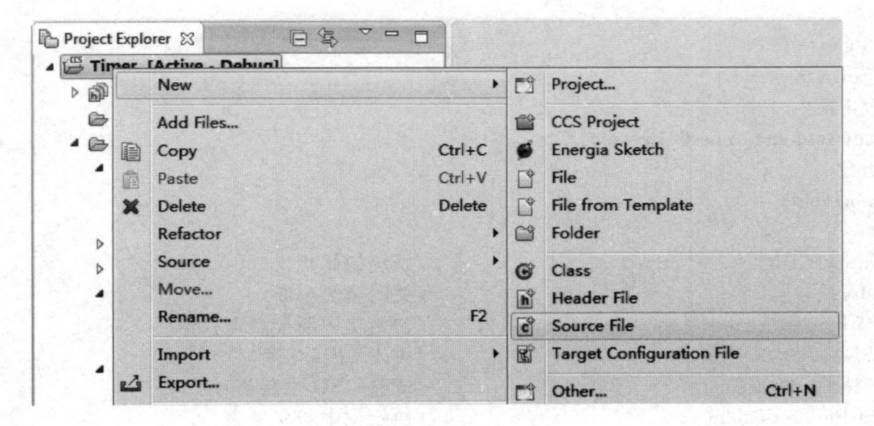

图 2-11 建立源文件

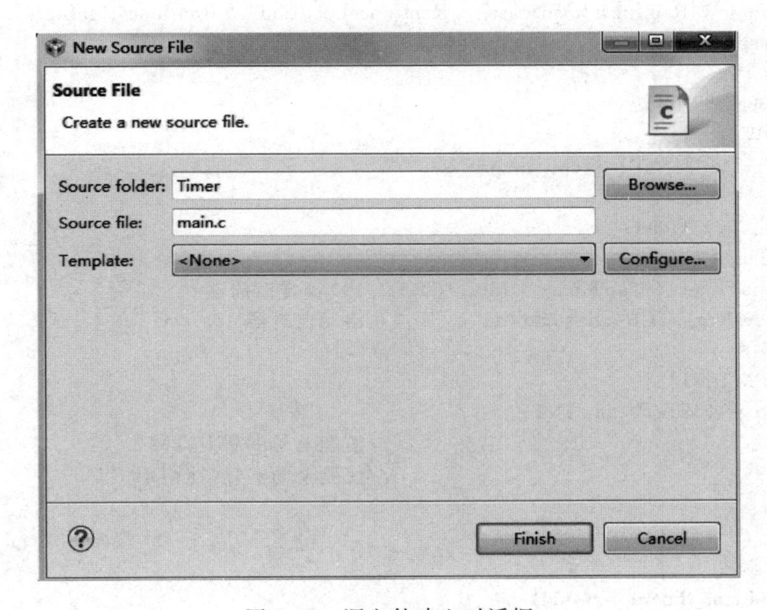

图 2-12 源文件建立对话框

期，在中断函数中进行正弦函数量化处理，产生周期为 20ms 的正弦波。

代码：

```
#include"DSP28x_Project.h"
#include<math.h>
//宏定义
#define FLASH_RUN 1
#define SRAM_RUN 2
#define RUN_TYPE SRAM_RUN
//变量声明
#if RUN_TYPE== FLASH_RUN
    extern Uint16 RamfuncsLoadStart;
    extern Uint16 RamfuncsLoadEnd;
    extern Uint16 RamfuncsRunStart;
```

```
#endif
Uint16 Cnt=0;
int16 SinData=0;
//函数声明
interrupt void cpu_timer0_isr(void);
//主函数
voidmain(void)
{
    InitSysCtrl();                              //系统初始化
    DINT;                                       //关闭全局中断
    InitPieCtrl();                              //初始化中断控制寄存器
    IER=0x0000;                                 //关闭 CPU 中断
    IFR=0x0000;                                 //清除 CPU 中断信号
    InitPieVectTable();                         //初始化中断向量表
#if RUN_TYPE== FLASH_RUN
    MemCopy(&RamfuncsLoadStart, &RamfuncsLoadEnd, &RamfuncsRunStart);
    InitFlash();
#endif
   //中断向量地址更新
   EALLOW;
   PieVectTable.TINT0=&cpu_timer0_isr;
   EDIS;
   //初始化 Cpu Timers
   InitCpuTimers();
   ConfigCpuTimer(&CpuTimer0, 150, 100); //100μs 定时周期
   CpuTimer0Regs.TCR.all=0x4001;          //启动定时器
   //使能中断
   IER |= M_INT1;
   PieCtrlRegs.PIEIER1.bit.INTx7=1;
   EINT;                                  //使能全局中断 INTM
   ERTM;                                  //使能全局实时中断 DBGM
   for(;;);
}
//中断处理函数
interrupt void cpu_timer0_isr(void)
{
   Cnt++;
   if(Cnt==201)
   {
      Cnt=0;
   }
   SinData=(int16)(sin(Cnt*1.0/200*6.28)*4096);
   PieCtrlRegs.PIEACK.all=PIEACK_GROUP1;
}
```

2.6.3 工程属性配置

在对程序进行编译前需要对工程属性进行配置，右击工程名并选择 Properties，将打开工程属性设置对话框，对 General 页面进行相应的配置，如图 2-13 所示。

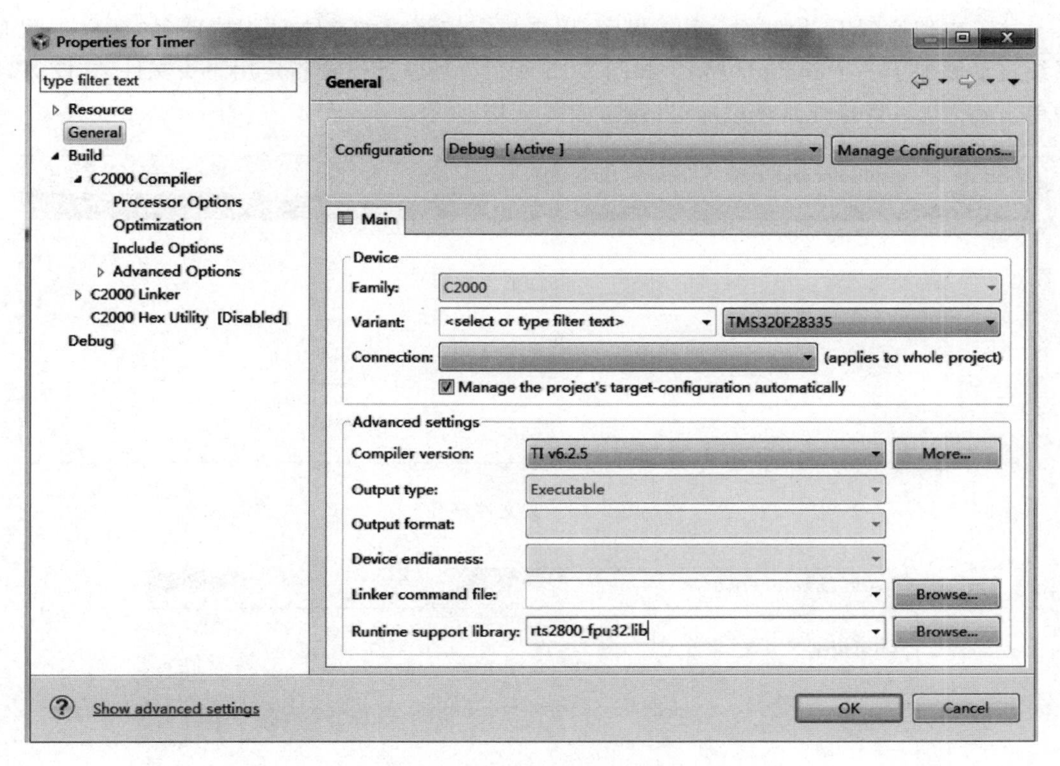

图 2-13　General 配置界面

由于使用的 TMS320F28335 DSP 具有浮点运算单元，因此在 Processor Options 页面中要选择 fpu32 模式，如图 2-14 所示。

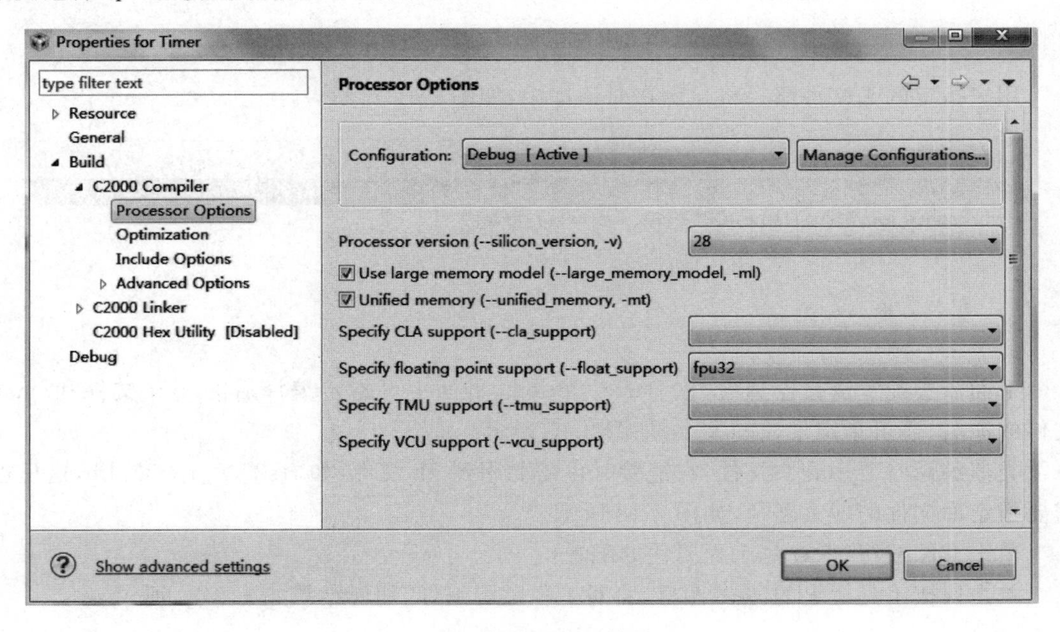

图 2-14　使能浮点运算单元

接下来切换到 Include Options 界面，用来指定编译时的头文件搜索路径，建立工程时系统自动添加了一个 include 路径，如图 2-15 所示。通常还需要指定用户头文件，在图 2-15 中单击 图标，将打开路径添加对话框，如图 2-16 所示。

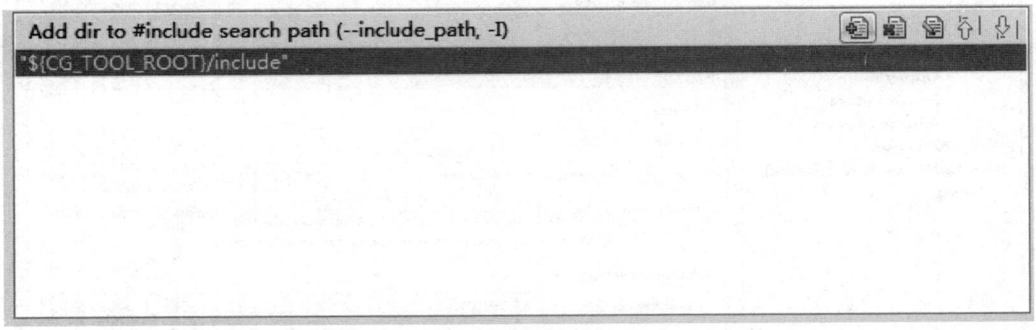

Add dir to #include search path (--include_path, -I)
"${CG_TOOL_ROOT}/include"

图 2-15　头文件路径

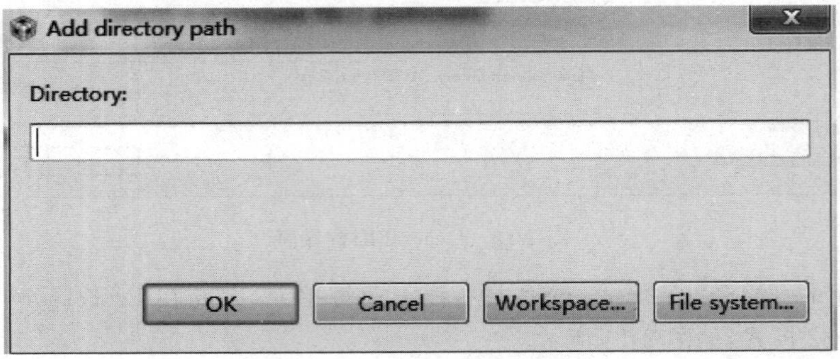

Add directory path
Directory:
OK
Cancel
Workspace...
File system...

图 2-16　指定头文件路径

用户指定的头文件路径将显示在对话框中，如图 2-17 所示。

Add dir to #include search path (--include_path, -I)
"${CG_TOOL_ROOT}/include"
"${workspace_loc:/${ProjName}/DSP2833x_SysFiles/include}"

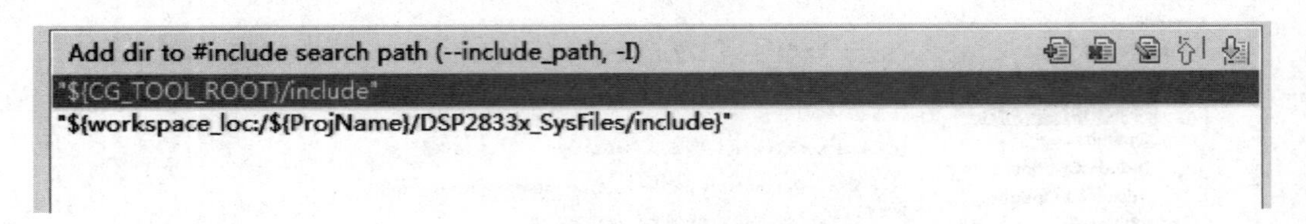

图 2-17　头文件路径

下面需要配置链接器选项，在 Basic Options 页面中可指定编译后的.out 文件和.map 文件的命名，还可指定堆栈的大小，如图 2-18 所示。

类似编译时要用到头文件，在链接时也需要用到 lib 文件，如 rts2800_fpu32.lib，这里也需要指定库文件的搜索路径，如图 2-19 所示。

单击 OK 按钮，保存对工程属性的配置。

单击快捷工具栏上的 图标，将对工程进行编译，编译结果如图 2-20 所示。

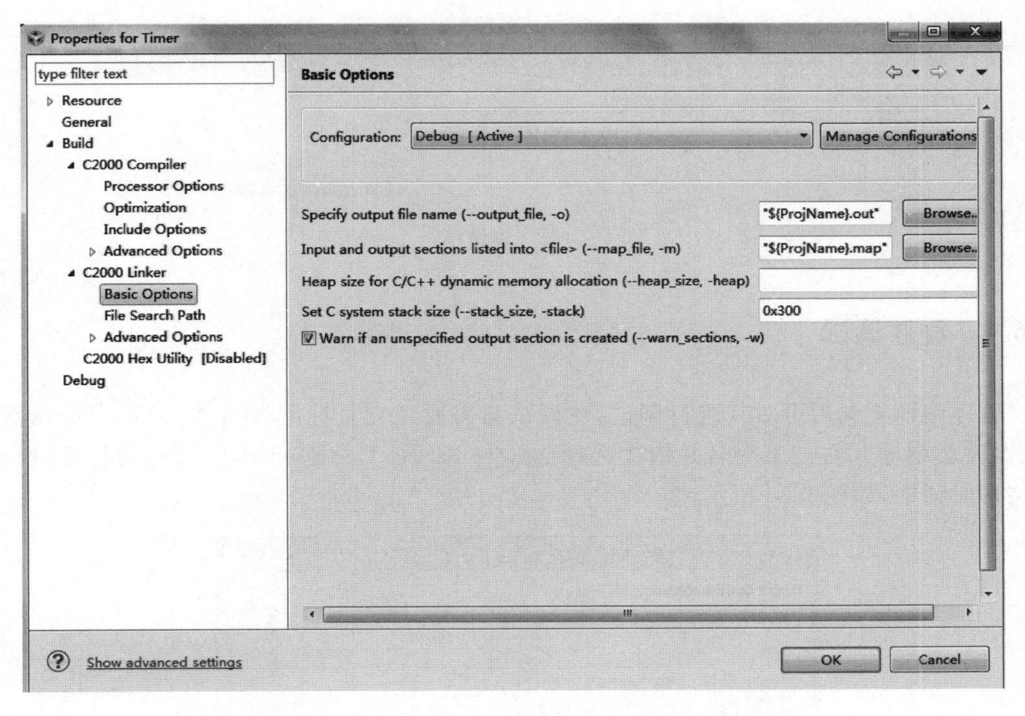

图 2-18 C2000 Linker-Basic Options 页面

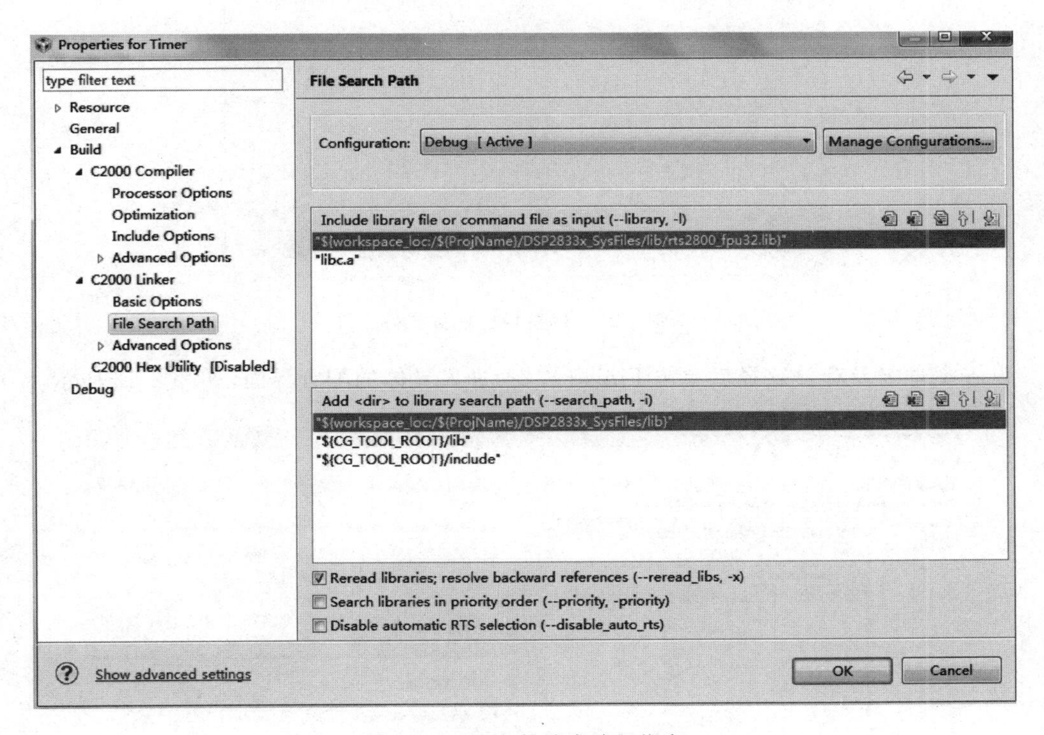

图 2-19 lib 文件搜索路径指定

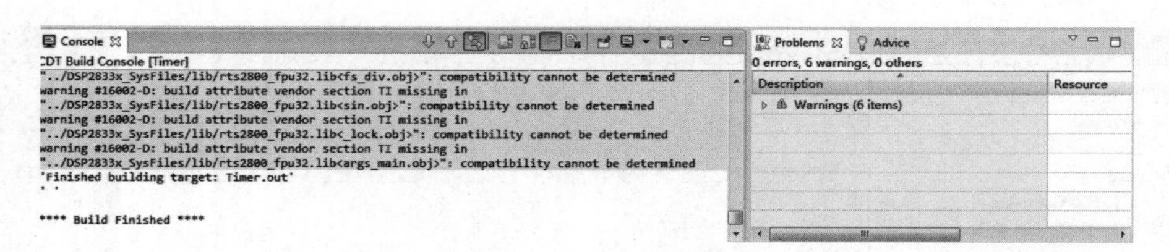

图 2-20 编译结果

2.6.4 程序调试

程序编译无误后可对其进行调试，在调试前需要建立目标配置文件，以指定仿真器类型、器件类型等。右击工程名并依次选择 New→Target Configuration File，将打开目标配置文件对话框，如图 2-21 所示。

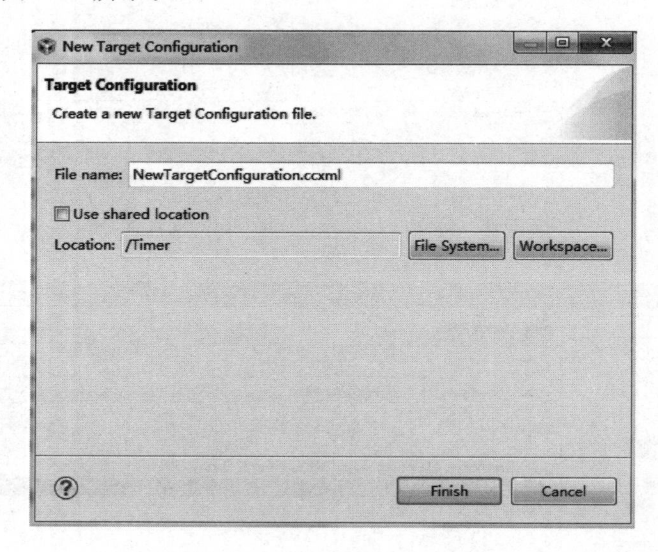

图 2-21 建立目标配置文件

设置文件名及存放路径后单击 Finish 按钮，进入具体的配置界面，如图 2-22 所示。

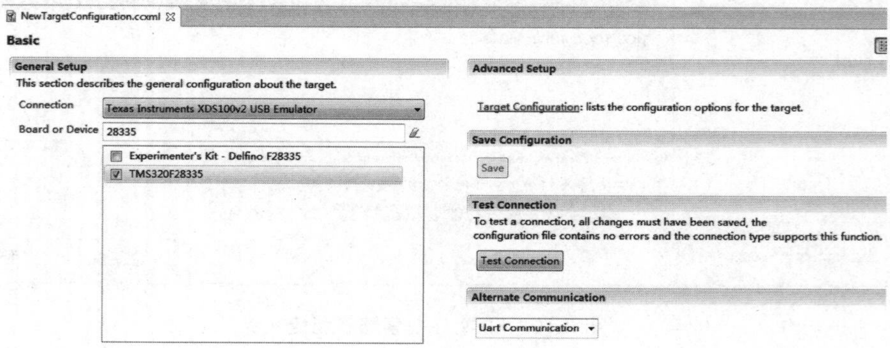

图 2-22 目标配置选项

在 Connection 选项中选择合适的仿真器类型，在 Board or Device 选项中指定合适的 DSP 类型，单击 Save 按钮进行保存。正确连接仿真器与目标板并保证芯片处于上电状态，单击 Test Connection 按钮来测试连接路径是否有误，测试报告如图 2-23 所示。

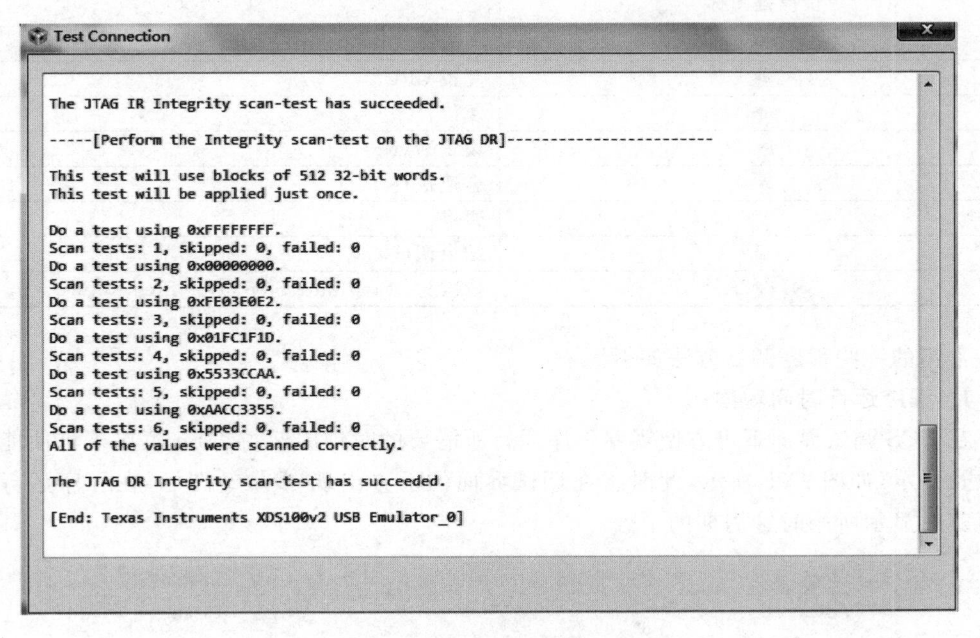

图 2-23　目标连接测试报告

目标连接成功后可进行软件调试，单击快捷工具栏中的图标，系统将自动把生成的可执行文件下载到芯片内，并进入调试模式界面，如图 2-24 所示。

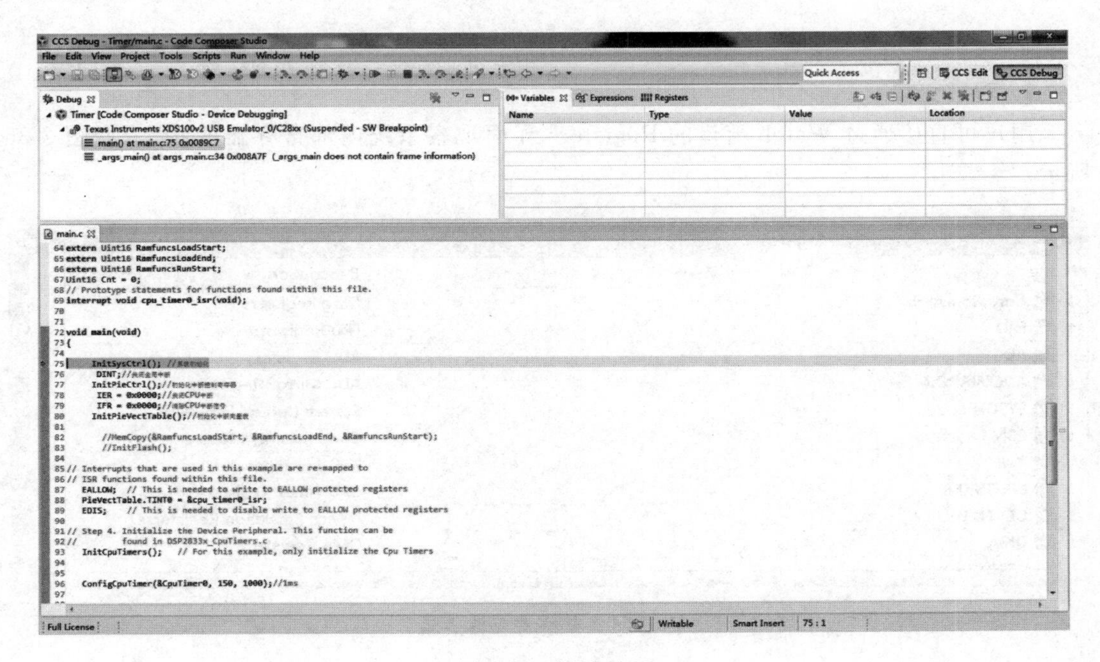

图 2-24　调试界面

调试界面快捷工具栏中的常用按钮意义如表 2-6 所示。

表 2-6 调试快捷键意义

快捷键图标	意　义
	实时模式切换
	复位 CPU
	复位程序
	设置断点
	全速执行
	暂停
	结束调试
	依次为：Step Into、Step Over、Step Return

常用的一些程序调试方法如下。

1. 程序运行时间观察

在 CCS 调试界面下可方便观察程序运行所需要的时钟周期，在 run 菜单下可使能时钟计数及显示，如图 2-25 所示，此时将在调试界面的下方出现 ⊙:0 图标，在程序运行过程中可实时显示所用时钟周期的个数。

图 2-25　使能时钟

2. 观察变量

用户可直接通过 Watch 窗口的 Registers 界面观察系统内部寄存器的状态，如图 2-26 所示。

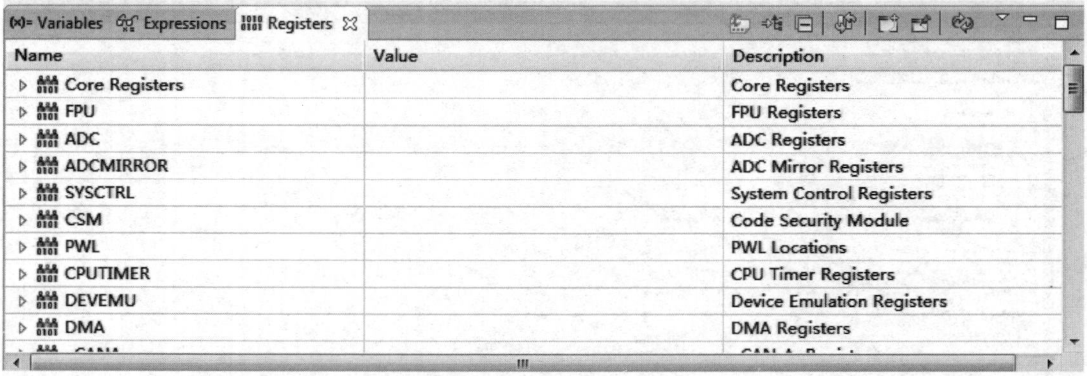

图 2-26　系统寄存器观察

另外，通过右击源文件并选择 Add Watch Expression 可将用户定义的全局变量添加到 Watch 窗口的 Expressions 界面中，如图 2-27 所示。

(x)= Variables | Expressions | Registers

Expression	Type	Value	Address
(x)= Cnt	unsigned int	0	0x0000C020@Data
Add new expression			

图 2-27　用户全局变量观察

3. 波形显示

CCS 提供的图形显示功能可直观显示变量的变化，以下配置将完成程序中变量 SinData 的波形显示。选择 Tools→Graph→Single Time，打开图 2-28 所示的配置对话框。

在图 2-28 中的 Start Address 中输入正确的采样地址，这里为 &SinData，另外需要在 Dsp Data Type 中设置正确的显示格式，采样缓冲区 Acquisition Buffer Size 及显示缓冲区 Display Data Size 按图中进行配置。单击 OK 按钮保存设置，程序运行后 SinData 的波形如图 2-29 所示。

Graph Properties

Property	Value
Data Properties	
Acquisition Buffer Size	1
Dsp Data Type	16 bit signed integer
Index Increment	1
Q_Value	0
Sampling Rate Hz	1000
Start Address	&SinData
Display Properties	
Axis Display	☑ true
Data Plot Style	Line
Display Data Size	100
Grid Style	No Grid
Magnitude Display Sc	Linear
Max Y Value	20000.0
Min Y Value	-20000.0
Time Display Unit	sample
Use Dc Value For Gra	☐ false

Import　Export　OK　Cancel

图 2-28　显示配置对话框

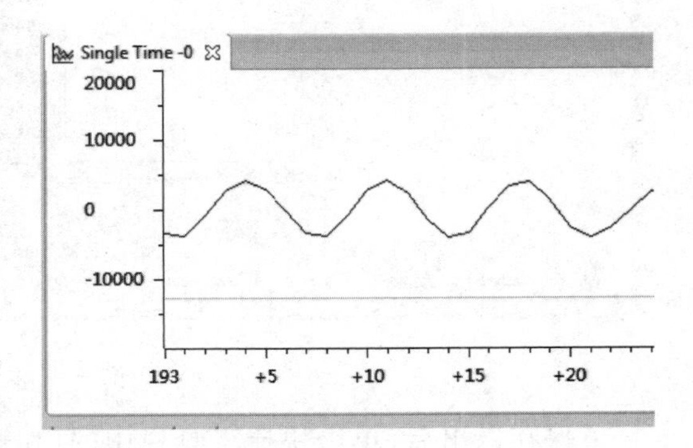

图 2-29　波形显示

2.6.5 烧写 Flash

程序调试完成后需将其固化到芯片 Flash 内，由于在程序建立时使用的. cmd 文件为 28335_RAM_lnk. cmd，因此上节的调试过程是在 RAM 中完成的，程序只被加载到芯片 RAM 中，掉电后程序将会丢失。要将程序固化到 Flash 中，首先要将 28335_RAM_lnk. cmd 文件更换为 F28335. cmd，如图 2-30 所示，程序代码也要进行如下更改：

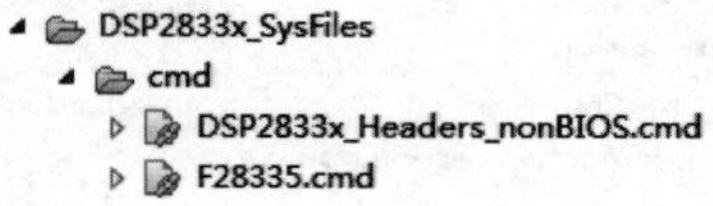

DSP2833x_SysFiles
cmd
DSP2833x_Headers_nonBIOS.cmd
F28335.cmd

图 2-30 cmd 文件结构

```
#define FLASH_RUN   1
#define SRAM_RUN   2
#define RUN_TYPE   FLASH_RUN
```

注：RUN_TYPE 变化前后程序的异同。

打开工程属性界面中的 Debug→F28335 Flash Settings，可对 Flash 烧写时钟等选项进行配置，如图 2-31 所示。

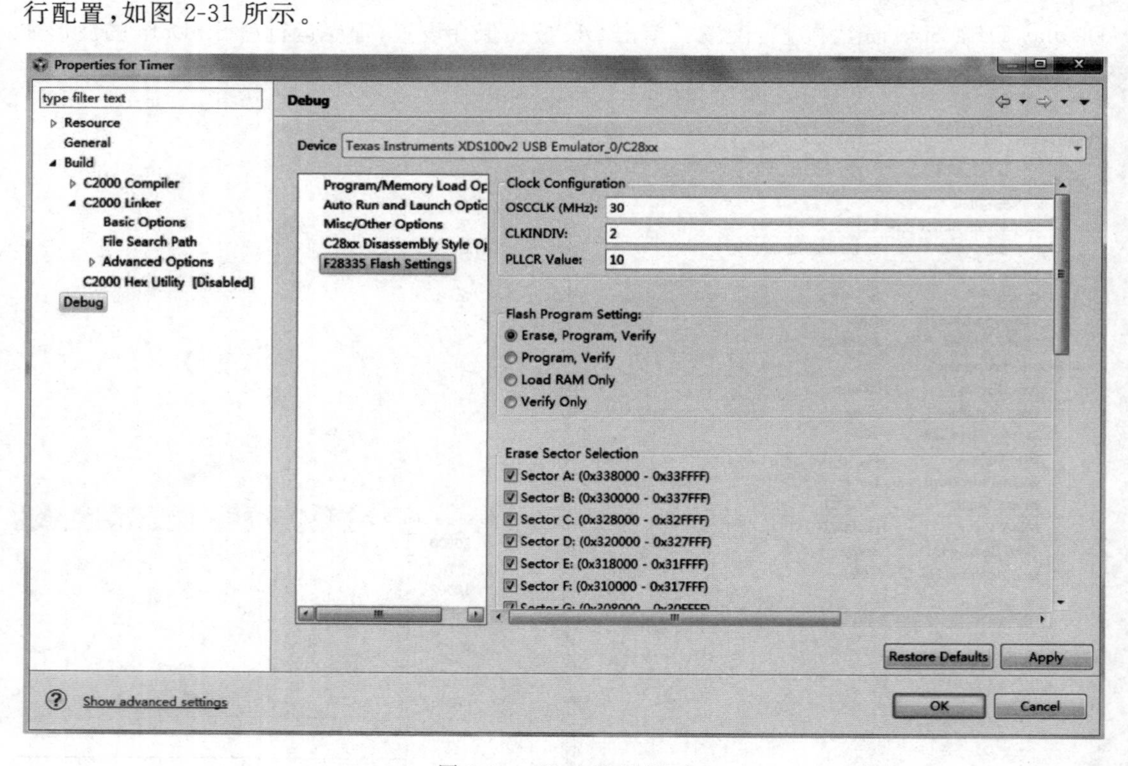

图 2-31 Flash 配置界面

保存退出后，单击快捷工具栏中的图标再次启动调试过程，将自动执行 Flash 的擦除、烧写及校验等过程，如图 2-32 所示。

当完成 Flash 的烧写后，同样可使用上节介绍的调试方法对程序进行调试。

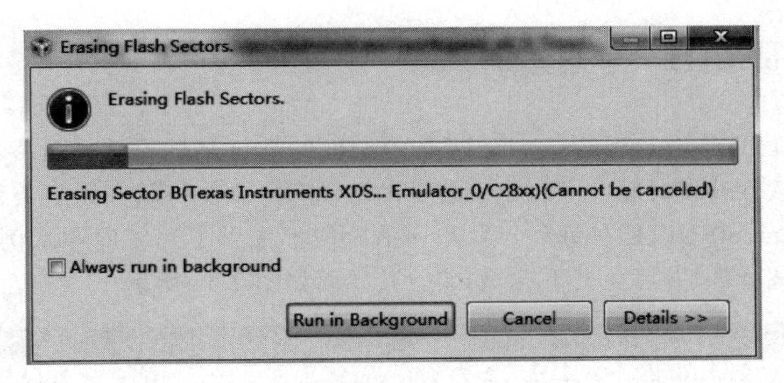

图 2-32 Flash 烧写过程

2.6.6 CCS 在线学习功能

为方便用户进行学习,CCS 提供了大量的标准例程,在开始界面中单击 Browse Examples 图标即可选择相应的例程,如图 2-33 所示。

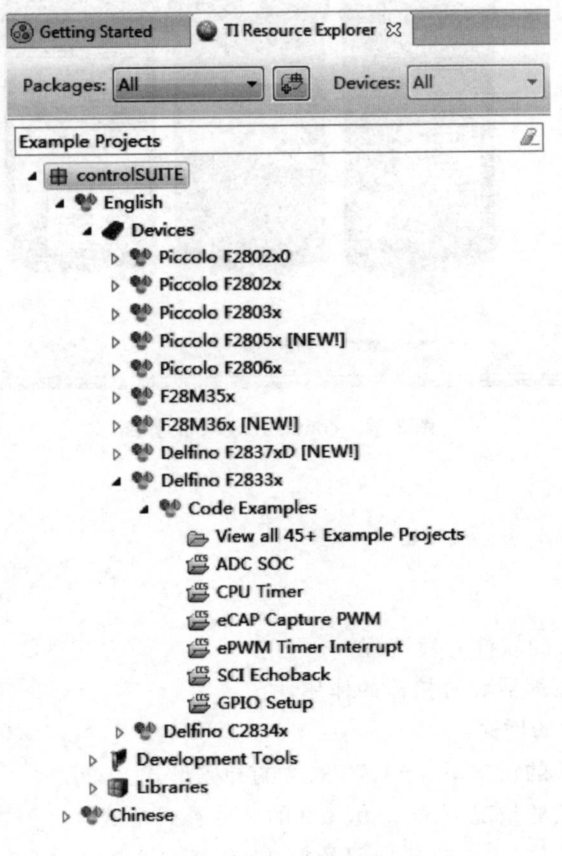

图 2-33 标准例程

2.6.7 controlSUITE™学习套件

controlSUITE 是一套面向 C2000 DSP 的全面的软件基础设施和软件工具集，旨在最大程度地缩短软件开发时间。从特定于器件的驱动程序和支持软件到复杂系统应用中的完整系统示例，controlSUITE 在每个开发和评估阶段都提供了程序库和示例。读者可在 TI 网站自行搜索该套件，并可免费下载、安装。其界面如图 2-34 所示。

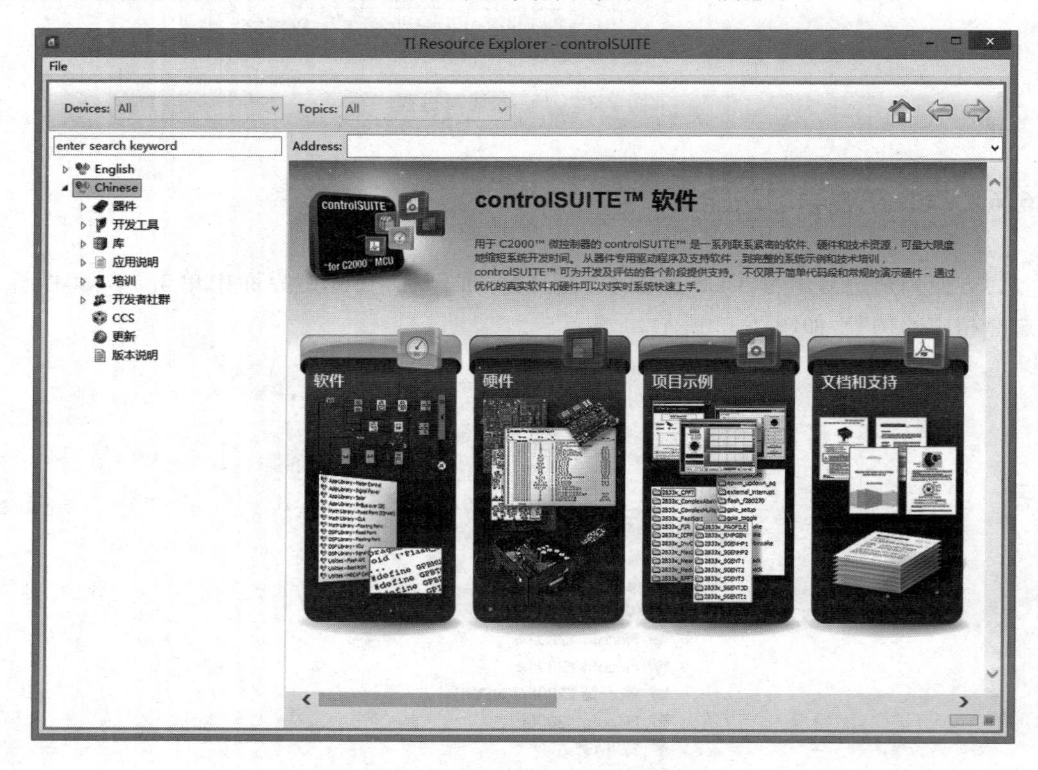

图 2-34 controlSUITE 的界面

2.7 习题

1. 概述基于 CCS 的软件开发流程。
2. 描述编译器、汇编器和链接器的作用。
3. 描述 cmd 文件的用途。
4. 计算 16 位字长的情况下，−5、10 的 2 的补码形式。
5. 计算 16 位字长的情况下，−1.9、0.9 的 2 的补码形式。
6. 设累加器为 16 位，以二进制原码的形式，计算十进制整数 5 和 10 的乘积，计算过程以二进制形式表示。
7. 设累加器为 16 位，以二进制原码的形式，计算十进制小数 1.5 和 2.5 的乘积，计算过程以二进制形式表示。

8. 设字长为16位,小数部分为6位,计算浮点数0.7转换为定点数之后的结果。

9. 设字长为16位,小数部分为10位,计算有符号定点数1100转换为浮点数之后的结果。

10. 设字长为32位,小数部分为24位,计算浮点数9.9转换为定点数之后的结果。

11. 设字长为32位,小数部分为28位,计算有符号定点数111000000转换为浮点数之后的结果。

12. 把十进制小数1.1转换为二进制数。

13. 简要描述IEEE-754单精度浮点格式的基本特点。

14. 总结F28335支持的定点整数类型,并描述它们的区别。

15. 总结F28335支持的浮点数类型,并描述它们的区别。

第3章

DSP的高级编程选项

本章主要介绍与基于CCS的编程相关的一些高级选项，包括编译器选项、汇编器选项和链接器选项，以及实时运行库。

cl2000.exe就是与程序编译密切相关的编译器，其使用的方法是：

```
cl2000 [编译器选项] [需要编译的文件] [--运行链接器[链接器选项]目标文件]]
```

在使用命令行编程的情况下，用户需要手动调用上面的命令，例如：

```
cl2000 -v28 symtab.c file.c seek.asm --run_linker --library=lnk.cmd
--output_file=myprogram.out
```

如果用CCS编程，则CCS会自动调用cl2000.exe(或者说CCS是一个框架，它完成的编译、调试、链接等功能几乎都需要调用一些别的exe来执行)。

编译器的选项多达20个大类，超过100个具体的选项。当然这些选项是有轻重之分的，有些是必须用到的，例如支持FPU等功能；有的则是不常接触的，例如MISRA这样的软件可靠性检查，只有在对软件进行标准化时才会用到。选项名称一般都很长，但是在CCS里面为了书写方便(因为选项框面积有限)，一般用别名来代替；没有别名的则直接使用选项名字。

3.1 处理器选项

处理器选项用于定义在编译程序时CPU的模式，它们的具体含义如表3-1所示。

表3-1 编译器的处理器选项

处理器选项	别名	含 义
--silicon_version=28	-v28	为C28x架构的DSP产生目标文件；若不选择则模式为C27x，也可以选择为C2xLP兼容模式(例如让C28x的CPU支持C24x的汇编语句，存在较多的兼容性问题，因为寻址模式、CPU架构等都发生了一定的变化，有的指令不再适用于新器件)。后两种模式大部分用户都几乎不会用到，所以用户的编译器选项里面一般都会选择-v28。更详细的信息可以参考DSP的CPU介绍和汇编编程指南

续表

处理器选项	别名	含　义
--large_memory_model	-ml	产生“大内存模式”下的代码。若开启这个选项，会强迫编译器把整个地址空间当作一块完整的22位宽的空间（实际是分为16位宽的低地址和超过16位宽度之后的高地址空间的），从而使得寻址时使用的指针也是22位的（这个指针是针对CPU寻址来说的，不是用户C程序里用的指针），这样寻址空间就不必局限于2^{16}，即64K了。这种模式适合在C++编程的时候使用，使得编译生成的代码可以访问超过16位宽度的地址空间的存储单元，这样就没有64K字的空间限制了。 那么为什么在C++编程时使用呢？是因为目前编译器不支持C++的关键字far。 此外，在开启FPU的情况下，大内存模式是必须开启的，否则编译器会报错
--unified_memory	-mt	在“统一的内存模式”下产生代码。顾名思义，就是把所有的存储空间定义为一个整体，这样编译器在编译时就可以使用RPT与PREAD指令来处理大部分的内存复制memcpy调用和结构体的分配（它也不用“担心”存储空间突然出个断层，没法连续寻找了）。例如，像下面的汇编指令就可以得到更加高效的执行： MOVL XAR7，＃Array1　;XAR7指向数组1 MOVL XAR2，＃Array2　;XAR2指向数组2 RPT ＃(N－1)　;重复执行下一条指令N次 ||PREAD ＊XAR2＋＋，＊XAR7 ;Array2[i]＝Array1[i]，i＋＋ 这样的一段汇编代码用户可以直接手工编写；读者可自行编译一个for循环的C代码，看一下编译生成的汇编代码，是不是几乎一模一样的
--cla_support[＝cla0]	无	--cla_support是C2833x系列之后的Piccolo系列才有的特性，叫控制规律加速器，意思是把一些与控制系统性能息息相关的代码放到CLA中独立运行，不占用CPU时间，这样整个控制软件的运行速度都得到极大提高，从而保证实时性
--float_support＝{fpu32|softlib|fpu64}	无	在启用了-v28和-ml的前提下才能使用；含义是启用软件处理（比如调用一些优化好的库函数）、32位或者64位的FPU协处理器进行浮点运算，从而支持相关的汇编指令。 这个子选项是不能同时使用的，即使用方法为： --float_support＝fpu32或者--float_support＝fpu64 需要补充的是，这里的64位浮点运算指的数据类型是long double，而实际上F28335这样的DSP中FPU目前只硬件支持32位的FPU运算，64位的浮点运行要经过CPU折算再送给FPU处理，所以若非必须尽量不要使用FPU64这样的运算
--vcu_support[＝vcu0]	无	VCU是F2837xD这样的高端芯片上具备的功能，指的是viterbi and complex unit（VCU Ⅱ）accelerators，即通过采用viterbi复杂单元（VCU Ⅱ）加速器执行振动分析来更好地预测电机故障，振动信号的来源是加速度传感器或者振动传感器等，可以使用流行的MEMS，贴在电机的外壳、编码器等部位。如果需要使用这个功能，就需要在编译器选项里面打开它

3.2 程序优化选项

在人们刚开始使用C语言代替汇编语言进行DSP开发的时候，因为当初的处理器/控制器性能很弱，而编译器的能力也有限，所以形成了一些C语言编程效率不高的印象。但是今天的硬件性能已经非常强大，而编译器的能力也是日新月异，如果不熟练掌握汇编编程中的一些关键技术，编写的汇编代码的效率已经很难超过编译器从C语言转换出来的汇编代码了。

如果用户使用C语言进行编程，编译器除了可以把用户的加、减、乘、除这样的操作转换为ADD、MPY以及相关的寻址、寄存器操作外，还可以在编译产生汇编代码的过程中进行不同程度的优化。优化的过程要根据器件的特点与指令集等进行有针对性的配置，所以在不同的器件上同一段C代码优化产生的结果可能不一样，但是其基本思想都是一致的；甚至不同公司的编译器，在优化选项和优化效果上也是基本一致的。在CCS软件的编译器中，用户可以使用的基本的优化级别有5级，如表3-2所示。需要注意的是，别名是在编译器选项中实际使用的名字，因为字体的原因，看起来可能会有混淆，以-O0为例，其中，第一个字母是大写的字母O，表示优化Optimization，而不是阿拉伯数字的0；第二个才是阿拉伯数字中的0，用数字表示优化的序号或者说优化的程度。

表3-2 基本的优化选项

优化级别	别名	优化的效果
--opt_level=off	-Ooff	默认选项，表示不进行任何优化，基本上就是汇编语句和C语句一对一的转换（当然要包括汇编里面必需的寄存器操作、寻址等操作）。如果查看此时编译产生的汇编代码，特别是使用单步调试的情况下，可以很直观地看出它们之间的对应关系
--opt_level=0	-O0	优化寄存器的使用，具体包括以下几种。 (1) 简化控制流图：例如把多个并行/串行的有关联的流程进行关联并简化，有点数学里面“合并多项式”的意思。 (2) 把变量分配到寄存器：把使用非常频繁的一些变量分配到寄存器中，这样在寻找变量时能直接命中相应的寄存器，能显著地提高变量读/写的效率。 (3) 执行循环旋转：针对用户在C代码中使用的for和while而言；编译器会测试无条件的循环分支，通过“旋转”循环，在底部加上一个条件分支，能够消除循环结束处的无条件分支。这样可以提高循环的效率，但是会增加一部分代码的数量。 (4) 消除无用代码：定义了但是未使用的代码，直接被编译器“无视”。 (5) 简化表达式：可以减少运算次数。 (6) 内联声明为inline的函数，从而减少函数调用的开销

续表

优化级别	别名	优化的效果
--opt_level=1	-O1	在-O0优化寄存器的同时,优化本地变量的使用,包括以下几种。 (1)执行局部复制和常量的传递。 (2)删除未使用的赋值语句。 (3)删除局部定义的共有表达式
--opt_level=2	-O2	在包含-O0和-O1优化效果的同时,优化对于全局变量的使用,包括以下几种。 (1)进行循环优化:例如把循环中的对数组的引用转化为递增的指针形式。 (2)删除全局定义的共有的子表达式。 (3)删除全局定义的未使用的赋值语句。 (4)把循环展开
--opt_level=3	-O3	不同于前面的几个优化级别,-O3既可以包含-O0、-O1和-O2的优化效果,也可以单独执行,在文件级别进行优化,包括以下几种。 (1)删除所有未被调用的函数。 (2)当函数的返回值没用到时,简化函数的返回形式。 (3)内联对小型函数的调用。 (4)重新对函数的声明进行排序。这样当优化调用代码时,被调用函数的属性是已知的。 (5)当所有调用都传递一个相同的参数时,把这个参数直接放到函数体中去,不再通过寄存器/存储器的方式传递这个参数。 (6)识别文件级别变量的特征
--opt_level=4	-O4	在包含-O0、-O1、-O2和-O3优化效果的同时,执行包含链接文件的优化。它比-O3有更多的优势。 (1)每个源文件可以被单独编译,并使用不同级别的优化。 (2)自动处理符号的外部参考引用:因为加入了链接器中关于所有符号的信息,编译器可以更加清楚符号的调用信息,从而进行更加有针对性的优化。在工程包括多个C文件的情况下,如果一个变量使用extern在一个文件中定义,而在另一个文件中使用,使用-O4可以保证它不被编译器给误优化。 (3)可以执行第三方文件的优化:工程中包括第三方提供的文件,例如一些库文件、目标文件等,编译器在知道链接信息的情况下可以对其进行一定程度的优化
--opt_for_space=n	-ms	为-O0、-O1、-O2和-O3四个级别的优化进行代码尺寸的控制
--fp_mode={relaxed|strict}		设置浮点运算是松弛模式还是严格模式,默认是后者。松弛模式下将尽可能把产生双精度的浮点运算和存储转换为单精度的浮点或者整数类型。这样虽然会损失一定的精度,但是能提高代码的运行速度。在目前DSP的FPU还不能硬件支持double运行的情况下,使用松弛模式更为合适

根据需要,用户可以选择需要的优化级别,例如可以选择优化代码的尺寸,从而减小代码占用的存储器空间;一般情况下使用-O2 或者-O3 可以实现在代码运行速度、代码占用的存储器空间和编译速度几个因素之间的最优化。但是优化也是有一定的代价的,首先编译的时间会随着优化级别的提高而增加;其次如果用户的代码不够严谨,可能会产生意外的结果,例如某些看起来没用的变量直接被编译器给“忽视”了,但是用户本来保留它可能是有目的的,例如用来作为调试用的变量,结果它被优化掉了而失去了意义,这时用户就需要使用一些特殊的 C 语言关键字告诉编译器,这个变量用在这里是有其他目的的,不能把它给优化掉。

表 3-2 所示都是基本的操作,此时用户的目的仅仅是优化代码性能或者尺寸。如果用户想了解优化过程中产生和使用的更多信息(对于 DSP 本身而言,它的一些其他特性对于程序的运行性能也是非常关键的),此时在基本的优化选项基础上,用户又要注意一下高级的优化选项的影响。例如,某些汇编指令在做诸如 FFT 变化的时候能够成倍地提高效率,所以开启高级优化选项使得编译器有针对性地生成相关的指令就非常重要。编译器的高级优化选项如表 3-3 所示。

表 3-3 编译器的高级优化选项

选项	别名	优化的效果
--auto_inline=[size]	-oi	只有在优化级别为-O3 时才有效,这个选项用来设置自动内联函数的阈值,默认值是 1。 如果设置为 0,则对小函数的自动内联功能被禁止。 如果 size 是个正数,则在小函数的调用次数大于 size 之后,对它的自动内联功能被禁止。 注:对小函数进行内联可以减小函数调用的开销,提高运行效率,但是也会增加代码占用的空间(内联 size 次就相当于复制了 size 遍),所以 size 的确定还是要根据实际需要进行取舍
--call_assumptions=0	-op0	-op0 至-op4 都是程序级别的优化,用来表明不同的模块之间是否包含有变量与函数的调用/修改。 -op0 说明模块中包含有被外部代码调用或者修改的函数与变量,例如当前模块(例如一个源程序的函数)中的一个变量被定义为 extern 类型的全局变量,在另一个模块(例如一个源程序中的函数)中被调用了;在复杂的系统设计中,为了模块化设计,这是很常见的。 如果 main 函数没有定义,则-op1 至-op3 在编译时都将被编译器自动更改为-op0
--call_assumptions=1	-op1	说明模块中包含有被外部代码调用或者修改的变量,这些变量被外部代码使用,但是该模块中并不包含被其他外部模块调用的函数
--call_assumptions=2	-op2	默认选项,说明当前模块中不包含任何被外部代码调用或者修改的函数与变量的模块

续表

选项	别名	优化的效果
--call_assumptions=3	-op3	指定模块中包含的被外部代码调用或者修改的函数，这些函数被外部代码使用，但是该模块中并不包含被其他外部模块修改的变量
--gen_opt_info=0	-on0	禁止输出优化信息文件
--gen_opt_info=1	-on1	输出简要的优化信息文件
--gen_opt_info=2	-on2	输出有关优化的详细信息(英文名叫 verbose，字面意思是“啰唆”，说明它输出的信息非常详细，一般情况下嵌入式开发中的编译器都有这样的“啰唆模式”，它会尽可能地把所有优化相关的信息都输出供用户参考，当然花费的编译时间也会更长了)
--opt_for_speed[=n]	-mf	控制编译器输出的代码尺寸与代码运行速度的折中，范围是0～5。 如果不特别指明使用的-mf 选项，则默认的级别是2。 如果使用了-mf 选项，但是没有指定 n 的值，则默认的级别是4。 这里的 n 越小，代码的尺寸越小，但是对代码运行性能的影响甚至是恶化的风险性也越大。 这里的 n 越大，代码的运行速度越快，但是对代码尺寸的影响甚至是恶化的风险性也越大。 考虑到低风险的情况，则一般使用 $n=2$ 或者 $n=3$，其中，$n=2$ 时，首要目标是减小代码尺寸，同时优化选项对代码运行性能的影响也最小；$n=3$ 时，首要目标是优化代码的运行性能，同时优化选项对代码尺寸的影响也最小。 这里的折衷因子，其实说明了用户在设计中常用的两种思想：以时间换空间，就是说代码占用的空间很小，但是执行速度变慢，有点串行执行的意思；以空间换时间，就是说代码占用的空间很大，但是执行速度很快，有点并行执行的意思。滑动傅里叶变换(sDFT)就是这样的一种典型实例
--optimizer_interlist	-os	使用这个选项时，编译器会把它所做的优化工作以注释的形式插入到编译生成的汇编代码中(CCS 里面汇编的注释使用分号标明)。 如果还启用了--c_src_interlist 选项的话，编译器会把它所做的优化工作针对的 C/C++代码以注释的方式插入编译生成的汇编代码中；有时候编译器需要自动重写代码，这会造成代码尺寸和性能的恶化
--remove _ hooks _ when _inlining		移除自动内联函数的入口/出口钩子，主要目的是防止函数钩子的嵌套调用(自己调用自己)。正常情况下在函数调用时，需要有入口的函数钩子和出口的函数钩子，内联函数已经隐含复制了，所以可以移除这些函数钩子
--single_inline		把只被调用了一次的函数转换为内联函数

续表

选项	别名	优化的效果

--aliased_variables	-ma	在启用优化选项的情况下，如果一个变量的地址作为参数被传递到一个函数里，编译器会假定它的地址不会在调用它的函数里用一个别名去修改，例如：
		从一个函数里返回一个地址，或者把一个地址分配给一个全局变量。
		但是如果别名被修改的话，为了不至于代码被优化时产生错误的结果，就需要使用-ma 选项。在使用指针进行传递参数的时候，就需要特别注意了。例如下面的代码需要启用-ma 选项。
		int * glob_ptr;
		g()
		{
		int x=1;
		int * p=f(&x);
		* p=5; /* p aliases x */
		* glob_ptr=10; /* glob_ptr aliases x */
		h(x);
		}
		int * f(int * arg)
		{
		glob_ptr=arg;
		return arg;
		}

3.3 调试与路径选项

在程序的编写与测试中，调试功能是非常重要的，很多时候用户需要一步步地调试与观察才能找到一些隐藏很深的 bug，所以要对编译器的调试选项有一些了解，如表 3-4 所示。

表 3-4　编译器的调试选项

选项	别名	优化的效果
--symdebug:dwarf	-g	-g 是默认选项，在默认情况下，大多数程序和库都是带调试符号(gcc 参数-g)编译的。当调试一个带调试符号的程序时，调试器不仅能给出内存地址，还能给出函数和变量的名字。产生符号调试信息并不会影响程序的优化效果。 注：DWARF 是一种很复杂的二进制文件格式，它和 STAB 格式是使用最广泛的两种可执行和链接格式(ELF)。DWARF(使用任意记录格式调试)是面向 ELF 文件的一种较新的格式。创建该格式是为了弥补 STAB 中的一些缺陷，从而能够提供更详细且更简便的数据结构描述、变化的数据移动和复杂的语言结构，比如 C 中的语言结构。调试信息存储在对象文件的各个部分中。这种格式是可执行程序与源代码之间关系的简单表示，目的是便于调试器对该关系进行处理。对此感兴趣的读者可以搜索 *The DWARF Debugging Standard* 标准仔细阅读，或者参考 IBM 的网页说明 http://www.ibm.com/developerworks/cn/opensource/os-debugging/

续表

选项	别名	优化的效果
--symdebug:coff		使用交替的STABS调试格式来使能符号调试;调试信息的传统格式被称为STAB(符号表)。STAB调试格式是一种记录不完整的半标准格式,用于调试COFF和ELF对象文件中的信息。调试信息是作为对象文件符号表的一部分进行存储的,因此复杂性和范围是有限的。 使用这种格式的目的是为了与一些很古老的调试器或者用户自定义的调试工具进行兼容,因为这些工具往往不兼容新的DWARF格式。 使用这个选项有可能会对程序的优化造成影响,因为为了使用STAB格式下的调试功能,有些代码需要被保留而无法优化
--symdebug:none		禁止所有的符号调试信息。 不建议使用这个选项,因为它禁用了调试功能,并使得程序的性能分析变得非常困难。比如说用户测算代码运行时间的时候,就需要在代码中插入断点,使用调试功能完成测算
--symdebug:profile_coff		使用交替的STABS调试格式来进行程序的性能分析。 在CCS里,使用这个选项可以在函数级别上插入断点并估算程序运行时间,但是不能使用单步调试功能
--symdebug:skeletal		已经废弃的参数,不再建议使用,即使使能也不产生任何效果
--optimize_with_debug	-mn	已经废弃的参数,不再建议使用,即使使能也不产生任何效果
--symdebug: keep _ all _types		这是一个编译器的高级调试选项,它用来保持未参考的类型信息。也就是说,使能这个选项之后,可以在调试时观察定义包含在COFF可执行文件中,但是没有被任何地方引用的符号(默认情况下这样的符号是不具有调试信息的,使能调试之后便可进行一些调试相关的工作)

对于一般使用者来说,用户的主要目的不是去关心编译过程中有多么复杂的信息,而是利用它的结果,所以一个-g选项能满足大多数情况。

初学者经常会遇到找不到头文件或者宏定义的问题,因为头文件里定义了各种各样的变量、结构体、宏定义甚至函数声明等,所以若是一个头文件找不到,往往会带来几十个乃至上百个"未定义"相关的错误。在了解编译器的包含选项,理解了它的使用方法之后,就不会再遇到类似的问题了。编译器的包含选项如表3-5所示。

表3-5 编译器的包含选项

选项	别名	优化的效果
--include_path=directory	-I	用来定义引用头文件时#include中文件的路径。这个不难理解,基本上就是指用户在程序中引用头文件时指定的头文件的路径。初学者经常遇到的问题就是头文件找不到,然后出现一大堆的调试错误,所以要掌握这个选项。 (1)在引用头文件时,如果是使用双引号"xxx.h"进行引用,则编译器在编译时按照下面的顺序和路径依次进行寻找:

续表

选项	别名	优化的效果
		① 从任何引用了 xxx. h 的源程序所在的文件夹里进行搜索，所以在编译时如果提示缺失 xxx. h 文件，最快捷的方法就是找到这个头文件，把它放在源程序所在的文件夹里（当然这样不利于有条理地管理工程文件）。 ② 从-I 参数所指定的路径里面搜索。 ③ 从安装 CCS 时生成的 C2000_C_DIR 环境变量指向的路径里面搜索。 （2）在引用头文件时，如果是使用尖括号＜xxx. h＞进行引用，则编译器在编译时按照下面的顺序和路径依次进行寻找： ① 从-I 参数所指定的路径里面搜索。 ② 从安装 CCS 时生成的 C2000_C_DIR 环境变量指向的路径里面搜索。 观察两种头文件引用方法的共同点，用户可以得出，除了系统自带的头文件，例如＜math. h＞这样的用户不需要管它之外，用户自己定义和使用的头文件一定要使用-I 参数把路径定义好，就不会再有头文件打不开、不存在之类的错误了。在头文件有多个路径进行存储时，可多次使用-I 参数，例如： --i"..\..\DSP2833x_headers\include" --i"..\..\DSP2833x_common\include"
--preinclude＝filename		在编译开始时指定源程序的文件名 filename。这个选项主要用来建立标准的宏定义。这些文件名的搜索也按照-I 定义的路径来进行，并按照指定的顺序编译

3.4 控制与语言选项

编译器有一些控制选项，这些选项是供用户来控制编译器的，如表 3-6 所示。

表 3-6 编译器的控制选项

控 制 选 项	别名	控 制 效 果
--compile_only	-c	控制编译器使得它只编译，不链接
--help	-h	输出编译器使用的优化、控制等选项信息。它的后面可以加一些更明确的选项或者名词，例如，--help debug 就可以输出关于 debug 的选项的信息
--run_linker	-z	使能编译之后的链接功能，与第一行的-c 相对。-c 与-z 同时存在时，-c 起作用，-z 不起作用
--skip_assembler	-n	只编译，但是也不产生汇编文件。这样做的目的主要是快速验证程序有没有基本的语法错误等。-n 和-z 选项同时存在的时候，-n 起作用，-z 不起作用。从流程上讲不难理解，若汇编等工作不完成，那么链接器没有工作目标也没法完成链接

就编译器本身来说，它只要读取 C、C++、汇编等文件进行处理就完成任务了，所以编译器的控制选项并不多，一般情况下，一个-z 选项就足够用户完成从编译程序到生成目标的编译器控制效果。相比较而言，C、C++这些语言本身就复杂多了，并且因为有很多个版本的存在，难免有一些小混乱，所以编译器里与编程语言本身相关的选项就显得特别多，以便用户来对语言的特性等进行正确使用。下面就看看编译器里与编程语言有关的选项，如表 3-7 所示。

表 3-7　编译器的编程语言选项

语言选项	别名	控制效果
--cpp_default	-fg	通知编译器把所有的.c 文件也当作 C++源程序看待。如果不使用这个默认选项的话，也可以分别指定不同后缀名的文件，例如--asm_file＝filename，--c_file＝filename，-cpp_file＝filename，--obj_file＝filename。举例说明，现在我们有个文件叫 file.s，那么，使用--c_file＝file.s 后能使得编译器按照处理 C 文件的方式处理 file.s
--embedded_cpp	-pe	使能嵌入式的 C++模式。嵌入式 C++是标准的 C++的一个子集，由 NEC、Hitachi、Fujitsu 以及 Toshiba 等几个公司在 20 世纪 80 年代制定，移除了模版、异常处理、运行时类型、新式 C++转型、可变关键字、多重继承、虚拟继承等 C++特性
--exceptions		使能标准 C++语言中的异常处理。默认情况下编译器是不使能 C++的异常处理的，如果启用了这个选项，则所有的 C++源程序都在启用了异常处理的情况下进行编译
--float_operations_allowed ＝{none|all|32|64}		限制浮点类型的操作，包括完全禁止、允许 32 位浮点类型运行、允许 64 位浮点类型运行和同时允许 32 位与 64 位的浮点运算被编译。目前 C28x 的 FPU 不支持 64 位浮点的硬件运算，如果非要使用，需要编译器调用相关的算法库在编译时进行支持，效率不高
--gcc		GCC 提供了在标准 C/C++里面没有的一些特性，在嵌入式系统的开发中应用比较广泛，所以编译器也提供了对它的支持。关于 GCC 的特点，可以参考 http://gcc.gnu.org/onlinedocs/gcc-4.7.2/gcc/C-Extensions.html＃C-Extensions
--gen_acp_raw	-pl	使用这个选项可以使得编译器在编译时输出原始列表文件，从而更好地帮助用户理解编译的过程。这个原始列表文件里面包含了源程序里的行信息、头文件的切入和切出信息、诊断信息、交叉编译时预处理的源文件中相关语句的信息等。这个文件的内容比较详细，有兴趣的用户可以启用这个选项之后编译看看。它包含了一些标识符，以帮助我们更快定位和理解相关的信息。 N：对应的源程序的行数。 X：源程序中的扩展行数，交叉编译时会遇到。 S：跳过的行数，例如使用＃if 这样的预编译指令时，判断条件为假时对应的不会被编译的行。 L：源程序中跳转对应的行数，例如调用一个头文件中定义的函数，或者从头文件中的函数定义返回。

续表

语言选项	别名	控制效果
		E：错误。 F：关键错误。 R：提醒。 W：警告
--gen_acp_xref	-px	输出交叉参考的信息列表，包括文件名、行数、列数以及交叉引用产生的声明、修改、调用等信息
--keep_unneeded_statics		保留定义了但是违背使用的静态变量，例如，这些变量是用户出于调试目的设置的，所以不希望被编译器给清除掉。这个选项不能阻止编译器删除未被使用的静态函数
--kr_compatible	-pk	保持与 K&R 版本 C 语言的兼容性，只能作用于 C 程序上，对 C++程序无效
--multibyte_chars	-pc	允许在注释、字符串常量和字符常量中使用多字节字符。多字节字符和 Unicode 是相对的，Unicode 字符都使用两个字节编码的编码模，多字节字符则是可变的。这个选项有时候是直观的，例如，用英语以外的其他语言编写的注释，再打开的时候在 CCS 里面可能就全变成????? 这样的了
--no_inlining	-pi	禁止编译器对函数进行内联。但是在启用了-O3 编译器优化选项的情况下，编译器仍然会执行自动内联功能
--no_intrinsics	-pn	禁止使用编译器内建的 intrinsics 函数。这些函数一般是汇编语言写成的，例如在 C28x 上调用 IQMath 库里的 _IQMpy 编程时，编程产生的汇编语言就可以直接使用内建的__qmpy32(a32, b32, q)完成对数学表的调用
--program_level_compile	-pm	启用程序级别的优化。在这种优化条件下，编译器会把所有的源程序集合到一个模块中进行编译，这样它就能清楚了解所有代码的来龙去脉，从而更好地完成程序的优化。例如，一个有内容的函数既没有被 main()函数调用，也没有被其他函数调用的话，编译器就把它优化掉了
--relaxed_ansi	-pr	使用编译器的"松弛"模式。在标准 ISO C 模式下，大部分语法上的违规会被当作错误输出，从而使得编译无法继续下去。如果用户有时需要使用这样的用法，就可以使用松弛模式，使得这些违规被作为警告信息输出，虽然有警告，但是不会妨碍程序的编译。当然用户要验证和确认程序确实达到了预期功能
--rtti	-rtti	使用 C++的运行时类型
--static_template_instantiation		使用内部连接例化所有的模版
--strict_ansi	-ps	使用严格的 ANSI/ISO C/C++模式，这种模式与 K&R 版本的 C 是不兼容的

3.5 预处理与诊断

在编程软件(如CCS)中编程时,代码分析工具可以方便用户对代码进行分析,例如,用户把鼠标指向一个函数名的时候,所指的地方就能出来一个实时菜单,使得用户可以直接定位到函数的声明、被调用的位置或者某个宏定义等,非常方便。这种功能是如何实现的呢?在编译器的前端是一个语义解析器,它负责把源程序中的token找出来,然后解析器parser(有的地方叫分析器)就可以解析这些token,并产生树状表,供编程环境使用;此外解析器还可以完成一部分的语法错误检查功能。如果希望了解关于解析器的更详细的信息,可以参考编译原理方面最著名的“龙书”,即*Compliers: Principles, Techniques, & Tools*。在K&R C语言文档的A12这一节中也对解析器的预处理功能进行了详细的叙述,它预处理的信息主要包括:

(1) 宏定义和扩展,例如_INLINE;

(2) #include引用的文件,包括<>和""两种方法引用的头文件;

(3) 条件编译指令,例如#if,#endif等;

(4) 其他的多种预处理指令,主要是#开头的一些指令,例如#error。

用户可以控制编译器的预处理选项,使得解析器根据用户的需求产生需要的预处理结果,方便用户对程序的开发调试。这些选项如表3-8所示。

表3-8 编译器中解析器的预处理选项

预处理选项	别名	控制效果
--preproc_dependency [=filename	-ppd	只执行预处理操作,并不输出预处理的解析结果,但是会并产生供make程序使用的列表文件,其中包含了被预处理的程序中存在的与头文件中的定义关联的行信息。 make程序是编译器在编译时调用的编译程序。如果使用命令行的方法,可以不使用CCS而直接调用make程序进行编译
--preproc_includes [=filename]	-ppi	只执行预处理操作,但是会把包含#include指令的文件列表写入列表文件
--preproc_macros [=filename]	-ppm	只执行预处理操作,会生成其中包含了预定义的和用户自定义的宏的多个文件,这些文件和被预处理的文件的名字一样,只是其扩展名为.pp。 预定义的宏是TI预定义的,它在预处理结果中被用/* Predefined */标注出
--preproc_only	-ppo	只执行预处理操作,并把解析的结果输出为名字与输入文件名一致、扩展名为.pp的文件。 在这种模式下,#include文件中的信息会被复制到.pp文件中,宏定义和其他的一些预处理指令信息都会被完全展开
--preproc_with_comment	-ppc	只执行预处理操作,并把解析的结果输出为名字与输入文件名一致、扩展名为.pp的文件;与-ppo相比,输出的文件中保留了输入程序中的注释信息

续表

预处理选项	别名	控制效果
--preproc_with_compile	-ppa	在执行预处理之后，继续编译工作。通过对比可以看出，在预处理选项中，除了-ppa 之外，其余的几个选项只完成预处理功能，并不进行接下来的编译工作。-ppa 选项可以和其他的预处理选项一起使用，这样既可以输出预处理结果，又可以在预处理完成之后继续编译工作
--preproc_with_line	-ppl	只执行预处理操作，并把包含行控制信息（# line 指令）的解析结果输出为名字与输入文件名一致、扩展名为.pp 的文件

因为预处理器要使用到文件中的符号信息，所以相关的预定义信息一定要提供给预处理器，否则找不到符号信息就会报错。符号选项比较简单，就是预定义与解除定义，如表 3-9 所示。

表 3-9 预定义的符号选项

语言选项	别名	控制效果
--define=name[=def]	-D	预定义符号，使用方法是--define=name="\"string def\""。在编译器选项里使用-D，与在 C 程序里使用 # define 的效果是一样的
--undefine=name	-U	解除对某个符号的定义，它会覆盖-D 选项的效果

在程序的处理过程中，用户可以控制编译器输出诊断信息选项，使得它输出用户期望的详细信息，更加容易定位和解决一些看起来难以捉摸的问题，这些选项如表 3-10 所示。需要注意的是，与诊断信息相关的选项必须放在链接器选项--run_linker 之前。

表 3-10 编译器的诊断信息选项

语言选项	别名	控制效果
--compiler_revision		在信息窗口中打印出编译器的版本号。其用处不太大，因为从 CCS 的 help 的“关于”里面可以很容易看到
--diag_error=num	-pdse	这里的 num 是诊断信息的标识符。不显示标识符的话，在编译出现错误时，会提示： error: a break statement may only be used within a loop or switch; 启用的话，在有错误的时候，会提示： error # 77: this declaration has no storage class or type specifier xxxxx; -pdse 是把标识符 num 对应的语句标记为错误
--diag_remark=num	-pdsr	把标识符 num 对应的语句标记为提示
--diag_suppress=num	-pds	把标识符 num 对应的语句标记为不提示
--diag_warning=num	-pdsw	把标识符 num 对应的语句标记为警告
--diag_wrap={on|off}		默认为 on，打包诊断信息

续表

语言选项	别名	控制效果
--display_error_number	-pden	把诊断信息标识符和它对应的文本说明一起显示出来
--emit_warnings_as_errors	-pdew	把警告信息作为错误处理。在这样严格的模式下，必须消除所有的警告和错误，编译才能继续
--issue_remarks	-pdr	提示所有的提醒信息(即非严重的警告信息)
--no_warnings	-pdw	不显示警告信息，但是错误信息还是会提示的，毕竟若有错误存在编译无法完成
--quiet	-q	安静模式，不显示编译过程中的诊断信息
--set_error_limit=num	-pdel	这个选项设置编译过程中错误的上限，比如有10个源程序，设定错误上限为5，假如编译到第3个文件时就已经有5个错误了，那么编译器就停止编译，不再继续编译剩下的文件了
--super_quiet	-qq	“超级安静”模式。与-q相比，多了个q，足以看出它的级别。显然它的处理速度最快，但是无法给出诊断信息，只能标明错误选项。如果确信程序完全无误，用这个选项编译会快不少
--tool_version	-version	显示编译过程中调用的各个工具的版本信息
--verbose		啰唆模式：显示函数编译过程中的处理信息
--verbose_diagnostics	-pdv	在啰嗦模式的基础上，把源程序中的对应部分也显示出来
--write_diagnostics_file	-pdf	产生诊断信息文件

3.6 运行时模型

当用户在PC运行一些C/C++编写程序的时候，如果缺少必要的库文件或者一些dll文件，程序会崩溃并在各种崩溃声音的提示下弹出一堆对话框，提示用户“run-time error”、缺少xxxx运行库文件等。那运行库文件是做什么的呢？它里面主要包含了C/C++的库函数，编译器内建的一些功能函数，浮点数的算数运算函数，以及编译器所支持的C语言中一些与I/O操作有关的函数等。在DSP中运行用户的程序时，同样需要相关的实时运行库文件的支持，所以用户要配置一些相关的运行库选项，使得编译器知道用户希望用什么样的方法来使用实时运行库，这就是运行时模型，它主要定义了代码在特定选项之下的运行方式，这些选项如表3-11所示。

表3-11 运行时模型选项

预处理选项	别名	控制效果
--asm_code_fill=value		因为在程序中，用户并不仅仅使用16位/32位长度的地址，还会有int8、uint8这样长度的存在，而16位地址就会空出8位。这个选项就是针对汇编器生成的代码中在前一个位置和当前新位置之间存在的未用空间，使得用户可以用value这个值进行填充。默认是填0

续表

预处理选项	别名	控制效果
--asm_data_fill=value		针对汇编器生成的代码中在前一个数据和当前新数据之间存在的未用空间,使得用户可以用 value 这个值进行填充。默认是填 0
-c2xlp_src_compatible	-m20	这个选项主要是在 C28x 推出之时,为了方便用户代码从 F24x 快速移植过来而设置的,它会把 F24x 使用的汇编代码尽可能地视为 C28x 的汇编代码进行执行(不像 C28x 这样,大部分代码用 C 来编写即可满足要求,当初基于 F24x、F204x 的代码大部分是基于汇编语言的,因为即使是性能最好的 F2407 主频只有 40MHz,指令集为 16 位的,使用 C 实现复杂的电机控制算法较为吃力)
-disable_dp_load_opt	-md	在对 DP 寄存器直接寻址的时候,禁止编译器在加载 DP 寄存器时对冗余分支进行优化(因为是直接寻址就没有这个必要了)
--fp_reassoc={on|off}		使能或者禁止对浮点算数运算的重新关联。直接使用浮点数运算进行编程虽然方便,但是浮点数的运算也是存在一定的精度损失的。如果使用严格的 ANSI C 模式,即若启用了--strict_ansi 选项,这个--fp_reassoc 就要禁止掉。若启用--fp_reasson,则可以允许一定的精度损失,例如,(1+3e100)-3e100 与 1 +(3e100-3e100)实际是不相等的。如果严格按照 ANSI C 或者 IEEE 754 标准,这个精度损失是不允许的,所以要启用--fp_reassoc
--gen_func_subsections={on|off}	-mo	编译器既可以把所有的函数放到同一个代码段里面,也可以把不同的函数放在多个独立的代码段里面。如果把每个函数放在目标文件中独立的子段里面,则开启这个选项的好处是:链接器可以忽略不会被执行的函数代码,能够减小代码的尺寸。 如果不使用这个选项,那么链接器无法把代码分割为不同的代码段,所有的函数都会被链接生成到二进制的可执行文件中。 举例说明:在某个.obj 目标文件中包含了一个有符号的除法子程序和一个无符号的除法子程序,如果把所有函数集中在同一个代码段之中的话,则这两种除法子程序都会被链接到可执行文件中;如果只使用一种除法的话,这就造成了额外的代码空间占用
--no_fast_branch	-me	禁止编译器使用快速分支指令(BF)。BF 指令在默认情况下是被启用的,它能够将跳转分支使用的指令周期从 7 个降低到 4 个;除了操作数是 16 位之外,暂时没有找到这条指令的不足之处。所以,这个选项的意义暂时不是特别明了
--no_rpt	-mi	禁止编译器使用重复指令(RPT)。如果用户用汇编语言实现 C 里的一个 for 循环,那个用户在 RPT 的指令里就有个参数来设置循环次数。RPT 指令的执行效率比用户把一条指令写 n 遍要高,缺点是不可被中断
--profile:power		在函数中插入多个 NOP 控制令,使能这个选项之后会启用对函数功耗进行分析的探针功能。这个选项能够方便用户找出程序中哪段代码的功耗最大,但是相应地会使得用户的代码优化效果变差甚至完全关闭,并增加代码执行时间,所以一般在分析测试的时候才会使用

续表

预处理选项	别名	控制效果
--protect_volatile=num	-mv	使能对volatile类型变量引用的保护。在非局部变量被定义为volatile类型的情况下，如果一条指令在写入某个volatile变量之后，紧接着有一条指令对这个volatile变量又进行了读操作，就有可能产生流水线冲突。产生冲突的原因是一个变量的读取或者赋值操作需要好几次流水线周期才能完成，所以在这里要定义一个num参数，待写操作完成num个指令之后再进行读操作，默认的值是2
--rpt_threshold=k		这个选项仍然是针对汇编语句RPT的。*k*是一个参数（范围是0～256），启用这个选项之后，如果C语言中的for循环次数超过了*k*的范围，当编译器的优化目标是代码尺寸尽可能小时，则编译器会调用多个RPT指令来完成循环操作
--sat_reassoc={on|off}		使能或者禁止对算术运算中溢出/饱和操作的重新关联，默认情况下是关闭的。以16位无符号加法为例，举例如下： 非饱和算法：0x8002+0x8001=0x0003 饱和算法：0x8002+0x8001=0xffff 饱和算法定义：当发生计算结果大于可表示的最大值或者小于可表示的最小值的时候，结果为这个最大值或者最小值。 非饱和算法：如果结果溢出，则直接去掉溢出位，剩下的就是结果

3.7 钩子函数与库函数

钩子函数（hook function）是指进入程序中的函数或者退出函数时调用的程序。它们的用途包括调试（debug）、跟踪（trace）、评估（profile）以及堆栈溢出的检测等。用户可以通过表3-12中的选项对钩子函数的使用进行控制。

表3-12 入口/出口钩子函数选项

钩子函数选项	控制效果
--entry_hook[=name]	使能入口钩子函数。如果指定了name这个参数的话，则钩子函数的名字就叫name，否则使用默认的入口钩子函数名称：_entry_hook
--entry_parm={none|name|address}	指定入口钩子函数的参数。 name是调用函数的名称，作为参数被传递给入口钩子函数时，钩子函数的定义为void hook(const char *name)； address是调用函数的地址，作为参数被传递给入口钩子函数时，钩子函数的定义为void hook(void(*addr)())； 默认情况下不需要制定参数，此时钩子函数的定义为void hook(void)
--exit_hook[=name]	使能出口函数钩子。如果指定了name这个参数的话，则钩子函数的名字就叫name，否则使用默认的出口钩子函数名称：_exit_hook

续表

钩子函数选项	控制效果
--exit _ parm = { none | name|address}	指定出口钩子函数的参数。 name 是调用函数的名称，作为参数被传递给入口钩子函数时，钩子函数的定义为 void hook(const char * name); address 是调用函数的地址，作为参数被传递给入口钩子函数时，钩子函数的定义为 void hook(void(* addr)()); 默认情况下不需要制定参数，此时钩子函数的定义为 void hook(void)

关于钩子函数，在 CCS 的编译器里还有以下几个规则需要补充说明。

(1) 若使能钩子函数选项，会默认使用表 3-12 中的定义方法创建钩子函数的隐式声明。此时如果用户要声明或者定义钩子函数的功能的话，必须与这个隐式声明使用相同的定义方式。

(2) 在 C++编程的时候，钩子函数被声明为外部的 C 函数，这时候用户可以使用 C 语言或者汇编语言来编写钩子函数的程序，因为使用的是 extern C 的调用方法，所以用户不用担心会违反 C++的函数名字改编(name mangling)规则而产生编译错误。

(3) 钩子函数可以被声明为 inline 内联类型，此时编译器把它们与其他的内联函数按照相同的规则进行处理，例如函数优化等选项对它们起相同的作用。

(4) 入口钩子函数和出口钩子函数是互相独立的，用户可以只使用它们中的一个，或者同时使用它们。

(5) 用户要避免对钩子函数的递归调用，也就是说在钩子函数中不要调用其他包含了对钩子函数本身进行调用的函数(有点小拗口)。为了防止这种潜在 bug 的发生，编译器对钩子函数的产生有一些限制，例如对于内联类型的函数或者钩子函数本身，用户都无法为它们产生一个钩子函数。

那如果在优化选项的作用下，编译器把某些函数自动优化为内联函数，用户已经为它们产生的钩子函数会不会导致错误呢？此时用户要使用--remove_hooks_when_inlining 选项把编译器自动内联的函数的入口/钩子出口函数给优化掉。

(6) 如果用户不希望产生钩子函数，在编程时可以直接使用域处理指令阻止产生钩子函数。在 C 语言编程时，使用方法为 # pragma NO_HOOKS(func);在 C++语言编程时，使用方法为 # pragma NO_HOOKS。

钩子函数相关的控制选项并不多，不过其使用时的条条框框却不少。下面换个轻松点的看看，比如库函数选项。库函数一般是指编译器提供的可在 C/C++源程序中调用的函数，可分为两类：一类是 C 语言标准规定的库函数；另一类是编译器特定的库函数。库中存放函数的名称和对应的目标代码，以及链接过程中所需的重定位信息，一般情况下厂家不会向用户开放库函数的内容。当然，在 CCS 编程中，如果用户需要分享某个功能给别人，但是又不想让他们知道函数的内容，也可以把用户的函数甚至程序封装为一个库函数(CCS 中，一般情况下用户用它产生. out 二进制文件，此外还可以产生. lib 库文件)。

库函数大家都不陌生，比如在 C2000 DSP 的编程中，为了使用定点数学库的相关函数，用户要把 IQmath. lib 加入到工程里；为了使用 FPU 相关的浮点函数库，用户需要调用

C28x_FPU_Lib_Beta1.lib 等。在 CCS 编译环境下，库函数的相关选项并不多，也不复杂，如表 3-13 和表 3-14 所示。

表 3-13 库函数选项 1

库函数选项	控制效果
--printf_ support = {nofloat | full | minimal}	使能对小尺寸/有限格式版本的 printf 函数家族（如 sprintf、fprintf 等）和 scanf 函数家族（如 sscanf、fscanf 等）的支持。可以输入三种参数，其意义如下。 full：默认参数，表示支持所有的格式。 nofloat：不支持对浮点类型数据的输入/打印，包括%a，%A，%f，%F，%g，%G，%e 和%E，支持其他的字符、定点格式等。 minimal：对数据格式的最小支持，只包含了不指定数据宽度和精度标志的整型、字符型或者字符串，即只支持%%，%d，%o，%c，%s 和%x 格式。 一些用户看到%a，%A，%g，%G 这样的格式可能会有疑问，C 语言支持这样的格式？答案确实是真的，只不过用户几乎不会用到它们而已： %a(%A)表示浮点数、十六进制数字和 p-(P-)记数法(C99)；%g(%G)表示浮点数中不显示无意义的零(0)

在使用编译器的--opt_level=3 优化级别(即-O3，文件级别的优化)的情况下，编译器会对已知的库函数利用已有的优化规则直接输出优化结果。但是如果用户对标准的库函数进行重定义，即标准库函数的定义发生了改变的话，则对它的优化将失效。

表 3-14 库函数选项 2

用户程序中对标准库函数的更改	使用库函数选项	别名
声明/重定义了一个与标准函数库中的函数重名的函数	--std_lib_func_redefined	-ol0 或者-ol0
用户文件中包含了标准库函数中的函数，但是并未改变其功能	--std_lib_func_defined	-ol1 或者-ol1
没有改变标准函数库，但是若在编译器选项或者命令窗口中使用了--std_lib_func_redefined 或者 std_lib_func_defined 选项，则需要恢复编译器的默认优化效果	--std_lib_func_not_defined	-ol2 或者-ol2

3.8 汇编器选项

在 DSP 的编程中，虽然 C 编译器的效率很高，使得用户可以使用 C/C++完成大部分的编程工作，例如对运算的实时性要求不是特别高的算法工作(如 PWM 产生、电机的控制等)，但是一些对实时性要求非常高的算法，例如 FFT、IFFT、除法/正余弦/反正切(编译器调用多条语句实现对 ROM 中数学表的调用，如除法用到了十几条跳转、赋值指令等)，仍然需要使用汇编语言才能实现最优的运行效率；对于一些特殊操作，例如某些 bootloader、某些特殊寄存器的读取/赋值，特别是一些 CPU 寄存器的赋值，也需要使用汇编语言才能完成；在编程中用户对一些 EALLOW 保护的寄存器进行写操作时，也需要使用相关的 EALLOW 和 EDIS 来解除保护、完成赋值然后恢复保护，虽然在 C 编程时用户直接书写的是 EALLOW 和 EDIS 两条语句，但是追根溯源，它们的本体是在头文件中定义的 asm("EALLOW")和 asm("EDIS")两条内嵌汇编语句。此外，用户用 C 写的语句在从编译到生成二进制输出文件的整个过程中，必不可少地要经过从 C 到汇编的转换过程，所以了解汇编器的选项对用户理解程序的编译与运行过程也是非常重要的，如表 3-15 所示。

表 3-15 汇编器选项

汇编器选项	别名	控制效果
--keep_asm	-k	保留汇编语言文件(.asm)。这个在前面的叙述中也提到了，C 语言编译时首先要生成汇编文件，然后再生成机器语言，启用-k 选项，在用户编译完成之后，在工程文件夹里面，每个 C/C++文件都有了一个同名的汇编语言文件(.asm)。如果读者对汇编语言有兴趣，也可以打开对应的 C/C++和生成的汇编文件，了解编译器是如何把 C/C++转换为对应的汇编文件的
--asm_listing	-al	产生汇编语言的列表文件。列表文件的内容包括行号、内存地址、源代码语句、程序中使用的符号及变量、交叉引用列表等，能够提示用户汇编代码是如何被编译的
--c_src_interlist	-ss	这个选项可以把 C/C++的表达式生成交叉列表，以注释的形式插入到编译生成的汇编代码中，方便用户查看/阅读生成的汇编代码。但是在不同的优化级别下，生成的交叉列表文件也不同。对一个函数编译产生的汇编文件插入 C 语言交叉列表的完整调用方法是：cl2000 -v28 -c_src_interlist function。举个简单的例子来说明(分号为汇编语言的注释符)： ; 3 | printf("Hello World\n"); MOVL XAR4, #SL1; |3| LCR #_printf; |3| ; call occurs [#_printf] ; |3|
--src_interlist	-s	如果启用了编译器的优化选项，则把优化器所做的改动以注释的形式插入到编译生成的汇编代码中，否则其效果与-ss 选项相同
--absolute_listing	-aa	使能绝对列表：这里的"绝对"指的是列表文件中的地址为绝对地址，而不是相对于每个程序段起始地址的地址增量(相对地址)
--asm_define=name[=def]	-ad	为汇编器预定义常量，并为常量生成.set 指令，为字符串生成.arg 指令。 如果[=def]被忽略，则 name 默认值是 1
--asm_dependency	-apd	对汇编文件进行预处理，并生成包含#include 指令的文件列表，这个列表文件和源文件的名字相同，扩展名为.ppa
--asm_includes	-api	产生汇编生成的列表文件

续表

汇编器选项	别名	控制效果
--asm_remarks	-mw	使能额外的汇编代码尺寸检查,如果未初始化的全局变量占用的段.bss所分配的空间超过了64字,或者一个16位的立即操作数在−32768到65535的范围之外,则输出相应的警告信息
--asm_undefine=name	-au	与--asm_define=name[=def]选项相对应,用来解除对某个常量名的预定义,并且其优先级显然需要比前者高
--cdebug_asm_data	-mg	使用数据指令,为汇编程序中的变量产生C语言样式的符号调试信息,例如基本的C语言数据类型、结构体、数组等
--copy_file=filename	-ahc	与.copy指令类似,通过这个选项告诉汇编器,把某段汇编程序从别的文件中复制过来,被复制的文件也会出现在汇编的列表文件中
--cross_reference	-ax	在列表文件中产生交叉参考的文件信息。在C编程相关的选项中经常提到交叉参考这个信息,在汇编编程时也同样存在,因为算法的复杂性和可移植性的要求,用户需要多个汇编程序才能完成算法的实现,这也就引入了交叉参考的问题
--flash_prefetch_warn		只在281x系列DSP上使用,针对F281x BF Flash预读的警告问题输出更多的信息。在281x系列DSP上,如果在连续8个字×16位的程序空间的直接或者间接寻找操作之前使用了SBF(8位操作数的快速分支跳转)或者BF(快速分支跳转)指令,则Flash的预读缓冲区就会溢出。使用这个选项可以输出警告信息,提醒用户这种溢出现象的发生,并采取相应的解决方法。如果遇到了这样的情况,可以参考TMS320F2810,TMS320F2811,TMS320F2812,TMS320C2810,TMS320C2811,TMS320C2812 DSP Silicon Errata这个纠错文档
--include_file=filename	-ahi	与C语言的-include指令类似,可以为汇编源程序提供对其他程序/文件的引用
--no_const_clink		停止为const类型的全局数组产生.clink指令
--output_all_syms	-as	为了方便符号调试,在COFF符号列表中写入标签定义
--preproc_asm	-mx	仅对汇编源程序有效,用来扩展汇编文件中的宏以及汇编扩展文件,并产生.exp文件,从而方便用户对汇编文件的调试。.exp是个中间文件,对它的修改无法保存,如果需要在调试中修改汇编程序,就需要在源程序中修改,而不是在这个中间文件中修改
--syms_ignore_case	-ac	默认情况下,CCS中的汇编语言是区分大小写的。启用这个选项,则会忽略大小写的区别,即ABC和abc代表同一个意思

如果想更好地理解汇编相关的选项并更高效地使用汇编语言编程,可以参考汇编工具指南TMS320C28x Assembly Language Tools User's Guide和汇编指令指南TMS320C28x CPU and Instruction Set Reference Guide。

3.9 文件、目录与扩展名

文件类型、目录结构、扩展名等组成了操作系统里面最基本的文件管理功能。在复杂的工程和高版本的编程环境里，使用多级目录结构以便更加有条理地管理文件。与它们相关的选项如表 3-16～表 3-19 所示。

表 3-16 中的选项可以让用户强制把某些文件解读为特定类型的文件。

表 3-16 文件类型指定选项

选 项	别名	控制效果
--asm_file=filename	-fa	默认情况下，编译器把.asm 文件认作汇编语言源程序，但是如果是 filename 这个文件启用了-fa 选项的话，编译器会把 filename 这个文件认作一个汇编源程序，而不管此时它的后缀名是不是.asm
--c_file=filename	-fc	默认情况下，编译器把.C 文件认作 C 语言源程序，但是如果是 filename 这个文件启用了-fc 选项的话，编译器会把 filename 这个文件认作一个 C 源程序，而不管此时它的后缀名是不是.C
--cpp_file=filename	-fp	默认情况下，编译器把.C、.cpp、.cc 和.cxx 文件认作 C 语言源程序，但是如果是 filename 这个文件启用了-fp 选项的话，编译器会把 filename 这个文件认作一个 C 源程序，而不管此时它的后缀名是不是默认的 C++类型
--obj_file=filename	-fo	默认情况下，编译器把.obj 文件认作目标代码文件，但是如果是 filename 这个文件启用了-fo 选项的话，编译器会把 filename 这个文件认作一个目标代码文件，而不管此时它的后缀名是不是.obj。 注：.obj 目标文件包含着机器代码(可直接被 DSP 执行)以及代码在运行时使用的数据，如重定位信息，用于链接或调试的程序符号(变量和函数的名字)，此外还包括其他调试信息

举例说明，用户有个后缀名为.s 的文件，里面是 C 程序，这时用户就可以使用 cl2000 -v28 -c_file=file.s 这条语句让编译器自动把它读取为 C 程序。

表 3-17 目录指定选项

选 项	别名	控制效果
--abs_directory=directory	-fb	默认情况下，编译器使用.obj 文件所在的目录存放绝对列表文件；启用这个选项后则可以自定义绝对列表文件的保存路径。例如： cl2000 -v28 --abs_directory=d:\abso_list
--asm_directory=directory	-fs	默认情况下，编译器使用当前目录存放汇编文件；启用这个选项后则可以自定义汇编文件的保存路径。例如： cl2000 -v28 --asm_directory=d:\assembly

续表

选　　项	别名	控制效果
--list_directory=directory	-ff	默认情况下，编译器使用.obj文件所在的目录存放汇编列表和交叉参考列表文件；启用这个选项后则可以自定义存放汇编列表和交叉参考列表文件的保存路径。例如： cl2000 -v28 --list_directory=d:\listing
--obj_directory=directory	-fr	默认情况下，编译器使用当前目录存放目标代码文件；启用这个选项后则可以自定义目标代码文件的保存路径。例如： cl2000 -v28 --obj_directory=d:\object
--output_file=filename	-fe	自定义汇编输出文件的名字。例如： cl2000 -v28 output_file=transfer
--pp_directory=dir		默认情况下，编译器使用当前目录存放预处理文件；启用这个选项后则可以自定义预处理文件的保存路径。例如： cl2000 -v28 --pp_directory=d:\preproc
--temp_directory=directory	-ft	默认情况下，编译器使用当前临时文件；启用这个选项后则可以自定义临时文件的保存路径。例如： cl2000 -v28 --temp_directory=d:\temp

表3-18 文件扩展名指定选项

选　　项	别名	控制效果
--asm_extension=[.]extension	-ea	设置汇编源程序的默认扩展名
--c_extension=[.]extension	-ec	设置C语言源程序的默认扩展名
--cpp_extension=[.]extension	-ep	设置C++源程序的默认扩展名
--listing_extension=[.]extension	-es	设置列表文件的默认扩展名
--obj_extension=[.]extension	-eo	设置目标文件的默认扩展名

举例说明，用户有个名为fit.rrr的文件，里面是汇编语言程序，这时用户就可以使用下面的选项让编译器读取它，并编译输出相关的目标文件.o（而不是默认的obj）：

```
cl2000 -v28 -asm_extension=.rrr -obj_extension=.o fit.rrr
```

表3-19 命令文件选项

选　　项	别名	控制效果
--cmd_file=filename	-@	把某个文件的内容作为命令行的延伸；可以同时对多个文件使用这个选项。使用这个选项可以避开操作系统对命令行长度的限制。在命令文件里，使用“#”或者“;”来书写注释，使用双引号来表示某个选项的引用，例如： "--cmd_file" 这个选项的多重化引用方法是： cl2000 -v28 --cmd_file=file1 --cmd_file=file2 file3

3.10 代码规范 MISRA-C

如果用户自己编写了一个程序，程序能正常编译，运行起来也实现了用户期望的输出，是不是表示这个程序就很完善了呢？对于工业产品来说，“好”、“能用”和“完善”，或者说“标准”，甚至是代码的“安全”，显然不是一个层面的东西。因为C语言虽然是用户开发嵌入式应用的最主要工具之一，然而C语言并非是专门为嵌入式系统设计，相当多的嵌入式系统较一般计算机系统对软件安全性有更苛刻的要求，例如在那些对安全性要求很高的系统中，如飞行器、汽车和工业控制中，只要代码的工作稍有偏差，就有可能造成重大的财产损失或者人员伤亡。

那么如何衡量用户的代码是否满足某些标准，是“安全的”、“健壮的”呢？此时用户就可以根据具体的应用来查找相关的行业标准。举个例子，在工业领域中，MISRA C 就是在某些行业中要求遵守的行业标准。MISRA C 是由汽车产业软件可靠性协会(Motor Industry Software Reliability Association，MISRA)提出的C语言开发标准，其目的是增进嵌入式系统的安全性及可移植性。针对 C++语言也有对应的标准 MISRA C++。

MISRA C 一开始主要是针对汽车产业，而目前其他产业也已经逐渐开始使用 MISRA C，包括航空航天、电信、国防、医疗设备、铁路等领域中都已有厂商使用 MISRA C。这些领域无一不对代码的规范，特别是代码的安全有非常高的要求。MISRA C 的第一版 *Guidelines for the use of the C language in vehicle based software* 是在1998年发行的，一般称为 MISRA-C：1998。MISRA-C：1998 有127项规则，规则从1号编号到127号，其中有93项是强制要求，其余的34项是推荐使用的规则。在2004年时发行了第二版 *Guidelines for the use of the C language in critical systems*(或称作 MISRA-C：2004)，其中有许多重要建议事项的变更，其规则也重新编号。MISRA-C：2004 有141项规则，其中121项是强制要求，其余的20项是推荐使用的规则。规则分为21类，从“开发环境”到“运行期错误”。通常认为，如果能够完全遵守这些标准，则编写的C代码是易读、可靠、可移植和易于维护的。最近很多嵌入式开发者都以 MISRA C 来衡量自己的编码风格，比如著名的 μC/OS-Ⅱ 就“得意”地宣称自己99%遵守 MISRA 标准。目前有许多工具声称可以检查代码和 MISRA 规则相容性，不过 MISRA 没有相关认证的程序。相关工具可以帮助使用者评估和比较检查的结果，也会提供一些可符合 MISRA C 规定的指南，但是目前大部分的工具对静态代码分析的工具检查基本能实现，对动态代码分析则还不能完美实现。

考虑到 MISRA-C：2004 有141项规则，其中仅强制要求就有121项，其余的20项是推荐使用的规则，显然手工对照规则来检查用户的软件是非常费时费力的。CCS 提供了相应的选项，使得编译器可以自动检查用户的代码是否违反了 MISRA C 的相关规则，并提供给用户详细的诊断与警告信息。

在C语言的标准 ANSI C 和 ISO C 之后，又产生了更新的 C99 以及 C11(ISO/IEC 9899：2011)，但是因为最新版本的规范从推出到各大编译器厂家支持以及开发者的适应都需要一定的时间，所以目前最常用的仍然是 ANSI C 或者 C99。与此类似，虽然 MISRA C 的标准已经有最新的 2012，但是人们谈论和使用最多的仍然是 2004 版本，所以在 CCS 的编译器选项里仍以 MISRC-C：2004 的规则为准。表 3-20 表示文件类型指定选项。

表 3-20 文件类型指定选项

选 项	控 制 效 果
--check_misra[={all|required|advisory|none|rulespec}]	使能对 MISRC-C：2004 规则的检查：默认情况下是启用全部规则进行检查
--misra_advisory={error|warning|remark|suppress}	设置针对 MISRC-C：2004 中建议规则的诊断信息的严重级别：错误、警告、提醒、不显示
--misra_required={error|warning|remark|suppress}	设置针对 MISRC-C：2004 中强制要求的规则的诊断信息的严重级别：错误、警告、提醒、不显示

启用了--check_misra={all|required|advisory|none|rulespec}的选项使能 MISRC-C：2004 规则检查之后，还可以在代码中配合相关的预处理指令使能某些代码的检查/停止检查功能，包括：

```
#pragma CHECK_MISRA("{all|required|advisory|none|rulespec}");
#pragma RESET_MISRA("{all|required|advisory|rulespec}");
```

其中，CHECK_MISRA 用来使能或者禁止对 MISRC-C：2004 规则的检查，它的作用与--check_misra 是一致的。RESET_MISRA 则用来复位 MISRC-C：2004 规则检查的状态。rulespec 参数则可以用来指定用户使用 MISRC-C：2004 中的哪些规则来进行特点的检查，包括：

(1) [-]X。使能（或者禁止）X 主题下各个规则的检查（主题包括变量、字符、初始化等）。

(2) [-]X-Z。使能（或者禁止）从 X 到 Z 主题下各个规则的检查。

(3) [-]X. A。使能（或者禁止）X 主题下规则 A 的检查。

(4) [-]X. A-C。使能（或者禁止）X 主题下从规则 A 到规则 C 的检查。

举例说明：--check_misra=1-5，-1. 1，8. 2-4 的含义是：

(1) 检查从主题 1 到主题 5 的规则。不清楚的用户可以去搜索 MISRA 规范，1. 环境；2. 语言扩展；3. 文档；4. 字符集；5. 标识符。

(2) 禁止规则 1 中 1. 1 条目的规则（规则 1. 1（强制）：所有代码都必须遵照 ISO 9899：1990 Programming languages - C，由 ISO/IEC 9899/COR1：1995，ISO/IEC 9899/AMD1：1995 和 ISO/IEC9899/COR2：1996 修订），规则 1 中的其他规则保持有效。

(3) 检查主题 8 中的规则 2 到规则 4。为了方便，下面列出这几条规则的定义。

主题 8：声明与定义。

① 规则 8. 2（强制）：不论何时声明或定义了一个对象或函数，它的类型都应显式声明。

② 规则 8. 3（强制）：函数的每个参数类型在声明和定义中必须是等同的，函数的返回类型也该是等同的。

③ 规则 8. 4（强制）：如果对象或函数被声明了多次，那么它们的类型应该是兼容的。

3.11 链接器的基本选项

在用户对 DSP 编程的时候，往往有几个、几十个甚至上百个源程序、头文件、库文件等，该如何对它们管理、调试呢？答案是要按照功能、寄存器分类等进行划分，这样一个工程就包含了很多的头文件、源程序等，每个源程序经过编译、汇编之后都会产生单独的目标文件。因为对于程序的任何一点修改，都需要编译器进行编译，如果每次都把所有的程序进行重新编译的话，是对时间和资源的极大浪费。所以为了提高效率，用户可以使用增量编译技术只对有修改的文件进行重新编译和汇编，而没有修改的则不需要更新目标文件。但是因为编译器和汇编器对每个源文件是单独汇编的，它们并不知道某个模块中的数据和程序相对于另一个模块而言，具体位置在哪里，所以接下来用户就需要使用链接器把所有的目标文件给“拼接”起来，最终生成一个可以独立运行的文件，即可执行文件。它的功能包括 3 个主要的步骤。

(1) 将代码和数据放入“假想”中的内存：链接器基于.cmd 文件中对存储器地址的划分，按照不同的段把代码和数据分别装入对应的地址中；当然这完全是在计算机上完成的，不需要实际的 DSP 和 RAM“出面”。

(2) 为数据和指令分配内存地址：最简单的例子，为函数中断的入口指定一个地址，这样在进入中断的时候，程序指针直接跳转到中断入口的地址即可。

(3) 修改内部和外部的引用：链接器使用每个目标文件中的重定位信息和符号表，来解析某个目标文件中未定义的符号，因为它有可能是在别的目标文件中定义的。

为了更好地理解链接器的行为，用户就需要了解一下它的配置选项。链接器的配置选项也很多，但是和程序优化的那些选项相比，其含义要更容易理解一些。表 3-21 是链接器的最基本选项，定义了链接器正常工作所必需的参数。

表 3-21 链接器的基本选项

选 项	别名	描 述
--run_linker	-z	使能链接器
--output_file=file	-o	为用户编译、链接之后的输出文件起个名字，默认叫 a.out
--map_file=file	-m	产生映射/列表文件，其中包含了输入和输出的段(描述输出文件的代码或数据块)，以及不同的段之间未使用的地址
--stack_size=size	[-]-stack	设置 C 代码的栈的长度，默认为 1K 字。用户可以修改它的长度为 size 长度
--heap_size=size	[-]-heap	设置 C 代码的堆的长度(用于动态内存分配)，默认为 1K 字。用户可以修改它的长度为 size 长度
--warn_sections	-w	在未定义的输出段被创建时产生警告信息

链接器的文件搜索选项则是链接器用来寻找文件时使用的，例如查找某个和 FPU 运行有关的浮点库函数，如表 3-22 所示；链接器的其他选项如表 3-23～表 3-25 所示。

表 3-22 文件搜索选项

选　项	别名	描　述
--library=file	-l	将一个文档库或者链接命令文件 file 作为链接器的输入
--search_path=pathname	-I	在链接器从默认位置搜索库之前,强制使其从指定路径搜索。这个选项必须用在上面的选项之前
--priority	-priority	如果某个参考引用在现有的库中找不到,则使用第一个含有该未定义符号的库
--reread_libs	-x	强制重新读取库文件,以解决逆向引用的问题
--disable_auto_rts		禁止链接器自动选择快速运行支持(RTS)库

表 3-23 命令文件预处理选项

选　项	描　述
--define=name=value	把 name 预定义为一个预处理器宏
--undefine=name	删除预处理器宏 name
--disable_pp	禁止对命令文件的预处理

表 3-24 诊断选项

选　项	别名	描　述
--diag_error=num		诊断标识符序号 num 对应的内容输出为错误信息
--diag_remark=num		诊断标识符序号 num 对应的内容输出为提醒信息
--diag_suppress=num		禁止输出诊断标识符序号 num 对应的内容
--diag_warning=num		诊断标识符序号 num 对应的内容输出为警告信息
--display_error_number		显示诊断标识符和它包含的信息
--emit_warnings_as_errors	-pdew	把警告作为错误进行对待：此时链接无法继续完成
--issue_remarks		显示提醒信息(即非严重的警告信息)
--no_demangle		禁止在诊断信息中对符号名字进行 demangling(C/C++编译器会将程序中的变量名、函数名转换成内部名称,这个过程被称作 Name Mangling,反过程被称作 Name Demangling。内部名称包含了变量或函数的更多信息,例如编译器看到"? g_var@@3HA,"就知道这是：int g_var,"3H",表示 int 型的全局变量)
--no_warnings		不输出警告信息(错误信息仍然会输出)：非常适合"眼不见为净"的开发者使用
--set_error_limit=count		设置错误的阈值为 limit,默认为 100。当链接器发现的错误小于 limit 时,链接器会继续进行链接,这样有可能会发现更多的错误问题,当然也要花费更多的时间；当错误数达到 limit 时,完全停止链接
--verbose_diagnostics		启用诊断的"啰嗦"模式：输出的诊断信息中将包含源代码(源代码过长时会在信息窗口中自动换行)

表 3-25 链接器输出选项

选　　项	别名	描　　述
--absolute_exe	-a	默认输出一个绝对的、可执行的目标文件(绝对的是指文件地址是绝对的,可以单独运行,与 relocatable 相对,由于地址不是绝对分配的,所以不能独立运行)
--ecc:data_error		把特定错误信息插入到输出文件中,以便测试
--ecc:ecc_error		把特定错误信息插入到错误校正代码 ECC 中,以便测试
--mapfile_contents=attribute		控制出现在映射文件.map 中的信息
--relocatable	-r	产生不可执行、可重定位的输出目标文件
--rom		创建一个 ROM 目标
--run_abs	-abs	产生绝对列表文件
--xml_link_info=file		产生一个 XML 文件,其中包含有关链接结果的详细信息

在对编译器/链接器的各个选项的分析中,用户多次提到了"符号(symbol)"这个概念,而 DSP 调试的过程,往往也有个显著的特点,叫"符号调试"。每个可重定位目标模块都有一个符号表,它包含了模块中所定义和使用的符号的信息。在链接器的上下文(context)中,有 3 种不同的符号。

(1) 在目标模块中定义,并能被其他模块所引用的全局符号。全局链接器符号对应于非静态的 C 函数以及被定义为不带 C static 属性的全局变量。

(2) 由其他模块所定义,并在当前目标模块中被引用的全局符号,这些符号被定义为外部符号(external),对应于定义为其他模块中的 C 函数和变量。例如用户在一个 C 文件中使用 extern 来声明某个在外部文件中定义的变量后,就可以跨文件使用这个全局变量的值。

(3) 只能被当前目标模块定义和使用的本地符号,它在当前模块中可见,但是在其他模块中无法被引用。在编译产生的目标文件中,对应于目标模块的段和相应的源文件的名字也能获得本地符号。

链接器的符号选项如表 3-26 所示,其余选项如表 3-27～表 3-29 所示。

表 3-26 符号选项

选项	别名	描　　述
--entry_point=symbol	-e	定义一个全局的符号,其中指定了可执行目标文件的主入口点
--globalize=pattern		把符合模式 pattern 的符号链接改为全局符号(什么是这里的"模式"? 指的是输入的段的格式描述。比如可以通过一个段定义的全局符号来选择一个输入段,这样就允许用户选择分块链接的多个目标文件中的同名的不同输入段)
--hide=pattern		隐藏符合特定模式的符号
--localize=pattern		把符合模式 pattern 的符号链接改为本地符号
--make_global=symbol	-g	创建全局符号。-g 的优先级比-h 高
--make_static	-h	把所有的全局符号改为静态符号
--no_sym_merge	-b	禁止把符号调试信息合并到可执行的 COFF 目标文件中
--no_symtable	-s	把符号表的信息和行号进入点从 COFF 文件中删除
--scan_libraries	-scanlibs	为重复的符号定义扫描所有的库文件

续表

选项	别名	描 述
--symbol_map = refname =defname		改变符号的映射关系：名为 refname 的符号的交叉引用被替换为名为 defname 的符号的交叉引用。--symbol_map 在使用--opt_level=4(在包含-O0、-O1、-O2 和-O3 优化效果的同时，执行包含链接文件的优化)的优化级别时可以使用
--undef_sym=symbol	-u	把名为 symbol 的符号作为未解析的符号添加到符号表
--unhide=pattern		被隐藏的特定模式的符号恢复显示

表 3-27 实时运行环境选项

选 项	别名	描 述
--arg_size=size	--args	为 argc/argv 内存区域保留宽度为 size 字节。 实际上 main 过程有两个形参。它们是 argc 和 argv： main(int argc(),char * argv[]) 如果意识到形参是按字母顺序排列的，可很容易记住哪一个在前面。参数 argc 是命令行中参数的个数(包括程序名)，数组 argv 包含实际的参数
--far_heapsize	-farheap	设置远堆(heap)大小，单位为字(word)。(注：如果动态创建的数据量比较大，用一个数据段(一般是 64K，此时段指针不变，偏移量指针在 16bit 内变化)放不下的时候，需要重新开辟一个数据段存放更多的数据，此时称原来的堆部分为近堆，改变段地址后的新的数据段所在的堆部分称为远堆)
--fill_value=value	-f	在不同的输出段之间，因为每个段有一定的地址范围，而段的内容一般不会填满整个地址区域，这样就产生了一定的“空隙”，使用本选项来设置在“空隙”中填入的默认值
--ram_model	-cr	启用本选项，从而在加载程序时就初始化变量值
--rom_model	-c	启用本选项，从而在运行程序时自动初始化变量值

表 3-28 链接时优化选项

选 项	别名	描 述
--keep_asm		保留启用-plink 选项之后产生的链接后的文件(. pl)和绝对列表文件(. abs)，这样可以使得用户审阅优化器在链接之后所做的优化
--no_postlink_across_calls	-nf	在使用-plink 选项的情况下，禁止优化器在函数之间进行链接后优化
--plink_advice_only		在使用-plink 选项的情况下，如果因为指令流水线安全的原因无法对某些代码进行调整，则在对应的汇编代码中用注释标出；在启用浮点支持或者 VCU 的情况下，因为是 DSP 的 CPU 内核和协处理器 FPU 或者 VCU 共同工作，有流水线冲突的可能存在
--postlink_exclude	-ex	在使用-plink 选项的情况下，把某个文件从链接后的检查中排除出去
--postlink_opt	-plink	链接后优化。仅在使用-z 选项后有效，-z 是使能链接器的命令

表 3-29 其他杂项

选 项	别名	描 述
--disable_clink	-j	禁止对 COFF 目标文件的条件链接
--linker_help	[-]-help	显示有关语法和可用选项的信息
--preferred_order=function		把对某个函数处理的优先级提高
--strict_compatibility[=off|on]		默认情况下启用，执行对输入目标文件兼容性的更加“保守”、严格的检查

3.12 C 代码的入口程序 c_int00

在一个 C/C++程序能正常运行之前,相关的 C/C++运行时(run-time)环境首先要正确建立。在 CCS 软件编程情况下,C/C++的实时运行库 RTS 的源程序库 rts. src 中包含了名为 boot. c 或者 boot. asm 的启动程序(在 TI 的一些例子里,则使用 CodeStartBranch. asm 来完成启动工作,它会自动调用库文件中的 boot. asm),用于在系统启动后调用 c_int00 函数,并通过其中的操作来完成运行时环境的建立。通常,c_int00 函数位于 rts2800. lib 库函数中的 boot. obj(即 TI 官方编译 boot. c 或者 boot. asm 生成的目标文件)下,这也就是为什么用户在 C28x 编程的情况下通常要把 rts2800. lib 库函数加入工程中的原因(其他器件则根据型号、系列添加对应的库文件,否则就会出现初学者经常遇到的找不到 boot. c 之类的错误)。

注意:小型内存模型含义是已初始化的段被链接至低 64K(字)可寻址空间内的非易失性内存,它使用 rts2800. lib。对于定点器件,如果使用大内存模型(超过 64K 字),则需要使用库 rts2800_ml. lib;对于含有 FPU 的器件,用于标准 C 语言代码的为 rts2800_fpu32. lib,用于 C++代码的为 rts2800_fpu32_eh. lib(没有针对浮点器件的较小内存模型库)。在 CCS v5/v6 中,有一个针对库的"自动"设置,此设置可根据项目的设置(例如,浮点支持和内存模型选择)让 CCS 自动选择正确的库来使用。对于 DSP/BIOS 项目,DSP/BIOS 负责将所需的库包括在内,用户不需要在项目中包含任何运行支持库。

如果在链接器选项中用户使用了--ram_model 或者--rom_mode(具体含义请参考 http://www. eepw. com. cn/article/249328. htm),则_c_int00 函数自动被配置为整个程序执行的入口点。此外,在 CPU 复位之后(相当于一个软件或者硬件的复位中断),用户也可以把整个程序的入口点指向_c_int00,例如:

```
.def _Reset
.ref _c_int00
_Reset: .vec _c_int00, USE_RETA
```

则在执行 CPU 复位操作之后,系统自动跳转到_c_int00 函数。

在 c_int00 函数中完成的功能主要有:

(1) 设置/初始化 CPU 的状态和配置寄存器。

(2) 为系统的栈定义一个. stack 段,然后建立并初始化栈的指针。其中,栈需要被分配在单一的、连续的一段地址中,起始点为低地址,终点为高地址,栈指针 SP 的初始化值指向栈的顶端。

(3) 从初始化表中,把数据复制到. bss 段中,从而初始化全局变量。如果使用了--ram_model 选项在加载程序时就初始化变量,则在程序运行前,会首先运行一个加载程序来完成变量的初始化。如果使用了--rom_model 选项,则使用. cinit 中的运行时初始化表来完成变量的初始化。

默认情况下,链接器使用--rom_model 选项,在程序运行时完成变量的自动初始化。在程序运行时,. cinit 段和其他初始化的段会被一起加载到内存中,从而使得 C/C++的启动程序可以自动把. cinit 中的初始化表格复制到. bss 段中,完成全局变量的自动初始化。这种方法的特点在于，初始化的表格可以被存放在更加便宜且大容量的 ROM 或者 Flash，而不是 RAM 中，并且可以在程序启动时再自动加载到 RAM 中，这种方法在用户把程序烧写到 Flash 中再运行的时候是经常使用的。

如果使用--ram_model 的链接器选项，则链接器会在.cinit 段的开头中配置 STYP_COPY 位(0010h)，告诉加载器不要把.cinit 段自动加载到内存中，并且把 cinit 这个符号设置为－1(默认情况下符号 cinit 指向初始化表格)，从而向启动程序表明，内存中没有初始化表格，在启动时不需要执行运行时的初始化工作。在这种情况下，需要用户自定义一个加载程序，从而在加载程序时就完成初始化，它的主要内容包括：

① 在目标文件中检测.cinit 段的存在；

② 在.cinit 段的开头配置 STYP_COPY 位，使得该段不会被自动复制到内存中；

③ 需要用户理解并正确遵循初始化表格的格式。

这 3 个注意点貌似比较复杂，不过有读者可能会问，用户直接把程序通过 JTAG 下载到 DSP 的 RAM 中运行时，为何配置步骤如此简单。那是因为 CCS 编程环境已经帮用户承担了这一重要任务，当用户用仿真器来调试、运行时经常会使用到这个方式。

注意：在 C/C++程序运行之前，一些全局变量必须被赋予初始值。在 ANSI/ISO C 中，未明确初始化的全局和静态变量在程序执行前都需要被初始化为 0，C/C++的编译器并不会对它们进行自动初始化。在把程序加载到 RAM 而不是 ROM 中的情况下，比较方便的方法是直接把.bss 段初始化为 0。

而在 C28x DSP 的编程中，如果一个全局变量的初值不会对程序的运行结果产生任何影响，则用户一般不用考虑给它们赋初值，因为编译器会使用.cinit 段中的初始化表格来初始化变量，叫作自动初始化(autoinitialization)，其示意如图 3-1 所示。

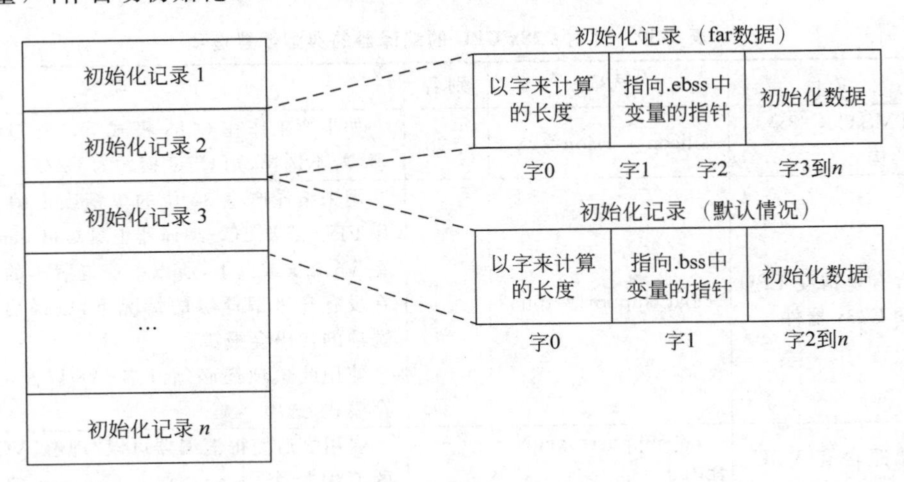

图 3-1 自动初始化的记录

在使用了--ram_model 或者--rom_model 选项的情况下，链接器把所有 C/C++模块中的相关变量初始化的内容链接入.cinit 段之后，会自动在其末尾加入 null 关键字，来标明初始化表格的末尾。

(4) 调用.pinit 中的所有的全局构造函数。

.pinit 段中的内容相对简单，它主要包含了构造的地址列表。在.cinit 初始化完成之后，构造函数的地址就出现在构造函数地址列表中了。

在使用了--ram_model 或者--rom_model 选项的情况下，链接器把所有 C/C++模块中的构造函数的地址链接入.pinit 段之后，会自动在其末尾加入 null 关键字，来标明构造函数地址的结束。

与.cinit 段不同的是，不管使用--ram_model 还是--rom_model 选项，.pinit 段都会在运行时被加载和处理。

(5) 调用 main()函数，执行用户的程序。

(6) 在 main()函数返回时，调用 exit 函数。

根据需要，用户可以自定义启动函数，但是一定要保证用户的自定义函数能够正确完成以上的步骤以建立 C/C++的实时运行库环境，否则用户的程序将无法正常运行，甚至根本无法运行。

3.13 典型的编译器配置选项

一个浮点的 F28335 起始工程至少需要下列文件和选项(启用浮点支持)。

(1) 编译器选项：-v28 --float_support=fpu32 -ml -mt -g -pdr -w。

(2) 包含 main()函数的一个.c 或者.cpp 程序。

(3) 实时运行支持库文件 rts2800_fpu32.lib。

(4) 链接文件(.cmd)和头文件：一个小的入门工程，一般从别的工程里把它们复制过来就好了，比如可以从 controlSUITE 软件的目录下找到对应器件。

详细说明如表 3-30 所示。

表 3-30 针对 C28x CPU 的编译器的典型配置选项

类别	名称	选项	别名	说 明
处理器类型	TMS320C28x 架构	--silicon_version=28	-v28	如果要工作在 C28x 模式下，必须启用此选项(若不选择，则 CPU 模式为 C27x)
	含有单精度 FPU 的 C28x 器件	--float_support=fpu32		用来编译产生 32 位的单精度汇编指令，使用 FPU 需要 CCS 编译器工具 Codegen 的版本在 V5.0.x 或以上，所以一些老版本的 CCS3.3 在没有升级编译器的情况下，编译启用 FPU 选项的代码会报错。 使用此选项还必须开启-v28 以及-ml(大内存模式)选项
	器件含有 VCU，并使能对它的支持	--vcu_support=vcuN 其中： N=0 针对 vcu 类型 0 N=2 针对 vcu 类型 2		启用之后使得汇编器可以“理解”VCU 相关的汇编指令。vcu0 需要 Codegen 的版本在 V6.0.1 或以上。vcu2 需要 Codegen 的版本在 V6.2.4 或以上
	C24x 汇编代码兼容模式	--c2xlp_src_compatible	-m20	早在十几年前，C24x 的应用非常广泛，且大部分是汇编编程的，为了方便用户快速从 C24x 迁移到 F2812/2810，C28x 器件具备此兼容选项

续表

类别	名称	选项	别名	说明
存储器模型	大内存模式	--large_memory_model	-ml	开启这个选项,会强迫编译器把整个地址空间当作一块完整的22位宽的空间(实际是分为16位宽的低地址和超过16位宽度之后的高地址空间的),从而使得寻址时使用的指针也是22位的(这个指针是针对CPU寻址来说的,不是用户C程序里用的指针),这样寻找空间就不必局限于 2^{16},即64K了。这种模式适合在C++编程的时候使用,使得编译生成的代码可以访问超过16位宽度的地址空间的存储单元,这样就没有64K字的空间限制了
	统一内存模式	--unified_memory	-mt	把所有的存储空间定义为一个整体,这样编译器在编译时就可以使用RPT与PREAD指令来处理大部分的内存复制memcpy调用和结构体的分配(它也不用"担心"存储空间突然出个断层,没法连续寻找了)
调试与优化	产生符号调试信息	--symdebug:dwarf	-g	在一个工程已经彻底调试好之前,应该开启此选项,这样当调试一个带调试符号的程序时,调试器不仅能给出内存地址,还能给出函数和变量的名字。 在代码调试完成之后,可以使用--symdebug:none选项来关闭符号调试信息的产生,但是这样对代码的性能影响微乎其微,且彻底关闭了代码调试的能力。 注:一些老版本的编译器说明里还提到了--symdebug:skeletal这个选项,但是目前它已经被废弃,不再建议使用,即使使能也不产生任何效果;使用近几年的CCS则不应该再考虑此选项了
其他推荐的选项	编译提醒	--issue_remarks	-pdr	提示所有的提醒信息(即非严重的警告信息)。TI建议用户始终开启此选项,这样可以让编译器尽可能地指出用户代码中的所有问题,能尽量消除可能的bug
	链接警告	--warn_sections	-w	在未定义的输出段被创建时产生警告信息。如果不通过修改代码消除这些警告信息,相关的代码可能无法正确执行,甚至根本无法执行
	用"啰唆模式"来输出编译和链接中的诊断信息	--verbose diagnostics	-pdv	在以"啰唆模式"输出诊断信息的基础上,把源程序中的对应部分也显示出来,这样在代码比较复杂的时候,能够容易地帮助用户定位问题的出处

注:如果一个选项没有别名,则代表在使用它的时候直接使用全名。

3.14 实时运行库 RTS 的选择

随着器件类型、特性的不断发展，现在在 CCS 安装目录下名为 RTSxxx.lib 的文件已经非常多了，那么到底哪些适合用户使用呢？对于 F28335 器件，其适用的 RTS 库如表 3-31 所示。

表 3-31 C28x DSP 使用的实时运行支持库

类别	名称	描述	需要配合使用的编译器选项
常用选项	rts2800_ml.lib	C/C++大内存模型使用的 RTS 库，定点的 C28x DSP 常用此选项	-v28 -ml
	rts2800_fpu32.lib	含有 FPU 的 DSP 常用此 C/C++RTS 库，已假设 CPU 使用了大内存模型。此选项可以与 FPU 的快速运行支持库 FastRTS 共同使用	-v28 --float_support = fpu32 -ml
C++异常处理	rts2800_ml_eh.lib	带有异常处理的 C/C++大内存模型的实时目标库。 需要注意的是，即使是在异常没有发生的情况下，异常处理也会占用大量的 CPU 指令周期和代码存储空间，所以不是必须的情况下尽量不使用这个 RTS 库	-v28 -ml --exceptions
	rts2800_fpu32_eh.lib	针对 FPU 目标器件的、带有异常处理的 C/C++大内存模型的实时目标库。 需要注意的是，即使是在异常没有发生的情况下，异常处理也会占用大量的 CPU 指令周期和代码存储空间，所以不是必须的情况下尽量不使用这个 RTS 库	-v28 --float_support = fpu32 -ml --exceptions
不推荐使用（小内存模型）	rts2800.lib	C/C++小内存模型的 RTS 库，在 C28x DSP 上推荐使用大内存模型 RTS 库	-v28
	rts2800_eh.lib	带有异常处理的 C/C++小内存模型的 RTS 库，在 C28x DSP 上推荐使用大内存模型 RTS 库 model on 28x	-v28

有读者可能会问，在一些示例程序中，已经启用了 rts2800_fpu32_eh.lib，为什么还要用 rts2800_fpu32_fast_supplement.lib？这是因为在含有 FPU 的器件上，如果在不启用 --float_support=fpu32 编译器选项的情况下使用浮点数编程，那么它的运算还是由 CPU 来执行的，执行效率就和从定点 CPU 上直接使用浮点运行进行编程一样低；启用了--float_support=fpu32 编译器选项之后，浮点数的加法、减法、乘法等操作则有 FPU 来完成，执行效率自然要高出很多。

使用 rts2800_fpu32_fast_supplement.lib 库的目的是调用 DSP 的 ROM 中的数学表来快速计算一些数学函数，包括 atan、atan2、cos、division、isqrt、sin、sincos、sqrt 等。如果不使用 rts2800_fpu32_fast_supplement.lib 库来完成这些数学运算，则编译器默认情况下是

使用标准 C/C++数学库里的函数来完成这些运算的，效率自然不能和查找 ROM 中的数学表一样迅速。

3.15 习题

1. 描述编译器的处理器选项中大内存模型的特点。
2. 描述编译器的处理器选项中统一内存模式的特点。
3. 编译器的优化级别有哪些？哪个级别的优化程度最深入？
4. 如果不希望编译器优化用户的程序，该使用什么选项？
5. 分析程序的优化级别与代码编译时间的关系。
6. 举例说明，使用-I 选项引用一个自定义路径下的头文件。
7. 什么是运行时模型？
8. 什么是钩子函数？
9. 如果编译程序时提示 stack 的空间不够用，应该修改哪一个链接器选项？
10. 描述 rts2800_fpu32_fast_supplement.lib 与 rts2800_fpu32_eh.lib 的区别与联系。

第4章

F28335 系统时钟与中断控制

4.1 OSC 与 PLL 模块

片上振荡器 OSC 及锁相环模块 PLL 共同决定了器件的时钟信号。图 4-1 给出了 F28335 系列 DSP 的 OSC 及 PLL 时钟通路。

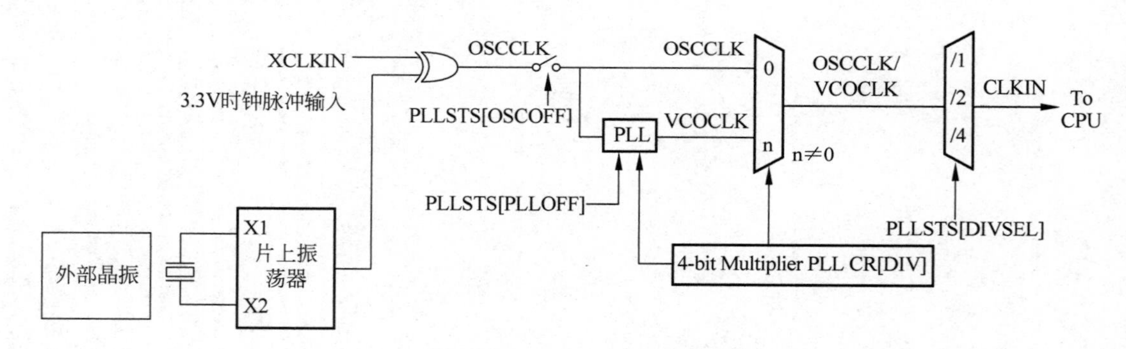

图 4-1 时钟通道

F28335 系列 DSP 具有 3 种时钟方案，既可使用片内振荡器产生需要的时钟信号(使用 X1、X2 引脚)，也可直接由外部引脚 XCLKIN 提供时钟信号，本节主要介绍时钟通路的控制。

4.1.1 PLL 功能配置

图 4-1 中，OSCCLK 由内部振荡器或外部电路直接提供，而 OSCCLK 之后的时钟信号处理由 PLL 模块进行控制，PLL 模块具有 3 种工作模式，由寄存器 PLLSTS[DIVSEL]位决定，如表 4-1 所示。

表 4-1 PLL 工作模式

PLL 工作模式	工作模式介绍	PLLSTS[DIVSEL]	SYSCLKOUT
PLL 关闭	通过将 PLLSTS 寄存器中的 PLLOFF 位置 1 可将 PLL 模块关闭,从而减少系统噪声并减少功率损耗。在进入此模式前应首先将 PLLCR 寄存器设为 0x0000	0,1	OSCCLK/4
		2	OSCCLK/2
		3	OSCCLK/1
PLL 旁路	上电复位或 $\overline{XRS}$ 复位后,PLL 进入该模式。在该模式下时钟信号直接绕过 PLL 模块,但 PLL 模块却未关闭	0,1	OSCCLK/4
		2	OSCCLK/2
		3	OSCCLK/1
PLL 使能	向 PLLCR 寄存器中写入非零的数可使能 PLL 模块,一旦写入数据后,PLL 进入旁路模式,直到 PLL 稳定	0,1	OSCCLK×n/4
		2	OSCCLK×n/2

注:写 PLLCR 寄存器前,PLLSTS[DIVSEL]必须为 0。

4.1.2 时钟信号监视电路

时钟信号监视电路主要用来检测 OSCCLK 信号是否缺失。电路使用两个计数器分别监视进入 PLL 前的时钟信号 OSCCLK 以及 PLL 后的时钟信号 VCOCLK,如图 4-2 所示。

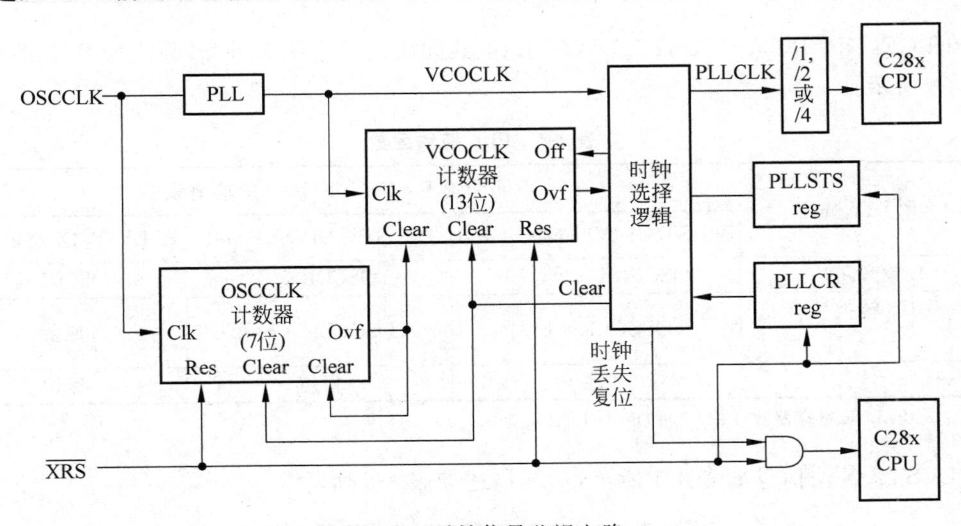

图 4-2 时钟信号监视电路

电路工作原理:OSCCLK 信号来自 X1/X2 内部振荡器或由外部时钟电路直接通过 XCLKIN 引脚输入,7 位的 OSCCLK-counter 计数器用来对 OSCCLK 时钟信号进行计数,13 位的 VCOCLK-counter 计数器用来对 PLL 后的时钟信号 VCOCLK 进行计数。7 位计数器 OSCCLK-counter 溢出时会将 13 位计数器 VCOCLK-counter 清零。正常情况下,只要 OSCCLK 信号存在,VCOCLK-counter 计数器将不会溢出。如果 OSCCLK 信号丢失,PLL 将进入 limp-mode 模式,并产生一个低频时钟信号。VCOCLK-counter 计数器将对这个低频时钟信号持续计数,由于 OSCCLK-counter 计数器不再产生周期性的清零信号,所以

VCOCLK-counter 计数器将溢出。当 VCOCLK_counter 计数器溢出时，将产生一个内部复位信号$\overline{\text{MCLKRES}}$，对 CPU、外设及其他单元进行复位，同时将 PLLSTS[MCLKSTS]置 1。PLLSTS[MCLKSTS]=1 表明时钟信号监视电路发现 OSCCLK 信号缺失，同时还表明此时 CPU 的工作时钟为 limp-mode 模式产生的低速时钟或为其频率的一半。

系统复位后，应首先通过软件检测 PLLSTS[MCLKSTS]位，如果该位为 1，表明系统时钟信号丢失，应对硬件时钟电路进行检查。通过向 PLLSTS[MCLKCLR]位写 1，可将其清零并复位整个时钟信号监视电路，如果再次检测到 OSCCLK 信号丢失，将重复上述过程。

4.1.3 相关寄存器

与 PLL 模块相关的寄存器主要有 PLLCR 与 PLLSTS 两个。PLLCR 寄存器的 DIV 位段用来控制 OSCCLK 的倍频系数，并与 PLLSTS[DIVSEL]位一起决定了系统时钟 SYSCLKOUT 的频率。

寄存器 PLLCR 各位信息如表 4-2 所示。

表 4-2 PLLCR 寄存器各位信息

15～4	3～0
保留	DIV
R-0	R/W-0

PLLCR[DIV]位与 PLLSTS[DIVSEL]位共同决定了系统时钟 SYSCLKOUT 的频率，如表 4-3 所示。

表 4-3 PLL 模块配置

PLLCR[DIV]的值	不同配置下 SYSCLKOUT 的输出频率		
	PLLSTS[DIVSEL]=0 或 1	PLLSTS[DIVSEL]=2	PLLSTS[DIVSEL]=3
0000(PLL 被旁路)	OSCCLK/4(默认)	OSCCLK/2	OSCCLK
0001～1010(转换为十进制 k)	(OSCCLK×k)/4	(OSCCLK×k)/2	保留
1011～1111	保留	保留	保留

注：写 PLLCR 寄存器前，PLLSTS[DIVSEL]必须为 0。

PLLSTS 各位信息如表 4-4 所示，功能描述如表 4-5 所示。

表 4-4 PLLSTS 寄存器各位信息

15～9	8
保留	DIVSEL
R-0	R/W-0

7	6	5	4	3	2	1	0
DIVSEL	MCLKOFF	OSCOFF	MCLKCLR	MCLKSTS	PLLOFF	保留	PLLLOCKS
R/W-0	R/W-0	R/W-0	R/W-0	R-0	R/W-0	R-0	R-1

表 4-5 PLLSTS 功能描述

位	字段	取值及功能描述
15～9	保留	保留
8～7	DIVSEL	对送往 CPU 的时钟 CLKIN 进行分频，与 PLLCR[DIV]共同决定系统时钟频率。 00,01：CLKIN4 分频； 10：CLKIN2 分频； 11：CLKIN 不分频(只有当 PLL 关闭或旁路时才能使用)
6	MCLKOFF	时钟监视禁止位。 0：使能时钟监视功能(默认)； 1：禁止时钟监视功能，此时 PLL 不会进入 limp-mode 模式
5	OSCOFF	振荡器时钟禁止位。 0：X1/X2 或 XCLKIN 引脚上的时钟信号 XCLKIN 被送到 PLL 模块(默认)； 1：X1/X2 或 XCLKIN 引脚上的时钟信号 XCLKIN 被禁止送到 PLL 模块，此位为 1 时并不会关闭内部时钟振荡器。OSCOFF 位用于测试时钟监视逻辑电路。 注：(1)当 OSCOFF＝1 时，不要进入 HALT 或 STANDBY 模式、不要写 PLLCR 寄存器，这些操作将引起不可预知的结果； (2) 当 OSCOFF＝1 时，看门狗的行为与输入时钟源有关。 ① X1 或 X1/X2：看门狗不工作； ② XCLKIN：看门狗工作，在设置 OSCOFF 之前应禁止其工作
4	MCLKCLR	时钟丢失状态清除位。 0：写无反应，读始终返回 0； 1：强制将时钟监视逻辑电路进行复位，如果 OSCCLK 信号仍然丢失，监视电路将再次产生一次系统复位信号，并将 MCLKSTS 置位，此时 CPU 的工作时钟为 limp-mode 模式产生的低速时钟
3	MCLKSTS	时钟丢失状态位。 0：系统正常工作，没有监视到时钟信号 OSCCLK 丢失； 1：表明 OSCCLK 信号丢失
2	PLLOFF	PLL 关闭控制位。 0：PLL 开启(默认)； 1：PLL 关闭，此时 PLL 模块断电，只能用于 PLLCR＝0x0000 的情况
1	保留	保留
0	PLLLOCKS	PLL 状态稳定标志位。 0：表明 PLLCR 寄存器被写入相应的值，且此时 PLL 正在进行锁相，此时 CPU 时钟为 OSCCLK/2，直到锁相过程完成； 1：表明 PLL 已经完成锁相并处于稳定状态

注：此寄存器采用 EALLOW 保护。

4.1.4 PLL 配置注意事项

配置 PLLCR 寄存器时，应遵循图 4-3 所示过程。

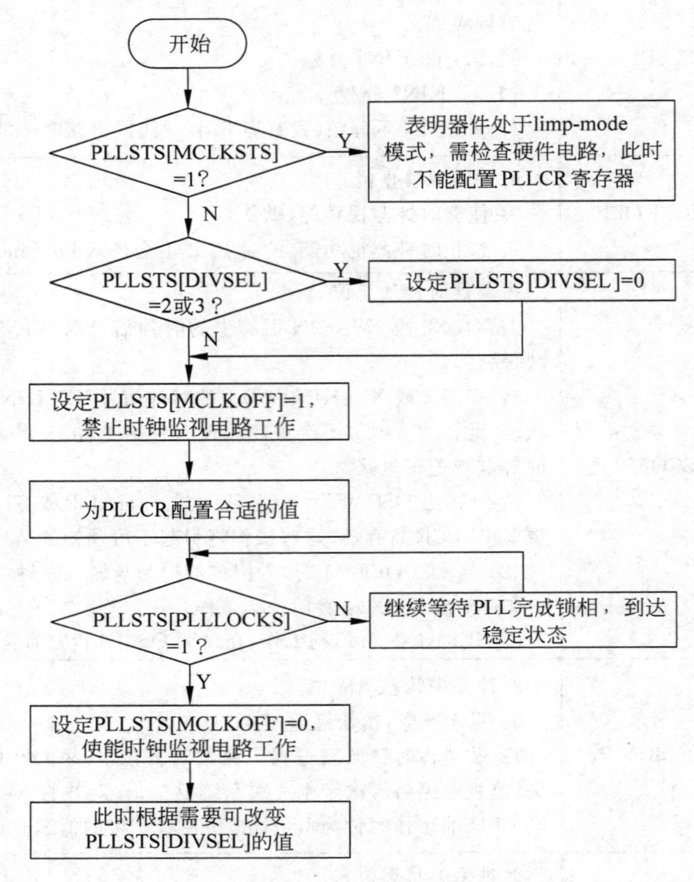

图 4-3 PLLCR 寄存器配置流程

4.2 外设时钟信号

在 F28335 系列 DSP 中，几乎每一个外设都需要相应时钟信号，这些时钟信号都是对系统时钟信号 SYSCLKOUT 处理后产生的。图 4-4 给出了外设时钟信号的整体框图。

4.2.1 相关寄存器

PCLKCR0/1/3 寄存器用来使能或关闭不同外设的时钟信号。需要注意的是，PCLKCR0/1/3 寄存器的写操作完成后，需要经过两个 SYSCLKOUT 周期的延时，相应外设的时钟信号才会改变。可以通过 PCLKCR0/1/3 寄存器使能所有外设单元的时钟信号，

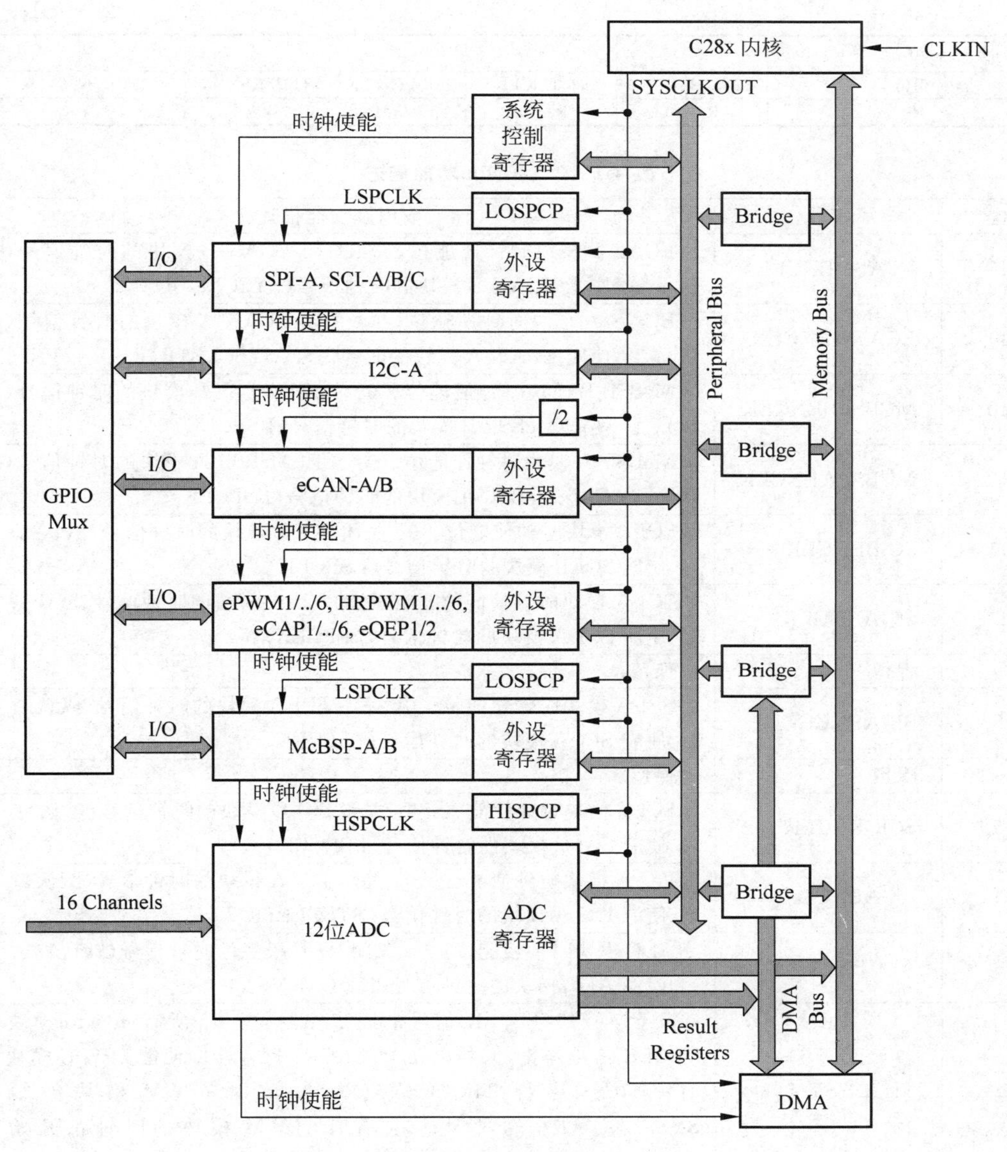

图 4-4 外设时钟信号

但这会增加系统能耗，为避免这种情况的发生，只需使能用到的外设时钟信号即可，关闭未用到的外设时钟信号。此外，外设时钟信号分为高速外设时钟信号 HSPCLK 与低速外设时钟信号 LSPCLK，HSPCLK、LSPCLK 时钟信号与系统时钟信号 SYSCLKOUT 之间的关系分别由寄存器 HISPCP、LOSPCP 决定。

PCLKCR0 寄存器各位信息如表 4-6 所示，功能描述如表 4-7 所示。

表 4-6 PCLKCR0 寄存器各位信息

15	14	13	12	11	10	9	8
ECANBENCLK	ECANAENCLK	MCBSPBENCLK	MCBSPAENCLK	SCIBENCLK	SICAENCLK	保留	SPIAENCLK
R/W-0	R/W-0	R/W-0	R/W-0	R/W-0	R/W-0	R/W-0	R/W-0

续表

7	6	5	4	3	2	1	0
保留		SCICENCLK	I2CENCLK	ADCENCLK	TBCLKSYNC	保留	
R-0		R/W-0	R/W-0	R/W-0	R/W-0	R-0	

表 4-7 PCLKCR0 功能描述

位	字段	取值及功能描述
15	ECANBENCLK	ECAN-B 模块时钟使能位。0：关闭 ECAN-B 模块的时钟信号(默认)；1：使能 ECAN-B 模块的时钟信号(SYSCLKOUT/2)
14	ECANAENCLK	ECAN-A 模块时钟使能位。0：关闭 ECAN-A 模块的时钟信号(默认)；1：使能 ECAN-A 模块的时钟信号(SYSCLKOUT/2)
13	MCBSPBENCLK	McBSP-B 模块时钟使能位。0：关闭 McBSP-B 模块的时钟信号(默认)；1：使能 McBSP-B 模块的时钟信号(LSPCLK)
12	MCBSPAENCLK	McBSP-A 模块时钟使能位。0：关闭 McBSP-A 模块的时钟信号(默认)；1：使能 McBSP-A 模块的时钟信号(LSPCLK)
11	SCIBENCLK	SCI-B 模块时钟使能位。0：关闭 SCI-B 模块的时钟信号(默认)；1：使能 SCI-B 模块的时钟信号(LSPCLK)
10	SCIAENCLK	SCI-A 模块时钟使能位。0：关闭 SCI-A 模块的时钟信号(默认)；1：使能 SCI-A 模块的时钟信号(LSPCLK)
9	保留	保留
8	SPIAENCLK	SPI-A 模块时钟使能位。0：关闭 SPI-A 模块的时钟信号(默认)；1：使能 SPI-A 模块的时钟信号(LSPCLK)
7～6	保留	保留
5	SCICENCLK	SCI-C 模块时钟使能位。0：关闭 SCI-C 模块的时钟信号(默认)；1：使能 SCI-C 模块的时钟信号(LSPCLK)
4	I2CAENCLK	I2C-A 模块时钟使能位。0：关闭 I2C-A 模块的时钟信号(默认)；1：使能 I2C-A 模块的时钟信号(SYSCLKOUT)
3	ADCENCLK	ADC 模块时钟使能位。0：关闭 ADC 模块的时钟信号(默认)；1：使能 ADC 模块的时钟信号(HISCLK)
2	TBCLKSYNC	ePWM 模块 TBCLK 信号的同步控制位。0：所有 ePWM 模块的 TBCLK 信号停止，但如果在 PCLKCR1 寄存器中使能 ePWM 模块的时钟信号，尽管 TBCLKSYNC = 0，此时 ePWM 模块仍然被 SYSCLKOUT 信号驱动；1：所有 ePWM 模块的时钟都开始于 TBCLK 的第一个上升沿
1～0	保留	保留

注：此寄存器采用 EALLOW 保护。

PCLKCR1 寄存器各位信息如表 4-8 所示，功能描述如表 4-9 所示。

表 4-8 PCLKCR1 寄存器各位信息

15	14	13	12	11	10	9	8
EQEP2ENCLK	EQEP1ENCLK	ECAP6ENCLK	ECAP5ENCLK	ECAP4ENCLK	ECAP3ENCLK	ECAP2ENCLK	ECAP1ENCLK
R/W-0	R/W-0	R/W-0	R/W-0	R/W-0	R/W-0	R/W-0	R/W-0
7	**6**	**5**	**4**	**3**	**2**	**1**	**0**
保留		EPWM6ENCLK	EPWM5ENCLK	EPWM4ENCLK	EPWM3ENCLK	EPWM2ENCLK	EPWM1ENCLK
R-0		R/W-0	R/W-0	R/W-0	R/W-0	R/W-0	R/W-0

表 4-9 PCLKCR1 功能描述

位	字段	取值及功能描述
15	EQEP2ENCLK	EQEP2 模块时钟使能位。0：关闭 EQEP2 模块的时钟信号(默认)；1：使能 EQEP2 模块的时钟信号(SYSCLKOUT)
14	EQEP1ENCLK	EQEP1 模块时钟使能位。0：关闭 EQEP1 模块的时钟信号(默认)；1：使能 EQEP1 模块的时钟信号(SYSCLKOUT)
13	ECAP6ENCLK	ECAP6 模块时钟使能位。0：关闭 ECAP6 模块的时钟信号(默认)；1：使能 ECAP6 模块的时钟信号(SYSCLKOUT)
12	ECAP5ENCLK	ECAP5 模块时钟使能位。0：关闭 ECAP5 模块的时钟信号(默认)；1：使能 ECAP5 模块的时钟信号(SYSCLKOUT)
11	ECAP4ENCLK	ECAP4 模块时钟使能位。0：关闭 ECAP4 模块的时钟信号(默认)；1：使能 ECAP4 模块的时钟信号(SYSCLKOUT)
10	ECAP3ENCLK	ECAP3 模块时钟使能位。0：关闭 ECAP3 模块的时钟信号(默认)；1：使能 ECAP3 模块的时钟信号(SYSCLKOUT)
9	ECAP2ENCLK	ECAP2 模块时钟使能位。0：关闭 ECAP2 模块的时钟信号(默认)；1：使能 ECAP2 模块的时钟信号(SYSCLKOUT)
8	ECAP1ENCLK	ECAP1 模块时钟使能位。0：关闭 ECAP1 模块的时钟信号(默认)；1：使能 ECAP1 模块的时钟信号(SYSCLKOUT)
7～6	保留	保留
5	EPWM6ENCLK	EPWM6 模块时钟使能位。0：关闭 EPWM6 模块的时钟信号(默认)；1：使能 EPWM6 模块的时钟信号(SYSCLKOUT)
4	EPWM5ENCLK	EPWM5 模块时钟使能位。0：关闭 EPWM5 模块的时钟信号(默认)；1：使能 EPWM5 模块的时钟信号(SYSCLKOUT)
3	EPWM4ENCLK	EPWM4 模块时钟使能位。0：关闭 EPWM4 模块的时钟信号(默认)；1：使能 EPWM4 模块的时钟信号(SYSCLKOUT)
2	EPWM3ENCLK	EPWM3 模块时钟使能位。0：关闭 EPWM3 模块的时钟信号(默认)；1：使能 EPWM3 模块的时钟信号(SYSCLKOUT)
1	EPWM2ENCLK	EPWM2 模块时钟使能位。0：关闭 EPWM2 模块的时钟信号(默认)；1：使能 EPWM2 模块的时钟信号(SYSCLKOUT)
0	EPWM1ENCLK	EPWM1 模块时钟使能位。0：关闭 EPWM1 模块的时钟信号(默认)；1：使能 EPWM1 模块的时钟信号(SYSCLKOUT)

注：此寄存器采用 EALLOW 保护。

PCLKCR3 寄存器各位信息如表 4-10 所示，功能描述如表 4-11 所示。

表 4-10 PCLKCR3 寄存器各位信息

15～14	13	12	11	10	9	8	7～0
保留	GPIOINENCLK	XINTFENCLK	DMAENCLK	CPUTIMER2 ENCLK	CPUTIMER1 ENCLK	CPUTIMER0 ENCLK	保留
R-0	R/W-1	R/W-0	R/W-0	R/W-1	R/W-1	R/W-1	R/W-0

表 4-11 PCLKCR3 功能描述

位	字段	取值及功能描述
15～14	保留	保留
13	GPIOINENCLK	GPIO 输入时钟使能位。0：关闭 GPIO 输入时钟信号；1：使能 GPIO 的时钟信号
12	XINTFENCLK	外部接口 XINTF 模块时钟使能位。0：关闭 XINTF 模块的时钟信号；1：使能 XINTF 模块的时钟信号
11	DMAENCLK	DMA 模块时钟使能位。0：关闭 DMA 模块的时钟信号；1：使能 DMA 模块的时钟信号
10	CPUTIMER2ENCLK	CPU 定时器 Timer2 时钟使能位。0：关闭 Timer2 的时钟信号；1：使能 Timer2 的时钟信号
9	CPUTIMER1ENCLK	CPU 定时器 Time1 时钟使能位。0：关闭 Timer1 的时钟信号；1：使能 Timer1 的时钟信号
8	CPUTIMER0ENCLK	CPU 定时器 Timer0 时钟使能位。0：关闭 Timer0 的时钟信号；1：使能 Timer0 的时钟信号
7～0	保留	保留

注：此寄存器采用 EALLOW 保护。

高速外设时钟预分频寄存器 HISPCP 各位信息如表 4-12 所示，功能描述如表 4-13 所示。

表 4-12 HISPCP 寄存器各位信息

15～3	2～0
保留	HSPCLK
R-0	R/W-001

表 4-13 HISPCP 功能描述

位	字段	取值及功能描述
15～3	保留	保留
2～0	HSPCLK	决定外设高速时钟 HSPCLK 与系统时钟 SYSCLKOUT 的关系。000：HSPCLK = SYSCLKOUT；001 ～ 111（k）：HSPCLK = SYSCLKOUT/(2k)。注：默认值为 001b，即 HSPCLK=SYSCLKOUT/2

注：此寄存器采用 EALLOW 保护。

低速外设时钟预分频寄存器 LOSPCP 各位信息如表 4-14 所示，功能描述如表 4-15 所示。

表 4-14 LOSPCP 寄存器各位信息

15～3	2～0
保留	LSPCLK
R-0	R/W-010

表 4-15 LOSPCP 功能描述

位	字段	取值及功能描述
15～3	保留	保留
2～0	LSPCLK	决定外设低速时钟 LSPCLK 与系统时钟 SYSCLKOUT 的关系。000：LSPCLK＝SYSCLKOUT；001～111(*k*)：LSPCLK＝SYSCLKOUT/(2*k*)；注：默认值为 010b，即 HSPCLK＝SYSCLKOUT/4

注：此寄存器采用 EALLOW 保护。

4.2.2 XCLKOUT 信号

XCLKOUT 为输出到芯片外部的一路时钟信号，通过对 SYSCLKOUT 分频可得到不同的时钟频率，XCLKOUT 信号通路如图 4-5 所示。

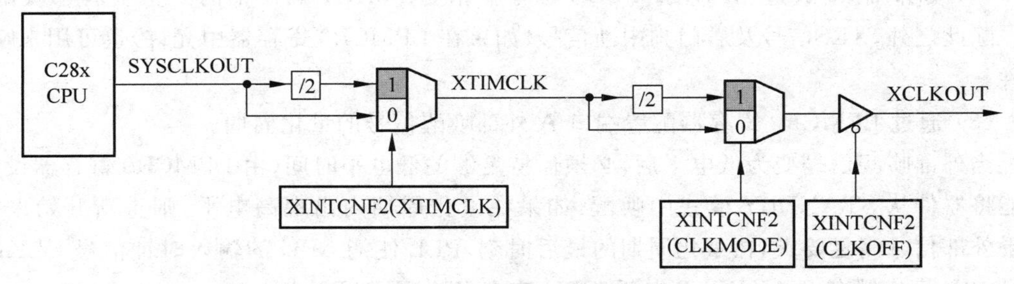

图 4-5 XCLKOUT 信号通路

XCLKOUT 信号频率可等于 SYSCLKOUT，也可为其 1/2 或 1/4。上电复位默认状态下，XCLKOUT＝SYSCLKOUT/4 或表示为 XCLKOUT＝OSCCLK/16。如果不使用 XCLKOUT 信号，可通过 XINTCNF2 寄存器中的 CLKOFF 位将其关闭。

4.3 低功耗模式

F28335 系列 DSP 具有 3 种低功耗模式，每种工作模式的特点如表 4-16 所示。

表 4-16 低功耗模式

低功耗模式	LPMCR0[1:0]	OSCCLK	CLKIN	SYSCLKOUT	退出方式
IDLE	00	On	On	On	$\overline{XRS}$看门狗中断 任何使能的中断
STANDBY	01	On(看门狗仍然运行)	Off	Off	$\overline{XRS}$看门狗中断 GPIO PortA 信号 仿真器信号(1)
HALT	1x	Off(振荡器及 PLL 停止工作，看门狗也停止工作)	Off	Off	$\overline{XRS}$ GPIO PortA 信号 仿真器信号(1)

注：(1)在 F28335 系列中，当 CPU 输入时钟 CLKIN 关闭时，JTAG 端口仍可正常工作。

下面对 3 种低功耗模式进行详细介绍。

1. IDLE 模式

通过将 LPMCR0 寄存器中的 LPM 位段设为 00b 可使器件进入该模式，任何使能的中断信号都可使器件退出该模式。

2. STANDBY 模式

通过将 LPMCR0 寄存器中的 LPM 位段设为 01b 可使器件进入 STANDBY 模式。在该种模式下，CPU 的输入时钟信号 CLKIN 被禁用，从而关闭了所有从 SYSCLKOUT 信号分频得到的时钟信号，但内部振荡器、PLL 及看门狗依然工作。进入 STANDBY 模式前，需要完成以下设置：

(1) 使能 PIE 模块中的 WAKEINT 中断，这个中断信号连接到看门狗与低功耗模式中断上。

(2) 如果需要，通过 GPIOLPMSEL 寄存器指定 Port A 端口中的一个引脚来唤醒器件。除此之外，$\overline{\text{XRS}}$信号及看门狗中断信号(如果在 LPMCR0 寄存器中允许)也可用来唤醒器件。

(3) 通过 LPMCR0 寄存器配置端口 A 外部唤醒信号的量化周期。

当外部唤醒信号变为低电平后，必须保持足够的低电平时间(由 LPMCR0 寄存器设定)才能将器件从 STANDBY 模式中唤醒，如果在量化周期内出现高电平，则重新开始采样。如果外部信号满足要求，在量化周期的最后时刻，PLL 使能 CPU 的输入时钟信号 CLKIN，并且 PIE 模块锁存 WAKEINT 中断，CPU 响应 WAKEINT 中断。

3. HALT 模式

通过将 LPMCR0 寄存器中的 LPM 位段设为 1xb 可使器件进入 HALT 模式。在该种模式下，器件所有的时钟信号都被禁止，内部振荡器、PLL 及看门狗电路停止工作。进入 HALT 模式前，需要完成以下设置：

(1) 使能 PIE 模块中的 WAKEINT 中断，这个中断信号连接到看门狗与低功耗模式中断上。

(2) 如果需要，通过 GPIOLPMSEL 寄存器指定 Port A 端口中的一个引脚来唤醒器件。除此之外，$\overline{\text{XRS}}$信号及看门狗中断信号(如果在 LPMCR0 寄存器中允许)也可用来唤醒器件。

(3) 禁止除 HALT 唤醒中断外的所有中断，在器件退出 HALT 模式后可重新使能需要的中断。

(4) 为保证器件能退出 HALT 模式，应满足 PIEIER1 寄存器的第 7 位(INT1.8)必须为 1，IER 寄存器的第 0 位(INT1)必须为 1。

(5) 在满足上述条件的情况下，如果 INTM＝0，WAKE_INT 中断服务函数首先被执行，然后执行 IDLE 后的指令；如果 INTM＝1，WAKE_INT 中断服务函数将不会被执行，而直接执行 IDLE 后的指令。

(6) 在器件处于 limp-mode 模式时不要进入 HALT 模式。

低功耗模式由寄存器 LPMCR0 控制，其各位信息如表 4-17 所示，功能描述如表 4-18 所示。

表 4-17 LPMCR0 寄存器各位信息

15	14～8	7～2	1～0
WDINTE	保留	QUALSTDBY	LPM
R/W-0	R-0	R/W-1	R/W-0

表 4-18 LPMCR0 功能描述

位	字段	取值及功能描述
15	WDINTE	看门狗中断控制。0：禁止看门狗中断将器件从 STANDBY 模式中唤醒(默认)；1：允许看门狗中断将器件从 STANDBY 模式中唤醒，看门狗中断必须在 SCSR 寄存器中使能
14～8	保留	保留
7～2	QUALSTDBY	为将器件从 STANBY 模式唤醒的 GPIO 输入引脚配置量化周期，以 OSCCLK 时钟信号为最小单位。000000：2 个 OSCCLK 周期(默认)；000001：3 个 OSCCLK 周期；……；111111：65 个 OSCCLK 周期
1～0	LPM	器件低功耗模式选择位。00：选择 IDLE 模式(默认)；01：选择 STANDBY 模式；1x：选择 HALT 模式

注：此寄存器采用 EALLOW 保护。

4.4 看门狗模块

F28335 系列 DSP 的看门狗电路如图 4-6 所示。

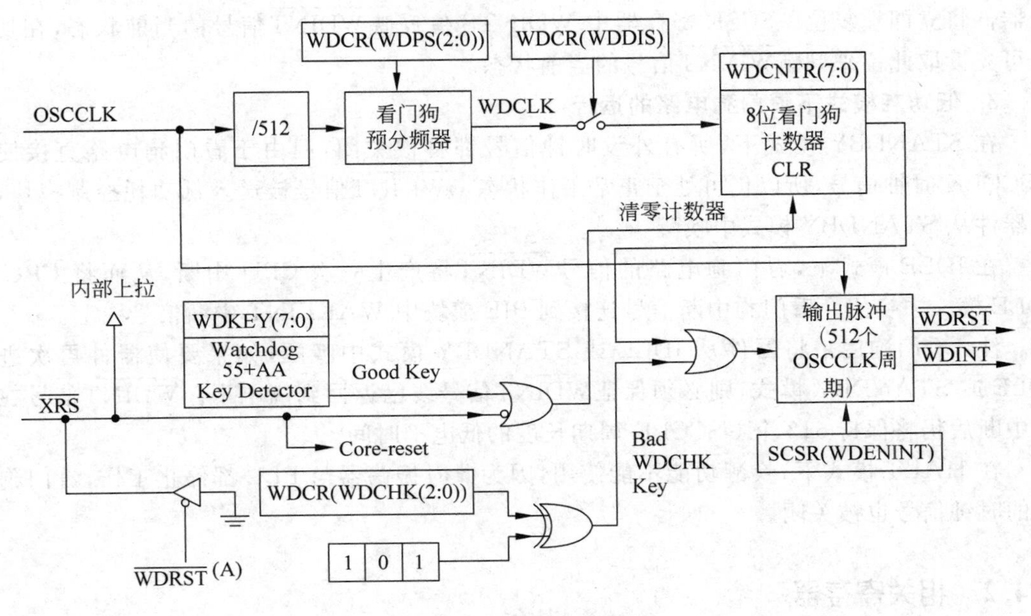

图 4-6 看门狗电路

4.4.1 工作原理

F28335 系列 DSP 的看门狗电路具有一个 8 位的增计数器，当计数达到最大值后，看门狗模块将产生一个具有 512 个 OSCCLK 周期长度的低电平信号。为防止这种情况的发生，需周期性地复位计数器。

1. 看门狗定时器的复位

在看门狗定时器 WDCNTR 溢出前，向 WDKEY 寄存器按顺序写入合适的数据会复位 WDCNTR 计数器。当向 WDKEY 寄存器写入 0x55 后，WDCNTR 才具备复位功能。如果写入 WDKEY 寄存器的下个字节为 0xAA，那么 WDCNTR 被复位；如果写入 WDKEY 寄存器的下个字节不是 0xAA，那么 WDCNTR 继续运行。只有先向 WDKEY 写入 0x55，接着再写入 0xAA 才完成 WDCNTR 的一次复位过程。

2. 看门狗复位器件模式或看门狗中断模式

通过配置 SCSR 寄存器，可选择计数器溢出时所执行的操作，一种为直接复位器件，另一种为产生中断信号。

(1) 复位器件模式：如果看门狗被用来复位器件，当计数器溢出时，$\overline{\text{WDRST}}$信号将把引脚$\overline{\text{XRS}}$拉低达 512 个 OSCCLK 周期。

(2) 产生中断模式：如果看门狗电路被用来产生中断，当计数器溢出时，$\overline{\text{WDINT}}$信号将被拉低达 512 个 OSCCLK 周期，从而触发 WAKEINT 中断。看门狗中断是以$\overline{\text{WDINT}}$信号的下降沿触发的，所以，在$\overline{\text{WDINT}}$信号返回高电平前，再次使能 WAKEINT 将不会产生另一次中断。

当$\overline{\text{WDINT}}$信号仍为低电平时，如果将看门狗电路从中断模式切换到复位器件模式，那么器件将立即被复位。SCSR 寄存器中 WDINTS 位反映$\overline{\text{WDINT}}$信号的当前状态，在切换前可先读取此位来判断$\overline{\text{WDINT}}$信号的当前状态。

3. 低功耗模式下看门狗电路的运行

在 STANDBY 模式下，所有外设时钟信号都将被关闭，但由于看门狗电路直接使用 OSCCLK 时钟信号，所以仍可处于正常工作状态。$\overline{\text{WDINT}}$信号被送入低功耗控制模块，可将器件从 STANDBY 模式中唤醒。

在 IDLE 模式下，看门狗电路的信号$\overline{\text{WDINT}}$将产生一次 CPU 中断，从而将 CPU 从 IDLE 模式中唤醒。看门狗中断信号连接到 PIE 模块中 WAKEINT 中断信号线上。

注：看门狗用来将器件从 IDLE 或 STANDBY 模式中唤醒，如果要使器件再次进入 IDLE 或 STANDBY 模式，则必须保证$\overline{\text{WDINT}}$信号线已返回到高电平。$\overline{\text{WDINT}}$信号在触发中断后仍将保持 512 个 OSCCLK 周期长度的低电平时间。

在 HALT 模式下，唤醒功能不能使用，因为此时振荡器与 PLL 都停止工作，看门狗电路的时钟信号也被关闭。

4.4.2 相关寄存器

看门狗控制及状态寄存器 SCSR 各位信息如表 4-19 所示，功能描述如表 4-20 所示。

表 4-19 SCSR 寄存器各位信息

15～3	2	1	0
保留	WDINTS	WDENINT	WDOVERRIDE
R-0	R-1	R/W-0	R/W1C-1

表 4-20 SCSR 功能描述

位	字段	取值及功能描述
15～3	保留	保留
2	WDINTS	看门狗中断标志位，反映了$\overline{\text{WDINT}}$信号的当前状态，WDINTS 位滞后$\overline{\text{WDINT}}$信号两个 SYSCLKOUT 周期。如果看门狗中断用来将器件从 IDLE 或 STANDBY 模式中唤醒，当再次进入 IDLE 或 STANDBY 模式前，可通过读此位来判断$\overline{\text{WDINT}}$信号是否回到高电平。 0：看门狗中断信号$\overline{\text{WDINT}}$为低电平（有效电平）； 1：看门狗中断信号$\overline{\text{WDINT}}$为高电平（无效电平）
1	WDENINT	看门狗中断使能位。 0：使能看门狗模块的复位器件模式，禁止中断模式，当看门狗计数器溢出时，$\overline{\text{WDRST}}$信号保持 512 个 OSCCLK 周期的低电平时间，$\overline{\text{WDINT}}$信号无反应（$\overline{\text{XRS}}$复位后的默认模式）； 1：使能看门狗模块的中断模式，禁止复位模式，当看门狗计数器溢出时，$\overline{\text{WDINT}}$信号保持 512 个 OSCCLK 周期的低电平时间，$\overline{\text{WDRST}}$信号无反应
0	WDOVERRIDE	看门狗写控制位。 0：写 0 无反应，如果此位被清零，它将保持为 0 直到发生复位； 1：表明用户可以修改 WDCR 寄存器中的看门狗使能位 WDDIS。如果写 1 将此位清零，那么不能修改 WDDIS 位

注：此寄存器采用 EALLOW 保护。

看门狗计数器 WDCNTR 各位信息如表 4-21 所示，功能描述如表 4-22 所示。

表 4-21 WDCNTR 寄存器各位信息

15～8	7～0
保留	WDCNTR
R-0	R-0

表 4-22 WDCNTR 功能描述

位	字段	取值及功能描述
15～8	保留	保留
7～0	WDCNTR	看门狗计数器的当前值，在看门狗时钟 WDCLK 到来时加 1，通过对 WDKEY 寄存器写入合适的字符可将其复位到 0

看门狗计数器复位寄存器 WDKEY 各位信息如表 4-23 所示，功能描述如表 4-24 所示。

表 4-23　WDKEY 寄存器各位信息

15～8	7～0
保留	WDKEY
R-0	R-0

表 4-24　WDKEY 功能描述

位	字段	取值及功能描述
15～8	保留	保留
7～0	WDKEY	先向其写入 0x55，紧跟着写入 0xAA，会将 WDCNTR 计数器复位到 0。写入其他数据无反应。如果在 0x55 后写入的字符不是 0xAA，则要重新向其写入 0x55，才能开始下次复位过程 读 WDKEY 返回 WDCR 寄存器的当前值

注：此寄存器采用 EALLOW 保护。

看门狗控制寄存器 WDCR 各位信息如表 4-25 所示，功能描述如表 4-26 所示。

表 4-25　WDCR 寄存器各位信息

15～8	7	6	5～3	2～0
保留	WDFLAG	WDDIS	WDCHK	WDPS
R-0	R/W1C-0	R/W-0	R/W-0	R/W-0

表 4-26　WDCR 功能描述

位	字段	取值及功能描述
15～8	保留	保留
7	WDFLAG	看门狗复位状态标志位，$\overline{XRS}$为低电平将强制此位为 0，WDFLAG 只有在$\overline{XRS}$为高电平且$\overline{WDRST}$信号上升沿到来时置 1。0：写 0 无反应，写 1 将清除此位；1：表明看门狗模块产生一次$\overline{WDRST}$信号
6	WDDIS	看门狗禁止位；0：使能看门狗模块(默认)。只有当 WDOVERRIDE 为 1 时，才允许更改 WDDIS 的值。1：禁止看门狗工作
5～3	WDCHK	看门狗检测位。如果看门狗使能，写入 101b 无反应，写入任何其他的数将产生一次复位或看门狗中断，这项功能可用来对器件进行软件复位。读始终返回 000b
2～0	WDPS	看门狗时钟预分频位，用来决定看门狗计数器时钟 WDCLK 与 OSCCLK/512 之间的关系。000：WDCLK＝OSCCLK/512/1(默认)；001：WDCLK＝OSCCLK/512/1；010：WDCLK＝OSCCLK/512/2；011：WDCLK＝OSCCLK/512/4；100：WDCLK＝OSCCLK/512/8；101：WDCLK＝OSCCLK/512/16；110：WDCLK＝OSCCLK/512/32；111：WDCLK＝OSCCLK/512/64

注：此寄存器采用 EALLOW 保护。

4.5 CPU定时器0/1/2

F28335系列DSP具有3个32位的CPU定时器：Timer0、Timer1及Timer2，其中Timer2可用于SYS/BIOS。本节将对3个定时器进行详细介绍。

4.5.1 工作原理

图4-7给出了定时器的结构。

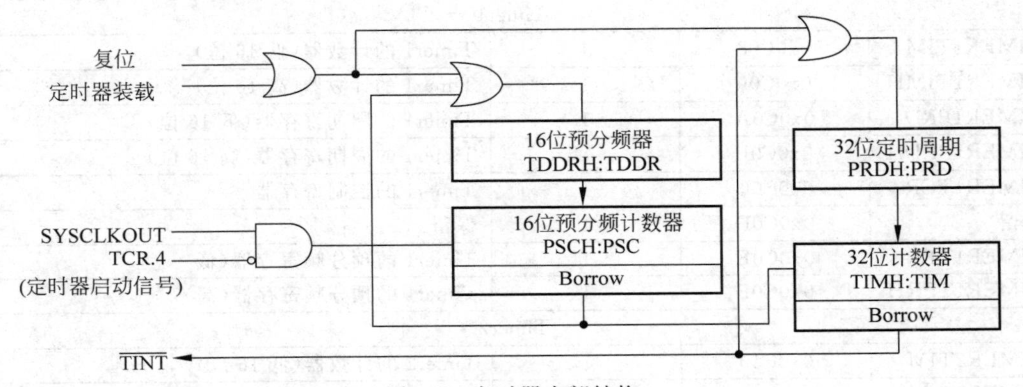

图4-7 定时器内部结构

定时器的工作原理：32位的计数器TIMH:TIM从周期寄存器PRDH:PRD中装载数据，每经过(TDDRH:TDDR+1)个SYSCLKOUT周期，TIMH:TIM减1，当计数器等于0时将产生一次中断请求信号。

3个定时器中断请求信号的连接方式不同，如图4-8所示。

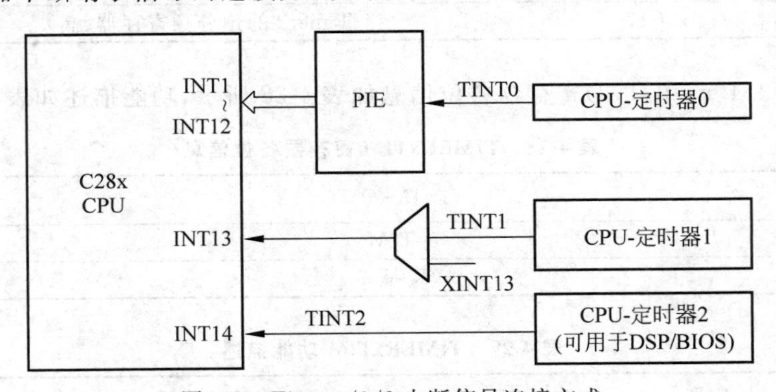

图4-8 Timer0/1/2中断信号连接方式

4.5.2 相关寄存器

表4-27给出了定时器0/1/2的所有相关寄存器。

表 4-27　定时器 0/1/2 相关寄存器

寄存器名称	地址单元	大小(×16 位)	寄存器说明
Timer0			
TIMER0TIM	0x0C00	1	Timer0 的计数器(低 16 位)
TIMER0TIMH	0x0C01	1	Timer0 的计数器(高 16 位)
TIMER0PRD	0x0C02	1	Timer0 的周期寄存器(低 16 位)
TIMER0PRDH	0x0C03	1	Timer0 的周期寄存器(高 16 位)
TIMER0TCR	0x0C04	1	Timer0 的控制寄存器
保留	0x0C05	1	保留
TIMER0TPR	0x0C06	1	Timer0 的预分频寄存器(低)
TIMER0TPRH	0x0C07	1	Timer0 的预分频寄存器(高)
Timer1			
TIMER1TIM	0x0C08	1	Timer1 的计数器(低 16 位)
TIMER1TIMH	0x0C09	1	Timer1 的计数器(高 16 位)
TIMER1PRD	0x0C0A	1	Timer1 的周期寄存器(低 16 位)
TIMER1PRDH	0x0C0B	1	Timer1 的周期寄存器(高 16 位)
TIMER1TCR	0x0C0C	1	Timer1 的控制寄存器
保留	0x0C0D	1	保留
TIMER1TPR	0x0C0E	1	Timer1 的预分频寄存器(低)
TIMER1TPRH	0x0C0F	1	Timer1 的预分频寄存器(高)
Timer2			
TIMER2TIM	0x0C10	1	Timer2 的计数器(低 16 位)
TIMER2TIMH	0x0C11	1	Timer2 的计数器(高 16 位)
TIMER2PRD	0x0C12	1	Timer2 的周期寄存器(低 16 位)
TIMER2PRDH	0x0C13	1	Timer2 的周期寄存器(高 16 位)
TIMER2TCR	0x0C14	1	Timer2 的控制寄存器
保留	0x0C15	1	保留
TIMER2TPR	0x0C16	1	Timer2 的预分频寄存器(低)
TIMER2TPRH	0x0C17	1	Timer2 的预分频寄存器(高)

TIMERxTIM(x=0,1,2)寄存器各位信息如表 4-28 所示,功能描述如表 4-29 所示。

表 4-28　TIMERxTIM 寄存器各位信息

15～0
TIM
R/W-0

表 4-29　TIMERxTIM 功能描述

位	字段	取值及功能描述
15～0	TIM	计数器的低 16 位,TIMH 为计数器的高 16 位,两者一起构成 32 位的计数器 TIMH:TIM。每经过(TDDRH:TDDR+1)个时钟周期,计数器的值减 1,当等于 0 时,TIMH:TIM 将从 PRDH:PRD 中重新装载数据并产生一次中断请求

TIMERxTIMH(x=0,1,2)寄存器各位信息如表 4-30 所示,功能描述如表 4-31 所示。

表 4-30 TIMERxTIMH 寄存器各位信息

15～0
TIMH
R/W-0

表 4-31 TIMERxTIMH 功能描述

位	字段	取值及功能描述
15～0	TIMH	计数器的高 16 位,功能描述见表 4-29

TIMERxPRD(x=0,1,2)寄存器各位信息如表 4-32 所示,功能描述如表 4-33 所示。

图 4-32 TIMERxPRD 寄存器各位信息

15～0
PRD
R/W-0

表 4-33 TIMERxPRD 功能描述

位	字段	取值及功能描述
15～0	PRD	周期寄存器的低 16 位,PRDH 为周期寄存器的高 16 位,两者一起构成 32 位的周期寄存器 PRDH:PRD。当计数器 TIMH:TIM 的值为 0 时,在下一个计数时钟到来时将 PRDH:PRD 的值装载到 TIMH:TIM 中。通过将控制寄存器 TCR 中的装载控制位 TRB 置 1,同样会将 PRDH:PRD 的值装载到 TIMH:TIM 中

TIMERxPRDH(x=0,1,2)寄存器各位信息如表 4-34 所示,功能描述如表 4-35 所示。

表 4-34 TIMERxPRDH 寄存器各位信息

15～0
PRDH
R/W-0

表 4-35 TIMERxPRDH 功能描述

位	字段	取值及功能描述
15～0	PRDH	周期寄存器的高 16 位,功能描述见表 4-33

控制寄存器 TIMERxTCR 各位信息如表 4-36 所示,功能描述如表 4-37 所示。

表 4-36 TIMERxTCR 寄存器各位信息

15	14	13	12	11	10	9	8
TIF	TIE	保留		FREE	SOFT	保留	
R/W-0	R/W-0	R-0		R/W-0	R/W-0	R-0	

续表

7	6	5	4	3～0
保留		TRB	TSS	保留
R-0		R/W-0	R/W-0	R-0

表 4-37 TIMERxTCR 功能描述

位	字段	取值及功能描述
15	TIF	定时器中断标志位。0：定时器模块中的计数单元还未达到0，写0无反应；1：定时器模块中的计算单元达到0，写1将对此位清零
14	TIE	定时器中断使能位。0：禁止定时器中断；1：使能定时器中断
13～12	保留	保留
11～10	FREE SOFT	仿真控制位：决定了仿真调试过程中遇到断点时定时器所执行的动作。如果FREE=1，定时器不受影响，继续运行；如果FREE=0，此时SOFT决定了定时器的运行状态，如果SOFT=0，定时器在下次减计数时停止，如果SOFT=1，定时器在减计数到0时停止。00：在下次减计数时停止；01：在减计数到0时停止；1x：不受影响
9～6	保留	保留
5	TRB	定时器重新装载位。0：写0无反应，读始终返回0；1：向此位写1会导致如下事件发生，TIMH：TIM重新从PRDH：PRD中加载数据，PSCH：PSC重新从TDDRH：TDDR中加载数据
4	TSS	定时器启停控制位。0：读返回0，表明定时器正在运行，通过向此位写0，可启动或重新启动定时器开始计数(默认)；1：读返回1，表明定时器已停止。通过向此位写1，可停止定时器
3～0	保留	保留

TIMERxTPR(x=0,1,2)寄存器各位信息如表4-38所示，功能描述如表4-39所示。

表 4-38 TIMERxTPR 寄存器各位信息

15～8	7～0
PSC	TDDR
R-0	R/W-0

表 4-39 TIMERxTPR 功能描述

位	字段	取值及功能描述
15～8	PSC	定时器预分频计数器的低8位，PSCH为预分频计数器的高8位，两者一起构成预分频计数器。每次系统时钟到来时，PSCH：PSC的值减1，直到等于0时，PSCH：PSC将重新从TDDRH：TDDR中加载数据，TIMH：TIM减1。当向TRB写1时，也会将TDDRH：TDDR中的值装载到PSCH：PSC。可通过读操作检测PSCH：PSC中的数值，但却不能直接向PSCH：PSC写入数据，PSCH：PSC必须从TDDRH：TDDR中加载数据。上电复位时，PSCH：PSC的值为0

续表

位	字段	取值及功能描述
7～0	TDDR	定时器预分频器低8位，TDDRH为预分频器的高8位，两者一起构成预分频器。每经过TDDRH:TDDR＋1个周期，计数器TIMH:TIM的值减1

TIMERxTPRH(x＝0,1,2)寄存器各位信息如表4-40所示，功能描述如表4-41所示。

图4-40 TIMERxTPRH寄存器各位信息

15～8	7～0
PSCH	TDDRH
R-0	R/W-0

表4-41 TIMERxTPRH功能描述

位	字段	取值及功能描述
15～8	PSCH	定时器预分频计数器的高8位，功能描述见表4-39
7～0	TDDRH	定时器预分频器的高8位，功能描述见表4-39

4.6 寄存器EALLOW保护

一些控制寄存器使用EALLOW保护机制，从而可以禁止CPU对这些单元进行写访问，表4-42给出了使用EALLOW保护机制时，寄存器允许的操作权限。

表4-42 EALLOW保护寄存器的访问权限

EALLOW位	CPU写操作	CPU读操作	JTAG写操作	JTAG读操作
0	禁止	允许	允许	允许
1	允许	允许	允许	允许

注：通过JTAG端口可访问任何单元。

EALLOW位坐落于状态寄存器1(ST1)中，上电复位后EALLOW位为0，使能EALLOW保护功能，此时CPU只能对使用EALLOW保护机制的寄存器进行读操作，写操作被忽略。通过将EALLOW位置1，可禁止保护功能，此时CPU可对相关寄存器进行写操作，在CPU写操作完成后，可通过EDI指令对EALLOW位清零，从而再次使能保护功能。

使用EALLOW保护机制的寄存器有：

(1) 器件仿真寄存器；

(2) Flash寄存器；

(3) CSM寄存器；

(4) PIE向量列表；

(5) 系统控制寄存器；

(6) GPIO MUX 寄存器；

(7) eCAN 寄存器；

(8) XINTF 寄存器。

表 4-43～表 4-51 给出了使用 EALLOW 保护机制的寄存器名称。

表 4-43 使用 EALLOW 保护机制的仿真寄存器

寄存器名称	地址单元	大小(×16 位)	寄存器说明
DEVICECNF	0x0880～0x0881	2	器件配置寄存器
PROTSTART	0x0884	1	开始地址寄存器
PROTTRANGE	0x0885	1	地址长度寄存器

表 4-44 使用 EALLOW 保护机制的 Flash/OTP 配置寄存器

寄存器名称	地址单元	大小(×16 位)	寄存器说明
FOPT	0x0A80	1	Flash 选择寄存器
FPWR	0x0A82	1	Flash 供电模式寄存器
FSTATUS	0x0A83	1	状态寄存器
FSTDBYWAIT	0x0A84	1	Flash 进入 STANDBY 模式等待寄存器
FACTIVEWAIT	0x0A85	1	Flash 从 STANBY 模式激活等待寄存器
FBANKWAIT	0x0A86	1	Flash 读访问等待寄存器
FOTPWAIT	0x0A87	1	OTP 读访问等待寄存器

表 4-45 使用 EALLOW 保护机制的代码加密(CSM)寄存器

寄存器名称	地址单元	大小(×16 位)	寄存器说明
KEY0	0x0AE0	1	128 位加密寄存器中的第一段
KEY1	0x0AE1	1	128 位加密寄存器中的第二段
KEY2	0x0AE2	1	128 位加密寄存器中的第三段
KEY3	0x0AE3	1	128 位加密寄存器中的第四段
KEY4	0x0AE4	1	128 位加密寄存器中的第五段
KEY5	0x0AE5	1	128 位加密寄存器中的第六段
KEY6	0x0AE6	1	128 位加密寄存器中的第七段
KEY7	0x0AE7	1	128 位加密寄存器中的第八段
CSMSCR	0x0AEF	1	CSM 状态及控制寄存器

表 4-46 使用 EALLOW 保护机制的 PIE 向量地址

向量名称	地址单元	大小(×16 位)	向量说明
保留	0x0D00～0x0D18		保留
INT13	0x0D1A	2	外部中断 13 或 Timer1(RTOS)
INT14	0x0D1C	2	Timer2(RTOS)
DATALOG	0x0D1E	2	CPU 数据记录中断
RTOSINT	0x0D20	2	CPU 实时操作系统中断
EMUINT	0x0D22	2	CPU 仿真中断
NMI	0x0D24	2	外部不可屏蔽中断
ILLEGAL	0x0D26	2	非法操作

续表

向量名称	地址单元	大小(×16位)	向量说明
USER1	0x0D28	2	用户定义中断1
…	…	…	…
USER12	0x0D3E	2	用户定义中断12
INT1.1	0x0D40	2	组1中断向量
…	…	…	…
INT1.8	0x0D4E	2	组1中断向量
…	…	2	…
INT12.1	0x0DF0	2	组12中断向量
…	…	…	…
INT12.8	0x0DFE	2	组12中断向量

表4-47 使用EALLOW保护机制的PLL、时钟单元、看门狗、低功耗单元寄存器

寄存器名称	地址单元	大小(×16位)	寄存器说明
PLLSTS	0x7011	1	PLL状态寄存器
HISPCP	0x701A	1	高速外设时钟预分频寄存器
LOSPCP	0x701B	1	低速外设时钟预分频寄存器
PCLKCR0	0x701C	1	外设时钟控制寄存器0
PCLKCR1	0x701D	1	外设时钟控制寄存器1
LPMCR0	0x701E	1	低功耗控制寄存器0
PCLKCR3	0x7020	1	外设时钟控制寄存器3
PLLCR	0x7021	1	PLL控制寄存器
SCSR	0x7022	1	系统控制及状态寄存器
WDCNTR	0x7023	1	看门狗计数器
WDKEY	0x7025	1	看门狗复位寄存器
WDCR	0x7029	1	看门狗控制寄存器

表4-48 使用EALLOW保护机制的GPIO MUX寄存器

寄存器名称	地址单元	大小(×16bit)	寄存器说明
GPACTRL	0x6F80	2	GPIO A控制寄存器(GPIO0～GPIO31)
GPAQSEL1	0x6F82	2	GPIO A输入限定寄存器1(GPIO0～GPIO15)
GPAQSEL2	0x6F84	2	GPIO A输入限定寄存器2(GPIO16～GPIO31)
GPAMUX1	0x6F86	2	GPIO A Mux1寄存器(GPIO0～GPIO15)
GPAMUX2	0x6F88	2	GPIO A Mux2寄存器(GPIO16～GPIO31)
GPADIR	0x6F8A	2	GPIO A方向寄存器(GPIO0～GPIO31)
GPAPUD	0x6F8C	2	GPIO A内部上拉控制寄存器(GPIO0～GPIO31)
GPBCTRL	0x6F90	2	GPIO B控制寄存器(GPIO32～GPIO35)
GPBQSEL1	0x6F92	2	GPIO B输入限定寄存器1(GPIO32～GPIO35)
GPBQSEL2	0x6F94	2	保留
GPBMUX1	0x6F96	2	GPIO B Mux1寄存器(GPIO32～GPIO35)
GPBMUX2	0x6F98	2	保留
GPBDIR	0x6F9A	2	GPIO B方向寄存器(GPIO32～GPIO35)

续表

寄存器名称	地址单元	大小(×16bit)	寄存器说明
GPBPUD	0x6F9C	2	GPIO B 内部上拉控制寄存器(GPIO32～GPIO35)
GPCMUX1	0x6FA6	2	GPIO C Mux1 寄存器(GPIO64～GPIO79)
GPCMUX2	0x6FA8	2	GPIO C Mux2 寄存器(GPIO80～GPIO87)
GPCDIR	0x6FAA	2	GPIO C 方向寄存器(GPIO64～GPIO87)
GPCPUD	0x6FAC	2	GPIO C 内部上拉控制寄存器(GPIO64～GPIO87)
GPIOXINT1SEL	0x6FE0	1	XINT1 输入选择寄存器(GPIO0～GPIO31)
GPIOXINT2SEL	0x6FE1	1	XINT2 输入选择寄存器(GPIO0～GPIO31)
GPIOXNMISEL	0x6FE2	1	XNMI 输入选择寄存器(GPIO0～GPIO31)
GPIOXINT3SEL	0x6FE3	1	XINT3 输入选择寄存器(GPIO32～GPIO63)
GPIOXINT4SEL	0x6FE4	1	XINT4 输入选择寄存器(GPIO32～GPIO63)
GPIOXINT5SEL	0x6FE5	1	XINT5 输入选择寄存器(GPIO32～GPIO63)
GPIOXINT6SEL	0x6FE6	1	XINT6 输入选择寄存器(GPIO32～GPIO63)
GPIOXINT7SEL	0x6FE7	1	XINT7 输入选择寄存器(GPIO32～GPIO63)
GPIOLPMSEL	0x6FE8	2	LPM 输入选择寄存器(GPIO0～GPIO31)

表 4-49 使用 EALLOW 保护机制的 eCAN 寄存器

寄存器名称	eCAN-A 地址	eCAN-B 地址	大小(×16 位)	寄存器说明
CANMC	0x6014	0x6214	2	主控控制寄存器(1)
CANBTC	0x6016	0x6216	2	时序配置寄存器(2)
GANGIM	0x6020	0x6220	2	全局中断寄存器(3)
CANMIM	0x6024	0x6224	2	邮箱中断寄存器
CANTSC	0x602E	0x622E	2	时间标志寄存器
CANTIOC	0x602A	0x622A	1	CANTXA 控制寄存器(4)
CANRIOC	0x602C	0x622C	1	CANTXA 控制寄存器(5)

注：(1) 只有 CANMC[15～9]与[7～6]位使用 EALLOW 保护。

(2) 只有 BCR[23～16]与[10～0]位使用 EALLOW 保护。

(3) 只有 CANGIM [17～16]、[14～8]与[2～0]位使用 EALLOW 保护。

(4) 只有 IOCONT1[3]使用 EALLOW 保护。

(5) 只有 IOCONT2[3]使用 EALLOW 保护。

表 4-50 使用 EALLOW 保护机制的 ePWM 寄存器

寄存器名称	TZSEL	TZCTL	TZEINT	TZCLR	TZFRC	HRCNFG	(×16bit)
ePWM1	0x6812	0x6814	0x6815	0x6817	0x6818	0x6820	1
ePWM2	0x6852	0x6854	0x6855	0x6857	0x6858	0x6860	1
ePWM3	0x6892	0x6894	0x6895	0x6897	0x6898	0x68A0	1
ePWM4	0x68D2	0x68D4	0x68D5	0x68D7	0x68D8	0x68E0	1
ePWM5	0x6912	0x6914	0x6915	0x6917	0x6918	0x6920	1
ePWM6	0x6952	0x6954	0x6955	0x6957	0x6958	0x6960	1

表 4-51 使用 EALLOW 保护机制的 XINTF 寄存器

寄存器名称	地址单元	大小(×16 位)	寄存器说明
XTIMING0	0x0000～0x0B20	2	区域 0 时序寄存器
XTIMING6	0x0000～0x0B2C	2	区域 6 时序寄存器
XTIMING7	0x0000～0x0B2E	2	区域 7 时序寄存器
XINTCNF2	0x0000～0x0B34	2	XINTF 配置寄存器
XBANK	0x0000～0x0B38	1	区域切换控制寄存器
XREVISION	0x0000～0x0B3A	1	版本寄存器
XRESET	0x0000～0x083D	1	复位寄存器

注：XTINTF 模块所有寄存器都使用 EALLOW 保护。

4.7 外设中断扩展模块 PIE

F28335 系列 CPU 可直接处理 1 路非屏蔽中断(NMI)以及 16 路可屏蔽中断(INT1～INT14、RTOSINT 及 DLOGINT)。F28335 系列 DSP 具有众多外设，每个外设都可产生一个或多个中断请求，由于 F28335 系列 DSP 的 CPU 无法直接处理所有的中断请求，因此通常使用外设中断扩展模块(Peripheral Interrupt Expansion，PIE)来仲裁外设或外部引脚中断请求信号，并将仲裁结果送入到 CPU 进行处理。

4.7.1 PIE 模块概述

PIE 模块最多可接收 96 路中断请求信号，这 96 路中断请求信号被分为 12 组，每组有 8 路，每组都将产生一路复用的中断请求信号，共 12 路，这 12 路复用的中断请求信号连接到 CPU 的中断输入口 INT1～INT12 上。96 路中断请求信号中的每一路都具有独立的中断向量(即中断服务函数的地址)，这些向量被存储在特定的 RAM 中，用户可根据需要修改。CPU 需要 9 个时钟周期访问中断向量地址并保存重要的 CPU 寄存器，因此 CPU 可快速响应中断事件。中断优先级可通过硬件和软件共同控制，每路中断请求信号都可以在 PIE 模块中使能或禁止。

图 4-9 给出了使用 PIE 模块处理中断请求信号的原理，没有进行多路复用的中断请求信号直接输入到 CPU。

为便于理解图 4-9，这里将中断请求信号分为外设级、PIE 级与 CPU 级 3 种，下面将对其进行详细解释。

1. 外设级中断

当外设有中断事件发生时，该外设相关寄存器中的中断标志位(IF)将置 1。如果该外设相关寄存器中的中断使能位(IE)也为 1，那么此次中断事件将向 PIE 发出中断请求信号；如果其中断使能位为 0，中断标志位 IF 将保持为 1，直到被软件清零。如果之后 IE 被置 1，

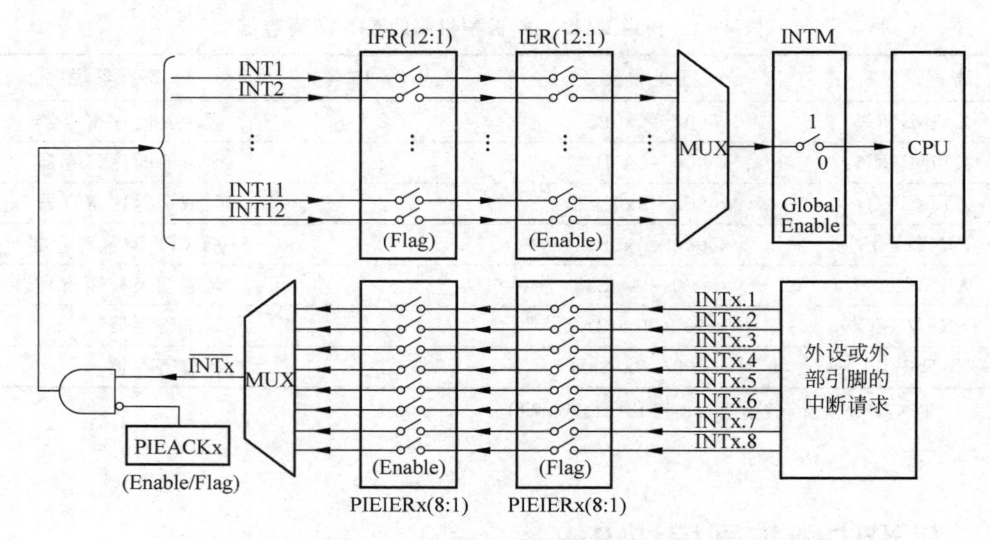

图 4-9　使用 PIE 模块处理中断请求信号

此时 IF 如果仍为 1,也将会向 PIE 发出中断请求信号。

注:外设寄存器中的中断标志位必须软件清零。

2. PIE 级中断

PIE 模块将 8 路外设和外部引脚的中断请求信号分为一组,共有 12 组:PIE 组 1～PIE 组 12,组内中断请求信号被复用为一个 CPU 中断,如 PIE 组 1 多路复用为 CPU 中断 1 (INT1),PIE 组 12 多路复用为 CPU 中断 12(INT12)。直接连接到 CPU 其他中断请求端口(如 INT13、INT14)上的中断源未经过复用,不受 PIE 控制。

PIE 模块中的每组都具有一个独立的中断标志寄存器 PIEIFRx 及一个中断使能寄存器 PIEIERx,其中 x 代表 1～12。寄存器中的每位对应该组中的一路中断请求信号,这里用 y 表示,y=1～8。因此,PIEIFRx. y 与 PIEIERx. y 对应 PIE 组 x(x=1～12)中的第 y(y=1～8)路中断请求信号。另外,每个 PIE 组都具有一路中断确认信号 PIEACKx。图 4-10 给出了 PIE 模块的典型工作流程。

一旦外设或外部引脚向 PIE 模块发出中断请求信号,相应的中断标志位 PIEIFx. y 置 1。如果相应的中断使能位 PIEIEx. y=1,PIE 模块将检测该组的确认信号 PIEACKx 以判断 CPU 是否可以接收该组的中断请求信号,如果 PIEACKx=0,PIE 向 CPU 的 INTx 口发出中断请求信号,如果 PIEACKx=1,PIE 将进入等待状态,直到 PIEACKx 被清零后才向 CPU 发出中断请求信号。

3. CPU 级中断

一旦中断请求信号送到 CPU 级,与 INTx 对应的 CPU 中断标志寄存器 IFR 中的相应位将置 1,如果中断使能寄存器 IER 中的相应位为 1,则全局使能位 INTM=0 或 DBGIER=1 (与使用的中断处理进程有关)。CPU 响应中断请求:首先自动将 IERx、IFRx、EALLOW 清零,将 INTM 置 1,然后从 PIE 中断向量列表中读取中断服务函数的地址,转入中断服务函数地址处开始执行,执行完毕后返回。

表 4-52 给出了不同情况下使能全局中断的方法。

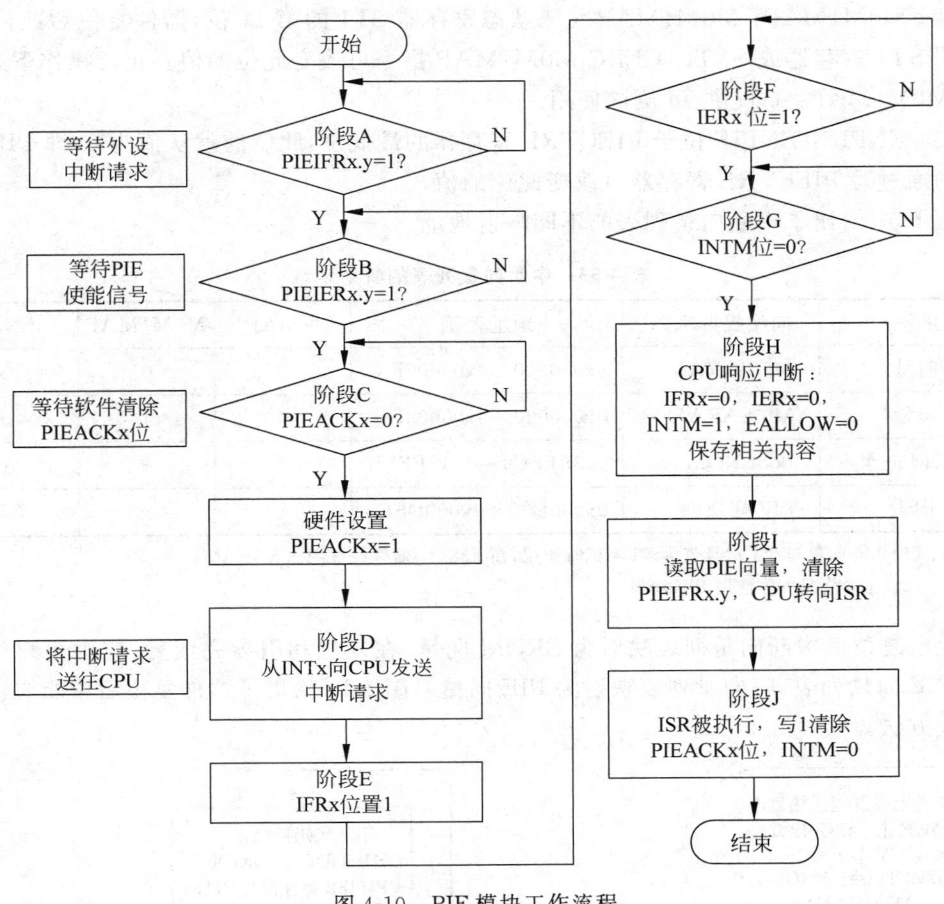

图 4-10 PIE 模块工作流程

表 4-52 使能全局中断方法

中断处理进程	启用中断方法
标准模式	INTM＝0,且 IER 相关位为 1
DSP 处于实时模式且停机	IER 相关位为 1,且 DBGIER 为 1

标准模式即为 CPU 正常运行模式,在该模式下 DBGIER 被忽略,当 CPU 处于实时仿真模式且被停止,此时 DBGIER 用来控制全局中断,而 INTM 位被忽略。如果 CPU 处于实时仿真模式且 CPU 正在运行,仍视为标准模式。

4.7.2 中断向量列表的映射地址

中断向量列表用来存放中断服务函数的地址,F28335 系列 DSP 的中断向量列表可映射到 4 个不同的存储单元,由以下控制位决定。

(1) VMAP：VMAP 位于状态寄存器 ST1 的第 3 位,器件复位后此位为 1。通过写 ST1 寄存器或 SETC/CLRC VMAP 指令可改变此位的值。正常操作下保留此位为 1。

(2) M0M1MAP：M0M1MAP 位于状态寄存器 ST1 的第 11 位，器件复位后此位为 1。通过写 ST1 寄存器或 SETC/CLRC M0M1MAP 指令可改变此位的值。正常操作下此位应为 1，M0M1MAP=0 仅供 TI 测试使用。

(3) ENPIE：ENPIE 位于 PIECTRL 寄存器的最低位，此位的默认值为 0(即 PIE 禁止工作)，通过写 PIECTRL 寄存器可改变此位的值。

表 4-53 给出了中断向量列表的不同映射地址。

表 4-53 中断向量列表的映射地址

向量映射	向量提取来源	地址范围	VMAP	M0M1MAP	ENPIE
M1 向量	M1 SARAM	0x000000～0x00003F	0	0	x
M0 向量	M0 SARAM	0x000000～0x00003F	0	1	x
BROM 向量	Boot ROM	0x3FFFC0～0x3FFFFF	1	x	0
PIE 向量	PIE 模块	0x000D00～0x000DFF	1	x	1

注：(1) M0 向量与 M1 向量仅为 TI 测试时使用，在 F28335 器件中被用作 SARAM；
(2) 通常情况下仅使用 PIE 向量。

上电复位后中断向量列表映射为 BROM 向量，在复位和引导完成后，应由用户代码初始化 PIE 向量列表，将向量列表映射为 PIE 向量。图 4-11 给出了器件复位后中断向量列表的配置方法。

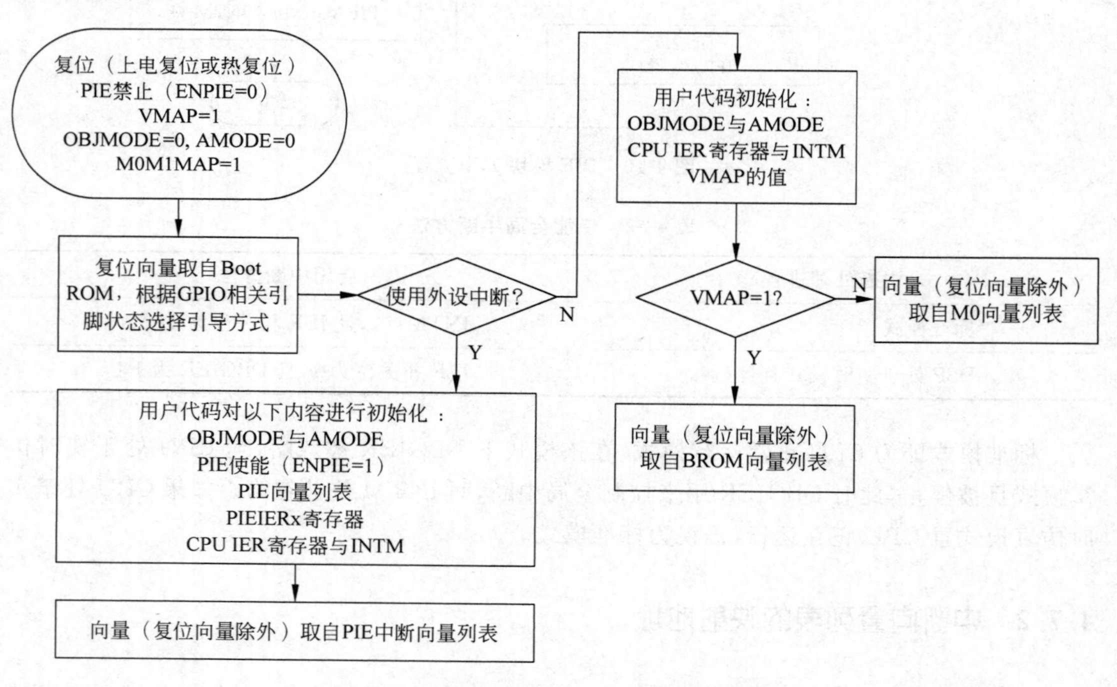

图 4-11 器件复位后中断向量列表的配置

图 4-11 中 OBJMODE 位与 AMODE 位处于状态寄存器 ST1 中，决定 CPU 的兼容模式，如表 4-54 所示。

表 4-54　F28335 CPU 兼容性

操作模式	OBJMODE	AMODE
F28335 Mode	1	0
24x/240x Source-兼容	1	1
C27x Object-兼容	0	0

4.7.3　中断源

图 4-12 给出了 F28335 DSP 内部各种中断源的复用原理。

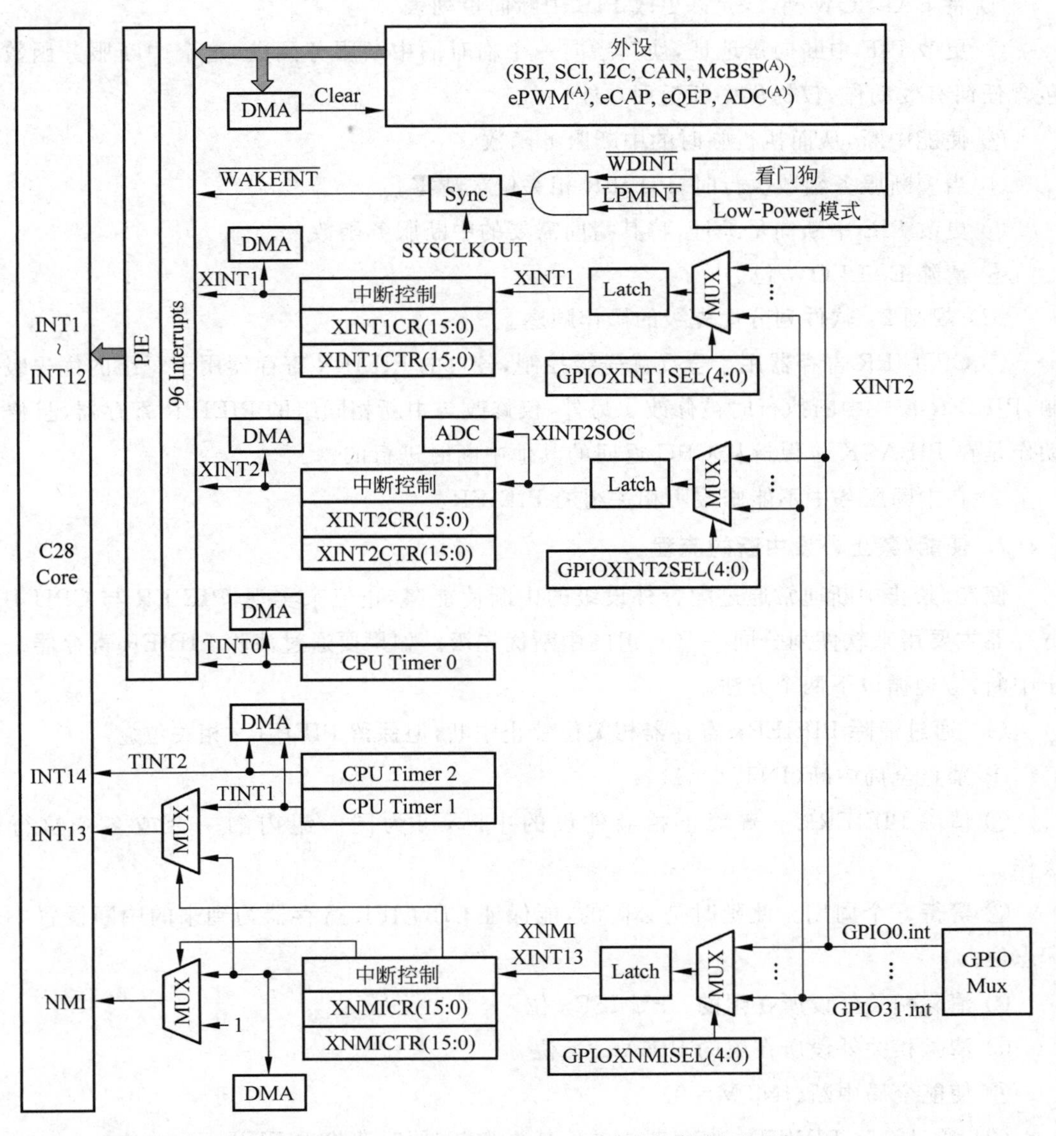

图 4-12　PIE 中断源

1. 多路复用中断的处理流程

PIE模块将外设和外部引脚的中断请求多路复用后送到CPU，PIE将其所接收的中断信号划分为12个组：PIE组1～PIE组12，每组都有相应的使能寄存器PIEIER与中断标志寄存器PIEIFR。清除PIEIER或PIEIFR中的位时需要遵循以下规范。

(1) 规则1：不允许使用软件清除PIEIFR位。

当对PIEIFR某位进行写操作或读—修正—写操作时，一个到来的中断请求可能会被丢失。要清除PIEIFR某位，其对应挂起的中断服务函数必须被执行。如果用户想清除PIEIFR某位，但又不执行其常规的中断服务函数，可使用以下方法：

① 将EALLOW置1，允许更改PIE中断向量列表。

② 更改PIE中断向量地址，使其指向一个临时的中断服务函数，这个中断服务函数不包含任何有效动作，仅提供中断返回功能。

③ 使能中断，从而执行临时的中断服务函数。

④ 当中断服务函数执行时，PIEIFR相关位被清零。

⑤ 更改PIE中断向量地址，将其指向需要的中断服务函数。

⑥ 清除EALLOW位。

(2) 规则2：软件划分优先级的操作顺序。

① CPU IER寄存器用于全局优先级控制，各自的PIEIER寄存器用于每组的优先级控制，PIEIER仅在中断执行时被修改。另外，仅修改与中断相同组的PIEIER寄存器，且修改动作是在PIEACK位保持从CPU返回的其他中断时进行的。

② 在中断服务中不能修改不相关组的PIEIER。

2. 使能/禁止外设中断的流程

使能/禁止中断通常通过配置外设级的中断使能/禁止位来实现，PIEIER与CPU IER寄存器主要用来软件划分同一PIE组的中断优先级。如果要通过清除PIEIER寄存器来禁止中断，应遵循以下两个方法。

(1) 通过清除PIEIERx寄存器相关位禁止中断，但保留PIEIFRx相关位。

① 禁止全局中断(INTM=1)。

② 清除PIEIERx.y来禁止相应外设的中断，可为同一组内的一个或多个执行此操作。

③ 等待5个周期。此延时是必需的，能保证CPU IFR寄存器为到来的中断设置中断标志位。

④ 清除相关外设所在组的CPU IFRx位。

⑤ 清除相关外设所在组的PIEACKx位。

⑥ 使能全局中断(INTM=0)。

(2) 通过清除PIEIERx寄存器相关位禁止中断，同时清除PIEIFRx相关位。

① 禁止全局中断(INTM=1)。

② 将 EALLOW 位置 1。

③ 修改 PIE 中断向量列表中的中断服务函数地址，将其指向一个临时的中断服务函数，此临时的中断服务函数仅有返回功能。当执行此函数时，PIEIFRx. y 位被安全清零，并且不丢失该组内其他外设的中断请求信号。

④ 在外设级的寄存器中禁止该外设的中断。

⑤ 使能全局中断（INTM＝0）。

⑥ 等待临时的中断服务函数被执行。

⑦ 禁止全局中断（INTM＝1）。

⑧ 修改 PIE 中断向量列表中的中断服务函数地址，将其指向原来的中断服务函数。

⑨ 对 EALLOW 位清零。

⑩ 清除 PIEIER 寄存器中的相关位。

⑪ 清除相关外设所在组的 CPU IFRx 位。

⑫ 清除相关外设所在组的 PIEACKx 位。

⑬ 使能全局中断（INTM＝0）。

3. 从外设到 CPU 中断请求流程

图 4-13 给出了多路复用中断的请求流程。

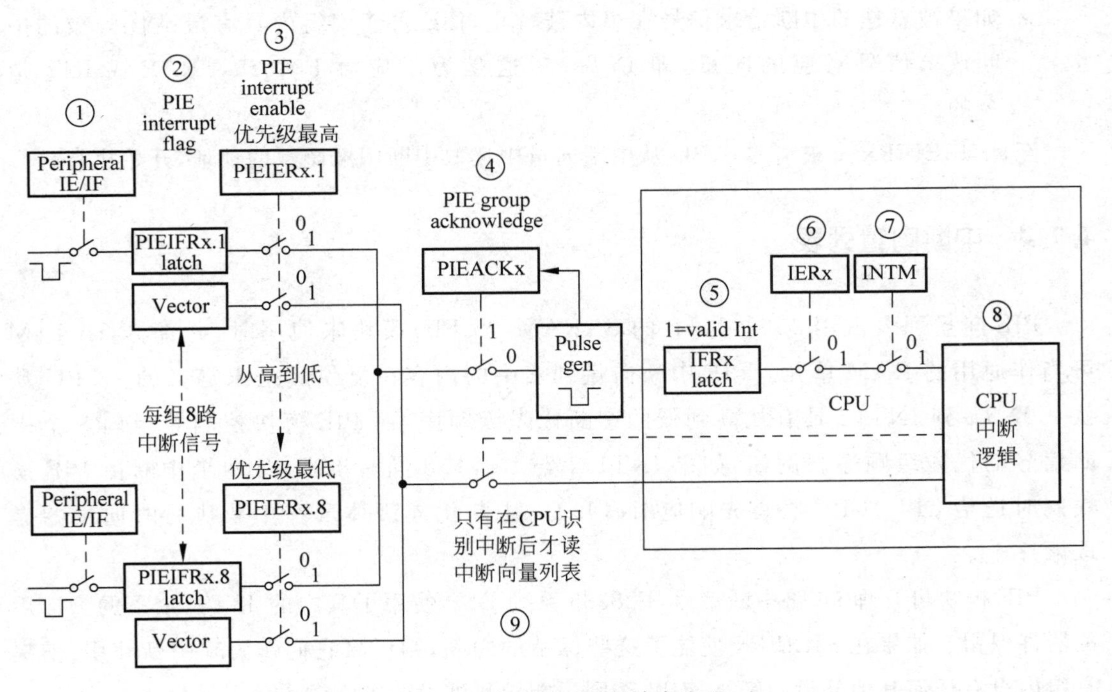

图 4-13　多路复用中断请求流程

对图 4-13 中标注的步骤进行如下说明。

① PIE 组内外设或外部引脚产生中断事件，如果在外设级寄存器中允许该中断事件产生中断请求，那么中断请求信号将发送到 PIE 模块中。

② PIE模块识别PIE组x中第y路(INTx.y)发出的中断请求信号,并且将中断标志位PIEIFRx.y置1。

③ PIE模块在满足以下两个条件的情况下,将中断请求送往CPU: PIEIERx.y=1,该组的PIEACKx=0。

④ 中断请求被送往CPU后,PIEACKx再次被置位,直到由用户软件清零,才允许下次中断请求信号送到CPU。

⑤ CPU级中断标志位IFRx=1,表明有中断请求信号INTx发生在CPU级。

⑥ 如果CPU中断被使能(IERx=1或DBGIERx=1)且全局中断被使能(INTM=0),CPU开始响应中断。

⑦ CPU识别中断请求信号后,将IERx清零、INTM置1,同时将EALLOW清零。

⑧ CPU向PIE模块请求合适的中断向量,以读取中断服务函数的地址。

⑨ 对于多路复用中断,PIE模块使用PIEIERx与PIEIFRx寄存器的当前值来判断到底该使用哪个中断向量,这里有两种可能:

- 组内既在PIEIERx寄存器中使能又在PIEIFRx寄存器中标志位挂起的具有最高优先级的中断所对应的向量将被使用,如果在步骤⑦后,有更高优先级的中断请求信号被挂起,其将被首先执行。
- 如果被悬挂的中断请求信号在组内被禁止,PIE将使用组内具有最高优先级的中断请求信号对应的向量,即INTx.1,这是为了应对F28335 TRAP或INT指令的。

至此,PIEIFRx.y被清零,CPU从中断向量中读取中断服务函数的地址,开始执行。

4.7.4 中断向量列表

PIE向量列表占用256×16bit的SARAM,当PIE模块未使用时,此部分SARAM可当作通用的RAM单元。PIE中断向量列表中的内容在复位后是未定义的。CPU默认从INT1到INT12具有从高到低的中断优先级顺序,而PIE模块控制着组内8个中断信号的优先级顺序。例如,如果INT1.1与INT1.8同时出现,且两个中断由PIE模块同时送给CPU,CPU将首先响应INT1.1。中断优先级体现在中断执行时向量的提取顺序上。

PIE模块可处理96路中断信号,F28335系列DSP使用了其中的43路,余下的为以后的器件保留。如果在PIEIFRx使能了这些保留的中断,则可将它们作为软中断使用,前提是组内没有任何其他外设中断被使用,否则可能导致外设的中断请求信号丢失。

表4-55给出了PIE中断向量列表的分组情况,表4-56给出了详细说明。

表 4-55 PIE 多路复用外设中断向量列表

	INTx. 8	INTx. 7	INTx. 6	INTx. 5	INTx. 4	INTx. 3	INTx. 2	INTx. 1
INT1. y	WAKEINT (LPM/WD)	TINT0 (Timer0)	ADCINT (ADC)	XINT2 (外部中断 2)	XINT1 (外部中断 1)	保留	SEQ2INT (ADC)	SEQ1INT (ADC)
INT2. y	保留	保留	EPWM6_TZINT (ePWM6)	EPWM5_TZINT (ePWM5)	EPWM4_TZINT (ePWM4)	EPWM3_TZINT (ePWM3)	EPWM2_TZINT (ePWM2)	EPWM1_TZINT (ePWM1)
INT3. y	保留	保留	EPWM6_INT (ePWM6)	EPWM5_INT (ePWM5)	EPWM4_INT (ePWM4)	EPWM3_INT (ePWM3)	EPWM2_INT (ePWM2)	EPWM1_INT (ePWM1)
INT4. y	保留	保留	ECAP6_INT (eCAP6)	ECAP5_INT (eCAP5)	ECAP4_INT (eCAP4)	ECAP3_INT (eCAP3)	ECAP2_INT (eCAP2)	ECAP1_INT (eCAP1)
INT5. y	保留	保留	保留	保留	保留	保留	EQEP2_INT (eQEP2)	EQEP1_INT (eQEP1)
INT6. y	保留	保留	MXINTA (McBSP-A)	MRINTA (McBSP-A)	MXINTB (McBSP-B)	MRINTB (McBSP-B)	SPITXINTA (SPI-A)	SPIRXINTA (SPI-A)
INT7. y	保留	保留	DINTCH6 (DMA6)	DINTCH5 (DMA5)	DINTCH4 (DMA4)	DINTCH3 (DMA3)	DINTCH2 (DMA2)	DINTCH1 (DMA1)
INT8. y	保留	保留	SCITXINTC (SCI-C)	SCIRXINTC (SCI-C)	保留	保留	I2CINT2A (I2C-A)	I2CINT1A (I2C-A)
INT9. y	ECAN1INTB (eCAN-B)	ECAN0INTB (eCAN-B)	ECAN1INTA (eCAN-A)	ECAN0INTA (eCAN-A)	SCITXINTB (SCI-B)	SCIRXINTB (SCI-B)	SCITXINTA (SCI-A)	SCIRXINTA (SCI-A)
INT10. y	保留	保留	保留	保留	保留	保留	保留	保留
INT11. y	保留	保留	保留	保留	保留	保留	保留	保留
INT12. y	LUF (FPU)	LVF (FPU)	保留	XINT7 (外部中断 7)	XINT6 (外部中断 7)	XINT5 (外部中断 7)	XINT4 (外部中断 7)	XINT3 (外部中断 7)

表 4-56 PIE 中断向量列表详细说明

名称	向量ID	地址	大小(×16 位)	描述	CPU 级优先级	PIE 组内优先级
Reset	0	0x00000D00	2	始终从引导 ROM 中 0x003FFFC0 处提取	1(最高)	—
INT1	1	0x00000D02	2	未使用。参阅 PIE 组 1	5	—
INT2	2	0x00000D04	2	未使用。参阅 PIE 组 2	6	—
INT3	3	0x00000D06	2	未使用。参阅 PIE 组 3	7	—
INT4	4	0x00000D08	2	未使用。参阅 PIE 组 4	8	—
INT5	5	0x00000D0A	2	未使用。参阅 PIE 组 5	9	—
INT6	6	0x00000D0C	2	未使用。参阅 PIE 组 6	10	—
INT7	7	0x00000D0E	2	未使用。参阅 PIE 组 7	11	—
INT8	8	0x00000D10	2	未使用。参阅 PIE 组 8	12	—
INT9	9	0x00000D12	2	未使用。参阅 PIE 组 9	13	—
INT10	10	0x00000D14	2	未使用。参阅 PIE 组 10	14	—
INT11	11	0x00000D16	2	未使用。参阅 PIE 组 11	15	—
INT12	12	0x00000D18	2	未使用。参阅 PIE 组 12	16	—
INT13	13	0x00000D1A	2	外部中断 XINT13 或 Timer1 中断	17	—
INT14	14	0x00000D1C	2	Timer2 中断	18	—
DATALOG	15	0x00000D1E	2	CPU 数据记录中断	19(最低)	—
RTOSINT	16	0x00000D20	2	CPU 实时操作系统中断	4	—
EMUINT	17	0x00000D22	2	CPU 仿真中断	2	—
NMI	18	0x00000D24	2	外部不可屏蔽中断	3	—
ILLEGAL	19	0x00000D26	2	非法操作	—	—
USER1	20	0x00000D28	2	用户定义软中断	—	—
USER2	21	0x00000D2A	2	用户定义软中断	—	—
USER3	22	0x00000D2C	2	用户定义软中断	—	—
USER4	23	0x00000D2E	2	用户定义软中断	—	—
USER5	24	0x00000D30	2	用户定义软中断	—	—
USER6	25	0x00000D32	2	用户定义软中断	—	—
USER7	26	0x00000D34	2	用户定义软中断	—	—
USER8	27	0x00000D36	2	用户定义软中断	—	—
USER9	28	0x00000D38	2	用户定义软中断	—	—
USER10	29	0x00000D3A	2	用户定义软中断	—	—
USER11	30	0x00000D3C	2	用户定义软中断	—	—
USER12	31	0x00000D3E	2	用户定义软中断	—	—
PIE 组 1 中断向量列表,复用后输入到 CPU INT1						
INT1.1	32	0x00000D40	2	SEQ1INT(ADC)	5	1(高)
INT1.2	33	0x00000D42	2	SEQ2INT(ADC)	5	2
INT1.3	34	0x00000D44	2	保留	5	3
INT1.4	35	0x00000D46	2	XINT1	5	4
INT1.5	36	0x00000D48	2	XINT2	5	5
INT1.6	37	0x00000D4A	2	ADCINT(ADC)	5	6

续表

名称	向量ID	地址	大小（×16位）	描述	CPU级优先级	PIE组内优先级
INT1.7	38	0x00000D4C	2	TINT0(CPU-Timer0)	5	7
INT1.8	39	0x00000D4E	2	WAKEINT(LPM/WD)	5	8(低)
PIE组2中断向量列表，复用后输入到CPU INT2						
INT2.1	40	0x00000D50	2	EPWM1_TZINT(EPWM1)	6	1(高)
INT2.2	41	0x00000D52	2	EPWM2_TZINT(EPWM2)	6	2
INT2.3	42	0x00000D54	2	EPWM3_TZINT(EPWM3)	6	3
INT2.4	43	0x00000D56	2	EPWM4_TZINT(EPWM4)	6	4
INT2.5	44	0x00000D58	2	EPWM5_TZINT(EPWM5)	6	5
INT2.6	45	0x00000D5A	2	EPWM6_TZINT(EPWM6)	6	6
INT2.7	46	0x00000D5C	2	保留	6	7
INT2.8	47	0x00000D5E	2	保留	6	8(低)
PIE组3中断向量列表，复用后输入到CPU INT3						
INT3.1	48	0x00000D60	2	EPWM1_INT(EPWM1)	7	1(高)
INT3.2	49	0x00000D62	2	EPWM2_INT(EPWM2)	7	2
INT3.3	50	0x00000D64	2	EPWM3_INT(EPWM3)	7	3
INT3.4	51	0x00000D66	2	EPWM4_INT(EPWM4)	7	4
INT3.5	52	0x00000D68	2	EPWM5_INT(EPWM5)	7	5
INT3.6	53	0x00000D6A	2	EPWM6_INT(EPWM6)	7	6
INT3.7	54	0x00000D6C	2	保留	7	7
INT3.8	55	0x00000D6E	2	保留	7	8(低)
PIE组4中断向量列表，复用后输入到CPU INT4						
INT4.1	56	0x00000D70	2	ECAP1_INT(EPWM1)	8	1(高)
INT4.2	57	0x00000D72	2	ECAP2_INT(ECAP2)	8	2
INT4.3	58	0x00000D74	2	ECAP3_INT(ECAP3)	8	3
INT4.4	59	0x00000D76	2	ECAP4_INT(ECAP4)	8	4
INT4.5	60	0x00000D78	2	ECAP5_INT(ECAP5)	8	5
INT4.6	61	0x00000D7A	2	ECAP6_INT(ECAP6)	8	6
INT4.7	62	0x00000D7C	2	保留	8	7
INT4.8	63	0x00000D7E	2	保留	8	8(低)
PIE组5中断向量列表，复用后输入到CPU INT5						
INT5.1	64	0x00000D80	2	EQEP1_INT(EQEP1)	9	1(高)
INT5.2	65	0x00000D82	2	EQEP2_INT(EQEP2)	9	2
INT5.3	66	0x00000D84	2	保留	9	3
INT5.4	67	0x00000D86	2	保留	9	4
INT5.5	68	0x00000D88	2	保留	9	5
INT5.6	69	0x00000D8A	2	保留	9	6
INT5.7	70	0x00000D8C	2	保留	9	7
INT5.8	71	0x00000D8E	2	保留	9	8(低)
PIE组6中断向量列表，复用后输入到CPU INT6						
INT6.1	72	0x00000D90	2	SPIRXINTA(SPI-A)	10	1(高)
INT6.2	73	0x00000D92	2	SPITXINTA(SPI-A)	10	2

续表

名称	向量 ID	地址	大小（×16 位）	描述	CPU 级优先级	PIE 组内优先级
INT6.3	74	0x00000D94	2	MRINTB(McBSP-B)	10	3
INT6.4	75	0x00000D96	2	MXINTB(McBSP-B)(SPI-B)	10	4
INT6.5	76	0x00000D98	2	MRINTA(McBSP-A)	10	5
INT6.6	77	0x00000D9A	2	MXINTA(McBSP-A)	10	6
INT6.7	78	0x00000D9C	2	保留	10	7
INT6.8	79	0x00000D9E	2	保留	10	8(低)
PIE 组 7 中断向量列表，复用后输入到 CPU INT7						
INT7.1	80	0x00000DA0	2	DINTCH1(DMA 通道 1)	11	1(高)
INT7.2	81	0x00000DA2	2	DINTCH2(DMA 通道 2)	11	2
INT7.3	82	0x00000DA4	2	DINTCH3(DMA 通道 3)	11	3
INT7.4	83	0x00000DA6	2	DINTCH4(DMA 通道 4)	11	4
INT7.5	84	0x00000DA8	2	DINTCH5(DMA 通道 5)	11	5
INT7.6	85	0x00000DAA	2	DINTCH6(DMA 通道 6)	11	6
INT7.7	86	0x00000DAC	2	保留	11	7
INT7.8	87	0x00000DAE	2	保留	11	8(低)
PIE 组 8 中断向量列表，复用后输入到 CPU INT8						
INT8.1	88	0x00000DB0	2	I2CINT1A(I2C-A)	12	1(高)
INT8.2	89	0x00000DB2	2	I2CINT2A(I2C-A)	12	2
INT8.3	90	0x00000DB4	2	保留	12	3
INT8.4	91	0x00000DB6	2	保留	12	4
INT8.5	92	0x00000DB8	2	SCIRXINTC(SCI-C)	12	5
INT8.6	93	0x00000DBA	2	SCITXINTC(SCI-C)	12	6
INT8.7	94	0x00000DBC	2	保留	12	7
INT8.8	95	0x00000DBE	2	保留	12	8(低)
PIE 组 9 中断向量列表，复用后输入到 CPU INT9						
INT9.1	96	0x00000DC0	2	SCIRXINTA(SCI-A)	13	1(高)
INT9.2	97	0x00000DC2	2	SCITXINTA(SCI-A)	13	2
INT9.3	98	0x00000DC4	2	SCIRXINTB(SCI-B)	13	3
INT9.4	99	0x00000DC6	2	SCITXINTB(SCI-B)	13	4
INT9.5	100	0x00000DC8	2	ECAN0INTA(eCAN-A)	13	5
INT9.6	101	0x00000DCA	2	ECAN1INTA(eCAN-A)	13	6
INT9.7	102	0x00000DCC	2	ECAN0INTB(eCAN-B)	13	7
INT9.8	103	0x00000DCE	2	ECAN1INTB(eCAN-B)	13	8(低)
PIE 组 10 中断向量列表，复用后输入到 CPU INT10						
INT10.1	104	0x00000DD0	2	保留	14	1(高)
INT10.2	105	0x00000DD2	2	保留	14	2
INT10.3	106	0x00000DD4	2	保留	14	3
INT10.4	107	0x00000DD6	2	保留	14	4
INT10.5	108	0x00000DD8	2	保留	14	5
INT10.6	109	0x00000DDA	2	保留	14	6
INT10.7	110	0x00000DDC	2	保留	14	7

续表

名称	向量ID	地址	大小(×16位)	描述	CPU级优先级	PIE组内优先级
INT10.8	111	0x00000DDE	2	保留	14	8(低)
PIE组11中断向量列表,复用后输入到CPU INT11						
INT11.1	112	0x00000DE0	2	保留	15	1(高)
INT11.2	113	0x00000DE2	2	保留	15	2
INT11.3	114	0x00000DE4	2	保留	15	3
INT11.4	115	0x00000DE6	2	保留	15	4
INT11.5	116	0x00000DE8	2	保留	15	5
INT11.6	117	0x00000DEA	2	保留	15	6
INT11.7	118	0x00000DEC	2	保留	15	7
INT11.8	119	0x00000DEE	2	保留	15	8(低)
PIE组12中断向量列表,复用后输入到CPU INT12						
INT12.1	120	0x00000DF0	2	XINT3	16	1(高)
INT12.2	121	0x00000DF2	2	XINT4	16	2
INT12.3	122	0x00000DF4	2	XINT5	16	3
INT12.4	123	0x00000DF6	2	XINT6	16	4
INT12.5	124	0x00000DF8	2	XINT7	16	5
INT12.6	125	0x00000DFA	2	保留	16	6
INT12.7	126	0x00000DFC	2	LVF(FPU)	16	7
INT12.8	127	0x00000DFE	2	LUF(FPU)	16	8(低)

4.7.5 PIE模块相关寄存器

表4-57列出了PIE模块配置与控制寄存器。

表4-57 PIE模块相关寄存器

寄存器名称	地址单元	大小(×16位)	寄存器说明
PIECTRL	0x00000CE0	1	PIE控制寄存器
PIEACK	0x00000CE1	1	PIE中断确认寄存器
PIEIER1	0x00000CE2	1	PIE组1使能寄存器
PIEIFR1	0x00000CE3	1	PIE组1中断标志寄存器
PIEIERx PIEIFRx (x=2～12)	0x00000CE4～ 0x00000CF9	1	PIE组x使能寄存器 PIE组x中断标志寄存器

PIECTRL寄存器各位信息如表4-58所示,功能描述如表4-59所示。

表 4-58 PIECTRL 寄存器各位信息

15～1	0
PIEVECT	ENPIE
R-0	R/W-0

表 4-59 PIECTRL 功能描述

位	字段	取值及功能描述
15～1	PIEVECT	用于保存 PIE 中断向量的地址，中断向量地址的最低位被忽略，仅保存地址的 15～1 位。通过读取中断向量地址，可判断 CPU 在响应哪个中断。例如，如果 PIECTRL＝0x0D27，那么中断向量列表 0x0D26 地址对应的中断(ILLEGAL 中断)被执行
0	ENPIE	PIE 向量列表使能位。 0：PIE 模块被禁用，向量列表从 Boot ROM 中的 CPU 向量列表提取向量，即使被禁用，PIE 模块的所有寄存器(PIEACK、PIEIFR、PIEIER)仍可被访问； 1：除 Reset 复位向量外的所有向量都从 PIE 向量列表中提取。 注：Reset 复位向量始终从 Boot ROM 中提取

PIEACK 寄存器各位信息如表 4-60 所示，功能描述如表 4-61 所示。

表 4-60 PIEACK 寄存器各位信息

15～12	11～0
保留	PIEACK
R-0	R/W1C-1

表 4-61 PIEACK 功能描述

位	字段	取值及功能描述
15～12	保留	保留
11～0	PIEACK	每位对应一个 PIE 组，bit0 对应 PIE 组 1(INT1)，依此类推，bit11 对应 PIE 组 12(INT12)。 x＝0：读返回 0，表明此时对应的 PIE 组可以向 CPU 发送中断请求；写 0 无反应。 x＝1：读返回 1，表明对应的 PIE 组向 CPU 发送过中断请求，此时组内的其他中断请求被阻塞；写 1 将对本位清零，重新允许对应的 PIE 组再次向 CPU 发送中断请求

注：x＝PIEACK[0]～PIEACK[11]。

中断标志位寄存器 PIEIFRx(x＝1～12)各位信息如表 4-62 所示，功能描述如表 4-63 所示。

表 6-62 PIEIFRx 寄存器各位信息

15～8	7	6	5	4	3	2	1	0
保留	INTx. 8	INTx. 7	INTx. 6	INTx. 5	INTx. 4	INTx. 3	INTx. 2	INTx. 1
R-0	R/W-0	R/W-0	R/W-0	R/W-0	R/W-0	R/W-0	R/W-0	R/W-0

表 4-63 PIEIFRx 功能描述

位	字段	取值及功能描述
15～8	保留	保留
7	INTx.8	每位用于指示其对应的中断请求是否有效，与 CPU 的中断标志寄存器类似，一旦中断请求信号到达，相应的位置 1。如果中断服务函数被执行，此位自动清零，同时也可通过向该位写 0 来清零。 硬件对 PIEIFR 寄存器的访问优先级比 CPU 高
6	INTx.7	
5	INTx.6	
4	INTx.5	
3	INTx.4	
2	INTx.3	
1	INTx.2	
0	INTx.1	

注：不要清除 PIEIFR 位，否则可能会导致中断丢失。

PIE 中断使能寄存器 PIEIERx(x=1～12)各位信息如表 4-64 所示，功能描述如表 4-65 所示。

表 4-64 PIEIERx 寄存器各位信息

15～8	7	6	5	4	3	2	1	0
保留	INTx.8	INTx.7	INTx.6	INTx.5	INTx.4	INTx.3	INTx.2	INTx.1
R-0	R/W-0	R/W-0	R/W-0	R/W-0	R/W-0	R/W-0	R/W-0	R/W-0

表 4-65 PIEIERx 功能描述

位	字段	取值及功能描述
15～8	保留	保留
7	INTx.8	每位用于使能组内的中断。 0：禁止中断； 1：使能中断
6	INTx.7	
5	INTx.6	
4	INTx.5	
3	INTx.4	
2	INTx.3	
1	INTx.2	
0	INTx.1	

4.7.6 CPU 中断控制相关寄存器

此部分并不属于 PIE 模块，为了便于读者理解，这里对 CPU 级中断控制进行介绍。CPU 级中断控制相关寄存器主要有标志位寄存器 IFR 与中断使能寄存器 IER 两个，用于控制 CPU 级的中断响应(INT1～INT14)，当 PIE 模块使能时，PIE 模块将为 CPU 提供 12 路中断请求信号(INT1～INT12)。

标志位寄存器 IFR 各位信息如表 4-66 所示，功能描述如表 4-67 所示。

表 4-66 IFR 寄存器各位信息

15	14	13	12	11	10	9	8
RTOSINT	DLOGINT	INT14	INT13	INT12	INT11	INT10	INT9
R/W-0	R/W-0	R/W-0	R/W-0	R/W-0	R/W-0	R/W-0	R/W-0
7	6	5	4	3	2	1	0
INT8	INT7	INT6	INT5	INT4	INT3	INT2	INT1
R/W-0	R/W-0	R/W-0	R/W-0	R/W-0	R/W-0	R/W-0	R/W-0

表 4-67 IFR 功能描述

位	字段	取值及功能描述
15	RTOSINT	实时操作系统(RTOS)中断标志位。0：无挂起的 RTOS 中断；1：至少有一个 RTOS 中断被挂起
14	DLOGINT	数据记录中断。0：无挂起的 DLOGINT 中断；1：至少有一个 DLOGINT 中断被挂起
13～0	INT14～INT1	用于表示 CPU 级的中断状态。0：INTx 通道上无中断请求；1：INTx 通道上至少有一个中断请求。注：x=14～1

注：向寄存器中的某位写 0 将清除此位，并清除相应中断请求。

中断使能寄存器 IER 各位信息如表 4-68 所示，功能描述如表 4-69 所示。

表 4-68 IER 寄存器各位信息

15	14	13	12	11	10	9	8
RTOSINT	DLOGINT	INT14	INT13	INT12	INT11	INT10	INT9
R/W-0	R/W-0	R/W-0	R/W-0	R/W-0	R/W-0	R/W-0	R/W-0
7	6	5	4	3	2	1	0
INT8	INT7	INT6	INT5	INT4	INT3	INT2	INT1
R/W-0	R/W-0	R/W-0	R/W-0	R/W-0	R/W-0	R/W-0	R/W-0

表 4-69 IER 功能描述

位	字段	取值及功能描述
15	RTOSINT	实时操作系统(RTOS)中断使能控制位。0：禁止 RTOS 中断；1：使能 RTOS 中断
14	DLOGINT	数据记录中断使能控制位。0：禁止 DLOGINT 中断；1：使能 DLOGINT 中断
13～0	INT14～INT1	CPU 级的中断使能控制位。0：禁止 INTx 通道上的中断请求；1：使能 INTx 通道上的中断请求。注：x=14～1

注：通过 OR IER 指令将相应位置 1，通过 AND IER 指令将相应位清零。

在实时仿真模式下，当 CPU 停止时，通常使用 DBGIER 寄存器来控制中断，只有当 DBGIER 寄存器与 IER 寄存器对应位都置为 1 时，在 CPU 停止时相应中断才可以被执行。实时仿真时，若 CPU 正常运行，DBGIER 寄存器被忽略。

DBGIER 寄存器各位信息如表 4-70 所示，功能描述如表 4-71 所示。

图 4-70 DBGIER 寄存器各位信息

15	14	13	12	11	10	9	8
RTOSINT	DLOGINT	INT14	INT13	INT12	INT11	INT10	INT9
R/W-0	R/W-0	R/W-0	R/W-0	R/W-0	R/W-0	R/W-0	R/W-0
7	6	5	4	3	2	1	0
INT8	INT7	INT6	INT5	INT4	INT3	INT2	INT1
R/W-0	R/W-0	R/W-0	R/W-0	R/W-0	R/W-0	R/W-0	R/W-0

表 4-71 DBGIER 功能描述

位	字段	取值及功能描述
15	RTOSINT	实时操作系统(RTOS)中断使能控制位。0：禁止 RTOS 中断；1：使能 RTOS 中断
14	DLOGINT	数据记录中断使能控制位。0：禁止 DLOGINT 中断；1：使能 DLOGINT 中断
13～0	INT14～INT1	CPU 级的中断使能控制位。0：禁止 INTx 通道上的中断请求；1：使能 INTx 通道上的中断请求。注：x=14～1

注：通过 PUSH DBGIER 指令读取 DBGIER 的值，通过 POP DBGIER 指令写 DBGIER。

4.7.7 外部中断控制寄存器

F28335 系列 DSP 支持 XINT1～XINT7 及 XNMI 共 8 路外部引脚中断，其中 XNMI 为非可屏蔽中断。通过寄存器可使能或禁止 8 路中的任何一路，同时可将每路配置为正边沿触发或负边沿触发。

控制寄存器 XINTnCR(n=1～7)各位信息如表 4-72 所示，功能描述如表 4-73 所示。

图 4-72 XINTnCR 寄存器各位信息

15～4	3	2	1	0
保留	Polarity		保留	Enable
R-0	R/W-0		R-0	R/W-0

表 4-73 XINTnCR 功能描述

位	字段	取值及功能描述
15～4	保留	保留
3～2	Polarity	为输入信号 XINTn(n=1～7)选择中断触发边沿。00：在下降沿触发中断；01：在上升沿触发中断；10：在下降沿触发中断；11：既在上升沿也在下降沿触发中断
1	保留	保留
0	Enable	XINTn(n=1～7)中断使能位。0：禁止中断；1：使能中断

控制寄存器 XNMICR 各位信息如表 4-74 所示，功能描述如表 4-75 所示。

XINT1、XINT2 与 XNMI 分别具有一个 16 位的计数器，当中断边沿到来时会自动清零，用于精确描述外部中断信号的时间特性。XINT1CTR、XINT2CTR 与 XNMICTR 具有相同的寄存器位信息，位 15～0 为 INTCTR，R-0，且功能相同，具体描述如表 4-76 所示。

表 4-74　XNMICR 寄存器各位信息

15～4	3	2	1	0
保留	Polarity		Select	Enable
R-0	R/W-0		R/W-0	R/W-0

表 4-75　XNMICR 功能描述

位	字段	取值及功能描述
15～4	保留	保留
3～2	Polarity	为输入信号 XNMI 选择中断触发边沿。00：在下降沿触发中断；01：在上升沿触发中断；10：在下降沿触发中断；11：既在上升沿也在下降沿触发中断
1	Select	为 CPU 的 INT13 选择中断源。0：Timer1 中断请求信号连接到 INT13；1：XNMI_XINT13 中断请求信号连接到 INT13
0	Enable	XNMI 中断使能位。0：禁止中断；1：使能中断

表 4-76　XINT1CTR、XINT2CTR、XNMICTR 功能描述

位	字段	取值及功能描述
15～0	INTCTR	时钟频率为 SYSCLKOUT 的 16 位自由运行的增计数器。当外部引脚中断信号的有效边沿到来时，计数器清零，然后继续增计数，直到下次有效边沿到来。如果中断被禁止，计数器停止工作。计数器计数到最大值后会溢出，然后重新开始计数。计数器只能通过中断信号的有效边沿或系统复位来清零

4.7.8　应用实例

为使读者更容易理解 F28335 系列 DSP 的中断处理系统，本节将给出 Timer0、Timer1 及 Timer2 的中断处理程序，首先对程序进行如下说明：

(1) Timer0、Timer1、Timer2 定时周期为 1s，且都使能中断功能。

(2) 在中断服务函数中，对相应变量进行加 1 操作，以记录定时器的中断次数。

(3) 调试时可通过变量观察窗口观察 CpuTimer0. InterruptCount、CpuTimer1. InterruptCount 及 CpuTimer0. InterruptCount 三个变量的值。

程序清单 4-1：定时器中断处理程序

```
//==============================================
//aMain.c 文件
//==============================================
#include "DSPF28335_Project.h"
//========函数声明========================
interrupt void cpu_timer0_isr(void);          //定时器 0 中断服务子程序
interrupt void cpu_timer1_isr(void);          //定时器 1 中断服务子程序
```

```
interrupt void cpu_timer2_isr(void);            //定时器2中断服务子程序
//=========主程序============================
void main(void)
{
//系统初始化,对PLL、WatchDog、enable Peripheral Clocks进行初始化
//这个函数存在于TI公司提供的文件DSPF28335_SysCtrl.c file中,需将其添加到工程中
   InitSysCtrl();
//禁止CPU中断
   DINT;
//初始化PIE模块的寄存器到默认状态:禁止所有PIE中断,中断标志位都为0
   InitPieCtrl();                          //这个函数存在于DSPF28335_PieCtrl.c file文件中
//禁止CPU中断并清除CPU中断标志位
   IER=0x0000;
   IFR=0x0000;
//初始化中断向量列表
   InitPieVectTable();                     //这个函数存在于DSPF28335_PieVect.c文件中
//为中断向量列表中的特定向量写入中断服务函数的地址
   EALLOW;                                 //使能对EALLOW保护寄存器的写操作
   PieVectTable.TINT0=&cpu_timer0_isr;
                              //将定时器0中断服务子函数的地址存放到相应的向量地址中
   PieVectTable.XINT13=&cpu_timer1_isr;
                              //将定时器1中断服务子函数的地址存放到相应的向量地址中
   PieVectTable.TINT2=&cpu_timer2_isr;
                              //将定时器2中断服务子函数的地址存放到相应的向量地址中
   EDIS;                                   //禁止对EALLOW保护寄存器的写操作
//初始化定时器,此函数存在于DSPF28335_CpuTimers.c文件中
   InitCpuTimers();
//为定时器设定中断周期,同时在函数内部使能定时器中断
#if (CPU_FRQ_150MHz)                       //如果系统时钟为150MHz
   ConfigCpuTimer(&CpuTimer0, 150, 1000000);
                                      //此函数存在于DSPF28335_CpuTimers.c文件中
   ConfigCpuTimer(&CpuTimer1, 150, 1000000);
   ConfigCpuTimer(&CpuTimer2, 150, 1000000);
#endif
#if (CPU_FRQ_100MHz)                       //如果系统时钟为100MHz
   ConfigCpuTimer(&CpuTimer0, 100, 1000000);
   ConfigCpuTimer(&CpuTimer1, 100, 1000000);
   ConfigCpuTimer(&CpuTimer2, 100, 1000000);
#endif
//启动定时器开始运行
   CpuTimer0Regs.TCR.all=0x4001;           //仅使用写操作指令来设置TSS位为0
   CpuTimer1Regs.TCR.all=0x4001;           //仅使用写操作指令来设置TSS位为0
   CpuTimer2Regs.TCR.all=0x4001;           //仅使用写操作指令来设置TSS位为0
//CPU级:使能CPU级的中断信号
   IER |= M_INT1;  //使能CPU的INT1中断,因为Timer0中断所在的PIE组1将使用INT1
   IER |= M_INT13; //使能CPU的INT13中断,因为Timer1中断请求信号直接连接到INT13上
   IER |= M_INT14; //使能CPU的INT14中断,因为Timer2中断请求信号直接连接到INT14上
//PIE级:使能PIE组1中与Timer0对应的中断使能位TINT0,而Timer1与Timer2未经过PIE
```

```
//模块，直接连接到 CPU 上
//Enable TINT0 in the PIE: Group 1 interrupt 7
    PieCtrlRegs.PIEIER1.bit.INTx7=1;      //TINT0 为 PIE 组 1 中的第 7 位
//使能全局中断
    EINT;                                  //使能全局中断 INTM
    ERTM;                                  //使能全局实时中断 DBGM
//等待定时器中断
    for(;;);
}
//=========中断服务子函数===========================
interrupt void cpu_timer0_isr(void)
{
    CpuTimer0.InterruptCount++;
    PieCtrlRegs.PIEACK.all=PIEACK_GROUP1;    //中断已应答，可以从组 1 中接收更多的中断
}
interrupt void cpu_timer1_isr(void)
{
    CpuTimer1.InterruptCount++;
    EDIS;                                  //CPU 直接确认此中断，无须经过 PIE
}
interrupt void cpu_timer2_isr(void)
{ EALLOW;
    CpuTimer2.InterruptCount++;
    EDIS;                                  //CPU 直接确认此中断，无须经过 PIE
}
//==============================================
//End of file
//==============================================
```

4.8 习题

1. F28335 片上的 PLL 有哪些工作模式？
2. F28335 有哪些单独的外设时钟信号？
3. 描述 XCLKOUT 与 SYSCLKOUT 的关系。
4. F28335 片上的 PLL 有哪些低功耗工作模式？
5. 总结看门狗模块的作用。
6. CPU 定时器有几个？它们的区别是什么？
7. 描述 EALLOW 保护的作用。
8. 有哪些寄存器是被 EALLOW 机制所保护的？
9. 描述 PIE 模块的作用。
10. PIE 模块有几个中断源？
11. 任选一个外设中断信号，用自己的语言描述 CPU 是如何响应外设中断的。

第5章

通用输入/输出端口

通用输入/输出端口 GPIO 作为与其他设备进行数据交换的通道，具有重要作用，在 F28335 DSP 有限的引脚中，大多数引脚具有第二或第三功能，可以通过配置相应的寄存器(GPIO MUX)在各个功能之间进行切换。

5.1 GPIO 概述

F28335 芯片提供了多达 88 个多功能引脚，每个引脚都可以配置成数字 I/O 工作模式或外设 I/O 工作模式，可以通过功能切换寄存器(GPxMUX1/2)进行切换。当不使用片内外设时，可以将其配置成数字 I/O 工作模式，通过方向控制寄存器(GPxDIR)控制数字 I/O 的输入/输出方向，并可以通过输入限定寄存器(GPxQSEL1/2)对输入信号进行限定，从而消除外部噪声信号。F28335 的 88 个引脚被分为 A、B、C 三组端口，其中 A 端口包括 GPIO0～GPIO31，B 端口包括 GPIO32～GPIO63，C 端口包括 GPIO64～GPIO87。表 5-1 和表 5-2 所示的寄存器可用来对 GPIO 进行配置，从而满足系统要求，在 5.2 节中将对各个寄存器的具体定义进行介绍。

表 5-1　GPIO 控制寄存器

名称	地址	大小(×16 位)	寄存器说明
GPACTRL	0x6F80	2	GPIO A 控制寄存器(GPIO0～GPIO31)
GPAQSEL1	0x6F82	2	GPIO A 输入限定选择寄存器 1(GPIO0～GPIO15)
GPAQSEL2	0x6F84	2	GPIO A 输入限定选择寄存器 2(GPIO16～GPIO31)
GPAMUX1	0x6F86	2	GPIO A 功能选择控制寄存器 1(GPIO0～GPIO15)
GPAMUX2	0x6F88	2	GPIO A 功能选择控制寄存器 2(GPIO16～GPIO31)
GPADIR	0x6F8A	2	GPIO A 方向控制寄存器(GPIO0～GPIO31)
GPAPUD	0x6F8C	2	GPIO A 上拉控制寄存器(GPIO0～GPIO31)
GPBCTRL	0x6F90	2	GPIO B 控制寄存器(GPIO0～GPIO31)
GPBQSEL1	0x6F92	2	GPIO B 输入限定选择寄存器 1(GPIO0～GPIO15)

续表

名称	地址	大小(×16 位)	寄存器说明
GPBQSEL2	0x6F94	2	GPIO B 输入限定选择寄存器 2(GPIO16~GPIO31)
GPBMUX1	0x6F96	2	GPIO B 功能选择控制寄存器 1(GPIO0~GPIO15)
GPBMUX2	0x6F98	2	GPIO B 功能选择控制寄存器 2(GPIO16~GPIO31)
GPBDIR	0x6F9A	2	GPIO B 方向控制寄存器(GPIO0~GPIO31)
GPBPUD	0x6F9C	2	GPIO B 上拉控制寄存器(GPIO0~GPIO31)
GPCMUX1	0x6FA6	2	GPIO C 功能选择控制寄存器 1(GPIO0~GPIO15)
GPCMUX2	0x6FA8	2	GPIO C 功能选择控制寄存器 2(GPIO16~GPIO31)
GPCDIR	0x6FAA	2	GPIO C 方向控制寄存器(GPIO0~GPIO31)
GPCPUD	0x6FAC	2	GPIO C 上拉控制寄存器(GPIO0~GPIO31)

表 5-2 GPIO 中断及低功耗模式唤醒选择寄存器

名称	地址	大小(×16 位)	寄存器说明
GPIOXINT1SEL	0x6FE0	1	外部中断源 XINT1 输入端口选择寄存器(GPIO0~GPIO31)
GPIOXINT2SEL	0x6FE1	1	外部中断源 XINT2 输入端口选择寄存器(GPIO0~GPIO31)
GPIOXINMISEL	0x6FE2	1	外部中断源 XINMI 输入端口选择寄存器(GPIO0~GPIO31)
GPIOXINT3SEL	0x6FE3	1	外部中断源 XINT3 输入端口选择寄存器(GPIO32~GPIO63)
GPIOXINT4SEL	0x6FE4	1	外部中断源 XINT4 输入端口选择寄存器(GPIO32~GPIO63)
GPIOXINT5SEL	0x6FE5	1	外部中断源 XINT5 输入端口选择寄存器(GPIO32~GPIO63)
GPIOXINT6SEL	0x6FE6	1	外部中断源 XINT6 输入端口选择寄存器(GPIO32~GPIO63)
GPIOXINT7SEL	0x6FE7	1	外部中断源 XINT7 输入端口选择寄存器(GPIO32~GPIO63)
GPIOLPMSEL	0x6FE8	1	LPM 唤醒输入端口选择寄存器(GPIO0~GPIO31)

5.1.1 GPIO 工作模式

由于 F28335 采用了引脚复用技术，在使用这些引脚时需在各个功能之间进行切换，GPIO 功能选择寄存器(GPIOxMUX1/2)被用来实现引脚的功能切换。图 5-1 给出了 GPIO 的复用原理框图。

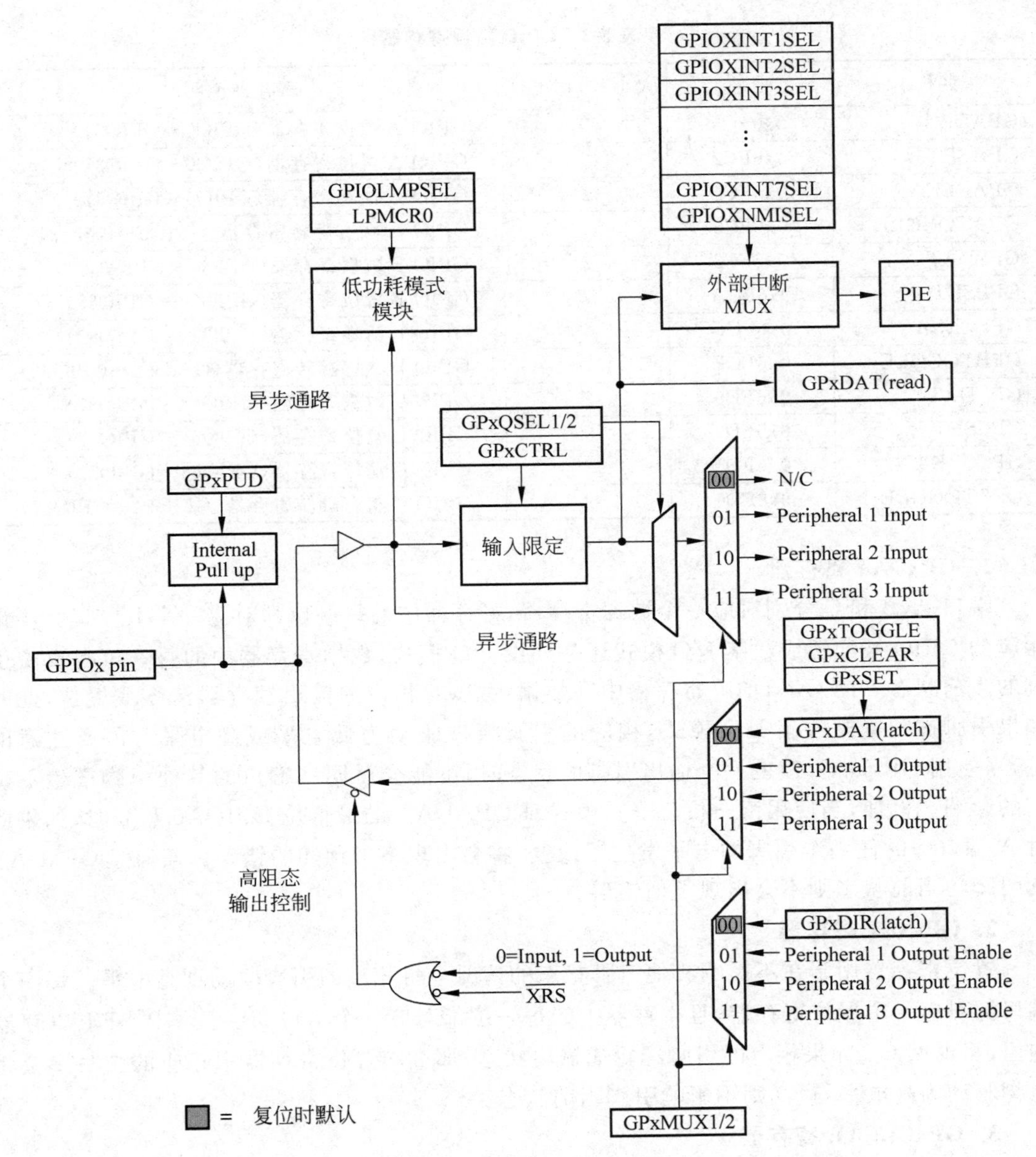

注：(1) x用来表示端口A、B或C，例如GPxDIR代表GPADIR、GPBDIR及GPCDIR。
(2) GPxDAT的锁存和读取，访问相同的存储单元。

图 5-1 GPIO 复用原理框图

5.1.2 数字 I/O 工作模式下的控制

在实际使用 GPIO 时，如果 GPIO 工作在外设 I/O 模式下，只需通过 GPxMUX1/2 寄存器将其配置成相应的外设 I/O 模式即可，此时由片内外设决定 I/O 的输入/输出数据。而当 GPIO 工作在数字 I/O 模式下时，可以通过表 5-3 所示的数据寄存器对引脚上的值进行改变。

表 5-3 GPIO 数据寄存器

名称	地址	大小(×16 位)	寄存器说明
GPADAT	0x6FC0	2	GPIO A 数据寄存器(GPIO0~GPIO31)
GPASET	0x6FC2	2	GPIO A 置位寄存器(GPIO0~GPIO31)
GPACLEAR	0x6FC4	2	GPIO A 清零寄存器(GPIO0~GPIO31)
GPATOGGLE	0x6FC6	2	GPIO A 状态翻转寄存器(GPIO0~GPIO31)
GPBDAT	0x6FC8	2	GPIO B 数据寄存器(GPIO0~GPIO31)
GPBSET	0x6FCA	2	GPIO B 置位寄存器(GPIO32~GPIO63)
GPBCLEAR	0x6FCC	2	GPIO B 清零寄存器(GPIO32~GPIO63)
GPBTOGGLE	0x6FCE	2	GPIO B 状态翻转寄存器(GPIO32~GPIO63)
GPCDAT	0x6FD0	2	GPIO C 数据寄存器(GPIO64~GPIO87)
GPCSET	0x6FD2	2	GPIO C 置位寄存器(GPIO64~GPIO87)
GPCCLEAR	0x6FD4	2	GPIO C 清零寄存器(GPIO64~GPIO87)
GPCTOGGLE	0x6FD6	2	GPIO C 状态翻转寄存器(GPIO64~GPIO87)

1. GPxDAT 寄存器

端口 A、B 和 C 分别对应一个数据寄存器,寄存器中的每一位都对应一个 I/O 口。不论相应的 GPIO 被配置成数字 I/O 模式还是外设 I/O 模式,数据寄存器中的每一位都反映引脚的当前状态。向 GPxDAT 寄存器中写数据,可以对相应的输出锁存器清零或置位,此时如果引脚被配置成数字 I/O 模式,相应的引脚将被驱动为低电平或高电平。需要注意的是,当使用 GPxDAT 改变一个输出引脚的状态时,可能会对同一端口的其他引脚产生不确定的影响。例如,当使用读—校正—写模式对 GPADAT 的最低位 GPIOA0 写 0 时,如果此时 A 端口中的任一个引脚的电平发生了改变,将会出现不可预知的错误。而通过 GPxDAT 读引脚的当前状态则不会出现类似错误。

2. GPxSET 寄存器

置位寄存器用于在不影响其他引脚状态的情况下将相应的引脚驱动到高电平。每一个端口都对应一个置位寄存器,且寄存器中的每一位都对应一个 I/O 口。读 GPxSET 寄存器的值,将返回 0。如果相应的引脚配置成输出状态,那么向置位寄存器中相应的位写 1 会将引脚驱动为高电平,写 0 则不影响引脚当前状态。

3. GPxCLEAR 寄存器

清零寄存器用于在不影响其他引脚状态的情况下将相应的引脚驱动到低电平。每一个端口都对应一个清零寄存器,且寄存器中的每一位都对应一个 I/O 口。读 GPxCLEAR 寄存器的值,将返回 0。如果相应的引脚配置成输出状态,那么向清零寄存器中相应的位写 1 会将引脚驱动为低电平,写 0 则不影响引脚当前状态。

4. GPxTOGGLE 寄存器

状态翻转寄存器用于在不影响其他引脚状态的情况下将相应的引脚状态进行翻转。每一个端口都对应一个状态翻转寄存器,且寄存器中的每一位都对应一个 I/O 口。读 GPxTOGGLE 寄存器的值,将返回 0。如果相应的引脚配置成输出状态,那么向状态翻转寄存器中相应的位写 1 会将引脚当前状态翻转。例如,如果引脚当前状态为低电平,向相应位写 1,则引脚将翻转到高电平;如果当前状态为高电平,向相应位写 1,则引脚将翻转到低电平；写0则不影响引脚当前状态。

5.1.3 输入限定功能

通过输入限定功能可方便地消除引脚输入中的噪声信号。只有端口A和端口B具有输入限定功能，通过配置相应的寄存器GPAQSEL1/2和GPBQSEL1/2可选择输入限定的类型，在数字I/O工作模式下的引脚，其输入限定类型可以与系统时钟SYSCLKOUT同步或为采样窗限制。对于工作在外设I/O模式下的引脚，其限定类型还可以设置为异步状态。

1. 异步输入

由于工作在外设I/O模式下的引脚不需要输入同步信号或其自身具有信号同步功能，此时其限定类型可选择异步输入。例如，通信接口SCI、SPI、eCAN和I2C。当引脚工作在数字I/O模式下时，异步输入功能无效。

2. 仅与SYSCLKOUT同步

所有引脚在复位时都默认采用此种限定方式。在此模式下，输入信号被限定到与系统时钟SYSCLKOUT同步，由于引脚的输入信号是异步的，在与系统时钟SYSCLKOUT同步过程中，会产生一个SYSCLKOUT周期的延时。

3. 通过采样窗限定

该种模式下，外部引脚的输入信号首先与系统时钟SYSCLKOUT同步，然后经过对输入进行限定的采样窗，得到最终的信号，只有输入信号在一个采样窗内保持不变，采样窗后的信号才允许改变，从而滤除了噪声信号，具体结构如图5-2所示。在该类型的限定模式下有两种参数需要进行配置：采样周期和采样窗长度。

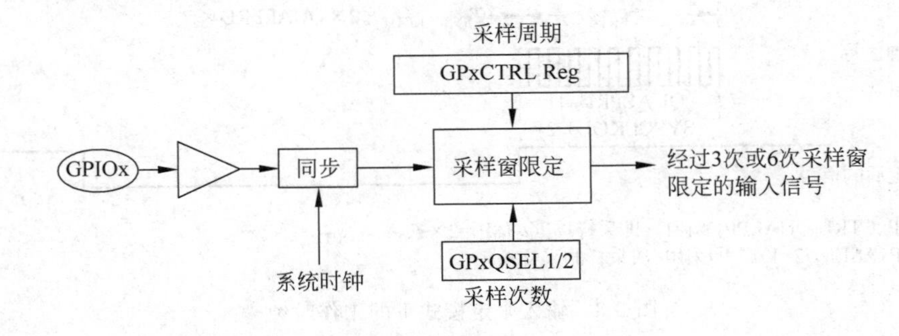

图5-2 基于采样窗的输入限定

(1) 采样周期。

为了对输入信号进行限定，要间隔一定的周期对输入信号进行采样。采样周期由用户设定，并以CPU系统时钟SYSCLKOUT为基本单位。采样周期由寄存器GPxCTRL的QUALPRDn位决定，并且在配置过程中以8个输入引脚作为一组。例如，GPIO0～GPIO7由GPACTRL[QUALPRD0]位设置，GPIO8～GPIO15由GPACTRL[QUALPRD1]位设置。表5-4及表5-5给出了采样周期及采样频率与GPxCTRL[QUALPRDn]位之间的关系。

表 5-4 采样周期与 GPxCTRL[QUALPRDn]的关系

寄存器的配置	采样周期
GPxCTRL[QUALPRDn]=0	$1\times T_{SYSCLKOUT}$
GPxCTRL[QUALPRDn]≠0	$2\times$ GPxCTRL[QUALPRDn] $\times T_{SYSCLKOUT}$

注：$T_{SYSCLKOUT}$为系统时钟 SYSCLKOUT 的周期。

表 5-5 采样频率与 GPxCTRL[QUALPRDn]的关系

寄存器的配置	采样周期
GPxCTRL[QUALPRDn]=0	$f_{SYSCLKOUT}$
GPxCTRL[QUALPRDn]≠0	$f_{SYSCLKOUT}\div(2\times$ GPxCTRL[QUALPRDn]$)$

注：$f_{SYSCLKOUT}$为系统时钟 SYSCLKOUT 的频率。

(2) 采样窗长度。

一个采样窗内可包含 3 次或 6 次采样，可以通过寄存器 GPAQSEL1/2 或 GPBQSEL1/2 进行设置。当输入信号在 3 次或 6 次采样内保持不变时，信号可以通过采样窗输送到 DSP 内部。采样窗所包含的采样周期的个数始终比采样次数少 1，例如，当采样窗设定为 3 次采样时，采样窗的宽度为 2 个采样周期；当采样窗设定为 6 次采样时，采样窗的宽度为 5 个采样周期。图 5-3 给出了相应的工作时钟。

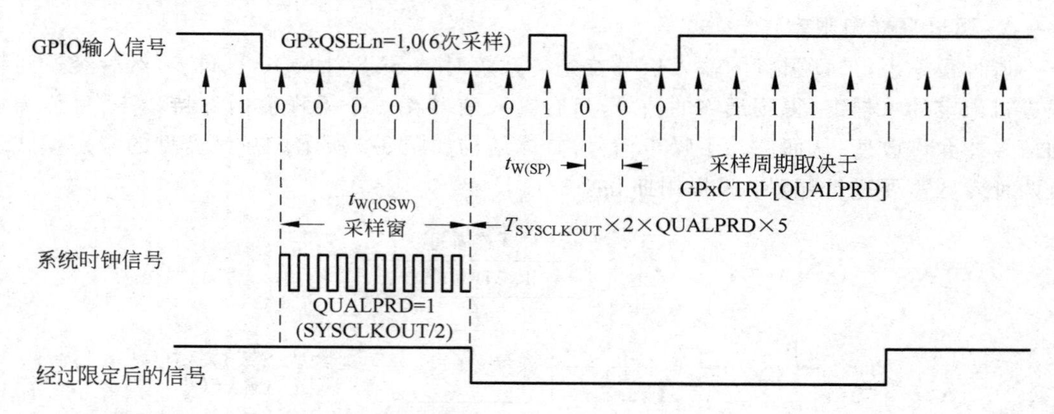

图 5-3 输入限定模式下的工作时钟

5.2 相关寄存器

本节将对 GPIO 的所有相关寄存器进行详细说明，给出各位的定义及功能描述。

5.2.1 功能选择寄存器

F28335 的功能选择寄存器有 6 个，即 GPAMUX1、GPAMUX2、GPBMUX1、

GPBMUX2、GPCMUX1 及 GPCMUX2,如表 5-6～表 5-8 所示。

表 5-6 GPIOA MUX

寄存器位	复位时默认功能	外设选择 1	外设选择 2	外设选择 3
GPAMUX1 寄存器位	00	01	10	11
1～0	GPIO0(I/O)	EPWM1A(O)	保留	保留
3～2	GPIO1(I/O)	EPWM1B(O)	ECAP6(I/O)	MFSRB(I/O)
5～4	GPIO2(I/O)	EPWM2A(O)	保留	保留
7～6	GPIO3(I/O)	EPWM2B(O)	ECAP5(I/O)	MCLKRB(I/O)
9～8	GPIO4(I/O)	EPWM3A(O)	保留	保留
11～10	GPIO5(I/O)	EPWM3B(O)	MFSRA(I/O)	ECAP1(I/O)
13～12	GPIO6(I/O)	EPWM4A(O)	EPWMSYNCI(I)	EPWMSYNCO(O)
15～14	GPIO7(I/O)	EPWM4B(O)	MCLKRA(I/O)	ECAP2(I/O)
17～16	GPIO8(I/O)	EPWM5A(O)	CANTXB(O)	$\overline{\text{ADCSOCAO}}$(O)
19～18	GPIO9(I/O)	EPWM5BB(O)	SCITXDB(O)	ECAP3(I/O)
21～20	GPIO10(I/O)	EPWM6A(O)	CANRXB(I)	$\overline{\text{ADCSOCBO}}$(O)
23～22	GPIO11(I/O)	EPWM6B(O)	SCIRXDB(I)	ECAP4(I/O)
25～24	GPIO12(I/O)	$\overline{\text{TZ1}}$(I)	CANTXB(O)	MDXB(O)
27～26	GPIO13(I/O)	$\overline{\text{TZ2}}$(I)	CANRXB(I)	MDRB(I)
29～28	GPIO14(I/O)	$\overline{\text{TZ3}}$/$\overline{\text{XHOLD}}$(I)	SCITXDB(O)	MCLKXB(I/O)
31～30	GPIO15(I/O)	$\overline{\text{TZ4}}$/$\overline{\text{XHOLDA}}$(O)	SCIRXDB(I)	MFSXB(I/O)
GPAMUX2 寄存器位	00	01	10	11
1～0	GPIO16(I/O)	SPISIMOA(I/O)	CANTXB(O)	$\overline{\text{TZ5}}$(I)
3～2	GPIO17(I/O)	SPISOMIA(I/O)	CANRXB(I)	$\overline{\text{TZ6}}$(I)
5～4	GPIO18(I/O)	SPICLKA(I/O)	SCITXDB(O)	CANRXA(I)
7～6	GPIO19(I/O)	$\overline{\text{SPISTEA}}$(I/O)	SCIRXDB(I)	CANTXA(O)
9～8	GPIO20(I/O)	EQEP1A(I)	MDXA(O)	CANRXB(O)
11～10	GPIO21(I/O)	EQEP1B(I)	MDRA(I)	CANTXB(I)
13～12	GPIO22(I/O)	EQEP1S(I/O)	MCLKXA(I/O)	SCITXDB(O)
15～14	GPIO23(I/O)	EQEP1I(I/O)	MFSXA(I/O)	SCIRXDB(I)
17～16	GPIO24(I/O)	ECAP1(I/O)	EQEP2A(I)	MDXB(O)
19～18	GPIO25(I/O)	ECAP2(I/O)	EQEP2B(I)	MDRB(I)
21～20	GPIO26(I/O)	ECAP3(I/O)	EQEP2S(I/O)	MCLKXB(I/O)
23～22	GPIO27(I/O)	ECAP4(I/O)	EQEP2I(I/O)	MFSXB(I/O)
25～24	GPIO28(I/O)	SCIRXDA(I)	$\overline{\text{XZCS6}}$(O)	$\overline{\text{XZCS6}}$(O)
27～26	GPIO29(I/O)	SCITXDA(O)	XA19(O)	XA19(O)
29～28	GPIO30(I/O)	CANRXA(I)	XA18(O)	XA18(O)
31～30	GPIO31(I/O)	CANTXA(O)	XA17(O)	XA17(O)

表 5-7 GPIOB MUX

寄存器位	复位时默认功能	外设选择 1	外设选择 2	外设选择 3
GPBMUX1 寄存器位	00	01	10	11
1～0	GPIO32(I/O)	SDAA(I/OC)	EPWMSYNCI(I)	$\overline{\mathrm{ADCSOCAO}}$(O)
3～2	GPIO33(I/O)	SCLA(I/OC)	EPWMSYNCO(O)	$\overline{\mathrm{ADCSOCBO}}$(O)
5～4	GPIO34(I/O)	ECAP1(I/O)	XREADY(I)	XREADY(I)
7～6	GPIO35(I/O)	SCITXDA(O)	XR/$\overline{\mathrm{W}}$(O)	XR/$\overline{\mathrm{W}}$(O)
9～8	GPIO36(I/O)	SCITXDA(I)	$\overline{\mathrm{XZCS0}}$(O)	$\overline{\mathrm{XZCS0}}$(O)
11～10	GPIO37(I/O)	ECAP2(I/O)	$\overline{\mathrm{XZCS7}}$(O)	$\overline{\mathrm{XZCS7}}$(O)
13～12	GPIO38(I/O)	保留	$\overline{\mathrm{XWE0}}$(O)	$\overline{\mathrm{XWE0}}$(O)
15～14	GPIO39(I/O)	保留	XA16(O)	XA16(O)
17～16	GPIO40(I/O)	保留	XA0/$\overline{\mathrm{XWE1}}$(O)	XA0/$\overline{\mathrm{XWE1}}$(O)
19～18	GPIO41(I/O)	保留	XA1(O)	XA1(O)
21～20	GPIO42(I/O)	保留	XA2(O)	XA2(O)
23～22	GPIO43(I/O)	保留	XA3(O)	XA3(O)
25～24	GPIO44(I/O)	保留	XA4(O)	XA4(O)
27～26	GPIO45(I/O)	保留	XA5(O)	XA5(O)
29～28	GPIO46(I/O)	保留	XA6(O)	XA6(O)
31～30	GPIO47(I/O)	保留	XA7(O)	XA7(O)
GPBMUX2 寄存器位	00	01	10	11
1～0	GPIO48(I/O)	ECAP5(I/O)	XD31(I/O)	XD31(I/O)
3～2	GPIO49(I/O)	ECAP6(I/O)	XD30(I/O)	XD30(I/O)
5～4	GPIO50(I/O)	EQEP1A(I)	XD29(I/O)	XD29(I/O)
7～6	GPIO51(I/O)	EQEP1B(I)	XD28(I/O)	XD28(I/O)
9～8	GPIO52(I/O)	EQEP1S(I/O)	XD27(I/O)	XD27(I/O)
11～10	GPIO53(I/O)	EQEP1I(I/O)	XD26(I/O)	XD26(I/O)
13～12	GPIO54(I/O)	SPISIMOA(I/O)	XD25(I/O)	XD25(I/O)
15～14	GPIO55(I/O)	SPISOMIA(I/O)	XD24(I/O)	XD24(I/O)
17～16	GPIO56(I/O)	SPICLKA(I/O)	XD23(I/O)	XD23(I/O)
19～18	GPIO57(I/O)	$\overline{\mathrm{SPISTEA}}$(I/O)	XD22(I/O)	XD22(I/O)
21～20	GPIO58(I/O)	MCLKRA(I/O)	XD21(I/O)	XD21(I/O)
23～22	GPIO59(I/O)	MFSRA(I/O)	XD20(I/O)	XD20(I/O)
25～24	GPIO60(I/O)	MCLKRB(I/O)	XD19(I/O)	XD19(I/O)
27～26	GPIO61(I/O)	MFSRB(I/O)	XD18(I/O)	XD18(I/O)
29～28	GPIO62(I/O)	SCIRXDC(I)	XD17(I/O)	XD17(I/O)
31～30	GPIO63(I/O)	SCITXDC(O)	XD16(I/O)	XD16(I/O)

表 5-8 GPIOC MUX

寄存器位	复位时默认功能	外设选择 1	外设选择 2	外设选择 3
GPCMUX1 寄存器位	00	01	10	11
1～0	GPIO64(I/O)	GPIO64(I/O)	XD15(I/O)	XD15(I/O)
3～2	GPIO65(I/O)	GPIO65(I/O)	XD14(I/O)	XD14(I/O)
5～4	GPIO66(I/O)	GPIO66(I/O)	XD13(I/O)	XD13(I/O)
7～6	GPIO67(I/O)	GPIO67(I/O)	XD12(I/O)	XD12(I/O)

续表

寄存器位	复位时默认功能	外设选择1	外设选择2	外设选择3
9～8	GPIO68(I/O)	GPIO68(I/O)	XD11(I/O)	XD11(I/O)
11～10	GPIO69(I/O)	GPIO69(I/O)	XD10(I/O)	XD10(I/O)
13～12	GPIO70(I/O)	GPIO70(I/O)	XD9(I/O)	XD9(I/O)
15～14	GPIO71(I/O)	GPIO71(I/O)	XD8(I/O)	XD8(I/O)
17～16	GPIO72(I/O)	GPIO72(I/O)	XD7(I/O)	XD7(I/O)
19～18	GPIO73(I/O)	GPIO73(I/O)	XD6(I/O)	XD6(I/O)
21～20	GPIO74(I/O)	GPIO74(I/O)	XD5(I/O)	XD5(I/O)
23～22	GPIO75(I/O)	GPIO75(I/O)	XD4(I/O)	XD4(I/O)
25～24	GPIO76(I/O)	GPIO76(I/O)	XD3(I/O)	XD3(I/O)
27～26	GPIO77(I/O)	GPIO77(I/O)	XD2(I/O)	XD2(I/O)
29～28	GPIO78(I/O)	GPIO78(I/O)	XD1(I/O)	XD1(I/O)
31～30	GPIO79(I/O)	GPIO79(I/O)	XD0(I/O)	XD0(I/O)
GPCMUX2寄存器位	00	01	10	11
1～0	GPIO80(I/O)	GPIO80(I/O)	XA8(O)	XA8(O)
3～2	GPIO81(I/O)	GPIO81(I/O)	XA9(O)	XA9(O)
5～4	GPIO82(I/O)	GPIO82(I/O)	XA10(O)	XA10(O)
7～6	GPIO83(I/O)	GPIO83(I/O)	XA11(O)	XA11(O)
9～8	GPIO84(I/O)	GPIO84(I/O)	XA12(O)	XA12(O)
11～10	GPIO85(I/O)	GPIO85(I/O)	XA13(O)	XA13(O)
13～12	GPIO86(I/O)	GPIO86(I/O)	XA14(O)	XA14(O)
15～14	GPIO87(I/O)	GPIO87(I/O)	XA15(O)	XA15(O)
31～16	保留	保留	保留	保留

5.2.2 其他相关寄存器

在描述寄存器的读/写功能及复位时的初始状态时，约定如下符号。

(1) R/W：Read/Write，表明相应的寄存器既可读也可写。

(2) R：Read Only，表明相应的寄存器仅可读。

(3) n：取值为0、1或x，分别表明复位后的默认值为0、1或不确定值。

例如，一个寄存器的某位标明R/W-0，表明此位既可读也可写，复位后默认值为0。

当输入限定为3次或6次采样窗模式时，GPxCTRL寄存器可设定相应的采样周期，采样周期的设定是以系统时钟SYSCLKOUT为基本单位的。GPxQSEL1/2寄存器可设定采用3次或6次采样窗。

端口A控制寄存器GPACTRL各位信息如表5-9所示，每位的功能描述如表5-10所示。

表5-9　GPACTRL寄存器各位信息

31～24	23～16	15～8	7～0
QUALPRD3	QUALPRD2	QUALPRD1	QUALPRD0
R/W-0	R/W-0	R/W-0	R/W-0

表 5-10　GPACTRL 功能描述

位	字段	取值及功能描述
31～24	QUALPRD3	为 GPIO24～GPIO31 指定采样周期。0x00：采样周期＝$T_{SYSCLKOUT}$；0x01：采样周期＝2×$T_{SYSCLKOUT}$；0x02：采样周期＝4×$T_{SYSCLKOUT}$；……；0xFF：采样周期＝510×$T_{SYSCLKOUT}$
23～16	QUALPRD2	为 GPIO16～GPIO23 指定采样周期。配置同 QUALPRD3
15～8	QUALPRD1	为 GPIO8～GPIO15 指定采样周期。配置同 QUALPRD3
7～0	QUALPRD0	为 GPIO0～GPIO7 指定采样周期。配置同 QUALPRD3

端口 B 控制寄存器 GPBCTRL 各位信息如表 5-11 所示，每位的功能描述如表 5-12 所示。

图 5-11　GPBCTRL 寄存器各位信息

31～24	23～16	15～8	7～0
QUALPRD3	QUALPRD2	QUALPRD1	QUALPRD0
R/W-0	R/W-0	R/W-0	R/W-0

表 5-12　GPBCTRL 功能描述

位	字段	取值及功能描述
31～24	QUALPRD3	为 GPIO56～GPIO63 指定采样周期。配置情况与表 5-10 中相同
23～16	QUALPRD2	为 GPIO48～GPIO55 指定采样周期。配置情况与表 5-10 中相同
15～8	QUALPRD1	为 GPIO40～GPIO47 指定采样周期。配置情况与表 5-10 中相同
7～0	QUALPRD0	为 GPIO32～GPIO39 指定采样周期。配置情况与表 5-10 中相同

端口 A 的选择限定寄存器 GPAQSEL1 各位信息如表 5-13 所示，每位的功能描述如表 5-14 所示。

表 5-13　GPAQSEL1 寄存器各位信息

31	30	29	28	…	3	2	1	0
GPIO15		GPIO14		…	GPIO1		GPIO0	
R/W-0		R/W-0		…	R/W-0		R/W-0	

表 5-14　GPAQSEL1 功能描述

位	字段	取值及功能描述
31～0	GPIO15～GPIO0	为 GPIO0～GPIO15 选择输入限定模式。00：仅与 SYSCLKOUT 同步，对外设模式和数字 I/O 模式都有效；01：采用 3 次采样的采样窗；10：采用 6 次采样的采样窗；11：异步模式，仅用于外设 I/O 模式

端口 A 的选择限定寄存器 GPAQSEL2 各位信息如表 5-15 所示，每位的功能描述如表 5-16 所示。

表 5-15 GPAQSEL2 寄存器各位信息

31	30	29	28	…	3	2	1	0
GPIO31		GPIO30		…	GPIO17		GPIO16	
R/W-0		R/W-0		…	R/W-0		R/W-0	

表 5-16 GPAQSEL2 功能描述

位	字段	取值及功能描述
31～0	GPIO31～GPIO16	为 GPIO31～GPIO16 选择输入限定模式。配置与表 5-14 相同

端口 B 的选择限定寄存器 GPBQSEL1 各位信息如表 5-17 所示，每位的功能描述如表 5-18 所示。

表 5-17 GPBQSEL1 寄存器各位信息

31	30	29	28	…	3	2	1	0
GPIO47		GPIO46		…	GPIO33		GPIO32	
R/W-0		R/W-0		…	R/W-0		R/W-0	

表 5-18 GPBQSEL1 功能描述

位	字段	取值及功能描述
31～0	GPIO47～GPIO32	为 GPIO47～GPIO32 选择输入限定模式。配置与表 5-14 相同

端口 B 的选择限定寄存器 GPBQSEL2 各位信息如表 5-19 所示，每位的功能描述如表 5-20 所示。

表 5-19 GPBQSEL2 寄存器各位信息

31	30	29	28	…	3	2	1	0
GPIO63		GPIO62		…	GPIO49		GPIO48	
R/W-0		R/W-0		…	R/W-0		R/W-0	

表 5-20 GPBQSEL2 功能描述

位	字段	取值及功能描述
31～0	GPIO63～GPIO48	为 GPIO63～GPIO48 选择输入限定模式。配置与表 5-14 相同

当引脚工作在数字 I/O 模式下时，可以通过 GPxDIR 设定 GPIO 的输入/输出方向。当引脚工作在外设 I/O 模式下时，GPxDIR 寄存器相应的配置位不起作用。

端口 A 的方向控制寄存器 GPADIR 各位信息如表 5-21 所示，每位的功能描述如表 5-22 所示。

表 5-21 GPADIR 寄存器各位信息

31	30	…	1	0
GPIO31	GPIO30	…	GPIO1	GPIO0
R/W-0	R/W-0	…	R/W-0	R/W-0

表 5-22　GPADIR 功能描述

位	字段	取值及功能描述
31～0	GPIO31～GPIO0	当端口 A 工作在数字 I/O 模式时，设定 GPIO31～GPIO0 的输入/输出方向。0：配置成输入状态(默认)；1：配置成输出状态

端口 B 的方向控制寄存器 GPBDIR 各位信息如表 5-23 所示，每位的功能描述如表 5-24 所示。

表 5-23　GPBDIR 寄存器各位信息

31	30	…	1	0
GPIO63	GPIO62	…	GPIO33	GPIO32
R/W-0	R/W-0	…	R/W-0	R/W-0

表 5-24　GPBDIR 功能描述

位	字段	取值及功能描述
31～0	GPIO63～GPIO32	当端口 A 工作在数字 I/O 模式时，设定 GPIO63～GPIO32 的输入/输出方向。0：配置成输入状态(默认)；1：配置成输出状态

端口 C 的方向控制寄存器 GPCDIR 各位信息如表 5-25 所示，每位的功能描述如表 5-26 所示。

表 5-25　GPCDIR 寄存器各位信息

31～24	23	…	1	0
保留	GPIO87	…	GPIO65	GPIO64
R/W-0	R/W-0	…	R/W-0	R/W-0

表 5-26　GPCDIR 功能描述

位	字段	取值及功能描述
23～0	GPIO87～GPIO64	当端口 A 工作在数字 I/O 模式时，设定 GPIO87～GPIO64 的输入/输出方向。0：配置成输入状态(默认)；1：配置成输出状态

端口 A 上拉控制寄存器 GPAPUD 各位信息如表 5-27 所示，每位的功能描述如表 5-28 所示。

表 5-27　GPAPUD 寄存器各位信息

31	30	…	13	12
GPIO31	GPIO30	…	GPIO13	GPIO12
R/W-0	R/W-0	…	R/W-0	R/W-0
11	10	…	1	0
GPIO11	GPIO10	…	GPIO1	GPIO0
R/W-1	R/W-1	…	R/W-1	R/W-1

表 5-28 GPAPUD 功能描述

位	字段	取值及功能描述
31～0	GPIO31～GPIO0	为端口 A 配置内部上拉电阻，每个 I/O 引脚都与寄存器中的一位相对应。0：使能内部上拉功能（GPIO12～GPIO31 的默认状态）；1：禁止内部上拉功能（GPIO0～GPIO11 的默认状态）

端口 B 上拉控制寄存器 GPBPUD 各位信息如表 5-29 所示，每位的功能描述如表 5-30 所示。

表 5-29 GPBPUD 寄存器各位信息

31	30	…	1	0
GPIO63	GPIO62	…	GPIO33	GPIO32
R/W-0	R/W-0	…	R/W-0	R/W-0

表 5-30 GPBPUD 功能描述

位	字段	取值及功能描述
31～0	GPIO63～GPIO32	为端口 B 配置内部上拉电阻，每个 I/O 引脚都与寄存器中的一位相对应。0：使能内部上拉功能（默认）；1：禁止内部上拉功能

端口 C 上拉控制寄存器 GPCPUD 各位信息如表 5-31 所示，每位的功能描述如表 5-32 所示。

表 5-31 GPCPUD 寄存器各位信息

31～24	23	…	1	0
保留	GPIO87	…	GPIO65	GPIO64
R/W-0	R/W-0	…	R/W-0	R/W-0

表 5-32 GPCPUD 功能描述

位	字段	取值及功能描述
23～0	GPIO87～GPIO64	为端口 C 配置内部上拉电阻，每个 I/O 引脚都与寄存器中的一位相对应。0：使能内部上拉功能（默认）；1：禁止内部上拉功能

端口 A 的数据寄存器 GPADAT 各位信息如表 5-33 所示，每位的功能描述如表 5-34 所示。

表 5-33 GPADAT 寄存器各位信息

31	30	…	1	0
GPIO31	GPIO30	…	GPIO1	GPIO0
R/W-x	R/W-x	…	R/W-x	R/W-x

注：x 表明 GPADAT 在复位后的值不可预知，其决定于引脚的当前电平。

表 5-34 GPADAT 功能描述

位	字段	取值及功能描述
31～0	GPIO31～GPIO0	GPIO31～GPIO0 与寄存器中的位一一对应。 0：读 0，无论引脚工作在何种模式，引脚的当前状态为低电平； 写 0，如果引脚配置成数字 I/O 模式，则直接驱动相应的引脚为低电平； 如果引脚工作在外设模式，则值被锁存，但并不驱动相应引脚。 1：读 1，无论引脚工作在何种模式，引脚的当前状态为高电平； 写 1，如果引脚配置成数字 I/O 模式，则直接驱动相应的引脚为高电平； 如果引脚工作在外设模式，则值被锁存，但并不驱动相应引脚

端口 B 的数据寄存器 GPBDAT 各位信息如表 5-35 所示，每位的功能描述如表 5-36 所示。

表 5-35 GPBDAT 寄存器各位信息

31	30	…	1	0
GPIO63	GPIO62	…	GPIO33	GPIO32
R/W-x	R/W-x	…	R/W-x	R/W-x

表 5-36 GPBDAT 功能描述

位	字段	取值及功能描述
31～0	GPIO63～GPIO32	GPIO63～GPIO32 与寄存器中的位一一对应。描述与表 5-34 相同

端口 C 的数据寄存器 GPCDAT 各位信息如表 5-37 所示，每位的功能描述如表 5-38 所示。

表 5-37 GPCDAT 寄存器各位信息

31～24	23	…	1	0
保留	GPIO87	…	GPIO65	GPIO64
R/W-x	R/W-x	…	R/W-x	R/W-x

表 5-38 GPCDAT 功能描述

位	字段	取值及功能描述
23～0	GPIO87～GPIO64	GPIO87～GPIO64 与寄存器中的位一一对应。描述与表 5-34 相同

端口 A 控制置位、清零及状态翻转寄存器(GPASET、GPACLEAR、GPATOGGLE)具有相同的位信息，如表 5-39 所示，功能描述分别如表 5-40、表 5-41 及表 5-42 所示。

表 5-39 GPASET、GPACLEAR、GPATOGGLE 寄存器各位信息

31	30	…	1	0
GPIO31	GPIO30	…	GPIO1	GPIO0
R/W-0	R/W-0	…	R/W-0	R/W-0

表 5-40 GPASET 功能描述

位	字段	取值及功能描述
31～0	GPIO31～GPIO0	GPIO31～GPIO0 与寄存器中的位一一对应。 0：写 0 没有影响，读操作始终返回 0； 1：写 1 会将输出寄存器置位，如果引脚配置成数字 I/O 模式，则直接驱动引脚为高电平；如果引脚为外设 I/O 模式，则不驱动相应引脚

表 5-41 GPACLEAR 功能描述

位	字段	取值及功能描述
31～0	GPIO31～GPIO0	GPIO31～GPIO0 与寄存器中的位一一对应。 0：写 0 没有影响，读操作始终返回 0； 1：写 1 会将输出寄存器清零，如果引脚配置成数字 I/O 模式，则直接驱动引脚为低电平；如果引脚为外设 I/O 模式，则不驱动相应引脚

表 5-42 GPATOGGLE 功能描述

位	字段	取值及功能描述
31～0	GPIO31～GPIO0	GPIO31～GPIO0 与寄存器中的位一一对应。 0：写 0 没有影响，读操作始终返回 0； 1：写 1 会将输出寄存器的值取反，如果引脚配置成数字 I/O 模式，则直接驱动引脚翻转当前电平状态；如果引脚为外设 I/O 模式，则不驱动相应引脚

端口 B 控制置位、清零及状态翻转寄存器（GPBSET、GPBCLEAR、GPBTOGGLE）具有相同的位信息，如表 5-43 所示，功能描述分别如表 5-44、表 5-45 及表 5-46 所示。

表 5-43 GPBSET、GPBCLEAR、GPBTOGGLE 寄存器各位信息

31	30	…	1	0
GPIO63	GPIO62	…	GPIO33	GPIO32
R/W-x	R/W-x	…	R/W-x	R/W-x

表 5-44 GPBSET 功能描述

位	字段	取值及功能描述
31～0	GPIO63～GPIO32	GPIO63～GPIO32 与寄存器中的位一一对应。 0：写 0 没有影响，读操作始终返回 0； 1：写 1 会将输出寄存器置位，如果引脚配置成数字 I/O 模式，则直接驱动引脚为高电平；如果引脚为外设 I/O 模式，则不驱动相应引脚

表 5-45 GPBCLEAR 功能描述

位	字段	取值及功能描述
31～0	GPIO63～GPIO32	GPIO63～GPIO32 与寄存器中的位一一对应。 0：写 0 没有影响，读操作始终返回 0； 1：写 1 会将输出寄存器清零，如果引脚配置成数字 I/O 模式，则直接驱动引脚为低电平；如果引脚为外设 I/O 模式，则不驱动相应引脚

表 5-46 GPBTOGGLE 功能描述

位	字段	取值及功能描述
31～0	GPIO63～GPIO32	GPIO63～GPIO32 与寄存器中的位一一对应。 0：写 0 没有影响，读操作始终返回 0； 1：写 1 会将输出寄存器的值取反，如果引脚配置成数字 I/O 模式，则直接驱动引脚翻转当前电平状态；如果引脚为外设 I/O 模式，则不驱动相应引脚

端口 C 控制置位、清零及状态翻转寄存器（GPCSET、GPCCLEAR、GPCTOGGLE）具有相同的位信息，如表 5-47 所示，功能描述分别如表 5-48、表 5-49 及表 5-50 所示。

表 5-47 GPCSET、GPCCLEAR、GPCTOGGLE 寄存器各位信息

31～24	23	…	1	0
保留	GPIO87	…	GPIO65	GPIO64
R/W-0	R/W-0	…	R/W-0	R/W-0

表 5-48 GPCSET 功能描述

位	字段	取值及功能描述
23～0	GPIO87～GPIO64	GPIO87～GPIO64 与寄存器中的位一一对应。 0：写 0 没有影响，读操作始终返回 0； 1：写 1 会将输出寄存器置位，如果引脚配置成数字 I/O 模式，则直接驱动引脚为高电平；如果引脚为外设 I/O 模式，则不驱动相应引脚

表 5-49 GPCCLEAR 功能描述

位	字段	取值及功能描述
23～0	GPIO87～GPIO64	GPIO87～GPIO64 与寄存器中的位一一对应。 0：写 0 没有影响，读操作始终返回 0； 1：写 1 会将输出寄存器清零，如果引脚配置成数字 I/O 模式，则直接驱动引脚为低电平；如果引脚为外设 I/O 模式，则不驱动相应引脚

表 5-50 GPCTOGGLE 功能描述

位	字段	取值及功能描述
23～0	GPIO87～GPIO64	GPIO87～GPIO64 与寄存器中的位一一对应。 0：写 0 没有影响，读操作始终返回 0； 1：写 1 会将输出寄存器的值取反，如果引脚配置成数字 I/O 模式，则直接驱动引脚翻转当前电平状态；如果引脚为外设 I/O 模式，则不驱动相应引脚

GPIO中断XINTn的选择寄存器GPIOXINTnSEL(n=1,2,3,4,5,6,7)具有相同的位信息,如表5-51所示。其中中断源XINT1/2可以设定为从端口A的任意一个引脚输入,即GPIO0~GPIO31,功能描述如表5-52所示。中断源XINT3/4/5/6/7可以设定为从端口B的任意一个引脚输入,即GPIO32~GPIO63,功能描述如表5-53所示。

图5-51 GPIOXINTnSEL寄存器各位信息

15~5	4~0
保留	GPIOXINTnSEL
R	R/W-0

表5-52 XINT1/2中断选择寄存器GPIOXINT1/2SEL的功能描述

位	字段	取值及功能描述
4~0	GPIOXINTnSEL	为中断XINT1/2从端口A(GPIO0~GPIO31)中选择相应的输入引脚。 00000:选择GPIO0引脚作为XINT1/2的输入引脚; 00001:选择GPIO1引脚作为XINT1/2的输入引脚; …… 11111:选择GPIO31引脚作为XINT1/2的输入引脚

表5-53 XINT3/4/5/6/7中断选择寄存器GPIOXINT1/2/3/4/5/6/7SEL的功能描述

位	字段	取值及功能描述
4~0	GPIOXINTnSEL	为中断XINT3/4/5/6/7从端口B(GPIO32~GPIO63)中选择相应的输入引脚。 00000:选择GPIO32引脚作为XINT3/4/5/6/7的输入引脚; 00001:选择GPIO33引脚作为XINT3/4/5/6/7的输入引脚; …… 11111:选择GPIO63引脚作为XINT3/4/5/6/7的输入引脚

XNMI中断源可以设定为从端口A的任意一个引脚输入,即GPIO0~GPIO31,其位信息如表5-54所示,功能描述如表5-55所示。

表5-54 GPIOXNMISEL寄存器各位信息

15~5	4~0
保留	GPIOSEL
R	R/W-0

表5-55 XNMI中断选择寄存器GPIOXNMISEL的功能描述

位	字段	取值及功能描述
4~0	GPIOSEL	为中断XNMI从端口A(GPIO0~GPIO31)中选择相应的输入引脚。 00000:选择GPIO0引脚作为XNMI的输入引脚; 00001:选择GPIO1引脚作为XNMI的输入引脚; ……; 11111:选择GPIO31引脚作为XNMI的输入引脚

GPIO 低功耗模式唤醒寄存器 GPIOLPMSEL 的位信息如表 5-26 所示，功能描述如表 5-37 所示。

表 5-56 GPIOLPMSEL 寄存器各位信息

31	30	…	1	0
GPIO31	GPIO30	…	GPIO1	GPIO0
R/W-0	R/W-0	…	R/W-0	R/W-0

表 5-57 GPIOLPMSEL 功能描述

位	字段	取值及功能描述
31～0	GPIO31～GPIO0	低功耗模式唤醒选择，寄存器每一位与 GPIO31～GPIO0 一一对应。 0：相应引脚上的信号对 HALT 和 STANDBY 两种低功耗模式无影响； 1：相应引脚上的信号可将 CPU 从 HALT 和 STANDBY 两种低功耗模式中唤醒

5.3 应用实例

【例 5-1】 检测 GPIO0 引脚上的电平信号，当其为高电平时，驱动 GPIO32 引脚为高电平，当其为低电平时，驱动 GPIO32 引脚为低电平。

5.3.1 GPIO 配置步骤

要使用一个 GPIO，可参照如下步骤进行配置：

(1) 选择 GPIO 工作模式。

首先搞清每个 GPIO 引脚所具有的功能，并通过配置 GPxMUXn 寄存器选择其工作在外设 I/O 模式或数字 I/O 模式。默认情况下，GPIO 被配置成数字 I/O 模式，且为输入状态。

(2) 使能或禁止内部上拉电阻。

通过对相应的内部上拉控制寄存器 GPxPUD 进行配置，可使能或禁止内部上拉功能。

(3) 选择输入/输出方向。

如果一个 GPIO 被配置成数字 I/O 模式，还需要为其配置输入/输出方向，通过写 GPxDIR 寄存器，可完成输入/输出方向的配置。

(4) 选择输入限定模式。

当一个数字 I/O 被配置成输入状态，可以为其选择限定模式。默认情况下，所有的输入信号与系统时钟 SYSCLKOUT 同步。

(5) 选择低功耗模式的唤醒端口。

通过配置 GPIOLPMSEL 寄存器，可以指定一个 GPIO 引脚，用其将 CPU 从 HALT 和 STANDBY 低功耗模式中唤醒。

(6) 为外部中断源选择输入引脚。

为 XINT1～XINT7 及 XNMI 外部中断选择合适的输入引脚。

5.3.2 软件设计

在本例中,需要检测 GPIO0 引脚上的电平状态,所以要将其配置成数字 I/O 方式,并配置成输入状态。同时要在 GPIO32 引脚上输出电平状态可变的信号,所以也将其配置成数字 I/O 模式,且为输出状态。

程序清单 5-1: GPIO 控制程序

```
//======================================================
//aMain.c 文件
//======================================================
#include "DSPF28335_Project.h"
//=========函数声明==========================
void Gpio_setup1(void);
//=========主程序============================
void main(void)
{
InitSysCtrl();                                //系统初始化
  DINT;                                       //关闭全局中断
  InitPieCtrl();                              //初始化中断控制寄存器
  IER=0x0000;                                 //关闭 CPU 中断
  IFR=0x0000;                                 //清除 CPU 中断信号
InitPieVectTable();                           //初始化中断向量表
   Gpio_setup1();
   while(1)
  {
  //方案 1:采用 GPBDAT 寄存器实现
  if(GpioDataRegs.GPADAT.bit.GPIO0==1)       //读 GPIO0 引脚的状态
    {
    GpioDataRegs.GPBDAT.bit.GPIO32=1;         //写 GPIO32 引脚的状态
    }
     else
    { GpioDataRegs.GPBDAT.bit.GPIO32=0; }
    /*
      //方案 2:采用 GPBSET、GPBCLEAT 寄存器实现
    if(GpioDataRegs.GPADAT.bit.GPIO0==1)
    {
    GpioDataRegs.GPBSET.bit.GPIO32=1;
    }
       else
    { GpioDataRegs.GPBCLEAR.bit.GPIO32=1; }
     */
  }
}
//=========子函数============================
void Gpio_setup1(void)
```

```
{
    //配置 GPIO0
    EALLOW;
    GpioCtrlRegs.GPAMUX1.bit.GPIO0=0;        //选择数字 I/O 模式
    GpioCtrlRegs.GPAPUD.bit.GPIO0=0;         //使能内部上拉电阻
    GpioCtrlRegs.GPADIR.bit.GPIO0=0;         //配置成输入方向
    GpioCtrlRegs.GPAQSEL1.bit.GPIO0=0;       //与系统时钟 SYSCLOUT 同步
    EDIS;
    //配置 GPIO32
    EALLOW;
    GpioCtrlRegs.GPBMUX1.bit.GPIO32=0;       //选择数字 I/O 模式
    GpioCtrlRegs.GPBPUD.bit.GPIO32=0;        //使能内部上拉电阻
    GpioCtrlRegs.GPBDIR.bit.GPIO32=1;        //配置成输出方向
    EDIS;
}
//=================================================================
//End of file
//=================================================================
```

5.4 习题

1. F28335 的 88 个引脚被分为几组端口？
2. 每组 GPIO 有哪些寄存器？
3. 描述 GPIO 输入限定功能的作用。
4. 简要描述 GPIO 的配置步骤。
5. 如果希望配置 GPIO 为 SCI-A 的发送引脚，可以配置哪些 GPIO？

第6章

模/数转换模块

TMS320F28335 系列 DSP 具有 12 位带流水线结构的模/数转换器(ADC)。其主要由前端模拟多路复用器(MUXs)、采样保持电路(S/H)、转换内核、稳压器及其他相关电路构成。本章将对其进行详细介绍,并给出应用实例。

6.1 ADC 概述

ADC 具有 16 个通道,并可以配置成供 ePWM 模块使用的两个独立的 8 通道转换单元。两个独立的 8 通道转换单元可级联成一个 16 通道的转换单元。虽然 ADC 具有 16 个采样通道,但却只有一个转换内核,其具体结构如图 6-1 所示。

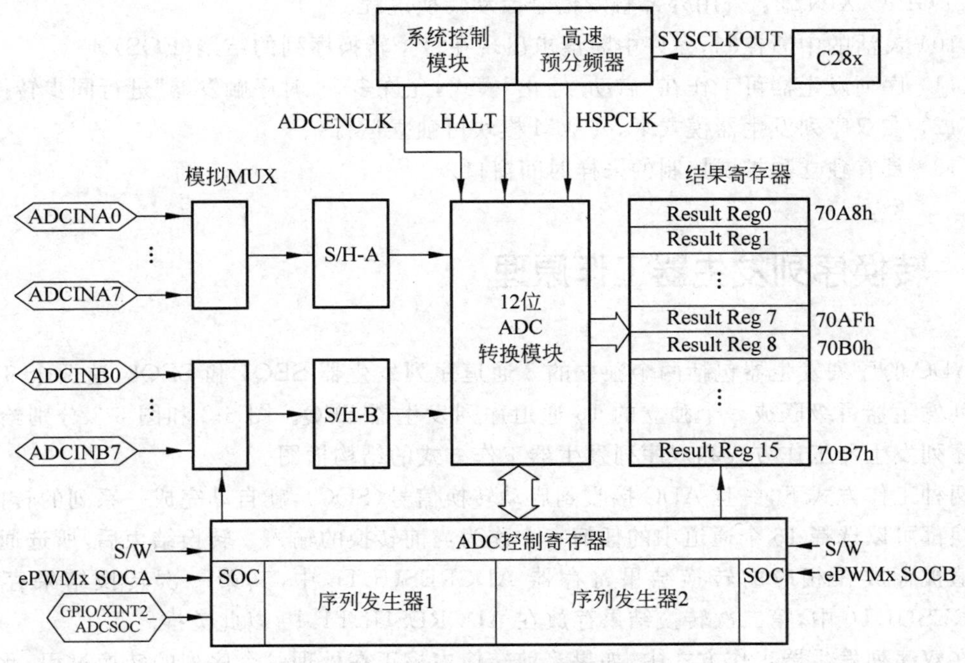

图 6-1 ADC 模块的结构框图

两个 8 通道的转换单元可启动一系列的转换过程，每个单元可通过模拟多路复用器 MUX 选择 8 个通道中的任何一个。在级联模式下，自动序列发生器可看作具有 16 通道。当一次转换过程结束时，相应的转换结果被存储在各自的 ADCRESULTn 寄存器中。序列发生器支持对同一通道进行多次采样，从而支持用户的过采样算法。

F28335 的 ADC 模块主要特点如下。

(1) 具有双采样保持器的 12 位转换内核。

(2) 同步采样模式或顺序采样模式。

(3) 模拟电压输入范围 0～3V。

(4) 快速采样功能，转换时钟 12.5MHz，采样速度 6.25MSPS。

(5) 16 通道，多路复用输入。

(6) 自动定序功能，在一个采样序列内支持 16 次“自动转换”，每次转换都可以选择 16 个通道中的任意一个。

(7) 序列发生器可配置成两个独立的 8 通道序列发生器，也可配置成一个 16 通道的序列发生器。

(8) 具有 16 个存放转换结果的寄存器，可分别独立寻址，模拟电压的转换值如下：

① 输入电压≤0V 时，转换结果＝0；

② 0V＜输入电压＜3V 时，转换结果$=4095\times\dfrac{\text{输入电压}-\text{ADCLO}}{3}$；

③ 输入电压≥3V 时，转换结果＝4095。

(9) 有多个触发源可启动转换序列。

① S/W：软件立即启动模式；

② ePWM1～ePWM6：采用 ePWM 模块启动转换过程；

③ GPIO XINT2：采用外部触发信号启动转换过程。

(10) 灵活的中断控制，允许中断请求出现在每个转换序列的结尾(EOS)。

(11) 序列发生器可工作在“启动/停止”模式，允许多个“时序触发器”进行同步转换。

(12) 在双序列发生器模式下，ePWM 模块可独立运行。

(13) 具有独立预扩展控制的采样时间窗口。

6.2 转换序列发生器工作原理

ADC 的序列发生器包括两个独立的 8 通道序列发生器 SEQ1 和 SEQ2，这两个 8 通道的序列发生器可级联成一个独立的 16 通道序列发生器 SEQ。图 6-2 和图 6-3 分别给出了级联序列发生器工作方式和双序列发生器工作方式的结构框图。

两种工作方式下，一旦 ADC 接收到启动转换信号(SOC)，就自动完成一系列的转换，每次转换都可以选择 16 个通道中的任何一个作为当前转换的输入。转换结束后，所选通道的转换值被存放在相应的转换结果寄存器 ADCRESULTn 中，其第一次转换结果存放在 ADCRESULT0 中，第二次转换结果存放在 ADCRESULT1 中，以此类推。

在双序列发生器工作方式中，如果当前转换内核正在处理一个序列的转换过程，此时又

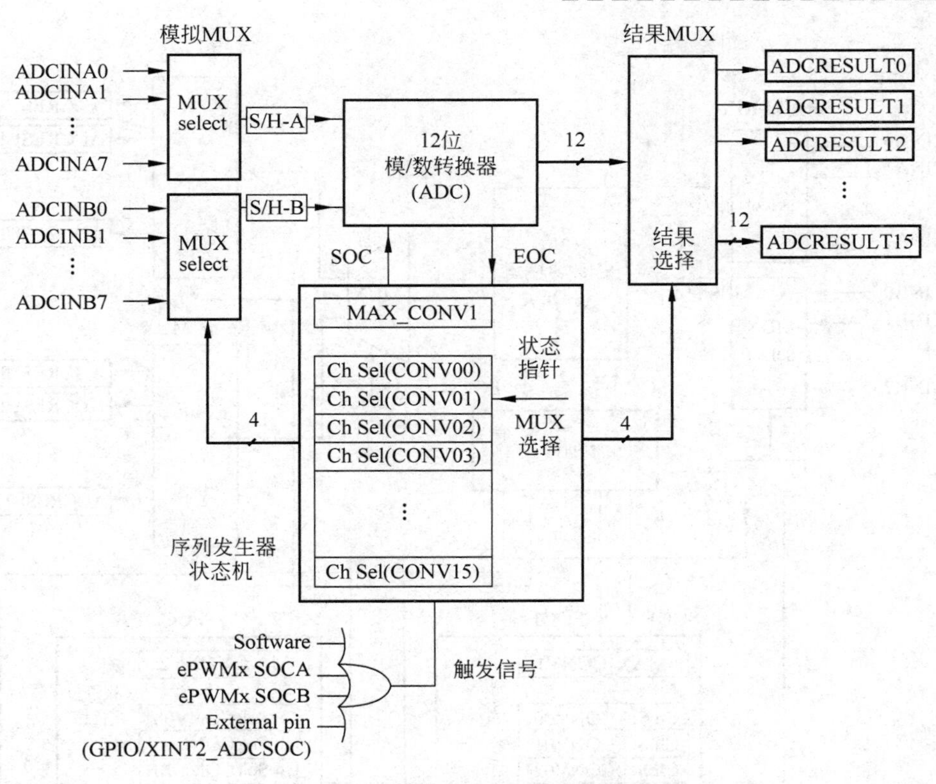

图 6-2 级联序列发生器方式的结构框图

有一个转换请求信号 SOC 到来,那么这个转换请求信号将被挂起,一旦转换内核处理完当前序列的转换过程,立即执行被挂起的转换请求。例如,转换内核正在处理 SEQ2 的转换过程时,SEQ1 的转换请求信号到来,那么转换内核在处理完 SEQ2 的转换过程后,立即执行 SEQ1 的转换请求。如果有 SEQ1 和 SEQ2 的转换请求信号同时到来,那么 SEQ1 具有更高的优先级。例如,转换内核正在处理 SEQ1 的转换过程时,SEQ1 和 SEQ2 的转换请求信号都出现,那么转换内核在完成 SEQ1 的转换后,立即再次执行 SEQ1 的转换过程,然后再执行 SEQ2 的转换过程。

序列发生器的两种工作方式具有很小的差别,如表 6-1 所示。

表 6-1 双序列发生器模式与级联序列发生器模式的区别

特点	8 通道序列发生器 1(SEQ1)	8 通道序列发生器 2(SEQ2)	级联序列发生器(SEQ)
启动信号(SOC)	ePWMx SOCA、软件启动、外部引脚	ePWMx SOCA、软件启动	ePWMx SOCA、ePWMx SOCB、软件启动、外部引脚
最大转换通道数	8	8	16
序列结束自动停止(EOS)	是	是	是
优先级	高	低	不使用
转换结果寄存器	0～7	8～15	0～15
ADCCHSELSEQn 位段分配	CONV00～CON07	CONV08～CON015	CONV00～CON15

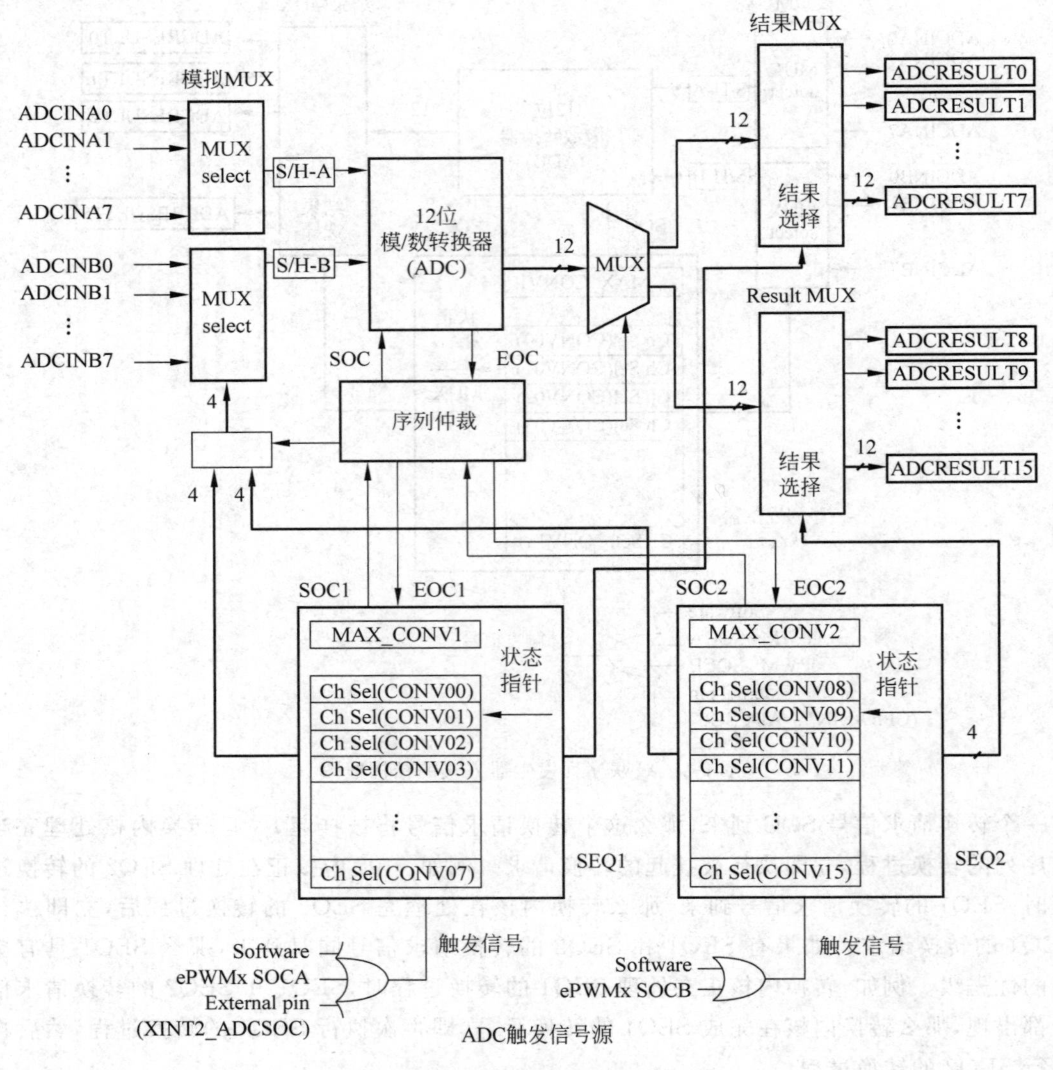

图 6-3　双序列发生器方式的结构框图

为了简便，序列发生器的特定通道由以下符号代替。

(1) SEQ1：CONV00～CONV07。

(2) SEQ2：CONV08～CONV15。

(3) 级联 SEQ：CONV00～CONV15。

寄存器 ADCCHSELSEQn 的 CONVxx 位段决定了每个序列发生器的输入通道。CONVxx 具有 4 位，可以指定 16 个通道中的任意一个。当序列发生器工作在级联方式时，最多可对 16 个通道进行转换，可通过改变 CONVxx 的值来进行通道的切换，这些控制位分布在 4 个 16 位的寄存器中(ADCCHSELSEQ1～ADCCHSELSEQ4)。CONVxx 中的值可以设定为 0～15 中的任意一个，同一个通道可以被多次选择。

ADC 可工作在同步采样和顺序采样两种模式下，对于每次转换过程(在同步采样模式下指的是每组采样)，CONVxx 位段的当前值决定要采样和转换的通道。在顺序采样模式下，CONVxx 的全部 4 位都用来决定当前采样的通道，最高位决定了输入通道的采样保持器，而其余 3 位用来确定偏移量。例如，如果 CONVxx 当前值为 0101b，则选择 ADCINA5 为输入通道；如果当前值为 1011b，则选择 ADCINB3 作为输入通道。在同步采样模式下，CONVxx 的最高位被忽略，由低 3 位的值决定每个采样保持器(S/H-A、S/H-B)的输入通道。例如，如果 CONVxx 当前值为 0110b，那么 ADCINA6 作为 S/H-A 的输入通道，ADCINB6 作为 S/H-B 的输入通道；如果当前值为 1001b，那么 ADCINA1 作为 S/H-A 的输入通道，ADCINB1 作为 S/H-B 的输入通道。S/H-A 中的电压信号首先被转换，然后再转换 S/H-B 中的电压信号。S/H-A 的转换结果存放在当前结果寄存器 ADCRESULTn 中(假设序列发生器已经复位，SEQ1 的转换结果存放在 ADCRESULT0 中)，S/H-B 的转换结果存放在下一个结果寄存器 ADCRESULTn＋1 中(假设序列发生器已经复位，SEQ2 的转换结果存放在 ADCRESULT1 中)，然后结果寄存器的指针增加 2。图 6-4 及图 6-5 分别为顺序采样及同步采样时序图。

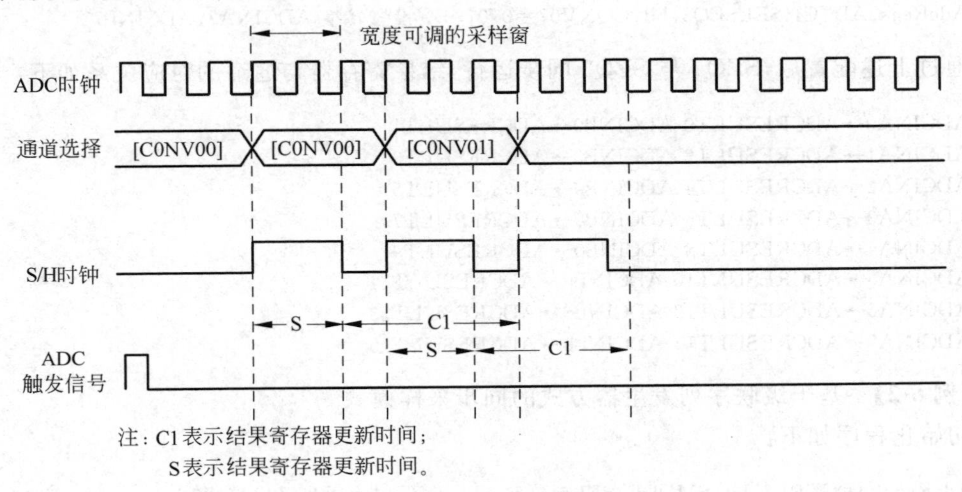

图 6-4　顺序采样模式(SMOD＝0)

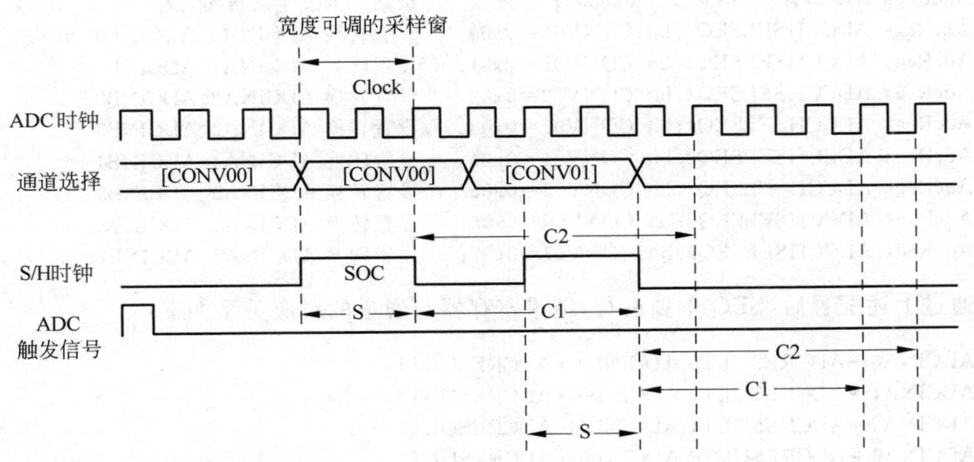

图 6-5　同步采样模式(SMOD＝1)

以下给出同步采样模式下的初始化程序。

【例 6-1】 基于双序列发生器方式的同步采样模式。

初始化程序如下：

```
AdcRegs.ADCTRL3.bit.SMODE_SEL=0x1;          //设置为同步采样模式
AdcRegs.ADCMAXCONV.all=0x0033;              //每个序列发生器转换 4 对
AdcRegs.ADCCHSELSEQ1.bit.CONV00=0x00; //设置转换 ADCINA0、ADCINB0
AdcRegs.ADCCHSELSEQ1.bit.CONV01=0x01; //设置转换 ADCINA1、ADCINB1
AdcRegs.ADCCHSELSEQ1.bit.CONV02=0x02; //设置转换 ADCINA2、ADCINB2
AdcRegs.ADCCHSELSEQ1.bit.CONV03=0x03; //设置转换 ADCINA3、ADCINB3
AdcRegs.ADCCHSELSEQ3.bit.CONV04=0x04; //设置转换 ADCINA4、ADCINB4
AdcRegs.ADCCHSELSEQ3.bit.CONV05=0x05; //设置转换 ADCINA5、ADCINB5
AdcRegs.ADCCHSELSEQ3.bit.CONV06=0x06; //设置转换 ADCINA6、ADCINB6
AdcRegs.ADCCHSELSEQ3.bit.CONV07=0x07; //设置转换 ADCINA7、ADCINB7
```

通过上述配置后，SEQ1 与 SEQ2 同步运行，结果寄存器与通道的对应关系如下：

ADCINA0→ADCRESULT0 ADCINB0→ADCRESULT1
ADCINA1→ADCRESULT2 ADCINB0→ADCRESULT3
ADCINA2→ADCRESULT4 ADCINB0→ADCRESULT5
ADCINA3→ADCRESULT6 ADCINB0→ADCRESULT7
ADCINA4→ADCRESULT8 ADCINB0→ADCRESULT9
ADCINA5→ADCRESULT10 ADCINB0→ADCRESULT11
ADCINA6→ADCRESULT12 ADCINB0→ADCRESULT13
ADCINA7→ADCRESULT14 ADCINB0→ADCRESULT15

【例 6-2】 基于级联序列发生器方式的同步采样模式。

初始化程序如下：

```
AdcRegs.ADCTRL3.bit.SMODE_SEL=0x1;          //设置为同步采样模式
AdcRegs.ADCTRL1.bit.SEQ_CAS=0x1;            //设置为级联方式
AdcRegs.ADCMAXCONV.all=0x0007;              //级联序列发生器转换 8 对
AdcRegs.ADCCHSELSEQ1.bit.CONV00=0x00; //设置转换 ADCINA0、ADCINB0
AdcRegs.ADCCHSELSEQ1.bit.CONV01=0x01; //设置转换 ADCINA1、ADCINB1
AdcRegs.ADCCHSELSEQ1.bit.CONV02=0x02; //设置转换 ADCINA2、ADCINB2
AdcRegs.ADCCHSELSEQ1.bit.CONV03=0x03; //设置转换 ADCINA3、ADCINB3
AdcRegs.ADCCHSELSEQ2.bit.CONV04=0x04; //设置转换 ADCINA4、ADCINB4
AdcRegs.ADCCHSELSEQ2.bit.CONV05=0x05; //设置转换 ADCINA5、ADCINB5
AdcRegs.ADCCHSELSEQ2.bit.CONV06=0x06; //设置转换 ADCINA6、ADCINB6
AdcRegs.ADCCHSELSEQ2.bit.CONV07=0x07; //设置转换 ADCINA7、ADCINB7
```

通过上述配置后，SEQ 单独运行，结果寄存器与通道的对应关系如下：

ADCINA0→ADCRESULT0 ADCINB0→ADCRESULT1
ADCINA1→ADCRESULT2 ADCINB0→ADCRESULT3
ADCINA2→ADCRESULT4 ADCINB0→ADCRESULT5
ADCINA3→ADCRESULT6 ADCINB0→ADCRESULT7
ADCINA4→ADCRESULT8 ADCINB0→ADCRESULT9
ADCINA5→ADCRESULT10 ADCINB0→ADCRESULT11
ADCINA6→ADCRESULT12 ADCINB0→ADCRESULT13
ADCINA7→ADCRESULT14 ADCINB0→ADCRESULT15

6.3 不间断自动定序模式

以下描述适用于8通道序列发生器SEQ1和SEQ2,此模式下,SEQ1/SEQ2可在单次定序过程中对任何通道自动定序多达8次(当序列发生器级联在一起时为16次)。图6-6给出了不间断自动定序模式的流程图。

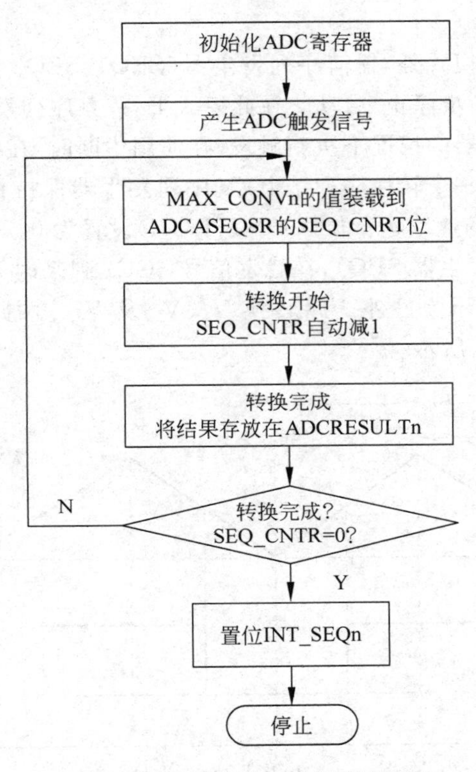

图6-6 不间断自动定序模式流程图

【例6-3】 双序列发生器方式下,使用SEQ1进行转换,假设SEQ1要完成7次转换,其中ADCINA2和ADCINA3分别两次,ADCINA6、ADCINA7及ADCINB4各一次。

由于需要转换7次,所以MAX_CONV1要设定为6,ADCCHSELSEQn寄存器的设置如表6-2所示。

表6-2 ADCCHSELSEQn寄存器设置(MAX_CONV1=6)

寄存器	位段15~12	位段11~8	位段7~4	位段3~0
ADCCHSELSEQ1	3	2	3	2
ADCCHSELSEQ2	x	12	7	6
ADCCHSELSEQ3	x	x	x	x
ADCCHSELSEQ4	x	x	x	x

注:x代表无须考虑。

一旦接收到转换启动信号 SOC，MAX_CONVn 中的值将装载到 SEQ_CNTR 中，每完成一次转换，SEQ_CNT 中的值减 1，当 SEQ_CNTR 中的值归零时，由 ADCTRL1 寄存器中的 CONT_RUN 位决定下面进行的操作。当 CONT_RUN＝1 时，再重新开始一次转换过程；当 CONT_RUN＝0 时，序列发送器保持当前状态，且 SEQ_CNTR 保持为零，如果在下次 SOC 到来时重复上次转换过程，需要先通过 RST_SEQn 对序列发生器进行复位。

6.3.1 启动/停止模式

除了不间断自动定序模式外，任何序列发生器（SEQ1、SEQ2 或 SEQ）可在时间上分离且与多个触发信号 SOC 同步停止/启动。在此模式下，一旦序列发生器完成其第一个序列，将允许在不复位序列发生器的情况下重新触发（在使用中断时，在中断服务程序内无须复位该序列发生器）。因此，当一个转换序列结束后，序列发生器保持在当前转换状态。为此需要将 ADCTRL 寄存器中的连续运行位（CONT_RUN）设置为 0。

【例 6-4】 使用序列发生器 SEQ1，在触发信号 SOC1 到来时开始 3 路转换 I_1、I_2 及 I_3，在触发信号 SOC2 到来时开始另外 3 路转换 V_1、V_2 及 V_3。两路触发信号间隔 25μs，由 ePWM 模块提供，如图 6-7 所示。

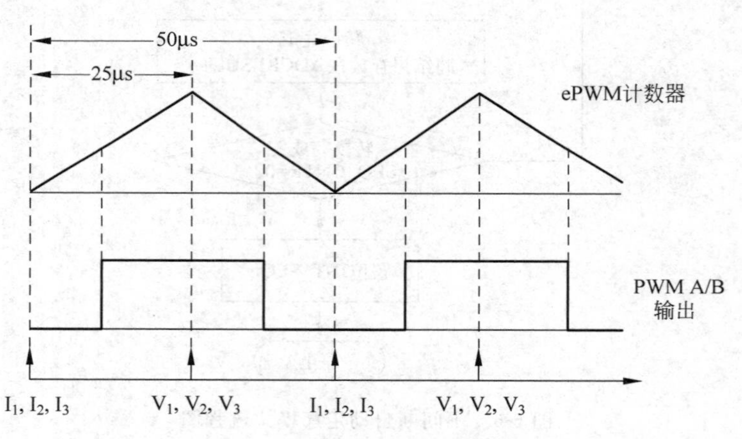

图 6-7 ePWM 启动 ADC

由于每次要进行 3 次转换，这里 MAX_CONV1 应设定为 2，通道选择寄存器 ADCCHSELSEQ 的设定如表 6-3 所示。

表 6-3 ADCCHSELSEQn 寄存器设置（MAX_CONV1＝2）

寄存器	位段 15～12	位段 11～8	位段 7～4	位段 3～0
ADCCHSELSEQ1	V_1	I_3	I_2	I_1
ADCCHSELSEQ2	x	x	V_3	V_2
ADCCHSELSEQ3	x	x	x	x
ADCCHSELSEQ4	x	x	x	x

在第一个触发信号到来时，SEQ1 完成 I_1、I_2 及 I_3 的采样，然后 SEQ1 进入等待状态，等待下一个触发信号的到来，在下一次完成对 V_1、V_2 及 V_3 的采样。

6.3.2 ADC 中断控制

ADC 为 SEQ1 和 SEQ2 提供了独立的中断请求功能，在每个转换序列结束时可以发出中断请求信号，这主要由 IN_ENA_SEQn 和 INT_MOD_SEQn 控制位来决定，控制位的具体功能见本章的寄存器说明部分。

6.4 转换时钟

ADC 的转换时钟由外设时钟 HSPCLK 经过分频而来，通过设定 ADCTRL3 寄存器中的 ADCLKPS[3:0]位段，可对 HSPCLK 进行分频。分频后的信号要在经过 ADCTRL1 寄存器中的 CPS 位控制，以决定是否再进行二分频。另外，可通过 ADCTRL1 寄存器中的 ACQ_PS[3:0]设定 ADC，来适应由于采样/采集周期扩展导致的源阻抗变化。这些位不影响 S/H 的转换进程，但通过扩展转换脉冲确实延长了采样时间。具体结构如图 6-8 所示。

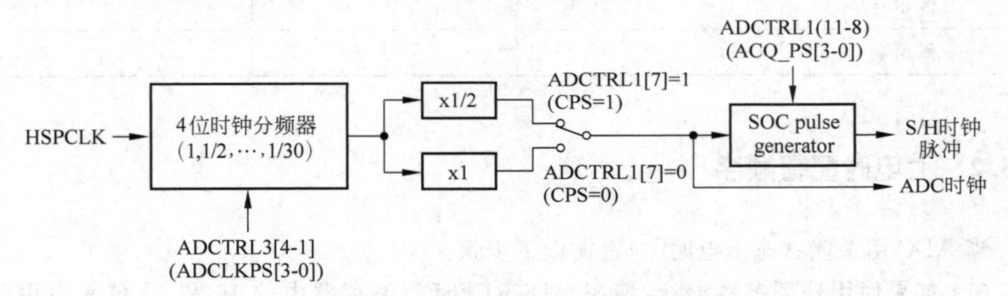

图 6-8 ADC 内核时钟及 S/H 时钟

ADC 模块具有多个分频器，以产生任何需要的 ADC 操作时钟，图 6-9 给出了 ADC 的时钟链结构，表 6-4 给出了两种 ADC 时钟配置。

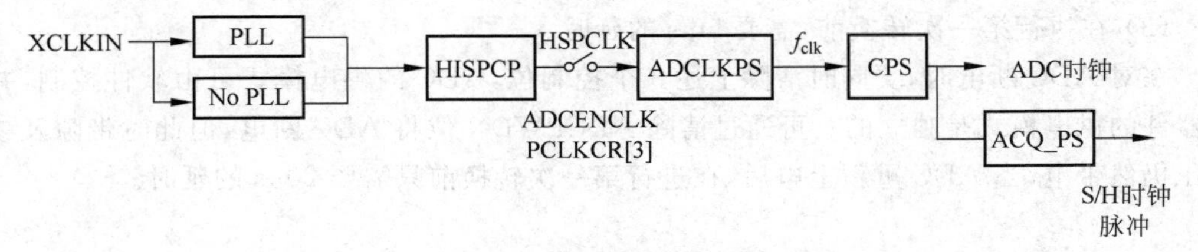

图 6-9 ADC 时钟链

表 6-4 ADC 时钟配置

XCLKIN	SYSCLKOUT	HISPCLK	ADCTRL3[4:1]	ADCTRL[7]	ADCCLK	ADCTRL[11:8]	S/H 宽度
30MHz	150MHz	HSPCP=3 150MHz/(2×3) =25MHz	ADCLKPS=0 25MHz	CPS=0 25MHz	25MHz	ACQ_PS=0 12.5MHz	40ns
20MHz	100MHz	HSPCP=2 100MHz/(2×2) =25MHz	ADCCLKPS=2 6.25MHz	CPS=1 3.125MHz	3.125MHz	ACQ_PS=15 183.824kHz	5.12μs

6.5 ADC 基本电气特性

6.5.1 低功耗模式

ADC 支持 3 种不同的供电模式：ADC 上电、ADC 断电及 ADC 关闭，这 3 种模式由 ADCTRL3 寄存器控制，具体控制信息如表 6-5 所示。

表 6-5 ADC 供电选择

供电模式	ADCBGRFDN1	ADCBGRFDN0	ADCPWDN
ADC 上电	1	1	1
ADC 断电	1	1	0
ADC 关闭	0	0	0
保留	1	0	x
保留	0	1	x

6.5.2 上电时配置顺序

当 ADC 由关闭状态上电时，应遵循以下步骤。

(1) 如果使用外部参考电压，使用 ADCREFSEL 寄存器中的 15 和 14 位来启用此模式，必须在带隙上电之前启用此模式。

(2) 通过配置寄存器 ADCTRL3 中的位 7～5(ADCBGRFDN[1:0]及 ADCPWDN)给参考信号、带隙及模拟电路一同上电。

(3) 在执行第一次转换前，需要 5ms 的延时。

在对 ADC 断电时，要同时清除上述 3 个控制位，ADC 的供电模式可由软件控制，并且与器件的供电模式是独立的。可通过清除 ADCPWDN 位将 ADC 断电，但此时带隙及参考电压仍然带电，当 ADC 重新上电后，在进行第一次转换前只需要 20μs 的延时。

6.5.3 片内/片外参考电压选择

默认情况下选择片内参考电压作为 ADC 转换的基准电压。用户可根据需要配置 ADCREFSEL 寄存器来选择片外参考电压作为基准电压。片外参考电压连接到 ADCREFIN 引脚上，可选 2.048V、1.5V 或 1.024V。

如果选择内部参考电压作为转换的基准电压，ADCREFIN 引脚可连接到外部电压、悬空或接地 3 种模式。无论选择哪种模式，外部引脚 ADCRESEXT、ADCREFP 及 ADCREFM 的连接情况都相同。如图 6-10 所示为外部参考电压为 2.048V 时的连接情况。

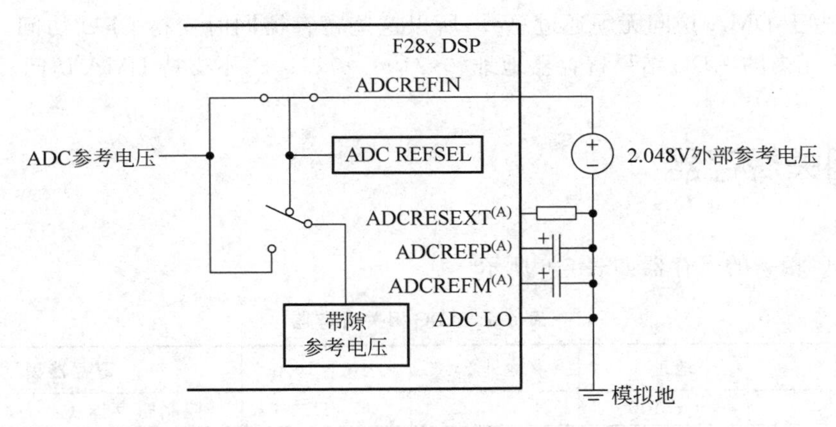

图 6-10 2.048V 外部参考电压接线图

6.6 ADC 高级功能

6.6.1 输入校正功能

F28335 系列 DSP 的 ADC 支持通过微调寄存器 ADCOFFTRIM 中的 9 位字段进行偏移校正。当一次采样结束后，采样结果将首先加上/减去偏移校正值，然后存放在相应的结果寄存器中。

6.6.2 序列发生器覆盖功能

在正常操作中，序列发生器 SEQ1、SEQ2 或级联的 SEQ 选定转换通道，并按顺序将转换结果存放在各种的 ADCRESULTn 寄存器中，序列发生器在 MAX_CONVn 结束时自动回绕到起始端。通过序列发生器的覆盖功能，可以通过软件控序列发生器的回绕功能，覆盖功能由 ADC 控制寄存器 ADCTRL1 中的第五位 SEQ_OVRD 决定。

假定 SEQ_OVRD＝0，序列发生器工作在级联方式下的连续转换模式，MAX_CONV1 设置为 7，正常情况下序列发生器将按顺序递增并通过 ADC 转换更新至 ADCRESULT7 寄存器，然后回绕到 ADCRESULT0。当 SEQ_OVRD = 1 时，序列发生器更新至 ADCRESULT7 后并不回绕到 ADCRESULT0，而是继续向前更新 ADCRUSULT8 寄存器，直到 ADCRUSULT15。在更新完 ADCRUSULT15 寄存器后，自然回绕到 ADCRUSULT0。这种情况下，可以将结果寄存器 0～15 看作一个 FIFO，用于 ADC 对连续数据的捕捉。当 ADC 在最高速率下进行工作时，这个功能有助于捕捉 ADC 的数据。

6.6.3 DMA 接口

坐落在外设 0 地址单元内的 ADC 结果寄存器地址(0x0B00～0x0B0F)支持 DMA 直接

访问模式，由于 DMA 访问无须通过总线，所以这些寄存器同时支持 CPU 访问。坐落在外设 2 地址单元内的 ADC 结果寄存器地址(0x7108～0x710F)不支持 DMA 访问。

6.7 相关寄存器

与 ADC 相关的寄存器如表 6-6 所示。

表 6-6 ADC 相关寄存器

名称	地址 1	地址 2	大小(×16 位)	寄存器说明
ADCTRL1	0x7100		1	控制寄存器 1
ADCTRL2	0x7101		1	控制寄存器 2
ADCMAXCONV	0x7102		1	最大转换通道设定寄存器
ADCCHSELSEQ1	0x7103		1	通道选择排序寄存器 1
ADCCHSELSEQ2	0x7104		1	通道选择排序寄存器 2
ADCCHSELSEQ3	0x7105		1	通道选择排序寄存器 3
ADCCHSELSEQ4	0x7106		1	通道选择排序寄存器 4
ADCASEQSR	0x7107		1	自动序列发生器状态寄存器
ADCRESULT0	0x7108	0x0B00	1	结果寄存器 0
ADCRESULT1	0x7109	0x0B01	1	结果寄存器 1
ADCRESULT2	0x710A	0x0B02	1	结果寄存器 2
ADCRESULT3	0x710B	0x0B03	1	结果寄存器 3
ADCRESULT4	0x710C	0x0B04	1	结果寄存器 4
ADCRESULT5	0x710D	0x0B05	1	结果寄存器 5
ADCRESULT6	0x710E	0x0B06	1	结果寄存器 6
ADCRESULT7	0x710F	0x0B07	1	结果寄存器 7
ADCRESULT8	0x7110	0x0B08	1	结果寄存器 8
ADCRESULT9	0x7111	0x0B09	1	结果寄存器 9
ADCRESULT10	0x7112	0x0B0A	1	结果寄存器 10
ADCRESULT11	0x7113	0x0B0B	1	结果寄存器 11
ADCRESULT12	0x7114	0x0B0C	1	结果寄存器 12
ADCRESULT13	0x7115	0x0B0D	1	结果寄存器 13
ADCRESULT14	0x7116	0x0B0E	1	结果寄存器 14
ADCRESULT15	0x7117	0x0B0F	1	结果寄存器 15
ADCTRL3	0x7118		1	控制寄存器 3
ADCST	0x7119		1	状态寄存器
保留	0x711A 0x711B		2	
ADCREFSEL	0x711C		1	参考电压选择寄存器
ADCOFFTRIM	0x711D		1	校正寄存器
保留	0x711E 0x711F		2	状态寄存器

6.7.1 控制寄存器

F28335 ADC 模块的控制寄存器有 3 个，即 ADCTRL1、ADCTRL2 和 ADCTRL3，下面将对其进行分别介绍。

控制寄存器 ADCTRL1 各位的信息如表 6-17 所示，每位的功能描述如表 6-8 所示。

表 6-7 ADCTRL1 寄存器各位信息

15	4	13	12	11～8
保留	RESET	SUSMOD		ACQ_PS
R-0	R/W-0	R/W-0		R/W-0
7	6	5	4	3～0
CPS	CONT_RUN	SEQ_OVRD	SEQ_CASC	保留
RW-0	R/W-0	R/W-0	R/W-0	R-0

表 6-8 ADCTRL1 功能描述

位	字段	取值及功能描述
15	保留	读，始终返回零；写，无反应
14	RESET	ADC 模块的软件复位控制位，将使整个 ADC 模块复位。所有寄存器及序列发生器的状态机都将回到初始状态。在向 RESET 写 1 后，硬件将自动对其清零，读此位，始终返回零。当此位写 1 后，ADC 模块的复位将有两个 ADC 时钟周期的延时。0：无反应；1：复位整个 ADC 模块
13～12	SUSMOD[1:0]	仿真挂起模式控制位，决定了 ADC 模块在仿真挂起时将作何反应。 00：仿真挂起被忽略； 01：当前序列结束后，序列发生器及回绕逻辑电路停止工作，转换结果被锁存，状态机被更新； 10：当前转换结束后，序列发生器及回绕逻辑电路停止工作，转换结果被锁存，状态机被更新； 11：序列发生器及回绕逻辑电路立即停止工作
11～8	ACQ_PS[3:0]	决定了 SOC 脉冲宽度，SOC 脉冲宽度＝（ACQ_PS[3:0]＋1）×ADCCLK 周期
7	CPS	ADC 内核时钟预分频位，用来对外设时钟 HSPCLK 进行分频。0：ADCCLK＝Fclk/1；1：ADCCLK＝Fclk/2；注：Fclk 为经过 ADCCLKPS[3:0]分频后的信号
6	CONT_RUN	用来决定序列发生器工作在连续模式还是启动/停止模式。即使当前转换正在进行，也可以对此位进行写操作，在当前转换结束后，此位开始作用。 0：启动/停止模式，序列发生器在接收到 EOS 后停止，在下次 SOC 到来时，序列发生器从上次结束时的状态开始启动，除非期间对序列发生器进行复位； 1：连续运行模式，在接收到 EOS 信号后，序列发生器接下来的动作取决于 SEQ_OVRD 位。如果 SEQ_OVRD＝0，那么序列发生器复位到其初始状态（SEQ1 和 SEQ 回到 CONV00，SEQ2 回到 CONV08），如果 SEQ_OVRD＝1，序列发生器不复位，并从其当前位置继续运行

续表

位	字段	取值及功能描述
5	SEQ_OVRD	序列发生器覆盖功能。 0：允许序列发生器在完成 MAX_CONVn 个转换后回绕； 1：在序列发生器完成 MAX_CONVn 个转换后发生覆盖，只有在序列发生器中的末端发生回绕
4	SEQ_CASC	级联模式控制位。 0：序列发生器工作在双序列发生器方式，SEQ1 和 SEQ2 为 8 通道； 1：序列发生器工作在级联方式，SEQ 为 16 通道
3～0	保留	读，始终返回零；写，无反应

控制寄存器 ADCTRL2 各位的信息如表 6-9 所示，每位的功能描述如表 6-10 所示。

表 6-9 ADCTRL2 寄存器各位信息

15	14	13	12	11	10	9	8
ePWM_SOCB_SEQ	RST_SEQ1	SOC_SEQ1	保留	INT_ENA_SEQ1	INT_MOD_SEQ1	保留	ePWM_SOCA_SEQ1
R/W-0	R/W-0	R/W-0	R-0	R/W-0	R/W-0	R-0	R/W-0
7	6	5	4	3	2	1	0
EXT_SOC_SEQ1	RST_SEQ2	SOC_SEQ2	保留	INT_ENA_SEQ2	INT_MOD_SEQ2	保留	ePWM_SOCB_SEQ2
R/W-0	R/W-0	R/W-0	R-0	R/W-0	R/W-0	R-0	R/W-0

表 6-10 ADCTRL1 功能描述

位	字段	取值及功能描述
15	ePWM_SOCB_SEQ	0：无反应； 1：允许 ePWM SOCB 信号启动级联的序列发生器
14	RST_SEQ1	0：无反应； 1：写 1 则立即将序列发生器 SEQ1 或级联序列发生器 SEQ 复位到 CONV00
13	SOC_SEQ1	序列发生器 SEQ1 或级联序列发生器 SEQ 的触发 SOC 位，此位可以通过如下几种方式进行置位：(1)S/W，软件对此位写 1；(2)ePWM SOCA；(3)ePWM SOCB，仅用于级联模式；(4)EXT，外部引脚。 0：写 0，清除悬挂的 SOC 触发信号； 注：如果序列发生器已经启动，则此位自动清零，写 0 无反应； 1：软件触发，从当前位置启动 SEQ1
12	保留	读，始终返回零；写，无反应
11	INT_ENA_SEQ1	0：INT_SEQ1 的中断请求被禁止； 1：INT_SEQ1 的中断请求被使能
10	INT_MOD_SEQ1	SEQ1 的中断模式选择位。 0：INT_SEQ1 在每次 SEQ1 序列结束时置位； 1：INT_SEQ1 在间隔一次的 SEQ1 序列结束时置位
9	保留	读，始终返回零；写，无反应
8	ePWM_SOCA_SEQ1	0：SEQ1 不能被 ePWMx SOCA 触发信号启动； 1：允许 SEQ1/SEQ 被 ePWMx SOCA 触发信号启动

续表

位	字段	取值及功能描述
7	EXT_SOC_SEQ1	0：无影响； 1：通过设定 GPIOXINT2SEL 寄存器可以使用端口 A(GPIO0～GPIO31)中的 XINT2 信号启动 ADC 转换过程
6	RST_SEQ2	0：无反应； 1：写 1 则立即将序列发生器 SEQ2 复位到 CONV08
5	SOC_SEQ2	序列发生器 SEQ2 的触发 SOC 位，此位可以通过如下几种方式进行置位：(1)S/W，软性对此位写 1；(2)ePWM SOCB。 0：写 0，清除悬挂的 SOC 触发信号； 注：如果序列发生器已经启动，则此位自动清零，写 0 无反应； 1：软件触发，从当前位置启动 SEQ2
4	保留	读，始终返回零；写，无反应
3	INT_ENA_SEQ2	0：INT_SEQ2 的中断请求被禁止； 1：INT_SEQ2 的中断请求被使能
2	INT_MOD_SEQ2	SEQ2 的中断模式选择位。 0：INT_SEQ2 在每次 SEQ2 序列结束时置位； 1：INT_SEQ2 在间隔一次的 SEQ2 序列结束时置位
1	保留	读，始终返回零；写，无反应
0	ePWM_SOCB_SEQ2	0：SEQ2 不能被 ePWMx SOCB 触发信号启动； 1：允许 SEQ2 被 ePWMx SOCB 触发信号启动

控制寄存器 ADCTRL3 各位的信息如表 6-11 所示，每位的功能描述如表 6-12 所示。

表 6-11　ADCTRL3 寄存器各位信息

15～8	7	6	5	4～1	0
保留	ADCBGRFDN		ADCPWDN	ADCCLKPS	SMODE_SEL
R-0	R/W-0		R/W-0	R/W-0	R/W-0

表 6-12　ADCTRL3 功能描述

位	字段	取值及功能描述
15～8	保留	读，始终返回零；写，无反应
7～6	ADCBGRFDN[1:0]	00：ADC 的带隙及参考电压电路断电； 11：ADC 的带隙及参考电压电路上电
5	ADCPWDN	决定模拟内核中除带隙及参考电压电路外的所有电路的上电状态。 0：所有电路(除带隙和参考电压电路外)断电； 1：所有电路(除带隙和参考电压电路外)上电

续表

位	字段	取值及功能描述
4～1	ADCCLKPS[3:0]	内核时钟分频器，对 HSPCLK 进行分频。当 ADCCLKPS[3:0]=0 时，HSPCLK 不分频，否则分频系数为 2×ADCCLKPS[3:0]。经过分频后的时钟要再经过一次分频才能产生内核时钟信号 ADCLK，分频系数为 ADCTRL1[7]+1； 0000：ADCCLK=HSPCLK/(ADCTRL1[7]+1)； 0001：ADCCLK=HSPCLK/[2×(ADCTRL1[7]+1)]； 0010：ADCCLK=HSPCLK/[4×(ADCTRL1[7]+1)]； …… 1110：ADCCLK=HSPCLK/[28×(ADCTRL1[7]+1)]； 1111：ADCCLK=HSPCLK/[30×(ADCTRL1[7]+1)]
0	SMODE_SEL	采样模式选择。 0：顺序采样模式； 1：同步采样模式

6.7.2 输入通道选择寄存器

ADC 输入通道选择寄存器有 4 个：ADCCHSELSEQ1、ADCCHSELSEQ2、ADCCHSELSEQ3 及 ADCCHSELSEQ4。表 6-13～表 6-16 为寄存器的位信息。

表 6-13 ADCCHSELSEQ1 寄存器各位信息

15～12	11～8	7～4	3～0
CONV03	CONV02	CONV01	CONV00
R/W-0	R/W-0	R/W-0	R/W-0

表 6-14 ADCCHSELSEQ2 寄存器各位信息

15～12	11～8	7～4	3～0
CONV07	CONV06	CONV05	CONV04
R/W-0	R/W-0	R/W-0	R/W-0

表 6-15 ADCCHSELSEQ3 寄存器各位信息

15～12	11～8	7～4	3～0
CONV11	CONV10	CONV09	CONV08
R/W-0	R/W-0	R/W-0	R/W-0

表 6-16 ADCCHSELSEQ4 寄存器各位信息

15～12	11～8	7～4	3～0
CONV15	CONV14	CONV13	CONV12
R/W-0	R/W-0	R/W-0	R/W-0

每一个位段 CONVxx 都可以为一次转换选择 17 个通道中的一个，表 6-17 给出了 CONVxx 值与输入通道之间的关系。

表 6-17 CONVxx 与输入通道之间的关系

CONVxx 值	ADC 输入通道	CONVxx 值	ADC 输入通道
0000	ADCINA0	1000	ADCINB0
0001	ADCINA1	1001	ADCINB1
0010	ADCINA2	1010	ADCINB2
0011	ADCINA3	1011	ADCINB3
0100	ADCINA4	1100	ADCINB4
0101	ADCINA5	1101	ADCINB5
0110	ADCINA6	1110	ADCINB6
0111	ADCINA7	1111	ADCINB7

6.7.3 其他相关寄存器

最大转换通道设定寄存器 ADCMAXCONV 各位的信息如表 6-18 所示，每位的功能描述如表 6-19 所示。

表 6-18 ADCMAXCONV 寄存器各位信息

15～7	6～4	3～0
保留	MAX_CONV2	MAX_CONV1
R-0	R/W-0	R/W-0

表 6-19 ADCMAXCONV 功能描述

位	字段	取值及功能描述
15～7	保留	读，始终返回零；写，无反应
6～0	MAX_CONVn	MAX_CONVn 位定义了一个转换序列内所完成的转换次数，根据序列发生器的工作方式（双序列发生器方式、级联序列发生器模式）的不同，MAX_CONVn 也有不同的定义： 对于 SEQ1，MAX_CONV1[2:0]起作用； 对于 SEQ2，MAX_CONV2[2:0]起作用； 对于 SEQ3，MAX_CONV1[3:0]起作用。 一个序列内所能完成的转换次数为 MAX_CONVn+1 次

自动序列状态寄存器 ADCASEQSR 各位的信息如表 6-20 所示，每位的功能描述如表 6-21 所示。

图 6-20 ADCASEQSR 寄存器各位信息

15～12	11～8	7	6～4	3～0
保留	SEQ_CNTR	保留	SEQ2_STATE	SEQ1_STATE
R-0	R-0	R-0	R-0	R-0

表 6-21 ADCASEQSR 功能描述

位	字段	取值及功能描述
15～12	保留	读,始终返回零;写,无反应
11～8	SEQ_CNTR[3:0]	序列发生器计数器的状态位,用于 SEQ1、SEQ2 及 SEQ3。在一个转换序列开始前,MAX_CONV 中的值被装载到 SEQ_CNTR[3:0],一个序列中的每次转换结束后,SEQ_CNTR[3:0]中的值减 1。SEQ_CNTR[3:0]中的值可以在任何时段被读取,用以判断一个序列的执行情况
7	保留	读,始终返回零;写,无反应。
6～0	SEQ2_STATE[2:0] SEQ1_STATE[3:0]	SEQ2_STATE 和 SEQ1_STATE 分别作为 SEQ2 和 SEQ1 序列的指针

ADC 状态寄存器 ADCST 各位的信息如表 6-22 所示,每位的功能描述如表 6-23 所示。

表 6-22 ADCST 寄存器各位信息

15～8	7	6	5
保留	EOS_BUF2	EOS_BUF1	INT_SEQ2_CLR
R-0	R-0	R-0	R/W-0

4	3	2	1	0
INT_SEQ1_CLR	SEQ2_BSY	SEQ1_BSY	INT_SEQ2	INT_SEQ1
R/W-0	R-0	R-0	R-0	R-0

表 6-23 ADCST 功能描述

位	字段	取值及功能描述
15～8	保留	读,始终返回零;写,无反应
7	EOS_BUF2	SEQ2 序列结束缓冲器。在中断模式 0,即 ADCTRL2[2]=0 情况下不使用;在中断模式 1,即 ADCTRL2[2]=1 情况下,每次 SEQ2 序列结束时进行状态翻转。此位在器件复位时被清零,序列发生器复位及清除中断标志位对其不产生影响
6	EOS_BUF1	SEQ1 序列结束缓冲器。在中断模式 0,即 ADCTRL2[10]=0 情况下不使用;在中断模式 1,即 ADCTRL2[10]=1 情况下,每次 SEQ1 序列结束时进行状态翻转。此位在器件复位时被清零,序列发生器复位及清除中断标志位对其不产生影响
5	INT_SEQ2_CLR	0:写 0 无反应;1:写 1 将清除 SEQ2 的中断标志位 INT_SEQ2,但不影响 EOS_BUF2 位
4	INT_SEQ1_CLR	0:写 0 无反应;1:写 1 将清除 SEQ1 的中断标志位 INT_SEQ1,但不影响 EOS_BUF1 位
3	SEQ2_BSY	0:SEQ2 处于空闲状态,等待触发信号;1:SEQ2 正在运行,写此位无影响
2	SEQ1_BSY	0:SEQ1 处于空闲状态,等待触发信号;1:SEQ1 正在运行,写此位无影响
1	INT_SEQ2	0:无 SEQ2 中断事件;1:SEQ2 中断事件出现
0	INT_SEQ1	0:无 SEQ1 中断事件;1:SEQ1 中断事件出现

ADC 参考电压选择寄存器 ADCREFSEL 各位的信息如表 6-24 所示,每位的功能描述

如表 6-25 所示。

表 6-24 ADCREFSEL 寄存器各位信息

15	14	13～0
REF_SEL		保留
R/W-0		R/W-0

表 6-25 ADCREFSEL 功能描述

位	字段	取值及功能描述
15～14	REF_SEL[1:0]	00：选择内部参考电压(默认)； 01：选择外部 ADCREFIN 引脚上的 2.048V 参考电压； 10：选择外部 ADCREFIN 引脚上的 1.500V 参考电压； 11：选择外部 ADCREFIN 引脚上的 1.024V 参考电压
13～0	保留	

ADC 输入校正寄存器 ADCOFFTRIM 各位的信息如表 6-26 所示，每位的功能描述如表 6-27 所示。

表 6-26 ADCOFFTRIM 寄存器各位信息

15～9	8～0
保留	OFFSET_TRIM
R-0	R/W-0

表 6-27 ADCOFFTRIM 功能描述

位	字段	取值及功能描述
15～9	保留	读，始终返回零；写，无反应
13～0	OFFSET_TRIM[8:0]	从最低位开始计算的偏移量，2 的补码形式，范围－256～255

ADC 的结果寄存器有 16 个，即 ADCRESULT0～ADCRESULT15，在级联模式下 ADCRESULT8～ADCRESULT15 用来存放第 9 次到第 16 次转换的结果。ADCRESULTn 都具有两个地址，即外设 0 区域(0x0B00～0x0B0F)和外设 2 区域(0x7108～0x7117)。在不同的区域内，数据的对齐方式及读取时间是不同的，在区域 0 内数据右对齐且读取零延时，在区域 2 内数据左对齐且读取需要延时两个等待时间。表 6-28 及表 6-29 给出了外设 0 区域及外设 2 区域里的数据位信息。

表 6-28 ADCRESULTn(0x0B00～0x0B0F)寄存器各位信息

15～12				11	10	9	8
保留				D11	D10	D9	D8
R-0				R-0	R-0	R-0	R-0
7	6	5	4	3	2	1	0
D7	D6	D5	D4	D3	D2	D1	D0
R-0	R-0	R-0	R-0	R-0			

表 6-29 ADCRESULTn(0x7108～0x7117)寄存器各位信息

15	14	13	12	11	10	9	8
D11	D10	D9	D8	D7	D6	D5	D4
R-0	R-0	R-0	R-0	R-0	R-0	R-0	R-0
7	6	5	4	3～0			
D3	D2	D1	D0	保留			
R-0	R-0	R-0	R-0	R-0			

6.8 应用实例

【例 6-5】 每隔 100ms 对 ADCINA0～ADCINA7 和 ADCINB0～ADCINB7 上的 16 路模拟信号采样一次。

程序清单 6-1：ADC 采样程序

```
//==================================================
//aMain.c 文件
//==================================================
#include "DSPF28335_Project.h"
//========== 全局变量==============================
Uint16 Adcresults[16];                          //用来存放转换结果
//=========函数声明================================
void adc_init(void);                            //ADC 初始化子程序
void read_adcresults(unsigned int *p);          //ADC 转换结果读取子函数
//=========主程序==================================
void main()
{
  InitSysCtrl();                                //系统初始化
  DINT;                                         //关闭全局中断
  InitPieCtrl();                                //初始化 PIE
  IER=0x0000;                                   //关闭 CPU 中断
  IFR=0x0000;                                   //清除 CPU 中断信号
  InitPieVectTable();                           //初始化中断向量列表
//初始化 ADC 模块
  adc_init();
  AdcRegs.ADCTRL2.bit.SOC_SEQ1=1;               //启动一次转换过程
  while(1)
  {
    read_adcresults(Adcresults);                //读取结果
    DELAY_US(100000L);                          //延时 100ms
  }
}
//=========子函数定义==============================
//***********************************
/*
  @ Description: ADC 模块初始化子函数
```

```
  @ Param
  @ Return
 */
//*************************************
void adc_init(void)
{
EALLOW;
   #if (CPU_FRQ_150MHz)                                    //Default - 150 MHz SYSCLKOUT
   #define ADC_MODCLK 0x3
                        //HSPCLK=SYSCLKOUT/2*ADC_MODCLK2=150/(2*3)=25.0 MHz
   #endif
   #if (CPU_FRQ_100MHz)
   #define ADC_MODCLK 0x2
                        //HSPCLK=SYSCLKOUT/2*ADC_MODCLK2=100/(2*2)=25.0 MHz
   #endif
   EDIS;
   InitAdc();
//ADC模块硬件初始化,可在TI公司提供程序包中的DSPF28335_Adc.c文件中找到配置ADC模块
   EALLOW;
   SysCtrlRegs.HISPCP.all=ADC_MODCLK;               //HSPCLK=SYSCLKOUT/ADC_MODCLK
   EDIS;
   AdcRegs.ADCTRL1.bit.ACQ_PS=0xf;                  //设置启动脉冲的宽度
   AdcRegs.ADCTRL3.bit.ADCCLKPS=0x1;                //设置是否采用2分频
   AdcRegs.ADCMAXCONV.bit.MAX_CONV1=15; //设置最大转换通道为15+1=16次
   AdcRegs.ADCTRL1.bit.SEQ_CASC=1;                  //序列发生器工作在级联模式
   AdcRegs.ADCCHSELSEQ1.bit.CONV00=0x0;     //第一次转换通道设定为ADCINA0
   AdcRegs.ADCCHSELSEQ1.bit.CONV01=0x1;   //第二次转换通道设定为ADCINA1,以下同理
   AdcRegs.ADCCHSELSEQ1.bit.CONV02=0x2;     //ADCINA2
   AdcRegs.ADCCHSELSEQ1.bit.CONV03=0x3;     //ADCINA3
   AdcRegs.ADCCHSELSEQ2.bit.CONV04=0x4;     //ADCINA4
   AdcRegs.ADCCHSELSEQ2.bit.CONV05=0x5;     //ADCINA5
   AdcRegs.ADCCHSELSEQ2.bit.CONV06=0x6;     //ADCINA6
   AdcRegs.ADCCHSELSEQ2.bit.CONV07=0x7;     //ADCINA7
   AdcRegs.ADCCHSELSEQ3.bit.CONV08=0x8;     //ADCINB0
   AdcRegs.ADCCHSELSEQ3.bit.CONV09=0x9;     //ADCINB1
   AdcRegs.ADCCHSELSEQ3.bit.CONV10=0xa;     //ADCINB2
   AdcRegs.ADCCHSELSEQ3.bit.CONV11=0xb;     //ADCINB3
   AdcRegs.ADCCHSELSEQ4.bit.CONV12=0xc;     //ADCINB4
   AdcRegs.ADCCHSELSEQ4.bit.CONV13=0xd;     //ADCINB5
   AdcRegs.ADCCHSELSEQ4.bit.CONV14=0xe;     //ADCINB6
   AdcRegs.ADCCHSELSEQ4.bit.CONV15=0xf;     //ADCINB7
   //AdcRegs.ADCTRL1.bit.CONT_RUN=1;         //设置连续运行模式
 }
 //*************************************
 /*
   @ Description: 读取ADC采样结果子函数
   @ Param
   @ Return
  */
 //*************************************
 void read_adcresults(unsigned int *p)
```

```
{
  AdcRegs.ADCTRL2.bit.RST_SEQ1=1;              //复位序列发生器
  AdcRegs.ADCTRL2.bit.SOC_SEQ1=1;              //如果不是工作在连续转换模式,对
                                               //SOC_SEQ1 置位,则开始本次转换
  while (AdcRegs.ADCST.bit.INT_SEQ1== 0);      //等待本次序列结束
  AdcRegs.ADCST.bit.INT_SEQ1_CLR=1;            //清除中断信号
  //读取本次转换结果,由于从 0x7108~0x7117 地址读取,所以要将转换结果向低位移 4 位
  *p=AdcRegs.ADCRESULT0>>4;
  *(p+1)=AdcRegs.ADCRESULT1>>4;
  *(p+2)=AdcRegs.ADCRESULT2>>4;
  *(p+3)=AdcRegs.ADCRESULT3>>4;
  *(p+4)=AdcRegs.ADCRESULT4>>4;
  *(p+5)=AdcRegs.ADCRESULT5>>4;
  *(p+6)=AdcRegs.ADCRESULT6>>4;
  *(p+7)=AdcRegs.ADCRESULT7>>4;
  *(p+8)=AdcRegs.ADCRESULT8>>4;
  *(p+9)=AdcRegs.ADCRESULT9>>4;
  *(p+10)=AdcRegs.ADCRESULT10>>4;
  *(p+11)=AdcRegs.ADCRESULT11>>4;
  *(p+12)=AdcRegs.ADCRESULT12>>4;
  *(p+13)=AdcRegs.ADCRESULT13>>4;
  *(p+14)=AdcRegs.ADCRESULT14>>4;
  *(p+15)=AdcRegs.ADCRESULT15>>4;
}
//==========================================================
//End of file
//==========================================================
```

6.9 习题

1. 设 A/D 输入引脚上的电压分别为 0V、1V、1.5V、2.5V、3V,分别计算对应的转换结果寄存器的值。

2. 假设 A/D 输入引脚的电压可能会超过 0~3V 的范围,请设计一个输入电压限制电路,以保证输入电压被限制在该范围内。

3. 假设转换结果寄存器的值为 2000,计算对应的 A/D 输入引脚上的电压值。

4. 简要描述级联系列发生器和双序列发生器的区别。

5. ADC 的控制寄存器有哪些?

6. ADC 模块中包含哪些中断源?

第7章

增强型脉宽调制模块

增强型脉宽调制(ePWM)模块作为F28335 DSP的重要外设，使用非常广泛，在商业及工业电力电子系统的控制中得到了广泛的应用，如数字式电机控制系统、开关电源、不间断供电电源及其他电力变换设备。F28335 DSP具有6个独立的ePWM外设模块。

7.1 概述

一个ePWM模块的完整输出通道包括两路PWM信号：EPWMxA及EPWMxB。每个ePWM模块都有独立的内部逻辑电路，在一块DSP芯片内部可以集成多个ePWM模块，如图7-1所示。所有ePWM模块采用时钟同步技术级联在一起，从而在需要时可将其看成一个整体。有些ePWM模块为了追求更高的PWM脉宽控制精度，添加了高分辨率脉宽调制器(HRPWM)。

每个ePWM模块都具有以下功能。

(1) 周期和频率可调的专用16位时间基准计数器。

(2) 两路PWM输出EPWMxA及EPWMxB可作如下配置：

- 采用单边控制的两路独立的PWM输出；
- 采用对称双边控制的两路独立的PWM输出；
- 采用对称双边控制的一路独立的PWM输出。

(3) 可通过软件对PWM信号进行异步写覆盖操作。

(4) 可编程的相位控制，可超前或滞后其他ePWM模块。

(5) 采用周期连续控制的硬件相位锁存技术。

(6) 独立的上升沿与下降沿延时控制。

(7) 可编程的外部错误触发控制，包括周期触发及单次触发，触发条件出现后可自动将PWM输出引脚设置成低电平、高电平或高阻状态。

(8) 所有事件都可以触发CPU中断和ADC转换启动脉冲SOC。

(9) 可编程的事件分频，从而减少CPU中断次数。

(10) 高频斩波信号对PWM进行斩波控制，用于高频变换器的门极驱动。

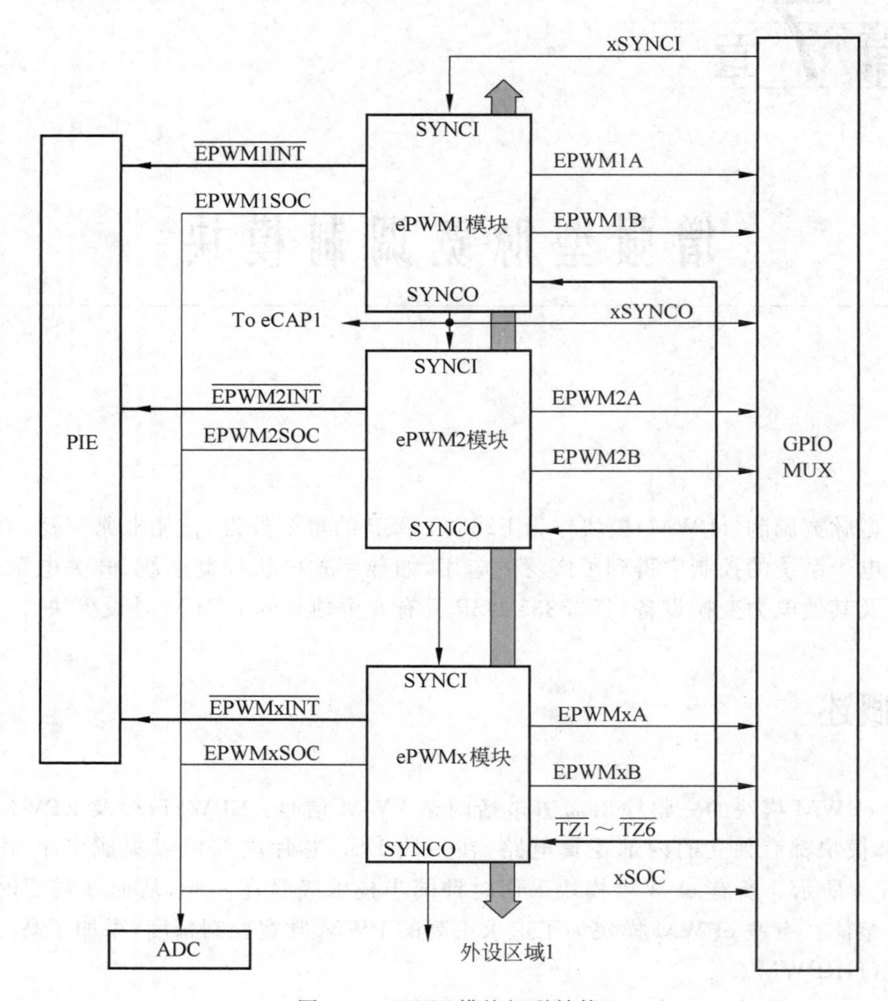

图 7-1 ePWM 模块级联结构

图 7-2 给出了一个 ePWM 模块内部所包含的子模块，ePWM 模块所用到的主要信号有：

(1) PWM 输出信号 EPWMxA、EPWMxB。

PWM 输出信号通过 GPIO 口输送到芯片外部。

(2) 外部触发信号$\overline{TZ1}$～$\overline{TZ6}$。

这些外部触发信号用来提醒 ePWM 模块，其外部出现错误条件。器件上的每个 ePWM 单元都可以使用或屏蔽掉外部触发信号。TZ1～TZ6可配置成同步输入模式，并从相应的 GPIO 输入到芯片内部。

(3) 时钟基准同步信号输入 EPWMxSYNCI 及输出 EPWMxSYNCO。

同步信号将所有 ePWM 模块连接成一个整体，每个 ePWM 模块都可以使用或忽略同步信号。

(4) ADC 启动信号 EPWMxSOCA、EPWMxSOCB。

每个 ePWM 模块都可以产生两路 ADC 启动信号。

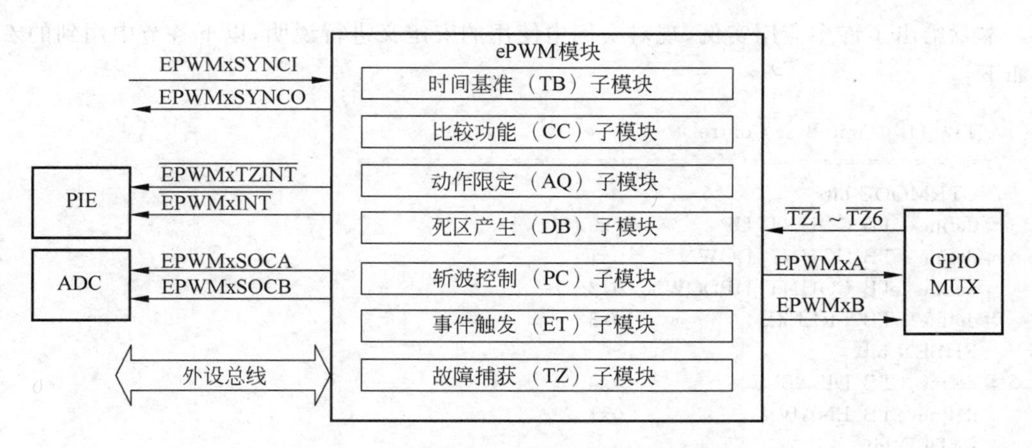

图 7-2　ePWM 模块的子模块及主要连接信号

（5）外设总线。

32 位的外设总线用来对 ePWM 模块寄存器进行读/写操作。

图 7-3 给出了 ePWM 模块的内部结构框图。

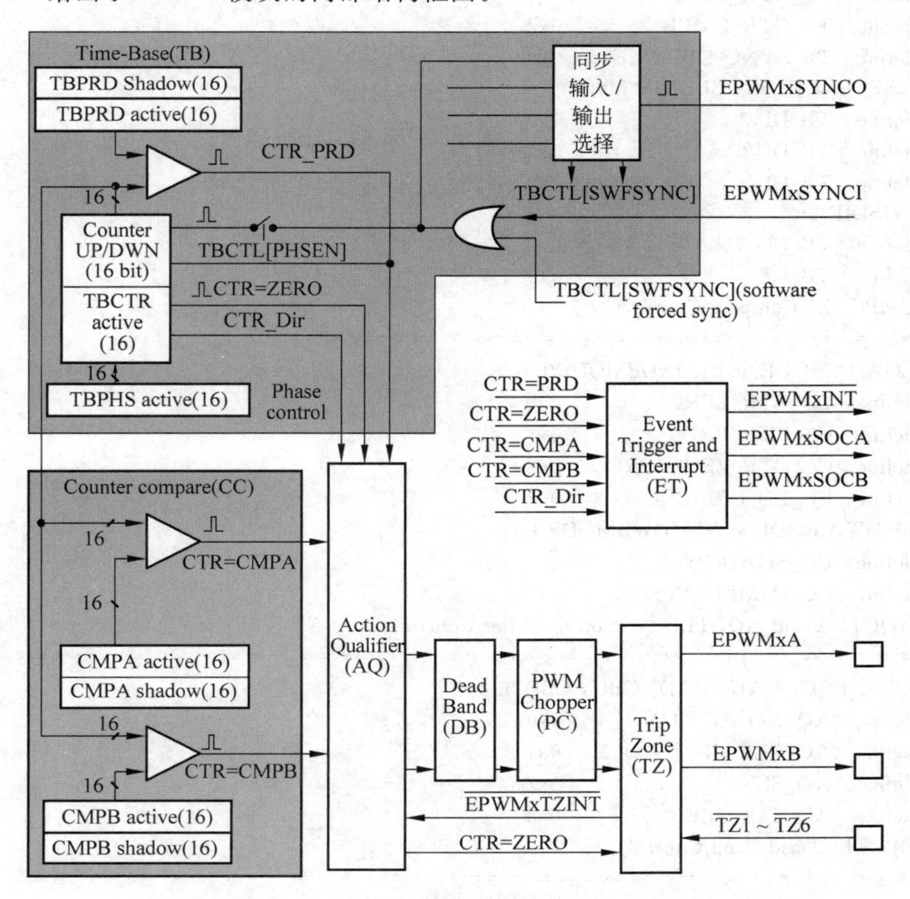

图 7-3　ePWM 模块内部结构框图

本章给出了许多应用实例，现对实例中使用的宏定义进行说明，以下各节中用到的宏定义如下：

```
//TBCTL (Time-Base Control)
//================================
//CTRMODE bits
#define  TB_COUNT_UP          0x0
#define  TB_COUNT_DOWN        0x1
#define  TB_COUNT_UPDOWN      0x2
#define  TB_FREEZE            0x3
//PHSEN bit
#define  TB_DISABLE           0x0
#define  TB_ENABLE            0x1
//PRDLD bit
#define  TB_SHADOW            0x0
#define  TB_IMMEDIATE         0x1
//SYNCOSEL bits
#define  TB_SYNC_IN           0x0
#define  TB_CTR_ZERO          0x1
#define  TB_CTR_CMPB          0x2
#define  TB_SYNC_DISABLE      0x3
//HSPCLKDIV and CLKDIV bits
#define  TB_DIV1              0x0
#define  TB_DIV2              0x1
#define  TB_DIV4              0x2
//PHSDIR bit
#define  TB_DOWN              0x0
#define  TB_UP                0x1
//CMPCTL (Compare Control)
//================================
//LOADAMODE and LOADBMODE bits
#define  CC_CTR_ZERO          0x0
#define  CC_CTR_PRD           0x1
#define  CC_CTR_ZERO_PRD      0x2
#define  CC_LD_DISABLE        0x3
//SHDWAMODE and SHDWBMODE bits
#define  CC_SHADOW            0x0
#define  CC_IMMEDIATE         0x1
//AQCTLA and AQCTLB (Action Qualifier Control)
//=============================================
//ZRO, PRD, CAU, CAD, CBU, CBD bits
#define  AQ_NO_ACTION         0x0
#define  AQ_CLEAR             0x1
#define  AQ_SET               0x2
#define  AQ_TOGGLE            0x3
//DBCTL (Dead-Band Control)
//================================
//OUT MODE bits
#define  DB_DISABLE           0x0
#define  DBA_ENABLE           0x1
```

```
#define  DBB_ENABLE          0x2
#define  DB_FULL_ENABLE      0x3
//POLSEL bits
#define  DB_ACTV_HI          0x0
#define  DB_ACTV_LOC         0x1
#define  DB_ACTV_HIC         0x2
#define  DB_ACTV_LO          0x3
//IN MODE
#define DBA_ALL              0x0
#define DBB_RED_DBA_FED      0x1
#define DBA_RED_DBB_FED      0x2
#define DBB_ALL              0x3
//CHPCTL (chopper control)
//==========================
//CHPEN bit
#define  CHP_DISABLE         0x0
#define  CHP_ENABLE          0x1
//CHPFREQ bits
#define  CHP_DIV1            0x0
#define  CHP_DIV2            0x1
#define  CHP_DIV3            0x2
#define  CHP_DIV4            0x3
#define  CHP_DIV5            0x4
#define  CHP_DIV6            0x5
#define  CHP_DIV7            0x6
#define  CHP_DIV8            0x7
//CHPDUTY bits
#define  CHP1_8TH            0x0
#define  CHP2_8TH            0x1
#define  CHP3_8TH            0x2
#define  CHP4_8TH            0x3
#define  CHP5_8TH            0x4
#define  CHP6_8TH            0x5
#define  CHP7_8TH            0x6
//TZSEL (Trip Zone Select)
//==========================
//CBCn and OSHTn bits
#define  TZ_DISABLE          0x0
#define  TZ_ENABLE           0x1
//TZCTL (Trip Zone Control)
//==========================
//TZA and TZB bits
#define  TZ_HIZ              0x0
#define  TZ_FORCE_HI         0x1
#define  TZ_FORCE_LO         0x2
#define  TZ_NO_CHANGE        0x3
//ETSEL (Event Trigger Select)
//===============================
#define  ET_CTR_ZERO         0x1
#define  ET_CTR_PRD          0x2
#define  ET_CTRU_CMPA        0x4
```

```
#define  ET_CTRD_CMPA        0x5
#define  ET_CTRU_CMPB        0x6
#define  ET_CTRD_CMPB        0x7
//ETPS (Event Trigger Pre-scale)
//=====================================
//INTPRD, SOCAPRD, SOCBPRD bits
#define  ET_DISABLE          0x0
#define  ET_1ST              0x1
#define  ET_2ND              0x2
#define  ET_3RD              0x3
```

7.2 ePWM 各子模块介绍

本节将详细介绍 ePWM 7 个主要子模块的工作原理及配置信息，表 7-1 首先概括了每个子模块的功能。

表 7-1 ePWM 子模块功能

子 模 块	主要功能描述
时间基准(TB)	(1) 设定基准时钟 TBCLK 与系统时钟 SYSCLKOUT 之间的关系； (2) 设定 PWM 时间基准计数器 TBCTR 的频率和周期； (3) 设定时间基准计数器的工作模式：增计数、减计数、增减计数； (4) 设定与其他 ePWM 模块之间的相位关系； (5) 通过软件或硬件方式同步所有 ePWM 模块的时间基准计数器，并设定同步后计数器的方向(增计数或减计数)； (6) 设定时间基准计数器在仿真挂起时的工作方式； (7) 指定 ePWM 的同步输出信号的信号源：同步输入信号、时间计数器归零、时间计数器等于比较器 B(CMPB)、不产生同步信号
比较功能(CC)	(1) 指定 EPWMxA 和 EPWMxB 的占空比； (2) 指定 EPWMxA 和 EPWMxB 输出脉冲发生状态翻转的时间
动作限定(AQ)	设定当时间基准或比较功能子模块事件发生式的动作： • 无反应； • EPWMxA 和/或 EPWMxB 的输出切换到高电平； • EPWMxA 和/或 EPWMxB 的输出切换到低电平； • EPWMxA 和/或 EPWMxB 的输出进行状态翻转
死区产生(DB)	(1) 控制上下两个互补脉冲之间的死区时间； (2) 设定上升沿延时时间； (3) 设定下降沿延时时间； (4) 不做处理，即 PWM 直接通过该模块
斩波控制(PC)	(1) 产生斩波频率； (2) 设定脉冲序列中第一个脉冲的宽度； (3) 设定第二个及其以后脉冲的脉冲宽度； (4) 不做处理，即 PWM 直接通过该模块

续表

子 模 块	主要功能描述
故障捕获(TZ)	(1) 配置 ePWM 模块响应一个、全部或不响应外部故障触发信号； (2) 设定当外部故障触发信号出现时 ePWM 的动作： • 强制 EPWMxA 和/或 EPWMxB 为高电平； • 强制 EPWMxA 和/或 EPWMxB 为低电平； • 强制 EPWMxA 和/或 EPWMxB 为高阻状态； • EPWMxA 和/或 EPWMxB 不做任何反应。 (3) 设定 ePWM 对外部故障触发信号的相应频率：单次响应，周期性响应； (4) 使能外部故障触发信号产生中断； (5) 完全忽略外部故障触发信号
事件触发(ET)	(1) 使能 ePWM 模块的中断功能； (2) 使能 ePWM 模块产生 ADC 启动信号； (3) 设定触发事件触发中断或 ADC 启动信号的频率：每次都触发、2 次才触发、3 次才触发； (4) 挂起、置位或清除事件标志位

7.2.1 时间基准子模块

每个 ePWM 模块都有自己的时间基准子模块(TB)，用以决定整个 ePWM 模块的工作时序，通过同步逻辑信号可以使多个 ePWM 模块以相同的时钟基准工作。图 7-4 给出了时间基准子模块在整个 ePWM 模块中的位置。

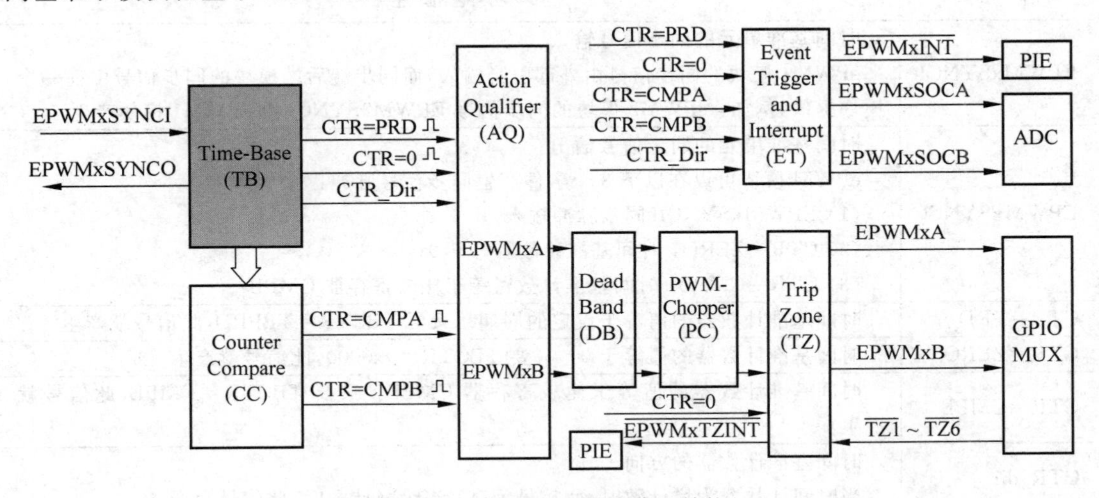

图 7-4 时间基准子模块位置结构

1. TB 子模块内部结构

图 7-5 给出了 TB 子模块内部关键信号及主要寄存器，表 7-2 对 TB 子模块主要信号的功能进行了描述。

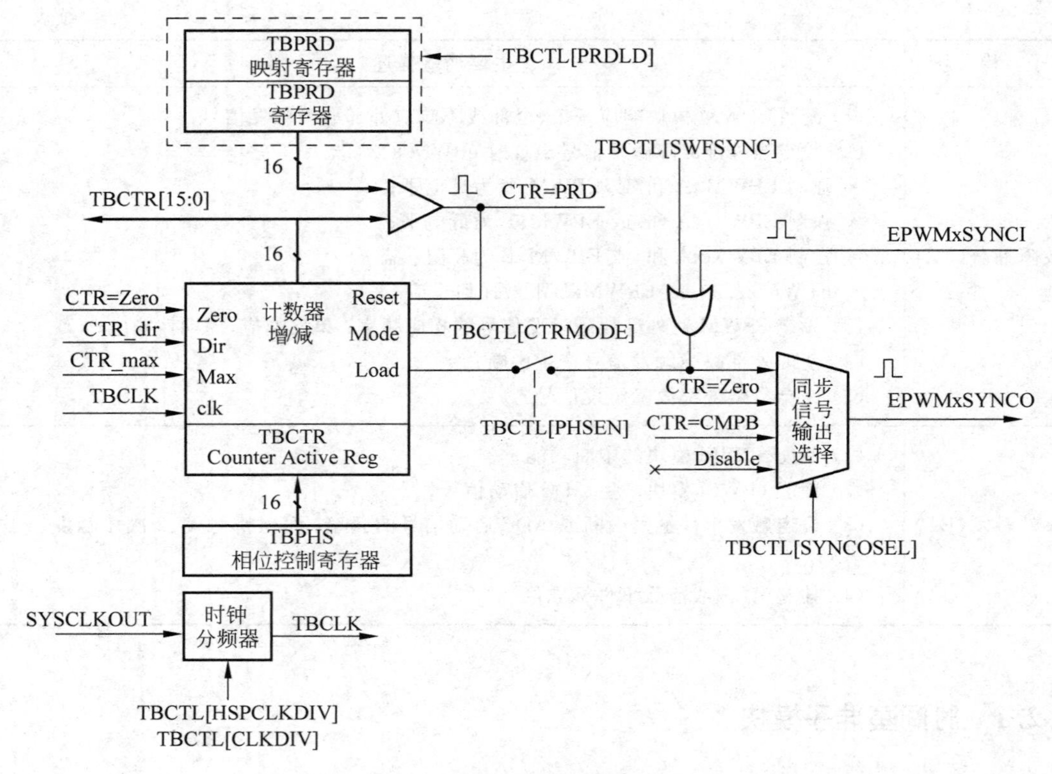

图 7-5 TB 子模块内部信号和寄存器

表 7-2 TB 子模块主要信号及功能描述

信号	功能描述
EPWMxSYNCI	时间基准单元的同步信号输入。 ePWM1 模块的同步信号由外部引脚输入，而同步链后端模块的同步信号由前一个模块提供，例如：ePWM2 模块的同步信号 EPWM2SYNCI 由 ePWM1 模块产生
EPWMxSYNCO	时间基准单元的同步信号输出。 ePWM 模块可以在以下 3 个事件产生同步信号脉冲： (1) EPWMxSYNCI(同步脉冲输入)； (2) CTR＝ZERO：时间基准计数器等于 0； (3) CTR＝CMPB：时间基准计数器等于比较寄存器 CMPB
CTR＝PRD	时间基准计数器的值等于设定的周期。只要 TBCTR＝TBPRD，此信号就产生
CTR＝ZERO	时间基准计数器的值等于 0。只要 TBCTR＝0x0000，此信号就产生
CTR＝CMPB	时间基准计数器的值等于比较寄存器 CMPB。只要 TBCTR＝CMPB，此信号就产生
CTR_dir	时间基准计数器的方向。 当时间计数器为增计数时，此信号为高；当为减计数时，此信号为低
CTR_max	时间基准计数器的值等于最大值。当 TBCTR＝0xFFFF，产生此信号
TBCLK	基准时钟。 这个信号由系统时钟 SYSCLKOUT 经过分频而来，并用于整个 ePWM 模块

2. 计算 PWM 周期和频率

PWM 的周期由时间基准周期寄存器和时间基准计数器的运行方式共同决定。时间基准计数器具有 3 种运行方式。

(1) 增减计数。在增减计数模式下,时钟基准计数器从零开始增加,直到等于 TBPRD 的值,然后开始减计数,直到等于 0,然后重复上述过程。

(2) 增计数。该模式下,时钟基准计数器从零开始增加,直到等于 TBPRD 的值,然后计数器复位到 0,重复上述过程。

(3) 减计数。在该模式下,时钟基准计数器从 TBPRD 始减小,直到等于 0,然后计数器复位到 TBPRD,重复上述过程。

图 7-6 给出了当 TBPRD=4 时 PWM 周期和频率与计数器工作模式之间的关系。其中,计数器的基准时钟 TBCLK 由系统时钟 SYSCLKOUT 经过分频器分频得到。

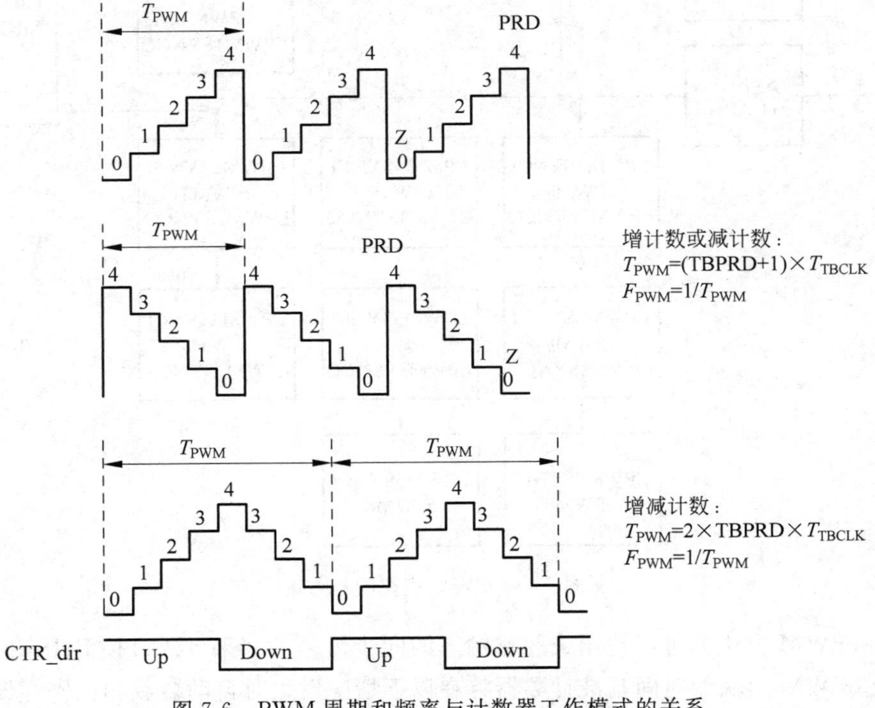

图 7-6 PWM 周期和频率与计数器工作模式的关系

3. 时间基准周期寄存器的映射寄存器

时间基准周期寄存器 TBPRD 具有一个映射寄存器,映射功能可以使寄存器的更新与硬件同步。所有 ePWM 模块的映射寄存器都用以下方式进行描述:

(1) 当前寄存器,用来控制系统硬件的运行,并反映硬件的当前状态。

(2) 映射寄存器,用来暂存数据,并在特定的时刻将数据传送到当前寄存器中,对硬件没有任何直接作用。

映射寄存器与当前寄存器拥有相同的地址,TBCTL[PRDLD]位决定了是否使用 TBPRD 的映射寄存器功能,从而决定了读/写操作作用于当前寄存器还是映射寄存器。

① TBPRD 映射模式。当 TBCTL[PRDLD]=0 时可使能 TBPRD 的映射模式,此时

读/写 TBPRD 的地址单元将直接作用于映射寄存器，当时间基准计数器的值等于 0 时，映射寄存器中的内容直接装载到当前寄存器。默认情况下 TBPRD 采用映射模式。

② TBPRD 立即模式。当 TBCTL[PRDLD]=1 时 TBPRD 使用立即模式，此时读/写操作将绕开映射寄存器而直接作用于当前寄存器。

4. 时间基准计数器的同步

时间基准计数器的同步方案是将一个器件内的所有 ePWM 模块连接在一起。每一个 ePWM 模块都有一个同步信号输入(EPWMxSYNCI)及一个同步信号输出(EPWMxSYNCO)，并且第一个模块 ePWM1 的同步信号输入来自外部引脚。ePWM 模块间的同步方案有多种，F28335 采用图 7-7 所示的同步方案。

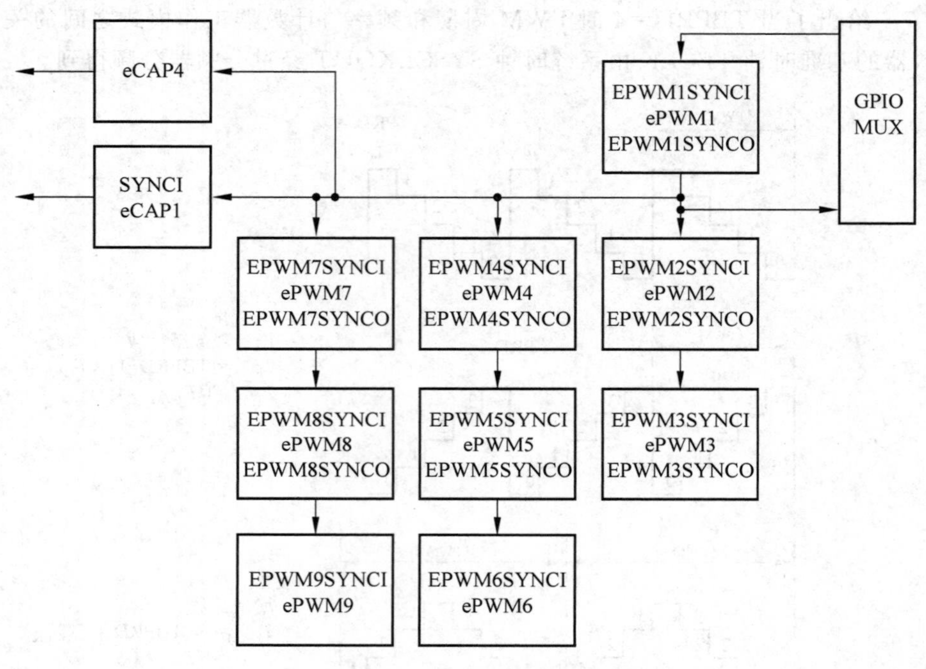

图 7-7 ePWM 模块同步方案

每个 ePWM 模块都可以使用或忽略输入的同步信号。如果 TBCTL[PHSEN]位为 1，那么相应 ePWM 模块的时间基准计数器将在以下情况发生时自动装载相位寄存器 TBPHS 中的内容。

(1) 同步脉冲 EPWMxSYNCI 输入时。

当同步脉冲信号 EPWMxSYNCI 被检测到时，相位寄存器 TBPHS 中的值将装载到时间基准计数器 TBCTR 中，装载过程发生在下一个时间基准时钟 TBCLK 的上升沿。如果 TBCLK = SYSCLKOUT，那么将产生 2 个 TBCLK 周期的延时；如果 TBCLK! = SYSCLKTOUT，那么将产生一个 TBCLK 周期的延时。

(2) 软件强制同步脉冲产生时。

当向 TBCTL[SWFSYNC]位中写 1 时，即使用软件强制产生一个同步脉冲，软件产生的同步脉冲与 EPWMxSYNCI 具有相同的作用。

相位控制功能可以轻易地控制各个 ePWM 模块所产生 PWM 脉冲之间的相位关系，可控制一路PWM脉冲的相位超前、滞后或与另一路PWM脉冲同步。在增减计数模式下，TBCTL[PSHDIR]位控制同步事件发生后时间基准计数器的方向，新的计数方向与同步事件之前的计数方向无关，在增计数或减计数模式下，PHSDIR位被忽略。图7-8～图7-11给出了相应的实例。

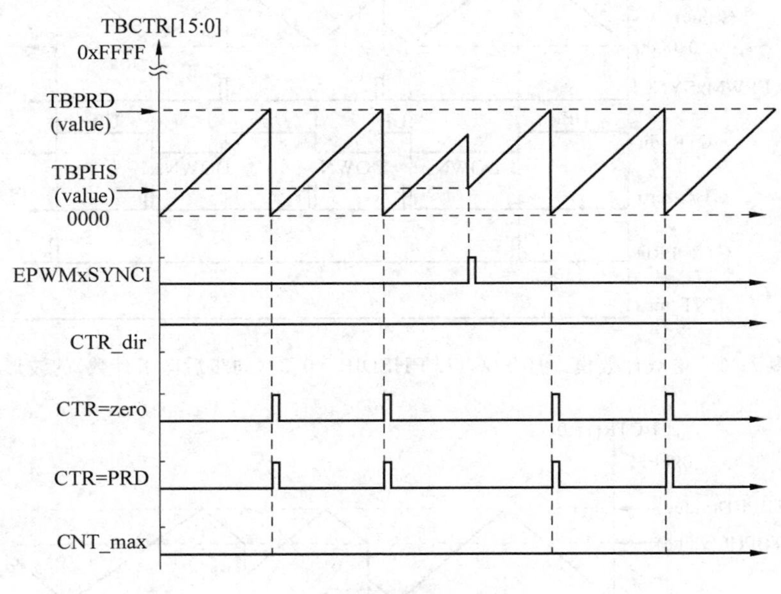

图 7-8 增计数模式下的波形

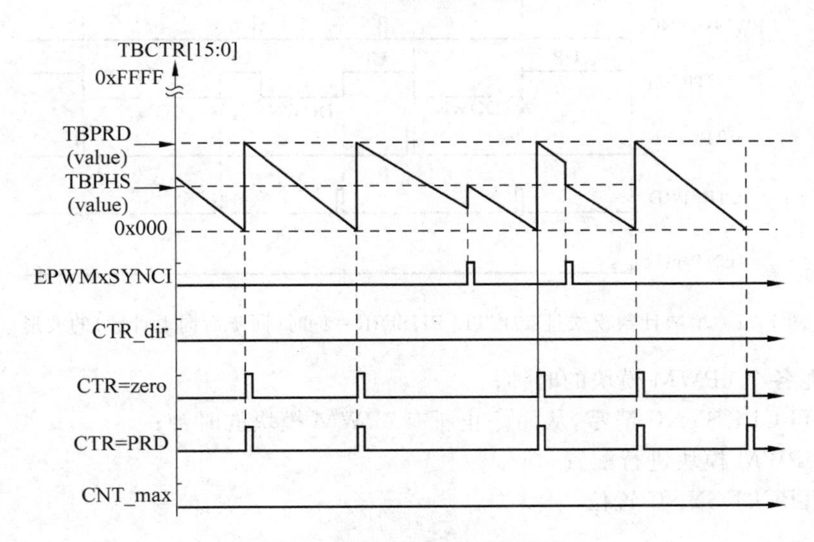

图 7-9 减计数模式下的波形

5. 多个ePWM模块之间的基准时钟

TBCLKSYNC位可以用来同步所有使能的ePWM模块的基准时钟。当TBCLKSYNC＝0时，所有ePWM模块的时钟停止(默认)，当TBCLKSYNC＝1时，所有ePWM模块的时钟在TBCLK的上升沿启动。在配置ePWM模块的过程中，要遵循以下步骤：

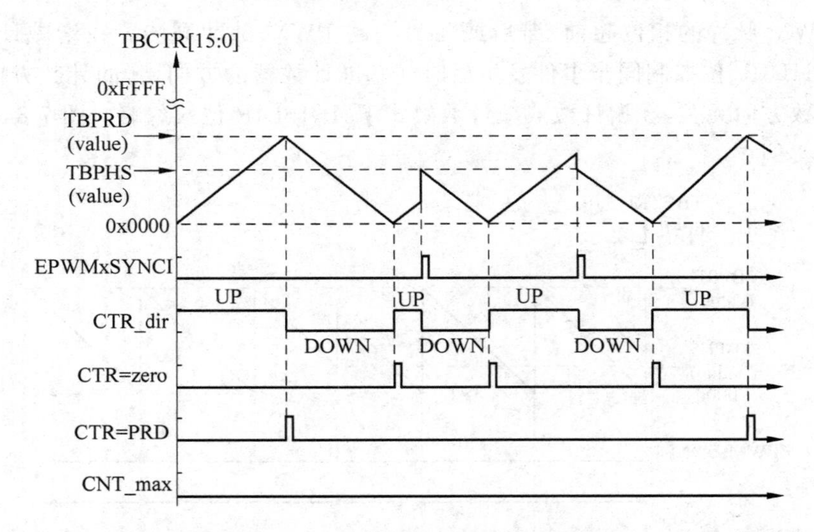

图 7-10　增减计数模式且 TBCTL[PHSDIR＝0]时(同步后向下计数)的波形

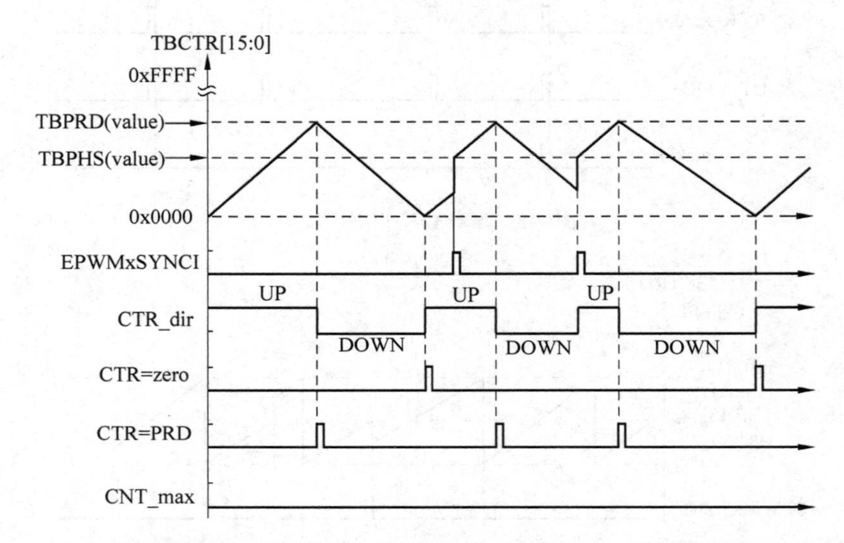

图 7-11　增减计数模式且 TBCTL[PHSDIR＝1]时(同步后向上计数)的波形

(1) 使能各个 ePWM 模块的时钟；

(2) 将 TBCLKSYNC 清零，从而停止所有 ePWM 模块的时钟；

(3) 对 ePWM 模块进行配置；

(4) 将 TBCLKSYNC 置位。

7.2.2 比较功能子模块

图 7-12 给出了比较功能子模块(CC)在整个 ePWM 模块中的位置。

1. CC 子模块内部结构

图 7-13 给出了 CC 子模块内部关键信号及主要寄存器，表 7-3 对 CC 子模块主要信号的功能进行了描述。

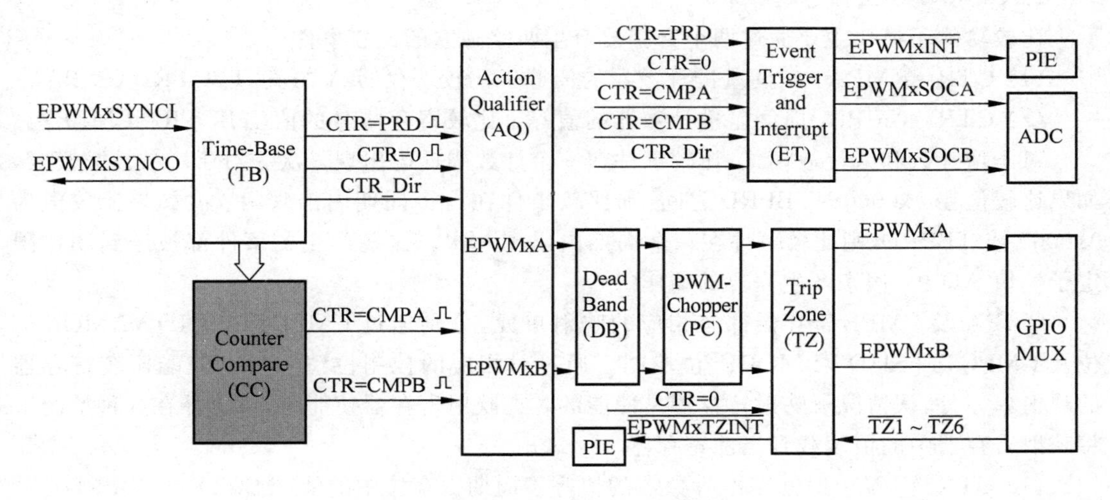

图 7-12 比较功能子模块位置结构

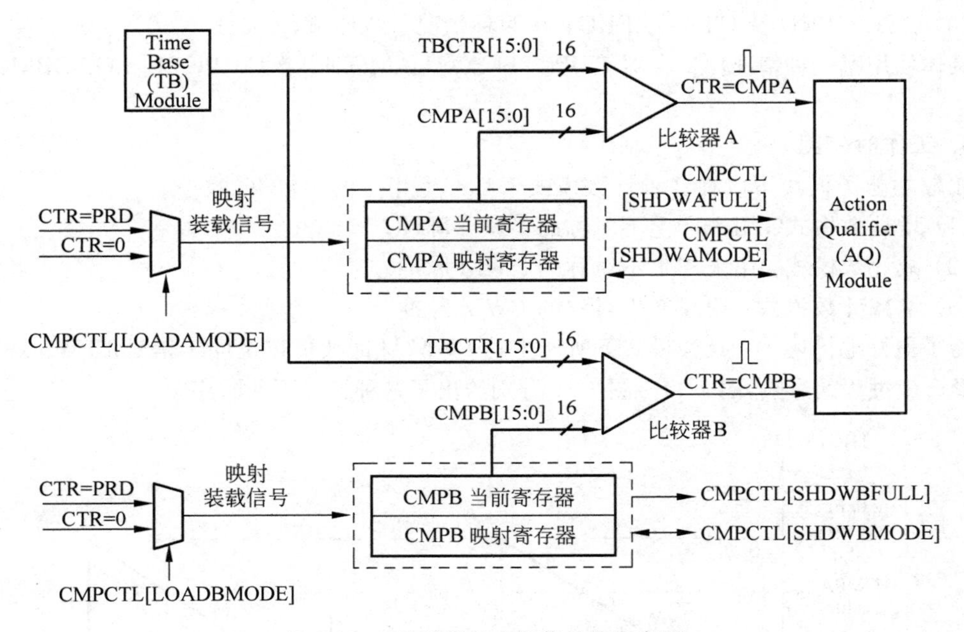

图 7-13 CC 子模块内部信号和寄存器

表 7-3 CC 子模块主要信号及功能描述

信　　号	功 能 描 述	寄存器比较
CTR＝CMPA	时间基准计数器的值等于比较寄存器 A 的当前值	TBCTR＝CMPA
CTR＝CMPB	时间基准计数器的值等于比较寄存器 B 的当前值	TBCTR＝CMPB
CTR＝PRD	时间基准计数器的值等于周期寄存器的值。 用于将 CMPA 及 CMPB 映射寄存器的值装载到当前寄存器	TBCTR＝TBPRD
CTR＝ZERO	时间基准计数器的值等于 0。 用于将 CMPA 及 CMPB 映射寄存器的值装载到当前寄存器	TBCTR＝0x0000

2. CC 子模块工作过程

比较功能子模块主要通过两个寄存器产生两路独立的比较事件。

(1) CTR＝CMPA：时间基准计数器的值等于比较寄存器 A 的值(TBCTR＝CMPA)。

(2) CTR＝CMPB：时间基准计数器的值等于比较寄存器 B 的值(TBCTR＝CMPB)。

对于增计数和减计数模式，比较事件在一个计数周期内出现一次。对于增减计数模式，如果比较值在 0x0000～TBPRD 之间，则比较事件在一个周期内出现两次；如果比较值为 0x0000 或 TBPRD，则比较事件在一个周期内出现一次。这些产生的事件都被送到动作限定子模块 AQ 中，用来产生需要的动作。

CMPA 及 CMPB 寄存器都有相应的映射单元，分别通过 CMPCTL[SHDWAMODE]位及 CMPCTL[SHDWBMODE]位控制。通过对相应的控制位清零可以使能比较寄存器的映射单元，默认情况下映射寄存器是使能的。在映射寄存器使能时，可选择在 3 种情况下将映射寄存器中的值装载到当前寄存器。

(1) CTR＝PRD：时间基准计数器的值等于周期寄存器中的值(TBCTR＝TBPRD)。

(2) CTR＝ZERO：时间基准计数器的值等于 0x0000(TBCTR＝0x0000)。

(3) CTR＝PRD 及 CTR＝ZERO：在两种情况下都装载。

具体使用哪一种情况由寄存器 CMPCTL[LOADAMODE]及 CMPCTL[LOADBMODE]决定。

3. 工作时序图

比较功能子模块可以在 3 种计数模式下都产生相应的比较事件。

(1) 增计数模式：用来产生不对称的 PWM 脉冲。

(2) 减计数模式：用来产生不对称的 PWM 脉冲。

(3) 增减计数模式：用来产生对称的 PWM 脉冲。

为了更好地描述 3 种计数模式下所产生的 PWM 脉冲波形以及同步信号 EPWMxSYNCI 对波形产生过程的影响，图 7-14～图 7-17 分别给出了各种情况下的时序图。

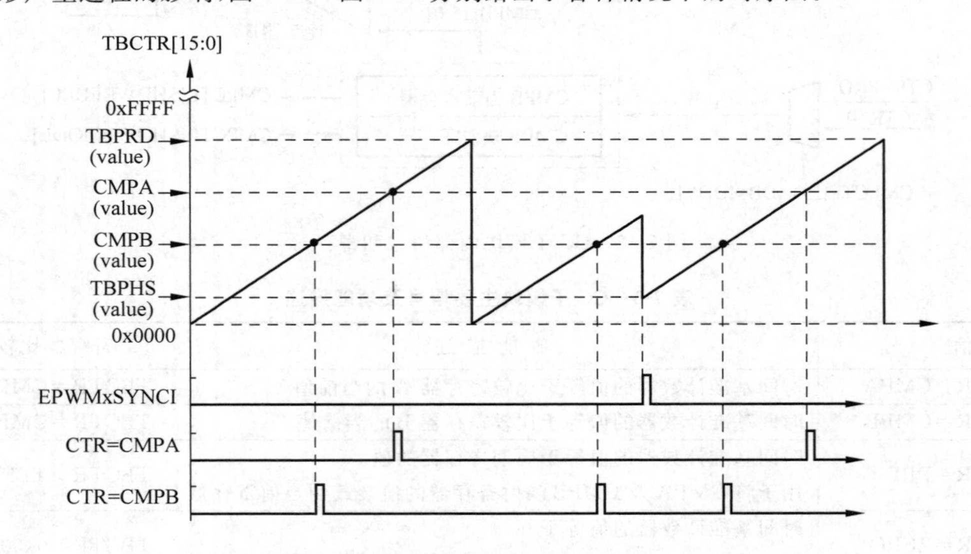

图 7-14 增计数模式下的比较事件

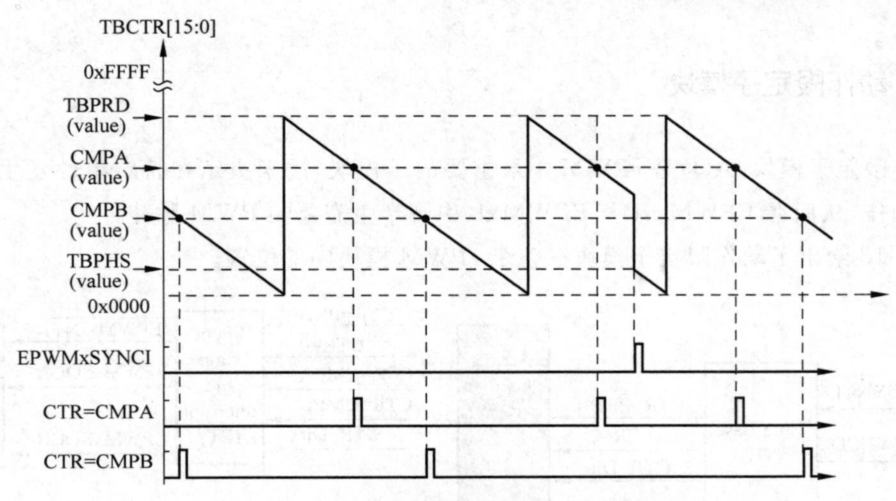

图 7-15 减计数模式下的比较事件

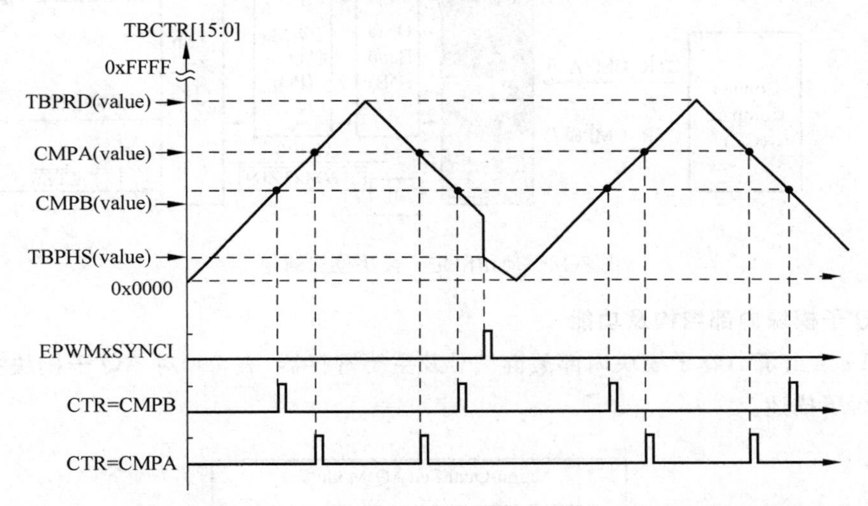

图 7-16 增减计数模式且 TBCTL[PHSDIR＝0]时(同步后向下计数)的比较事件

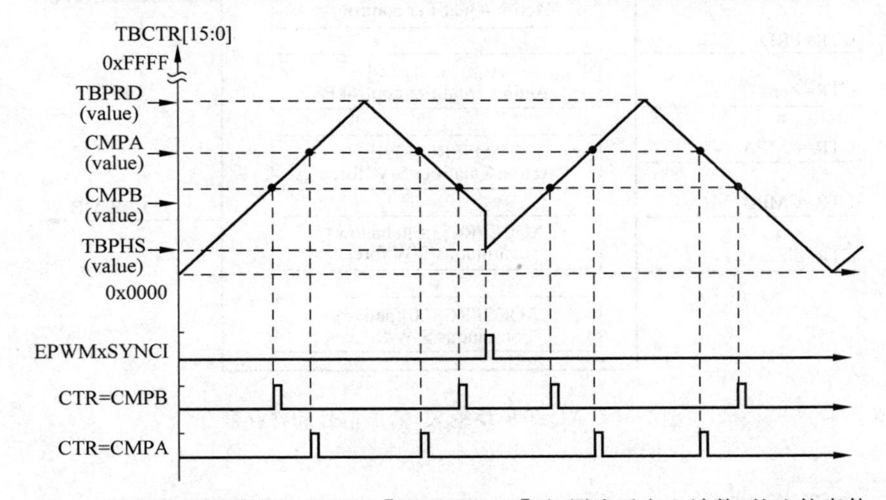

图 7-17 增减计数模式且 TBCTL[PHSDIR＝1]时(同步后向上计数)的比较事件

7.2.3 动作限定子模块

动作限定子模块(AQ)是 ePWM 中最重要的子模块,用来决定在特定事件发生时刻产生何种动作,从而在 EPWMxA 及 EPWMxB 引脚产生需要的 PWM 脉冲。

图 7-18 给出了动作限定子模块在整个 ePWM 模块中的位置。

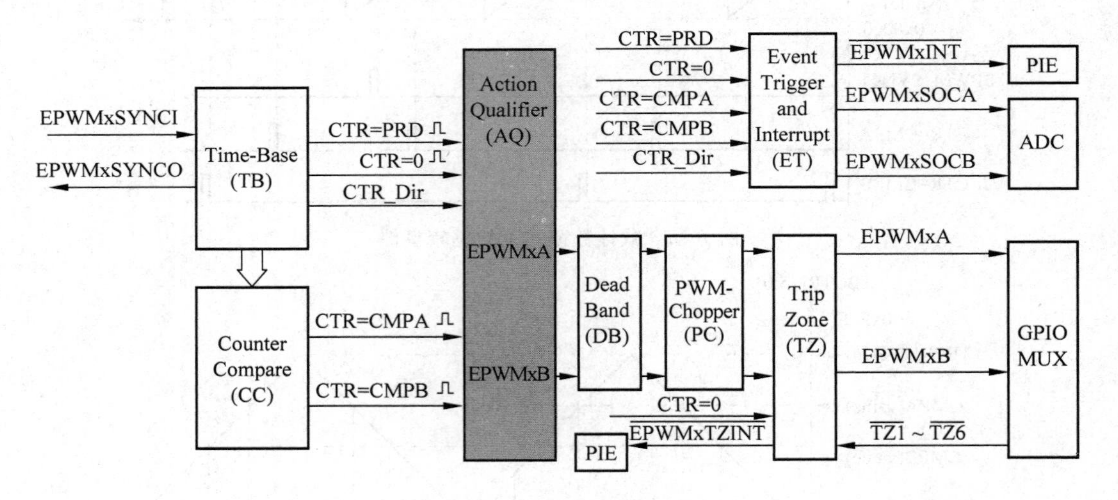

图 7-18 动作限定子模块位置结构

1. AQ 子模块内部结构及功能

图 7-19 给出了 AQ 子模块内部关键信号及主要寄存器,表 7-4 对 AQ 子模块主要信号的功能进行了描述。

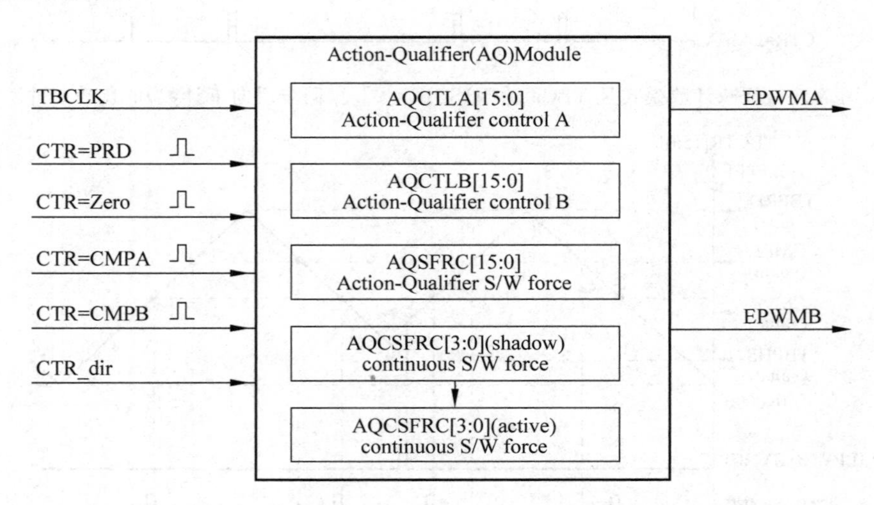

图 7-19 AQ 子模块输入/输出信号和寄存器

表 7-4 AQ 子模块主要信号及功能描述

信 号	功能描述	寄存器比较
CTR=CMPA	时间基准计数器的值等于比较寄存器 A 的当前值	TBCTR=CMPA
CTR=CMPB	时间基准计数器的值等于比较寄存器 B 的当前值	TBCTR=CMPB
CTR=PRD	时间基准计数器的值等于周期寄存器的值	TBCTR=TBPRD
CTR=ZERO	时间基准计数器的值等于 0	TBCTR=0x0000
软件强制事件	软件发起的一个异步强制事件	

软件强制功能是一个有用的异步事件，通过 AQSFRC 和 AQCSFRC 两个寄存器控制。AQ 子模块用来控制在一个特殊事件触发时刻如何改变 EPWMxA 及 EPWMxB 的状态，输入到 AQ 子模块内部的事件进一步被计数器的计数方向区分，从而允许在上升时刻和下降时刻的单独控制。对 EPWMxA 和 EPWMxB 所允许的操作如下。

(1) 置高：将 EPWMxA 或 EPWMxB 的输出设定为高电平。

(2) 置低：将 EPWMxA 或 EPWMxB 的输出设定为低电平。

(3) 翻转：将 EPWMxA 或 EPWMxB 的输出状态翻转。

(4) 无动作：保持 EPWMxA 或 EPWMxB 的输出状态不变，虽然“无动作”对 PWM 的输出状态没有影响，但它仍能触发中断及产生 ADC 启动信号。

对 EPWMxA 和 EPWMxB 的动作设定是完全独立的，任何一个事件都可以对 EPWMxA 或 EPWMxB 中的任何一个产生任何动作。例如，CTR＝CMPA 和 CTR＝CMPB 这两个事件都可以控制 EPWMxA 产生相应的动作，也都可以用来控制 EPWMxB 产生相应的动作。

为了简便起见，采用表 7-5 所示图形来表示各种动作。

表 7-5 动作符号及定义

软件强制	TB 计数器等于				动作
	Zero	Comp A	Comp B	Period	
SW ×	Z ×	CA ×	CB ×	P ×	无动作
SW ↓	Z ↓	CA ↓	CB ↓	P ↓	置低
SW ↑	Z ↑	CA ↑	CB ↑	P ↑	置高
SW T	Z T	CA T	CB T	P T	翻转

2. AQ 子模块事件优先级

ePWM 的动作限定子模块可以在同一时间接收多个触发事件，硬件电路为这些事件分配了优先级。通常情况下，在时间上后到来的事件具有较高的优先级，并且软件强制事件具有最高的优先级。表 7-6 给出了增减计数模式下事件的优先级，其中 1 代表最高优先级，2 代表的优先级次之，以此类推。

表 7-6 增减计数模式下的事件优先级

优 先 级	TBCTR 正在增计数 TBCTR＝0 递增到 TBCTR＝TBPRD	TBCTR 正在减计数 TBCTR＝TBPRD 递减到 TBCTR＝0
1(最高)	软件强制事件	软件强制事件
2	递增计数器的值等于 CMPB(CBU)	递减计数器的值等于 CMPB(CBD)
3	递增计数器的值等于 CMPA(CAU)	递增计数器的值等于 CMPA(CAD)
4	计数器等于零	计数器的值等于 TBPRD
5	递减计数器的值等于 CMPB(CBD)	递增计数器的值等于 CMPB(CBU)
6(最低)	递增计数器的值等于 CMPA(CAD)	递增计数器的值等于 CMPA(CAU)

表 7-7 及表 7-8 分别给出了增计数及减计数模式下的事件优先级。

表 7-7 增计数模式下的事件优先级

优 先 级	事 件
1(最高)	软件强制事件
2	计数器的值等于 TBPRD
3	计数器的值等于 CMPB(CBU)
4	计数器的值等于 CMPA(CAU)
5(最低)	计数器等于零

表 7-8 减计数模式下的事件优先级

优 先 级	事 件
1(最高)	软件强制事件
2	计数器的值等于零
3	计数器的值等于 CMPB(CBD)
4	计数器的值等于 CMPA(CAD)
5(最低)	计数器等于 TBPRD

在实际使用过程中，可以设置比较寄存器的值大于周期寄存器的值，表 7-9 给出了这种情况下工作过程。

表 7-9 比较值大于周期值时的工作情况

计数器模式	递增计数事件的比较 CAD/CBD	递增计数事件的比较 CAU/CBU
增计数	如果 CMPA/CMPB ≤ TBPRD，在匹配时(TBCTR＝CMPA 或 TBCTR＝CMPB)，有触发事件产生； 如果 CMPA/CMPB＞TBPRD，无触发事件产生	从不产生触发事件

续表

计数器模式	递增计数事件的比较 CAD/CBD	递增计数事件的比较 CAU/CBU
减计数	从不产生触发事件	如果 CMPA/CMPB＜TBPRD，在匹配时（TBCTR＝CMPA 或 TBCTR＝CMPB），有触发事件产生； 如果 CMPA/CMPB⩾TBPRD，将在 TBCTR＝TBPRD 时产生触发事件
增减计数	如果 CMPA/CMPB＜TBPRD 且计数器递增，在匹配时（TBCTR＝CMPA 或 TBCTR＝CMPB），有触发事件产生； 如果 CMPA/CMPB⩾TBPRD，将在 TBCTR＝TBPRD 时产生触发事件	如果 CMPA/CMPB＜TBPRD 且计数器递减，在匹配时（TBCTR＝CMPA 或 TBCTR＝CMPB），有触发事件产生； 如果 CMPA/CMPB⩾TBPRD，将在 TBCTR＝TBPRD 时产生触发事件

3. 常用波形配置

在实际使用过程中，通过程序不断更新比较寄存器 CMPA、CMPB 映射单元的值，并在特定情况下将映射寄存器中的值装载到当前寄存器。有些情况下，新输入的比较值会滞后一个 PWM 周期输出，而前次的比较值会延时一个周期，为了防止出现这种情况，以下给出了几种配置方法，但不仅仅局限于以下几种。

(1) 使用增减计数模式产生对称 PWM 脉冲。

如果在 CTR＝0 时装载 CMPA/CMPB 的值，将 CMPA/CMPB 的值设为大于或等于 1。

如果在 CTR＝PRD 时装载 CMPA/CMPB 的值，将 CMPA/CMPB 的值设为小于或等于 TBPRD－1。

采用上述两种设置方法将会使 PWM 具有至少一个 TBCLK 的宽度，如果 TBCLK 周期很小，则在应用中可被忽略。

(2) 使用增计数模式产生非对称 PWM 脉冲。

产生占空比在 0～0.5 之间的非对称 PWM 脉冲可采用如下配置：在 CTR＝PRD 时装载 CMPA/CMPB，使用 CTR＝CMPA/CMPB 事件将 PWM 置高，使用 CTR＝PRD 事件将 PWM 置低。使比较值在 0～TBPRD 之间波动，即可产生占空比为 0～0.5 的 PWM 脉冲。

(3) 使用减计数模式产生非对称 PWM 脉冲。

产生占空比在 0～1 之间的非对称 PWM 脉冲可采用如下配置：在 CTR＝PRD 时装载 CMPA/CMPB，使用 CTR＝0 事件将 PWM 置高，使用 CTR＝CMPA/CMPB 事件将 PWM 置低。使比较值在 0～TBPRD＋1 之间波动，即可产生占空比为 0～1 的 PWM 脉冲。

图 7-20 给出了使用增减计数模式产生对称 PWM 脉冲的工作过程，通过调整上升方向及下降方向的比较值，可以调整占空比在 0～1 之间波动。在此例中，仅使用 CMPA 比较寄存器，当在上升方向 CTR＝CMPA 时，将 PWM 脉冲置高；当在下降方向 CTR＝CMPA 时，将 PWM 脉冲置低。当 CMPA＝0 时，PWM 将始终为低，占空比为 0；当 CMPA＝TBPRD 时，PWM 将始终为高，占空比为 1。在实际使用过程中可采用上述第一种配置方法。

图 7-21～图 7-26 给出了 AQ 模块的一些常用配置，例 7-1～例 7-6 给出了相应的 C 程序。

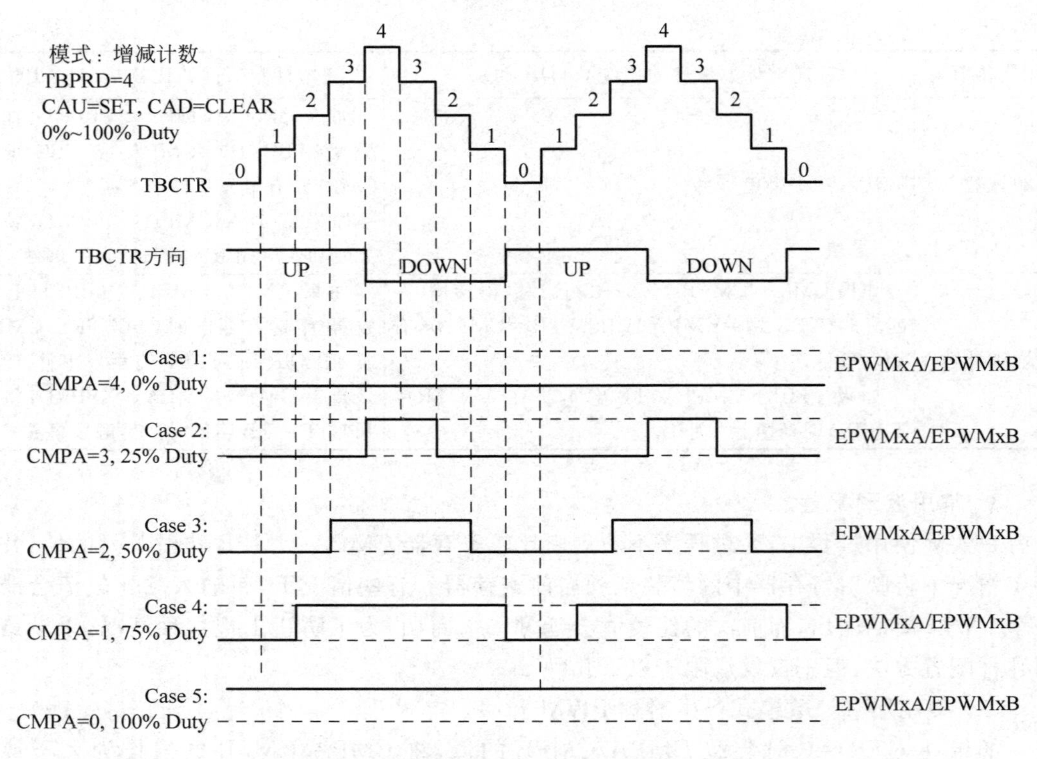

图 7-20　增减计数模式下对称 PWM 脉冲的产生

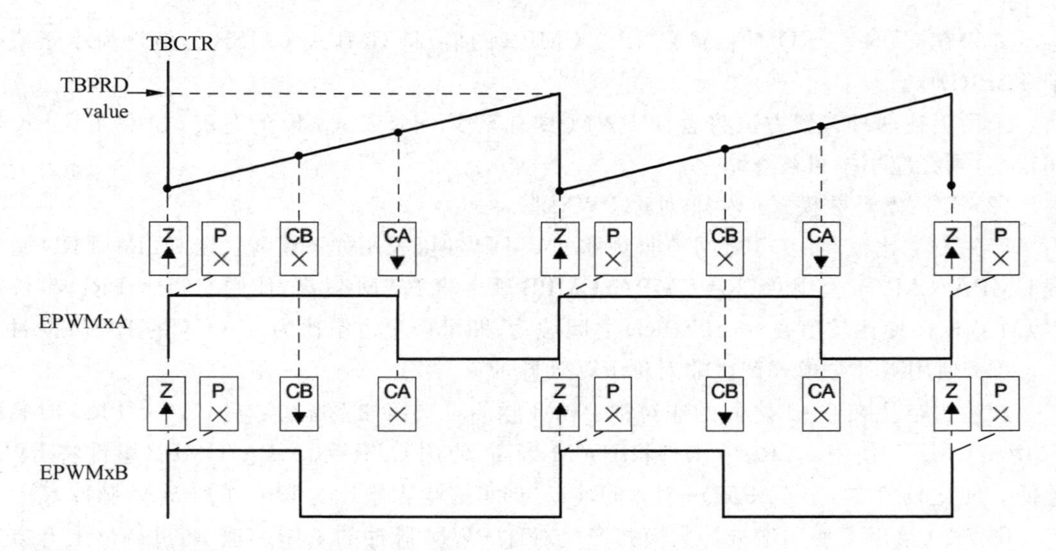

说明：(1) PWM周期=(TBPRD+1)×T_{TBCLK}；
(2) CMPA决定EPWMxA的占空比，CMPB决定EPWMxB的占空比。

图 7-21　增计数模式下单边不对称 PWM 脉冲的产生 1(EPWMxA、EPWMxB 单独控制)

【例 7-1】 与图 7-21 相关的程序。

程序清单：

```
//初始化部分
```

```
//------------------------------------------------------
EPwm1Regs.TBPRD=600;                              //设定 PWM 周期为 601 个 TBCLK 时钟周期
EPwm1Regs.CMPA.half.CMPA=350;                     //CMPA=350
EPwm1Regs.CMPB=200;                               //CMPB=200
EPwm1Regs.TBPHS=0;                                //将相位寄存器清零
EPwm1Regs.TBCTR=0;                                //将时间基准计数器清零
EPwm1Regs.TBCTL.bit.CTRMODE = TB_COUNT_UP;        //设定为增计数模式
EPwm1Regs.TBCTL.bit.PHSEN = TB_DISABLE;           //禁止相位控制
EPwm1Regs.TBCTL.bit.PRDLE = TB_SHADOW;            //TBPRD 寄存器采用映射模式
EPwm1Regs.TBCTL.bit.SYNCOSEL = TB_SYNC_DISABLE;   //禁止同步信号
EPwm1Regs.TBCTL.bit.HSPCLKDIV = TB_DIV1;          //设定 TBCLK=SYSCLKOUT
EPwm1Regs.TBCTL.bit.CLKDIV = TB_DIV1;
EPwm1Regs.CMPCTL.bit.SHDWAMODE = CC_SHADOW;       //设定 CMPA 为映射模式
EPwm1Regs.CMPCTL.bit.SHDWBMODE = CC_SHADOW;
EPwm1Regs.CMPCTL.bit.LOADAMODE = CC_CTR_ZERO;     //设定在 CTR=ZERO 时装载
EPwm1Regs.CMPCTL.bit.LOADBMODE = CC_CTR_ZERO;
Epwm1Regs.AQCTLA.bit.ZRO = AQ_SET;                //CTR=ZERO 事件时将 EPWM1A 置高
Epwm1Regs.AQCTLA.bit.CAU = AQ_CLEAR;              //CTR=CAU 事件时将 EPWM1A 置低
Epwm1Regs.AQCTLB.bit.ZRO = AQ_SET;                //CTR=ZERO 事件时将 EPWM1B 置高
Epwm1Regs.AQCTLB.bit.CBU= AQ_CLEAR;               //CTR=CBU 事件时将 EPWM1B 置低
//运行时段
EPwm1Regs.CMPA.half.CMPA = Duty1A;  //通过改变 Duty1A 变量的值即可改变 EPWM1A 的
                                    //占空比
Epwm1Regs.CMPB = Duty1B;            //通过改变 Duty1B 变量的值即可改变 EPWM1B 的占空比
```

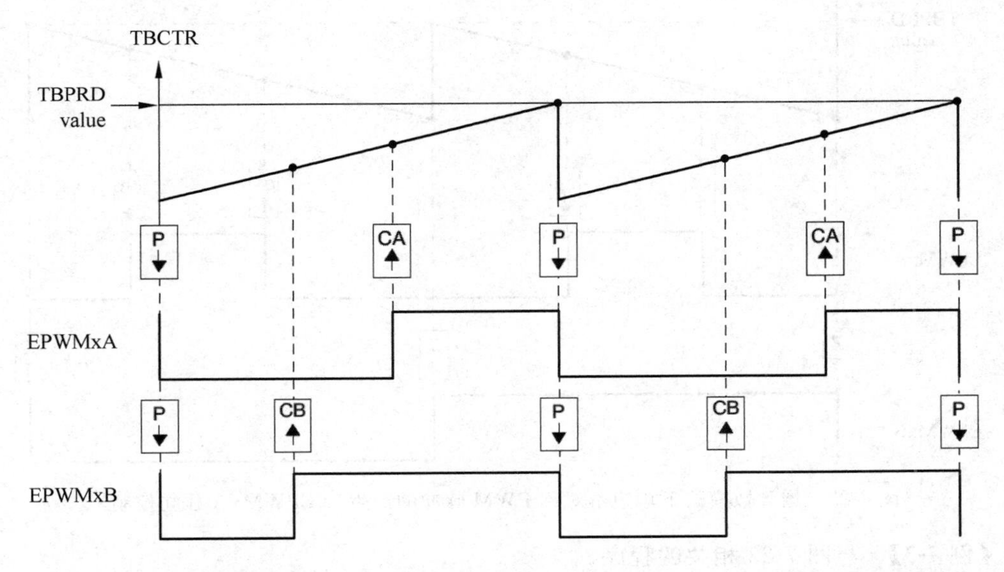

图 7-22　增计数模式下单边不对称 PWM 脉冲的产生 2(EPWMxA、EPWMxB 单独控制)

【例 7-2】 与图 7-22 相关的程序。

程序清单:

```
//初始化部分
//------------------------------------------------------
```

```
EPwm1Regs.TBPRD=600;                          //设定 PWM 周期为 601 个 TBCLK 时钟周期
EPwm1Regs.CMPA.half.CMPA=350;                 //CMPA=350
EPwm1Regs.CMPB=200;                           //CMPB=200
EPwm1Regs.TBPHS=0;                            //将相位寄存器清零
EPwm1Regs.TBCTR=0;                            //将时间基准计数器清零
EPwm1Regs.TBCTL.bit.CTRMODE = TB_COUNT_UP;              //设定为增计数模式
EPwm1Regs.TBCTL.bit.PHSEN = TB_DISABLE;                 //禁止相位控制
EPwm1Regs.TBCTL.bit.PRDLE = TB_SHADOW;                  //TBPRD 寄存器采用映射模式
EPwm1Regs.TBCTL.bit.SYNCOSEL = TB_SYNC_DISABLE;         //禁止同步信号
EPwm1Regs.TBCTL.bit.HSPCLKDIV = TB_DIV1;                //设定 TBCLK=SYSCLKOUT
EPwm1Regs.TBCTL.bit.CLKDIV = TB_DIV1;
EPwm1Regs.CMPCTL.bit.SHDWAMODE = CC_SHADOW;             //设定 CMPA 为映射模式
EPwm1Regs.CMPCTL.bit.SHDWBMODE = CC_SHADOW;
EPwm1Regs.CMPCTL.bit.LOADAMODE = CC_CTR_ZERO;           //设定在 CTR=ZERO 时装载
EPwm1Regs.CMPCTL.bit.LOADBMODE = CC_CTR_ZERO;
Epwm1Regs.AQCTLA.bit.PRD = AQ_CLEAR;              //CTR=PRD 事件时将 EPWM1A 置低
Epwm1Regs.AQCTLA.bit.CAU = AQ_SET;                //CTR=CAU 事件时将 EPWM1A 置高
Epwm1Regs.AQCTLB.bit.PRD = AQ_CLEAR;              //CTR=PRD 事件时将 EPWM1B 置低
Epwm1Regs.AQCTLB.bit.CBU= AQ_SET;                 //CTR=CBU 事件时将 EPWM1B 置高
//运行时段
EPwm1Regs.CMPA.half.CMPA = Duty1A;
                                   //通过改变 Duty1A 变量的值即可改变 EPWM1A 的占空比
Epwm1Regs.CMPB = Duty1B;           //通过改变 Duty1B 变量的值即可改变 EPWM1B 的占空比
```

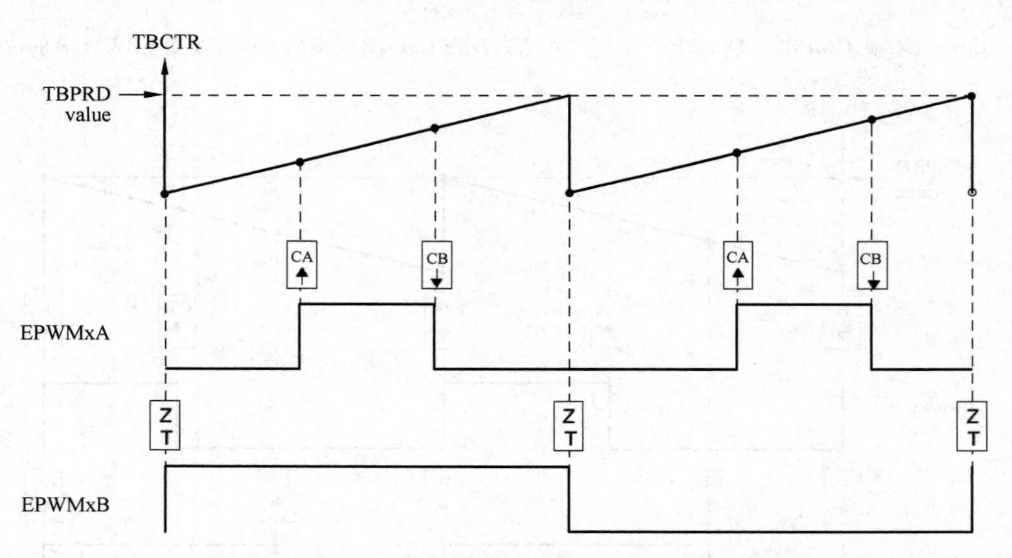

图 7-23 增计数模式下单边不对称 PWM 脉冲的产生 3(EPWMxA 独立控制)

【例 7-3】 与图 7-23 相关的程序。

程序清单:

```
//初始化部分
//-------------------------------------------------------
EPwm1Regs.TBPRD=600;                          //设定 PWM 周期为 601 个 TBCLK 时钟周期
EPwm1Regs.CMPA.half.CMPA=200;                 //CMPA=200
```

```
EPwm1Regs.CMPB=400;                                  //CMPB=400
EPwm1Regs.TBPHS=0;                                   //将相位寄存器清零
EPwm1Regs.TBCTR=0;                                   //将时间基准计数器清零
EPwm1Regs.TBCTL.bit.CTRMODE = TB_COUNT_UP;           //设定为增计数模式
EPwm1Regs.TBCTL.bit.PHSEN = TB_DISABLE;              //禁止相位控制
EPwm1Regs.TBCTL.bit.PRDLE = TB_SHADOW;               //TBPRD寄存器采用映射模式
EPwm1Regs.TBCTL.bit.SYNCOSEL = TB_SYNC_DISABLE;      //禁止同步信号
EPwm1Regs.TBCTL.bit.HSPCLKDIV = TB_DIV1;             //设定TBCLK=SYSCLKOUT
EPwm1Regs.TBCTL.bit.CLKDIV = TB_DIV1;
EPwm1Regs.CMPCTL.bit.SHDWAMODE = CC_SHADOW;          //设定CMPA为映射模式
EPwm1Regs.CMPCTL.bit.SHDWBMODE = CC_SHADOW;
EPwm1Regs.CMPCTL.bit.LOADAMODE = CC_CTR_ZERO;        //设定在CTR=ZERO时装载
EPwm1Regs.CMPCTL.bit.LOADBMODE = CC_CTR_ZERO;
Epwm1Regs.AQCTLA.bit.CAU= AQ_SET;                    //CTR=CAU事件时将EPWM1A置高
Epwm1Regs.AQCTLA.bit.CBU = AQ_CLEAR;                 //CTR=CBU事件时将EPWM1A置低
Epwm1Regs.AQCTLB.bit.ZRO = AQ_TOGGLE;                //CTR=ZERO事件时将EPWM1B翻转
//运行时段
EPwm1Regs.CMPA.half.CMPA = EdgePosA;
                    //通过改变EdgePosA变量的值即可改变EPWM1A上升沿发生时刻
Epwm1Regs.CMPB = EdgePosB;
                    //通过改变EdgePosB变量的值即可改变EPWM1A下降沿发生时刻
```

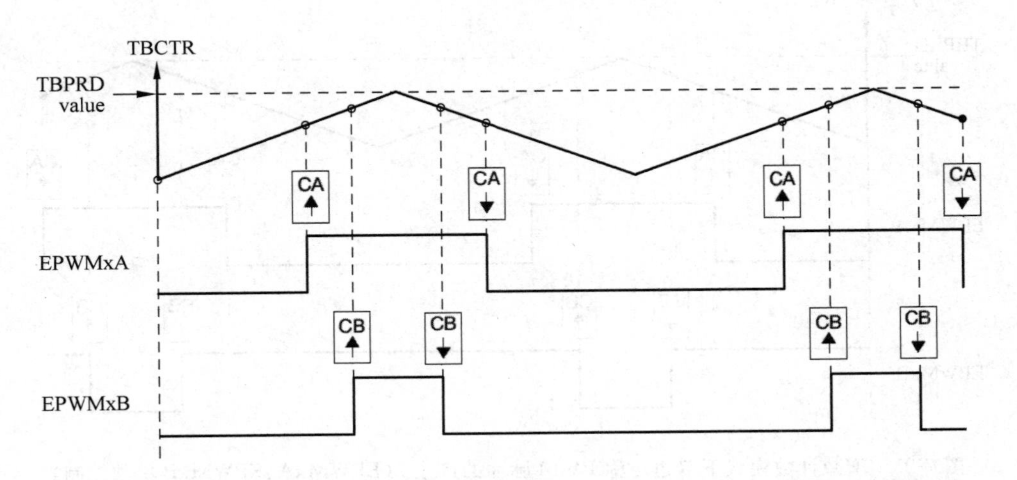

图7-24 增减计数模式下双边对称PWM脉冲的产生1(EPWMxA、EPWMxB单独控制)

【例7-4】 与图7-24相关的程序。

程序清单：

```
//初始化部分
//-----------------------------------------------------------
EPwm1Regs.TBPRD=600;                       //设定PWM周期为2×600个TBCLK时钟周期
EPwm1Regs.CMPA.half.CMPA=400;              //CMPA=400
EPwm1Regs.CMPB=500;                        //CMPB=500
EPwm1Regs.TBPHS=0;                         //将相位寄存器清零
```

```
EPwm1Regs.TBCTR=0;                          //将时间基准计数器清零
EPwm1Regs.TBCTL.bit.CTRMODE = TB_COUNT_UPDOWN;//设定为增减计数模式
EPwm1Regs.TBCTL.bit.PHSEN = TB_DISABLE;           //禁止相位控制
EPwm1Regs.TBCTL.bit.PRDLE = TB_SHADOW;            //TBPRD 寄存器采用映射模式
EPwm1Regs.TBCTL.bit.SYNCOSEL = TB_SYNC_DISABLE;  //禁止同步信号
EPwm1Regs.TBCTL.bit.HSPCLKDIV = TB_DIV1;          //设定 TBCLK=SYSCLKOUT
EPwm1Regs.TBCTL.bit.CLKDIV = TB_DIV1;
EPwm1Regs.CMPCTL.bit.SHDWAMODE = CC_SHADOW;     //设定 CMPA 为映射模式
EPwm1Regs.CMPCTL.bit.SHDWBMODE = CC_SHADOW;
EPwm1Regs.CMPCTL.bit.LOADAMODE = CC_CTR_ZERO;   //设定在 CTR=ZERO 时装载
EPwm1Regs.CMPCTL.bit.LOADBMODE = CC_CTR_ZERO;
Epwm1Regs.AQCTLA.bit.CAU= AQ_SET;               //CTR=CAU 事件时将 EPWM1A 置高
Epwm1Regs.AQCTLA.bit.CAD= AQ_CLEAR;             //CTR=CAD 事件时将 EPWM1A 置低
Epwm1Regs.AQCTLB.bit.CBU = AQ_SET;              //CTR=CBU 事件时将 EPWM1B 置高
Epwm1Regs.AQCTLB.bit.CBD = AQ_CLEAR;            //CTR=CBD 事件时将 EPWM1B 置低
//运行时段
EPwm1Regs.CMPA.half.CMPA = Duty1A;  //通过改变 Duty1A 变量的值即可改变 EPWM1A 的
                                    //占空比
Epwm1Regs.CMPB = Duty1B;        //通过改变 Duty1B 变量的值即可改变 EPWM1B 的占空比
```

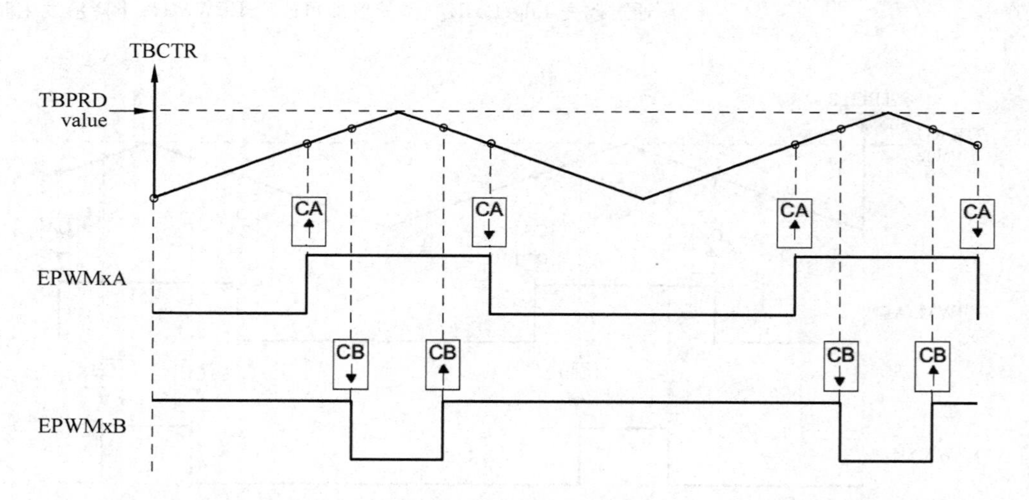

图 7-25 增减计数模式下双边对称 PWM 脉冲的产生 2(EPWMxA、EPWMxB 单独控制)

【例 7-5】 与图 7-25 相关的程序。

程序清单：

```
//初始化部分
//------------------------------------------------------
EPwm1Regs.TBPRD=600;                  //设定 PWM 周期为 2×600 个 TBCLK 时钟周期
EPwm1Regs.CMPA.half.CMPA=350;         //CMPA=350
EPwm1Regs.CMPB=400;                   //CMPB=400
EPwm1Regs.TBPHS=0;                    //将相位寄存器清零
EPwm1Regs.TBCTR=0;                    //将时间基准计数器清零
```

```
EPwm1Regs.TBCTL.bit.CTRMODE = TB_COUNT_UPDOWN;//设定为增减计数模式
EPwm1Regs.TBCTL.bit.PHSEN = TB_DISABLE;          //禁止相位控制
EPwm1Regs.TBCTL.bit.PRDLE = TB_SHADOW;           //TBPRD寄存器采用映射模式
EPwm1Regs.TBCTL.bit.SYNCOSEL = TB_SYNC_DISABLE;  //禁止同步信号
EPwm1Regs.TBCTL.bit.HSPCLKDIV = TB_DIV1;         //设定TBCLK=SYSCLKOUT
EPwm1Regs.TBCTL.bit.CLKDIV = TB_DIV1;
EPwm1Regs.CMPCTL.bit.SHDWAMODE = CC_SHADOW;      //设定CMPA为映射模式
EPwm1Regs.CMPCTL.bit.SHDWBMODE = CC_SHADOW;
EPwm1Regs.CMPCTL.bit.LOADAMODE = CC_CTR_ZERO;    //设定在CTR=ZERO时装载
EPwm1Regs.CMPCTL.bit.LOADBMODE = CC_CTR_ZERO;
Epwm1Regs.AQCTLA.bit.CAU= AQ_SET;          //CTR=CAU事件时将EPWM1A置高
Epwm1Regs.AQCTLA.bit.CAD= AQ_CLEAR;        //CTR=CAD事件时将EPWM1A置低
Epwm1Regs.AQCTLB.bit.CBU = AQ_CLEAR;       //CTR=CBU事件时将EPWM1B置低
Epwm1Regs.AQCTLB.bit.CBD = AQ_SET;         //CTR=CBD事件时将EPWM1B置高
//运行时段
EPwm1Regs.CMPA.half.CMPA = Duty1A;  //通过改变Duty1A变量的值即可改变EPWM1A的
                                    //占空比
Epwm1Regs.CMPB = Duty1B;         //通过改变Duty1B变量的值即可改变EPWM1B的占空比
```

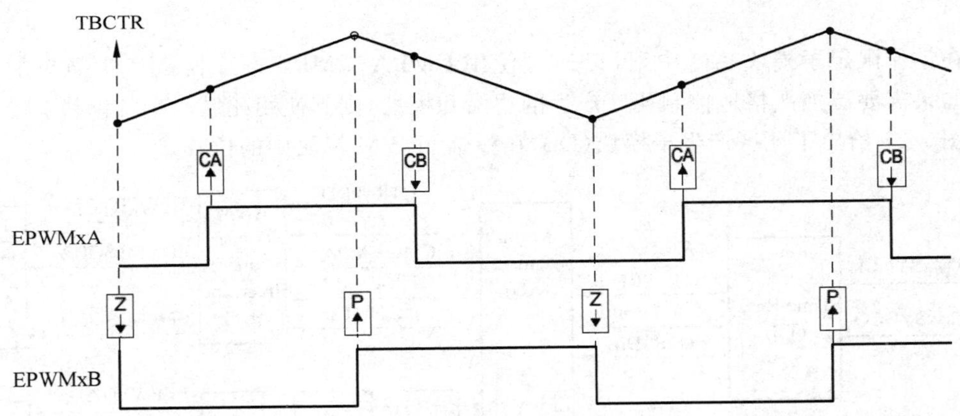

图7-26　增减计数模式下双边对称PWM脉冲的产生3(EPWMxA独立控制)

【例7-6】 与图7-26相关的程序。

程序清单：

```
//初始化部分
//-----------------------------------------------------------
EPwm1Regs.TBPRD=600;                 //设定PWM周期为2×600个TBCLK时钟周期
EPwm1Regs.CMPA.half.CMPA=250;        //CMPA=250
EPwm1Regs.CMPB=450;                  //CMPB=450
EPwm1Regs.TBPHS=0;                   //将相位寄存器清零
EPwm1Regs.TBCTR=0;                   //将时间基准计数器清零
EPwm1Regs.TBCTL.bit.CTRMODE = TB_COUNT_UPDOWN;//设定为增计数模式
EPwm1Regs.TBCTL.bit.PHSEN = TB_DISABLE;          //禁止相位控制
EPwm1Regs.TBCTL.bit.PRDLE = TB_SHADOW;           //TBPRD寄存器采用映射模式
```

```
EPwm1Regs.TBCTL.bit.SYNCOSEL = TB_SYNC_DISABLE;  //禁止同步信号
EPwm1Regs.TBCTL.bit.HSPCLKDIV = TB_DIV1;         //设定 TBCLK=SYSCLKOUT
EPwm1Regs.TBCTL.bit.CLKDIV = TB_DIV1;
EPwm1Regs.CMPCTL.bit.SHDWAMODE = CC_SHADOW;      //设定 CMPA 为映射模式
EPwm1Regs.CMPCTL.bit.SHDWBMODE = CC_SHADOW;
EPwm1Regs.CMPCTL.bit.LOADAMODE = CC_CTR_ZERO;    //设定在 CTR=ZERO 时装载
EPwm1Regs.CMPCTL.bit.LOADBMODE = CC_CTR_ZERO;
Epwm1Regs.AQCTLA.bit.CAU= AQ_SET;            //CTR=CAU 事件时将 EPWM1A 置高
Epwm1Regs.AQCTLA.bit.CBD= AQ_CLEAR;          //CTR=CBD 事件时将 EPWM1A 置低
Epwm1Regs.AQCTLB.bit.ZRO = AQ_CLEAR;         //CTR=ZRO 事件时将 EPWM1B 置低
Epwm1Regs.AQCTLB.bit.PRD= AQ_SET;            //CTR=PRD 事件时将 EPWM1B 置高
//运行时段
EPwm1Regs.CMPA.half.CMPA = EdgePosA;
                        //通过改变 EdgePosA 变量的值即可改变 EPWM1A 上升沿发生时刻
Epwm1Regs.CMPB = EdgePosB;
                        //通过改变 EdgePosA 变量的值即可改变 EPWM1A 下降沿发生时刻
```

7.2.4 死区产生子模块

在动作限定子模块 AQ 中，可以通过使用 CMPA、CMPB 寄存器来产生简单的死区。然而如果需要更加严格地控制死区产生的边沿和极性，则需使用死区产生子模块。

图 7-27 给出了死区产生子模块(DB)在整个 ePWM 模块中的位置。

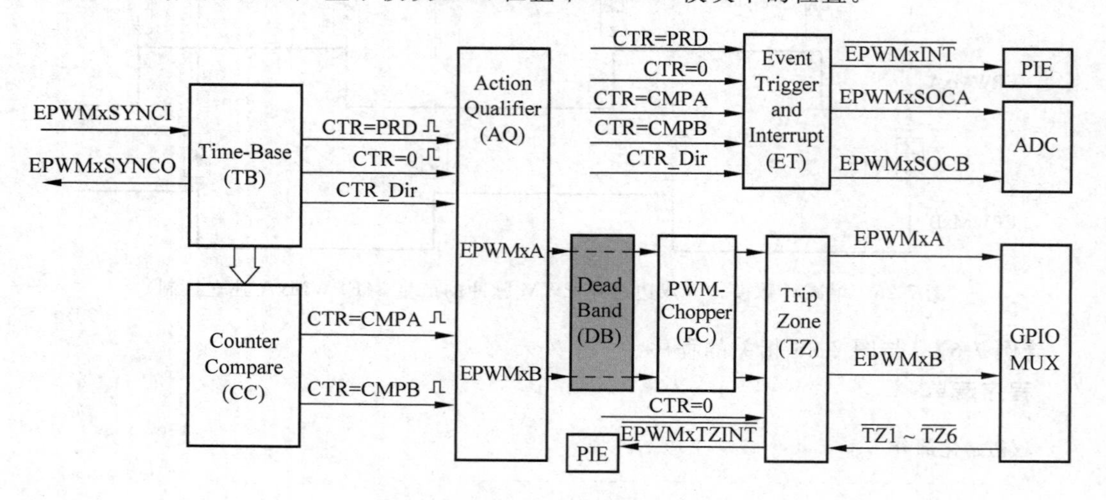

图 7-27 死区产生子模块位置结构

1. DB 子模块工作过程

DB 子模块的内部结构如图 7-28 所示，主要包括如下 3 个部分。

(1) 输入源选择。

DB 子模块的输入为 AQ 子模块产生的两路 PWM 脉冲信号 EPWMxA 和 EPWMxB。使用 DBCTL[IN_MODE]控制位可选择输入信号，并对特定的边沿进行延时控制。

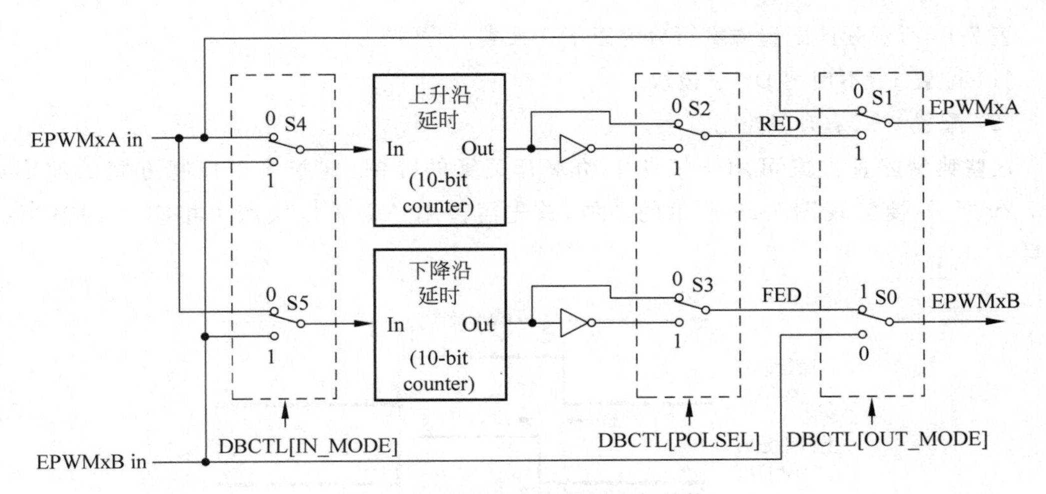

图 7-28 死区产生子模块内部结构

① EPWMxA 作为上升沿和下降沿延时的信号源,此为默认模式。

② EPWMxA 作为下降沿延时的信号源,EPWMxB 作为上升沿延时的信号源。

③ EPWMxA 作为上升沿延时的信号源,EPWMxB 作为下降沿延时的信号源。

④ EPWMxB 作为上升沿和下降沿延时的信号源。

(2) 输出模式选择。

输出模式由 DBCTL[OUT_MODE]位控制,用来决定是否对输入信号进行边沿控制。

(3) 极性控制。

极性控制位 DBCTL[POLSEL]用来决定在信号输出前是否对上升沿延时信号和/或下降沿延时信号进行取反控制。

2. 典型死区方案的实现

虽然 DB 子模块支持各种死区方案,但有些并不常用,表 7-10 给出了一些典型的死区配置方案,这些方案默认使用 DBCTL[IN_MODE]位选择 EPWMxA 作为上升沿及下降沿的输入源。增强型或非传统的死区模式可通过改变输入信号源来实现。

表 7-10 典型死区配置方案

模式	模式描述	DBCTL[POLSEL]		DBCTL[OUT_MODE]	
		S3	S2	S3	S2
1	EPWMxA、EPWMxB 直接通过(无延时)	x	x	0	0
2	高电平有效,互补输出(AHC)	1	0	1	1
3	低电平有效,互补输出(ALC)	0	1	1	1
4	高电平有效(AH)	0	0	1	1
5	低电平有效(AL)	1	1	1	1
6	EPWMxA 输出=EPWMxA 输入(无延时) EPWMxB 输出=带有下降沿延时 EPWMxA 输入	0 或 1	0 或 1	0	1
7	EPWMxA 输出=带有上升沿延时 EPWMxA 输入 EPWMxB 输出=EPWMxB 输入(无延时)	0 或 1	0 或 1	1	0

表 7-10 所示死区配置方案可分为以下 3 大类。

(1) 配置 1：不使用 DB 子模块。

(2) 配置 2～5：典型控制方案。

这些典型配置方案可用于工业上功率开关管的控制，这些典型控制方案的波形如图 7-29 所示，要实现图 7-29 所示的功能，首先需使用 AQ 子模块产生相应的 EPWMxA 信号。

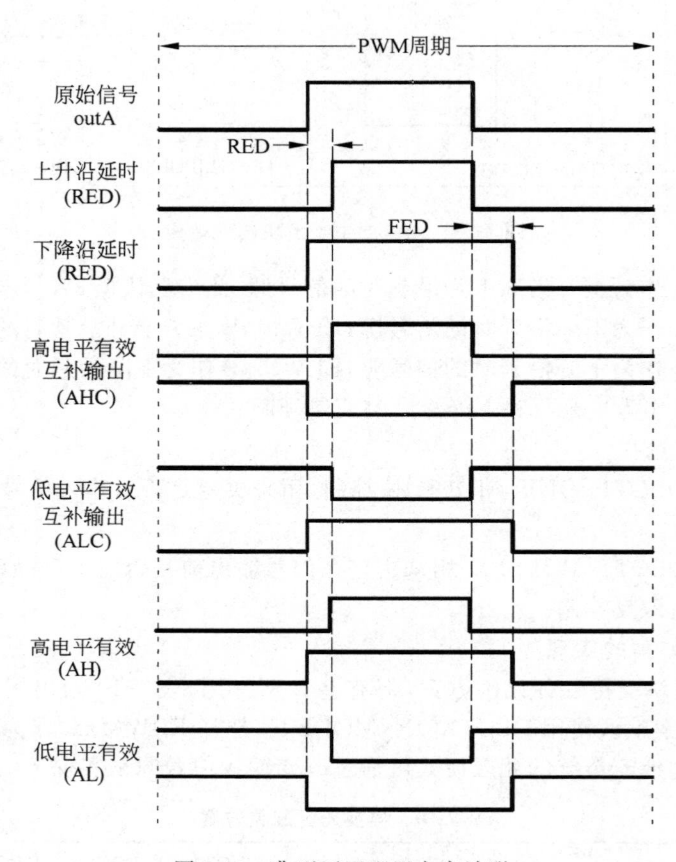

图 7-29　典型死区配置方案波形

(3) 单边延时控制。

通过单边延时控制可以仅对输入信号的一个边沿进行延时。

3. 死区时间的计算

DB 子模块可通过 DBRED 与 DBFED 寄存器分别对上升沿(RED)与下降沿(FED)配置不同的延时时间。DBRED 与 DBFED 是 10 位寄存器，以时钟周期 T_{BCLK} 为最小的延时单位，延时时间的计算公式如下：

$$FED = DBFED \times T_{TBCLK}$$

$$RED = DBRED \times T_{TBCLK}$$

表 7-11 给出具体的延时时间所对应的 DBFED 及 DBRED 配置。

表 7-11 典型延时时间配置

寄存器配置	死区延时时间/μs		
DBFED、DBRED	T_{BCLK} = SYSCLKOUT	T_{BCLK} = SYSCLKOUT/2	T_{BCLK} = SYSCLKOUT/4
1	0.01	0.02	0.04
5	0.05	0.10	0.20
10	0.10	0.20	0.40
100	1.00	2.00	4.00
200	2.00	4.00	8.00
300	3.00	6.00	12.00
400	4.00	8.00	16.00
500	5.00	10.00	20.00
600	6.00	12.00	24.00
700	7.00	14.00	28.00
800	8.00	16.00	32.00
900	9.00	18.00	36.00
1000	10.00	20.00	40.00

7.2.5 斩波控制子模块

斩波控制子模块(PC)允许使用高频载波信号对 AQ 子模块或 DB 子模块产生的 PWM 脉冲信号进行调制，这项功能在高开关频率功率器件的控制过程中非常有用。在使用 ePWM 模块的过程中如果无须用到此功能，可通过相关寄存器完全屏蔽该子模块，从而使 PWM 脉冲直接通过。图 7-30 给出了斩波控制子模块在整个 ePWM 模块中的位置。

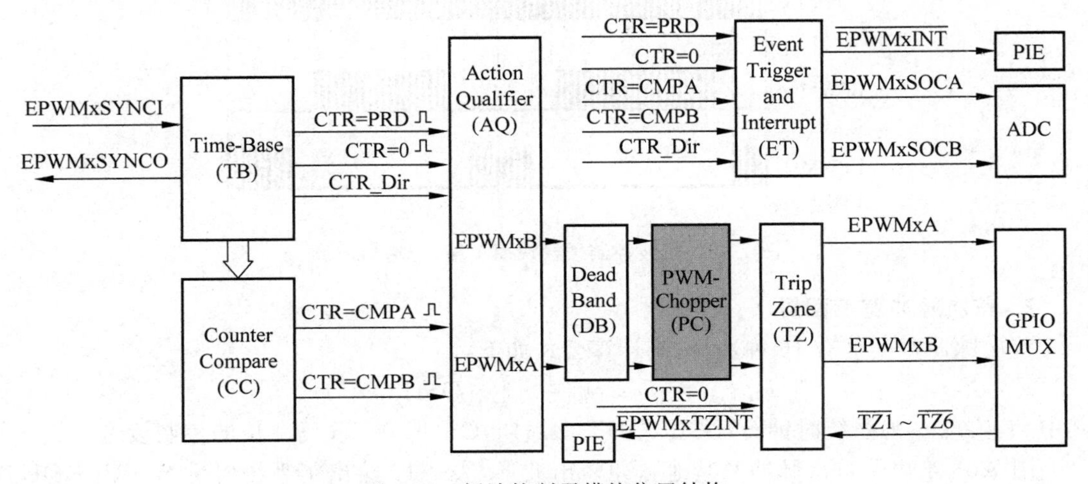

图 7-30 斩波控制子模块位置结构

1. PC 子模块工作过程

图 7-31 给出了 PC 子模块的具体内部结构，载波是由系统时钟 SYSCLKOUT 分频而来，其频率及占空比由 PCCTL 寄存器中的 CHPFREQ 位和 CHPDUTY 位控制。首次脉冲(One-Shot)单元可产生携带较大能量的第一个脉冲，从而保证功率器件的可靠开通，其

余脉冲用来维持功率器件的持续开通与闭合。

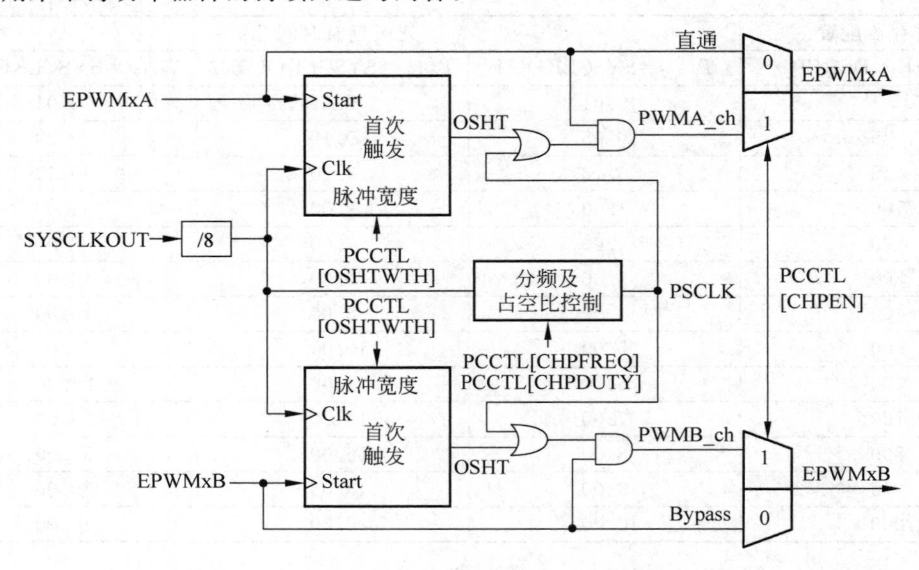

图 7-31　斩波控制子模块具体内部结构

图 7-32 给出了斩波控制子模块的简单输入/输出波形，没有给出首次脉冲及占空比控制。

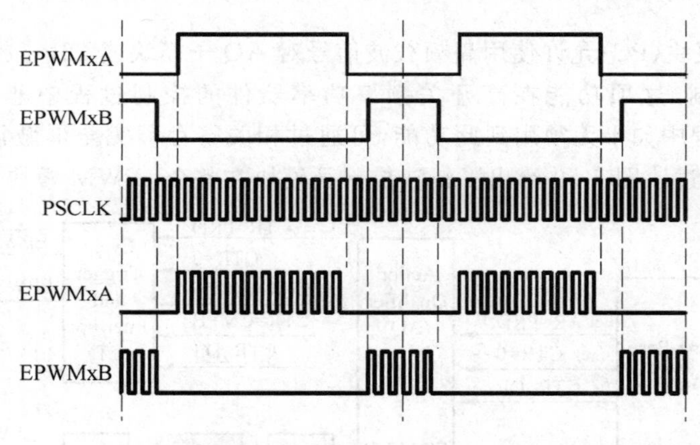

图 7-32　斩波控制子模块简单输入/输出波形

2. 首次脉冲宽度配置

首次脉冲宽度具有 16 种选择，其计算公式如下：

$$T_{\text{1stpulse}} = T_{\text{SYSCLKOUT}} \times 8 \times \text{OSHTWTH}$$

其中，$T_{\text{SYSCLKOUT}}$ 为系统时钟 SYSCLKOUT 的周期，OSHTWTH 为 4 位的控制段。

图 7-33 给出了首次脉冲及其他脉冲输出波形，表 7-12 给出了系统时钟 SYSCLKOUT 为 100MHz 时首次脉冲宽度可能的取值。

表 7-12　首次脉冲宽度计算

OSHTWTH 取值 k（十进制）	首次脉冲宽度/ns
0～15	80×(k+1)

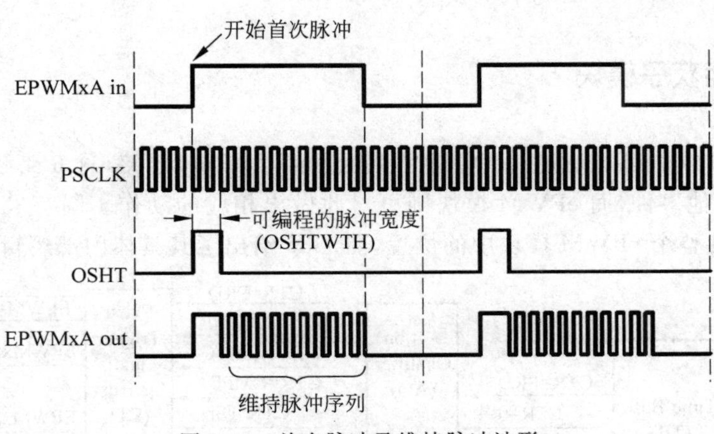

图 7-33 首次脉冲及维持脉冲波形

3. 占空比控制

功率器件的门极驱动脉冲需要考虑门极驱动电路及功率器件本身特性的影响，为了保证有效开通关断功率器件，第二个及其后面脉冲的占空比可通过程序控制。图 7-34 给出了通过配置 CHPDUTY 位可实现的 7 种情况，占空比可配置为 0.125～0.875。

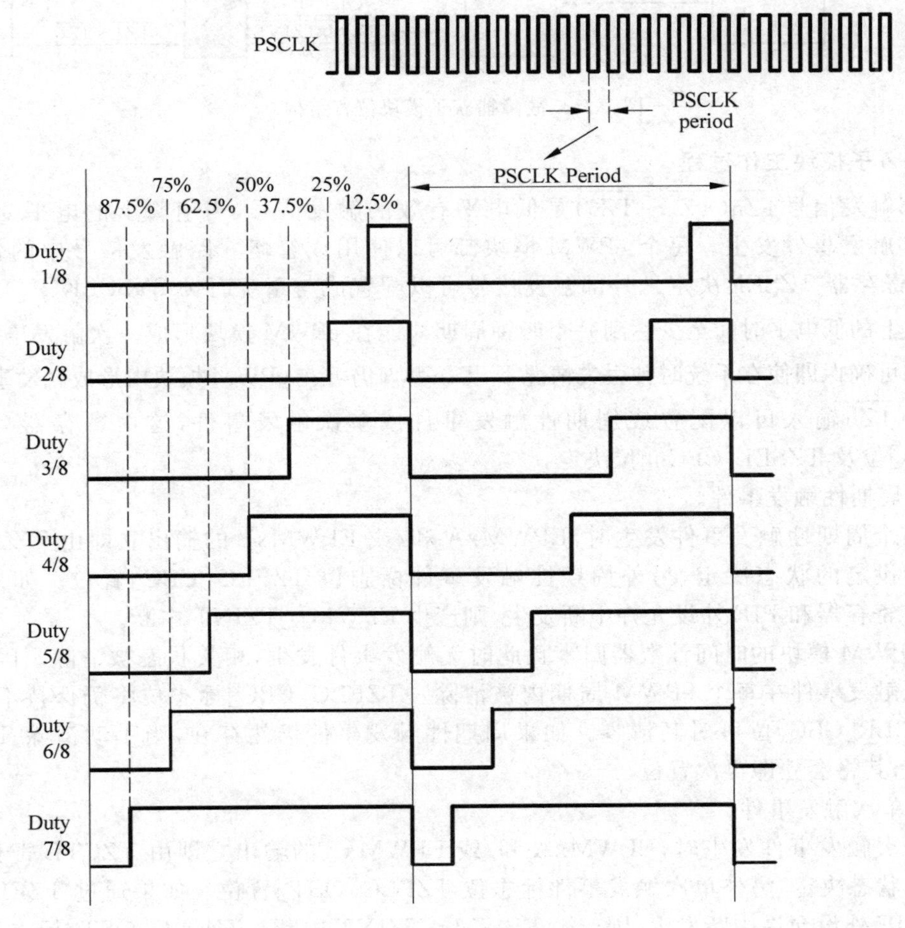

图 7-34 占空比控制

7.2.6 故障捕获子模块

每个 ePWM 模块都与通过 GPIO 的 6 路触发信号$\overline{\text{TZn}}$相连接，这 6 路触发信号用来表明外部错误或其他事件，而 ePWM 模块则可对此做出相应的动作。图 7-35 给出了故障捕获子模块(TZ)在整个 ePWM 模块中的位置，图 7-36 给出了其具体内部逻辑电路。

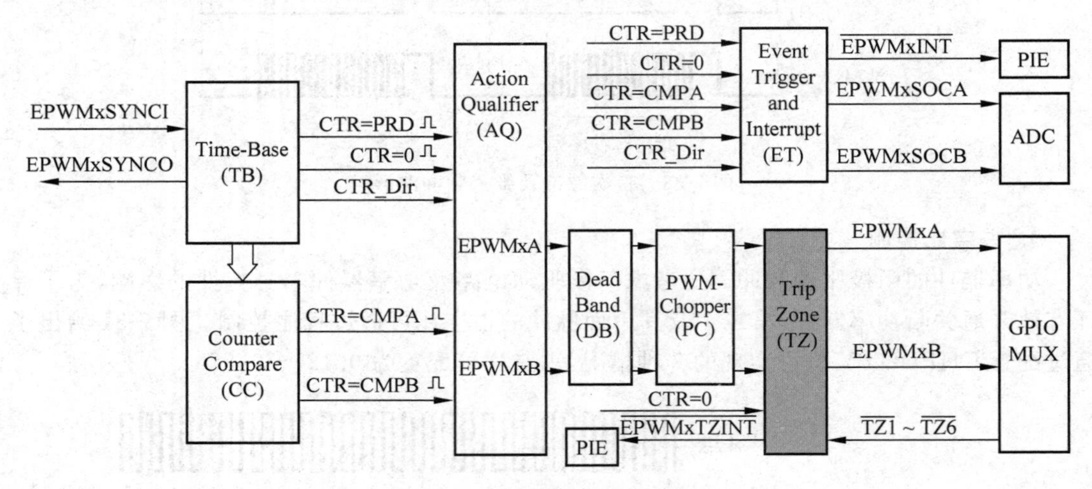

图 7-35 故障捕获子模块位置结构

1. TZ 子模块工作过程

外部触发信号$\overline{\text{TZn}}$($\overline{\text{TZ1}}$～$\overline{\text{TZ6}}$)是低电平有效的触发信号，当引脚上的电平变低时，表明外部触发事件发生。每个 ePWM 模块都可以使用或忽略 6 路触发信号中的任何一路，这由寄存器 TZSEL 决定。外部触发信号可以配置成与系统时钟 SYSCLKOUT 同步，$\overline{\text{TZn}}$引脚上的低电平时间至少达到一个时钟周期才能在 ePWM 模块形成一次触发事件。异步输入则可确保即使在系统时钟丢失情况下，$\overline{\text{TZn}}$引脚仍可在 ePWM 模块内形成触发事件。

每个$\overline{\text{TZn}}$输入可以配置成周期性触发事件或单次触发事件，这由寄存器 TZSEL[OSHTn]位及 TZSEL[CBCn]位决定。

(1) 周期性触发事件。

当一个周期性触发事件发生时，EPWMxA 和/或 EPWMxB 的输出立即由 TZCTL 寄存器中所设定的状态决定，另外周期性触发事件标志位 TZFLG[CBC]置位。如果通过 TZEINT 寄存器和 PIE 外设允许中断发生，则产生 EPWMx_TZINT 中断。

当 ePWM 模块的时间计数器归零且此时无触发事件发生，相关状态被清除。因此，在该模式下触发事件在每个 ePWM 周期内被清除。TZFLG[CBC]标志位将仍保持不变，通过写 TZCLR[CBC]位可对其清零。如果周期性触发事件仍然存在，当手动清除 TZFLG[CBC]后，其将会立即再次置位。

(2) 单次触发事件。

当单次触发事件发生时，EPWMxA 和/或 EPWMxB 的输出立即由 TZCTL 寄存器中所设定的状态决定，另外单次触发事件标志位 TZFLG[OST]置位。如果通过 TZEINT 寄存器和 PIE 外设允许中断发生，则产生 EPWMx_TZINT 中断。TZFLG[OST]标志位必须

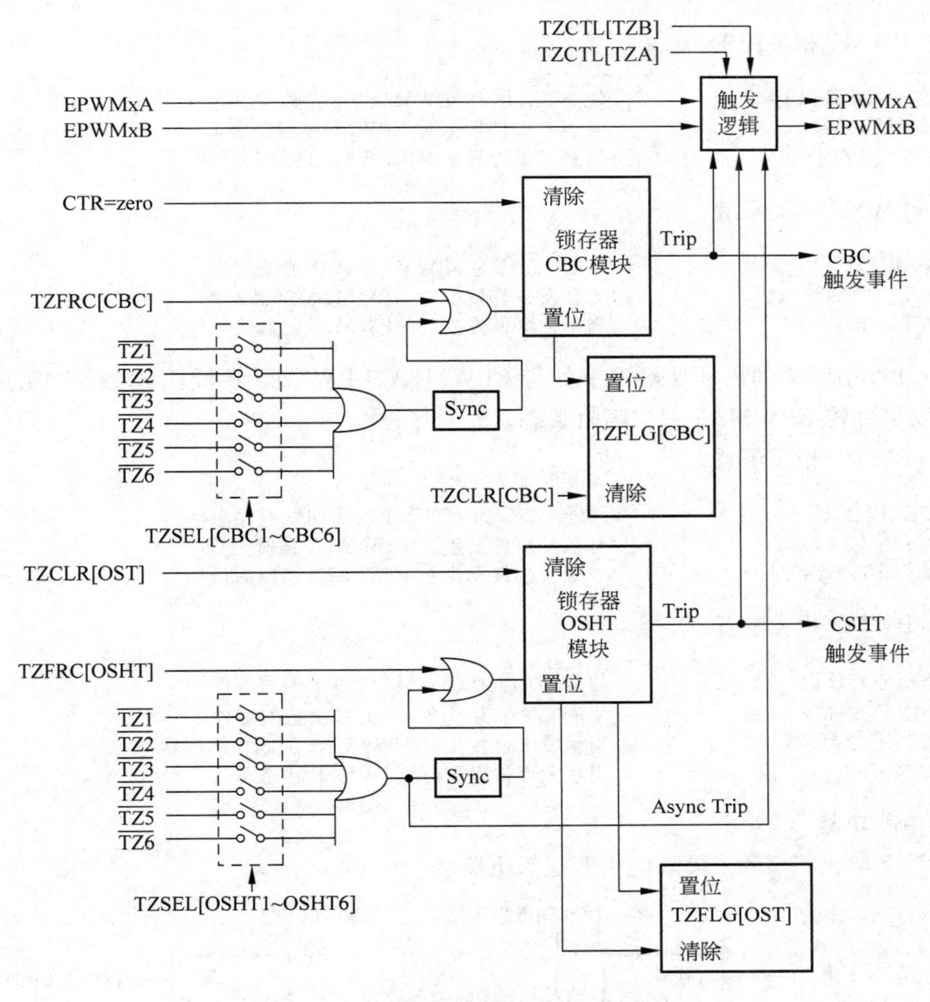

图 7-36　故障捕获子模块内部逻辑电路

通过写 TZCLR[OST]位手动清除。

2. 应用实例

通过设定 TZCTL[TZA]位及 TZCTL[TZB]位，可决定当外部触发事件发生时 EPWMxA 和 EPWMxB 的输出状态，如表 7-13 所示。

表 7-13　输出状态配置

TZCTL[TZA]和/或 TZCTL[TZB]	EPWMxA 和/或 EPWMxB	说　明
00	高阻	触发事件
01	强制高电平	触发事件
10	强制低电平	触发事件
11	无变化	输出状态不变

【例 7-7】 外部触发功能相关配置。

(1) $\overline{\text{TZ1}}$ 引脚上的单次触发事件将 EPWM1A、EPWM1B 置低，将 EPWM2A、EPWM2B 置高。

① ePWM1 相关配置。

```
TZSEL[OSHT1]=1;          //使能TZ1作为 ePWM1 的单次触发事件
TZCTL[TZA]=2;            //当触发事件发生时 EPWM1A 强制为低
TZCTL[TZB]=2;            //当触发事件发生时 EPWM1B 强制为低
```

② ePWM2 相关配置。

```
TZSEL[OSHT1]=1;          //使能TZ1作为 ePWM2 的单次触发事件
TZCTL[TZA]=1;            //当触发事件发生时 EPWM2A 强制为低
TZCTL[TZB]=1;            //当触发事件发生时 EPWM2B 强制为低
```

(2) $\overline{TZ5}$引脚上的周期性触发事件将 EPWM1A、EPWM1B 置低，$\overline{TZ1}$或$\overline{TZ6}$引脚上的单次触发事件将 EPWM2A 置位高阻状态。

① ePWM1 相关配置。

```
TZSEL[CBC5]=1;           //使能TZ5作为 ePWM1 的周期性触发事件
TZCTL[TZA]=2;            //当触发事件发生时 EPWM1A 强制为低
TZCTL[TZB]=2;            //当触发事件发生时 EPWM1B 强制为低
```

② ePWM2 相关配置

```
TZSEL[OSHT1]=1;          //使能TZ1作为 ePWM2 的单次触发事件
TZSEL[OSHT6]=1;          //使能TZ6作为 ePWM2 的单次触发事件
TZCTL[TZA]=0;            //当触发事件发生时 EPWM2A 强制为高阻状态
TZCTL[TZB]=3;            //当触发事件发生时 EPWM2B 状态不变
```

3. 中断功能

图 7-37 给出了 TZ 子模块的中断逻辑电路。

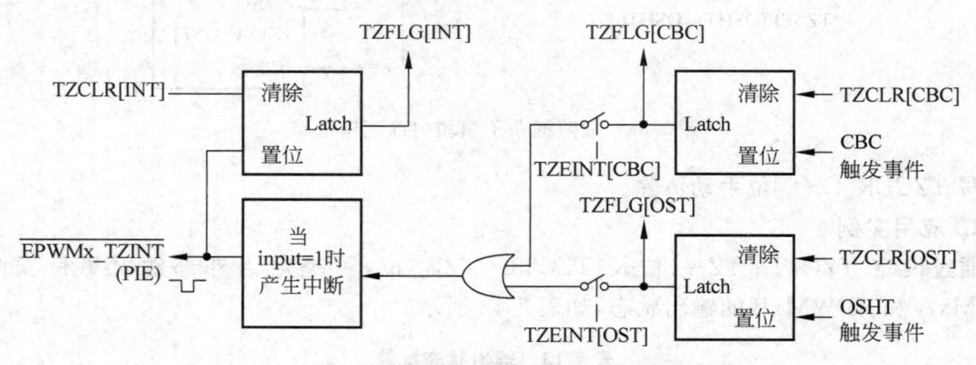

图 7-37 故障捕获子模块中断系统逻辑电路

7.2.7 事件触发子模块

事件触发子模块(ET)用来处理时间基准计数器、比较功能子模块所产生的事件，从而向 CPU 发出中断请求或产生 ADC 启动信号 SOCA 或 SOCB。图 7-38 给出了事件触发子模块在整个 ePWM 模块中的位置。

1. ET 子模块功能概述

每个 ePWM 模块具有一条连接到 PIE 上的中断请求信号线以及连接到 ADC 模块上

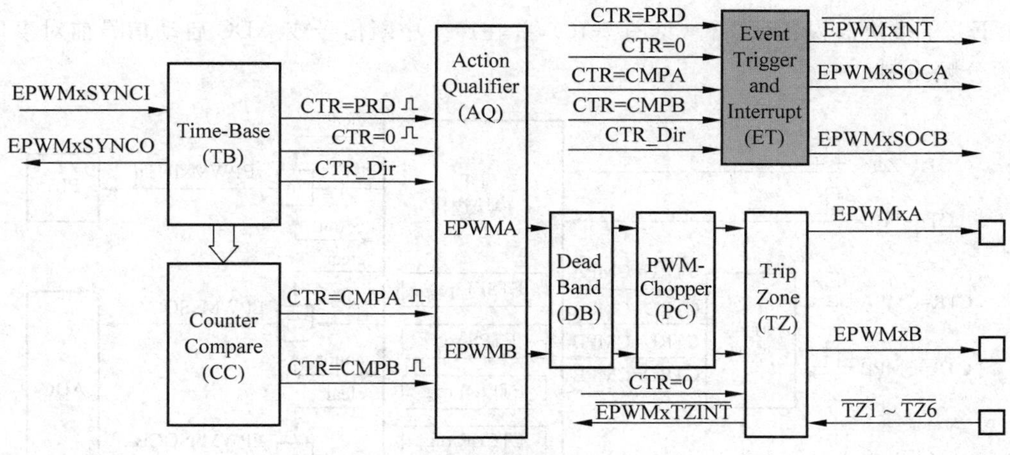

图 7-38 事件触发子模块位置结构

的两路 ADC 启动信号 SOCA 及 SOCB。如图 7-39 所示，所有 ADC 启动信号都通过或门连接到一起，如果同时产生两路 ADC 启动信号，则只有一路能被识别。

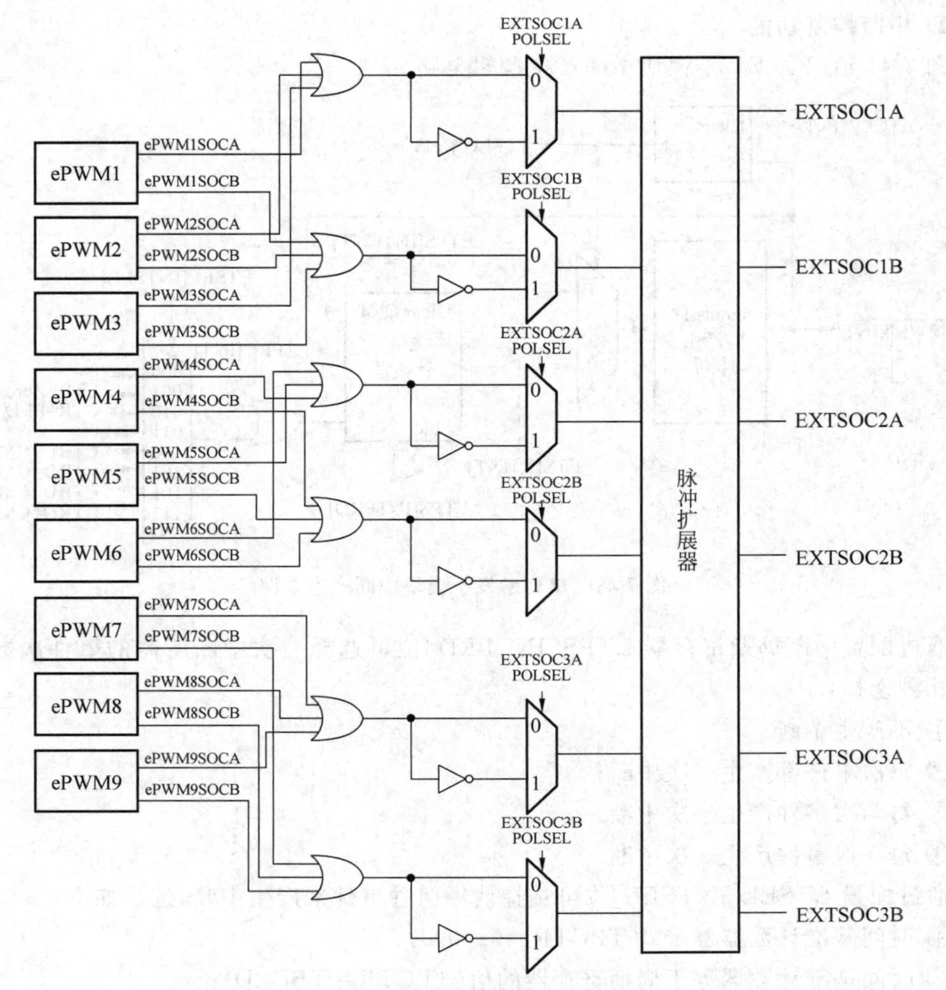

图 7-39 事件触发子模块 ADC 启动信号

ET子模块监视各种事件(见图7-40),并在产生中断信号或ADC启动信号前对事件进行预分频控制。

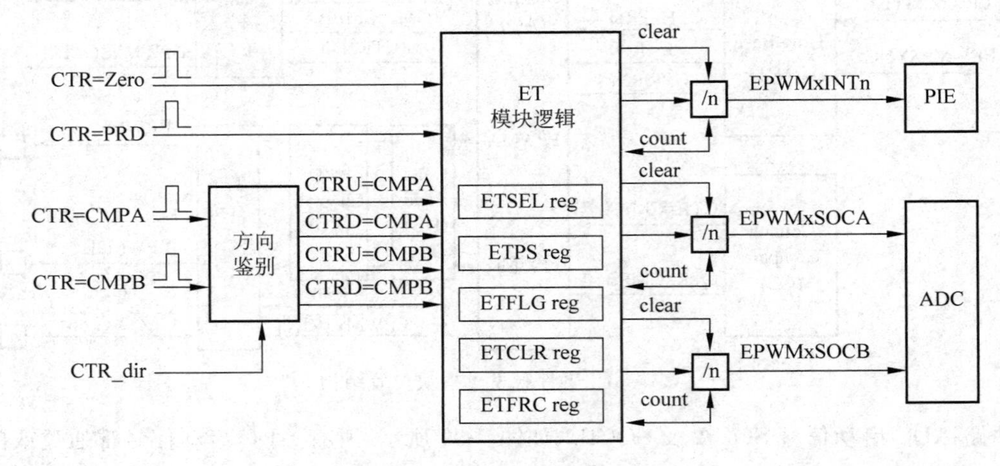

图7-40 事件触发子模块的事件

2. 中断控制功能

图7-41给出了ET子模块中断产生逻辑电路。

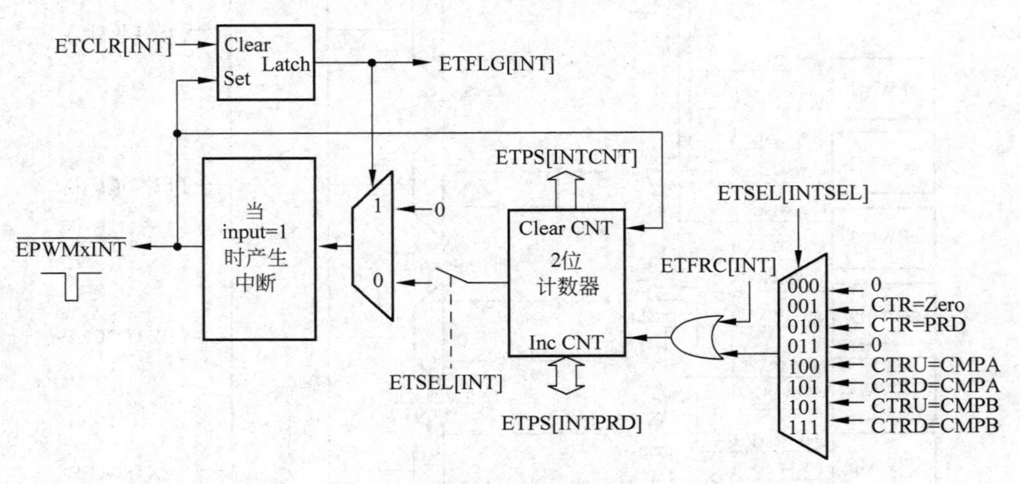

图7-41 事件触发子模块中断产生电路

通过配置中断周期寄存器ETPS[INTPRD]位可选择一次中断所需的事件次数,具有如下几种选择:

① 不产生中断;

② 每次事件都产生一次中断;

③ 每两次事件产生一次中断;

④ 每三次事件产生一次中断。

通过配置ETSEL[INTSEL]位可选择使用何种事件来产生中断,选择如下:

① 时间基准计数器等于0(TBCTR=0x0000);

② 时间基准计数器等于周期寄存器的值(TBCTR=TBPRD);

③ 当计数器增加时,时间基准计数器等于比较寄存器 A 中的值;

④ 当计数器减少时,时间基准计数器等于比较寄存器 A 中的值;

⑤ 当计数器增加时,时间基准计数器等于比较寄存器 B 中的值;

⑥ 当计数器减少时,时间基准计数器等于比较寄存器 B 中的值。

已经发生的中断事件次数可以从中断事件计数器 ETPS[INTCNT]中读取,通过 ETSEL[INTSET]指定的事件每发生一次,中断事件计数器的值增 1,当 ETPS[INTCNT]=ETPS[INTPRD]时,计数器停止,只有当中断信号送达 PIE 后计数器才被清零。当 ETPS[INTCNT]=ETPS[INTPRD]时,可发生如下几种情况:

(1) 如果中断使能位 ETSEL[INTEN]=1 且中断标志位 ETFLG[INT]=0,则产生中断并将中断标志位 ETFLG[INT]置 1,中断事件计数器 ETPS[INTCNT]清零,并重新开始计数。

(2) 如果中断使能位 ETSEL[INTEN]=0 或中断标志位 ETFLG[INT]=1,则不产生中断,中断事件计数器保持当前值不变。

(3) 如果中断使能位 ETSEL[INTEN]=1 且中断标志位 ETFLG[INT]=1,则中断事件计数器的输出保持为高直到 ENTFLG[INT]位被清零,即当一个中断正在执行时允许另一个中断挂起。

向 INTPRD 中写数据将直接对 INTCNT 清零,并将 INTCNT 的输出信号复位(不产生中断请求)。每次向强制中断寄存器 ETFRC[INT]中写 1 将使 INTCNT 增加 1,直到 INTCNT=INTPRD 时,将产生上述可能发生的 3 种情况。如果 INTPRD=0,则中断事件计数器被禁止,不检测任何中断事件,ETFRC[INT]亦被忽略。

3. 产生 ADC 启动信号

图 7-42 给出了 ET 子模块产生 ADC 启动信号 SOCA 的过程。计数器 ETPS[SOCACNT]和周期寄存器 ETPS[SOCAPRD]的功能与中断产生模块的计数器和周期寄存器相同,所不同的是此模块产生连续的脉冲,也就是说当一个脉冲产生时 ETFLG[SOCA]置位,但却不影响接下来脉冲的产生。使能/禁止位 ETSEL[SOCAEN]可停止脉冲的产生,但事件计数器仍然计数,直到其值等于周期寄存器中的值。通过 ETSEL[SOCA]及 ETSEL[SOCB]可分别独立设置 ADC 启动脉冲 SOCA 和 SOCB 的触发事件。

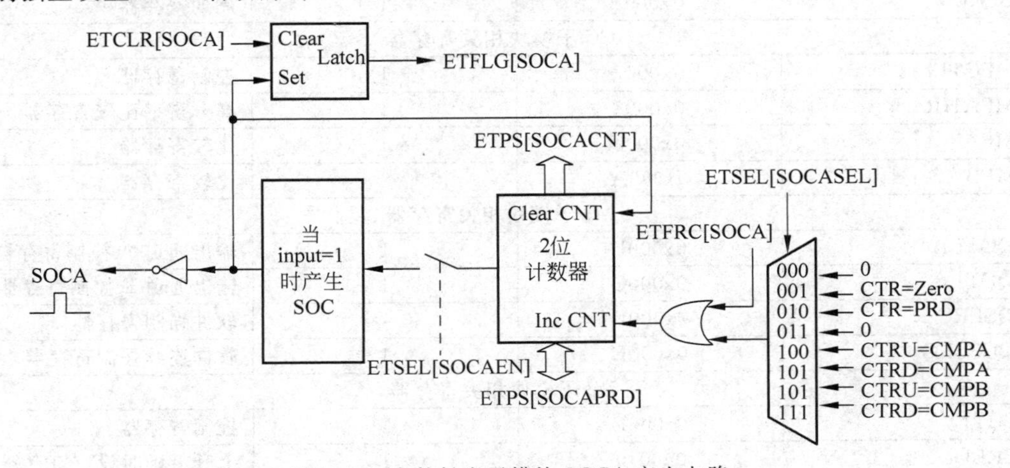

图 7-42 事件触发子模块 SOCA 产生电路

图 7-43 给出了 SOCB 的产生电路，SOCB 的产生过程与 SOCA 相同。

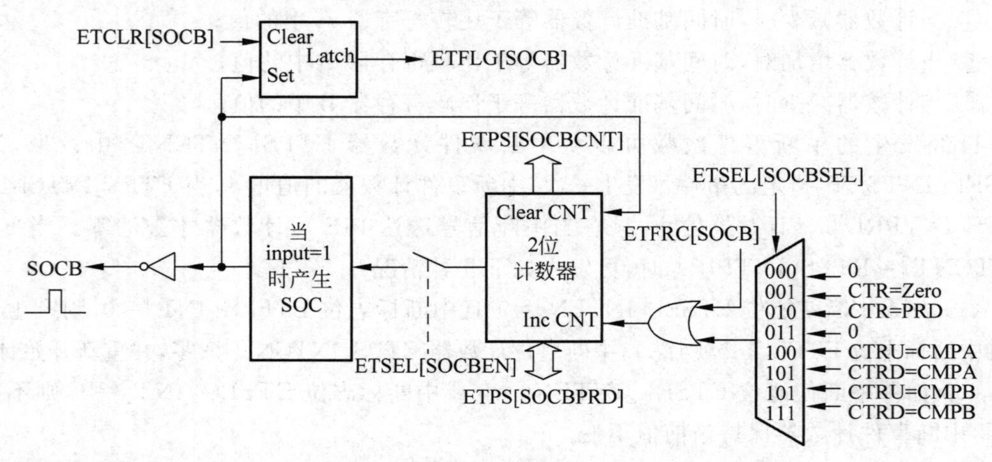

图 7-43　事件触发子模块 SOCB 产生电路

7.3　相关寄存器

表 7-14 给出了 ePWM 模块所有相关寄存器。

表 7-14　ePWM 相关寄存器

寄存器名称	地址单元(偏移量)	大小(×16 位)	寄存器说明
TB 子模块相关寄存器			
TBCTL	0x0000	1	控制寄存器
TBSTS	0x0001	1	状态寄存器
TBPHSHR	0x0002	1	HRPWM 专用
TBPHS	0x0003	1	相位寄存器
TBCTR	0x0004	1	计数寄存器
TBPRD	0x0005	1	周期寄存器
CC 子模块相关寄存器			
CMPCTL	0x0007	1	控制寄存器
CMPAHR	0x0008	1	高分辨率比较寄存器
CMPA	0x0009	1	比较寄存器
CMPB	0x000A	1	比较寄存器
AQ 子模块相关寄存器			
AQCTLA	0x000B	1	输出通道 A 控制寄存器
AQCTLB	0x000C	1	输出通道 B 控制寄存器
AQSFRC	0x000D	1	软件强制寄存器
AQCSFRC	0x000E	1	软件连续强制寄存器
DB 子模块相关寄存器			
DBCTL	0x000F	1	控制寄存器
DBRED	0x0010	1	上升沿延时设定寄存器
DBFED	0x0011	1	下降沿延时设定寄存器

续表

寄存器名称	地址单元(偏移量)	大小(×16位)	寄存器说明
TZ子模块相关寄存器			
TZSEL	0x0012	1	选择寄存器
TZCTL	0x0014	1	控制寄存器
TZEINT	0x0015	1	中断使能寄存器
TZFLG	0x0016	1	标志寄存器
TZCLR	0x0017	1	清零寄存器
TZFRC	0x0018	1	强制寄存器
ET子模块相关寄存器			
ETSEL	0x0019	1	选择寄存器
ETPS	0x001A	1	预分频寄存器
EFFLG	0x001B	1	标志寄存器
ETCLR	0x001C	1	清零寄存器
ETFRC	0x001D	1	强制寄存器
PC子模块相关寄存器			
PCCTL	0x001E	1	控制寄存器

7.3.1 时间基准子模块寄存器

周期寄存器TBPRD各位功能描述如表7-15所示。

表7-15 TBPRD功能描述

位	字段	取值及功能描述
15～0	TBPRD	用以决定时间基准计数器的周期,从而确定PWM的频率,取值范围为0x0000～0xFFFF。 该寄存器具有映射功能,由TBCTL[PRDLD]位决定,默认情况下使用映射功能。 如果TBCTL[PRDLD]=0,使能映射寄存器,任何读/写操作将针对映射寄存器,在时间基准计数器归零时,将映射寄存器中的内容装载到当前寄存器; 如果TBCTL[PRDLD]=1,禁止映射寄存器,任何读/写操作将直接作用于当前寄存器

相位寄存器TBPHS各位功能描述如表7-16所示。

表7-16 TBPHS功能描述

位	字段	取值及功能描述
15～0	TBPHS	用于设定ePWM时间基准计数器的相位,取值范围为0x0000～0xFFFF。 如果TBCTL[PHSEN]=0,同步事件被忽略,时间基准计数器不会加载相位寄存器中的值; 如果TBCTL[PRDLD]=1,当同步事件发生时,时间基准计数器加载相位寄存器中的值

时间基准计数寄存器 TBCTR 各位功能描述如表 7-17 所示。

表 7-17 TBCTR 功能描述

位	字　段	取值及功能描述
15～0	TBCTR	读寄存器,将返回计数器的当前值; 写寄存器,将立即更新 TBCTR 的值,写操作并不同步于基准时钟 TBCLK

时间基准子模块控制寄存器 TBCTL 各位信息如表 7-18 所示,功能描述如表 7-19 所示。

表 7-18 TBCTL 寄存器各位信息

15	14	13	12～10	9	8
FREE,SOFT		PHSDIR	CLKDIV	HSPCLKDIV	
R/W-0		R/W-0	R/W-0	R/W-0,0,1	

7	6	5	4	3	2	1	0
HSPCLKDIV	SWFSYNC	SYNCOSEL		PRDLD	PHSEN	CTRMODE	
R/W-0,0,1	R/W-0	R/W-0		R/W-0	R/W-0	R/W 1.1	

表 7-19 TBCTL 功能描述

位	字　段	取值及功能描述
15～14	FREE,SOFT	仿真模式位,决定 ePWM 在仿真挂起时的动作。 00:在下次时间基准计数器增或减后停止; 01:当计数器完成一个周期后停止; 对于增计数,当 TBCTR=TBPRD 时停止; 对于减计数,当 TBCTR=0x0000 时停止; 对于增减计数,当 TBCTR=0x0000 时停止
13	PHSDIR	相位方向控制位,用来决定同步后增减计数器的计数方向,在增计数或减计数模式下此位被忽略。 0:同步事件发生后,减计数;1:同步事件发生器,增计数
12～10	CLKDIV	基准时钟分频位,TBCLK=SYSCLKOUT/(CLKDIV×HSPCLKDIV)。 000～111(k):分频系数为 2^k
9～7	HSPCLKDIV	高速基准时钟分频位,TBCLK=SYSCLKOUT/(CLKDIV×HSPCLKDIV)。 000:分频系数为 1;001～111(k):分频系数为 2^k
6	SWFSYNC	软件强制同步脉冲。 0:写 0 无反应;读,将始终返回 0; 1:写 1 将强制产生一次同步脉冲信号
5～4	SYNCOSEL	同步信号输出选择,用于选择 EPWMxSYNCO 信号的输出源。 00:EPWMxSYNC; 01:CTR=ZER0,时间基准计数器 TBCTR=0; 10:CTR=CMPB,时间基准计数器 TBCTR=CMPB; 11:禁止 EPWMxSYNCO 信号
3	PRDLD	决定周期寄存器 TBPRD 映射单元何时向当前单元装载数据。 0:当 CTR=ZERO 时,将映射寄存器中的数据装载到当前寄存器; 1:禁止使用映射寄存器

续表

位	字　段	取值及功能描述
2	PHSEN	相位使能位。 0：禁止TBCTR加载相位寄存器TBPHS中的值； 1：当同步信号EPWMxSYNCI输入或当软件强制同步事件发生时，TBCTR加载相位寄存器TBPHS中的值
1～0	CTRMODE	计数模式选择。00：增计数；01：减计数；10：增减计数；11：停止计数器相关操作(默认)

时间基准状态寄存器TBSTS各位信息如表7-20所示，功能描述如表7-21所示。

表7-20　TBCTL寄存器各位信息

15～3	2	1	0
保留	CTRMAX	SYNCI	CTRDIR
R-0	R/W1C-0	R/W1C-0	R-1

表7-21　TBCTL功能描述

位	字段	取值及功能描述
15～3	保留	保留
2	CTRMAX	用于判断TBCTR是否达到过最大值0xFFFF。 0：读，返回0表明TBCTR从未到达过0xFFFF，写0无反应； 1：读，返回1表明TBCTR到达过0xFFFF，写1将清除相应锁存事件
1	SYNCI	用于判断同步信号的输入锁存状态。 0：读，返回0表明从未发生过同步事件，写0无反应； 1：读，返回1表明发生过同步事件，写1将清除相应的锁存事件
0	CTRDIR	时间基准计数器方向判断位，在复位后由于计数器默认为禁止状态，所以此位无意义，当通过TBCTL[CTRMODE]设定好计数器模式后，此位才有意义。 0：计数器正在减计数；1：计数器正在增计数

7.3.2　比较功能子模块寄存器

比较寄存器CMPA各位功能描述如表7-22所示。

表7-22　CMPA功能描述

位	字段	取值及功能描述
15～0	CMPA	CMPA当前寄存器中的值始终与时间基准计数器TBCTR中的值做比较，当两者相等时，比较功能子模块将产生一次“TBCTR＝CMPA”事件，并输送到功能限定子模块中，从而产生相应的动作。 通过CMPCTL[SHDWAMODE]位可控制是否使用映射寄存器，默认情况下使用

比较寄存器CMPB各位信息如表7-23所示。

表 7-23 CMPB 功能描述

位	字段	取值及功能描述
15～0	CMPB	CMPB 当前寄存器中的值始终与时间基准计数器 TBCTR 中的值做比较，当两者相等时，比较功能子模块将产生一次“TBCTR＝CMPB”事件，并输送到功能限定子模块中，从而产生相应的动作。 通过 CMPCTL[SHDWBMODE]位可控制是否使用映射寄存器，默认情况下使用

比较功能子模块的控制寄存器 CMPCTL 各位信息如表 7-24 所示，功能描述如表 7-25 所示。

表 7-24 CMPCTL 寄存器各位信息

15～10						9	8
保留						SHDWBFULL	SHDWAFULL
R-0						R-0	R-0
7	6	5	4	3	2	1	0
保留	SHDWBMODE	保留	SHDWAMODE	LOADBMODE		LOADAMODE	
R-0	R/W-0	R-0	R/W-0	R/W-0		R/W-0	

表 7-25 CMPCTL 功能描述

位	字段	取值及功能描述
15～10	保留	保留
9	SHDWBFULL	CMPB 映射寄存器满状态标志位。 0：CMPB 映射寄存器未满；1：CMPB 映射寄存器满，此时 CPU 的写操作将会覆盖原来的值
8	SHDWAFULL	CMPA 映射寄存器满状态标志位。 0：CMPA 映射寄存器未满；1：CMPA 映射寄存器满，此时 CPU 的写操作将会覆盖原来的值
7	保留	保留
6	SHDWBMODE	CMPB 寄存器工作模式选择。 0：使用映射模式，读/写操作将直接作用于 CMPB 映射寄存器； 1：使用立即模式，读/写操作将直接作用于 CMPB 当前寄存器
5	保留	保留
4	SHDWAMODE	CMPA 寄存器工作模式选择。 0：使用映射模式，读/写操作将直接作用于 CMPA 映射寄存器； 1：使用立即模式，读/写操作将直接作用于 CMPA 当前寄存器
3～2	LOADBMODE	决定 CMPB 映射寄存器何时向当前寄存器装载数据。 00：在 TBCTR＝0 时装载； 01：在 TBCTR＝TBPRD 时装载； 10：既在 TBCTR＝0 时装载，也在 TBCTR＝TBPRD 时装载； 11：禁止装载
1～0	LOADAMODE	决定 CMPA 映射寄存器何时向当前寄存器装载数据。 具体配置与上行相同

高分辨率比较寄存器 CMPAHR 各位信息如表 7-26 所示，功能描述如表 7-27 所示。

表 7-26 CMPAHR 寄存器各位信息

15～8	7～0
CMPAHR	保留
R/W-0	R-0

表 7-27 CMPAHR 功能描述

位	字段	取值及功能描述
15～8	CMPAHR	取值范围 0x00～0xFF。 这 8 位存放比较寄存器 CMPA 的高精度部分(低 8 位)，从而 CMPA:CMPAHR 可构成一个 32 位读/写操作范围。 CMPAHR 同样支持映射寄存器模式，由 CMPCTL[SHDWAMODE]位决定，具体描述见表 7-25
7～0	保留	为 TI 的测试保留

7.3.3 动作限定子模块寄存器

动作限定输出通道 A 控制寄存器 AQCTLA 各位信息如表 7-28 所示，功能描述如表 7-29 所示。

表 7-28 AQCTLA 寄存器各位信息

15～12	11	10	9	8	7	6	5	4	3	2	1	0
保留	CBD		CBU		CAD		CAU		PRD		ZRO	
R-0	R/W-0		R/W-0		R/W-0		R/W-0		R/W-0		R/W-0	

表 7-29 AQCTLA 功能描述

位	字段	取值及功能描述
15～12	保留	保留
11～10	CBD	当时间基准计数器的值等于 CMPB 的值，且正在递减计数。00：无动作；01：使 EPWMxA 为低电平；10：使 EPWMxA 为高电平；11：翻转 EPWMxA 的当前状态
9～8	CBU	当时间基准计数器的值等于 CMPB 的值，且正在递增计数。配置与上行相同
7～6	CAD	当时间基准计数器的值等于 CMPA 的值，且正在递减计数。配置与上行相同
5～4	CAU	当时间基准计数器的值等于 CMPA 的值，且正在递增计数。配置与上行相同
3～2	PRD	当时间基准计数器的值等于周期寄存器的值。配置与上行相同
1～0	ZRO	当时间基准计数器的值等于 0。配置与上行相同

动作限定输出通道 B 控制寄存器 AQCTLB 各位信息如表 7-30 所示，功能描述如表 7-31 所示。

表 7-30 AQCTLB 寄存器各位信息

15～12	11	10	9	8	7	6	5	4	3	2	1	0
保留	CBD		CBU		CAD		CAU		PRD		ZRO	
R-0	R/W-0		R/W-0		R/W-0		R/W-0		R/W-0		R/W-0	

表 7-31 AQCTLB 功能描述

位	字段	取值及功能描述
15～12	保留	保留
11～10	CBD	当时间基准计数器的值等于 CMPB 的值，且正在递减计数。00：无动作；01：使 EPWMxB 为低电平；10：使 EPWMxB 为高电平；11：翻转 EPWMxB 的当前状态
9～8	CBU	当时间基准计数器的值等于 CMPB 的值，且正在递增计数。配置与上行相同
7～6	CAD	当时间基准计数器的值等于 CMPA 的值，且正在递减计数。配置与上行相同
5～4	CAU	当时间基准计数器的值等于 CMPA 的值，且正在递增计数。配置与上行相同
3～2	PRD	当时间基准计数器的值等于周期寄存器的值。配置与上行相同
1～0	ZRO	当时间基准计数器的值等于 0。配置与上行相同

软件强制寄存器 AQSFRC 各位信息如表 7-32 所示，功能描述如表 7-33 所示。

表 7-32 AQSFRC 寄存器各位信息

15～8	7	6	5	4	3	2	1	0
保留	RLDCSF		OTSFB	ACTSFB		OTSFA	ACTSFA	
R-0	R/W-0		R/W-0	R/W-0		R/W-0	R/W-0	

表 7-33 AQSFRC 功能描述

位	字段	取值及功能描述
15～8	保留	保留
7～6	RLDCSF	AQCSFRC 当前寄存器从映射寄存器中加载数据。00：在 CTR＝0 时加载；01：在 CTR＝PRD 时加载；10：即在 CTR＝0 时加载，也在 CTR＝PRD 时加载；11：立即模式
5	OTSFB	对输出 B 的一次性强制事件。0：写 0 无反应，读则始终返回 0；1：发起一次软件强制事件；注：当一次写操作完成后，此位将自动清零
4～3	ACTSFB	定义当输出 B 的软件强制事件发生时，EPWMxB 的状态变化。00：无动作；01：置位低电平；10：置位高电平；11：翻转当前状态；注：与计数器的方向无关
2	OTSFA	对输出 A 的一次性强制事件。0：写 0 无反应，读则始终返回 0；1：发起一次软件强制事件；注：当一次写操作完成后，此位将自动清零
1～0	ACTSFA	定义当输出 A 的软件强制事件发生时，EPWMxA 的状态变化。00：无动作；01：置位低电平；10：置位高电平；11：翻转当前状态；注：与计数器的方向无关

软件连续强制寄存器 AQCSFRC 各位信息如表 7-34 所示，功能描述如表 7-35 所示。

表 7-34 AQCSFRC 寄存器各位信息

15～4	3	2	1	0
保留	CSFB		CSFA	
R-0	R/W-0		R/W-0	

表 7-35 AQCSFRC 功能描述

位	字段	取值及功能描述
15～4	保留	保留
3～2	CSFB	输出 B 的连续软件强制触发控制。 在立即模式下，强制动作发生在下个 TBCLK 的边沿；在映射模式下，强制动作发生在装载后的下个 TBCLK 边沿，可用 AQSFRC[RLDCSF]位控制是否使用映射模式。00：无动作；01：连续强制 EPWMxB 为低电平；10：连续强制 EPWMxB 为高电平；11：软件强制禁止，无动作
1～0	CSFA	输出 A 的连续软件强制触发控制。 在立即模式下，强制动作发生在下个 TBCLK 的边沿；在映射模式下，强制动作发生在装载后的下个 TBCLK 边沿，可用 AQSFRC[RLDCSF]位控制是否使用映射模式。00：无动作；01：连续强制 EPWMxA 为低电平；10：连续强制 EPWMxA 为高电平；11：软件强制禁止，无动作

7.3.4 死区产生子模块寄存器

死区控制寄存器 DBCTL 各位信息如表 7-36 所示，功能描述如表 7-37 所示。

表 7-36 DBCTL 寄存器各位信息

15～6	5	4	3	2	1	0
保留	IN_MODE		POLSEL		OUT_MODE	
R-0	R/W-0		R/W-0		R/W-0	

表 7-37 DBCTL 功能描述

位	字段	取值及功能描述
15～6	保留	保留
5～4	IN_MODE	死区产生子模块输入信号选择。第 5 位和第 4 位分别控制图 7-28 中的 S5 和 S4 开关。00：EPWMxA 作为上升沿及下降沿延时的信号源；01：EPWMxB 作为上升沿延时的信号源；EPWMxA 作为下降沿延时的信号源；10：EPWMxA 作为上升沿延时的信号源；EPWMxB 作为下降沿延时的信号源；11：EPWMxB 作为上升沿及下降沿延时的信号源；注：其中 EPWMxA/B 来自 AQ 子模块
3～2	POLSEL	极性选择控制位。 第 3 位和第 2 位分别控制图 7-28 中的 S3 和 S2 开关；允许用户在信号输出前，选择性地对延时后的信号进行极性反转。00：AH，EPWMxA 与 EPWMxB 都不反转极性(默认)；01：ALC，EPWMxA 反转极性；10：AHC，EPWMxB 反转极性；11，AL，EPWMxA 与 EPWMxB 都反转极性
1～0	OUT_MODE	DB 子模块输出控制。第 1 位和第 0 位分别控制图 7-28 中的 S1 和 S0 开关，允许用户选择性地输出上升沿或下降沿延时信号，或完全禁止 DB 模块。00：两路信号直接通过 DB 子模块，即不使用 DB 子模块进行延时控制；01：禁止上升沿延时，即 EPWMxA 信号直接通过该模块；10：禁止下降沿延时，即 EPWMxB 信号直接通过该模块；11：使能上升沿及下降沿延时信号

上升沿死区设定寄存器 DBRED 各位信息如表 7-38 所示，功能描述如表 7-39 所示。

表 7-38 DBRED 寄存器各位信息

15～10	9～0
保留	DEL
R-0	R/W-0

表 7-39 DBRED 功能描述

位	字段	取值及功能描述
15～10	保留	保留
9～0	DEL	上升沿延时时间计数器

下降沿死区设定寄存器 DBFED 各位信息如表 7-40 所示，功能描述如表 7-41 所示。

表 7-40 DBFED 寄存器各位信息

15～10	9～0
保留	DEL
R-0	R/W-0

表 7-41 DBFED 功能描述

位	字段	取值及功能描述
15～10	保留	保留
9～0	DEL	下降沿延时时间计数器

7.3.5 斩波控制子模块寄存器

斩波控制寄存器 PCCTL 各位信息如表 7-42 所示，功能描述如表 7-43 所示。

表 7-42 PCCTL 寄存器各位信息

15～11	10～8	7～5	4～1	0
保留	CHPDUTY	CHPFREQ	OSHTWTH	CHPEN
R-0	R/W-0	R/W-0	R/W-0	R/W-0

表 7-43 PCCTL 功能描述

位	字段	取值及功能描述
15～11	保留	保留
10～8	CHPDUTY	占空比控制位。 000～110：占空比＝0.125×CHPDUTY；111：保留
7～5	CHPFREQ	斩波时钟频率。 000～111：频率＝系统时钟频率/[8×(CHPFREQ＋1)]
4～1	OSHTWTH	首次脉宽宽度控制。 0000～1111：宽度＝(OSHTWTI＋1)×系统时钟周期×8
0	CHPEN	斩波控制使能位。 0：禁止 PWM 斩波控制；1：使能 PWM 斩波控制

7.3.6　故障捕获子模块寄存器

外部触发选择寄存器 TZSEL 各位信息如表 7-44 所示，功能描述如表 7-45 所示。

表 7-44　TZSEL 寄存器各位信息

15～14	13	12	11	10	9	8
保留	OSHT6	OSHT5	OSHT4	OSHT3	OSHT2	OSHT1
R-0	R/W-0	R/W-0	R/W-0	R/W-0	R/W-0	R/W-0

7～6	5	4	3	2	1	0
保留	CBC6	CBC5	CBC4	CBC3	CBC2	CBC1
R-0	R/W-0	R/W-0	R/W-0	R/W-0	R/W-0	R/W-0

表 7-45　TZSEL 功能描述

位	字段	取值及功能描述
15～14	保留	保留
13～8	OSHT6～OSHT1	13～8 每位的取值都可以为 0 或 1，分别对应 OSHT6～OSHT1 的单次触发控制位。 0：禁止使用 $\overline{TZn}$(n=1 或 2…或 6)作为 ePWM 的单次触发输入； 1：使能 $\overline{TZn}$(n=1 或 2…或 6)作为 ePWM 的单次触发输入
7～6	保留	保留
5～0	CBC6～CBC1	5～0 每位的取值都可以为 0 或 1，分别对应 CBC6～CBC1 的周期触发控制位。 0：禁止使用 $\overline{TZn}$(n=1 或 2…或 6)作为 ePWM 的周期性触发输入； 1：使能 $\overline{TZn}$(n=1 或 2…或 6)作为 ePWM 的周期性触发输入

外部触发控制寄存器 TZCTL 各位信息如表 7-46 所示，功能描述如表 7-47 所示。

表 7-46　TZCTL 寄存器各位信息

15～4	3	2	1	0
保留	TZB		TZA	
R-0	R/W-0		R/W-0	

表 7-47　TZCTL 功能描述

位	字段	取值及功能描述
15～4	保留	保留
3～2	TZB	当外部触发事件发生时，定义 EPWMxB 所采取的动作。00：高阻状态；01：强制为高电平；10：强制为低电平；11：无动作
1～0	TZA	当外部触发事件发生时，定义 EPWMxA 所采取的动作。配置与上行相同

外部触发中断控制寄存器 TZEINT 各位信息如表 7-48 所示，功能描述如表 7-49 所示。

表 7-48 TZEINT 寄存器各位信息

15～3	2	1	0
保留	OST	CBC	保留
R-0	R/W-0	R/W-0	R-0

表 7-49 TZEINT 功能描述

位	字段	取值及功能描述
15～3	保留	保留
2	OST	单次触发事件中断控制位。0：禁止单次触发事件产生中断；1：允许单次触发事件产生中断
1	CBC	周期性触发事件中断控制位。0：禁止周期性触发事件产生中断；1：允许周期性触发事件产生中断
0	保留	保留

外部触发标志寄存器 TZFLG 各位信息如表 7-50 所示，功能描述如表 7-51 所示。

表 7-50 TZFLG 寄存器各位信息

15～3	2	1	0
保留	OST	CBC	INT
R-0	R-0	R-0	R-0

表 7-51 TZFLG 功能描述

位	字段	取值及功能描述
15～3	保留	保留
2	OST	单次触发事件标志位。0：无单次触发事件发生；1：有单次触发事件发生。可通过写 TZCLR 寄存器清除此位
1	CBC	周期性触发事件标志位。0：无周期性触发事件发生；1：有周期性触发事件发生。可通过写 TZCLR 寄存器清除此位
0	INT	中断产生标志位。0：无中断事件产生；1：有中断事件产生。可通过写 TZCLR 寄存器清除此位

外部触发清零寄存器 TZCLR 各位信息如表 7-52 所示，功能描述如表 7-53 所示。

表 7-52 TZCLR 寄存器各位信息

15～3	2	1	0
保留	OST	CBC	INT
R-0	R/W-0	R/W-0	R/W-0

表 7-53 TZCLR 功能描述

位	字段	取值及功能描述
15～3	保留	保留
2	OST	清除单次触发事件标志位。0：写 0 无反应，读则始终返回 0；1：清除单次触发事件标志位

续表

位	字段	取值及功能描述
1	CBC	清除周期性触发事件标志位。0：写0无反应，读则始终返回0；1：清除周期性触发事件标志位
0	INT	清除中断产生标志位。0：写0无反应，读则始终返回0；1：中断标志位

外部触发强制寄存器TZFRC各位信息如表7-54所示，功能描述如表7-55所示。

表7-54 TZFRC寄存器各位信息

15～3	2	1	0
保留	OST	CBC	保留
R-0	R/W-0	R/W-0	R-0

表7-55 TZFRC功能描述

位	字段	取值及功能描述
15～3	保留	保留
2	OST	用软件方式强制产生单次触发事件。0：写0无反应，读则始终返回0；1：软件强制产生一次单次触发事件，对TZFLG[OST]置位
1	CBC	用软件方式强制产生周期性触发事件。0：写0无反应，读则始终返回0；1：软件强制产生一次周期性触发事件，对TZFLG[CBC]置位
0	保留	保留

7.3.7 事件触发子模块寄存器

事件触发选择寄存器ETSEL各位信息如表7-56所示，功能描述如表7-57所示。

表7-56 ETSEL寄存器各位信息

15	14～12	11～9	10～8
SOCBEN	SOCBSEL	SOCAEN	SOCASEL
R/W-0	R/W-0	R/W-0	R/W-0

7～4	3	2～0
保留	INTEN	INTSEL
R-0	R/W-0	R/W-0

表7-57 ETSEL功能描述

位	字段	取值及功能描述
15	SOCBEN	0：禁止ADC启动脉冲EPWMxSOCB；1：使能ADC启动脉冲EPWMxSOCB
14～12	SOCBSEL	选择EPWMxSOCB产生的条件。000：保留；001：TBCTR＝0x0000时产生；010：TBCTR＝TBPRD时产生；011：保留；100：TBCTR＝CMPA且计数器处于递增状态时产生；101：TBCTR＝CMPA且计数器处于递减状态时产生；110：TBCTR＝CMPB且计数器处于递增状态时产生；111：TBCTR＝CMPB且计数器处于递减状态时产生

续表

位	字段	取值及功能描述
11	SOCAEN	0：禁止 ADC 启动脉冲 EPWMxSOCA；1：使能 ADC 启动脉冲 EPWMxSOCA
10～8	SOCASEL	选择 EPWMxSOCA 产生的条件。此处配置与 SOC AEN 相同
7～4	保留	保留
3	INTEN	0：禁止产生中断信号 EPWMx_INT；1：使能产生中断信号 EPWMx_INT
2～0	INTSEL	选择 EPWMx_INT 产生的条件。此处配置与 SOC AEN 相同

事件触发预分频寄存器 ETPS 各位信息如表 7-58 所示，功能描述如表 7-59 所示。

表 7-58 ETPS 寄存器各位信息

15～14	13	12	11	10	9	8	7～4	3	2	1	0
SOCBCNT	SOCBPRD		SOCACNT		SOCAPRD		保留	INTCNT		INTPRD	
R-0	R/W-0		R-0		R/W-0		R-0	R-0		R/W-0	

表 7-59 ETPS 功能描述

位	字段	取值及功能描述
15～14	SOCBCNT	ADC 启动信号 EPWMxSOCB 的事件计数器，用来表明通过 ETSEL [SOCBSEL]选择的事件发生的次数。00：无事件发生；01：发生一次；10：发生两次；11：发生三次
13～12	SOCBPRD	ADC 启动信号 EPWMxSOCB 的事件周期设定。00：禁止事件计数器工作，不产生相关 ADC 启动信号；01：每发生一次事件，产生 ADC 启动信号；10：每发生两次事件，产生 ADC 启动信号；11：每发生三次事件，产生 ADC 启动信号
11～10	SOCACNT	ADC 启动信号 EPWMxSOCA 的事件计数器，用来表明通过 ETSEL [SOCASEL]选择的事件发生的次数。此处描述与 SOCBPRD 相同
9～8	SOCAPRD	ADC 启动信号 EPWMxSOCA 的事件周期设定。此处描述与 SOCACNT 相同
7～4	保留	保留
3～2	INTCNT	中断事件发生计数器。此处描述与 SOCBPRD 相同
1～0	INTPRD	中断周期设定。00：禁止事件计数器工作，不产生中断信号；01：每发生一次事件，产生中断信号 EPWMx_INT；10：每发生两次事件，产生中断信号 EPWMx_INT；11：每发生三次事件，产生中断信号 EPWMx_INT

事件触发标志寄存器 ETFLG 各位信息如表 7-60 所示，功能描述如表 7-61 所示。

表 7-60 ETFLG 寄存器各位信息

15～4	3	2	1	0
保留	SOCB	SOCA	保留	INT
R-0	R-0	R-0	R-0	R-0

表 7-61 ETFLG 功能描述

位	字段	取值及功能描述
15～4	保留	保留
3	SOCB	ADC 启动信号 EPWMxSOCB 状态标志位。0：无 EPWMxSOCB 信号产生；1：表明有 EPWMxSOCB 信号产生，此位置位后，EPWMxSOCB 仍可继续产生

续表

位	字段	取值及功能描述
2	SOCA	ADC 启动信号 EPWMxSOCA 状态标志位。0：无 EPWMxSOCA 信号产生；1：表明有 EPWMxSOCA 信号产生，此位置位后，EPWMxSOCA 仍可继续产生
1	保留	保留
0	INT	中断信号 EPWMx_INT 状态标志位。0：无 EPWMx_INT 信号产生；1：表明有 EPWMx_INT 信号产生，此位清零后，EPWMx_INT 才可继续产生

事件触发清零寄存器 ETCLR 各位信息如表 7-62 所示，功能描述如表 7-63 所示。

表 7-62 ETFLG 寄存器各位信息

15～4	3	2	1	0
保留	SOCB	SOCA	保留	INT
R-0	R/W-0	R/W-0	R-0	R/W-0

表 7-63 ETFLG 功能描述

位	字段	取值及功能描述
15～4	保留	保留
3	SOCB	清除 ADC 启动信号 EPWMxSOCB 状态标志位。0：写 0 无反应，读则始终返回 0；1：写 1 对 ETFLG[SOCB]状态标志位清零
2	SOCA	清除 ADC 启动信号 EPWMxSOCA 状态标志位。0：写 0 无反应，读则始终返回 0；1：写 1 对 ETFLG[SOCBA]状态标志位清零
1	保留	保留
0	INT	清除中断信号 EPWMx_INT 状态标志位。0：无 EPWMx_INT 信号产生；1：写 1 对 ETFLG[INT]状态标志位清零

事件触发强制寄存器 ETFRC 各位信息如表 7-64 所示，功能描述如表 7-65 所示。

表 7-64 ETFRC 寄存器各位信息

15～4	3	2	1	0
保留	SOCB	SOCA	保留	INT
R-0	R/W-0	R/W-0	R-0	R/W-0

表 7-65 ETFRC 功能描述

位	字段	取值及功能描述
15～4	保留	保留
3	SOCB	SOCB 强制位，首先要在 ETSEL 寄存器中使能 EPWMxSOCB。0：写 0 无反应，读则始终返回 0；1：软件强制产生 EPWMxSOCB 启动信号，并将 SOCBFLG 置位
2	SOCA	SOCA 强制位，首先要在 ETSEL 寄存器中使能 EPWMxSOCA。0：写 0 无反应，读则始终返回 0；1：软件强制产生 EPWMxSOCA 启动信号，并将 SOCAFLG 置位
1	保留	保留
0	INT	INT 强制位，首先要在 ETSEL 寄存器中使能 EPWMx_INT。0：写 0 无反应，读则始终返回 0；1：软件强制产生 EPWMx_INT 启动信号，并将 INT 标志位置位

7.4 应用实例

在上述各节中对单个 ePWM 模块的功能进行了详细的描述，本节将给出如何使用多个 ePWM 模块构成一个完整的应用系统，本节中 ePWM 模块的简化结构如图 7-44 所示。

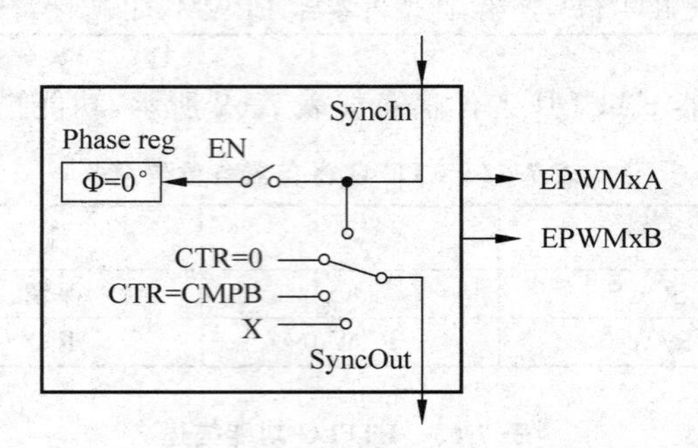

图 7-44 ePWM 模块简化图

7.4.1 BUCK 电路的控制

1. 不同频率下多个 BUCK 电路的控制

BUCK 电路是一种拓扑结构较为简单的电力变换器，单个 ePWM 模块可使用相同的 PWM 开关频率控制两个 BUCK 电路，如果需要不同的开关频率，那么一个 ePWM 模块只能控制一个 BUCK 电路。

图 7-45 给出了 3 个 BUCK 电路，且都工作在不同的开关频率下，在此情况下使用 3 个独立的 ePWM 模块对其进行控制，且都工作在主控方式(Master)下，不使用同步信号。

图 7-46 给出了相关的控制脉冲，其对应的 ePWM 配置程序如例 7-8 所示。

【例 7-8】 图 7-46 脉冲的相关配置程序。

程序清单：

```
//初始化
//EPWM Module 1 配置
EPwm1Regs.TBPRD=1200;                                   //PWM 周期=1201 个 TBCLK 周期
EPwm1Regs.TBPHS.half.TBPHS=0;                           //将相位寄存器清零
EPwm1Regs.TBCTL.bit.CTRMODE = TB_COUNT_UP;              //设为增计数模式
EPwm1Regs.TBCTL.bit.PHSEN = TB_DISABLE;                 //禁止相位装载功能
EPwm1Regs.TBCTL.bit.PRDLD = TB_SHADOW;
EPwm1Regs.TBCTL.bit.SYNCOSEL = TB_SYNC_DISABLE;
EPwm1Regs.CMPCTL.bit.SHDWAMODE = CC_SHADOW;
EPwm1Regs.CMPCTL.bit.SHDWBMODE = CC_SHADOW;
EPwm1Regs.CMPCTL.bit.LOADAMODE = CC_CTR_ZERO;    //在 CTR=zero 时装载
EPwm1Regs.CMPCTL.bit.LOADBMODE = CC_CTR_ZERO;    //在 CTR=zero 时装载
EPwm1Regs.AQCTLA.bit.PRD = AQ_CLEAR;
EPwm1Regs.AQCTLA.bit.CAU = AQ_SET;
```

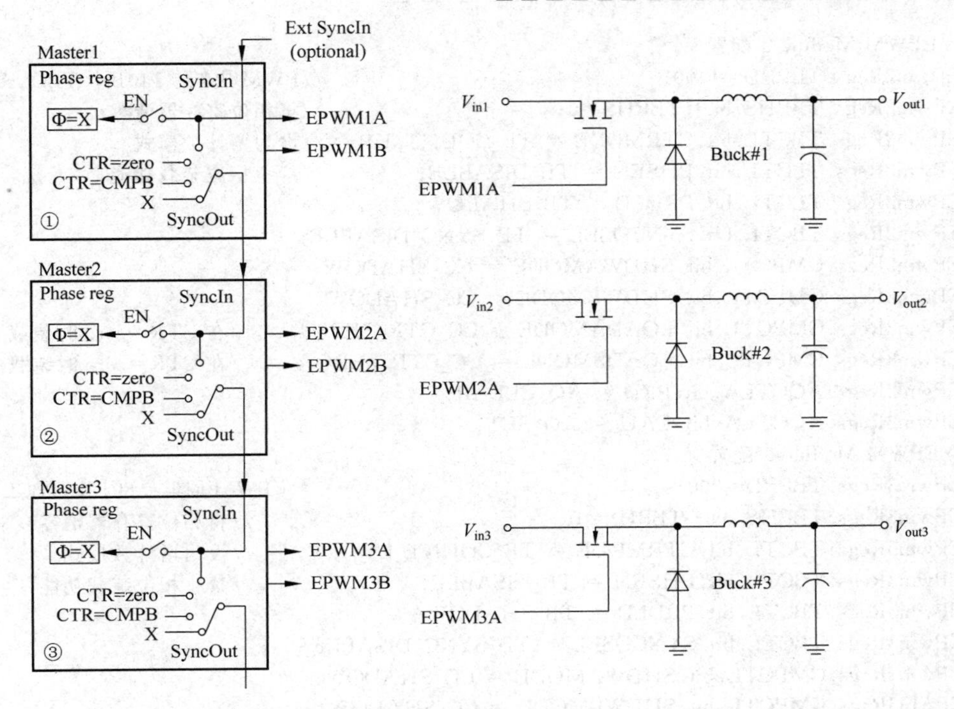

图 7-45　3 个 BUCK 电路的控制($f_{pwm1} \neq f_{pwm2} \neq f_{pwm3}$)

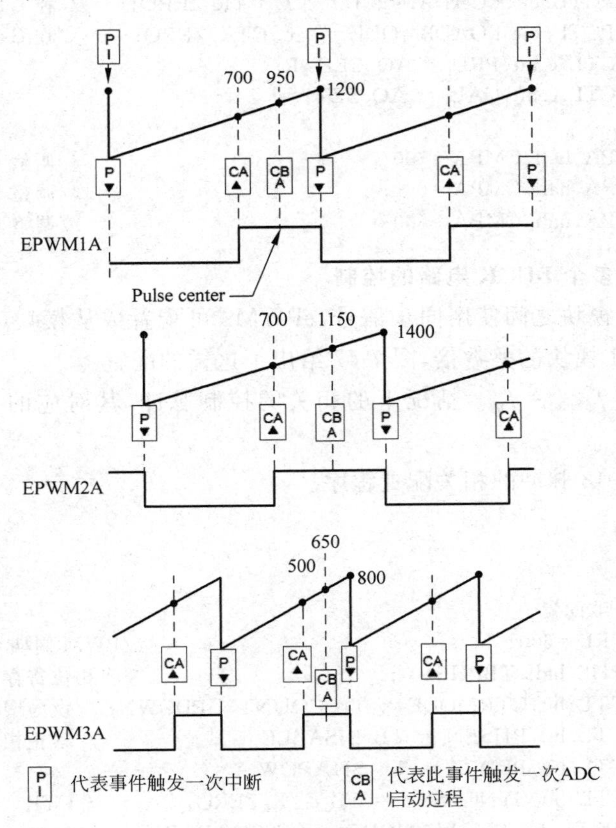

图 7-46　相关控制脉冲

```
//EPWM Module 2 配置
EPwm2Regs.TBPRD=1400;                                    //PWM 周期=1401 个 TBCLK 周期
EPwm2Regs.TBPHS.half.TBPHS=0;                            //将相位寄存器清零
EPwm2Regs.TBCTL.bit.CTRMODE = TB_COUNT_UP;               //设为增计数模式
EPwm2Regs.TBCTL.bit.PHSEN = TB_DISABLE;                  //禁止相位装载功能
EPwm2Regs.TBCTL.bit.PRDLD = TB_SHADOW;
EPwm2Regs.TBCTL.bit.SYNCOSEL = TB_SYNC_DISABLE;
EPwm2Regs.CMPCTL.bit.SHDWAMODE = CC_SHADOW;
EPwm2Regs.CMPCTL.bit.SHDWBMODE = CC_SHADOW;
EPwm2Regs.CMPCTL.bit.LOADAMODE = CC_CTR_ZERO;            //在 CTR=zero 时装载
EPwm2Regs.CMPCTL.bit.LOADBMODE = CC_CTR_ZERO;            //在 CTR=zero 时装载
EPwm2Regs.AQCTLA.bit.PRD = AQ_CLEAR;
EPwm2Regs.AQCTLA.bit.CAU = AQ_SET;
//EPWM Module 3 配置
EPwm3Regs.TBPRD=800;                                     //PWM 周期=801 个 TBCLK 周期
EPwm3Regs.TBPHS.half.TBPHS=0;                            //将相位寄存器清零
EPwm3Regs.TBCTL.bit.CTRMODE = TB_COUNT_UP;               //设为增计数模式
EPwm3Regs.TBCTL.bit.PHSEN = TB_DISABLE;                  //禁止相位装载功能
EPwm3Regs.TBCTL.bit.PRDLD = TB_SHADOW;
EPwm3Regs.TBCTL.bit.SYNCOSEL = TB_SYNC_DISABLE;
EPwm3Regs.CMPCTL.bit.SHDWAMODE = CC_SHADOW;
EPwm3Regs.CMPCTL.bit.SHDWBMODE = CC_SHADOW;
EPwm3Regs.CMPCTL.bit.LOADAMODE = CC_CTR_ZERO;            //在 CTR=ZERO 时装载
EPwm3Regs.CMPCTL.bit.LOADBMODE = CC_CTR_ZERO;            //在 CTR=ZERO 时装载
EPwm3Regs.AQCTLA.bit.PRD = AQ_CLEAR;
EPwm3Regs.AQCTLA.bit.CAU = AQ_SET;
//运行时段
EPwm1Regs.CMPA.half.CMPA=700;                            //调整 PWM 占空比
EPwm2Regs.CMPA.half.CMPA=600;                            //调整 PWM 占空比
EPwm3Regs.CMPA.half.CMPA=500;                            //调整 PWM 占空比
```

2. 相同频率下多个 BUCK 电路的控制

如果在 ePWM 模块之间使用同步信号，ePWM2 可配置成从模块(Slave)，且其开关频率可配置为 ePWM1 模块的整数倍，图 7-47 给出了这样的配置。

图 7-48 给出了 $f_{pwm2}=f_{pwm1}$ 情况下的相关的控制脉冲，其对应的 ePWM 配置程序如例 7-9 所示。

【例 7-9】 图 7-48 脉冲的相关配置程序。

程序清单：

```
//初始化
//EPWM Module 1 配置
EPwm1Regs.TBPRD=600;                                     //PWM 周期=1200 个 TBCLK 周期
EPwm1Regs.TBPHS.half.TBPHS=0;                            //将相位寄存器清零
EPwm1Regs.TBCTL.bit.CTRMODE = TB_COUNT_UPDOWN;           //设为增减计数模式
EPwm1Regs.TBCTL.bit.PHSEN = TB_DISABLE;                  //禁止相位装载功能
EPwm1Regs.TBCTL.bit.PRDLD = TB_SHADOW;
EPwm1Regs.TBCTL.bit.SYNCOSEL = TB_CTR_ZERO;              //CTR=zero 时发出同步信号
EPwm1Regs.CMPCTL.bit.SHDWAMODE = CC_SHADOW;
EPwm1Regs.CMPCTL.bit.SHDWBMODE = CC_SHADOW;
```

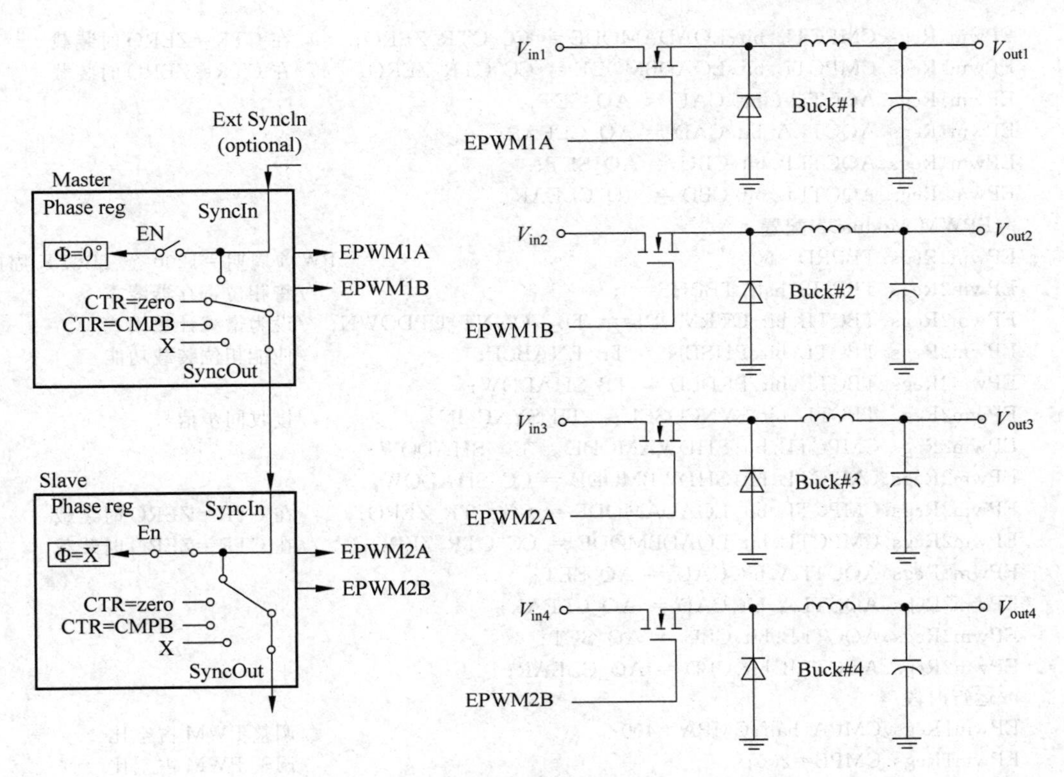

图 7-47 4 个 BUCK 电路的控制($f_{pwm2}=N\times f_{pwm1}$)

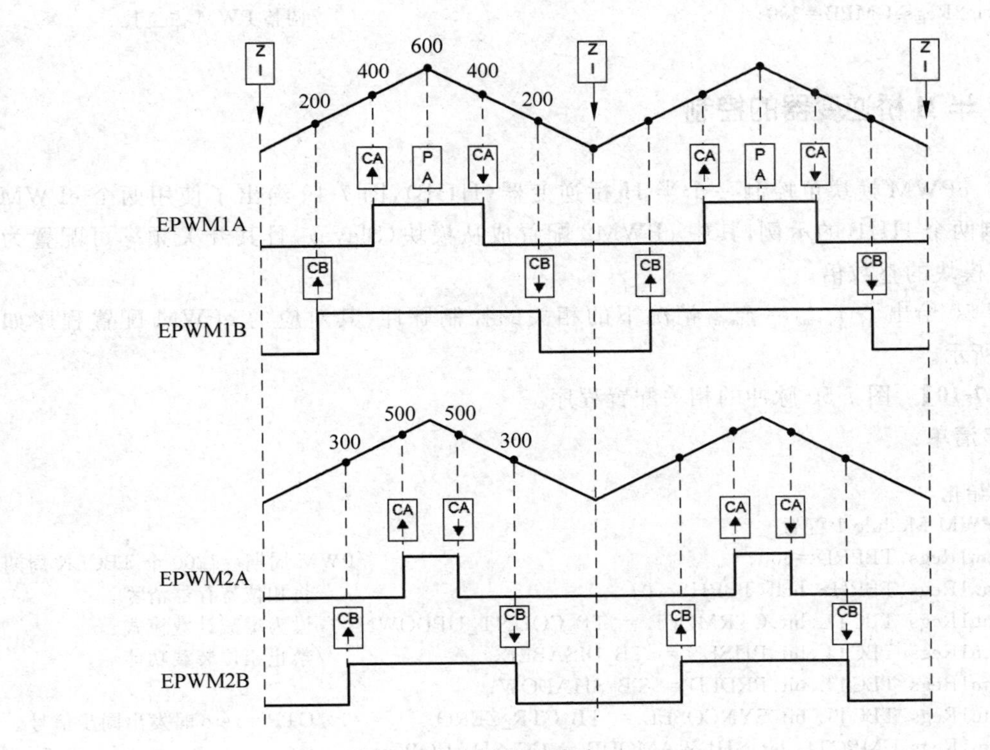

图 7-48 相关控制脉冲($f_{pwm2}=f_{pwm1}$)

```
EPwm1Regs.CMPCTL.bit.LOADAMODE = CC_CTR_ZERO;     //在 CTR=ZERO 时装载
EPwm1Regs.CMPCTL.bit.LOADBMODE = CC_CTR_ZERO;     //在 CTR=ZERO 时装载
EPwm1Regs.AQCTLA.bit.CAU = AQ_SET;
EPwm1Regs.AQCTLA.bit.CAD = AQ_CLEAR;
EPwm1Regs.AQCTLB.bit.CBU = AQ_SET;
EPwm1Regs.AQCTLB.bit.CBD = AQ_CLEAR;
//EPWM Module 2 配置
EPwm2Regs.TBPRD=600;                             //PWM 周期=1200 个 TBCLK 周期
EPwm2Regs.TBPHS.half.TBPHS=0;                     //将相位寄存器清零
EPwm2Regs.TBCTL.bit.CTRMODE = TB_COUNT_UPDOWN; //设为增减计数模式
EPwm2Regs.TBCTL.bit.PHSEN = TB_ENABLE;            //使能相位装载功能
EPwm2Regs.TBCTL.bit.PRDLD = TB_SHADOW;
EPwm2Regs.TBCTL.bit.SYNCOSEL = TB_SYNC_IN;        //接收同步信号
EPwm2Regs.CMPCTL.bit.SHDWAMODE = CC_SHADOW;
EPwm2Regs.CMPCTL.bit.SHDWBMODE = CC_SHADOW;
EPwm2Regs.CMPCTL.bit.LOADAMODE = CC_CTR_ZERO;     //在 CTR=ZERO 时装载
EPwm2Regs.CMPCTL.bit.LOADBMODE = CC_CTR_ZERO;     //在 CTR=ZERO 时装载
EPwm2Regs.AQCTLA.bit.CAU = AQ_SET;
EPwm2Regs.AQCTLA.bit.CAD = AQ_CLEAR;
EPwm2Regs.AQCTLB.bit.CBU = AQ_SET;
EPwm2Regs.AQCTLB.bit.CBD = AQ_CLEAR;
//运行时段
EPwm1Regs.CMPA.half.CMPA=400;                     //调整 PWM 占空比
EPwm1Regs.CMPB=200;                               //调整 PWM 占空比
EPwm2Regs.CMPA.half.CMPA=500;                     //调整 PWM 占空比
EPwm2Regs.CMPB=300;                               //调整 PWM 占空比
```

7.4.2 半 H 桥逆变器的控制

一个 ePWM 模块可控制一个半 H 桥逆变器(HHB),图 7-49 给出了使用两个 ePWM 模块控制两个 HHB 的示例,其中 ePWM2 配置成从模块(Slave),且其开关频率可配置为 ePWM1 模块的整数倍。

图 7-50 给出了 $f_{pwm2}=f_{pwm1}$ 情况下的相关的控制脉冲,其对应的 ePWM 配置程序如例 7-10 所示。

【例 7-10】 图 7-50 脉冲的相关配置程序。

程序清单:

```
//初始化
//EPWM Module 1 配置
EPwm1Regs.TBPRD=600;                             //PWM 周期=1200 个 TBCLK 周期
EPwm1Regs.TBPHS.half.TBPHS=0;                     //将相位寄存器清零
EPwm1Regs.TBCTL.bit.CTRMODE = TB_COUNT_UPDOWN; //设为增减计数模式
EPwm1Regs.TBCTL.bit.PHSEN = TB_DISABLE;           //禁止相位装载功能
EPwm1Regs.TBCTL.bit.PRDLD = TB_SHADOW;
EPwm1Regs.TBCTL.bit.SYNCOSEL = TB_CTR_ZERO;       //CTR=zero 时发出同步信号
EPwm1Regs.CMPCTL.bit.SHDWAMODE = CC_SHADOW;
EPwm1Regs.CMPCTL.bit.SHDWBMODE = CC_SHADOW;
```

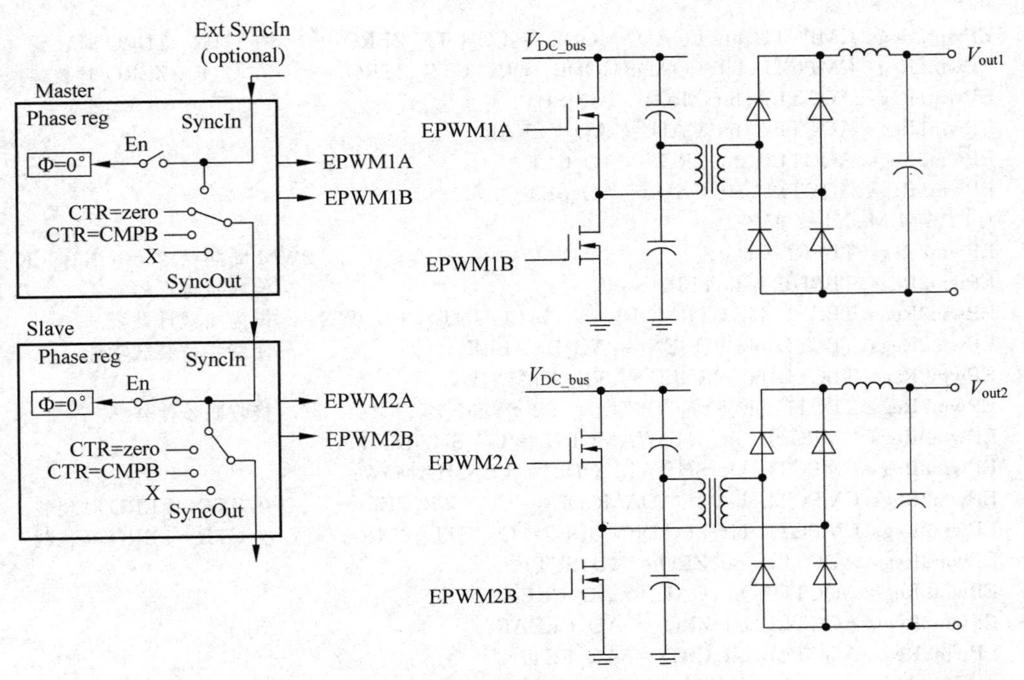

图 7-49　两个 HHB 电路的控制（$f_{pwm2}=N\times f_{pwm1}$）

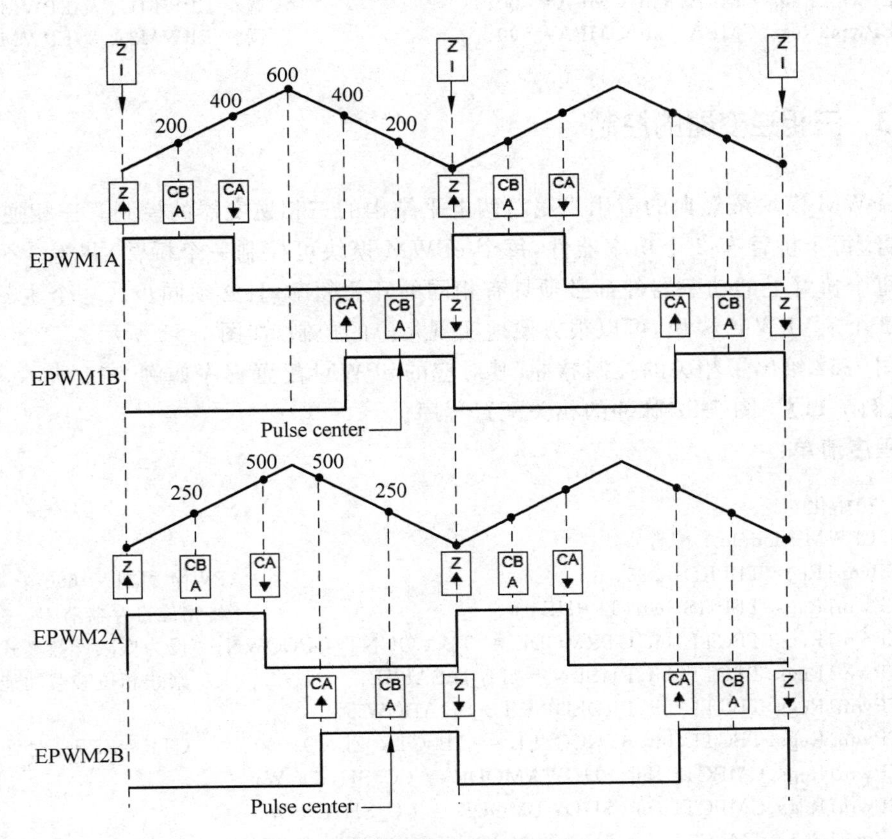

图 7-50　相关控制脉冲（$f_{pwm2}=f_{pwm1}$）

```
EPwm1Regs.CMPCTL.bit.LOADAMODE = CC_CTR_ZERO;    //在 CTR=ZERO 时装载
EPwm1Regs.CMPCTL.bit.LOADBMODE = CC_CTR_ZERO;    //在 CTR=ZERO 时装载
EPwm1Regs.AQCTLA.bit.ZRO = AQ_SET;
EPwm1Regs.AQCTLA.bit.CAU = AQ_CLEAR;
EPwm1Regs.AQCTLB.bit.ZRO = AQ_CLEAR;
EPwm1Regs.AQCTLB.bit.CAD = AQ_SET;
//EPWM Module 2 配置
EPwm2Regs.TBPRD=600;                              //PWM 周期=1200 个 TBCLK 周期
EPwm2Regs.TBPHS.half.TBPHS=0;                     //将相位寄存器清零
EPwm2Regs.TBCTL.bit.CTRMODE = TB_COUNT_UPDOWN;    //设为增减计数模式
EPwm2Regs.TBCTL.bit.PHSEN = TB_ENABLE;            //使能相位装载功能
EPwm2Regs.TBCTL.bit.PRDLD = TB_SHADOW;
EPwm2Regs.TBCTL.bit.SYNCOSEL = TB_SYNC_IN;        //接收同步信号
EPwm2Regs.CMPCTL.bit.SHDWAMODE = CC_SHADOW;
EPwm2Regs.CMPCTL.bit.SHDWBMODE = CC_SHADOW;
EPwm2Regs.CMPCTL.bit.LOADAMODE = CC_CTR_ZERO;    //在 CTR=ZERO 时装载
EPwm2Regs.CMPCTL.bit.LOADBMODE = CC_CTR_ZERO;    //在 CTR=ZERO 时装载
EPwm2Regs.AQCTLA.bit.ZRO= AQ_SET;
EPwm2Regs.AQCTLA.bit.CAU = AQ_CLEAR;
EPwm2Regs.AQCTLB.bit.ZRO = AQ_CLEAR;
EPwm2Regs.AQCTLB.bit.CAD = AQ_SET;
//运行时段
EPwm1Regs.CMPA.half.CMPA=400;                     //调整 EPWM1A 及 EPWM1B 的占空比
EPwm2Regs.CMPA.half.CMPA=500;                     //调整 EPWM2A 及 EPWM2B 的占空比
```

7.4.3 三相逆变器的控制

ePWM 模块最经典的应用当属对两电平结构的三相逆变器的控制。三相逆变器共有 3 个桥臂,每个桥臂有 2 个功率器件,每个 ePWM 模块可控制一个桥臂,共需 3 个 ePWM 模块。每个桥臂上的功率器件都必须具有相同的开关频率,且必须同步。一个主 ePWM 模块配上 2 个从 ePWM 模块,可以很方便地实现相应的控制,如图 7-51 所示。

图 7-52 给出了相关的控制脉冲,其对应的 ePWM 配置程序如例 7-11 所示。

【例 7-11】 图 7-52 脉冲的相关配置程序。

程序清单:

```
//初始化
//EPWM Module 1 配置
EPwm1Regs.TBPRD=800;                              //PWM 周期=1600 个 TBCLK 周期
EPwm1Regs.TBPHS.half.TBPHS=0;                     //将相位寄存器清零
EPwm1Regs.TBCTL.bit.CTRMODE = TB_COUNT_UPDOWN;    //设为增减计数模式
EPwm1Regs.TBCTL.bit.PHSEN = TB_DISABLE;           //禁止相位装载功能
EPwm1Regs.TBCTL.bit.PRDLD = TB_SHADOW;
EPwm1Regs.TBCTL.bit.SYNCOSEL = TB_CTR_ZERO;       //CTR=ZERO 时发出同步信号
EPwm1Regs.CMPCTL.bit.SHDWAMODE = CC_SHADOW;
EPwm1Regs.CMPCTL.bit.SHDWBMODE = CC_SHADOW;
EPwm1Regs.CMPCTL.bit.LOADAMODE = CC_CTR_ZERO;    //在 CTR=zero 时装载
EPwm1Regs.CMPCTL.bit.LOADBMODE = CC_CTR_ZERO;    //在 CTR=zero 时装载
```

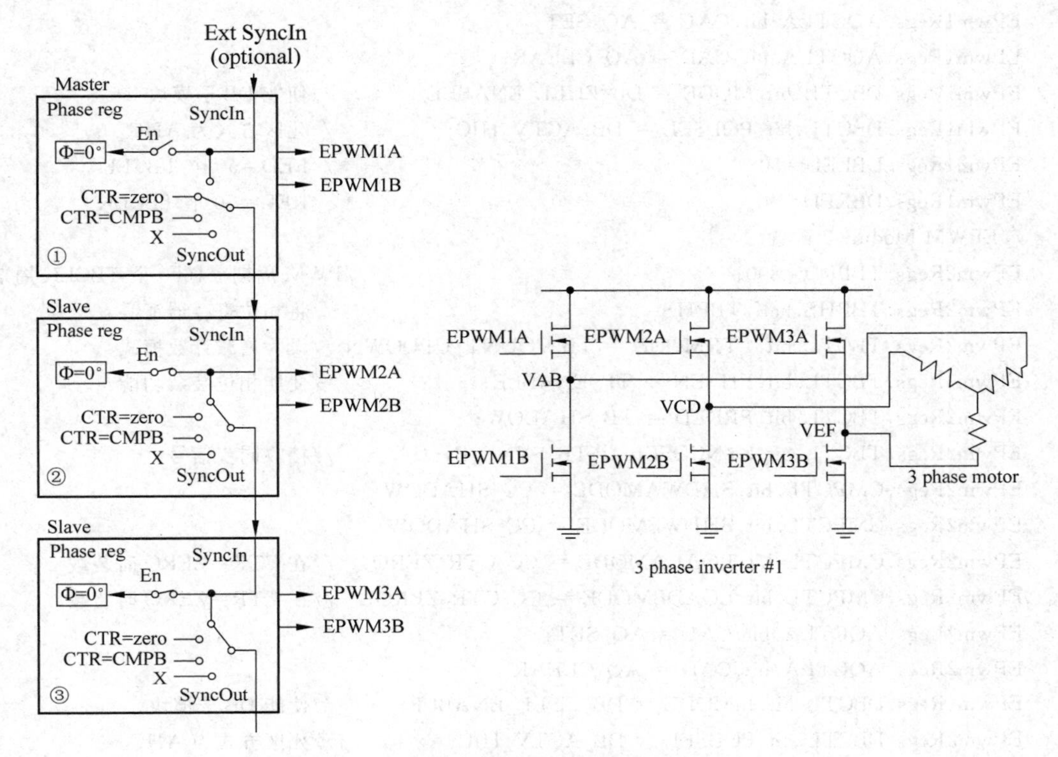

图 7-51　三相逆变器的控制电路

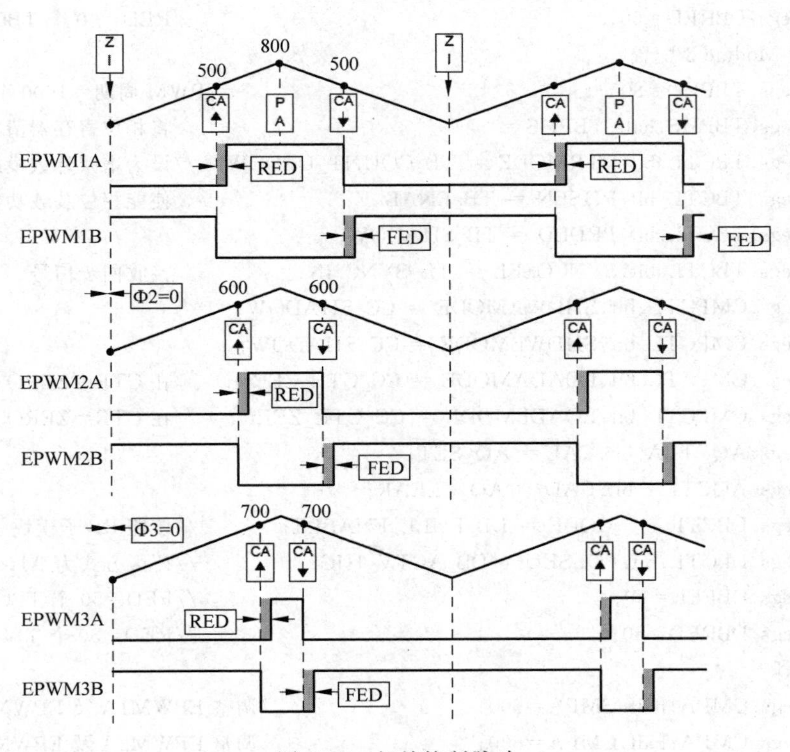

图 7-52　相关控制脉冲

```
EPwm1Regs.AQCTLA.bit.CAU = AQ_SET;
EPwm1Regs.AQCTLA.bit.CAD = AQ_CLEAR;
EPwm1Regs.DBCTL.bit.MODE = DB_FULL_ENABLE;          //使能 DB 子模块
EPwm1Regs.DBCTL.bit.POLSEL = DB_ACTV_HIC;           //死区方式为 AHC
EPwm1Regs.DBFED=50;                                 //FED=50 个 TBCLK
EPwm1Regs.DBRED=50;                                 //RED=50 个 TBCLK
//EPWM Module 2 配置
EPwm2Regs.TBPRD=800;                               //PWM 周期=1600 个 TBCLK 周期
EPwm2Regs.TBPHS.half.TBPHS=0;                       //将相位寄存器清零
EPwm2Regs.TBCTL.bit.CTRMODE = TB_COUNT_UPDOWN;//设为增减计数模式
EPwm2Regs.TBCTL.bit.PHSEN = TB_ENABLE;              //使能相位装载功能
EPwm2Regs.TBCTL.bit.PRDLD = TB_SHADOW;
EPwm2Regs.TBCTL.bit.SYNCOSEL = TB_SYNC_IN;          //接收同步信号
EPwm2Regs.CMPCTL.bit.SHDWAMODE = CC_SHADOW;
EPwm2Regs.CMPCTL.bit.SHDWBMODE = CC_SHADOW;
EPwm2Regs.CMPCTL.bit.LOADAMODE = CC_CTR_ZERO;   //在 CTR=ZERO 时装载
EPwm2Regs.CMPCTL.bit.LOADBMODE = CC_CTR_ZERO;   //在 CTR=ZERO 时装载
EPwm2Regs.AQCTLA.bit.CAU= AQ_SET;
EPwm2Regs.AQCTLA.bit.CAD = AQ_CLEAR;
EPwm2Regs.DBCTL.bit.InMODE = DB_FULL_ENABLE;        //使能 DB 子模块
EPwm2Regs.DBCTL.bit.POLSEL = DB_ACTV_HIC;           //死区方式为 AHC
EPwm2Regs.DBFED=50;                                 //FED=50 个 TBCLK
EPwm2Regs.DBRED=50;                                 //RED=50 个 TBCLK
//EPWM Module 3 配置
EPwm3Regs.TBPRD=800;                               //PWM 周期=1600 个 TBCLK 周期
EPwm3Regs.TBPHS.half.TBPHS=0;                       //将相位寄存器清零
EPwm3Regs.TBCTL.bit.CTRMODE = TB_COUNT_UPDOWN;//设为增减计数模式
EPwm3Regs.TBCTL.bit.PHSEN = TB_ENABLE;              //使能相位装载功能
EPwm3Regs.TBCTL.bit.PRDLD = TB_SHADOW;
EPwm3Regs.TBCTL.bit.SYNCOSEL = TB_SYNC_IN;          //接收同步信号
EPwm3Regs.CMPCTL.bit.SHDWAMODE = CC_SHADOW;
EPwm3Regs.CMPCTL.bit.SHDWBMODE = CC_SHADOW;
EPwm3Regs.CMPCTL.bit.LOADAMODE = CC_CTR_ZERO;   //在 CTR=ZERO 时装载
EPwm3Regs.CMPCTL.bit.LOADBMODE = CC_CTR_ZERO;   //在 CTR=ZERO 时装载
EPwm3Regs.AQCTLA.bit.CAU= AQ_SET;
EPwm3Regs.AQCTLA.bit.CAD = AQ_CLEAR;
EPwm3Regs.DBCTL.bit.MODE = DB_FULL_ENABLE;          //使能 DB 子模块
EPwm3Regs.DBCTL.bit.POLSEL = DB_ACTV_HIC;           //死区方式为 AHC
EPwm3Regs.DBFED=50;                                 //FED=50 个 TBCLK
EPwm3Regs.DBRED=50;                                 //RED=50 个 TBCLK
//运行时段
EPwm1Regs.CMPA.half.CMPA=500;                   //调整 EPWM1A 及 EPWM1B 的占空比
EPwm2Regs.CMPA.half.CMPA=600;                   //调整 EPWM2A 及 EPWM2B 的占空比
EPwm3Regs.CMPA.half.CMPA=700;                   //调整 EPWM3A 及 EPWM3B 的占空比
```

7.5 习题

1. ePWM有哪些子模块？

2. 描述ePWM的基准时钟与系统时钟之间的关系，以及如何设置相应的寄存器。

3. ePWM的计数器有哪些工作模式？它们各自的特点是什么？

4. 描述ePWM的当前寄存器与映射寄存器的联系和区别。

5. 比较功能子模块有哪些比较模式？它们各自的特点是什么？

6. 动作限定子模块有哪些工作模式？它们各自的特点是什么？

7. 死区产生子模块的作用是什么？

8. 描述波控制子模块的作用。

9. 描述故障捕获子模块的作用。

10. 设系统时钟为150MHz，ePWM的基准时钟的频率为系统时钟频率的一半，如果要实现5kHz的不对称PWM波形输出，则ePWM的比较功能子模块的工作模式可以配置为哪一种？周期寄存器TBPRD的值应该设置为多少？给出计算过程。

11. 设系统时钟为100MHz，ePWM的基准时钟的频率与系统时钟频率相同，如果要实现10kHz的对称PWM波形输出，则ePWM的比较功能子模块的工作模式可以配置为哪一种？周期寄存器TBPRD的值应该设置为多少？给出计算过程。

12. 在ePWM的基准时钟为150MHz的情况下，为了实现双边的死区控制，分别给出1μs、5μs和10μs的死区时间所对应的DBFED和DBRED寄存器的值。

13. 如果希望强制ePWM1A这个引脚的电压为高电平，应该如何配置相关的寄存器？

14. 如何配置相关的寄存器，使得ePWM1～ePWM6全部同步到同一个时钟信号下？

第8章

增强型正交编码脉冲模块

增强型正交编码脉冲(eQEP)模块为直线或旋转编码器提供直接接口，从而在高性能电机控制或位置控制系统中获取高精度的位置、方向及转速信息。

8.1 概述

8.1.1 常用编码器结构

eQEP模块通常配合编码器来获取位置、方向及转速信息，图8-1给出了一种增量式编码器的码盘结构图，码盘上均匀地布满许多槽，槽的个数决定了编码器的精度，在运行过程中配合光电感应模块，即可产生相应的脉冲信号。通常码盘旋转一周会产生一个索引脉冲信号(QEPI)，用来判定绝对位置。

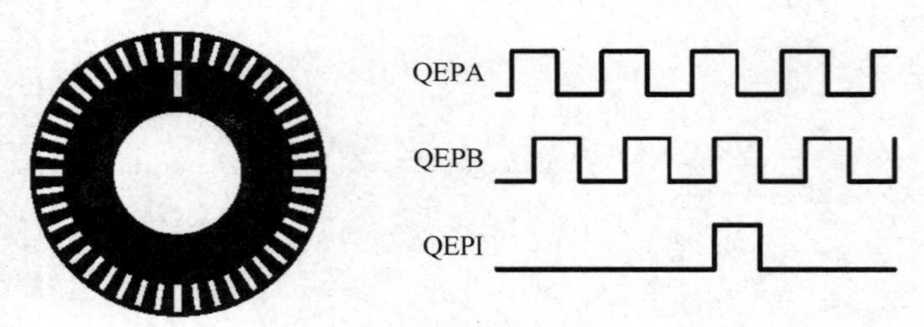

图8-1 编码器码盘结构

码盘旋转时会产生两路相位上互差90°的脉冲QEPA及QEPB，通过判断脉冲频率即可判断旋转速度，而通过判别QEPA与QEPB之间的相位关系即可判断旋转方向。通常情况下，定义顺时针时QEPA超前QEPB，逆时针时QEPA滞后QEPB，如图8-2所示。

由于旋转式编码器通常安装在电机轴上，所以QEPA与QEPB的脉冲频率与电机转速成正比关系，通过测量脉冲频率即可获取电机转速。例如，一个具有2000槽的编码器安装在一台电机上，若电机转速为5000r/min，那么编码器将产生频率为166.6kHz的脉冲信号。

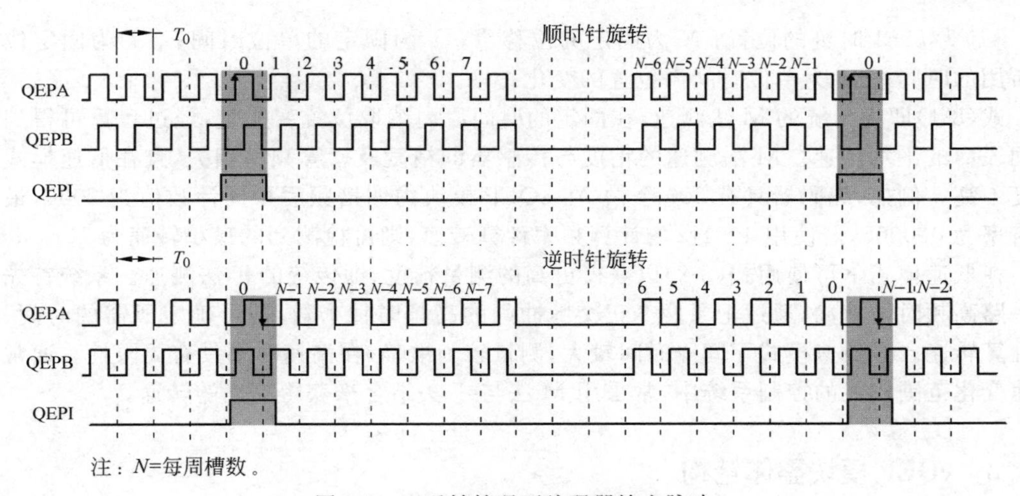

图 8-2 正反转情况下编码器输出脉冲

不同厂商生产的正交编码器的索引脉冲具有两种不同的形式，即门控索引脉冲与非门控索引脉冲，如图 8-3 所示。门控索引脉冲的边缘可与 QEPA 及 QEPB 的 4 个边沿中的任何一个对齐，故脉冲宽度可与正交信号相等或为其 1/2、1/4。非门控索引脉冲的边沿并不和 A、B 两路脉冲信号的边沿对齐。

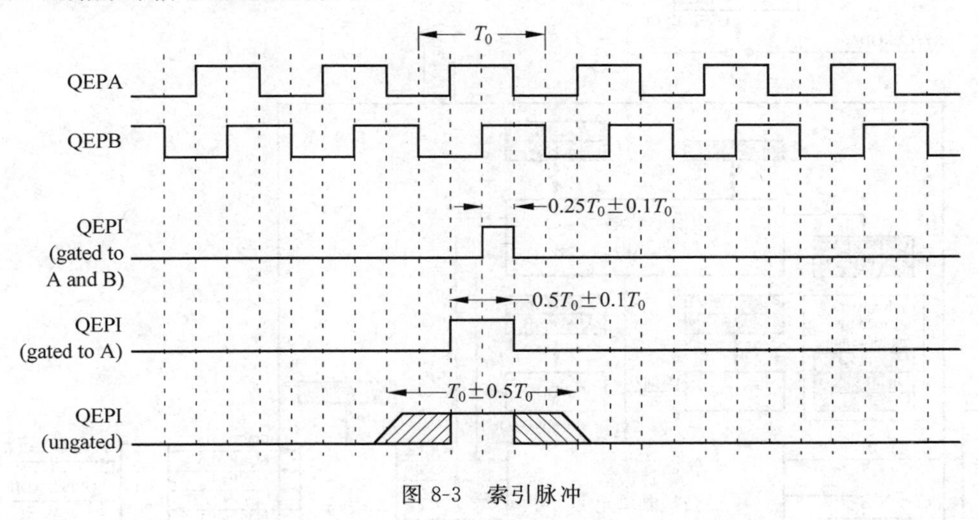

图 8-3 索引脉冲

8.1.2 转速测量方法

在电机控制系统中，计算电机的转速是一个耗时的过程，以下给出了两种不同的测速方法：

$$v(k) \approx \frac{x(k)-x(k-1)}{T}=\frac{\Delta x}{T} \tag{8-1}$$

$$v(k) \approx \frac{X}{t(k)-t(k-1)}=\frac{x}{\Delta T} \tag{8-2}$$

式中，$v(k)$为 k 时刻的转速；$t(k)$为 k 时刻；$x(k)$为 k 时刻的位置；$t(k-1)$为 $k-1$ 时刻；

$x(k-1)$为 $k-1$ 时刻的位置；X 为固定的位移量；T 为固定的单位时间；ΔT 为固定位移量所用的时间；Δx 为单位时间内位置的变化。

式(8-1)即为传统的 M 法测速，在固定的时间段内读取位置变化量，经过计算可得到此时间段内的平均转速。M 法测速的精度与传感器的精度及计算频率相关，且在低速模式下精度不高。例如，编码器具有 500 个槽，在 eQEP 模块内四倍频后每周计数值为 2000，最小分辨率为 0.0005，若使用 400Hz 的计算频率计算转速，则可检测到的最小转速为 12r/min。

在低速模式下可使用式(8-2)以获得更高的测量精度，即传统的 T 法测速。系统首先产生一路高频时钟脉冲，通过记录两个正交脉冲间的高频时钟个数，即可确定所需的时间，从而计算转速。在低速模式下间隔时间较大，测量较为准确，在高速时则具有局限性。通常在转速变化范围较大的控制系统中，常采用 M 法与 T 法结合来获得准确的转速。

8.1.3 eQEP 模块整体结构

如图 8-4 所示，eQEP 模块主要包含如下几个单元：正交解码单元(QDU)；位置计数器及控制单元(PCCU)；边沿捕获单元(QCAP)；定时器基准单元(UTIME)；看门狗电路(QWDOG)。

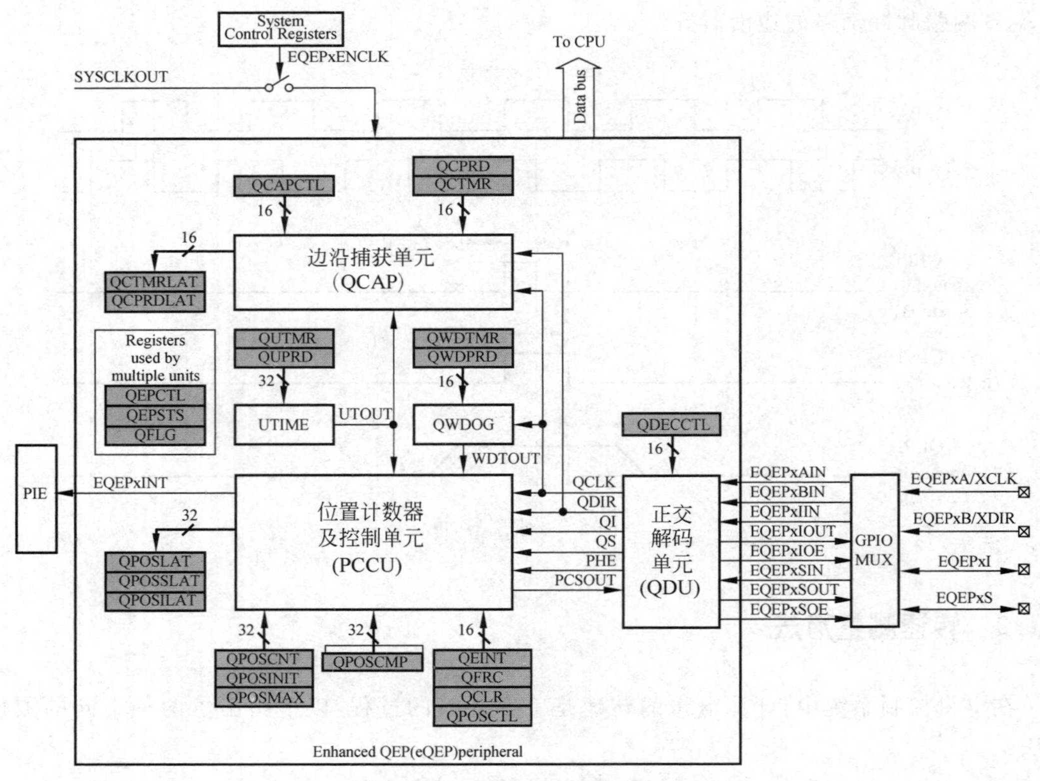

图 8-4 eQEP 模块整体结构

eQEP 模块的输入信号主要有如下 4 路。

(1) QEPA/XCLK 与 QEPB/XDIR。

① 正交时钟模式。在正交时钟模式下，eQEP 提供两路互差 90°的脉冲信号 QEPA 及

QEPB,用两者之间的相位关系可判断旋转方向,脉冲信号的频率可判断转速。

② 方向计数模式。在方向计数模式下,方向以及脉冲信号分别由 XDIR 及 XCLK 单独提供。

(2) eQEPI。

编码器通过索引脉冲信号 eQEPI 来表明绝对起始地址,这路信号在每个旋转周期内用来复位芯片内部 eQEP 模块的计数器。

(3) QEPS。

这路信号用来锁存 eQEP 模块内部的计数器的值,通常这路信号由传感器或限位开关提供,用来提醒控制器电机已转到指定位置。

8.2 正交解码单元

图 8-5 给出了正交解码单元(QDU)的结构框图。

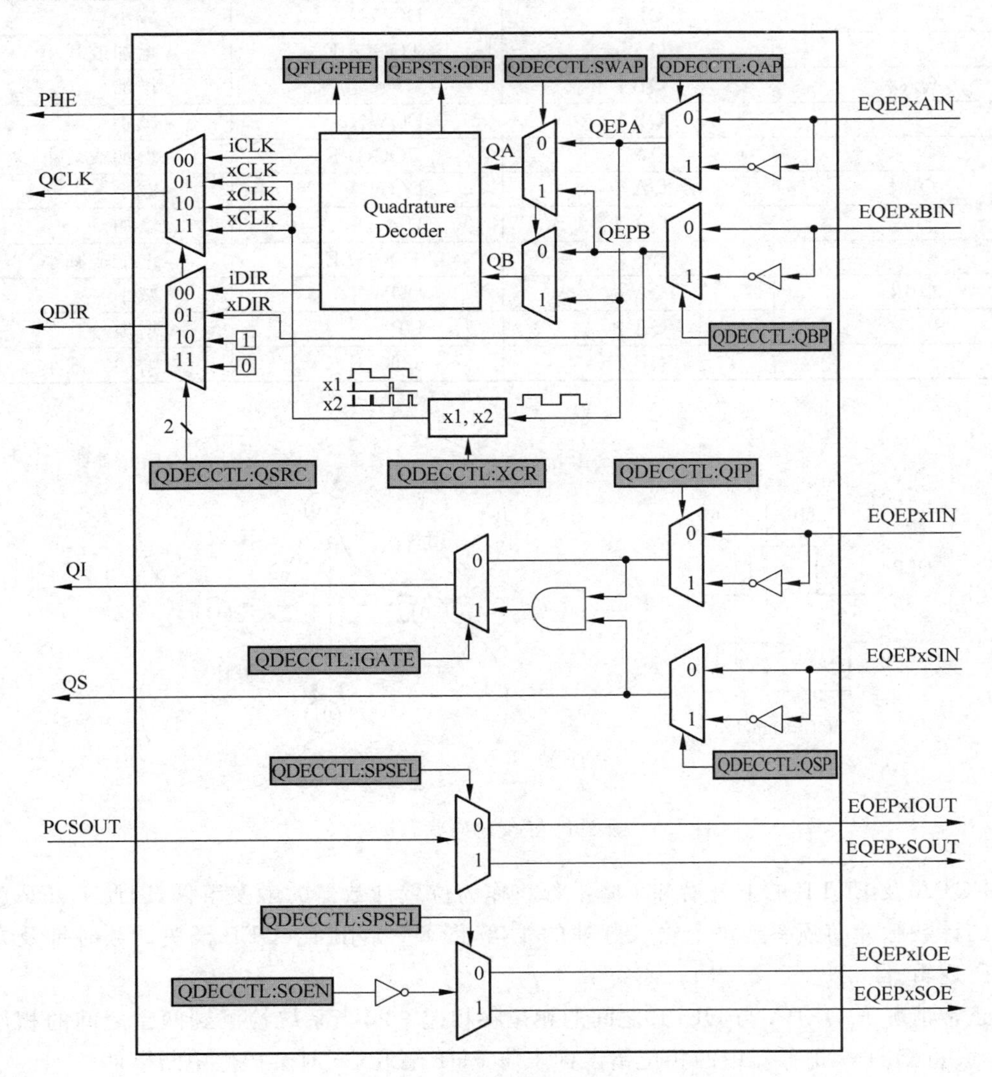

图 8-5 QDU 结构框图

8.2.1 位置计数器的输入模式

位置计数器的输入模式由 QDECCTL[QSRC]决定，主要包括 4 种：正交计数模式、方向计数模式、增计数模式及减计数模式。以下将对这几种计数模式做详细的介绍。

1. 正交计数模式

在正交计数模式下，方向判断逻辑电路通过判断 QEPA 及 QEPB 之间的相位关系来获得方向，并存储在 QEPSTS[QDF]中。表 8-1 和图 8-6 分别以真值表和状态机方式来说明方向判断逻辑电路的工作过程。

表 8-1 方向判断逻辑电路真值表

上次边沿	当前边沿	QDIR	QPOSCNT
QA↑	QB↑	UP	增加
	QB↓	DOWN	减小
	QA↓	TOGGLE	增加或减小
QA↓	QB↓	UP	增加
	QB↑	DOWN	减小
	QA↑	TOGGLE	增加或减小
QB↑	QA↑	DOWN	减小
	QA↓	UP	增加
	QB↓	TOGGLE	增加或减小
QB↓	QA↓	DOWN	减小
	QA↑	UP	增加
	QB↑	TOGGLE	增加或减小

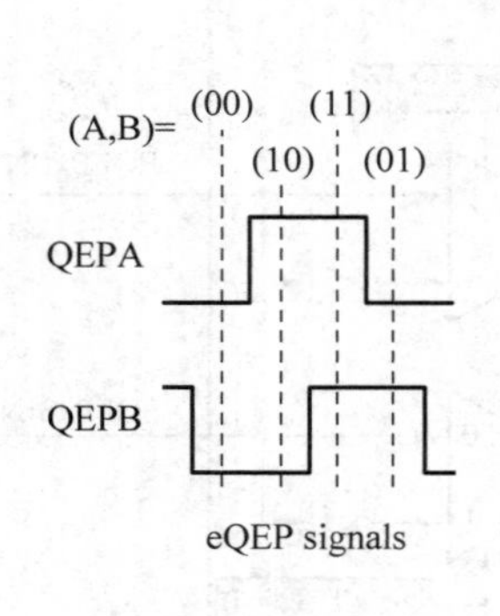

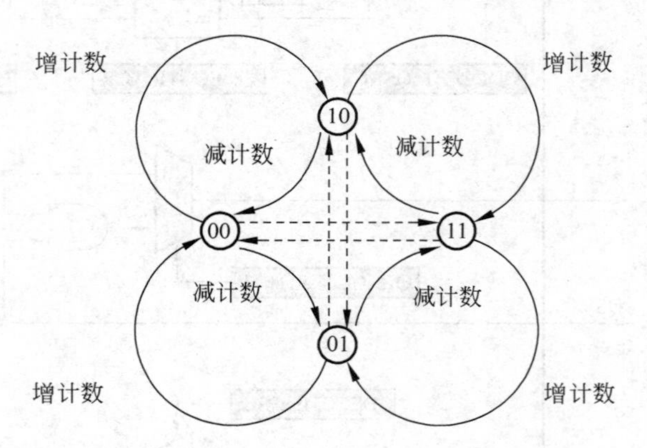

图 8-6 正交解码状态机

EQPA 及 EQPB 的上升沿和下降沿都将作为位置计数器的触发事件，因此 eQEP 逻辑产生的计数脉冲的频率是每个输入脉冲的 4 倍，图 8-7 给出了 eQEP 模块计数时钟及方向的解码逻辑。

正常情况下 QEPA 与 QEPB 之间的相位将相差 90°，当系统检测到两者之间的相位同步时，会将 QFLG 寄存器中的相位错误标志位 PHE 置位，同时会产生中断事件。

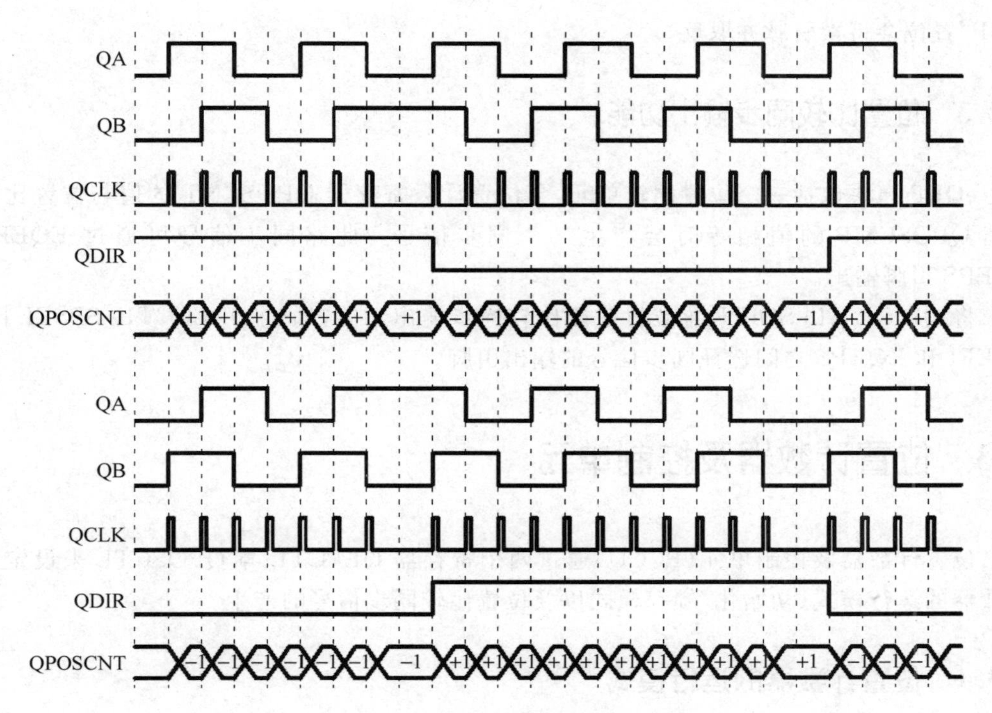

图 8-7 时钟及方向解码逻辑

如图 8-5 所示，正常情况下 QEPA 连接到解码器的输入端 QA，QEPB 连接到解码器的输入端 QB，可通过设定 QDECCTL 寄存器中的 SWAP 位将两者交换，即 QEPA 接到 QB，而 QEPB 接到 QA。

2. 方向计数模式

有些编码器直接提供方向信号以及计数时钟，在这种情况下可使用方向计数模式，QEPA 直接为位置计数器提供计数脉冲，QEPB 为位置计数器提供方向信息。当 QEPB 为高时，位置计数器在每个计数时钟的上升沿增加；当 QEPB 为低时，位置计数器在每个计数时钟的上升沿减小。

3. 增计数模式

计数器的方向直接被硬件设定为增计数模式，位置计数器用来测量 QEPA 输入信号的频率。将 QDECCTL[XCR]置位将使能 QEPA 输入的 2 个边沿都产生计数脉冲，从而将检测精度提高一倍。

4. 减计数模式

计数器的方向直接被硬件设定为减计数模式，位置计数器用来测量 QEPA 输入信号的频率。将 QDECCTL[XCR]置位，将使能 QEPA 输入的 4 个边沿都产生计数脉冲，从而将检测精度提高一倍。

8.2.2 eQEP 输入极性选择

eQEP 模块的每路输入信号都可通过 QDECCTL[8:5]位进行取反，例如，将 QDECCTL

[QIP]置位会将索引脉冲取反。

8.2.3 位置比较同步输出功能

eQEP 模块包括一个位置比较单元，当位置计数寄存器 QPOSCNT 的值与位置比较寄存器 QPOSCMP 的值相等时会产生一个同步信号。此路同步信号可通过 EQEPI 或 EQEPS 引脚输出。

将 QDECCTL[SOEN]置位将使能比较同步输出功能，通过 QDECCTL[SPSEL]可在 EQEPI 和 EQEPS 之间选择同步信号的输出引脚。

8.3 位置计数器及控制单元

位置计数器及控制单元(PCCU)通过两个寄存器 QEPCTL 与 QPOSCTL 来设定位置计数器的运行模式、初始化/锁存模式以及位置比较同步信号的产生。

8.3.1 位置计数器的运行模式

在一些系统中，位置计数器在多个旋转周期内连续累加，提供了相对初始位置的位移量。例如，将正交编码器安装在打印机的电机上，每次将打印机机头移动到初始位置时，位置计数器复位，位置计数器中的值随机头的移动而增加，从而记录了打印机机头相对初始位置移动的绝对距离。在其他系统中，位置计数器的值在每个旋转周期内由索引脉冲复位，位置计数器的值提供了相对索引脉冲位置的角度。

位置计数器可配置成如下 4 种运行模式：

(1) 位置计数器在索引脉冲到来时发生复位；

(2) 位置计数器在达到最大计数值时复位；

(3) 位置计数器仅在第一个索引脉冲到来时复位；

(4) 位置计数器在单位时间输出事件时复位(频率测量)。

以上所有运行模式中，计数器在增加到 QPOSMAX 时，如果下个计数脉冲到来，将复位到 0；计数器在减计数到 0 时，如果下个计数脉冲到来，将复位到 QPOSMAX。

1. 位置计数器在索引脉冲到来时发生复位(QEPCTL[PCRM]=00)

正向运行时，如果出现索引脉冲信号，位置计数器在下一个 eQEP 时钟到来时被复位到 0；反向运行时，如果出现索引脉冲信号，位置计数器在下一个 eQEP 时钟到来时被复位为 QPOSMAX 寄存器中的值。

将第一个索引脉冲边沿到来后的正交信号的边沿定义为索引标志时刻，eQEP 模块记录第一个索引标志的发生(QEPSTS[FIMF])以及第一个索引事件发生时的方向(QEPSTS[FIDF])，还记录第一个索引标志对应的正交信号边沿，从而使用这个相同的正交边沿完成复位操作。例如，如果第一次复位操作发生在正向运行过程中的 QEPB 的下降沿，那么以后所有正向运行的复位操作都将发生在 QEPB 的下降沿，而反向运行的复位操作发生在

QEPB 的上升沿，如图 8-8 所示。

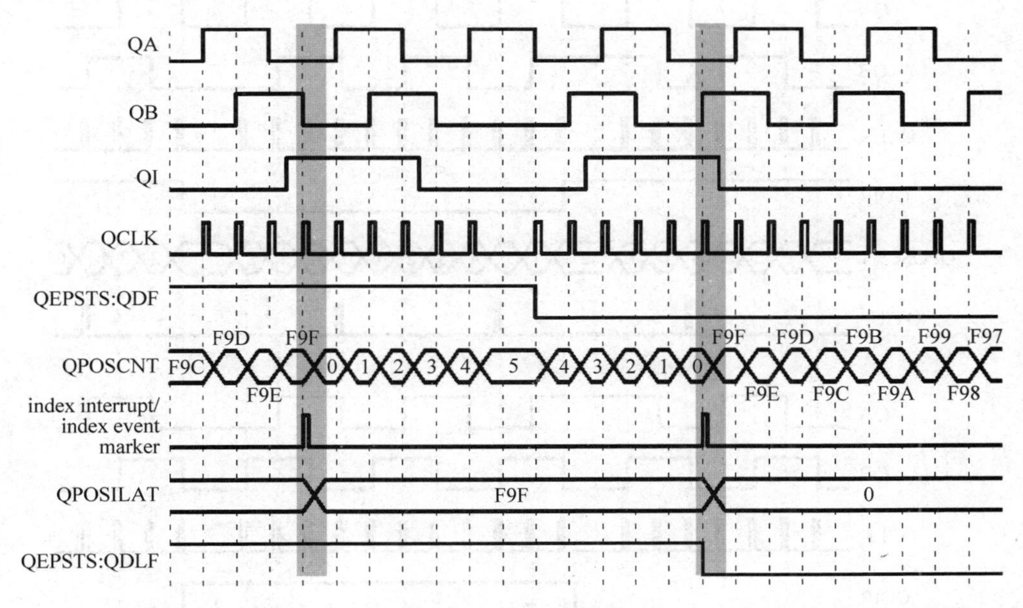

图 8-8 1000 槽的编码器信号通过索引脉冲复位位置计数器时序图(QPOSMAX=3999 或 0xF9F)

在每个索引事件发生时，位置计数器的值被锁存到 QPOSILAT 寄存器中，运行方向也被记录到 QEPSTS[QDLF]为中。如果 QPOSILAT 中的值不等于 0 或 QPOSMAX，那么位置计数器错位标志位(QEPSTS[PCEF])及中断标志位(QFLG[PCE])将置位。位置计数器错位标志位在每次索引脉冲事件发生时进行更新，而中断标志位则必须由软件清除。

在此模式下，索引事件锁存配置位 QEPCTL[IEL]被忽略。

2. 位置计数器在达到最大计数值时复位(QEPCTL[PCRM]=01)

正向运行时，如果位置计数器的值到达 QPOSMAX 寄存器中的值，在下一个 eQEP 时钟信号到来时将位置计数器复位为 0，并且将位置计数器上溢标志位置位；反向运行时，如果位置计数器的值到达 0，在下一个 eQEP 时钟信号到来时将位置计数器复位到 QPOSMAX，并将位置计数器下溢标志位置位，如图 8-9 所示。

3. 位置计数器仅在第一个索引脉冲到来时复位(QEPCTL[PCRM]=10)

正向运行时，如果出现索引脉冲信号，位置计数器在下一个 eQEP 时钟到来时被复位到 0；反向运行时，如果出现索引脉冲信号，位置计数器在下一个 eQEP 时钟到来时被复位为 QPOSMAX 寄存器中的值。但需要注意的是，以上复位操作只发生在第一次索引事件到来时，接下来的索引事件不能将位置计数器复位。位置计数器以后的复位操作与第二种情况描述的相同。

4. 位置计数器在单位时间输出事件时复位(频率测量)(QEPCTL[PCRM]=11)

在该模式下，当一次单位时间事件发生时，QPOSCNT 的值被锁存到 QPOSLAT 寄存器中，并且 QPOSCNT 被复位到 0 或 QPOSMAX(这由 QDECCTL[QSRC]方向控制位决定)。该模式可用于频率的测量。

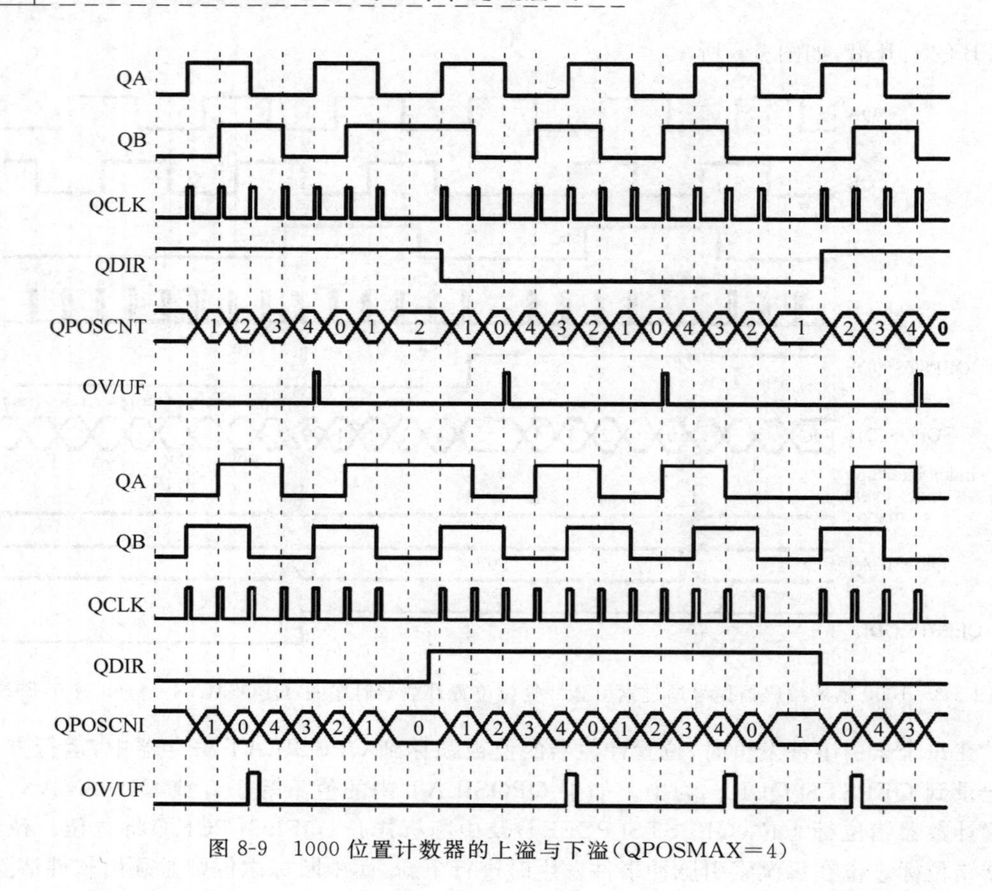

图 8-9 1000 位置计数器的上溢与下溢(QPOSMAX=4)

8.3.2 位置计数器的锁存

eQEP 模块的索引输入(index input)及提示输入(strobe input)可以将位置计数器的值分别锁存到 QPOSILAT 及 QPOSSLAT 寄存器中。

1. 索引事件锁存

许多应用中,必须在每个索引事件发生时将位置计数器的值复位、相反,要将位置计数器运行在 32 位模式下(QEPCTL[PCRM]=01 或 10)。在这种情况下,可在每个索引事件发生时将位置计数器的值以及方向进行锁存,具有如下 3 种选择。

(1) 上升沿锁存(QEPCTL[IEL]=01)。

位置计数器的当前值(QPOSCNT)在每次索引信号的上升沿被锁存到 QPOSILAT 寄存器中。

(2) 下降沿锁存(QEPCTL[IEL]=10)。

位置计数器的当前值(QPOSCNT)在每次索引信号的下降沿被锁存到 QPOSILAT 寄存器中。

(3) 索引事件标志时刻锁存(QEPCTL[IEL]=11)。

索引事件的标志时刻定义为索引脉冲第一个边沿后的正交信号的边沿,在这个边沿将位置计数器的当前值(QPOSCNT)锁存到 QPOSILAT 寄存器中。

图 8-10 给出了使用索引事件标志时刻锁存位置计数器当前值的工作时序。位置计数器的值被锁存后，锁存事件中断标志位 QFLG[IEL]被置位。当 QEPCTL[PCRM]＝00 时，索引事件锁存配置位 QEPCTL[IEL]被忽略。

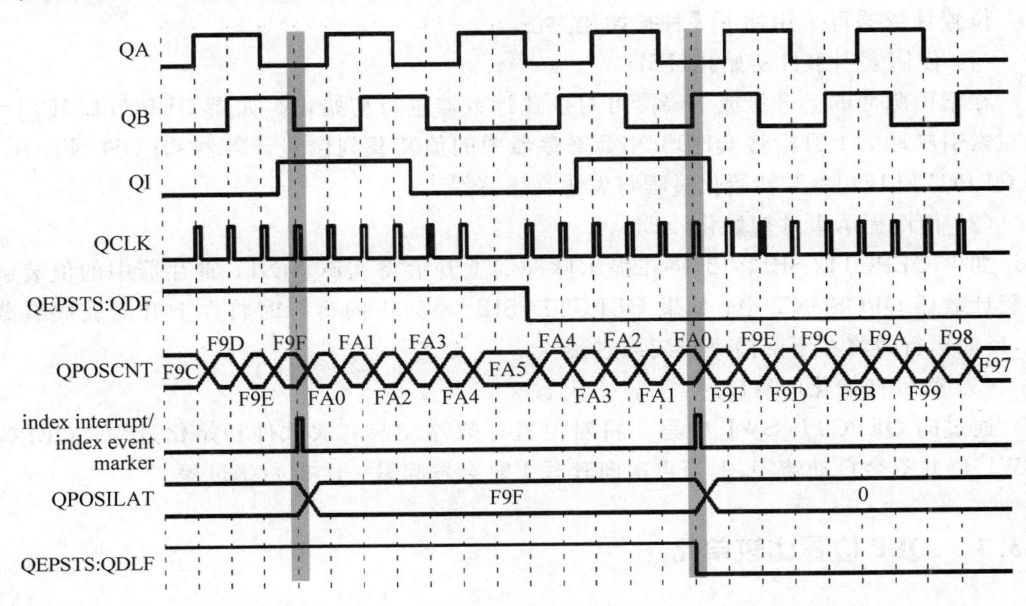

图 8-10　1000 槽的编码器使用索引事件标志时刻锁存位置计数器的值(QEPCTL[IEL]＝1)

2. 提示事件锁存

当 QEPCTL[SEL]＝0 时，位置计数器的值在提示信号的上升沿被锁存到 QPOSSLAT 寄存器中。当 QEPCTL[SEL]＝1 时，正向运行时将在提示信号的上升沿锁存数据，反相运行时将在提示信号的下降沿锁存数据，如图 8-11 所示。

位置计数器的值被锁存后，锁存事件中断标志位 QFLG[SEL]被置位。

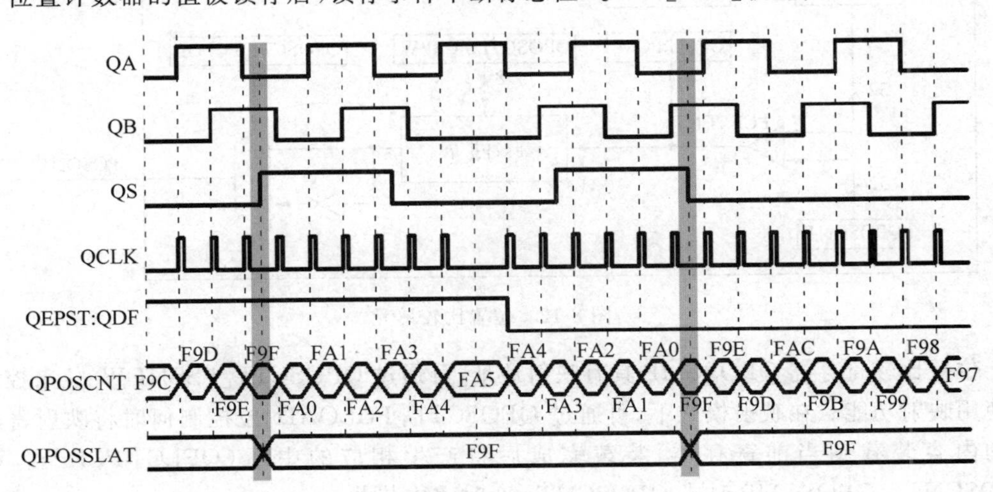

图 8-11　提示锁存事件的时序图(QEPCTL[SEL]＝1)

8.3.3 位置计数器的初始化

位置计数器可采用如下3种初始化方法。

(1) 使用索引事件初始化(IEI)。

在索引脉冲的上升沿或下降沿可对位置计数器进行初始化。如果QEPCTL[IEI]=2,将在索引脉冲的上升沿将QPOSINIT寄存器中的值装载到位置计数器QPOSCNT中;如果QEPCTL[IEI]=3,初始化过程将发生在下降沿。

(2) 使用提示事件初始化(SEI)。

如果QEPCTL[SEI]=2,将在提示脉冲的上升沿将QPOSINIT寄存器中的值装载到位置计数器QPOSCNT中;如果QEPCTL[SEI]=3,正向运行时将在上升沿完成装载过程,反向运行时将在下降沿完成装载过程。

(3) 软件初始化(SWI)。

通过向QEPCTL[SWI]中写1将对位置计数器发起一次软件初始化过程。QEPCTL[SWI]位并不会自动清零,但当再次向其写1时会发起另一次初始化过程。

8.3.4 eQEP位置比较单元

eQEP模块包含一个位置比较单元,当匹配时用来产生同步输出信号和/或中断信号。图8-12给出了位置比较单元的结构框图。

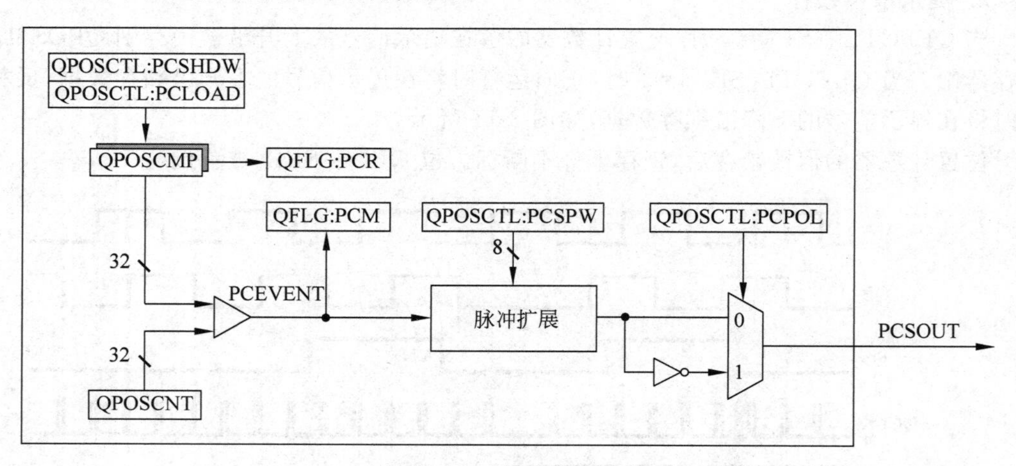

图8-12 位置比较单元

位置比较寄存器QPOSCMP具有映射地址,可通过QPOSCTL[PSSHDW]位来控制是否使用映射功能。在映射模式下,可通过QPOSCTL[PCLOAD]位控制何时将映射寄存器中的内容装载到当前寄存器,装载完成后将产生相应的中断(QFLG[PCR])。可在QPOSCNT=QPOSCMP时或QPOSCNT=0时完成装载。

当QPOSCNT=QPOSCMT时即产生一次比较匹配事件,将QFLG[PCM]置位,并输出脉冲宽度可调的同步脉冲以触发外部器件。例如,如果QPOSCMP=2,增计数时匹配事件将发生从 1 到 2 的跳变过程，减计数时匹配事件将发生从 3 到 2 的跳变过程，如图 8-13 所示。

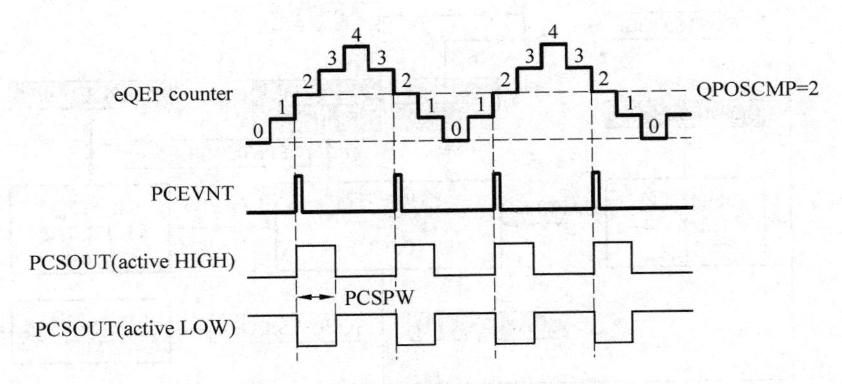

图 8-13　位置比较单元匹配时刻

位置比较单元的脉冲扩展功能可在匹配事件发生时产生脉冲宽度可调的同步脉冲信号，如果先前输出的同步脉冲仍有效，新的匹配事件又到来，那么脉宽扩展功能将允许根据新的匹配事件产生同步脉冲信号，如图 8-14 所示。

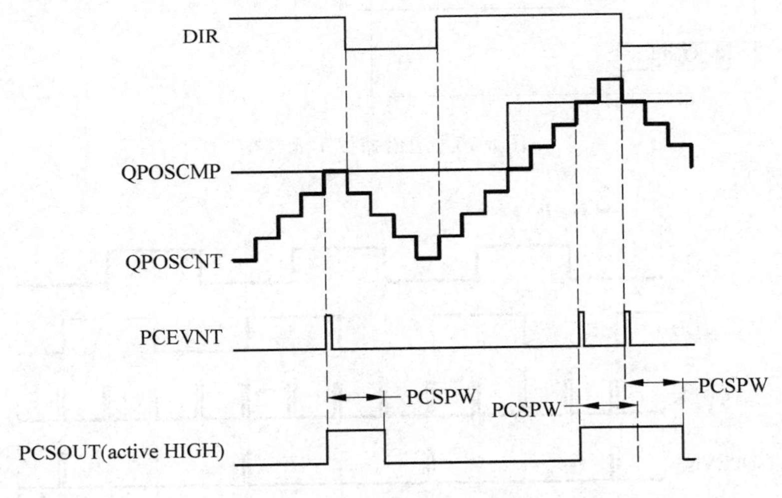

图 8-14　位置比较单元同步脉冲信号的扩展

8.4　边沿捕获单元

eQEP 模块内部集成了一个边沿捕获单元(ECAP)，用来测量单位位移量之间的时间，如图 8-15 所示。利用这个模块可用下式测量低速段的转速：

$$v(k) \approx \frac{X}{t(k) - t(k-1)} = \frac{x}{\Delta T} \tag{8-3}$$

式中，单位位移量×定义为 N 个正交脉冲数，如图 8-16 所示。

捕获定时器 QCTMR 的计数脉冲由 QCAPCTL[CCPS]位对系统时钟 SYSCLKOUT

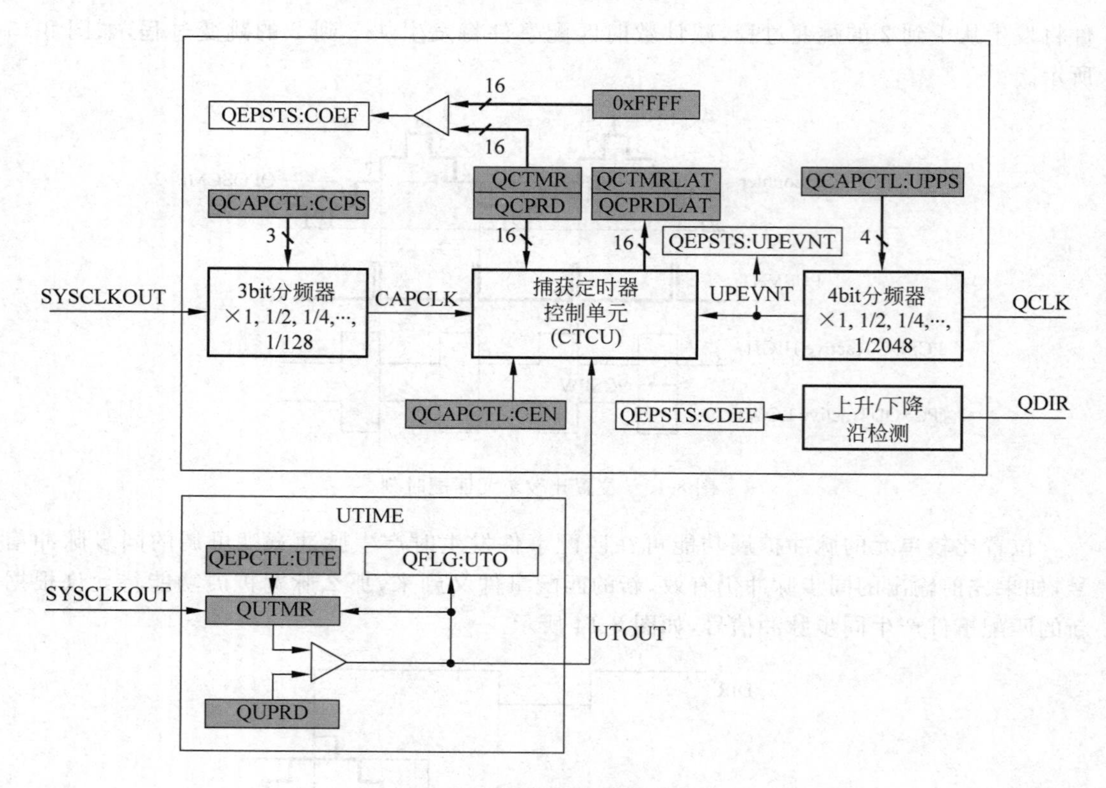

图 8-15 边沿捕捉单元结构

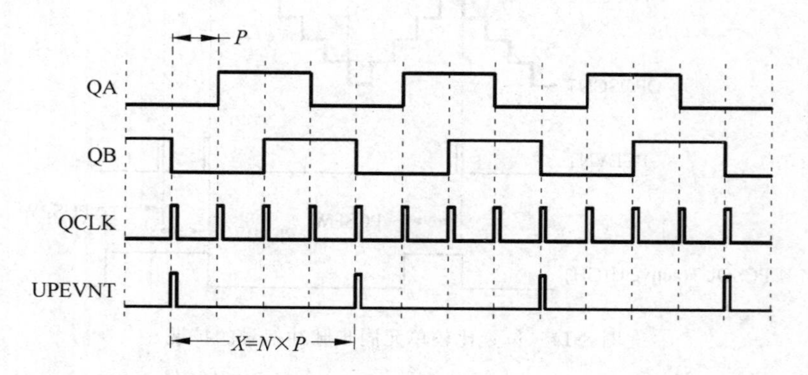

图 8-16 单位位移量的定义

分频而来，每次 UPEVNT 触发脉冲都会将捕获定时器 QCTMR 中的值锁存到捕获周期寄存器 QCPRD 中，然后捕获定时器复位，QEPSTS[UPEVNT]置位用来表明 QCPRD 中以锁存一个新值，在软件读取捕获周期寄存器 QCPRD 的值之前可首先检查此位，向此位写 1 将对其清零。

如果满足以下两个条件，则单位位移量所经历的时间 ΔT 测量正确：

(1) 捕获定时器的值没有超过 65 535；

(2) 在两次 UPEVNT 事件间隔内，无转动方向的改变。

如果捕获定时器的值出现上溢，上溢错误标志位 QEPSTS[COEF]将置位，如果在 2 次

UPEVNT 事件间隔内出现方向的改变，则错误标志位 QEPSTS[CDEF]将置位。

捕获定时器 QCTMR 及捕获周期寄存器 QCPRD 的值可在如下 2 个事件发生时被锁存：

(1) CPU 读 QPOSCNT 寄存器；

(2) 定时器基准单元超时事件(见图 8-15 中 UTIME 单元)。

定时器基准单元由一个 32 位的定时器及一个周期寄存器组成，定时器的计数时钟为系统时钟 SYSCLKOUT，当定时器的值等于周期寄存器的值时，将会产生一次超时事件，将 QFLG[UTO]置位。

如果 QEPCTL[QCLM]=0，在 CPU 读取 QPOSCNT 值时，捕获定时器及捕获周期寄存器的值将会分别锁存到 QCTMRLAT 及 QCPRDLAT 寄存器中。如果 QEPCTL[QCLM]=1，在定时器基准单元超时事件发生时将把位置计数器、捕获定时器及捕获周期寄存器的值分别锁存到 QPOSLAT、QCTMRLAT 及 QCPRDLAT 寄存器中。利用此锁存功能，可用下式测量高速段的转速：

$$v(k) \approx \frac{x(k)-x(k-1)}{T} = \frac{\Delta x}{T} \tag{8-4}$$

式(8-3)、式(8-4)中变量所对应的硬件寄存器如表 8-2 所示。

表 8-2　变量与硬件寄存器对应情况

变　量	对应的硬件寄存器
T	单元周期寄存器 QUPRD
Δx	增加的位移量=QPOSLAT(k)−QPOSLAT(k−1)
x	由 ZCAPCTL[UPPS]位定义的固定位移量
ΔT	捕获周期寄存器 QCPRDLAT

图 8-17 给出了边沿捕获单元的工作时序图。

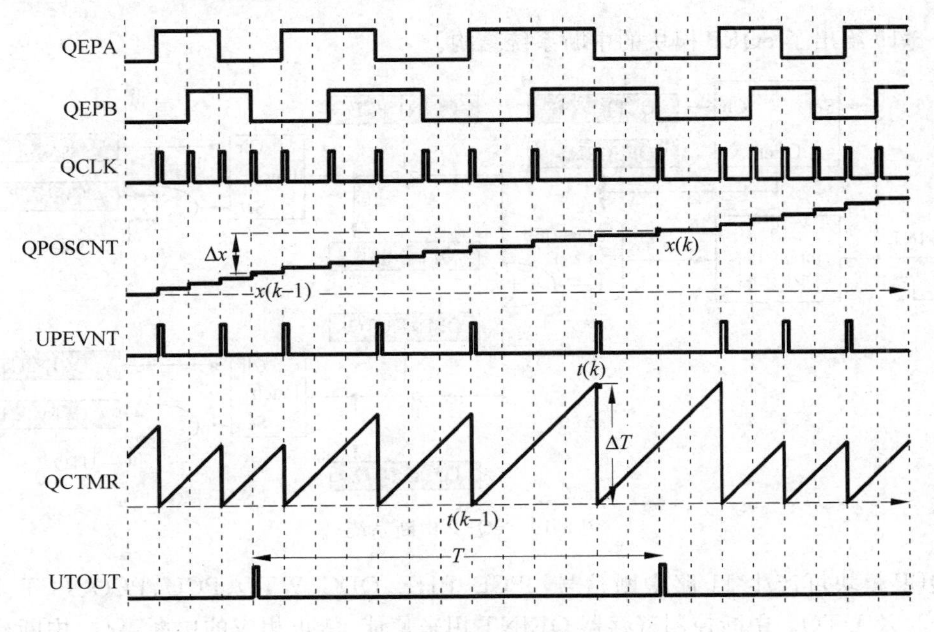

图 8-17　捕获单元工作时序图

8.5 eQEP 看门狗电路

eQEP 模块内部包含一个 16 位的看门狗定时器，用来监测正交脉冲信号，定时器的计数时钟由系统时钟 64 分频后得到，如图 8-18 所示。定时器的值不断累加，当累加到等于周期设定寄存器 QWDPRD 中值的过程中，如果未监测到正交脉冲信号，定时器将溢出，并将看门狗中断标志位 QFLG[WTO]置位；如果期间监测到正交脉冲信号，则定时器复位，重新开始计时。

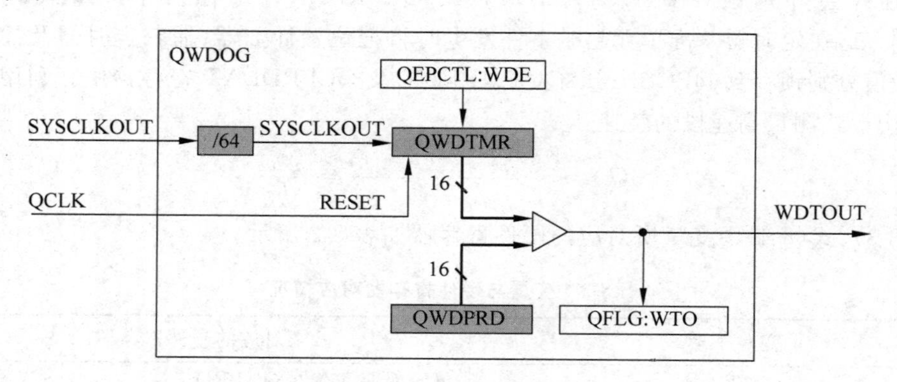

图 8-18 看门狗电路结构

8.6 中断结构

图 8-19 给出了 eQEP 模块的中断系统结构。

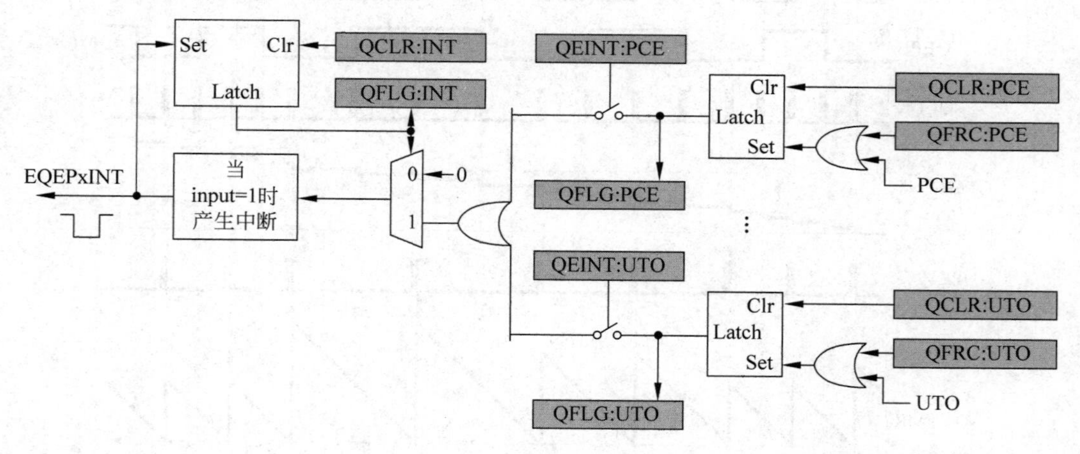

图 8-19 eQEP 中断系统

eQEP 模块可产生 11 路中断信号：PCE、PHE、QDC、WTO、PCU、PCO、PCT、PCM、SEL、IEL 及 UTO。中断控制寄存器 QEINT 用来使能/禁止相应的中断事件，中断标志寄存器 QFLG 用来表明各中断事件发生的情况，并且包括全局中断标志位 INT。在中断服务程序中应当通过 QCLR 寄存器清除全局中断标志位以及相应的中断事件标志位，以接收另外的中断事件。通过 QFRC 寄存器可强制产生中断，这种功能可方便测试。

8.7 相关寄存器

表 8-3 给出了 eQEP 的所有相关寄存器。

表 8-3 eQEP 相关寄存器

寄存器名称	地址单元(偏移量)	大小(×16 位)	寄存器说明
QPOSCNT	0x00	2	位置计数器
QPOSINIT	0x02	2	位置计数器初始化寄存器
QPOSMAX	0x04	2	位置寄存器最大值寄存器
QPOSCMP	0x06	2	位置比较寄存器
QPOSILAT	0x08	2	索引事件位置锁存寄存器
QPOSSLAT	0x0A	2	提示事件位置锁存寄存器
QPOSLAT	0x0C	2	位置锁存寄存器
QUTMR	0x0E	2	定时器基准单元寄存器
QUPRD	0x10	2	定时器基准单元周期寄存器
QWDTMR	0x12	1	看门狗定时器
QWDPRD	0x13	1	看门狗周期寄存器
QDECCTL	0x14	1	正交解码单元控制寄存器
QEPCTL	0x15	1	eQEP 控制寄存器
QCALCTL	0x16	1	捕获控制寄存器
QPOSCTL	0x17	1	位置比较控制寄存器
QEINT	0x18	1	中断使能寄存器
QFLG	0x19	1	中断标志位寄存器
QCLR	0x1A	1	中断清除寄存器
QFRC	0x1B	1	强制中断寄存器
QEPSTS	0x1C	1	eQEP 状态寄存器
QCTMR	0x1D	1	捕获定时器
QCPRD	0x1E	1	捕获周期寄存器
QCTMRLAT	0x1F	1	捕获时间锁存器
QCPRDLAT	0x20	1	捕获周期锁存器

注：所有寄存器的初始值都为 0。

解码单元控制寄存器 QDECCTL 各位信息如表 8-4 所示，功能描述如表 8-5 所示。

表 8-4 QDECCTL 寄存器各位信息

15	14	13	12	11	10	9	8
OSRC		SOEN	SPSEL	XCR	SWAP	IGATE	QAP
R/W-0		R/W-0	R/W-0	R/W-0	R/W-0	R/W-0	R/W-0

续表

7	6	5	4～0
QBP	QIP	QSP	保留
R/W-0	R/W-0	R/W-0	R-0

表 8-5 QDECCTL 功能描述

位	字段	取值及功能描述
15～14	QSRC	位置计数器运行方式选择。00：正交计数模式(QCLK＝iCLK,QDIR＝iDIR)；01：方向计数模式(QCLK＝xCLK,QDIR＝xDIR)；10：增计数模式(QCLK＝xCLK,QDIR＝1)；11：减计数模式(QCLK＝xCLK,QDIR＝0)
13	SOEN	同步输出使能位。0：禁止位置比较同步信号输出；1：使能位置比较同步信号输出
12	SPSEL	同步输出引脚选择位。0：选择索引信号引脚作为同步信号的输出；0：选择提示信号引脚作为同步信号的输出
11	XCR	外部时钟。0：2 倍频，上升沿和下降沿都计数；1：不倍频，在上升沿计数
10	SWAP	正交时钟交换控制。0：在内部不交换正交脉冲信号；1：在内部交换正交脉冲信号
9	IGATE	索引脉冲门控选择位。0：禁止索引脉冲门控功能；1：使能索引脉冲门控功能
8	QAP	QEPA 极性选择。0：无作用；1：翻转 QEPA 输入
7	QBP	QEPB 极性选择。0：无作用；1：翻转 QEPB 输入
6	QIP	QEPI 极性选择。0：无作用；1：翻转 QEPI 输入
5	QSP	QEPS 极性选择。0：无作用；1：翻转 QEPS 输入
4～0	保留	保留

eQEP 模块控制寄存器 QEPCTL 各位信息如表 8-6 所示，功能描述如表 8-7 所示。

表 8-6 QEPCTL 寄存器各位信息

15	14	13	12	11	10	9	8	7	6	5	4	3	2	1	0
FREE,SOFT		PCRM		SEI		IEI		SWI	SEL	IEL		QPEN	QCLM	UTE	WDE
R/W-0		R/W-0		R/W-0		R/W-0		R/W-0	R/W-0	R/W-0		R/W-0	R/W-0	R/W-0	R/W-0

表 8-7 QEPCTL 功能描述

位	字段	取值及功能描述
15～14	FREE,SOFT	仿真控制位。 QPOSCNT 动作。00：仿真挂起时位置计数器立即停止计数；01：位置计数器在溢出时停止计数；1x：仿真挂起对其无影响； QWDTMR 动作。00：仿真挂起时看门狗计数器立即停止计数；01：看门狗计数器在达到周期寄存器值时停止计数；1x：仿真挂起对其无影响； QUTMR 动作。00：仿真挂起时单元时间计数器立即停止计数；01：单元时间计数器在溢出时停止计数；1x：仿真挂起对其无影响； QCTMR 动作。00：仿真挂起时捕获定时器立即停止计数；01：捕获定时器在下一个周期时间时停止计数；1x：仿真挂起对其无影响

续表

位	字段	取值及功能描述
13～12	PCRM	位置计数器复位模式选择。00：在索引事件发生时复位；01：在计数到最大值时复位；10：在第一次索引事件时复位；11：在单位时间输出事件时复位
11～10	SEI	提示脉冲初始化位置计数器。0x：无动作；10：在 QEPS 上升沿初始化位置计数器；11：正向运行时在 QEPS 上升沿初始化位置计数器；反向运行时在 QEPS 下降沿初始化位置计数器
9～8	IEI	索引脉冲初始化位置计数器。0x：无动作；10：在 QEPI 上升沿初始化位置计数器(QPOSCNT＝QPOSINIT)；11：在 QEPI 下降沿初始化位置计数器(QPOSCNT＝QPOSINIT)
7	SWI	软件初始化位置计数器。0：无动作；1：写 1 将把 QPOSINIT 的值装载到 QPOSCNT 中
6	SEL	提示事件锁存位置计数器。0：在 QEPS 信号上升沿将 QPOSCNT 的值锁存到 QPOSSLAT 寄存器中；1：正向运行时在 QEPS 上升沿锁存 QPOSCNT 的值，反向运行时在 QEPS 下降沿锁存 QPOSCNT 的值
5～4	IEL	索引事件锁存位置计数器。00：保留；01：在 QEPI 信号上升沿将 QPOSCNT 的值锁存到 QPOSILAT 中；10：在 QEPI 信号下降沿将 QPOSCNT 的值锁存到 QPOSILAT 中；11：软件发起一次索引事件，将 QPOSCNT 的值锁存到 QPOSILAT 中，将方向锁存到 QEPSTS[QDLF]中
3	QPEN	正交位置计数器使能/软件复位。0：复位 eQEP 外设内部的标志位及只读寄存器，控制/配置寄存器不受软件复位影响；1：使能 eQEP 位置计数器
2	QCLM	eQEP 捕获锁存模式。0：在 CPU 读位置计数器的值时锁存；1：在定时器基准单元超时事件时锁存
1	UTE	0：禁止 eQEP 定时器基准单元；1：使能 eQEP 定时器基准单元
0	WDE	0：禁止 eQEP 看门狗定时器；1：使能 eQEP 看门狗定时器

eQEP 位置比较单元控制寄存器 QPOSCTL 各位信息如表 8-8 所示，功能描述如表 8-9 所示。

表 8-8 QPOSCTL 寄存器各位信息

15	14	13	12	11～0
PCSHDW	PCLOAD	PCPOL	PCE	PCSPW
R/W-0	R/W-0	R/W-0	R/W-0	R/W-0

表 8-9 QPOSCTL 功能描述

位	字段	取值及功能描述
15	PCSHDW	位置比较寄存器映射功能控制。0：禁止位置比较寄存器映射功能；1：使能位置比较寄存器映射功能
14	PCLOAD	位置比较寄存器加载时刻选择。0：在 QPOSCNT＝0 时加载；1：在 QPOSCNT＝QPOSCMP 时加载
13	PCPOL	选择同步输出脉冲的极性。0：高电平脉冲输出；1：低电平脉冲输出
12	PCE	0：禁止位置比较功能；1：使能位置比较功能
11～0	PCSPW	选择同步脉冲宽度。0x000：1×4×SYSCLKOUT 周期；0x001：2×4×SYSCLKOUT 周期；0xFFF：4096×4×SYSCLKOUT 周期

eQEP 的捕获单元控制寄存器 QCAPCTL 各位信息如表 8-10 所示，功能描述如表 8-11 所示。

表 8-10 QCAPCTL 寄存器各位信息

15	14～7	6～4	3～0
CEN	保留	CCPS	UPPS
R/W-0	R-0	R/W-0	R/W-0

表 8-11 QCAPCTL 功能描述

位	字段	取值及功能描述
15	CEN	捕获单元使能位。0：禁止捕获单元；1：使能捕获单元
14～7	保留	保留
6～4	CCPS	eQEP 捕获单元定时器时钟预分频位。000～111(k)：CAPCLK＝SYSCLKOUT/2^k
3～2	UPPS	单元位置事件预分频。0000～1011(k)：UPEVNT＝QCLK/2^k；11xx：保留

eQEP 位置计数器寄存器 QPOSCNT 功能描述如表 8-12 所示。

表 8-12 QPOSCNT 功能描述

位	字段	取值及功能描述
31～0	QPOSCNT	32 位位置计数器

eQEP 位置计数器初始化寄存器 QPOSINIT 功能描述如表 8-13 所示。

表 8-13 QPOSINIT 功能描述

位	字段	取值及功能描述
31～0	QPOSINIT	寄存器中的值在特定事件下用来初始化位置计数器。这些特定事件包括外部提示信号事件、索引信号事件及软件初始化事件

eQEP 位置计数器最大值寄存器 QPOSMAX 功能描述如表 8-14 所示。

表 8-14 QPOSMAX 功能描述

位	字段	取值及功能描述
31～0	QPOSMAX	此寄存器中为设定的位置计数器的最大值

eQEP 位置比较寄存器 QPOSCMP 功能描述如表 8-15 所示。

表 8-15 QPOSCMP 功能描述

位	字段	取值及功能描述
31～0	QPOSCMP	此寄存器中的值将与 QPOSCNT 中的值进行比较，以产生同步脉冲信号或中断

eQEP 索引事件位置锁存寄存器 QPOSILAT 功能描述如表 8-16 所示。

表 8-16 QPOSILAT 功能描述

位	字段	取值及功能描述
31～0	QPOSILAT	配置 QEPCTL[IEL]位，使索引事件发生时将 QPOSCNT 的值锁存到此寄存器

eQEP 提示事件位置锁存寄存器 QPOSSLAT 功能描述如表 8-17 所示。

表 8-17 QPOSSLAT 功能描述

位	字段	取值及功能描述
31～0	QPOSSLAT	配置 QEPCTL[SEL]位，使提示事件发生时将 QPOSCNT 的值锁存到此寄存器

eQEP 位置计数器锁存寄存器 QPOSLAT 功能描述如表 8-18 所示。

表 8-18 QPOSLAT 功能描述

位	字段	取值及功能描述
31～0	QPOSLAT	在定时器基准单元溢出事件发生时将 QPOSCNT 的值锁存到此寄存器

eQEP 定时器基准单元 QUTMR 功能描述如表 8-19 所示。

表 8-19 QUTMR 功能描述

位	字段	取值及功能描述
31～0	QUTMR	定时器基准单元的定时器，反映当前所经历的时间

eQEP 定时器基准单元周期寄存器 QUPRD 功能描述如表 8-20 所示。

表 8-20 QUPRD 功能描述

位	字段	取值及功能描述
31～0	QUPRD	定时器基准单元周期寄存器，当 QUTMR＝QUPRD 时，将产生超时事件，用来锁存位置计数器的值或产生中断

eQEP 看门狗定时器 QWDTMR 功能描述如表 8-21 所示。

表 8-21 QWDTMR 功能描述

位	字段	取值及功能描述
15～0	QWDTMR	看门狗定时器

eQEP 看门狗周期寄存器 QWDPRD 功能描述如表 8-22 所示。

表 8-22 QWDPRD 功能描述

位	字段	取值及功能描述
15～0	QWDPRD	看门狗周期寄存器，当 QWDTMR＝QWDPRD 时，将产生溢出事件

eQEP 中断使能寄存器 QEINT 各位信息如表 8-23 所示，功能描述如表 8-24 所示。

表 8-23 QEINT 寄存器各位信息

15～12				11	10	9	8
保留				UTO	IEL	SEL	PCM
R-0				R/W-0	R/W-0	R/W-0	R/W-0
7	6	5	4	3	2	1	0
PCR	PCO	PCU	WTO	QDC	QPE	PCE	保留
R/W-0	R/W-0	R/W-0	R/W-0	R/W-0	R/W-0	R/W-0	R-0

表 8-24 QEINT 功能描述

位	字段	取值及功能描述
15～12	保留	保留
11	UTO	定时器基准单元超时中断。0：禁止中断；1：使能中断
10	IEL	索引事件锁存中断。0：禁止中断；1：使能中断
9	SEL	提示事件锁存中断。0：禁止中断；1：使能中断
8	PCM	位置比较匹配事件中断。0：禁止中断；1：使能中断
7	PCR	位置比较准备中断。0：禁止中断；1：使能中断
6	PCO	位置计数器向上溢出中断。0：禁止中断；1：使能中断
5	PCU	位置计数器向下溢出中断。0：禁止中断；1：使能中断
4	WTO	看门狗定时器溢出中断。0：禁止中断；1：使能中断
3	QDC	正交信号方向变化中断。0：禁止中断；1：使能中断
2	QPE	正交信号相位错误中断。0：禁止中断；1：使能中断
1	PCE	位置计数器错误中断。0：禁止中断；1：使能中断
0	保留	保留

eQEP 中断标志寄存器 QFLG 各位信息如表 8-25 所示，功能描述如表 8-26 所示。

表 8-25 QFLG 寄存器各位信息

15～12				11	10	9	8
保留				UTO	IEL	SEL	PCM
R-0				R-0	R-0	R-0	R-0
7	6	5	4	3	2	1	0
PCR	PCO	PCU	WTO	QDC	QPE	PCE	INT
R-0	R-0	R-0	R-0	R-0	R-0	R-0	R-0

表 8-26 QFLG 功能描述

位	字段	取值及功能描述
15～12	保留	保留
11	UTO	定时器基准单元超时中断标志位。0：无中断发生；1：有中断事件产生
10	IEL	索引事件锁存中断标志位。0：无中断发生；1：有中断事件产生
9	SEL	提示事件锁存中断标志位。0：无中断发生；1：有中断事件产生
8	PCM	位置比较匹配事件中断。0：无中断发生；1：有中断事件产生
7	PCR	位置比较准备中断标志位。0：无中断发生；1：有中断事件产生

续表

位	字段	取值及功能描述
6	PCO	位置计数器向上溢出中断标志位。0：无中断发生；1：有中断事件产生
5	PCU	位置计数器向下溢出中断。0：无中断发生；1：有中断事件产生
4	WTO	看门狗定时器溢出中断标志位。0：无中断发生；1：有中断事件产生
3	QDC	正交信号方向变化中断标志位。0：无中断发生；1：有中断事件产生
2	QPE	正交信号相位错误中断标志位。0：无中断发生；1：有中断事件产生
1	PCE	位置计数器错误中断标志位。0：无中断发生；1：有中断事件产生
0	INT	全局中断标志位。0：无中断发生；1：有中断事件产生

eQEP中断标志清除寄存器QCLR各位信息如表8-27所示，功能描述如表8-28所示。

表8-27 QCLR寄存器各位信息

15～12				11	10	9	8
保留				UTO	IEL	SEL	PCM
R-0				R/W-0	R/W-0	R/W-0	R/W-0

7	6	5	4	3	2	1	0
PCR	PCO	PCU	WTO	QDC	QPE	PCE	INT
R/W-0	R/W-0	R/W-0	R/W-0	R/W-0	R/W-0	R/W-0	R/W-0

表8-28 QCLR功能描述

位	字段	取值及功能描述
15～12	保留	保留
11	UTO	定时器基准单元超时中断标志位。0：无反应；1：写1清除相应的中断标志位
10	IEL	索引事件锁存中断标志位。0：无反应；1：写1清除相应的中断标志位
9	SEL	提示事件锁存中断标志位。0：无反应；1：写1清除相应的中断标志位
8	PCM	位置比较匹配事件中断。0：无反应；1：写1清除相应的中断标志位
7	PCR	位置比较准备中断标志位。0：无反应；1：写1清除相应的中断标志位
6	PCO	位置计数器向上溢出中断标志位。0：无反应；1：写1清除相应的中断标志位
5	PCU	位置计数器向下溢出中断。0：无反应；1：写1清除相应的中断标志位
4	WTO	看门狗定时器溢出中断标志位。0：无反应；1：写1清除相应的中断标志位
3	QDC	正交信号方向变化中断标志位。0：无反应；1：写1清除相应的中断标志位
2	QPE	正交信号相位错误中断标志位。0：无反应；1：写1清除相应的中断标志位
1	PCE	位置计数器错误中断标志位。0：无反应；1：写1清除相应的中断标志位
0	INT	全局中断标志位。0：无反应；1：写1清除相应的中断标志位

eQEP强制中断寄存器QFRC各位信息如表8-29所示，功能描述如表8-30所示。

表8-29 QFRC寄存器各位信息

15～12				11	10	9	8
保留				UTO	IEL	SEL	PCM
R-0				R/W-0	R/W-0	R/W-0	R/W-0

7	6	5	4	3	2	1	0
PCR	PCO	PCU	WTO	QDC	QPE	PCE	保留
R/W-0	R/W-0	R/W-0	R/W-0	R/W-0	R/W-0	R/W-0	R-0

表 8-30　QFRC 功能描述

位	字段	取值及功能描述
15～12	保留	保留
11	UTO	定时器基准单元超时中断标志位。0：无反应；1：写 1 将强制产生一次中断事件
10	IEL	索引事件锁存中断标志位。0：无反应；1：写 1 将强制产生一次中断事件
9	SEL	提示事件锁存中断标志位。0：无反应；1：写 1 将强制产生一次中断事件
8	PCM	位置比较匹配事件中断。0：无反应；1：写 1 将强制产生一次中断事件
7	PCR	位置比较准备中断标志位。0：无反应；1：写 1 将强制产生一次中断事件
6	PCO	位置计数器向上溢出中断标志位。0：无反应；1：写 1 将强制产生一次中断事件
5	PCU	位置计数器向下溢出中断。0：无反应；1：写 1 将强制产生一次中断事件
4	WTO	看门狗定时器溢出中断标志位。0：无反应；1：写 1 将强制产生一次中断事件
3	QDC	正交信号方向变化中断标志位。0：无反应；1：写 1 将强制产生一次中断事件
2	QPE	正交信号相位错误中断标志位。0：无反应；1：写 1 将强制产生一次中断事件
1	PCE	位置计数器错误中断标志位。0：无反应；1：写 1 将强制产生一次中断事件
0	保留	保留

eQEP 状态寄存器 QEPSTS 各位信息如表 8-31 所示，功能描述如表 8-32 所示。

表 8-31　QEPSTS 寄存器各位信息

15～8	7	6	5	4	3	2	1	0
保留	UPEVNT	FIDF	QDF	QDLF	COEF	CDEF	FIMF	PCEF
R-0	R-0	R-0	R-0	R-0	R/W-1	R/W-1	R/W-1	R-0

表 8-32　QEPSTS 功能描述

位	字段	取值及功能描述
15～8	保留	保留
7	UPEVNT	0：无定时器基准单元事件标示；1：定时器基准单元事件被检测到，写 1 清零
6	FDF	第一个索引脉冲到来时的选择方向。0：第一个索引脉冲到来时顺时针旋转；1：第一个索引脉冲到来时逆时针旋转
5	QDF	正交脉冲方向。0：顺时针；1：逆时针
4	QDLF	eQEP 方向锁存标示。0：索引标示时刻顺时针旋转；1：索引标示时刻逆时针旋转
3	COEF	捕获上溢错误标示。0：无上溢；1：eQEP 捕获单元出现上溢错误
2	CDEF	捕获方向错误标志。0：无错误；1：在两次捕获事件间隔内方向发生了改变
1	FIMF	首次索引脉冲标志。0：首次索引脉冲没有出现；1：首次索引脉冲将其置位
0	PCEF	位置计数器错误标志，每次索引脉冲到来时更新此位。0：无错误；1：出现错误

eQEP 捕获定时器 QCTMR 功能描述如表 8-33 所示。

表 8-33　QCTMR 功能描述

位	字段	取值及功能描述
15～0	QCTMR	为捕获单元提供时间基准

eQEP 捕获周期寄存器 QCPRD 功能描述如表 8-34 所示。

表 8-34 QCPRD 功能描述

位	字段	取值及功能描述
15～0	QCPRD	保存前两个位置信号之间的时间

eQEP 捕获定时器锁存寄存器 QCTMRLAT 功能描述如表 8-35 所示。

表 8-35 QCTMRLAT 功能描述

位	字段	取值及功能描述
15～0	QCTMRLAT	捕获定时器的值在两种时间下可锁存到此寄存器中：定时器基准单元超时事件、CPU 读位置计数器 QPOSCNT 的值

eQEP 捕获周期锁存寄存器 QCPRDLAT 功能描述如表 8-36 所示。

表 8-36 QCPRDLAT 功能描述

位	字段	取值及功能描述
15～0	QCPRDLAT	捕获周期寄存器的值在两种时间下可锁存到此寄存器中：定时器基准单元超时事件、CPU 读位置计数器 QPOSCNT 的值

8.8 应用实例

【例 8-1】 基于 eQEP 模块，利用 M 法及 T 法测量电机转速，并计算转子位置角。编码器提供正交脉冲信号，且槽数为 1000，电机转速范围 10～6000r/min。

8.8.1 eQEP 模块配置

首先对 eQEP 模块做如下配置：

(1) 位置计数器工作在模式 1 (QEPCTL[PCRM]＝00)；

(2) 定时器基准单元的溢出周期为 10ms，即式(1)中 $T=10\text{ms}$；

(3) 单位位移量定义为 32 个正交脉冲，即式(2)中 $x=32$ 个正交脉冲；

(4) 捕获单元定时器的计数时钟由系统时钟 SYSCLKOUT 进行 128 分频得来；

(5) 由于在 eQPE 模块内部会对正交脉冲信号进行四倍频，所以位置计数器的最大值 QPOSMAX 设定为 4000。

对角度归一化处理，即电机一周对应的机械角度为 1，则机械角及电角度计算公式分别如式(8-5)、式(8-6)所示：

$$\text{MechTheta} = \text{QPOSCNT}/4000 \tag{8-5}$$

$$\text{ElecTheta} = \text{QPOSCNT}/4000 \times \text{PolePairs} \tag{8-6}$$

使用 M 法计算转速的标准值如下：

$$\text{Speed\_Mr\_Rpm} = \frac{x_2 - x_1}{4000} \times \frac{1}{10}\text{r/ms}$$

$$= \frac{x_2 - x_1}{4000} \times \frac{1}{0.01/60} \text{r/min} \tag{8-7}$$
$$= 1.5 \times (x_2 - x_1) \text{r/min}$$

式中，x_2 为当前 QPOSCNT 的值，x_1 为上次 QPOSCNT 的值。

使用 T 法测速，首先计算 ΔT 的值：

$$\Delta T = (t_2 - t_1) \times \frac{\text{QCAPCTL[CCPS]}}{150\text{e}6} \text{s} \tag{8-8}$$

T 法测速计算速度公式为

$$\text{Speed\_Tr\_Rpm} = \frac{\text{QCAPCTL[UPPS]}}{4000} \times \frac{1}{\Delta T} \text{r/s}$$
$$= \frac{\text{QCAPCTL[UPPS]}}{4000} \times \frac{150\text{e}6}{\text{QCAPCTL[CPPS]} \times (t_2 - t_1)} \text{r/s}$$
$$= \frac{562\,500}{t_2 - t_1} \text{r/min} \tag{8-9}$$

式中，UPPS 及 CPPS 为其代表的分频系数，$t_2 - t_1$ 为寄存器 QCPRDLAT 的值。

8.8.2 应用程序

本例包括 3 个由用户编写的应用文件：eQEP. h、eQEP. c、aMain. c。eQEP. h 文件主要用来对测速过程中用到的变量进行定义，eQEP. c 主要对初始化程序以及测速程序进行定义，aMain. c 包含主函数，对上述两文件定义的函数进行调用，完成速度及角度的测量。

例 8-1 的 eQEP 应用例程。

```
//=====================================================================
//eQEP.h 文件
//=====================================================================
#ifndef   EQEP_POS_SPEED_GET_H
#define   EQEP_POS_SPEED_GET_H
#include "F28335_FPU_FastRTS.h"

//---------------------------------------------------------------------
//  定义 eQEP 用到的结构体对象类型
//---------------------------------------------------------------------
typedef struct {float ElecTheta;              //输出：电机电角度
 float MechTheta;                             //输出：电机机械角度
 int DirectionQep;                            //输出：电机旋转方向
 int PolePairs;                               //输入：同步电机极对数
        int LineEncoder;                      //输入：码盘一周脉冲数(增量式)
        int Encoder_N;    //输入：码盘一周脉冲数的 4 倍(根据倍频的倍数而定，这里用 4 倍频)
        int CalibrateAngle;
                          //输入：电机 A 相绕组和码盘 Index 信号之间的夹角，与安装精度有关
        float Mech_Scaler;                    //输入：1/Encoder_N
        float RawTheta;
                 //变量：初始定位后，电机转子 d 轴和定子 A 相绕组之间所相差的码盘计数值
        int Index_sync_flag;                  //输出：Index sync status
        float BaseRpm;                        //输入：电机额定转速
```

```
        float Speed_Mr_Rpm_Scaler;   //输入: 60000/(Encoder_N × T),其中 T 为 M 法测速时
                                     //的时间间隔,单位 ms
        float Speed_Mr_Rpm;          //输出: M 法测量的转速,speed int r.p.m
        float Speed_Mr;              //输出: M 法测量的转速,标称值 speed in per-uint
        float Position_k_1;          //变量: 当前位置
float Position_k;                    //变量: 上一次位置

float Speed_Tr_Rpm_Scaler;           //输入: (UPPS × 150e6 × 60)/(Encoder_N×CCPS)
        float Speed_Tr_Rpm;          //输出: T 法测量的转速,spedd int r.p.m
        float Speed_Tr;              //输出: T 法测量的转速,标称值 speed int per-uint

        void (*init)();              //函数指针: 指向初始化函数
void (*calc)();                      //函数指针: 指向转速、位置计算函数
} EQEP_POS_SPEED_GET;
//-----------------------------------------------------------------------
//声明 EQEP_POS_SPEED_GET _handle 为 EQEP_POS_SPEED_GET 指针类型
//-----------------------------------------------------------------------
typedef EQEP_POS_SPEED_GET   *EQEP_POS_SPEED_GET_handle;
//-----------------------------------------------------------------------
//定义 eQEP 转速、位置测量用到的初始值
//-----------------------------------------------------------------------
#define EQEP_POS_SPEED_GET_DEFAULTS {0,0,0,\
 2,1000,4000,0,1.0/4000,0,0,\
 6000.0,\
 1.5,0,0,0,0,\
 562500,0,0,\
                                  (void (*)(long))eQEP_pos_speed_get_Init,\
                                  (void (*)(long))eQEP_pos_speed_get_Calc}

//-----------------------------------------------------------------------
//  函数声明
//-----------------------------------------------------------------------
void eQEP_pos_speed_get_Init(EQEP_POS_SPEED_GET_handle);
void eQEP_pos_speed_get_Calc(EQEP_POS_SPEED_GET_handle);
#endif
//=======================================================================
//End of file.
//=======================================================================
//=======================================================================
//eQEP.c 文件
//=======================================================================
#include "DSPF28335_Project.h"
#include "F28335_FPU_FastRTS.h"
#include <math.h>
#include "eQEP.h"
//========= 函数定义 ====================================================
//**********************************
/*
  @ Description: eQEP 模块初始化函数
*/
//**********************************
void eQEP_pos_speed_get_Init(EQEP_POS_SPEED_GET *p)
```

```
{
    #if (CPU_FRQ_150MHZ)
            EQep1Regs.QUPRD=1500000;
                        //当 SYSCLKOUT=150MHz 时,设定 Unit Timer 溢出频率为 100Hz
    #endif
    #if (CPU_FRQ_100MHZ)
     EQep1Regs.QUPRD=1000000;
                        //当 SYSCLKOUT=100MHz 时,设定 Unit Timer 溢出频率为 100Hz
    #endif
   EQep1Regs.QDECCTL.bit.QSRC=00;                    //设定 eQEP 的计数模式
   EQep1Regs.QEPCTL.bit.FREE_SOFT=2;
   EQep1Regs.QEPCTL.bit.PCRM=00;
                        //设定 PCRM=00,即 QPOSCNT 在每次 Index 脉冲都复位
   EQep1Regs.QEPCTL.bit.UTE=1;                       //使能 UTE 单元溢出功能
   EQep1Regs.QEPCTL.bit.QCLM=1;                      //当 UTE 单元溢出时允许锁存
   EQep1Regs.QEPCTL.bit.QPEN=1;                      //使能 eQEP
   EQep1Regs.QCAPCTL.bit.UPPS=5;                     //位置单元是 1/32 分频
   EQep1Regs.QCAPCTL.bit.CCPS=7;                     //CAP 时钟是 1/128 分频
   EQep1Regs.QCAPCTL.bit.CEN=1;                      //使能 eQEP 的捕获功能
   EQep1Regs.QPOSMAX=p->Encoder_N;                   //设定计数器的最大值
   EQep1Regs.QEPCTL.bit.SWI=1;                       //软件强制产生一次 Index 脉冲
   InitEQep1Gpio();                                  //初始化 eQEP 相关引脚
}
//************************************
/*
   @ Description:角度、速度计算函数
 */
//************************************
void eQEP_pos_speed_get_Calc(EQEP_POS_SPEED_GET *p)
{
 float tmp1;
 unsigned long t2_t1;
 //检测转动方向
  p->DirectionQep = EQep1Regs.QEPSTS.bit.QDF;
 //检测位置计数器的值,并进行补偿
  p->RawTheta = EQep1Regs.QPOSCNT + p->CalibrateAngle;
  if(p->RawTheta < 0)
{ p->RawTheta = p->RawTheta + EQep1Regs.QPOSMAX; }
  else if(p->RawTheta > EQep1Regs.QPOSMAX)
{ p->RawTheta = p->RawTheta - EQep1Regs.QPOSMAX; }
  //计算机械角
p->MechTheta = p->Mech_Scaler * p->RawTheta;
  //计算电角度
p->ElecTheta = (p->PolePairs * p->MechTheta)-floor(p->PolePairs * p->MechTheta);
  //检测索引信号
 if (EQep1Regs.QFLG.bit.IEL == 1)
 {
 p->Index_sync_flag = 0x00F0;
 EQep1Regs.QCLR.bit.IEL=1;                           //清除中断信号
 }
  //High Speed Calcultation using QEP Position counter  //M 法
```

```
 //Check unit Time out-event for speed calculation:
 //Unit Timer is configured for 100Hz in INIT function
 if(EQep1Regs.QFLG.bit.UTO==1)                       //如果定时器基准单元出现溢出事件
{
 p->Position_k =1.0 * EQep1Regs.QPOSLAT;
 if(p->DirectionQep==0)                              //POSCNT is counting down
   {
if(p->Position_k > p->Position_k_1)
        { tmp1 = -(p->Encoder_N - (p->Position_k - p->Position_k_1)); }
else
        { tmp1 = p->Position_k - p->Position_k_1;}  //x2-x1 应该为负数
   }
 else if(p->DirectionQep==1)                         //POSCNT 为增计数
      {
 if(p->Position_k < p->Position_k_1)
        { tmp1 = p->Encoder_N - (p->Position_k_1 - p->Position_k); }
else
        { tmp1 = p->Position_k - p->Position_k_1;}  //x2-x1 应该为负数
      }

    if(tmp1 > p->Encoder_N)
      { p->Speed_Mr_Rpm = p->BaseRpm;  }
 else if(tmp1 < -p->Encoder_N)
      { p->Speed_Mr_Rpm = -p->BaseRpm; }
 else
      { p->Speed_Mr_Rpm = tmp1 * p->Speed_Mr_Rpm_Scaler; }

  p->Speed_Mr = p->Speed_Mr_Rpm / p->BaseRpm;

  p->Position_k_1 = p->Position_k;

  EQep1Regs.QCLR.bit.UTO=1;                          //清除中断标志位
}
  //Low-speed computation using QEP capture counter  //T 法
  if(EQep1Regs.QEPSTS.bit.UPEVNT==1)
{
 if(EQep1Regs.QEPSTS.bit.COEF==0)
   t2_t1 =  EQep1Regs.QCPRDLAT;
 else
     t2_t1 = 0xFFFF;
 if(p->DirectionQep==0)
   p->Speed_Tr_Rpm = -p->Speed_Tr_Rpm_Scaler / t2_t1;
 else
     p->Speed_Tr_Rpm =  p->Speed_Tr_Rpm_Scaler / t2_t1;

 if(p->Speed_Tr_Rpm > p->BaseRpm)
     p->Speed_Tr_Rpm = p->BaseRpm;
 else if(p->Speed_Tr_Rpm < -p->BaseRpm)
     p->Speed_Tr_Rpm = -p->BaseRpm;
 EQep1Regs.QEPSTS.all=0x88;
 }
```

```
}
//=================================================================
//End of file.
//=================================================================
//=================================================================
//aMain.c 文件
//=================================================================
#include "DSPF28335_Project.h"
#include "F28335_FPU_FastRTS.h"
#include <math.h>
#include "eQEP.h"
//--------------------------------------------------------------
//定义一个结构体,用来存放计算结果,具体见 eQEP.h 中定义
EQEP_POS_SPEED_GET Pos_speed = EQEP_POS_SPEED_GET_DEFAULTS;
//--------------------------------------------------------------
void main()
{
   InitSysCtrl();                             //系统初始化
   DINT;                                      //关闭全局中断
   InitPieCtrl();                             //初始化中断控制寄存器
   IER = 0x0000;                              //关闭 CPU 中断
   IFR = 0x0000;                              //清除 CPU 中断信号
  InitPieVectTable();                         //初始化中断向量表
  //调用 eQEP.c 文件中的 eQEP_pos_speed_get_Init 函数,完成初始化
  Pos_speed.init(&Pos_speed);
  while(1)
   {
  //调用 eQEP.c 文件中的 QEP_pos_speed_get_Calc 函数,完成计算
Pos_speed.calc(&Pos_speed);
DELAY_US(200000L);                            //延时 200ms
   }
}
//=================================================================
//End of file.
//=================================================================
```

8.9 习题

1. 设编码器有 1024 个槽,电机的转速为 3000r/min,计算编码器输出的脉冲频率。

2. 描述 M 法与 T 法测速各自的优缺点。

3. 设编码器有 512 个槽,计算 M 法测速的情况下,eQEP 的最小转速分辨率。

4. 位置计数器有哪些输入模式?

5. 位置计数器有哪些运行模式?简要描述它们各自的特点。

6. 设电机的转子有 8 个极,位置计数器工作在模式 1,定时器基准单元的溢出周期为 5ms,单位位移量为 32 个正交脉冲,捕获单元定时器的时钟频率为 2.343 75MHz,计算位置计数器的最大值,以及 M 法和 T 法测速时各种的转速表达式。

第9章

增强型捕获模块

增强型捕获模块(eCAP)在需要精确测量外部信号时序的场合中起到重要作用。本章所介绍的eCAP模块适用于TMS320x2823x及TMS320xF28335系列DSP。

9.1 概述

9.1.1 eCAP模块简介

多个eCAP模块可集成在同一块芯片中,如图9-1所示,具体数量根据芯片型号的不同而不同。

eCAP模块可用于如下场合:

(1) 旋转设备的转速测量。

(2) 位置传感器脉冲时间测量。

(3) 脉冲信号周期及占空比测量。

不同型号的DSP具有数量不等的eCAP模块,而一个eCAP模块代表一个独立的捕获通道,具有以下资源:

(1) 专用的捕获输入引脚。

(2) 32位时钟计数器。

(3) 4个32位的时间标识寄存器(eCAP1~eCAP4)。

(4) 4阶序列发生器可与外部ECAP引脚上升沿/下降沿事件同步。

(5) 可为4个捕获事件设定独立的边沿极性。

(6) 输入信号预分频功能(2~62)。

(7) 1~4次捕获事件后,单次比较寄存器可停止捕获功能。

(8) 连续捕获功能。

(9) 4次捕获事件都可触发中断。

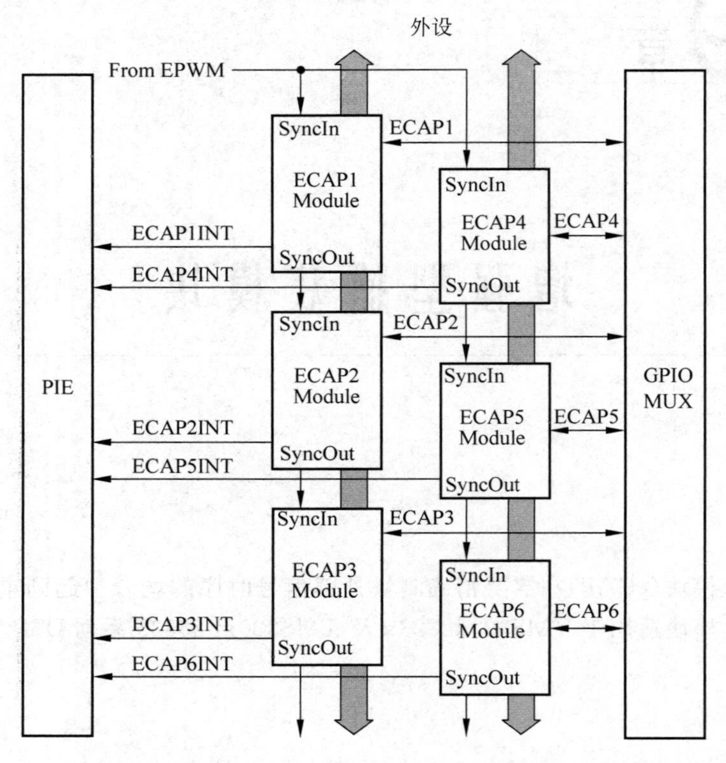

图 9-1　2823x/F28335 系列 DSP 中 eCAP 模块连接方式

9.1.2　eCAP 工作模式介绍

eCAP 模块既可以用于捕获外部脉冲信号，也可以工作在脉冲发生器模式(APWM)。在 APWM 模式下，计数器工作在增计数模式下，用来产生不对称的 PWM 脉冲。CAP1 和 CAP2 寄存器分别工作在周期当前寄存器及比较当前寄存器模式，而 CAP3 和 CAP4 分别工作在周期映射寄存器及比较映射寄存器模式。图 9-2 给出了一个 eCAP 模块的两种工作模式原理。

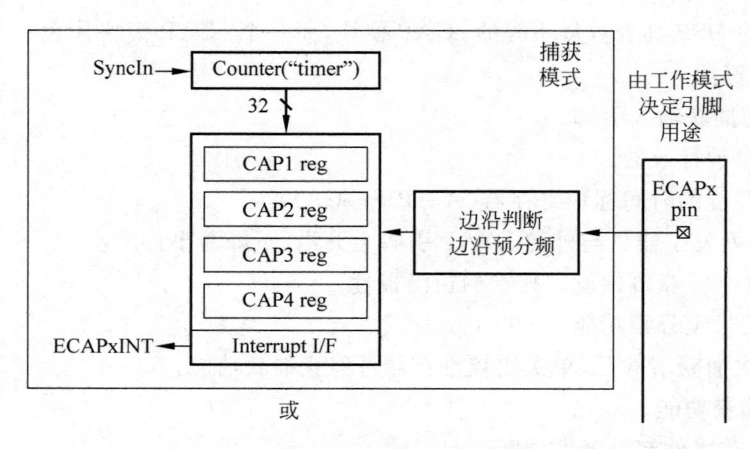

图 9-2　eCAP 模块的捕获及脉冲发生器工作模式

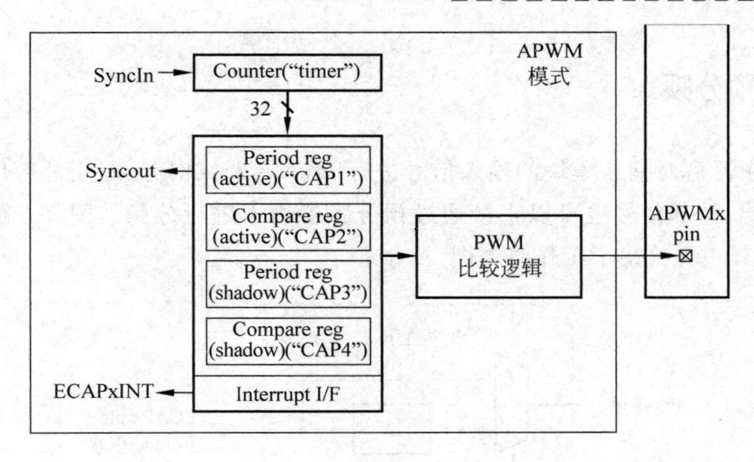

图 9-2 （续）

9.2 捕获工作模式

捕获工作模式下的结构框图如图 9-3 所示。

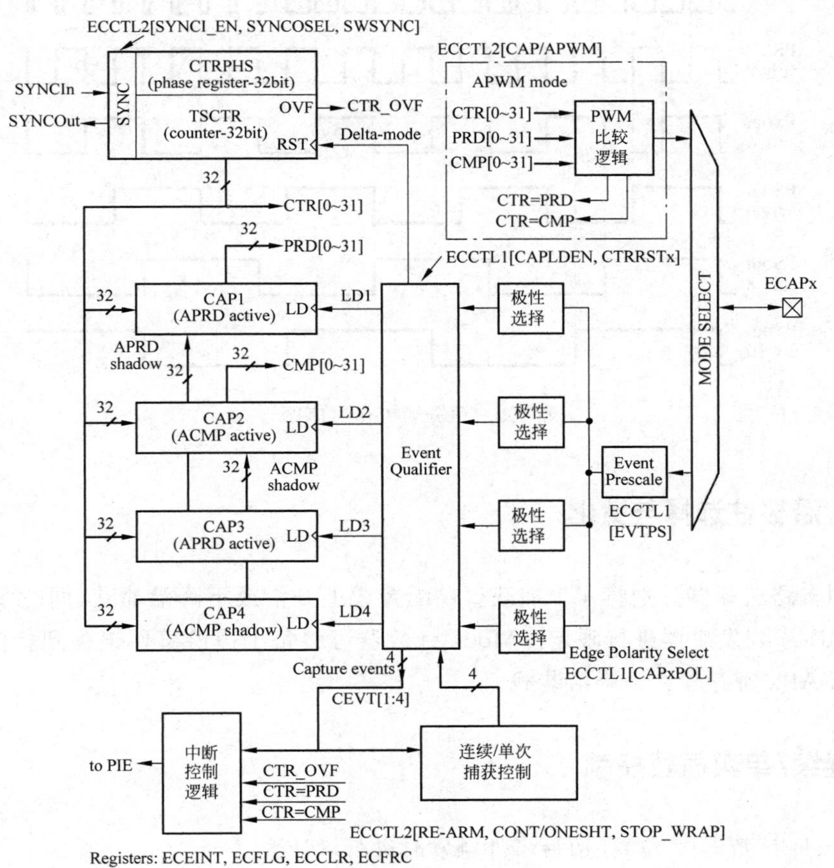

图 9-3 捕获工作模式结构框图

9.2.1 事件预分频

通过预分频器可对捕获模块的输入信号进行 $N(N=2\sim62)$分频，当外部信号频率较高时可使用此功能，外部信号也可以直接通过预分频器而不进行分频。图 9-4 给出了预分频器的结构框图，图 9-5 给出了工作时序图。

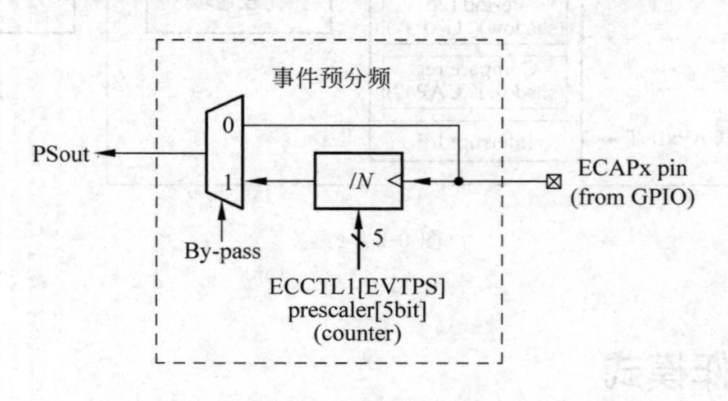

图 9-4 预分频器结构框图

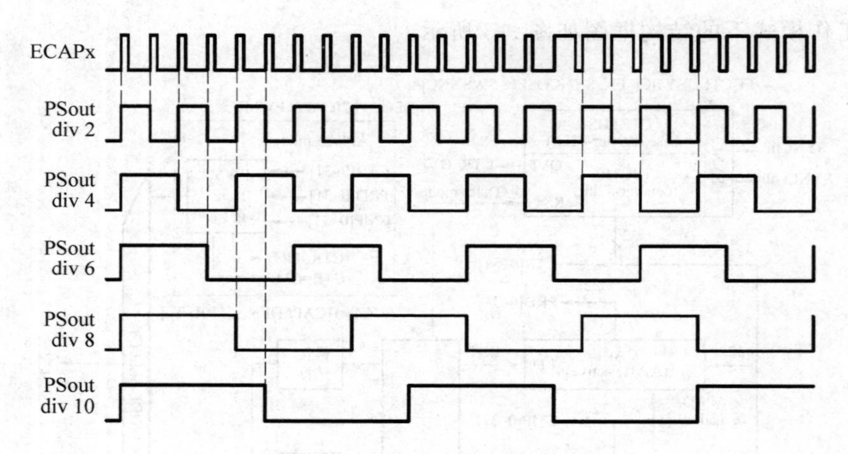

图 9-5 预分频工作时序图

9.2.2 边沿极性选择与量化

可使用多路选择器分别将 4 个捕获事件配置成上升沿或下降沿捕获，同时每个边沿都可通过 Mod4 序列发生器进行限定。Mod4 计数器可将每个边沿事件锁存到相应的 CAPx 寄存器中，CAPx 寄存器在下降沿装载。

9.2.3 连续/单次捕获控制

(1) Mod4 计数器(2 位)在边沿事件触发时进行增计数。

(2) Mod4 计数器不断地连续计数(0→1→2→3→0),直到有事件将其停止。

(3) 一个两位的比较停止寄存器用来与 Mod4 计数器的输出值进行比较,当相等时 Mod4 计数器停止,并且禁止装载 CAP1～CAP4 寄存器,这种情况用于单次(One-Shot)捕获操作。

连续/单次模块通过一个单向模块的动作来控制 Mod4 计数器的启动/停止及复位操作,单向模块可由比较停止寄存器中的值或软件重新装载来触发动作。一旦重新装载,eCAP 模块经过 1～4 个(由停止比较寄存器中的值决定)捕获事件后,冻结 Mod4 计数器及 CAP1～CAP4 寄存器的值。重新装载功能为下一次捕获序列做准备,并且对 Mod4 计数器清零、允许装载 CAP1～CAP4 寄存器,同时将 CAPLDEN 置位。

在连续模式下,Mod4 计数器连续计数(0→1→2→3→0),捕获值连续不断地被锁存到 CAP1～CAP4 寄存器中。图 9-6 给出了连续/单次模块的结构框图。

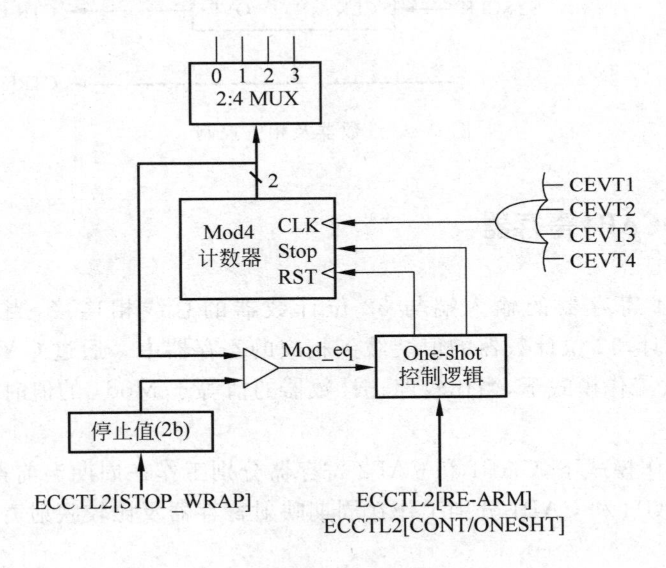

图 9-6 连续/单次模块结构框图

9.2.4 32 位计数器及相位控制

eCAP 模块的 32 位计数器用来为捕获事件提供基准时钟,并且直接由系统时钟 SYSCLKOUT 驱动。相位寄存器通过软件或硬件方式将多个 eCAP 模块的计数器进行同步,这项功能在 eCAP 模块工作在 APWM 方式下时可控制 PWM 脉冲间的相位关系。

4 个装载事件(LD1～LD4)中的任何一个可用来复位 32 位计数器,这项功能可用来捕获信号边沿间的时间差。首先 32 位计数器的值被捕获,然后计数器被复位。

计数器及相位控制的结构如图 9-7 所示。

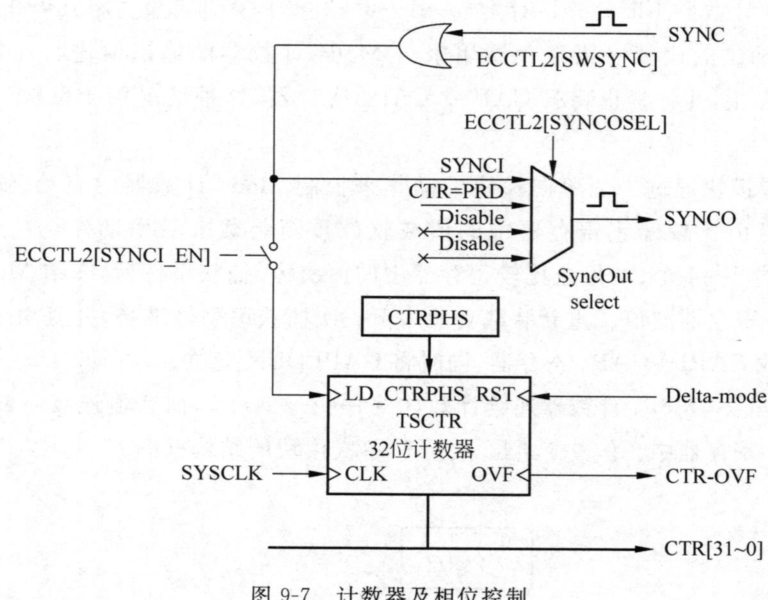

图 9-7 计数器及相位控制

9.2.5 CAP1～CAP4 寄存器

CAP1～CAP4 寄存器的输入端与 32 位计数器的总线相连接，当相应的装载信号(LD1～LD4)触发时，32 位计数器的值装载到相应的寄存器中。通过 CAPLDEN 位可禁止装载功能。在单次工作模式下，当比较停止计数器的值等于 Mod4 的值时，将对 CAPLDEN 位清零。

在 APWM 工作模式下，CAP1 和 CAP2 寄存器分别工作在周期当前寄存器及比较当前寄存器模式，而 CAP3 和 CAP4 分别工作在周期映射寄存器及比较映射寄存器模式。

9.2.6 中断控制

eCAP 模块共可产生 7 种中断事件：CEVT1、CEVT2、CEVT3、CEVT4、CNTOVF、CTR＝PRD 及 CTR＝CMP。其中捕获工作模式下有 5 种，CEVT1～CEVT4 即为捕获中断事件，CNTOVF 为捕获计数器向上溢出事件。APWM 工作方式下有 2 种中断事件，即计数器的值等于周期寄存器 CTR＝PRD，或计数器的值等于比较寄存器的值 CTR＝CMP。

中断使能寄存器 ECEINT 用来使能/禁止每个中断事件，中断标志寄存器 ECFLG 用来表明一个中断事件是否发生，并且包含全局中断标志位 INT。在中断复位程序中必须通过写 ECCLR 寄存器中相应的位来清除全局中断标志位，以接收下一个中断事件。通过中断强制寄存器 ECFRC 可以软件强制产生中断事件，用于测试。eCAP 模块中断信号的连接如图 9-8 所示。

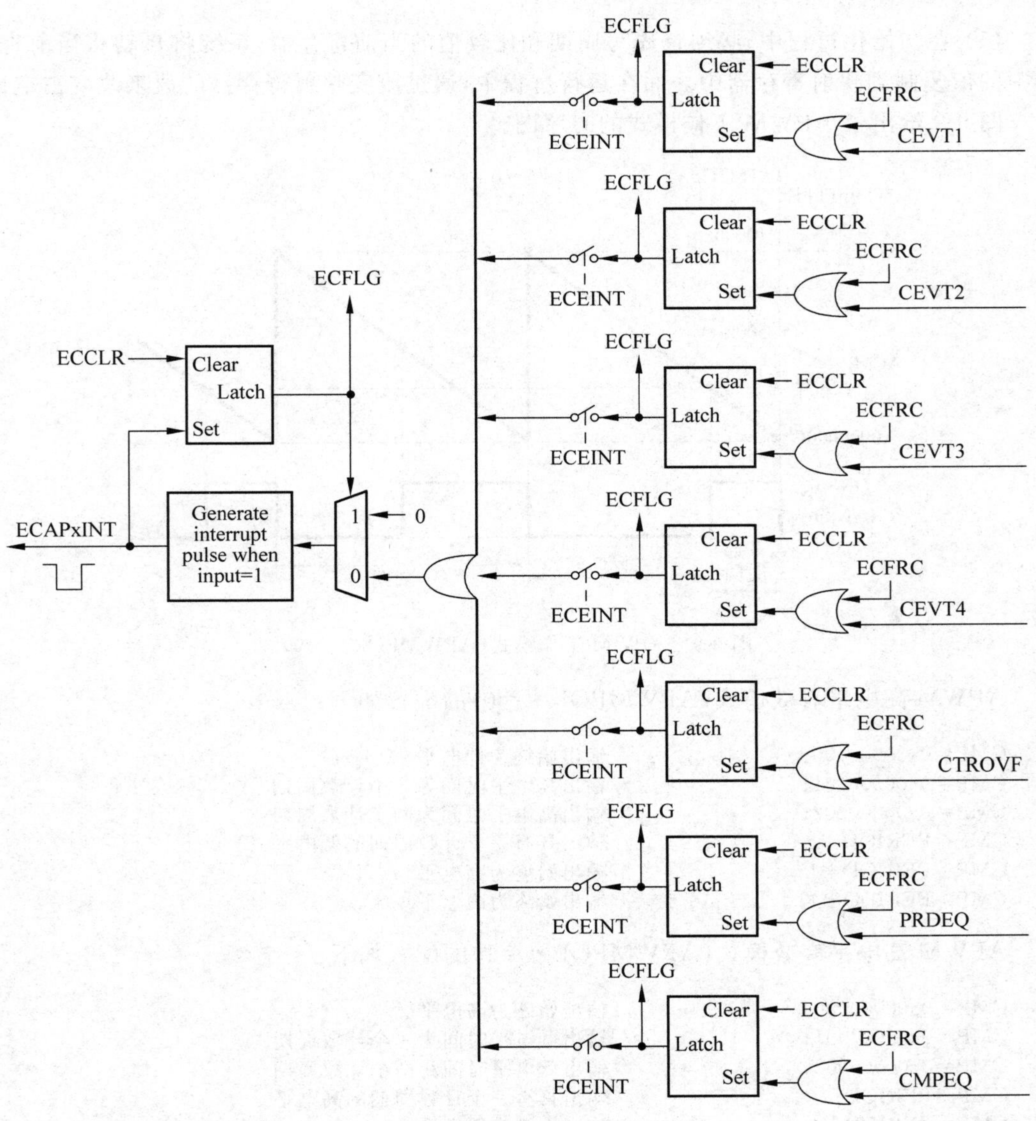

图 9-8 eCAP 模块中断信号

9.3 APWM 工作模式

APWM(辅助 PWM)工作模式的主要特点如下。

(1) 时间标识计数器用来与两个 32 位比较器比较。

(2) CAP1、CAP2 寄存器分别用于存储 APWM 模式下的 PWM 周期及比较值。

(3) 周期寄存器及比较寄存器具有映射功能,映射寄存器分别为 CAP3 及 CAP4。可选择在对 CAP3/CAP4 写操作或 CTR=PRD 两种情况下将映射寄存器的值装载到当前地址。

(4) 在 APWM 模式下,对 CAP1 及 CAP2 寄存器进行写操作,将把同样的内容分别写入 CAP3 及 CAP4 寄存器中,对 CAP3 或 CAP4 的写操作将启动映射模式。

(5) 在初始化过程中,必须首先写周期和比较值的当前寄存器,系统将自动将当前寄存器中的值复制到映射寄存器中。而在运行过程中,通过改变映射寄存器的值来改变占空比。

图 9-9 给出了 APWM 工作模式的时序图。

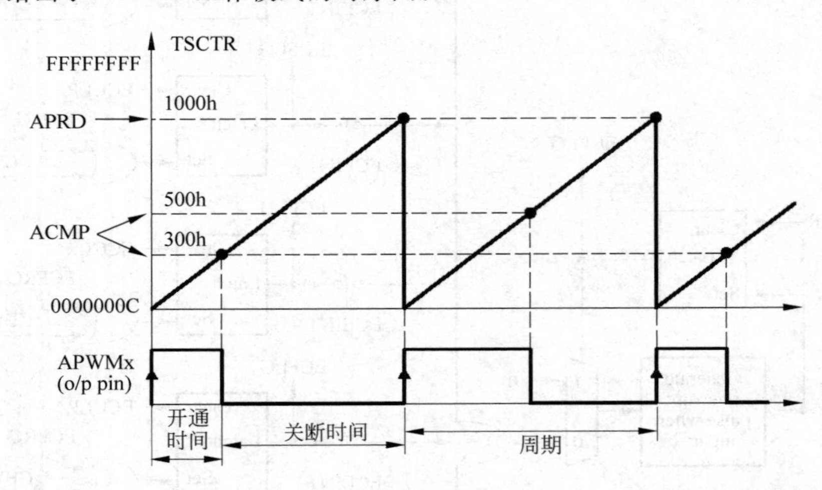

图 9-9　APWM 工作模式(APWMPOL==0)

APWM 高电平有效模式(APWMPOL==0)的配置如下:

```
CMP=0x00000000;          //输出始终为低电平
CMP=0x00000001;          //输出高电平时间为一个计数周期
CMP=0x00000002;          //输出高电平时间为两个计数周期
CMP=PERIOD;              //输出具有一个计数周期的低电平
CMP=PERIOD+1;            //输出始终为高电平
CMP>PERIDO+1;            //输出始终为高电平
```

APWM 高电平有效模式(APWMPOL==1)的配置如下:

```
CMP=0x00000000;          //输出始终为高电平
CMP=0x00000001;          //输出低电平时间为一个计数周期
CMP=0x00000002;          //输出低电平时间为两个计数周期
CMP=PERIOD;              //输出具有一个计数周期的高电平
CMP=PERIOD+1;            //输出始终为低电平
CMP>PERIDO+1;            //输出始终为低电平
```

9.4 相关寄存器

表 9-1 给出了 eCAP 模块的所有相关寄存器。

表 9-1　eCAP 相关寄存器

寄存器名称	地址单元(偏移量)	大小(×16 位)	寄存器说明
TSCTR	0x0000	2	时间标识计数器
CTRPHS	0x0002	2	计数器相位寄存器
CAP1	0x0004	2	捕获寄存器 1

续表

寄存器名称	地址单元(偏移量)	大小(×16位)	寄存器说明
CAP2	0x0006	2	捕获寄存器2
CAP3	0x0008	2	捕获寄存器3
CAP4	0x000A	2	捕获寄存器4
ECCTL1	0x0014	1	控制寄存器1
ECCTL2	0x0015	1	控制寄存器2
ECEINT	0x0016	1	中断使能寄存器
ECFLG	0x0017	1	中断标志寄存器
ECCLR	0x0018	1	中断标志清除寄存器
ECFRC	0x0019	1	中断强制寄存器

时间标识计数寄存器TSCTR功能描述如表9-2所示。

表9-2 TSCTR功能描述

位	字段	取值及功能描述
31～0	TSCTR	eCAP模块的时间基准计数器

计数器相位控制寄存器CTRPHS功能描述如表9-3所示。

表9-3 CTRPHS功能描述

位	字段	取值及功能描述
31～0	CTRPHS	时间基准计数器的相位控制寄存器,用来控制多个eCAP模块间的相位关系,在外部同步事件SYNCI或软件强制同步事件S/W时,CTRPHS的值装载到TSCTR

捕获寄存器CAP1功能描述如表9-4所示。

表9-4 CAP1功能描述

位	字段	取值及功能描述
31～0	CAP1	这个寄存器可以用来装载如下值：捕获事件发生时TSCTR的值；软件写入的值；APWM模式下的周期APRD的值

捕获寄存器CAP2功能描述如表9-5所示。

表9-5 CAP2功能描述

位	字段	取值及功能描述
31～0	CAP2	这个寄存器可以用来装载如下值：捕获事件发生时TSCTR的值；软件写入的值；APWM模式下的比较值ACMP的值

捕获寄存器CAP3功能描述如表9-6所示。

表 9-6 CAP3 功能描述

位	字段	取值及功能描述
31～0	CAP3	在捕获模式下，这个寄存器用来存储捕获事件发生时 TSCTR 的值；在 APWM 模式下，这个寄存器作为周期寄存器(CAP1)的映射单元

捕获寄存器 CAP4 功能描述如表 9-7 所示。

表 9-7 CAP4 功能描述

位	字段	取值及功能描述
31～0	CAP4	在捕获模式下，这个寄存器用来存储捕获事件发生时 TSCTR 的值；在 APWM 模式下，这个寄存器作为比较值寄存器(CAP2)的映射单元

eCAP 模块控制寄存器 ECCTL1 各位信息如表 9-8 所示，功能描述如表 9-9 所示。

表 9-8 ECCTL1 寄存器各位信息

15	14	13～9					8
FREE/SOFT		PRESCALE					CAPLDEN
R/W-0		R/W-0					R/W-0
7	6	5	4	3	2	1	0
CTRRST4	CAP4POL	CTRRST3	CAP3POL	CTRRST2	CAP2POL	CTRRST1	CAP1POL
R/W-0	R/W-0	R/W-0	R/W-0	R/W-0	R/W-0	R/W-0	R/W-0

表 9-9 ECCTL1 功能描述

位	字段	取值及功能描述
15～14	FREE/SOFT	仿真控制位。00：仿真挂起时，TSCTR 计数器立即停止；01：TSCTR 继续计数直到＝0；1x：TSCTR 不受影响
13～9	PRESCALE	事件预分频控制位。0000：不分频；0001～1111(k)：分频系数为 $2k$
8	CAPLDEN	控制在捕获事件发生时是否装载 CAP1～CAP4。0：禁止在捕获事件发生时装载 CAP1～CAP4；1：使能在捕获事件发生时装载 CAP1～CAP4
7	CTRRST4	捕获事件 4 发生时计数器复位控制位。0：在捕获事件 4 发生时不复位计数器(绝对时间模式)；1：在捕获事件 4 发生时复位计数器(差分时间模式)
6	CAP4POL	选择捕获事件 4 的触发极性。0：在上升沿触发捕获事件 4；1：在下降沿触发捕获事件 4
5	CTRRST3	捕获事件 3 发生时计数器复位控制位。此处描述与第 7 位描述相同
4	CAP3POL	选择捕获事件 3 的触发极性。此处描述与第 6 位描述相同
3	CTRRST2	捕获事件 2 发生时计数器复位控制位。此处描述与第 7 位描述相同
2	CAP2POL	选择捕获事件 2 的触发极性。此处描述与第 6 位描述相同
1	CTRRST1	捕获事件 1 发生时计数器复位控制位。此处描述与第 7 位描述相同
0	CAP1POL	选择捕获事件 1 的触发极性。此处描述与第 6 位描述相同

eCAP 模块控制寄存器 ECCTL2 各位信息如表 9-10 所示，功能描述如表 9-11 所示。

表 9-10 ECCTL2 寄存器各位信息

15～11					10	9	8
保留					APWMPOL	CAP/APWM	SWSYNC
R-0					R/W-0	R/W-0	R/W-0

7	6	5	4	3	2	1	0
SYNCO_SEL		SYNCI_EN	TSCTRSTOP	REARM	STOP_WRAP		CONT/ONESH
R/W-0		R/W-0	R/W-0	R/W-0	R/W-1		R/W-0

表 9-11 ECCTL2 功能描述

位	字段	取值及功能描述
15～11	保留	保留
10	APWMPOL	APWM 输出极性选择。0：高有效(比较值决定高电平时间)；1：低有效(比较值决定低电平时间)
9	CAP/APWM	CAP/APWM 工作模式选择。0：工作在捕获模式；1：工作在 APWM 模式
8	SWSYNC	软件强制同步脉冲产生，用来同步所有 eCAP 模块内的计数器。0：写 0 无反应，读始终返回 0；1：写 1 将强制产生一次同步事件，写 1 后此位自动清零
7～6	SYNCO_SEL	同步输出选择。00：同步输入 SYNC_IN 将作为同步输出 SYNC_OUT 信号；01：选择 CTR＝PRD 事件作为 SYNC_OUT 信号；1x：禁止 SYNC_OUT 输出信号
5	SYNCI_EN	计数器 TSCTR 同步使能位。0：禁止同步功能；1：在外部同步事件 SYNCI 信号或软件强制复位 S/W 事件时，将 CTRPHS 值装载到 TSCTR 中
4	TSCTRSTOP	TSCTR 控制位。0：TSCTR 停止；1：TSCTR 继续计数
3	REARM	单次运行时重新装载控制，在单次及连续运行时都有效。0：无反应；1：将单次运行序列重新装载，过程如下：将 Mod4 计数器复位到 0；解冻 Mod4 计数器；使能捕获事件装载功能
2～1	STOP_WRAP	单次控制方式下的停止值，连续控制方式下的溢出值。 00：在捕获事件 1 发生后停止(单次控制)，在捕获事件 1 发生后环绕(连续控制)；01：在捕获事件 2 发生后停止(单次控制)，在捕获事件 2 发生后环绕(连续控制)；10：在捕获事件 3 发生后停止(单次控制)，在捕获事件 3 发生后环绕(连续控制)；11：在捕获事件 4 发生后停止(单次控制)，在捕获事件 4 发生后环绕(连续控制) 注：STOP_WRAP 的值与 Mod4 的值进行比较，相等时发生如下动作：Mod4 计数器停止；捕获寄存器装载禁止； 在单次控制方式下，重新装载后才能产生新的中断信号
0	CONT/ONESHT	连续/单次控制方式选择。0：连续控制方式；1：单次控制方式

eCAP 模块中断使能寄存器 ECEINT 各位信息如表 9-12 所示，功能描述如表 9-13 所示。

表 9-12 ECEINT 寄存器各位信息

15～8	7	6	5	4	3	2	1	0
保留	CTR＝CMP	CTR＝PRD	CTROVF	CEVT4	CEVT3	CEVT2	CEVT1	保留
R-0	R/W	R/W	R/W	R/W	R/W	R/W	R/W	R-0

表 9-13 ECEINT 功能描述

位	字段	取值及功能描述
15～8	保留	保留
7	CTR＝CMP	计数器等于比较值中断使能位。0：禁止中断；1：使能中断
6	CTR＝PRD	计数器等于最大值中断使能位。0：禁止中断；1：使能中断
5	CTROVF	计数器上溢中断使能位。0：禁止中断；1：使能中断
4	CEVT4	捕获事件 4 中断使能位。0：禁止中断；1：使能中断
3	CEVT3	捕获事件 3 中断使能位。0：禁止中断；1：使能中断
2	CEVT2	捕获事件 2 中断使能位。0：禁止中断；1：使能中断
1	CEVT1	捕获事件 1 中断使能位。0：禁止中断；1：使能中断
0	保留	保留

eCAP 模块中断标志寄存器 ECFLG 各位信息如表 9-14 所示，功能描述如表 9-15 所示。

表 9-14 ECFLG 寄存器各位信息

15～8	7	6	5	4	3	2	1	0
保留	CTR＝CMP	CTR＝PRD	CTROVF	CEVT4	CEVT3	CEVT2	CEVT1	INT
R-0	R-0	R-0	R-0	R-0	R-0	R-0	R-0	R-0

表 9-15 ECFLG 功能描述

位	字段	取值及功能描述
15～8	保留	保留
7	CTR＝CMP	计数器等于比较值中断标志位，仅在 APWM 模式下有效。0：无中断事件；1：有中断事件发生
6	CTR＝PRD	计数器等于最大值中断标志位，仅在 APWM 模式下有效。0：无中断事件；1：有中断事件发生
5	CTROVF	计数器上溢中断标志位，在 CAP 和 APWM 模式下都有效。0：无中断事件；1：有中断事件发生
4	CEVT4	捕获事件 4 中断标志位，仅在 CAP 模式下有效。0：无中断事件；1：有中断事件发生
3	CEVT3	捕获事件 3 中断标志位，仅在 CAP 模式下有效。0：无中断事件；1：有中断事件发生
2	CEVT2	捕获事件 2 中断标志位，仅在 CAP 模式下有效。0：无中断事件；1：有中断事件发生
1	CEVT1	捕获事件 1 中断标志位，仅在 CAP 模式下有效。0：无中断事件；1：有中断事件发生
0	INT	全局中断标志位。0：无中断事件；1：有中断事件发生

eCAP 模块中断清除寄存器 ECCLR 各位信息如表 9-16 所示，功能描述如表 9-17 所示。

表 9-16 ECCLR 寄存器各位信息

15～8	7	6	5	4	3	2	1	0
保留	CTR＝CMP	CTR＝PRD	CTROVF	CEVT4	CEVT3	CEVT2	CEVT1	INT
R-0	R/W-0	R/W-0	R/W-0	R/W-0	R/W-0	R/W-0	R/W-0	R/W-0

表 9-17 ECCLR 功能描述

位	字段	取值及功能描述
15～8	保留	保留
7	CTR＝CMP	计数器等于比较值中断标志清除位。0：写 0 无反应，读始终返回 0；1：写 1 清除相应的中断标志位
6	CTR＝PRD	计数器等于最大值中断标志清除位。0：写 0 无反应，读始终返回 0；1：写 1 清除相应的中断标志位
5	CTROVF	计数器上溢中断标志清除位。0：写 0 无反应，读始终返回 0；1：写 1 清除相应的中断标志位
4	CEVT4	捕获事件 4 中断标志清除位。0：写 0 无反应，读始终返回 0；1：写 1 清除相应的中断标志位
3	CEVT3	捕获事件 3 中断标志清除位。0：写 0 无反应，读始终返回 0；1：写 1 清除相应的中断标志位
2	CEVT2	捕获事件 2 中断标志清除位。0：写 0 无反应，读始终返回 0；1：写 1 清除相应的中断标志位
1	CEVT1	捕获事件 1 中断标志清除位。0：写 0 无反应，读始终返回 0；1：写 1 清除相应的中断标志位
0	INT	全局中断标志清除位。0：写 0 无反应，读始终返回 0；1：写 1 清除相应的中断标志位

eCAP 模块中断强制产生寄存器 ECFRC 各位信息如表 9-18 所示，功能描述如表 9-19 所示。

表 9-18 ECFRC 寄存器各位信息

15～8	7	6	5	4	3	2	1	0
保留	CTR＝CMP	CTR＝PRD	CTROVF	CEVT4	CEVT3	CEVT2	CEVT1	保留
R-0	R/W-0	R/W-0	R/W-0	R/W-0	R/W-0	R/W-0	R/W-0	R-0

表 9-19 ECFRC 功能描述

位	字段	取值及功能描述
15～8	保留	保留
7	CTR＝CMP	计数器等于比较值中断强制产生位。 0：写 0 无反应，读始终返回 0；1：写 1 将相应的中断标志位置 1
6	CTR＝PRD	计数器等于最大值中断强制产生位。 0：写 0 无反应，读始终返回 0；1：写 1 将相应的中断标志位置 1
5	CTROVF	计数器上溢中断强制产生位。 0：写 0 无反应，读始终返回 0；1：写 1 将相应的中断标志位置 1

续表

位	字段	取值及功能描述
4	CEVT4	捕获事件4中断强制产生位。 0：写0无反应，读始终返回0；1：写1将相应的中断标志位置1
3	CEVT3	捕获事件3中断强制产生位。 0：写0无反应，读始终返回0；1：写1将相应的中断标志位置1
2	CEVT2	捕获事件2中断强制产生位。 0：写0无反应，读始终返回0；1：写1将相应的中断标志位置1
1	CEVT1	捕获事件1中断强制产生位。 0：写0无反应，读始终返回0；1：写1将相应的中断标志位置1
0	保留	保留

9.5 应用实例

本节将给出eCAP模块在各种场合下的应用，并给出相应的初始化程序，本节所给程序中用的宏定义如下所示：

```
//EECTL1 (ECAP Control Reg1)
//==============================
//CAPxPOL bits
#define  EC_RISING          0x0
#define  EC_FALLING         0x1
//CTRRSTx bits
#define  EC_ABS_MODE        0x0
#define  TB_DELTA_MODE      0x1
//PRESCALE bits
#define  EC_BYPASS          0x0
#define  EC_DIV1            0x0
#define  EC_DIV2            0x1
#define  EC_DIV4            0x2
#define  EC_DIV6            0x3
#define  EC_DIV8            0x4
#define  EC_DIV10           0x5
//EECTL2 (ECAP Control Reg2)
//==============================
//CONT/ONESHOT bit
#define  EC_CONTINUOUS      0x0
#define  EC_ONESHOT         0x1
//STOPVALUE bit
#define  EC_EVENT1          0x0
#define  EC_EVENT2          0x1
#define  EC_EVENT3          0x2
#define  EC_EVENT4          0x3
//RE-ARM bit
```

```
#define    EC_ARM          0x1
//TSCTRSTOP bit
#define    EC_FREEZE       0x0
#define    EC_RUN          0x0
//SYNCO_SEL bit
#define    EC_SYNCIN       0x0
#define    EC_CTR_PRD      0x1
#define    EC_SYNCO_DIS    0x2
//CAP/APWM mode bit
#define    EC_CAP_MODE     0x0
#define    EC_APWM_MODE    0x1
//APWMPOL bit
#define    EC_ACTV_HI      0x0
#define    EC_ACTV_LO      0x1
//Generic bit
#define    EC_DISABLE      0x0
#define    EC_ENABLE       0x1
#define    EC_FORCE        0x1
```

9.5.1 捕获模式下绝对时间的获取

1. 上升沿触发捕获事件

图 9-10 给出了捕获模式下连续捕获工作方式的原理图，在连续捕获模式下 Mod4 计数器不断地连续计数（0→1→2→3→0），TSCTR 计数器连续计数且捕获事件不对其进行复位，图 9-10 仅在外部信号的上升沿触发一次捕获事件，用来测量外部信号的周期。

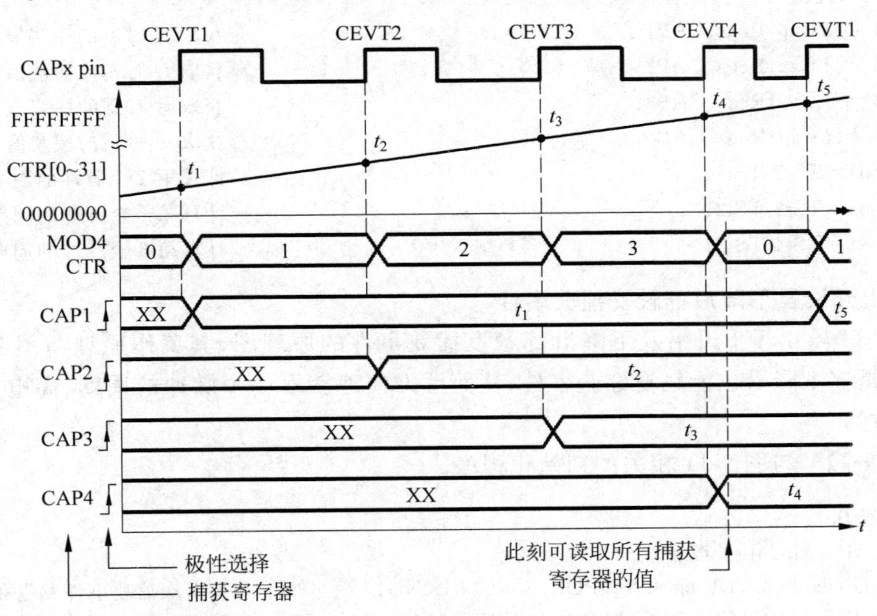

图 9-10 上升沿触发捕获事件（绝对时间获取）

在一次捕获事件发生后，TSCTR 的值被锁存到 CAP1～CAP4 寄存器中(由 Mod4 的值决定)，Mod4 计数器加 1。在下个捕获事件到来前如果 TSCTR 的值到达 0xFFFFFFFF，TSCTR 将溢出并且回到 0x00000000，此时溢出标志位 CTROVF 将置位，如果使能相应地中断，将触发一次中断。在图 9-10 中，可使能第 4 次捕获中断 CEVT4，从而在中断服务程序中读取 CAP1～CAP4 的值。

【例 9-1】 与图 9-10 相关的初始化程序。

```
//初始化
//ECAP   Module 1 配置
ECap1Regs.ECCTL1.bit.CAP1POL = EC_RISING;          //第 1 次捕获事件发生在上升沿
ECap1Regs.ECCTL1.bit.CAP2POL = EC_RISING;          //第 2 次捕获事件发生在上升沿
ECap1Regs.ECCTL1.bit.CAP3POL = EC_RISING;          //第 3 次捕获事件发生在上升沿
ECap1Regs.ECCTL1.bit.CAP3POL = EC_RISING;          //第 4 次捕获事件发生在上升沿
ECap1Regs.ECCTL1.bit.CTRRST1 = EC_ABS_MODE;        //第 1 次捕获事件不会复位计数器
ECap1Regs.ECCTL1.bit.CTRRST2 = EC_ABS_MODE;        //第 2 次捕获事件不会复位计数器
ECap1Regs.ECCTL1.bit.CTRRST3 = EC_ABS_MODE;        //第 3 次捕获事件不会复位计数器
ECap1Regs.ECCTL1.bit.CTRRST4= EC_ABS_MODE;         //第 4 次捕获事件不会复位计数器
ECap1Regs.ECCTL1.bit.CAPLDEN = EC_ENABLE;          //使能 CAP1～CAP4 的装载
ECap1Regs.ECCTL1.bit.PRESCALE = EC_DIV1;           //对外部信号不分频
ECap1Regs.ECCTL2.bit.CAP_PWM = EC_CAP_MODE;        //eCAP 模块工作在捕获模式
ECap1Regs.ECCTL2.bit.CONT_ONTSHT = EC_CONTINUOUS;  //连续捕获方式
ECap1Regs.ECCTL2.bit.SYNCO_SEL = EC_SYNCO_DIS;
ECap1Regs.ECCTL2.bit.SYNCI_EN = EC_DISABLE;
ECap1Regs.ECCTL2.bit.TSCTRSOTP = EC_RUN;           //允许计数器启动
//运行时段
TSt1 = ECap1Regs.CAP1;                             //获取 t1 时刻的捕获值
TSt2 = ECap1Regs.CAP2;                             //获取 t2 时刻的捕获值
TSt3 = ECap1Regs.CAP3;                             //获取 t3 时刻的捕获值
TSt4 = ECap1Regs.CAP4;                             //获取 t4 时刻的捕获值
Period1=TSt2-TSt1;                                 //计算第 1 个脉冲的周期
Period2=TSt3-TSt2;                                 //计算第 2 个脉冲的周期
Period3=TSt4-TSt3;                                 //计算第 3 个脉冲的周期
```

2. 上升沿及下降沿都触发捕获事件

图 9-11 给出了上升沿及下降沿都触发捕获事件的原理图，其工作原理与图 9-10 基本相同，只是在下降沿也能触发捕获事件，从而可方便地获取一个脉冲的周期、高电平时间及低电平时间。

【例 9-2】 与图 9-11 相关的初始化程序。

```
//初始化
//ECAP   Module 1 配置
ECap1Regs.ECCTL1.bit.CAP1POL = EC_RISING;          //第 1 次捕获事件发生在上升沿
ECap1Regs.ECCTL1.bit.CAP2POL = EC_FALLING;         //第 2 次捕获事件发生在下降沿
ECap1Regs.ECCTL1.bit.CAP3POL = EC_RISING;          //第 3 次捕获事件发生在上升沿
ECap1Regs.ECCTL1.bit.CAP3POL = EC_FALLING;         //第 4 次捕获事件发生在下降沿
```

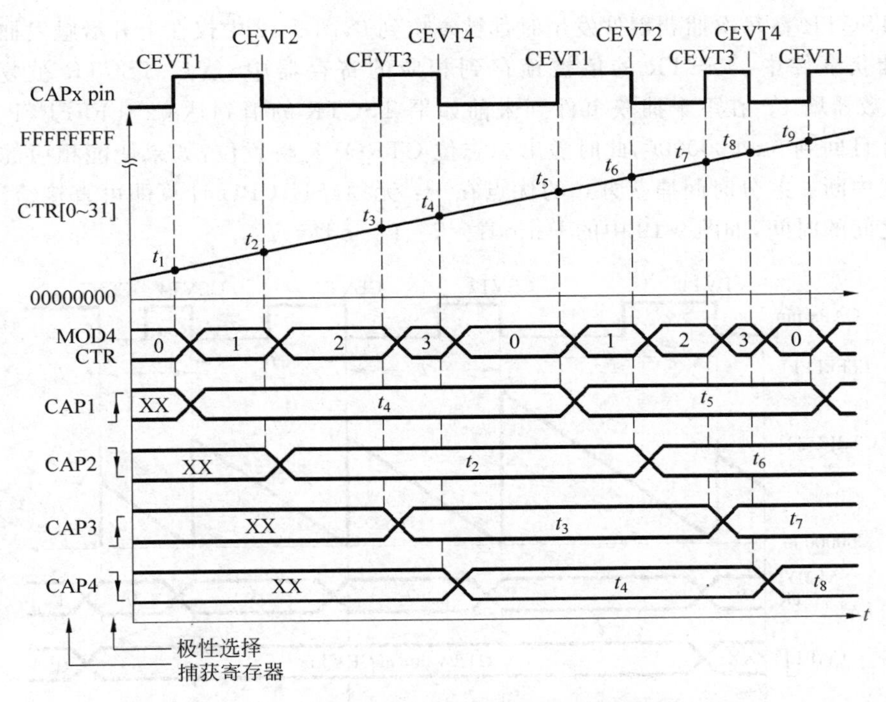

图 9-11 上升沿及下降沿触发捕获事件(绝对时间获取)

```
ECap1Regs.ECCTL1.bit.CTRRST1 = EC_ABS_MODE;          //第 1 次捕获事件不会复位计数器
ECap1Regs.ECCTL1.bit.CTRRST2 = EC_ABS_MODE;          //第 2 次捕获事件不会复位计数器
ECap1Regs.ECCTL1.bit.CTRRST3 = EC_ABS_MODE;          //第 3 次捕获事件不会复位计数器
ECap1Regs.ECCTL1.bit.CTRRST4= EC_ABS_MODE;           //第 4 次捕获事件不会复位计数器
ECap1Regs.ECCTL1.bit.CAPLDEN = EC_ENABLE;            //使能 CAP1~CAP4 的装载
ECap1Regs.ECCTL1.bit.PRESCALE = EC_DIV1;             //对外部信号不分频
ECap1Regs.ECCTL2.bit.CAP_PWM = EC_CAP_MODE;          //eCAP 模块工作在捕获模式
ECap1Regs.ECCTL2.bit.CONT_ONTSHT = EC_CONTINUOUS;    //连续捕获方式
ECap1Regs.ECCTL2.bit.SYNCO_SEL = EC_SYNCO_DIS;
ECap1Regs.ECCTL2.bit.SYNCI_EN = EC_DISABLE;
ECap1Regs.ECCTL2.bit.TSCTRSOTP = EC_RUN;             //允许计数器启动
//运行时段
TSt1 = ECap1Regs.CAP1;                               //获取 t1 时刻的捕获值
TSt2 = ECap1Regs.CAP2;                               //获取 t2 时刻的捕获值
TSt3 = ECap1Regs.CAP3;                               //获取 t3 时刻的捕获值
TSt4 = ECap1Regs.CAP4;                               //获取 t4 时刻的捕获值
Period1=TSt3-TSt1;                                   //计算脉冲的周期
DutyOnTime1=TSt2- TSt1;                              //计算高电平时间
DutyOffTime1=TSt3- TSt2;                             //计算低电平时间
```

9.5.2 捕获模式下差分时间的获取

1. 上升沿触发捕获事件

图 9-12 给出了连续捕获工作方式下捕获差分时间的原理图,在差分时间捕获方式中,

计数器 TSCTR 在每次捕获事件发生时都被复位到 0，图 9-12 中仅在上升沿触发捕获事件。在一次捕获事件中，TSCTR 的值被锁存到相应的寄存器中，然后 TSCTR 被复位到 0，Mod4 计数器增 1。在下个捕获事件到来前如果 TSCTR 的值到达 0xFFFFFFFF，TSCTR 将溢出并且回到 0x00000000，此时溢出标志位 CTROVF 将置位，如果使能相应的中断，将触发一次中断。差分时间捕获方式的优点在于：无须经过 CPU 计算即可直接给出两个捕获事件之间的时间，如图 9-12 中的 Period1 = T_1、Period2 = T_2。

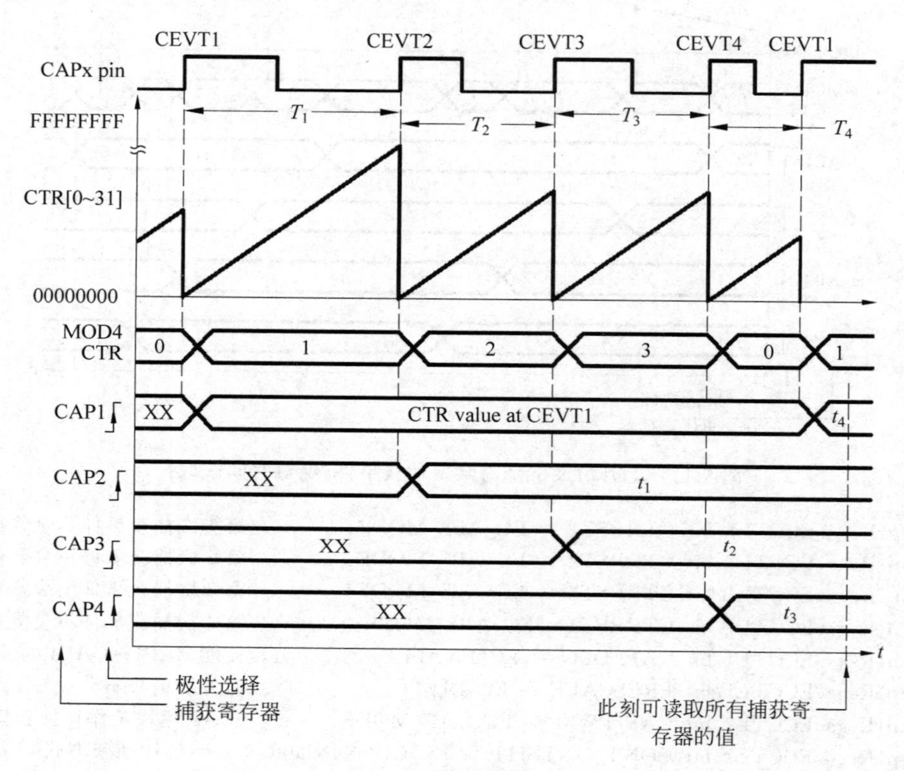

图 9-12 上升沿触发捕获事件(差分时间获取)

【例 9-3】 与图 9-12 相关的初始化程序。

```
//初始化
//ECAP  Module 1 配置
ECap1Regs.ECCTL1.bit.CAP1POL = EC_RISING;          //第 1 次捕获事件发生在上升沿
ECap1Regs.ECCTL1.bit.CAP2POL = EC_RISING;          //第 2 次捕获事件发生在上升沿
ECap1Regs.ECCTL1.bit.CAP3POL = EC_RISING;          //第 3 次捕获事件发生在上升沿
ECap1Regs.ECCTL1.bit.CAP3POL = EC_RISING;          //第 4 次捕获事件发生在上升沿
ECap1Regs.ECCTL1.bit.CTRRST1 = EC_DELTA_MODE;      //第 1 次捕获事件会复位计数器
ECap1Regs.ECCTL1.bit.CTRRST2 = EC_DELTA_MODE;      //第 2 次捕获事件会复位计数器
ECap1Regs.ECCTL1.bit.CTRRST3 = EC_DELTA_MODE;      //第 3 次捕获事件会复位计数器
ECap1Regs.ECCTL1.bit.CTRRST4 = EC_DELTA_MODE;      //第 4 次捕获事件会复位计数器
ECap1Regs.ECCTL1.bit.CAPLDEN = EC_ENABLE;          //使能 CAP1～CAP4 的装载
ECap1Regs.ECCTL1.bit.PRESCALE = EC_DIV1;           //对外部信号不分频
ECap1Regs.ECCTL2.bit.CAP_PWM = EC_CAP_MODE;        //eCAP 模块工作在捕获模式
```

```
ECap1Regs.ECCTL2.bit.CONT_ONTSHT = EC_CONTINUOUS;  //连续捕获方式
ECap1Regs.ECCTL2.bit.SYNCO_SEL = EC_SYNCO_DIS;
ECap1Regs.ECCTL2.bit.SYNCI_EN = EC_DISABLE;
ECap1Regs.ECCTL2.bit.TSCTRSOTP = EC_RUN;           //允许计数器启动
//运行时段
Period4=ECap1Regs.CAP1;                             //获取 T4 的值
Period1=ECap1Regs.CAP2;                             //获取 T1 的值
Period2=ECap1Regs.CAP3;                             //获取 T2 的值
Period3=ECap1Regs.CAP4;                             //获取 T3 的值
```

2. 上升沿及下降沿都触发捕获事件

图 9-13 给出了上升沿及下降沿都触发捕获事件的原理图，其工作原理与图 9-12 基本相同，只是在下降沿也能触发捕获事件，从而可方便获取一个脉冲的周期、高电平时间及低电平时间，例如图 9-13 中的 Period1=T_1+T_2、Period2=T_3+T_4。

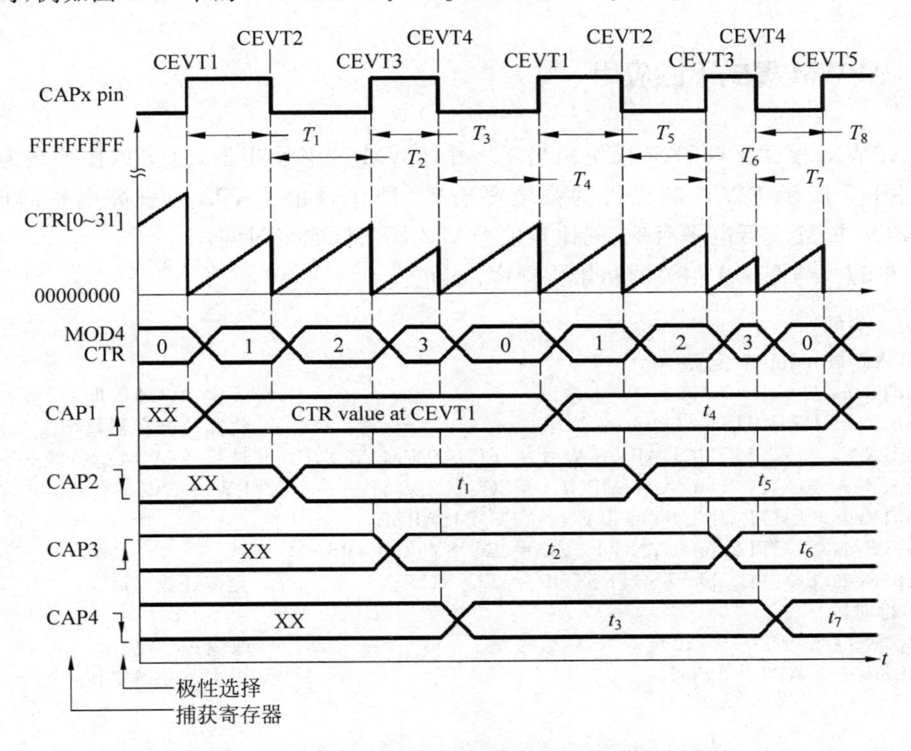

图 9-13 上升沿及下降沿触发捕获事件(差分时间获取)

【例 9-4】 与图 9-13 相关的初始化程序。

```
//初始化
//ECAP  Module 1 配置
ECap1Regs.ECCTL1.bit.CAP1POL = EC_RISING;        //第 1 次捕获事件发生在上升沿
ECap1Regs.ECCTL1.bit.CAP2POL = EC_FALLING;       //第 2 次捕获事件发生在下降沿
ECap1Regs.ECCTL1.bit.CAP3POL = EC_RISING;        //第 3 次捕获事件发生在上升沿
ECap1Regs.ECCTL1.bit.CAP4POL = EC_FALLING;       //第 4 次捕获事件发生在下降沿
ECap1Regs.ECCTL1.bit.CTRRST1 = EC_DELTA_MODE;    //第 1 次捕获事件会复位计数器
ECap1Regs.ECCTL1.bit.CTRRST2 = EC_DELTA_MODE;    //第 2 次捕获事件会复位计数器
```

```
ECap1Regs.ECCTL1.bit.CTRRST3 = EC_DELTA_MODE;   //第 3 次捕获事件会复位计数器
ECap1Regs.ECCTL1.bit.CTRRST4 = EC_DELTA_MODE;   //第 4 次捕获事件会复位计数器
ECap1Regs.ECCTL1.bit.CAPLDEN = EC_ENABLE;       //使能 CAP1～CAP4 的装载
ECap1Regs.ECCTL1.bit.PRESCALE = EC_DIV1;        //对外部信号不分频
ECap1Regs.ECCTL2.bit.CAP_PWM = EC_CAP_MODE;     //eCAP 模块工作在捕获模式
ECap1Regs.ECCTL2.bit.CONT_ONTSHT = EC_CONTINUOUS;  //连续捕获方式
ECap1Regs.ECCTL2.bit.SYNCO_SEL = EC_SYNCO_DIS;
ECap1Regs.ECCTL2.bit.SYNCI_EN = EC_DISABLE;
ECap1Regs.ECCTL2.bit.TSCTRSOTP = EC_RUN;        //允许计数器启动
//运行时段
DutyOnTime1 = Ecap1Regs.CAP2;
DutyOffTime1 = Ecap1Regs.CAP3;
DutyOnTime2 = Ecap1Regs.CAP4;
DutyOffTime2 = Ecap1Regs.CAP1;
Period1= DutyOnTime1+ DutyOffTime1;
Period2= DutyOnTime2+ DutyOffTime2;
```

9.5.3 APWM 模式下的应用

在 APWM 模式下，eCAP 模块相当于一个 PWM 波形发生器，这里以图 9-9 为例进行说明。图 9-9 所示 PWM 的极性为高电平有效，即比较值 CAP2 代表高电平时间，如果 APWMPOL 配置成低电平有效，则比较值 CAP2 代表低电平时间。

【例 9-5】 与图 9-9 相关的初始化程序。

```
//初始化
//ECAP  Module 1 配置
ECap1Regs.CAP1=0x1000;                              //设定 PWM 周期
ECap1Regs.CTRPHS = 0x0;                             //将相位寄存器清零
ECap1Regs.ECCTL2.bit.CAP_APWM = EC_APWM_MODE;       //选择 APWM 运行模式
ECap1Regs.ECCTL2.bit.APWMPOL = EC_ACTV_HI;          //PWM 高电平有效
ECap1Regs.ECCTL2.bit.SYNCI_EN = EC_DISABLE;
ECap1Regs.ECCTL2.bit.SYNCO_SEL = EC_SYNCO_DIS;
ECap1Regs.ECCTL2.bit.TSCTRSTOP = EC_RUN;            //允许计数器启动
//运行时段
ECap1Regs.CAP2 = 0x300;                             //改变占空比
ECap1Regs.CAP2 =0x500;                              //再次改变占空比
```

9.6 习题

1. 简要描述捕获工作模式的特点。
2. 简要描述 APWM 工作模式的特点。
3. eCAP 模块中包含哪些中断源？

第10章

串行通信接口模块

串行通信接口(SCI)是一个双线异步串行端口,即通常所说的UART。SCI模块支持CPU和其他使用标准不归零(NRZ)格式的异步外围设备之间的通信。F28335系列DSP有3个SCI接口模块。

10.1 概述

SCI接收器与发送器具有独立的16级深度的FIFO,并且具有独立的中断控制位,可工作在半双工模式或全双工模式下。为保证数据的完整性,SCI对接收的数据进行间断检测、奇偶性检测、超时检测及帧格式检测。SCI模块可通过16位的波特率控制寄存器设置多种波特率,以满足系统需求。

SCI接口的简化结构如图10-1所示。

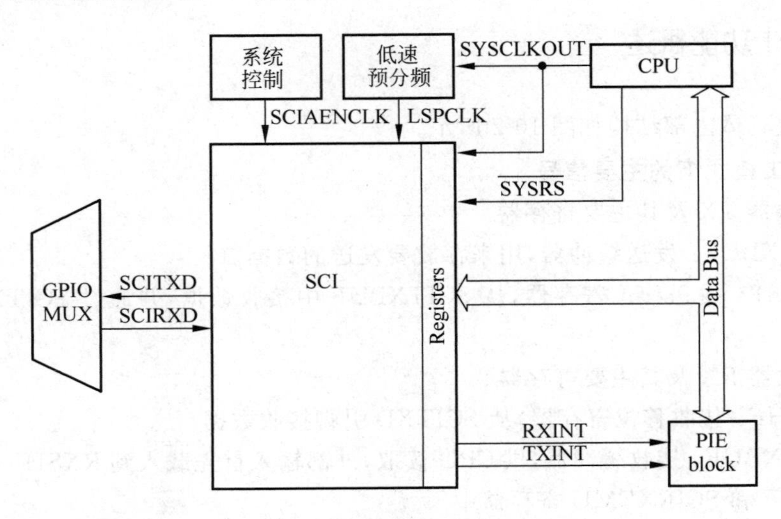

图10-1　SCI接口简化结构

SCI 模块的主要特征如下。

(1) 两个通信引脚。

① SCITXD：SCI 发送引脚；

② SCIRXD：SCI 接收引脚。

(2) 可设定 64K 种不同的波特率。

(3) 数据格式：一位起始位、长度可编程的数据位、可选的奇偶校验位、一位或两位停止位。

(4) 4 种错误检测：间断检测、奇偶错误检测、超时检测和帧格式检测。

(5) 两种多处理器唤醒模式：空闲线模式与地址位模式。

(6) 全双工或半双工通信。

(7) 接收与发送双缓冲功能。

(8) 接收与发送具有不同的使能控制位。

(9) 不归零(NRZ)格式。

(10) 13 个 SCI 控制寄存器起始地址为 7050h。

注：这个模块中的寄存器都是 8 位有效的寄存器，并且与外设单元 2(Peripheral Frame2)相连接。读/写操作将针对寄存器的 0～7 位进行，读 15～8 位将返回 0，写 15～8 位则无反应。

SCI 模块的增强功能如下。

(1) 自动波特率检测。

(2) 16 级深度的发送/接收 FIFO。

10.2 SCI 模块结构及功能介绍

10.2.1 SCI 功能概述

SCI 模块具体内部结构如图 10-2 所示。

1. 全双工模式下的主要信号

(1) 发送器 TX 及其主要寄存器。

① SCITXBUF：发送缓冲器，用来存放要发送的数据。

② TXSHF：发送移位寄存器，从 SCITXBUF 中接收数据，并通过 SCITXD 引脚发送出去。

(2) 接收器 RX 及其主要寄存器。

① RXSHF：接收移位寄存器，从 SCITXD 引脚接收数据。

② SCIRXBUF：接收缓冲器，供 CPU 读取，外部输入首先载入到 RXSHF 中，然后装载到 SCIRXBUF 和 SCIRXEMU 寄存器中。

(3) 可编程的波特率发生器。

SCI 模块的主要信号如表 10-1 所示。

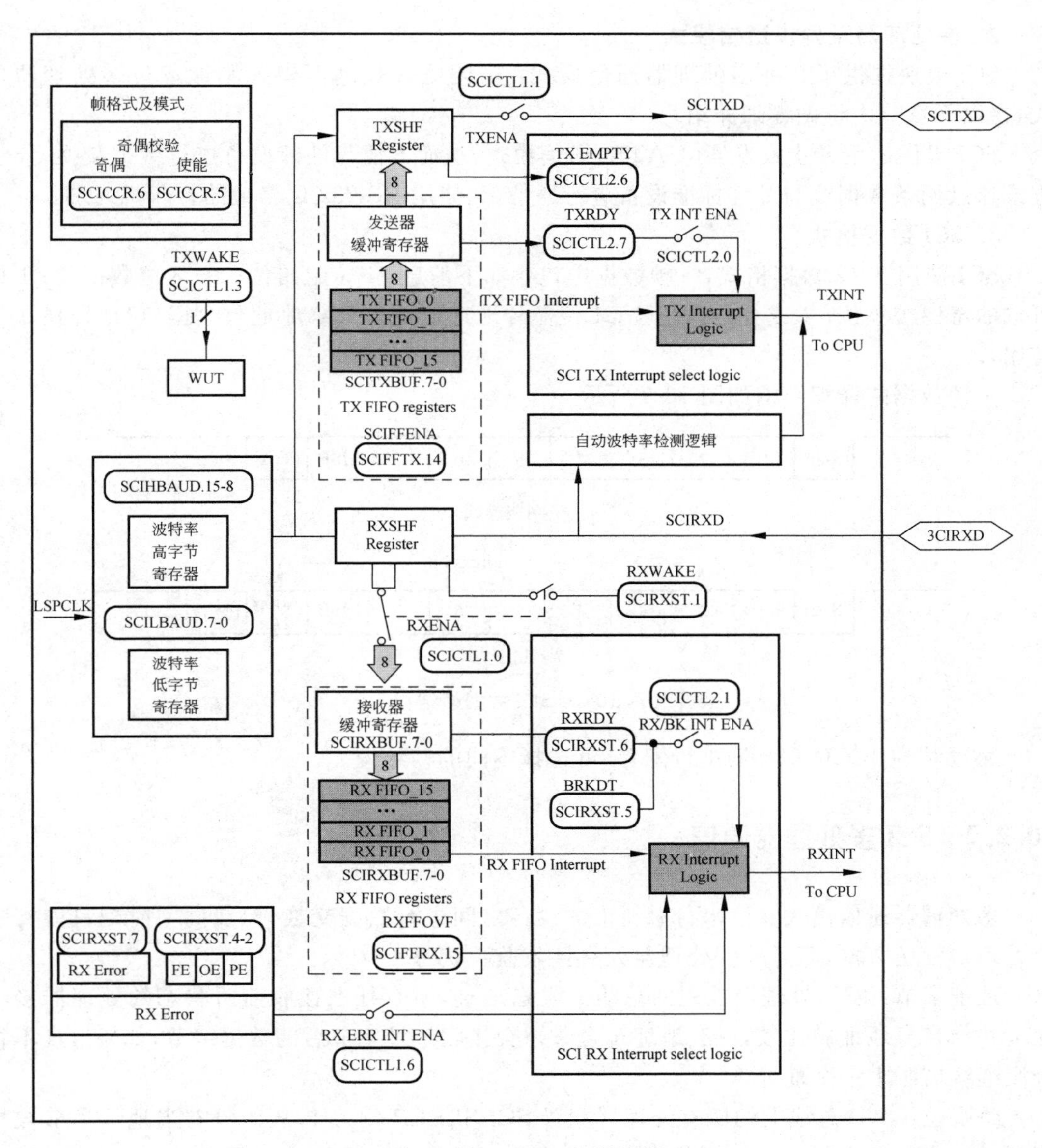

图 10-2　SCI 接口内部结构

表 10-1　SCI 模块主要信号

信号名称	功能描述
外部信号	
SCIRXD	SCI 异步接收引脚
SCITXD	SCI 异步发送引脚
控制信号	
Baud clock	LSPCLK 预分频时钟
中断信号	
TXINT	发送中断信号
RXINT	接收中断信号

2. 多处理器及异步通信模式

SCI 模块提供了 2 种多处理器通信模式：空闲线多处理器模式和地址位多处理器模式，在以下章节中将做详细介绍。

SCI 提供通用异步收发器(UATR)通信模式，从而方便与外部设备进行数据交换，异步方式通过两条数据线与外部标准设备进行通信，如使用 RS-232-C 格式的打印机终端。

3. SCI 数据格式

SCI 使用 NRZ 数据格式，一帧数据中包含如下信息：1 位起始位；1～8 位数据位；1 位可选的奇偶校验位；1 或 2 位停止位；1 位额外地址位用来分辨地址与数据(仅地址模式下使用)。

一帧数据的详细结构如图 10-3 所示。

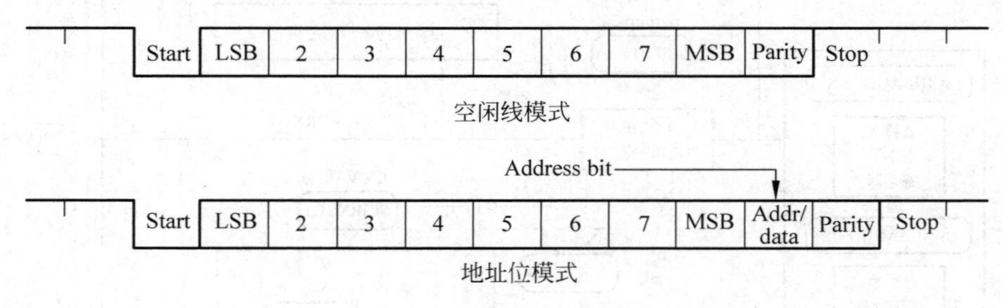

图 10-3 SCI 数据帧结构

通过对 SCICCR 寄存器进行配置，可选择不同的帧结构。

10.2.2 SCI 多处理器通信

多处理器通信模式允许串行总线上的设备之间进行数据交换，但在同一时刻只能有一个处理器发送数据，而另外的处理器处在接收监听状态。

地址字节：发送处理器首先向总线上发送地址，所有处在接收监听状态的处理器接收地址并与自身地址做比较，只有地址符合时才会接收地址字节后的数据字节，如果地址不符合则继续监听下一个地址。

睡眠位：串行总线上的所有处理器配置 SCI SLEEP 位为 1，从而只有当地址字节被检测到时才会触发中断。当处理器接收到的地址与用户通过软件设定的自身地址相同时，用户需在程序中清除 SLEEP 位，从而使能 SCI 产生中断以接收数据字节。虽然当 SLEEP 位为 1 时接收器仍在工作，但却不能将 RXRDY、RXINT 置位，也不对任何错误状态位置位，除非地址字节被检测到，且地址位为 1(用于地址模式)。SCI 模块不能自动改变 SLEEP 的值，只有通过软件进行改变。

1. 地址字节的识别

处理器使用的通信模式不同，地址识别方式也不同。

(1) 空闲线模式：在地址字节前留下一段静态空间，这种模式不需要额外的地址/数据控制位，并且在处理多于 10 个数据字节的情况时比地址位模式更加有效。

(2) 地址位模式：通过增加一个额外的地址位来区分地址字节与数据字节，由于在数据块之间无须等待时间，在处理小数据块时具有较高的效率。

2. SCI模块TX及RX的控制

多处理器模式可通过ADDR/IDLE MODE位(SCICCR,bit3)由软件选择,两种模式都使用TXWAKE标志位(SCICTL1,bit3)、RXWAKE标志位(SCIRXST,bit1)及SLEEP标志位(SCICTL1,bit2)控制SCI接收器与发送器的工作特性。

3. 接收顺序

在2种多处理器通信模型下,数据的接收顺序如下:

(1) 接收到数据块后,SCI端口被唤醒并请求中断(中断允许情况下),SCI可记录数据块中的地址单元。

(2) 在中断服务程序内,对地址进行辨别,与自身地址进行比较。

(3) 当地址吻合时,CPU清除SLEEP位,并读取数据块中的其他单元;如果地址不吻合,退出中断程序并保留SLEEP位为1,等待下一数据块地址字节的到来。

10.2.3 空闲线多处理器模式

在空闲线多处理器模式下(ADDR/IDLE MODE bit=0),数据块由一段较长的空闲时间分隔,且数据块之间的空闲时间比数据块中帧之间的空闲时间要长。一帧数据后出现超过10位发送时间的高电平时间表明一个新的数据块的开始,每位的发送时间由波特率决定。图10-4给出了空闲线多处理器模式的数据格式。

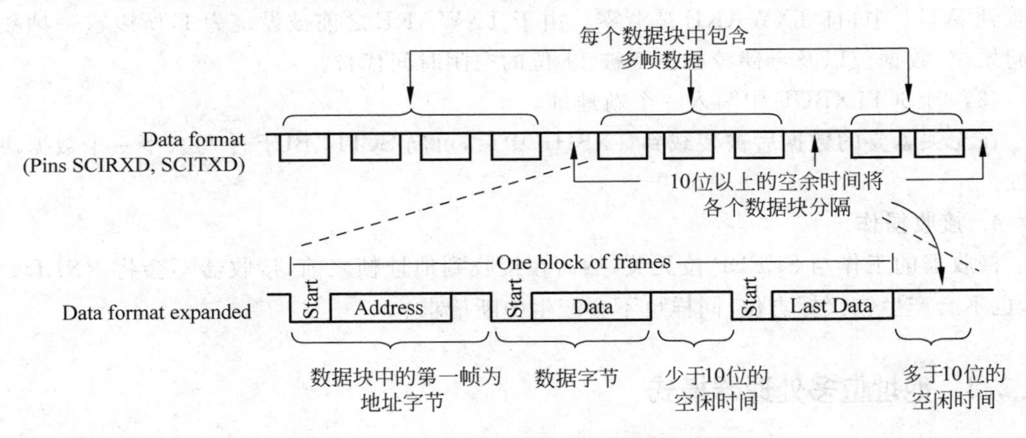

图10-4 空闲线多处理器模式的数据格式

1. 空闲线多处理器模式步骤

(1) SCI在接收到数据块起始信号后被唤醒。

(2) 处理器辨别出下一个SCI中断。

(3) 在中断服务程序中将接收到的地址与自身地址进行比较。

(4) 如果地址吻合,清除SLEEP位并接收数据;如果不吻合,等待下一个接收地址。

2. 数据块起始信号

一个数据块的起始信号有2种产生方法。

方法一:通过延时的方法在上一个数据块最后一帧数据字节与下一个数据块第一帧地址字节之间产生多于10位的空闲时间。

方法二：在写 SCITXBUF 寄存器之前将 TXWAKE 位(SCICTL1,bit3)置位，从而精确地发送 11 位的空闲时间。将 TXWAKE 置位后且在发送地址前，要向 SCITXBUF 中写入一个无关紧要的数据，以传送空闲时间。

3. 唤醒临时标志

与 TXWAKE 位对应的是唤醒临时标志(WUT)。WUT 是一个内部标志位，与 TXWAKE 构成双缓冲结构。当 TXSHF 从 SCITXBUF 加载数据时，WUT 同样从 TXWAKE 中加载数据，且 TXWAKE 位被清零，如图 10-5 所示。

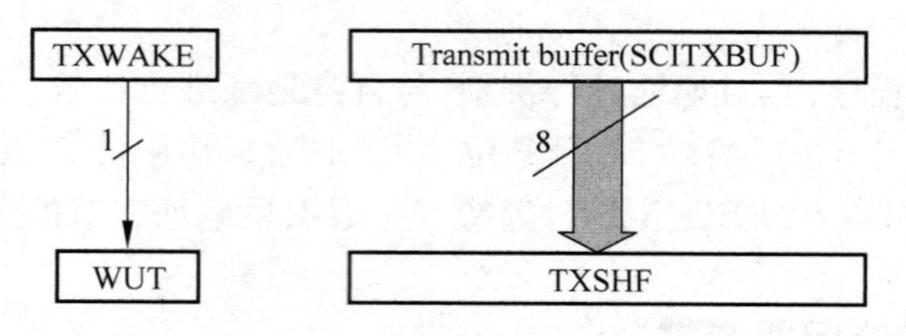

图 10-5 WUT 与 TXSHF 的双缓冲结构

采用方法二传送空闲时间的具体步骤如下：

(1) 将 TXWAKE 位置位。

(2) 向 SCITXBUF 寄存器写一个无关紧要的数据，从而发送空闲时间。

当 TXSHF 空闲时，SCITXBUF 中的内容将装载到 TXSHF 中，TXWAKE 的值同样被装载到 WUT 中，且 TXWAKE 被清零。由于 TXWAKE 之前被设定为 1，所以这一帧数据的起始位、数据位以及奇偶校验位都被 11 位的空闲时间代替。

(3) 向 SCITXBUF 中写入一个新地址。

在无关紧要的数据后被装载到 TXSHF 中后，可向 SCITXBUF 中写入下一个数据块的地址。

4. 接收操作

接收器的工作与 SLEEP 位无关，然而在接收到地址帧之前，接收器不会将 RXRDY 置位，也不会产生错误标志位，同样也不会产生中断请求。

10.2.4 地址位多处理器模式

在地址位多处理器模式下(ADDR/IDLE MODE bit=1)，所有帧的最后一个数据位后会添加一个额外的地址位，用以区分地址帧和数据帧。数据块发送过程中第一个数据帧中的地址位设定为 1，其余设定为 0，图 10-6 给出了相应的示意图。

在地址位多处理器模式下，TXWAKE 位的值被存放在地址位中。在发送期间，当 SCITXBUF 与 TXWAKE 的值被分别装载到 TXSHF 与 WUT 中时，TXWAKE 被清零，同时 WUT 的值变成当前帧地址位的值。

地址位多处理器模式的发送过程如下：

(1) 将 TXWAKE 置位，并向 SCITXBUF 中写入合适的地址。

当 SCITXBUF 中的值装载到 TXSHF 中并移位输出时，其地址位的值为 1，从而通知总线上的处理器去读取地址。

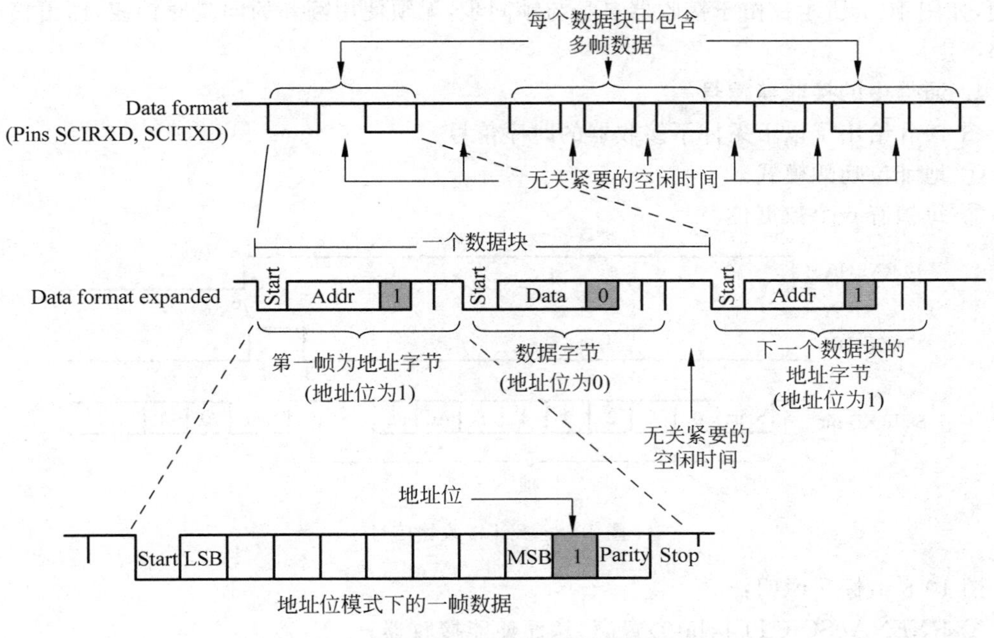

图 10-6　地址位多处理器模式的数据格式

(2) 在 TXSHF 与 WUT 装载后，向 SCITXBUF 与 TXWAKE 写入新值(由于两者都是双缓冲结构，所以可立即写入)。

(3) 保持 TXWAKE 值为 0，以发送数据块中的数据帧。

10.2.5　SCI 通信格式

SCI 模块既可以使用单线(半双工)也可以使用双线(全双工)通信，此模式中一帧由 1 位起始位、1～8 位数据位、1 位可选的奇偶校验位及 1 或 2 位停止位组成，且每一位都包含 8 个 SCICLK 周期，如图 10-7 所示。

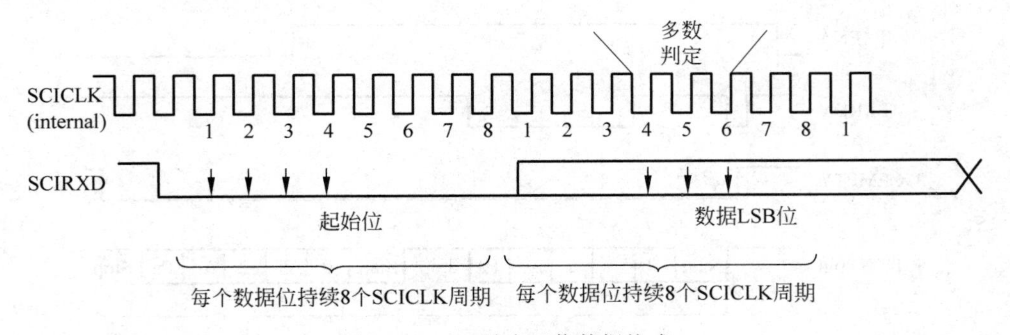

图 10-7　SCI 异步通信数据格式

接收器在接收到一个有效的起始位后开始工作，一个有效的起始位由持续时间多于 4 个 SCICLK 周期的低电平信号标明。在数据位的接收过程中，处理器通过对每位数据进行 3 次采样，2 次以上的相同值即为接收值，3 次采样分别发生在第 4、第 5 及第 6 个 SCICLK

周期，如图 10-7 所示。由于接收器自身与帧同步，无须使用额外的同步时钟线，而由接收器内部产生。

1. 通信中的接收器信号

图 10-8 给出了以下条件下接收器的时序信号：

① 地址位唤醒模式。

② 每帧有 6 个数据位。

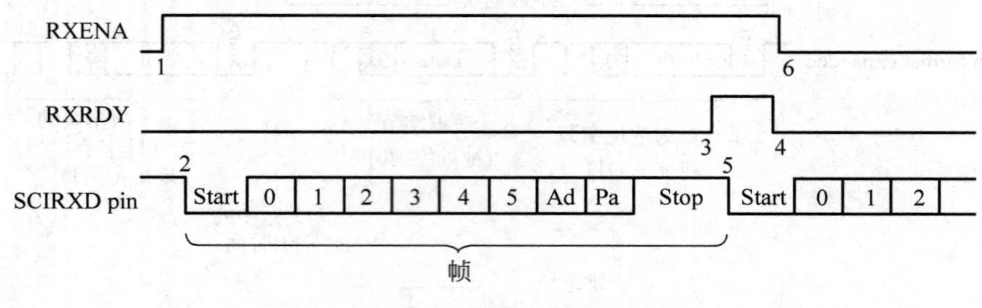

图 10-8　SCI 接收器信号

图 10-8 中标号说明：

① RXENA(SCICTL1，bit0)置高，从而使能接收器；

② 数据到达 SCIRXD 引脚，起始位被检测到；

③ 数据从 RXBUF 向 SCIRXBUF 中装载时可触发中断，RXRDY 位变为高电平，表明一个完整的数据被接收；

④ 程序中读取 SCIRXBUF 的值，RXRDY 被自动清零；

⑤ RXENA 置低，禁止接收器工作，数据依然被移位到 RXSHF 中，但并不向 SCIRXBUF 中装载。

2. 通信中的发送器信号

图 10-9 给出了以下条件下发送器的时序信号：

① 地址位唤醒模式。

② 每帧有 3 个数据位。

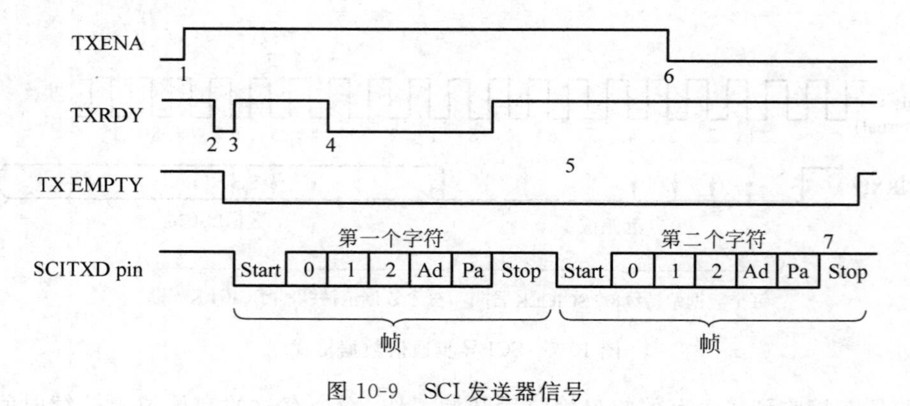

图 10-9　SCI 发送器信号

图 10-9 中标号说明：

① TXENA(SCICTL1，bit1)置位，使能发送器工作；

② 写 SCITXBUF 寄存器，从而发送器不再为空，TXRDY 变低；

③ 发送器将数据装载到 TXSHF 中，此时 TXRDY 为高，发送器可接收第二个字节，并可触发中断；

④ 在 TXRDY 变高后，向 SCITXBUF 写入第二个字节，TXRDY 将重新变低；

⑤ 发送器完成第一帧数据的发送，SCITXBUF 中的第二个字节被装载到 TXSHF 中；

⑥ TXENA 置低，禁止发送器工作；

⑦ 第二帧数据发送完毕。

10.2.6 SCI 的中断

SCI 模块的接收器与发送器都可以通过中断控制。SCICTL2 寄存器中的 TXRDY 位可指示有效的发送中断，SCIRXST 寄存器中的 RXRDY 位、BRKDT 位及 RX ERROR 位可分别指示相应的中断事件，每位具体含义见下节。接收器与发送器具有独立的中断使能位，当中断禁止时，中断标志位仍然正常反映中断事件，但发送中断请求。当接收器与发送器中断优先级设为相同时，接收器具有更高的优先级。

当 RX/BK INT ENA(SCICTL2，bit1)置位时，接收器在如下情况发生时将产生中断请求：

(1) SCI 接收到一帧完整的数据，并将其从 RXSHF 装载到 SCIRXBUF 中，会将 RXRDY 置位，并产生中断事件。

(2) 数据传送出现间断时(SCIRXD 在一个停止位丢失后保持 10 位的低电平时间)，将 BRKDT 置位，并产生中断事件。

当 TX INT ENA(SCICTL2，bit0)置位时，发送器在 SCITXBUF 中数据装载到 TXSHF 中时将产生中断事件，TXRDY 置位。

10.2.7 SCI 波特率计算

SCI 内部串行时钟信号由低速外设时钟信号 LSPCLK 及波特率选择寄存器共同决定。SCI 通过波特率选择寄存器中的 16 位值可选择多达 64K 种不同的波特率。

表 10-2 给出了常用波特率的配置。

表 10-2 SCI 常用波特率配置(LSPCLK＝37.5MHz)

理想波特率/bps	BRR 寄存器	实际波特率/bps	误差/%
2400	1952(7A0h)	2400	0
4800	976(3D0h)	4798	−0.04
9600	487(1E7h)	9606	0.06
19 200	243(F3h)	19 211	0.06
38 400	121(79h)	38 422	0.06

10.2.8 SCI 增强功能

1. SCI FIFO 功能

以下将对 SCI 模块的 FIFO 功能进行详细说明。

(1) 复位。

复位后，SCI 工作在标准模式，FIFO 功能被禁用。FIFO 的寄存器 SCIFFTX、SCIFFRX 及 SCIFFCT 保持在禁用状态。

(2) 标准 SCI 模式。

标准 SCI 模式仍采用 TXINT/RXINT 作为中断源。

(3) 使能 FIFO。

通过将 SCIFFTX 寄存器中的 SCIFFEN 置位可使能 FIFO 模式，SCIRST 可以在任何时候对 FIFO 复位。

(4) 有效寄存器。

所有 SCI 寄存器及 FIFO 相关寄存器(SCIFFTX、SCIFFRX 及 SCIFFCT)都有效。

(5) 中断。

FIFO 模式同样具有 2 个中断信号，TXINT 位发送 FIFO 的中断信号，RXINT 位接收 FIFO 的中断信号。RXINT 中断包含的中断事件有 SCI FIFO 正常接收、接收错误、FIFO 溢出。标准 SCI 的中断 TXINT 将被禁用，这个中断将作为发送 FIFO 的中断信号。

(6) 缓冲器。

发送与接收缓冲器都是具有 16 级深度的 FIFO。发送 FIFO 具有 8 位宽度，接收 FIFO 具有 10 位宽度。标准 SCI 的单字发送缓冲器将作为发送 FIFO 与发送移位寄存器 TXSHF 之间的缓冲单元，当 TXSHF 中的最后一位发送出去后，单字发送缓冲器将从 FIFO 中装载数据。当 FIFO 使能时，TXSHF 在经过一定的可选延时(SCIFFCT)后将直接装载数据，TXBUF 被禁用。

(7) 延时传送。

发送 FIFO 的数据向发送移位寄存器 TXSHF 中装载的速率是可控的。SCIFFCT 寄存器中的 7～0 位(FFTXDLY7～FFTXDLY0)用来定义两次装载的间隔时间。间隔时间是以波特率为最小时间单位的，8 位寄存器可定义的间隔时间为 0～255 个波特率周期。在零延时下，SCI 以连续模式将 FIFO 中的数据移出；在 255 个波特率周期延时下，SCI 将在发送每两个 FIFO 数据之间插入最大的延时时间。可编程的延时时间为实现与低速 SCI/UART 设备之间的通信提供了方便。

(8) FIFO 状态标志位。

发送与接收 FIFO 都有各自的状态标志位 TXFFST 及 RXFFST，用以标明各自 FIFO 单元中有效数据的个数，发送 FIFO 的复位位 TXFIFO 及接收 FIFO 的复位位 RXFIFO 清零时，可分别将各自的 FIFO 指针复位到 0，一旦这两位置 1，FIFO 将重新开始运行。

(9) 可编程的中断深度。

发送与接收 FIFO 都能产生各自的中断信号。以发送 FIFO 为例进行说明，当发送 FIFO 的状态位 TXFFST 中的值小于或等于中断深度设置位 TXFIL 中的值时，将产生一次中断事件，这为 SCI 的发送器与接收器提供了可编程的中断触发条件。默认情况下接收器的中断深度配置位为 0x11111，发送器的中断深度配置位为 0x00000。

图 10-10 与表 10-3 给出了 SCI 模块在非 FIFO 模式与 FIFO 模式下的运行与配置情况。

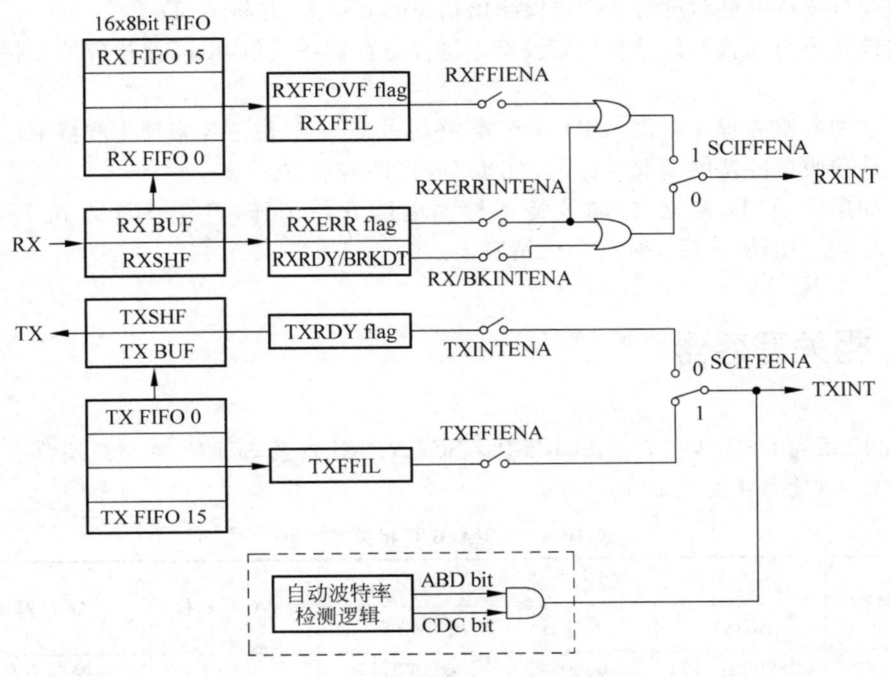

图 10-10 SCI FIFO 中断标志位及中断使能逻辑

表 10-3 SCI 中断标志位

FIFO 选项	SCI 中断源	中断标志	中断使能	FIFO 使能位 SCIFFENA	中断线
非 FIFO 模式	接收错误	RXERR	RXERRINTENA	0	RXINT
	接收间断	BRKDT	RX/BKINTENA	0	RXINT
	正常接收	RXRDY	RX/BKINTENA	0	RXINT
	发送器为空	TXRDY	TXINTENA	0	TXINT
FIFO 模式	接收错误、间断	RXERR	RXERRINTENA	1	RXINT
	FIFO 正常接收	RXFFIL	RXFFIENA	1	RXINT
	发送器为空	TXFFIL	TXFFIINA	1	TXINT
自动波特率检测	波特率检测	ABD	无关紧要	x	TXINT

2. SCI 自动波特率检测功能

SCI 内部集成了自动波特率检测的硬件电路，以下给出了自动波特率检测的步骤。

SCIFFCT 寄存器中的 ABD 和 CDC 位控制着自动波特率检测逻辑，通过使能 SCIRST 位使自动波特率检测电路开始工作。当 CDC 等于 1 时，如果将 ABD 置位，自动波特率检测电路开始工作，产生 SCI 的发送 FIFO 中断(TXINT)。在中断服务程序中将 CDC 位清零，如果不对 CDC 位清零，则不会产生新的中断。

(1) 通过将 SCIFFCT 寄存器中的 CDC 位置位、ABD 位清零(通过向 ABDCLK 位写 1 来实现 ABD 的清零)使能自动波特率检测功能。

(2) 初始化波特率寄存器位 1,或限制波特率上限为 500kb/s。

(3) 允许 SCI 以期望的波特率接收主机发送的字符"A"或"a",如果收到的第一个字符为"A"或"a",波特率自动检测硬件将检测出相应的波特率,并将 ABD 置位。

(4) 波特率自动检测硬件将更新波特率选择寄存器中的值,以匹配相应的波特率,并产生中断。

(5) 在中断服务程序中将 ABD 位清零,并通过将 CDC 位清零来禁止波特率检测。

(6) 从接收缓冲器中读取字符,从而将接收缓冲器清空。

(7) 如果将 ABD 置位,自动波特率检测电路开始工作,产生 SCI 发送 FIFO 中断(TXINT)。在中断服务后,将 CDC 位清零。

10.3 相关寄存器

F28335 系列 DSP 具有 3 个 SCI 模块: SCI-A、SCI-B 及 SCI-C,每个模块都有 13 个相关的寄存器,现将其汇总到表 10-4 中。

表 10-4 SCI-A/B/C 相关寄存器

寄存器名称	地址单元			大小(×16 位)	寄存器说明
	SCI-A	SCI-B	SCI-C		
SCICCR	0x00007050	0x00007750	0x00007770	1	通信控制寄存器
SCICTL1	0x00007051	0x00007751	0x00007771	1	控制寄存器 1
SCIHBAUD	0x00007052	0x00007752	0x00007772	1	波特率寄存器,高字节
SCILBAUD	0x00007053	0x00007753	0x00007773	1	波特率寄存器,低字节
SCICTL2	0x00007054	0x00007754	0x00007774	1	控制寄存器 2
SCIRXST	0x00007055	0x00007755	0x00007775	1	接收状态寄存器
SCIRXEMU	0x00007056	0x00007756	0x00007776	1	仿真缓冲寄存器
SCIRXBUF	0x00007057	0x00007757	0x00007777	1	接收缓冲寄存器
SCITXBUF	0x00007059	0x00007759	0x00007779	1	发送缓冲寄存器
SCIFFTX	0x0000705A	0x0000775A	0x0000777A	1	FIFO 发送寄存器
SCIFFRX	0x0000705B	0x0000775B	0x0000777B	1	FIFO 接收寄存器
SCIFFCT	0x0000705C	0x0000775C	0x0000777C	1	FIFO 控制寄存器
SCIPRI	0x0000705F	0x0000775F	0x0000777F	1	优先权控制寄存器

SCI 通信控制寄存器 SCICCR 各位信息如表 10-5 所示,功能描述如表 10-6 所示。

表 10-5 SCICCR 寄存器各位信息

7	6	5	4	3	2	1	0
STOP BITS	EVEN/ODD PARITY	PARITY ENABLE	LOOPBACK ENA	ADDR/IDLE ENA	SCICHAR2	SCICHAR1	SCICHAR0
R/W-0	R/W-0	R/W-0	R/W-0	R/W-0	R/W-0	R/W-0	R/W-0

表 10-6 SCICCR 功能描述

位	字段	取值及功能描述
7	STOP BITS	SCI 停止位选择。0：一位停止位；1：两位停止位
6	EVEN/ODD PARITY	SCI 奇偶校验选择。0：奇校验；1：偶校验
5	PARITY ENABLE	SCI 奇偶校验使能位。当 SCI 工作在地址位多处理器模式下时，地址位包含在校验范围内。当数据位小于 8 时，未用到的数据位排除在奇偶校验范围。 0：禁止奇偶校验功能；1：使能奇偶校验功能
4	LOOPBACK ENA	内部回路测试模式使能位。使能时，TX 引脚与 RX 引脚在芯片内部连接在一起。0：禁止测试模式；1：使能测试模式
3	ADDR/IDLE ENA	SCI 多处理器模式选择位。0：空闲线多处理器模式；1：地址位多处理器模式
2～0	SCICHAR2～0	数据位长度选择，当数据位小于 8 位时，在 SCIRXBUF 与 SCIRXEMU 中数据采用右对齐方式，其余空位用 0 补齐，SCITXBUF 中的空位无须用 0 补齐。 000～111(*k*)：数据位长度＝*k*＋1

SCI 控制寄存器 SCICTL1 各位信息如表 10-7 所示，功能描述如表 10-8 所示。

表 10-7 SCICTL1 寄存器各位信息

7	6	5	4	3	2	1	0
保留	RX ERR INT ENA	SW RESET	保留	TXWAKE	SLEEP	TXENA	RXENA
R-0	R/W-0	R/W-0	R-0	R/S-0	R/W-0	R/W-0	R/W-0

表 10-8 SCICTL1 功能描述

位	字段	取值及功能描述
7	保留	读返回 0，写无反应
6	RX ERR INT ENA	SCI 接收错误中断使能位。0：禁止 SCI 接收错误产生中断；1：使能 SCI 接收错误产生中断
5	SW RESET	SCI 软件复位位。写 0 将初始化 SCI 所有状态机并将所有状态标志位(SCICTL2、SCIRXST)复位到初始状态，软件复位不影响其他的配置位。 所有被影响的逻辑在对 SW RESET 写 1 前都将保持当前状态，在软件复位后，要对 SW RESET 写 1 以重新使能 SCI。 在接收间断检测(BRKDT)后，要对此位清零。 在软件复位后被影响的标志位如下： SCI 标志位 寄存器位 软件复位后的值 TXRDY SCICTL2. bit7 1 TX EMPTY SCICTL2. bit6 1 RXWAKE SCIRXST. bit1 0 PE SCIRXST. bit2 0 OE SCIRXST. bit3 0 FE SCIRXST. bit4 0 BRKDT SCIRXST. bit5 0 RXRDY SCIRXST. bit6 0 RX ERROR SCIRXST. bit7 0 0：写 0 将产生一次软件复位；1：软件复位后，写 1 将重新使能 SCI

续表

位	字段	取值及功能描述
4	保留	读返回 0,写无反应
3	TXWAKE	SCI 发送器唤醒方式选择位。该位控制数据发送特点,这取决于由 ADDR/IDL MODE 位定义的数据发送模式。 0：发送特征未被选择； 1：发送特征与发送模式有关,在空闲线模式下,先向 TXWAKE 写 1,然后向 SCITXBUF 中写数据将产生 11 位的延时时间；在地址位模式下,先向 TXWAKE 写 1,然后写 SCITXBUF 寄存器,将地址位设为 1。 注：TXWAKE 不能被软件复位信号清除,但可由系统复位或当 TXWAKE 向 WUT 装载时清除
2	SLEEP	在多处理器通信模式中,此位控制接收器的睡眠功能,对此位清零可将接收器从睡眠状态中唤醒。当此位等于 1 时,接收器仍然工作,但却不会更新 RXRDY 及错位标志,除非检测到地址字节。 0：禁止睡眠功能；1：使能睡眠功能
1	TXENA	0：禁止发送功能；1：使能发送功能
0	RXENA	0：禁止接收到的字节装载到 SCIRXEMU 及 SCIRXBUF 中；1：允许接收到的字节装载到 SCIRXEMU 及 SCIRXBUF 中

SCI 波特率选择寄存器 SCIHBAUD 及 SCILBAUD 各位信息分别如表 10-9、表 10-10 所示,功能描述如表 10-11 所示。

表 10-9 SCIHBAUD 寄存器各位信息

15	14	13	12	11	10	9	8
BAUD15(MSB)	BAUD14	BAUD13	BAUD12	BAUD11	BAUD10	BAUD9	BAUD8
R/W-0	R/W-0	R/W-0	R/W-0	R/W-0	R/W-0	R/W-0	R/W-0

表 10-10 SCILBAUD 寄存器各位信息

7	6	5	4	3	2	1	0
BAUD7	BAUD6	BAUD5	BAUD4	BAUD3	BAUD2	BAUD1	BAUD0(LSB)
R/W-0	R/W-0	R/W-0	R/W-0	R/W-0	R/W-0	R/W-0	R/W-0

表 10-11 SCIHBAUD、SCILBAUD 功能描述

位	字段	取值及功能描述
15～0	BAUD15～BAUD0	SCI 的 16 位波特率选择寄存器 SCIHBAUD 的高字节与 SCILBAUD 的低字节组成 16 位的波特率设定值：BRR。 SCI 波特率计算公式为： SCI 波特率＝LSPCLK/[(BRR＋1)×8](1≤BRR≤65 535) SCI 波特率＝LSPCLK/16(BRR＝0)

SCI 控制寄存器 SCICTL2 各位信息如表 10-12 所示,功能描述如表 10-13 所示。

表 10-12　SCICTL2 寄存器各位信息

7	6	5～2	1	0
TXRDY	TX EMPTY	保留	RX/BK INT ENA	TX INT ENA
R-1	R-1	R-0	R/W-0	R/W-0

表 10-13　SCICTL2 功能描述

位	字段	取值及功能描述
7	TXRDY	发送器缓冲寄存器就绪标志位。当置位时标明 SCITXBUF 可以接收下一个字符，写 SCITXBUF 将自动将此位清零，如果中断允许位 TX INT ENA 置位，当此位置 1 时可触发中断。系统复位和软件复位将此位置 1。 0：SCITXBUF 满标志；1：SCITXBUF 可以接收下一个字符
6	TX EMPTY	发送器空标志位。此位反映 SCITXBUF 与 TXSHF 寄存器是否为空。系统复位与软件复位将此位置 1。 0：SCITXBUF 或 TXSHF 或两者都有数据；1：SCITXBUF 和 TXSHF 都为空
5～2	保留	保留
1	RX/BK INT ENA	接收器缓冲/间断中断使能位。该位控制是否由 RXRDY 与 BRKDT 标志位产生中断请求，但不影响标志位。 0：禁止 RXRDY/BRKDT 中断请求；1：使能 RXRDY/BRKDT 中断请求
0	TX INT ENA	SCITXBUF 寄存器中断使能位。该位控制是否由 TXRDY 标志位产生中断请求，但不影响标志位。 0：禁止 TXRDY 中断请求；1：使能 TXRDY 中断请求

SCI 接收器状态寄存器 SCIRXST 包含 7 个标志位(其中 2 个可产生中断请求)，每次一个完整的字符装载到接收缓冲器(SCIRXEMU 或 SCIRXBUF)时，SCIRXST 将更新一次，图 10-11 给出了 SCIRXST 的各位信息及各位之间的联系，功能描述如表 10-14 所示。

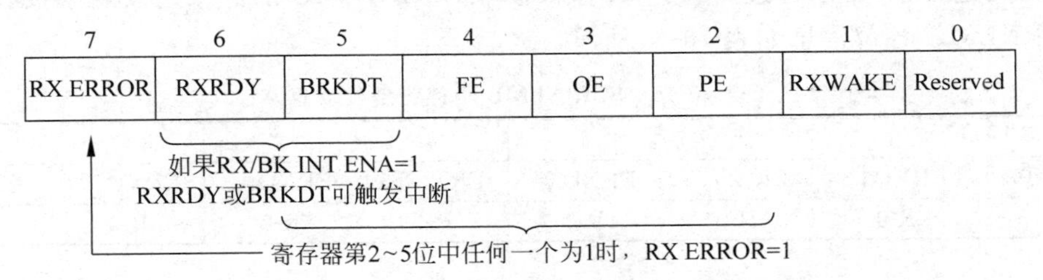

图 10-11　SCIRXST 寄存器各位信息

表 10-14　SCIRXST 功能描述

位	字段	取值及功能描述
7	RX ERROR	SCI 接收错误标志位。只要 SCIRXST 中错误标志位中的一个置位，该位也置位。该位是间断检测错误、格式错误、溢出错误及奇偶校验错误的或运算，即 SCIERXST 寄存器中第 2 位到第 5 位的或运算。 0：无错误发生；1：有错误发生

续表

位	字段	取值及功能描述
6	RXRDY	SCI 接收器就绪标志位。表明可以从 SCIRXBUF 寄存器中读取数据，当 RX/BK INT ENA 置位时，可产生中断请求。读 SCIRXBUF 寄存器、软件复位或系统复位都可将此位清零。 0：SCIRXBUF 中无新数据；1：SCIRXBUF 中数据可供读取
5	BRKDT	SCI 间断检测标志位。当一个间断出现时，该位置位，在丢失第一个停止位后，如果 SCIRXD 数据线保持 10 位以上的低电平，则发生一次间断事件。如果 RX/BK INT ENA 置位，将产生一次中断，即使 SLEEP 置位，BRKDT 仍能产生中断。系统复位和软件复位可将 BRKDT 清零，在发送一次间断事件后，为了接收下面的正常字符，应当使用 SW RESET 对其进行软件复位。 0：无间断事件；1：有间断事件
4	FE	SCI 帧错误标志位。当停止位丢失时，该位置位，可通过软件复位或系统复位将此位清零。 0：无帧错误；1：有帧错误
3	OE	SCI 溢出错误标志位。在 CPU 或 DMAC 读取 SCIRXEMU 或 SCIRXBUF 中的值之前，又有新的字符装载到其中，则该位置位，可通过软件复位或系统复位将此位清零。 0：无溢出错误；1：有溢出错误
2	PE	SCI 奇偶校验错误标志位。 0：无奇偶校验错误，或奇偶校验禁止；1：有奇偶校验错误
1	RXWAKE	接收器唤醒标志位。 0：无接收器唤醒条件；1：有接收器唤醒条件发生
0	保留	保留

接收器的缓冲寄存器有 2 个：SCIRXEMU 和 SCIRXBUF，这 2 个寄存器的内容相同，读 SCIRXEMU 寄存器不会对 RXRDY 清零，读 SCIRXBUF 寄存器将会对 RXRDY 清零。

在仿真过程中，可以通过 WATCH 窗口读取 SCIRXEMU 的值来连续观察接收到的数据，SCIRXEMU 各位信息如表 10-15 所示。

表 10-15　SCIRXEMU 寄存器各位信息

7	6	5	4	3	2	1	0
ERXDT7	ERXDT6	ERXDT5	ERXDT4	ERXDT3	ERXDT2	ERXDT1	ERXDT0
R-0	R-0	R-0	R-0	R-0	R-0	R-0	R-0

SCIRXBUF 各位信息如表 10-16 所示，功能描述如表 10-17 所示。

表 10-16　SCIRXBUF 寄存器各位信息

15	14	13～8
SCIFFFE	SCIFFPE	保留
R-0	R-0	R-0

7	6	5	4	3	2	1	0
RXDT7	RXDT6	RXDT5	RXDT4	RXDT3	RXDT2	RXDT1	RXDT0
R-0	R-0	R-0	R-0	R-0	R-0	R-0	R-0

表 10-17 SCIRXBUF 功能描述

位	字段	取值及功能描述
15	SCIFFFE	SCI FIFO 帧格式错误标志位。0：接收字符 7～0 位时，无帧格式错误；1：接收字符 7～0 位时，有帧格式错误
14	SCIFFPE	SCI FIFO 奇偶校验错误标志位。0：接收字符 7～0 位时，无奇偶校验错误；1：接收字符 7～0 位时，有奇偶校验错误
13～8	保留	保留
7～0	RXD7～RXD0	接收到的字符

要发送的字符被写入到 SCITXBUF 寄存器中，数据必须右对齐，当数据位少于 8 位时，左侧被忽略，字符从 SCITXBUF 装载到 TXSHF 寄存器中会将 RXRDY 置位，从而表明 SCITXBUF 可接收新的字符，SCITXBUF 各位信息如表 10-18 所示。

表 10-18 SCITXBUF 寄存器各位信息

7	6	5	4	3	2	1	0
TXDT7	TXDT6	TXDT5	TXDT4	TXDT3	TXDT2	TXDT1	TXDT0
R/W-0	R/W-0	R/W-0	R/W-0	R/W-0	R/W-0	R/W-0	R/W-0

SCI FIFO 寄存器包括 3 个：SCIFFTX、SCIFFRX 及 SCIFFCT，以下将一一介绍。

SCIFFTX 各位信息如表 10-19 所示，功能描述如表 10-20 所示。

表 10-19 SCIFFTX 寄存器各位信息

15	14	13	12	11	10	9	8
SCIRST	SCIFFENA	TXFIF0 Reset	TXFFST4	TXFFST3	TXFFST2	TXFFST1	TXFFST0
R/W-1	R/W-0	R/W-1	R-0	R-0	R-0	R-0	R-0
7	6	5	4	3	2	1	0
TXFFINT Flag	TXFFINT CLR	TXFFIENA	TXFFIL4	TXFFIL3	TXFFIL2	TXFFIL1	TXFFIL0
R-0	W-0	R/W-0	R/W-0	R/W-0	R/W-0	R/W-0	R/W-0

表 10-20 SCIFFTX 功能描述

位	字段	取值及功能描述
15	SCIRST	SCI 复位位。0：写 0 将复位 SCI 发送及接收通道，并不改变 SCI FIFO 的配置；1：SCI FIFO 重新开始接收与发送，SCIRST 在自动波特率检测时也应置 1
14	SCIFFENA	SCI FIFO 功能使能位。0：禁止 SCI FIFO 功能；1：使能 SCI FIFO 功能
13	TXFIFO Rest	发送器 FIFO 复位位。0：将发送器的 FIFO 指针复位到 0；1：重新使能发送器 FIFO 功能
12～8	TXFFST4～0	发送器 FIFO 的状态位。0000：发送器的 FIFO 空；0001～1000(k)：发送器的 FIFO 内有 k 个字符
7	TXFFINT Flag	0：没有发生 TXFIFO 中断；1：发生 TXFIFO 中断
6	TXFFINT CLR	0：写 0 无反应；1：写 1 将清除 TXFFINT Flag

续表

位	字段	取值及功能描述
5	TXFFIENA	0：禁止 TX FIFO 与 TXFFIVL 匹配中断；1：使能 TX FIFO 与 TXFFIVL 匹配中断
4～0	TXFFIL4～0	设置 TX FIFO 的中断深度。当 TXFFST4～0 小于或等于 TXFFIL4～0 时将产生中断；默认值为 0x00000

SCIFFRX 各位信息如表 10-21 所示，功能描述如表 10-22 所示。

表 10-21　SCIFFRX 寄存器各位信息

15	14	13	12	11	10	9	8
RXFFOVF	RXFFOVR CLR	RXFIFO Reset	RXFFST4	RXFFST3	RXFFST2	RXFFST1	RXFFST0
R-0	W-0	R/W-1	R-0	R-0	R-0	R-0	R-0
7	6	5	4	3	2	1	0
RXFFINT Flag	RXFFINT CLR	RXFFIENA	RXFFIL4	RXFFIL3	RXFFIL2	RXFFIL1	RXFFIL0
R-0	W-0	R/W-0	R/W-1	R/W-1	R/W-1	R/W-1	R/W-1

表 10-22　SCIFFRX 功能描述

位	字段	取值及功能描述
15	RXFFOVF	0：接收器 FIFO 没有溢出；1：接收器 FIFO 溢出，多于 16 个字符被存储到 FIFO 中，且第一个字符丢失
14	RXFFOVF CLR	0：写 0 无反应；1：写 1 将清除 RXFFOVF 标志位
13	RXFIFO Rest	接收器 FIFO 复位。0：将接收器的 FIFO 指针复位到 0；1：重新使能接收器 FIFO 功能
12～8	RXFFST4～0	接收器 FIFO 状态位。0000：接收器的 FIFO 空；0001～1000(*k*)：接收器的 FIFO 内有 *k* 个字符
7	RXFFINT Flag	0：没有发生 RXFIFO 中断；1：发生 RXFIFO 中断
6	TXFFINT CLR	0：写 0 无反应；1：写 1 将清除 RXFFINT Flag
5	RXFFIENA	0：禁止 RX FIFO 与 RXFFIVL 匹配中断；1：使能 RX FIFO 与 RXFFIVL 匹配中断
4～0	RXFFIL4～0	设置 RX FIFO 的中断深度。当 RXFFST4～0 大于或等于 TXFFIL4～0 时将产生中断；默认值为 0x11111

SCIFFCT 各位信息如表 10-23 所示，功能描述如表 10-24 所示。

表 10-23　SCIFFCT 寄存器各位信息

15	14	13	12～8				
ABD	ABD CLR	CDC	保留				
R-0	W-0	R/W-0	R-0				
7	6	5	4	3	2	1	0
FFTXDLY7	FFTXDLY6	FFTXDLY5	FFTXDLY4	FFTXDLY3	FFTXDLY2	FFTXDLY1	FFTXDLY0
R/W-0	R/W-0	R/W-0	R/W-0	R/W-0	R/W-0	R/W-0	R/W-0

表 10-24 SCIFFCT 功能描述

位	字段	取值及功能描述
15	ABD	自动波特率检测位。0：自动波特率检测未完成，字符"A"、"a"未被收到；1：自动波特率检测完成，收到字符"A"、"a"
14	ADB CLR	ADB 清零位。0：写 0 无反应；1：写 1 将清除 ABD 位
13	CDC	CDC 校正检测位。0：禁止自动波特率检测；1：使能自动波特率检测
12～8	保留	保留
7～0	FFTXDLY7～0	FIFO 传送延时。这些位定义了每两个 FIFO 向发送缓冲器装载数据的时间间隔，以波特率周期为最小时间单位，8 位的寄存器可定义的时间范围为 0～256 个波特率周期

优先权控制寄存器 SCIPRI 各位信息如表 10-25 所示，功能描述如表 10-26 所示。

表 10-25 SCIPRI 寄存器各位信息

7～5	4	3	2～0
保留	SCI SOFT	SCI FREE	保留
R-0	R/W-0	R/W-0	R-0

表 10-26 SCIPRI 功能描述

位	字段	取值及功能描述
7～5	保留	保留
4～3	SOFT FREE	这些位定义了在仿真挂起时 SCI 的动作。00：SCI 立即停止工作；01：完成当前接收与发送工作后立即停止；x1：不影响 SCI 工作状态
2～0	保留	保留

10.4 应用实例

本节给出了 SCI 模块的应用实例。本例包括 3 个由用户编写的应用文件：SCI.h、SCI.c 和 aMain.c。SCI.h 文件主要用来对 SCI.c 中的函数进行声明，SCI.c 主要对初始化程序及发送接收函数进行定义，aMain.c 包含主函数，对上述两文件定义的函数进行调用，完成 SCI 模块的应用。

本例的主要特点如下：

(1) 实现 SCIC 的接收与发送功能。

(2) 不使用 LoopBack 及 FIFO 功能。

(3) 采用发送与接收中断。

(4) 测试时将 SCIC 所指定的引脚通过电缆与通信终端连接起来。

(5) 在需要将 SCI.c 添加到工程中。

程序清单 10-1：SCI 应用

```
//===========================================
```

```
//SCI.h 文件
//==========================================================
#ifndef   SCI_H
#define   SCI_H
#include "F28335_FPU_FastRTS.h"
//宏定义
#define SCIA   0x1
#define SCIB   0x2
#define SCIC   0x3
//---------函数声明----------------------------------------
void sci_init(Uint16 channel);                          //SCI 初始化子函数
void sci_sendonechar( Uint16 channel, Uint16 data);     //SCI 发送一个字符
void sci_sendlistchar(Uint16 channel, char * listchar); //SCI 发送一串字符
Uint16 sci_recvonechar( Uint16 channel);                //SCI 接收字符
#endif
//==========================================================
//End of file.
/==========================================================
//==========================================================
//SCI.c 文件
//==========================================================
#include "DSPF28335_Project.h"
#include "F28335_FPU_FastRTS.h"
#include "SCI.h"
//========= 函数定义==============================
// **********************************
/*
  @ Description: SCIA SCIB SCIC 的初始化函数
*/
// **********************************
void sci_init(Uint16 channel)
{
 //----初始化 SCIA----
 if(channel==SCIA)
   {
 InitSciaGpio();                    //初始化用到的 GPIO 引脚为 SCI 外设模式
 SciaRegs.SCICCR.all=0x07;          //1 位停止位,禁止内部回路功能,无奇偶校验,空闲线模式,数据
                                    //长度为 8 位
 SciaRegs.SCICTL1.all=0x03;         //使能 TX, RX,使能 SCICLK,禁止 RX ERR SLEEP TXWAKE

 #if(CPU_FRQ_150MHZ)
   SciaRegs.SCIHBAUD=0x0001;                        //9600 baud @ LSPCLK=37.5MHz
      SciaRegs.SCILBAUD=0x00E7;
   #endif
   #if(CPU_FRQ_100MHZ)
   SciaRegs.SCIHBAUD=0x0001;                        //9600 baud @ LSPCLK=20MHz
      SciaRegs.SCILBAUD=0x0044;
 #endif
   SciaRegs.SCICTL2.bit.RXBKINTENA=1;
   SciaRegs.SCICTL2.bit.TXINTENA=1;
   //SciaRegs.SCICCR.bit.LOOPBKENA=1;               //使能回送
```

```
    SciaRegs.SCICTL1.bit.SWRESET=1;
    }
  //----初始化 SCIB----
  if(channel==SCIB)
    {
  InitScibGpio();
  ScibRegs.SCICCR.all=0x07;
  ScibRegs.SCICTL1.all=0x03;      //使能 TX、RX、内部 SCICLK,禁止 RX 接收错误时的睡眠唤醒
  #if(CPU_FRQ_150MHZ)
    ScibRegs.SCIHBAUD=0x0001;                      //9600 baud @ LSPCLK=37.5MHz
     ScibRegs.SCILBAUD=0x00E7;
    #endif
    #if(CPU_FRQ_100MHZ)
    ScibRegs.SCIHBAUD=0x0001;                      //9600 baud @ LSPCLK=20MHz
     ScibRegs.SCILBAUD=0x0044;
  #endif
   ScibRegs.SCICTL2.bit.RXBKINTENA=1;
   ScibRegs.SCICTL2.bit.TXINTENA=1;
   //ScibRegs.SCICCR.bit.LOOPBKENA=1;          //使能回送
   ScibRegs.SCICTL1.bit.SWRESET=1;
    }
  //----初始化 SCIC----
  if(channel==SCIC)
    {
  InitScicGpio();
  ScicRegs.SCICCR.all=0x07;
  ScicRegs.SCICTL1.all=0x03;      //使能 TX、RX、内部 SCICLK,禁示 RX 接收错误时的睡眠唤醒
  #if(CPU_FRQ_150MHZ)
    ScicRegs.SCIHBAUD=0x0001;                      //9600 baud @ LSPCLK=37.5MHz
     ScicRegs.SCILBAUD=0x00E7;
    #endif
    #if(CPU_FRQ_100MHZ)
    ScicRegs.SCIHBAUD=0x0001;                      //9600 baud @ LSPCLK=20MHz
     ScicRegs.SCILBAUD=0x0044;
  #endif
   ScicRegs.SCICTL2.bit.RXBKINTENA=1;
   ScicRegs.SCICTL2.bit.TXINTENA=1;
  //ScicRegs.SCICCR.bit.LOOPBKENA=1;           //使能回送
   ScicRegs.SCICTL1.bit.SWRESET=1;
    }
}
//************************************
/*
  @ Description: 通过指定的 SCI 端口发送一个字符串
*/
//************************************
void sci_sendonechar(Uint16 channel, Uint16 data)
{
 //通过 SCIA 发送字符"data"
 if(channel==SCIA)
    {
```

```
SciaRegs.SCITXBUF= data;                        //写发送缓冲器
  while(SciaRegs.SCICTL2.bit.TXRDY==0);  //等待,直到 SCITXBUF 可以接收下一个数据
  }
//通过 SCIB 发送字符“data”
if(channel==SCIB)
  {
SciblRegs.SCITXBUF= data;
  while(ScibRegs.SCICTL2.bit.TXRDY==0);
  }
//通过 SCIC 发送字符“data”
if(channel==SCIC)
  {
ScicRegs.SCITXBUF= data;
  while(ScicRegs.SCICTL2.bit.TXRDY==0);
  }
}
//***********************************
/*
  @ Description:通过指定的 SCI 端口,发送一串字符
*/
//***********************************
void sci_sendlistchar(Uint16 channel, char * listchar)
{
 Uint16 i;
 i=0;

 //use SCIA
 if(channel==SCIA)
   {
 SciaRegs.SCICTL2.bit.TXINTENA=0;        //关闭发送中断,确保在连续发送字符时不产生中断
 while(listchar[i]!='\0')
  {
sci_sendonechar(SCIA, listchar[i]);
i++;
  }
   SciaRegs.SCICTL2.bit.TXINTENA=1;  //重新开启中断
   }

 //use SCIB
 if(channel==SCIB)
   {
 ScibRegs.SCICTL2.bit.TXINTENA=0;
 while(listchar[i]!='\0')
  {
sci_sendonechar(SCIB, listchar[i]);
i++;
  }
   ScibRegs.SCICTL2.bit.TXINTENA=1;
   }
 //use SCIC
 if(channel==SCIC)
```

```
    {
  ScicRegs.SCICTL2.bit.TXINTENA=0;
  while(listchar[i]!='\0')
    {
sci_sendonechar(SCIC,listchar[i]);
i++;
    }
  ScicRegs.SCICTL2.bit.TXINTENA=1;
    }
}
// **********************************
/*
  @ Description:存储指定SCI端口所接收到的数据
 */
// **********************************
Uint16 sci_recvonechar( Uint16 channel)
{
  Uint16 data;
  //use SCIA
  if(channel==SCIA)
     {data=SciaRegs.SCIRXBUF.all;}
  //use SCIB
  if(channel==SCIB)
     {data=ScibRegs.SCIRXBUF.all;}
  //use SCIC
  if(channel==SCIC)
     {data=ScicRegs.SCIRXBUF.all;}
  return data;
}
//========================================
//End of file.
//========================================
//========================================
//aMain.c文件
//========================================
#include "DSPF28335_Project.h"
#include "F28335_FPU_FastRTS.h"
#include "SCI.h"
//========= 全局变量 ====================
Uint16 Data;
//========= 函数声明 ====================
interrupt void sciaTx_isr(void);
interrupt void sciaRX_isr(void);
interrupt void scibTx_isr(void);
interrupt void scibRX_isr(void);
interrupt void scicTx_isr(void);
interrupt void scicRX_isr(void);
//===========主函数======================
void main()
{
  InitSysCtrl();                    //系统初始化
```

```
    DINT;                                   //关闭全局中断
   InitPieCtrl();                           //初始化中断控制寄存器
    IER = 0x0000;                           //关闭 CPU 中断
    IFR = 0x0000;                           //清除 CPU 中断信号
   InitPieVectTable();                      //初始化中断向量表
   DELAY_US(1000L);
   //init SCIC
   sci_init(SCIC);
   EALLOW;
    //PieVectTable.SCITXINTA = &sciaTx_isr;
    //PieVectTable.SCIRXINTA = &sciaRx_isr;
    //PieVectTable.SCITXINTB = &scibTx_isr;
    //PieVectTable.SCIRXINTB = &scibRx_isr;
    PieVectTable.SCITXINTC = &scicTx_isr;
    PieVectTable.SCIRXINTC = &scicRX_isr;
   EDIS;
   PieCtrlRegs.PIECTRL.bit.ENPIE=1;        //Enable the PIE block
   //IER|=M_INT9;                           //Enable PIEINT9 (SCIA SCIB)
   IER|=M_INT8;                             //Enable PIEINT8 (SCIC)
   //PieCtrlRegs.PIEIER9.bit.INTx1=1;      //SCIA_RX_INT
   //PieCtrlRegs.PIEIER9.bit.INTx2=1;      //SCIA_TX_INT
   //PieCtrlRegs.PIEIER9.bit.INTx3=1;      //SCIB_RX_INT
   //PieCtrlRegs.PIEIER9.bit.INTx4=1;      //SCIB_TX_INT
   PieCtrlRegs.PIEIER8.bit.INTx5=1;        //SCIC_RX_INT
   PieCtrlRegs.PIEIER8.bit.INTx6=1;        //SCIC_TX_INT

   EINT;                                    //Enable global Interrupt
   ERTM;
  sci_sendonechar(SCIC,'L');
  sci_sendlistchar(SCIC,"Hello\r\n");

  while(1);
  }
  //==========================================
  //中断服务函数
  //==========================================
  // ***********************************
  /*
    @ Description: SCIA SCIB SCIC 的中断服务函数,其中 SCIA 与 SCIB 没有用到
   */
  // ***********************************
  //SCIA
  interrupt void sciaTx_isr()
  {}
  interrupt void sciaRX_isr()
  {}
  //SCIB
  interrupt void scibTx_isr()
  {}
  interrupt void scibRX_isr()
  {}
```

```
//SCIC
interrupt void scicTx_isr()
{
 PieCtrlRegs.PIEACK.all|=M_INT8;          //发起 PIE 应答
}
interrupt void scicRX_isr()
{
 Data=sci_recvonechar(SCIC);
 PieCtrlRegs.PIEACK.all|=M_INT8;          //发起 PIE 应答
}
//========================================
//End of file.
//========================================
```

10.5　习题

1. 简要描述 SCI 数据帧的格式。

2. 设 SCI 的通信传输速率分别为 9600b/s、115 200b/s，计算对应的比特流选择寄存器的值，LSPCLK 的值可自选，并给出实际波特率和理想波特率之间的误差。

3. 画出 SCI 自动波特率检测的程序流程图。

4. SCI 模块中包含哪些中断源？

5. 当数据位少于 8 位时，SCI 的发生与接收缓冲区中是如何对数据进行处理的？

第11章

串行外设接口模块

SPI作为高速同步串行接口，通常用于DSP与外部设备之间或DSP与DSP之间进行数据交换。在F28335系列的DSP中，SPI支持16级深度的FIFO，可减少CPU开支。F28335系列DSP有一个SPI接口模块。

11.1 概述

图11-1为SPI模块与CPU之间的连接示意图。

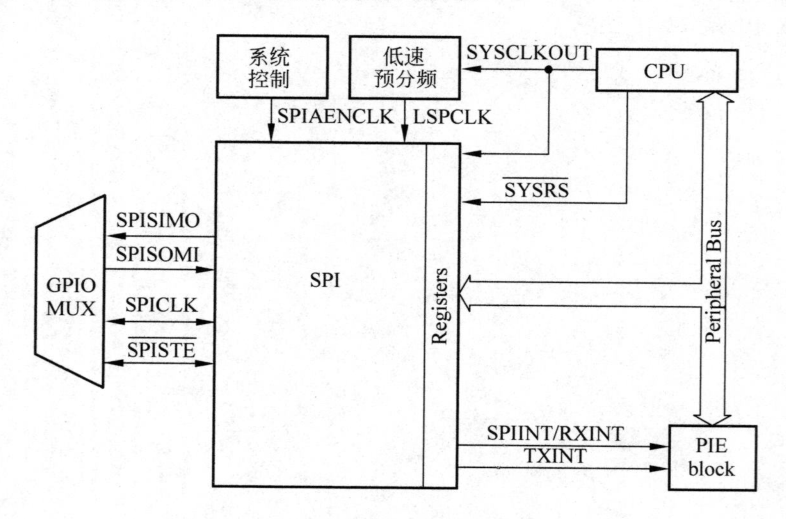

图11-1　SPI与CPU连接方式

SPI模块的主要特征如下。

(1) 4个功能引脚。SPISOMI：SPI从输出/主输入引脚；SPISIMO：SPI从输入/主输出引脚；$\overline{\text{SPISTE}}$：SPI从模式下传送使能引脚；SPICLK：SPI串行时钟引脚。

(2) 两种工作模式：主控制器工作模式和从控制器工作模式。

(3) 波特率：具有125种可编程的波特率，最大波特率受限制于SPI引脚使用的I/O缓冲器的最大工作速率。

(4) 数据长度：可编程的数据长度(1～16位)。

(5) 4种时钟方案。

① 无相位延时的下降沿：SPICLK高电平有效，SPI在SPICLK的下降沿发送数据，在SPICLK的上升沿接收数据；

② 有相位延时的下降沿：SPICLK高电平有效，SPI在SPICLK下降沿之前的半个周期时刻发送数据，在SPICLK下降沿接收数据；

③ 无相位延时的上升沿：SPICLK低电平有效，SPI在SPICLK的上升沿发送数据，在SPICLK的下降沿接收数据；

④ 有相位延时的上升沿：SPICLK低电平有效，SPI在SPICLK上升沿之前的半个周期时刻发送数据，在SPICLK上升沿接收数据。

(6) 同步接收与发送功能(可通过软件禁止发送功能)。

(7) 可通过中断或查询方式来完成发送或接收操作。

(8) 具有12个控制寄存器：在内存中坐落在控制寄存器单元，起始地址为7040h。

(9) 增强功能：16级深度的FIFO、延时发送功能。

注：SPI模块的所有寄存器都是16位的，并且连接到外设单元2(Peripheral Frame2)。有些寄存器中的数据存放在低字节(7～0)，读高字节(15～8)将返回0，写高字节(15～8)无反应。

图11-2给出了SPI在从控制器模式下的具体内部结构，表11-1给出了主要的接口信号及相应的功能描述。

表11-1 SPI模块主要信号

信号名称	功能描述
外部信号	
SPICLK	SPI时钟
SPISIMO	SPI从输入/主输出
SPISOMI	SPI从输出/主输入
$\overline{\text{SPISTE}}$	SPI从控制模式下发送使能控制位
控制信号	
SPI Clock Rate	LSPCLK
中断信号	
SPIRXINT	无FIFO模式下的发送中断/接收中断信号，FIFO模式下的接收中断
SPITXINT	FIFO模式下的发送中断信号

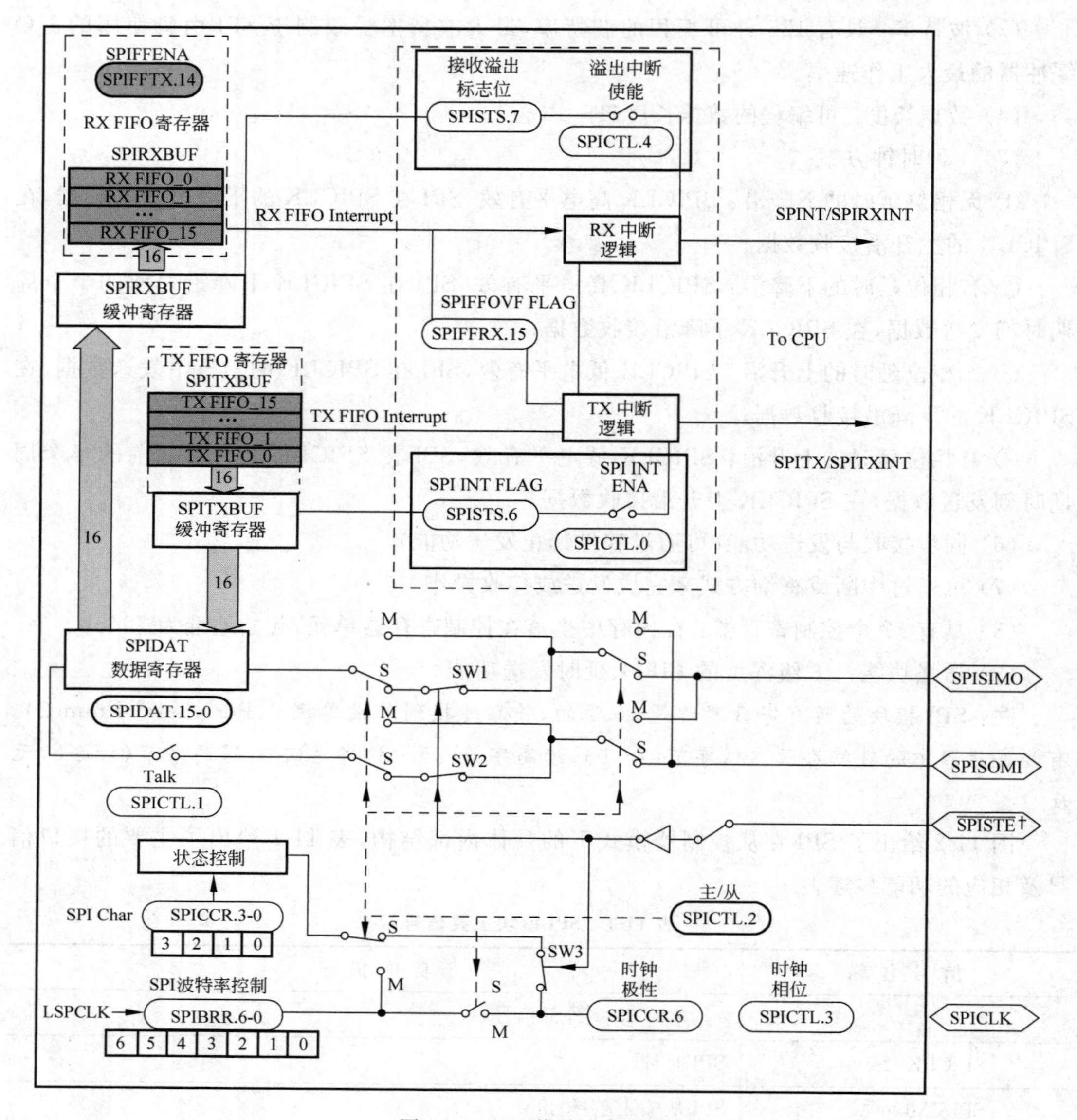

图 11-2 SPI 模块内部结构

11.2 SPI 模块工作方式介绍

本节将对 SPI 的 2 种工作模式进行详细介绍。

11.2.1 工作方式概述

图 11-3 给出了使用 SPI 通信方式的主控制器与从控制器典型连接方案。主控制器通过发送 SPICLK 信号来初始化整个传送过程。无论是主控制器还是从控制器，数据在

SPICLK 的一个边沿从移位寄存器中移出，在 SPICLK 的另一个边沿将数据锁存到移位寄存器中。如果 CLOCK PHASE 位(SPICTL. 3)为 1，数据将在 SPICLK 信号边沿的前半个周期时刻进行接收与发送。所以，任何一个控制器的接收与发送都是同时进行的，可通过应用软件来判断数据是否有效。这里主要有 3 种数据传送方案。

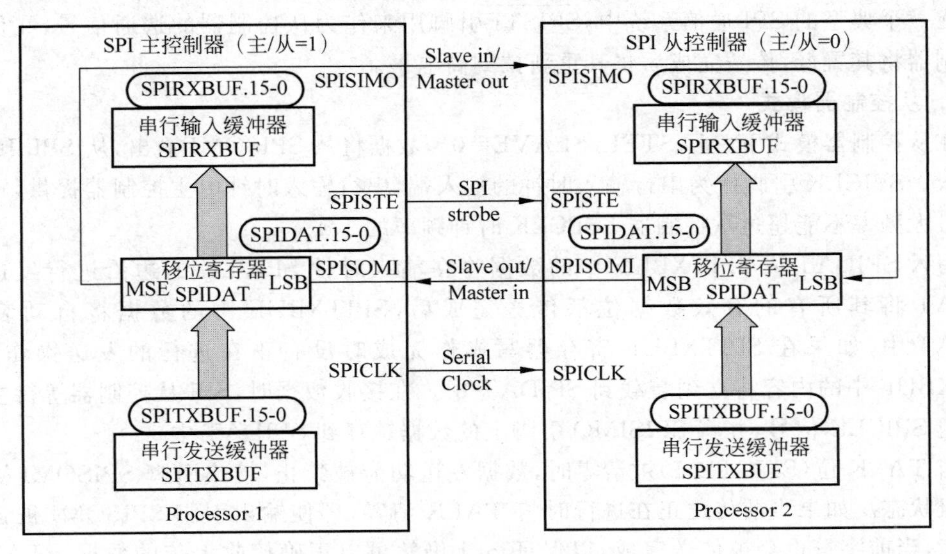

图 11-3 SPI 通信典型连接方案

(1) 主控制器发送数据，从控制器发送伪数据。

(2) 主控制器发送数据，从控制器发送数据。

(3) 主控制器发送伪数据，从控制器发送数据。

由于主控制器可以控制 SPICLK 信号，所以在任何时刻主控制器都可以启动整个传送过程。

11.2.2 SPI 模块主控制器与从控制器工作模式

通过配置 MASTER/SLAVE 位(SPICTL. 2)可将 SPI 配置成主控制器模式或从控制器模式。

1. 主控制器模式

在主控制器模式下(MASTER/SLAVE＝1)，SPI 模块为整个通信过程提供串行时钟信号 SPICLK，数据从 SPISIMO 引脚输出，从 SPISOMI 引脚锁存数据。SPIBRR 寄存器用来配置系统的位传送速率，一共具有 125 种不同的选择。

向 SPIDAT 或 SPITXBUF 寄存器写数据将初始化发送过程，数据的最高位将首先从 SPISIMO 输出，与此同时将从 SPISOMI 引脚接收数据，并将其锁存到 SPIDAT 的最低位。当所有数据位都传送完成后，接收的数据将转存到 SPIRXBUF 中，以供 CPU 读取。SPIRXBUF 中的数据使用右对齐方式进行存储。

当所有要发送的数据位都通过 SPIDAT 移位出去后，将发生以下事件：

① SPIDAT 中内容将转存到 SPIRXBUF；

② SPI INT FLAG 位(SPISTS.6)将置 1；

③ 如果 SPITXBUF 中仍存在有效数据，数据将装载到 SPIDAT 中继续传送，如果没有有效数据，SPICLK 在所有数据位传送完成后将停止；

④ 如果 SPI INT ENA 位(SPICTL.0)为 1，将触发中断。

在一个典型的 SPI 通信系统中，$\overline{\text{SPISTE}}$引脚用来作为从控制器的选通信号，在传送前主控制器将其置低，传送完成后将其重新拉到高电平。

2. 从控制器模式

在从控制器模式下(MASTER/SLAVE=0)，数据将从 SPISOMI 输出，从 SPISIMO 引脚输入。SPICLK 引脚作为串行输入时钟的输入端，串行输入时钟由主控制器提供，输入时钟的最大频率不能超过从控制器 LSPCLK 时钟频率的 1/4。

写入 SPIDAT 或 SPITXBUF 中的数据将在输入时钟 SPICLK 的边沿进行发送。当 SPIDAT 将其所有的有效数据位都传送完成后，SPITXBUF 中的数据将自动装载到 SPIDAT 中，如果在 SPITXBUF 寄存器写操作完成时没有正在进行的发送操作，那么 SPITXBUF 中的内容将立刻装载到 SPIDAT 中。在接收数据时，SPI 从控制器等待主控制器发送 SPICLK 信号，并将 SPISIMO 引脚上的数据锁存到 SPIDAT 中。

当 TALK 位(SPICTL.1)被清零时，数据发送功能被禁止，输出引脚 SPISOMI 被强制为高阻状态。如果当前传送正在进行时将 TALK 清零，即使输出引脚 SPISOMI 被强制为高阻态，当前字符也会被传送完成，以保证 SPI 仍然可以正确接收上传的数据。TALK 位允许多个从控制器连接在一起构成一个网络，但在某一时刻只能由一个从控制器占有 SPISOMI 数据线。

$\overline{\text{SPISTE}}$引脚作为从控制器的选通信号输入端，当$\overline{\text{SPISTE}}$为低电平时允许相应的从控制器发送数据，当为高电平时，相应的从控制器停止工作，且输出信号线强制到高阻状态。通过$\overline{\text{SPISTE}}$可以将多个设备连接在一起，但某一时刻只能由一个设备被选通。

11.3 SPI 中断及其他相关配置

11.3.1 SPI 中断

SPI 的中断功能由以下 4 个控制位决定。

(1) SPI INT ENA 位(SPICTL.0)。

置 1 时允许 SPI 产生中断请求，清零则禁止 SPI 产生中断请求。

(2) SPI INT FLAG 位(SPISTS.6)。

这个状态标志位用来表明 SPI 接收缓冲器接收到新数据并且可供 CPU 读取。当一个完整的字符被移入或移出 SPIDAT 寄存器时，SPI INT FLAG 置 1，此时如果 SPI INT ENA 位为 1，则产生一次中断请求。中断状态标志位一直保持为 1，直到被以下事件清零：

① 中断确认信号；

② CPU 读 SPIRXBUF(读 SPIRXEMU 不会将 SPI INT FLGA 清零)；

③ 通过 IDLE 指令使器件进入 IDLE2 或 HALT 模式；

④ 软件清零 SPI SW RESET 位(SPICCR. 7)；

⑤ 系统复位。

当一个字符传送到 SPIRXBUF 中并可被 CPU 读取时，SPI INT FLAG 位置 1，如果 CPU 在下一个完整字符接收完成前没有读取 SPIRXBUF 中的内容，新的字符仍将存入 SPIRXBUF 中，并将 RECEIVER OVERRUN FLAG 位(SPISTS. 7)置位。

(3) OVERRUN INT ENA 位(SPICTL. 4)。

此位置 1 将允许 RECEIVER OVERRUN FLAG(SPISTS. 7)位置 1 时产生中断，SPISTS. 7 与 SPI INT FLAG(SPISTS. 6)将共享同一个中断向量。

(4) RECEIVER OVERRUN FLAG 位(SPISTS. 7)。

当 SPIRXBUF 中的字符未被读取，新的字符再次存入 SPIRXBUF 中时，RECEIVER OVERRUN FLAG 位将置 1，此位只能通过软件方式清零。

11.3.2 数据格式

SPICCR. 3～SPICCR. 0 用来决定一次传送过程中所包含的数据位的个数(1～16)，当数据位小于 16 时，在传送过程中应遵循以下原则：

(1) 写入 SPIDAT 和 SPITXBUF 中的数据必须左对齐。

(2) 从 SPIRXBUF 中读取的数据是右对齐的。

(3) 最近一次接收的数据在 SPIRXBUF 靠右对齐，SPITXBUF 中的其他数据则依次向左移动相应的位数，如图 11-4 所示。

SPIDAT (发送前)

	0	1	1	1	0	0	1	1	0	1	1	1	1	0	1	1	

SPIDAT (发送后)

(TXed)0 ←	1	1	1	0	0	1	1	0	1	1	1	1	0	1	1	x(1)	← (RXed)

SPIRXBUF (发送后)

	1	1	1	0	0	1	1	0	1	1	1	1	0	1	1	x(1)	

注：(1)数据长度为1；(2) SPIDAT当前值为737Bh。

图 11-4 SPIRXBUF 中的数据位

11.3.3 波特率及时钟方案

SPI 模块支持 125 种不同的波特率及 4 种时钟方案。在主控制器模式下，SPI 通过 SPICLK 引脚向外输出串行时钟，最大输出频率不能超过 LSPCLK 时钟频率的 1/4；在从控制器模式下，SPI 通过 SPICLK 引脚接收网络上的串行时钟，最大接收频率也不能超过自身 LSPCLK 时钟频率的 1/4。

1. 波特率计算

波特率计算公式如下：

$$\text{SPI 波特率} = \begin{cases} \dfrac{\text{LSPCLK}}{\text{SPIBRR}+1}, & (4 \leqslant \text{SPIBRR} \leqslant 127) \\ \dfrac{\text{LSPCLK}}{4}, & (\text{SPIBRR} = 0,1,2,3) \end{cases}$$

LSPCLK 为器件的低速外设时钟频率，如果已知波特率，为了确定写入 SPIBBR 寄存器的值，用户需要知道器件的低速外设时钟 LSPCLK 的频率。

2. 最大波特率计算

SPI 最大波特率为 LSPCLK 频率的 1/4，如果 LSPCLK 的频率为 40MHz，那么 SPI 最大波特率为 10Mbps。

3. SPI 时钟方案

CLOCK POLARITY 位（SPICCR. 6）和 CLOCK PHASE 位（SPICTL. 3）用来决定 SPICLK 引脚上的 4 种时钟方案。CLOCK PLARITY 位用来决定有效时钟的边沿（上升沿或下降沿），CLOCK PHASE 位用来选择是否使用半个周期的延时，4 种时钟方案如下。

（1）无相位延时的下降沿。

SPI 在 SPICLK 的下降沿发送数据，在 SPICLK 的上升沿接收数据。

（2）有相位延时的下降沿。

SPI 在 SPICLK 下降沿之前的半个周期时刻发送数据，在 SPICLK 下降沿接收数据。

（3）无相位延时的上升沿。

SPI 在 SPICLK 的上升沿发送数据，在 SPICLK 的下降沿接收数据。

（4）有相位延时的上升沿。

SPI 在 SPICLK 上升沿之前的半个周期时刻发送数据，在 SPICLK 上升沿接收数据。

时钟方案的具体配置如表 11-2 所示，对应的 SPICLK 信号如图 11-5 所示。

表 11-2 SPI 时钟配置方案

SPICLK 配置方案	CLOCK POLARITY	CLOCK PHASE
无相位延时的上升沿	0	0
有相位延时的上升沿	0	1
无相位延时的下降沿	1	0
有相位延时的下降沿	1	1

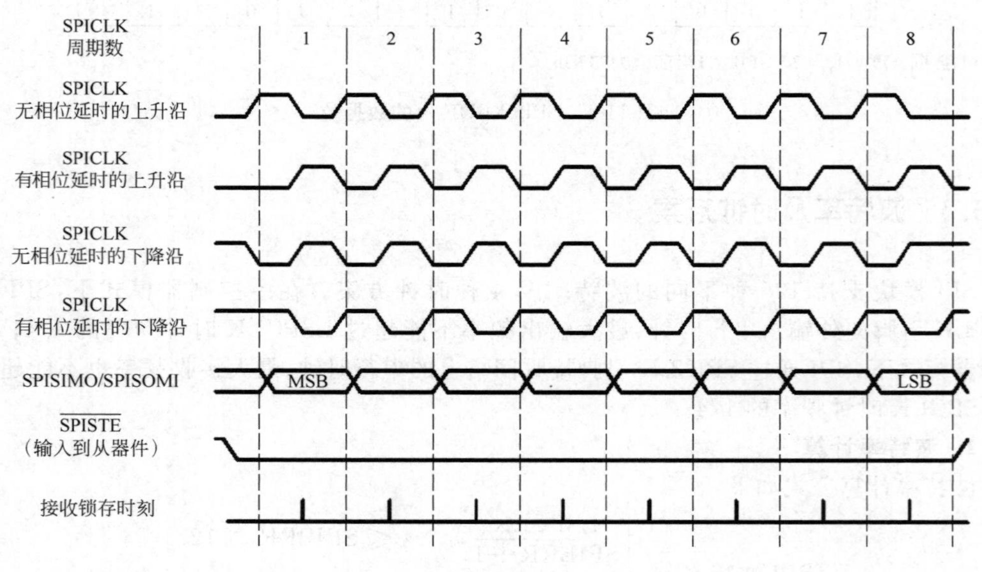

图 11-5 SPICLK 信号

当 SPIBRR＋1 为偶数时，SPICLK 的高电平与低电平时间相等，即此时 SPICLK 波形对称。当 SPIBRR＋1 为奇数且 SPIBRR＞3 时，SPICLK 的波形不对称；当 CLOCK POLARITY 位为 0 时，低电平时间比高电平时间多一个 CLKOUT 时钟周期；当 CLOCK POLARITY 位为 1 时，高电平时间比低电平时间多一个 CLKOUT 时钟周期，如图 11-6 所示。

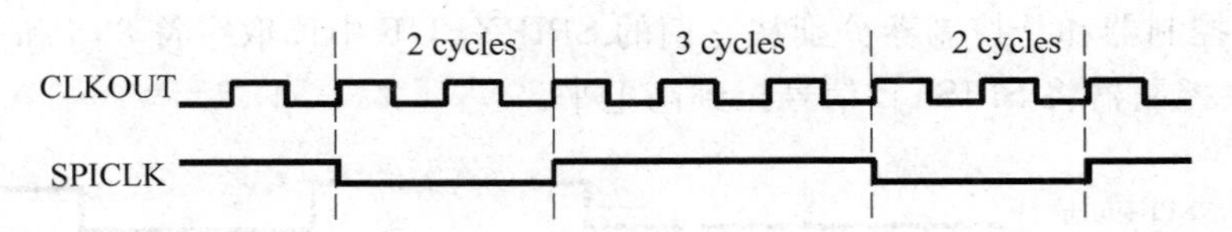

图 11-6 当 SPIBRR＋1 为奇数、SPIBRR＞3 且 CLOCK POLARITY＝1 时的 SPICLK 波形

11.3.4 复位后的初始化

系统复位将使 SPI 模块进入如下默认配置状态：

(1) 默认为从控制器模式(MASTER/SLAVE＝0)。

(2) 发送功能被禁止(TALK＝0)。

(3) 数据在 SPICLK 号的下降沿被锁存。

(4) 数据的有效位长为 1。

(5) SPI 中断被禁止。

(6) SPIDAT 中的数据被复位到 0000h。

(7) SPI 功能引脚默认工作在 GPIO 模式。

要正确使用 SPI 模块，可遵循以下步骤：

(1) 将 SW RESET 位(SPICCR.7)清零，强制 SPI 进入复位状态。

(2) 初始化 SPI 各种配置，如数据格式、波特率、引脚功能等。

(3) 将 SW RESET 位置 1，将 SPI 从复位状态释放。

(4) 写 SPIDAT 或 SPITXBUF(这将初始化主控制器中的发送过程)。

(5) 在数据传送完成后(SPISTS.6＝1)，读 SPIRXBUF 寄存器的值，判断接收到的数据。

注：为防止在对 SPI 进行配置过程中出现不可预知的状况，通常在配置开始前将 SW RESET 位清零，在配置结束后重新将其置 1。另外，在通信过程中不可对 SPI 进行配置。

11.3.5 数据传送实例

图 11-7 为 2 个 SPI 器件使用对称 SPICLK 信号进行通信的时序图，数据位长度为 5。现对图 11-7 中 A～K 所标明的时刻进行如下说明：

A——从控制器向 SPIDAT 写入 0D0h，并等待主控制器移出数据；

B——主控制器将从控制器的 $\overline{\text{SPISTE}}$ 引脚拉到低电平；

C——主控制器向 SPIDAT 写入 058h，开始传送过程；

D——第一字节的传送已经结束，并将中断标志位置 1；

E——从控制器从它的 SPIRXBUF(右对齐)中读取 0Bh;

F——从控制器向 SPIDAT 写入 04h,并等待主控制器移出数据;

G——主控制器向 SPIDAT 写入 06Ch,开始传送过程;

H——主控制器从它的 SPIRXBUF(右对齐)中读取 01Ah;

I——第二个字节传送完毕,将中断标志位置 1;

J——主控制器和从控制器分别从它们的 SPIRXBUF 中读取字符 89h 和 8Dh;

K——主控制器将 SPISTE 信号拉到高电平。

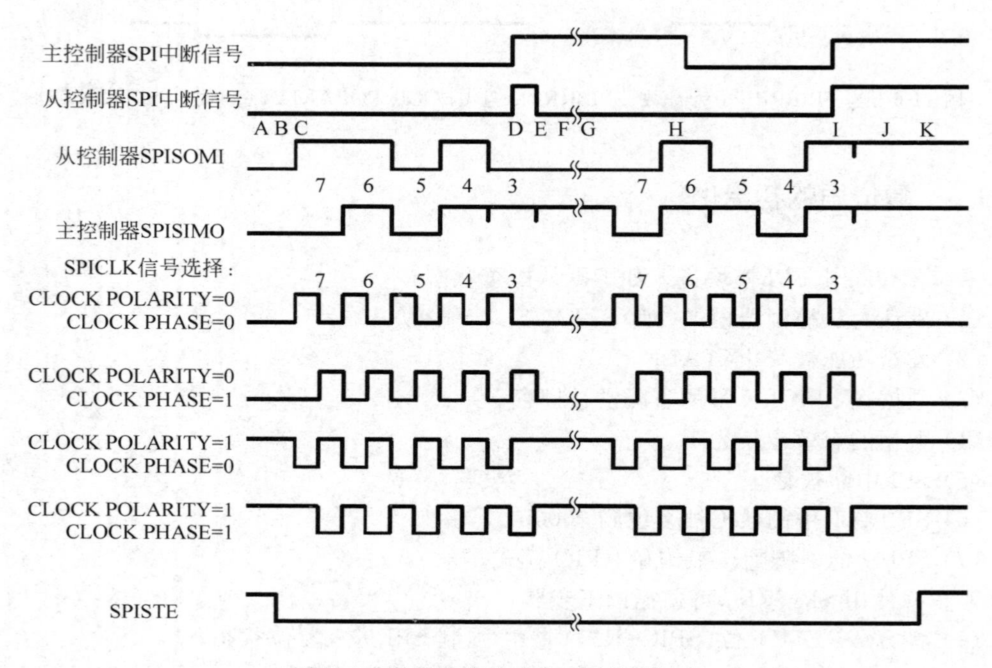

图 11-7 数据长度为 5 的 SPI 传送过程

11.4 SPI FIFO 功能介绍

本节通过以下具体步骤对 SPI FIFO 的特点进行了介绍,并对 SPI FIFO 的使用给出了指导。

(1) 复位。

上电复位后 SPI 工作在标准 SPI 模式,FIFO 功能被禁止,FIFO 相关寄存器 SPIFFTX、SPIFFRX 及 SPIFFCT 处在未激活状态。

(2) 标准 SPI。

标准 SPI 将使用 SPIINT/SPIRXINT 作为中断源。

(3) 模式转换。

通过将 SPIFFTX 寄存器中的 SPIFFEN 位置 1,可使能 FIFO 功能,SPIRST 可在操作的任何阶段复位 FIFO 模式。

（4）有效寄存器。

所有标准SPI寄存器以及FIFO相关寄存器SPIFFTX、SPIFFRX及SPIFFCT都有效。

（5）中断。

FIFO模式具有2个中断信号：SPITXINT作为发送中断信号，SPIINT/SPIRXINT作为接收中断信号。SPIINT/SPIRXINT中断信号包含的中断事件有SPI FIFO正常接收、接收错误、接收FIFO溢出。标准SPI的中断SPIINT将被禁用，这个中断将作为SPI接收FIFO的中断信号。

（6）缓冲器。

发送缓冲器与接收缓冲器是2个16×16的FIFO，标准SPI模式下的单字节发送缓冲器TXBUF在SPI FIFO模式中将作为FIFO与移位寄存器之间的传送缓冲器，当移位寄存器中的最后一位被传送出去时，FIFO中的数据将装载到TXBUF中。

（7）延时传送。

FIFO向发送移位寄存器中的装载速率是可控的。SPIFFCT寄存器中的7～0位（FFTXDLY7～FFTXDLY0）用来定义两次装载的间隔时间。间隔时间是以SPI波特率为最小时间单位的，8位寄存器可定义的间隔时间为0～255个波特率周期。在零延时下，SPI以连续模式将FIFO中的数据移出；在255个波特率周期延时下，SPI将在每发送2个FIFO数据之间插入最大的延时时间。可编程的延时时间为实现DSP与低速SPI设备之间的通信提供了方便，如EEPROM、外部ADC等。

（8）FIFO状态标志位。

发送与接收FIFO都有各自的状态标志位TXFFST及RXFFST，用以标明各自FIFO单元中有效数据的个数，发送FIFO的复位位TXFIFO及接收FIFO的复位位RXFIFO清零时，可分别将各自的FIFO指针复位到0，一旦这两位置1，FIFO将重新开始运行。

（9）可编程的中断深度。

发送与接收FIFO都能产生各自的CPU中断请求信号。以发送FIFO为例进行说明，当发送FIFO的状态位TXFFST中的值小于或等于中断深度设置位TXFFIL中的值时，将产生一次中断事件。这为SPI的发送器与接收器提供了可编程的中断触发条件。默认情况下，接收器的中断深度配置位为0x11111，发送器的中断深度配置位为0x00000。

SPI FIFO中断标志位及使能逻辑如图11-8所示，表11-3给出了标准SPI模式与SPI FIFO模式下的中断信号。

表11-3　SPI中断标志位

FIFO选项	SPI中断源	中断标志	中断使能	FIFO使能位SPIFFENA	中断线
非FIFO模式	接收溢出	RXOVRN	OVRNINTENA	0	SPIRXINT
	正常接收	SPIINT	SPIINTENA	0	SPIRXINT
	发送器为空	SPIINT	SPIINTENA	0	SPIRXINT
FIFO模式	FIFO正常接收	RXFFIL	RXFFIENA	1	SPIRXINT
	发送器为空	TXFFIL	TXFFIINA	1	SPITXINT

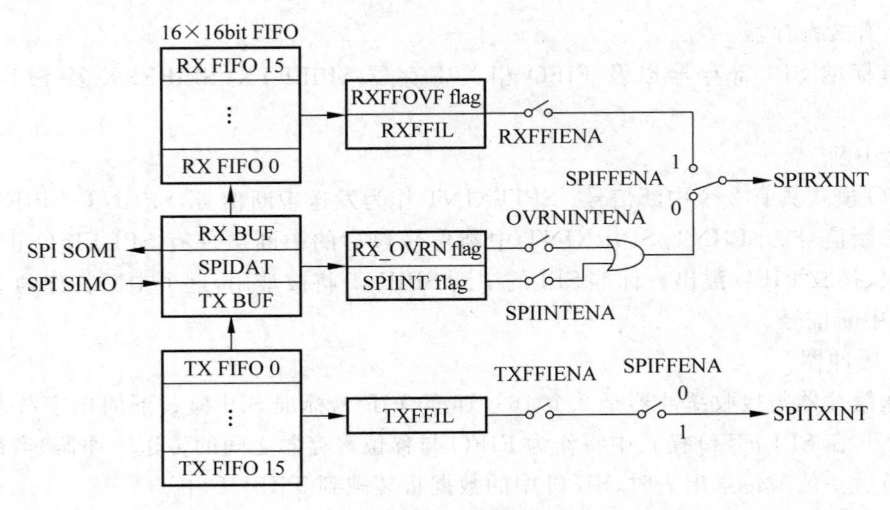

图 11-8 SPI FIFO 中断标志位及使能逻辑

11.5 相关寄存器

本节首先将与 SPI 相关的寄存器汇总，如表 11-4 所示，接下来将对每个寄存器进行详细介绍。

表 11-4 SPI 相关寄存器

寄存器名称	地址单元	大小(×16 位)	寄存器说明
SPICCR	0x00007040	1	SPI 配置与控制寄存器
SPICTL	0x00007041	1	SPI 运行方式控制寄存器
SPISTS	0x00007042	1	SPI 状态寄存器
SPIBRR	0x00007044	1	SPI 波特率寄存器
SPIEMU	0x00007046	1	SPI 仿真缓冲寄存器
SPIRXBUF	0x00007047	1	SPI 接收缓冲寄存器
SPITXBUF	0x00007048	1	SPI 发送缓冲寄存器
SPIDAT	0x00007049	1	SPI 串行数据寄存器
SPIFFTX	0x0000704A	1	SPI FIFO 发送寄存器
SPIFFRX	0x0000704B	1	SPI FIFO 接收寄存器
SPIFFCT	0x0000704C	1	SPI FIFO 控制寄存器
SPIPRI	0x0000704F	1	SPI 优先权控制寄存器

SPI 配置与控制寄存器 SPICCR 各位信息如表 11-5 所示，功能描述如表 11-6 所示。

表 11-5 SPICCR 寄存器各位信息

7	6	5	4	3	2	1	0
SPI SW Reset	CLOCK POLARITY	保留	SPILBK	SPI CHAR3	SPI CHAR2	SPI CHAR1	SPI CHAR0
R/W-0	R/W-0	R-0	R-0	R/W-0	R/W-0	R/W-0	R/W-0

表 11-6 SPICCR 功能描述

位	字段	取值及功能描述
7	SPI SW Reset	SPI软件复位,在改变SPI相关配置前应将此位清零,在配置完成后将其置1。 0:初始化SPI各工作标志位,将RECEIVER OVERRUN(SPISTS.7)、SPI INT FLAG(SPISTS.6)及TXBUF FULL(SPISTS.5)清零,但SPI的相关配置不改变。如果SPI模块工作在主控制器模式下,SPICLK输出信号保持在无效状态。 1:SPI已经可以接收或发送下一个字符。当SPI SW Reset从0变到1时,不会自动将发送寄存器中的数据发送出去,必须重新向发送寄存器中写入数据才能启动发送过程
6	CLOCK POLARITY	移位时钟极性选择位,此位控制SPICLK信号的极性,CLOCK POLARITY和CLOCK PHASE(SPICTL.3)共同决定SPICLK引脚上的4种时钟方案。 0:数据在上升沿发送,在下降沿接收,当SPI空闲时,SPICLK保持在低电平。输入/输出信号的边沿还取决于CLOCK PHASE位。 • CLOCK PHASE=0:数据在SPICLK上升沿发送,在SPICLK下降沿锁存输入的数据; • CLOCK PHASE=1:数据在SPICLK第一个上升沿的前半个周期时刻发送,输入信号在SPICLK的上升沿锁存。 1:数据在下降沿发送,在上升沿接收,当SPI空闲时,SPICLK保持在高电平。输入/输出信号的边沿还取决于CLOCK PHASE位。 • CLOCK PHASE=0:数据在SPICLK下降沿发送,在SPICLK上升沿锁存输入的数据; • CLOCK PHASE=1:数据在SPICLK第一个下降沿的前半个周期时刻发送,输入信号在SPICLK的下降沿锁存
5	保留	读返回0,写无反应
4	SPILBK	SPI内部回路模式控制位。内部回路模式方便调试,只有SPI工作在主控制器模式下才能使用内部回路模式。 0:禁止SPI内部回路模式; 1:启用SPI内部回路模式,SIMO/SOMI在器件内部互连到一起
3~0	SPI CHAR3~SPI CHAR0	数据位长度控制,决定在一次通信过程中所发送与接收的数据的长度。 0000~1111(k):数据位长度为$k+1$

SPI运行方式控制寄存器SPICTL各位信息如表11-7所示,功能描述如表11-8所示。

表 11-7 SPICTL 寄存器各位信息

7~5	4	3	2	1	0
保留	OVERRUN INT ENA	CLOCK PHASE	MASTER/SLAVE	TALK	SPI INT ENA
R-0	R/W-0	R/W-0	R/W-0	R/W-0	R/W-0

表 11-8 SPICTL 功能描述

位	字段	取值及功能描述
7~5	保留	读返回0,写无反应
4	OVERRUN INT ENA	溢出中断使能位,当RECEIVER OVERRUN Flag由硬件置位时产生一个中断请求信号,RECEIVER OVERRUN Flag与SPI INT Flag使用同一个中断向量。 0:禁止接收溢出中断;1:使能接收溢出中断

续表

位	字段	取值及功能描述
3	CLOCK PHASE	SPI 时钟相位选择位，与 CLOCK POLARITY 位共同决定 SPICLK 的 4 种方案。 0：无延时的时钟控制方案；1：有延时的时钟控制方案，延时时间为半个周期，时钟极性由 CLOCK POLARITY 决定
2	MASTER/SLAVE	SPI 网络模式选择位。0：SPI 配置为从控制器模式；1：SPI 配置为主控制器模式
1	TALK	主/从控制器发送使能位，TALK 通过将串行数据线拉到高阻状态而禁止发送功能，如果在一次发送未完成时，通过 TALK 禁止发送功能，则当前发送移位寄存器将继续工作，直到本次字符传送完成。当 TALK 禁止时，SPI 仍可正常接收数据，并更新标志位。TALK 可通过软件复位清除。 0：禁止发送功能，如果相应的引脚工作在 SPI 模式，主控制器的 SPISIMO 及从控制器的 SPISOMI 将被强制到高阻状态；1：使能发送功能
0	SPI INT ENA	SPI 中断使能位，此位用来控制 SPI 的接收/发送中断，SPI INT FLAG (SPISTS.6)不受此位的影响。 0：禁止中断；1：使能中断

SPI 状态寄存器 SPISTS 各位信息如表 11-9 所示，功能描述如表 11-10 所示。

表 11-9 SPISTS 寄存器各位信息

7	6	5	4～0
RECEIVER OVERRUN FLAG	SPI INT FLAG	TX BUF FULL FLAG	保留
R/C-0	R/C-0	R/C-0	R-0

表 11-10 SPISTS 功能描述

位	字段	取值及功能描述
7	RECEIVER OVERRUN FLAG	SPI 接收器溢出标志位，该位是一个只读/只清除标志位。当前一个字符未从缓冲器中读出，此时接收与发送操作已经完成，则 SPI 内部硬件逻辑将其置位，表明上次接收的字符被覆盖(即在读取 SPIRXBUF 之前，又有新的值写入)。当 OVERRUN INT ENA(SPICTL.4)为 1 时，只要此位被置 1，则发出中断请求。此位可通过如下 3 种方式清零：向此位写 1；向 SPI SW RESET 位写 0；系统复位； 如果 OVERRUN INT ENA＝1，SPI 只在 RECEIVER OVERRUN FLAG 第一次置位时产生一次中断请求，如果该标志位已经置位，随后的溢出事件将不会产生中断请求。为了使每次溢出事件都产生中断请求，用户需要在每次溢出中断发生后向 SPISTS.7 写 1 来将此中断标志位清零。 0：写 0 无反应； 1：写 1 将此位清零。在中断服务函数中需要将 RECEIVER OVERRUN FLAG 位清零，因为 RECEIVER OVERRUN FLAG 与 SPI INT FLAG 共用一个中断向量入口

续表

位	字段	取值及功能描述
6	SPI INT FLAG	SPI中断标志位，该位是一个只读标志位。当SPI模块发送或接收完最后一个字符后，硬件逻辑将此位置1，并且在将此位置1的同时将接收到的字符存放到接收缓冲器中。如果SPI INT ENA(SPICTL.0)为1，则可产生中断请求。 0：写0无反应； 1：当此位为1时，可通过如下3种方式对其进行清零：读SPIRXBUF寄存器；向SPI SW RESET位写0；系统复位
5	TX BUF FULL FLAG	SPI发送缓冲器满标志位，该位是一个只读标志位。当SPITXBUF被写入数据时，该位置1；当数据自动装载到SPIDAT中时，该位自动清零。 0：写0无反应；1：复位时该位清零
4～0	保留	读返回0，写无反应

SPI波特率寄存器SPIBRR各位信息如表11-11所示，功能描述如表11-12所示。

表11-11　SPIBRR寄存器各位信息

7	6～0
保留	SPI BIT RATE6～SPI BIT RATE0
R-0	R/W-0

表11-12　SPIBRR功能描述

位	字段	取值及功能描述
7	保留	读返回0，写无反应
6～0	SPI BIT RATE6～SPI BIT RATE0	SPI波特率控制寄存器。如果SPI工作在主控制器模式下，这些位决定了SPICLK的时钟频率，共有125种波特率可供选择；如果SPI工作在从控制器模式下，由于从控制器从通信网络中接收SPICLK信号，故这些位对输入的SPICLK信号不起作用，需要注意的是，输入的SPICLK信号最大频率不能超过从控制器中的低速外设LSPCLK信号频率的1/4。 在主控制器模式下，SPIBRR与波特率之间的关系如下： $\text{SPI波特率}=\begin{cases}\dfrac{\text{LSPCLK}}{\text{SPIBRR}+1} & (4\leqslant \text{SPIBRR}\leqslant 127)\\ \dfrac{\text{LSPCLK}}{4} & (\text{SPIBRR}=0,1,2,3)\end{cases}$ 其中，LSPCLK为CPU低速外设时钟信号的频率

SPI仿真缓冲寄存器SPIRXEMU用来存储接收到的字符，但读SPIRXEMU寄存器不会对SPI INT FLAG(SPISTS.6)位清零，其各位信息如表11-13所示，功能描述如表11-14所示。

表11-13　SPIRXEMU寄存器各位信息

15	14	13～2	1	0
ERXB15	ERXB14	…	ERXB1	ERXB0
R-0	R-0	R-0	R-0	R-0

表 11-14 SPIRXEMU 功能描述

位	字段	取值及功能描述
15～0	ERXB15～ERXB0	接收到的字符。SPIRXEMU 与 SPIRXBUF 几乎具有同样的功能，其不同之处在于，读 SPIRXEMU 寄存器将不会对 SPI INT FLAG(SPISTS.6)位清零。一旦 SPIDAT 接收到完整的字符，字符将同时存放到 SPIRXEMU 与 SPIRXBUF 中，同时 SPI INT FLAG 将置位。SPIRXEMU 在功能上相当于 SPIRXBUF 的映射寄存器，通常在仿真调试过程中仅仅需要查看接收到的字符用来刷新显示，而不改变 SPI 模块的其他配置，此时可通过读取 SPIRXEMU 来实现，因为读取 SPIRXBUF 将会对 SPI INT FLAG 进行清零

SPI 接收缓冲寄存器 SPIRXBUF 各位信息如表 11-15 所示，功能描述如表 11-16 所示。

表 11-15 SPIRXBUF 寄存器各位信息

15	14	13～2	1	0
RXB15	RXB14	…	RXB1	RXB0
R-0	R-0	R-0	R-0	R-0

表 11-16 SPIRXBUF 功能描述

位	字段	取值及功能描述
15～0	RXB15～RXB0	接收到的字符。一旦 SPIDAT 接收到完整的字符，就会将其存放到 SPIRXBUF 中，同时将 SPI INT FLAG 置位。由于首先传送的是数据的最高位，所以 SPIRXBUF 中的数据使用右对齐方式进行存放

SPI 发送缓冲寄存器 SPITXBUF 各位信息如图 11-17 所示，功能描述如表 11-18 所示。

表 11-17 SPITXBUF 寄存器各位信息

15	14	13～2	1	0
TXB15	TXB14	…	TXB1	TXB0
W/R-0	W/R-0	W/R-0	W/R-0	W/R-0

表 11-18 SPITXBUF 功能描述

位	字段	取值及功能描述
15～0	TXB15～TXB0	要发送的下一个字符。SPITXBUF 存放下一个要发送的字符，该寄存器的写操作将 TX BUF FULL FLAG 置位。如果当前传送过程结束，SPITXBUF 中的值将自动装载到 SPIDAT 中，同时 TX BUF FULL FLAG 清零；如果当前没有正在执行的发送操作，写入该寄存器的值将直接存放到 SPIDAT 中，TX BUF FULL FLAG 不置位。在主控模式下，如果没有正在执行的发送操作，写该寄存器与写 SPIDAT 寄存器一样，都会初始化一次发送操作。 写入 SPITXBUF 中的值必须左对齐

SPI 数据寄存器 SPIDAT 是发送与接收操作的移位寄存器，写入 SPIDAT 中的数据将随着 SPICLK 时钟信号发送出去，并且首先发送 MSB；接收到的数据也在 SPICLK 时钟信

号的特定时刻锁存到其中。其各位信息如表11-19所示，功能描述如表11-20所示。

表11-19 SPIDAT寄存器各位信息

15	14	13～2	1	0
SDAT15	SDAT14	…	SDAT1	SDAT0
W/R-0	W/R-0	W/R-0	W/R-0	W/R-0

表11-20 SPIDAT功能描述

位	字段	取值及功能描述
15～0	SDAT15～SDAT0	串行数据。写SPIDAT寄存器将产生如下影响： • 如果TALK(SPICTL.1)=1，将允许数据发送出去； • 如果SPI工作在主控制器模式下，将初始化一次发送过程。 在主控制器模式下，向SPIDAT写入冗余数据，将启动一次接收过程。由于数据的对齐格式并不是由硬件电路实现，所以发送的字符必须由用户左对齐，而接收的字符默认为右对齐

SPI FIFO寄存器包括3个：SPIFFTX、SPIFFRX及SPIFFCT，以下将一一介绍。

SPIFFTX各位信息如表11-21所示，功能描述如表11-22所示。

表11-21 SPIFFTX寄存器各位信息

15	14	13	12	11	10	9	8
SPIRST	SPIFFENA	TXFIFO Reset	TXFFST4	TXFFST3	TXFFST2	TXFFST1	TXFFST0
R/W-1	R/W-0	R/W-1	R-0	R-0	R-0	R-0	R-0
7	6	5	4	3	2	1	0
TXFFINT Flag	TXFFINT CLR	TXFFIENA	TXFFIL4	TXFFIL3	TXFFIL2	TXFFIL1	TXFFIL0
R -0	W-0	R/W-0	R/W-0	R/W-0	R/W-0	R/W-0	R/W-0

表11-22 SPIFFTX功能描述

位	字段	取值及功能描述
15	SPIRST	SPI复位。0：写0将复位SPI发送及接收通道，但并不改变SPI FIFO的相关配置；1：SPI FIFO可重新开始接收与发送
14	SPIFFENA	SPI FIFO增强功能使能位。0：禁止SPI FIFO功能；1：使能SPI FIFO功能
13	TXFIFO Reset	发送器FIFO复位位。0：写0将发送器的FIFO指针复位到0，并保持在复位状态；1：重新使能发送器FIFO功能
12～8	TXFFST4～0	发送器FIFO的状态位。0000：发送器的FIFO空；0001～1000(k)：发送器的FIFO内有k个字符
7	TXFFINT Flag	0：没有发生TXFIFO中断；1：发生TXFIFO中断
6	TXFFINT CLR	0：写0无反应；1：写1将对TXFFINT Flag位清零
5	TXFFIENA	0：禁止TX FIFO与TXFFIVL匹配中断；1：使能TX FIFO与TXFFIVL匹配中断
4～0	TXFFIL4～0	设置TX FIFO的中断深度。当TXFFST4～0小于或等于TXFFIL4～0时将产生中断；默认值为0x00000

SPIFFRX 各位信息如表 11-23 所示，功能描述如表 11-24 所示。

表 11-23 SPIFFRX 寄存器各位信息

15	14	13	12	11	10	9	8
RXFFOVF Flag	RXFFOVR CLR	RXFIFO Reset	RXFFST4	RXFFST3	RXFFST2	RXFFST1	RXFFST0
R-0	W-0	R/W-1	R-0	R-0	R-0	R-0	R-0
7	6	5	4	3	2	1	0
RXFFINT Flag	RXFFINT CLR	RXFFIENA	RXFFIL4	RXFFIL3	RXFFIL2	RXFFIL1	RXFFIL0
R-0	W-0	R/W-0	R/W-1	R/W-1	R/W-1	R/W-1	R/W-1

表 11-24 SPIFFRX 功能描述

位	字段	取值及功能描述
15	RXFFOVF	0：接收器 FIFO 没有溢出；1：接收器 FIFO 溢出，多于 16 个字符被存储到 FIFO 中，且第一个字符丢失
14	RXFFOVF CLR	0：写 0 无反应；1：写 1 将清除 RXFFOVF Flag 标志位
13	RXFIFO Reset	接收器 FIFO 复位位。0：写 0 将接收器的 FIFO 指针复位到 0，并保持在复位状态；1：重新使能接收器 FIFO 功能
12～8	RXFFST4～0	接收器 FIFO 的状态位。0000：接收器的 FIFO 空；0001～1000(*k*)：接收器的 FIFO 内有 *k* 个字符
7	RXFFINT Flag	0：没有发生 RXFIFO 中断；1：发生 RXFIFO 中断
6	TXFFINT CLR	0：写 0 无反应；1：写 1 将对 RXFFINT Flag 清零
5	RXFFIENA	0：禁止 RX FIFO 与 RXFFIVL 匹配中断；1：使能 RX FIFO 与 RXFFIVL 匹配中断
4～0	RXFFIL4～0	设置 RX FIFO 的中断深度。当 RXFFST4～0 大于或等于 TXFFIL4～0 时将产生中断；默认值为 0x11111

SPIFFCT 各位信息如表 11-25 所示，功能描述如表 11-26 所示。

表 11-25 SPIFFCT 寄存器各位信息

15～8							
保留							
R-0							
7	6	5	4	3	2	1	0
FFTXDLY7	FFTXDLY6	FFTXDLY5	FFTXDLY4	FFTXDLY3	FFTXDLY2	FFTXDLY1	FFTXDLY0
R/W-0	R/W-0	R/W-0	R/W-0	R/W-0	R/W-0	R/W-0	R/W-0

表 11-26 SPIFFCT 功能描述

位	字段	取值及功能描述
15～8	保留	保留
7～0	FFTXDLY7～0	FIFO 发送延时位。这些位定义了每 2 个 FIFO 向发送缓冲器装载数据的时间间隔，以波特率周期为最小时间单位，8 位的寄存器可定义的时间范围为 0～255 个波特率周期

SPI 优先权控制寄存器 SPIPRI 各位信息如表 11-27 所示，功能描述如表 11-28 所示。

表 11-27　SPIPRI 寄存器各位信息

7	6	5	4	3～0
保留		SPI SUSP SOFT、SPI SUSP FREE		保留
R-0		W/R-0		R-0

表 11-28　SPIPRI 功能描述

位	字段	取值及功能描述
7～6	保留	读返回 0，写无反应
5～4	SPI SUSP SOFT SPI SUSP FREE	这些控制位决定了在仿真挂起（如遇到断点）时 SPI 模块所执行的动作。SPI 可以继续以先前方式运行（free-run 模式）或停止，可以选择立即停止，也可选择在当前接收/发送操作完成后停止。 00：当仿真挂起时立即停止，例如：一个要发送的字符有效长度为 8，SPI 模块已经发送 3 位，此时如果仿真挂起，SPI 模块立即停止工作，当仿真挂起解除后，SPI 继续先前的工作，开始传送字符的第 4 位，这与 SCI 模块不同； 01：在标准 SPI 模式下，当 TXBUF 与 SPIDAT 都为空时，SPI 停止工作；在 SPI FIFO 模式下，当 TX FIFO 与 SPIDAT 都为空时，SPI 停止工作； 1x：free-run 模式，无论是否发生仿真挂起事件，SPI 模块都继续工作，不受影响
3～0	保留	读返回 0，写无反应

11.6　应用实例

以下给出了 SPI-A 模块的具体应用实例，该实例中 SPI 模块的主要配置如下：

(1) 使用内部互连（LoopBack）功能。

(2) 工作在 SPI FIFO 模式。

(3) 使能 SPI FIFO 中断。

由于使用内部互连功能，SPI 发送的数据将直接被其自身接收，将接收到的数据与发送的数据进行比较，可对 SPI 进行功能验证。在调试过程中可通过观察 sdata[8]、rdata[8]及 rata_point 来了解整个工作过程。

程序清单 11-1：SPI 应用程序

```
//========================================================
//aMain.c 文件
//========================================================
#include "DSPF28335_Project.h"
//==========函数声明 ======================================
interrupt void spiTxFifoIsr(void);
```

```
interrupt void spiRxFifoIsr(void);
void spi_fifo_init(void);
void error();
//=========全局变量声明=======================================
Uint16 sdata[8];                                //发送数据缓冲
Uint16 rdata[8];                                //接收数据缓冲
Uint16 rdata_point;
//===========主函数=========================================
void main(void)
{   Uint16 i;
InitSysCtrl();                                  //系统初始化
    DINT;                                       //关闭全局中断
   InitPieCtrl();                               //初始化中断控制寄存器
    IER = 0x0000;                               //关闭 CPU 中断
    IFR = 0x0000;                               //清除 CPU 中断信号
   InitPieVectTable();                          //初始化中断向量表
InitSpiaGpio();                                 //初始化相应的 SPI 端口
 //为中断入口向量赋值
   EALLOW;                                      //使能对 EALLOW 保护寄存器的写操作
      PieVectTable.SPIRXINTA = &spiRxFifoIsr;
      PieVectTable.SPITXINTA = &spiTxFifoIsr;
   EDIS;                                        //禁止对 EALLOW 保护寄存器的写操作
      spi_fifo_init();                          //初始化 SPI FIFO 模式
 //初始化要发送的数据
      for(i=0; i<8; i++)
      { sdata[i] = i; }
      rdata_point = 0;
 //使能中断
      PieCtrlRegs.PIECTRL.bit.ENPIE = 1;        //Enable the PIE block
      PieCtrlRegs.PIEIER6.bit.INTx1=1;          //Enable PIE Group 6, INT 1
      PieCtrlRegs.PIEIER6.bit.INTx2=1;          //Enable PIE Group 6, INT 2
      IER=0x20;                                 //Enable CPU INT6
      EINT; //Enable Global Interrupts
 //死循环,等待中断处理
       for(;;);
}
//===========子函数=========================================
// ***********************************
/*
  @ Description: 如果发生 SPI 测试错误,则停止测试
 */
// ***********************************
void error(void)
{
asm(" ESTOP0");                                 //Test failed!! Stop!
for (;;);
}
// ***********************************
/*
  @ Description: SPI FIFO 初始化函数
 */
```

```
// ************************************
void spi_fifo_init()
{
//Initialize SPI FIFO registers
    SpiaRegs.SPICCR.bit.SPISWRESET=0;          //软件复位 SPI
    SpiaRegs.SPICCR.all=0x001F;                //数据长度为16bit、Loopback 模式
    SpiaRegs.SPICTL.all=0x0017;                //使能中断、使能 Master/Slave XMIT
    SpiaRegs.SPISTS.all=0x0000;
    SpiaRegs.SPIBRR=0x0063;                    //设置波特率
    SpiaRegs.SPIFFTX.all=0xC028;               //使能 FIFO 设置 TX FIFO level 为 8
    SpiaRegs.SPIFFRX.all=0x0028;               //设置 RX FIFO level 为 8
    SpiaRegs.SPIFFCT.all=0x00;
    SpiaRegs.SPIPRI.all=0x0010;
    SpiaRegs.SPICCR.bit.SPISWRESET=1;          //重新使能 PI
    SpiaRegs.SPIFFTX.bit.TXFIFO=1;
    SpiaRegs.SPIFFRX.bit.RXFIFORESET=1;
}
//==========中断服务子函数==========================
// ************************************
/*
  @ Description: SPI FIFO 发送中断服务子函数
 */
// ************************************
interrupt void spiTxFifoIsr(void)
{
    Uint16 i;
for(i=0;i<8;i++)
{ SpiaRegs.SPITXBUF=sdata[i];  }               //发送数据
for(i=0;i<8;i++)
{ sdata[i]++; }                                //为下一次发送准备数据
 SpiaRegs.SPIFFTX.bit.TXFFINTCLR=1;            //清除中断标志位
 PieCtrlRegs.PIEACK.all|=0x20;
}
// ************************************
/*
  @ Description: SPI FIFO 接收中断服务子函数
 */
// ************************************
interrupt void spiRxFifoIsr(void)
{
Uint16 i;
for(i=0;i<8;i++)
{ rdata[i]=SpiaRegs.SPIRXBUF;  }               //读取接收到的数据
    for(i=0;i<8;i++)
    { if(rdata[i] != rdata_point+i) error(); }  //检查接收到的数据
    rdata_point++;
    SpiaRegs.SPIFFRX.bit.RXFFOVFCLR=1;         //清除溢出中断标志位
    SpiaRegs.SPIFFRX.bit.RXFFINTCLR=1;         //清除中断标志位
    PieCtrlRegs.PIEACK.all|=0x20;
}
//========================================
```

```
//End of file
//===========================================================================
```

11.7 习题

1. 典型的 SPI 通信需要哪些引脚？

2. 在主控制器模式下，设系统时钟为 150MHz，LSPCLK 为其 4 分频，分别计算 SPI 波特率为 1MHz、5MHz 和 10MHz 情况下的 SPI 波特率寄存器的值。

3. SPI 模块中包含哪些中断源？

4. 当数据位小于 16 位时，SPI 的发送与接收缓冲区中，数据分别是如何对齐的？

5. 画出主控制器模式下数据发送的流程图。

6. 画出从控制器模式下数据接收的流程图。

第12章

直接存储器访问模块

直接存储器访问(DMA)模块以硬件方式提供了一种不需CPU干涉而实现外设与内存之间的数据交换的方式。

12.1 概述

数字处理器的优势不只是CPU的处理速度,而是整个处理器的系统处理能力。在许多情况下需要花费大量的带宽去处理数据的传送,如片外存储单元与片内内存之间、外设与RAM之间以及外设与外设之间,并且在许多情况下这些数据的格式不利于CPU的优化处理。DMA能够释放CPU带宽,并且将数据格式整理成流水线结构。

DMA模块是基于事件触发机制的,所以其需要一个外部设备中断事件来触发DMA的传送,虽然通过配置定时器中断来触发DMA可将其看作时间触发机制型,但DMA自身并不含有能触发传送过程的结构。6个DAM通道的中断触发源都可单独配置,其中CH2～CH5具有相同的结构,而CH1具有一项特殊功能,即可配置比其他5个通道更高的优先级。DMA模块的核心是一个与地址控制逻辑紧紧联系在一起的状态机,正是这个结构允许在数据传送过程中对数据格式进行重组。

DMA主要特征如下:

(1) 具有独立中断控制的6路DMA通道。

(2) 可作为DMA传送的触发信号如下:

① ADC序列发生器1、序列发生器2;

② 多路缓冲器串口McBSP-A、McBSP-B的发送与接收;

③ XINT1～XINT7、XINT13;

④ CPU定时器;

⑤ ePWM1～ePWM6、ADCSOCA、ADCSOCB信号;

⑥ 软件强制。

(3) 数据源及目标。

① L4～L7 16K×16位SARAM;

② 所有 XINTF 区域；
③ ADC 存储器；
④ McBSP-A、McBSP-B 发送及接收缓冲器；
⑤ ePWM1～ePWM6/HRPWM1～HRPWM6 处在外设单元 3 的寄存器中。
(4) 字长：16 位或 32 位。
(5) 流量：4 周期/字。

12.2 DMA 结构

12.2.1 DMA 模块结构

图 12-1 给出了 DMA 的结构框图。

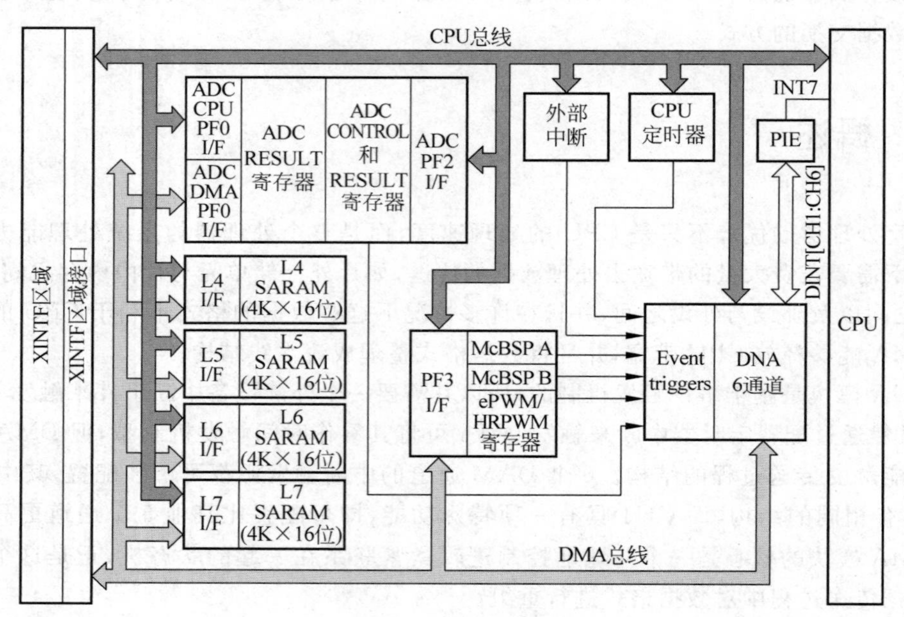

图 12-1 DMA 结构框图

12.2.2 外设中断事件触发源

每个 DMA 通道的外设中断事件触发源有 18 种配置方法，其中 8 种为外部中断信号，这 8 种外部中断信号可选择性地连接到 GPIO 引脚上，从而增加了灵活性。MODE 寄存器中的 PERINTSEL 位可用来为每个 DMA 通道选择相应的外设中断源，一次有效的外设中断信号将被锁存到 CONTROL 寄存器中的 PERINTFLG 中，如果相应的中断使能位及 DMA 通道被使能(MODE. CHx[PERINTE]位及 CONTROL. CHx[RUNSTS]位)，DMA 通道将执行相应的动作。一旦接收到外设中断事件的信号，DMA 将自动发送一个信号去清除中断源，从而保证中断事件不断发生。

不管 MODE. CHx[PERINSEL]位如何配置，可通过 CONTROL. CHx[PERINTFRC]位强制产生一次软件触发信号，通过 CONTROL. CHx[PERINTCLR]位可清除一个悬挂的 DMA 触发信号。

一旦一个中断触发事件将一个通道的 PERINTFLG 置位，在 DMA 内部状态机开始执行本次突发传送前，其一直保持在悬挂状态，而一旦执行本次突发传送，标志位被自动清除。当执行本次突发传送的过程中，如果又有一个中断触发事件到来，则此次传送请求被挂起，执行当前传送过程后将立即执行挂起的传送请求。如果挂起的传送请求未被执行，此时又有第三个传送请求到来，则错误标志位 CONTROL. CHx[OVRFLG]置位。如果当前传送过程的触发信号在标志位被清除时同时到来，则继续执行本次传送过程，原来挂起的传送请求仍保持在挂起状态。

图 12-2 给出了 DMA 通道中断源的选择电路，表 12-1 给出了可选的外设中断源信号。

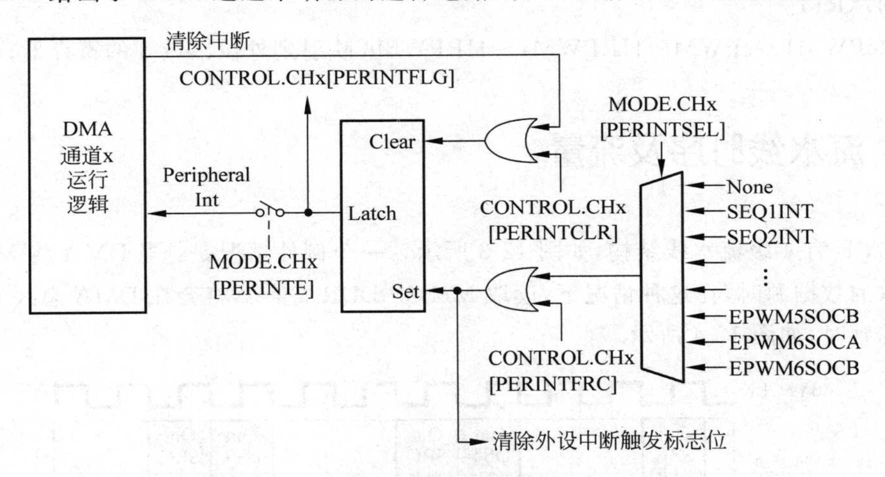

图 12-2　中断源选择电路

表 12-1　可选的外设中断源信号

外设名称	中断源信号
CPU	DMA 软件强制触发
ADC	序列 1 中断、序列 2 中断
外部中断	外部中断 1～7、外部中断 13
CPU 定时器	定时器 0/1/2 溢出中断
McBSP-A	McBSP-A 发送缓冲器空、McBSP-A 接收缓冲器满
McBSP-B	McBSP-B 发送缓冲器空、McBSP-B 接收缓冲器满
ePWM1	ADC 启动信号 SOCA、ADC 启动信号 SOCB
ePWM2	ADC 启动信号 SOCA、ADC 启动信号 SOCB
ePWM3	ADC 启动信号 SOCA、ADC 启动信号 SOCB
ePWM4	ADC 启动信号 SOCA、ADC 启动信号 SOCB
ePWM5	ADC 启动信号 SOCA、ADC 启动信号 SOCB
ePWM6	ADC 启动信号 SOCA、ADC 启动信号 SOCB

12.2.3 DMA 总线

DMA 总线结构包括一条 22 位的地址总线、一条 32 位的数据读总线以及一条 32 位的数据写总线。与 DMA 总线相连接的内存单元和寄存器在有些情况下与 CPU 和外设总线使用同一个接口，具体的仲裁原则将在下面章节介绍。连接到 DMA 总线上的资源如下：

(1) XINTF 区域 0、区域 6 及区域 7。

(2) L4、L5、L6 及 L7 SARAM 空间。

(3) ADC 存储器映射结果寄存器。

(4) McBSP-A 和 McBSP-B 数据接收寄存器(DRR2/DRR1)及数据发送寄存器(DXR2/DXR1)。

(5) ePWM1～ePWM6/HRPWM1～HRPWM6 映射到外设区域 3 的寄存器。

12.3 流水线时序及流量

DMA 具有 4 级流水线结构，如图 12-3 所示。一个例外情况是：当 DMA 将 McBSP 作为其读取的数据源时，在这种情况下，读取 McBSP DDR 寄存器将会在 DMA 总线上产生一个周期的延时，如图 12-4 所示。

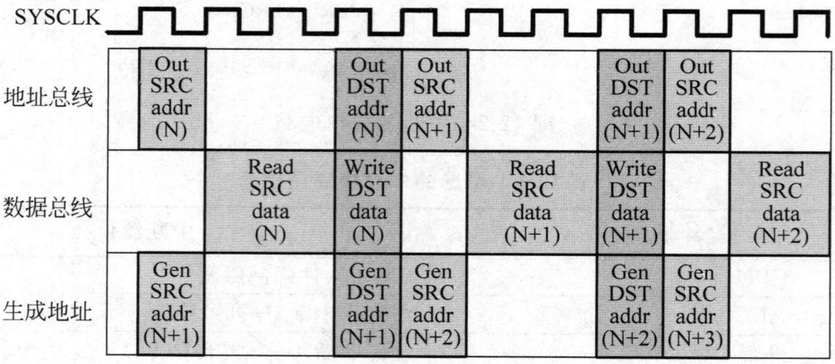

SYSCLK	1	2	3	4	5	6	7	8	9	10
地址总线	Out SRC addr (N)			Out DST addr (N)	Out SRC addr (N+1)			Out DST addr (N+1)	Out SRC addr (N+2)	
数据总线		Read SRC data (N)		Write DST data (N)		Read SRC data (N+1)		Write DST data (N+1)		Read SRC data (N+2)
生成地址	Gen SRC addr (N+1)			Gen DST addr (N+1)	Gen SRC addr (N+2)			Gen DST addr (N+2)	Gen SRC addr (N+3)	

图 12-3 DMA 4 级流水线结构

除了流水线结构，还有其他行为会影响 DMA 的整体传送流量：

(1) 每次突发传送开始时将会有一个周期的延时。

(2) 从 CH1 高优先级中断返回时将会有一个周期的延时。

(3) 32 位传送速率是 16 位传送速率的两倍。

(4) 与 CPU 产生读取冲突，将会产生延时。

例如，从 ADC 向 RAM 传递 128 个 16 位的字，一个通道可设为使用 8 次突发传送。

当每次传送 16 字时，所用时间为

8 次突发传送×[4 周期/字×16 字/次+1]=520 个周期

当每次传送 32 位时，所用时间为

8 次突发传送×[4 周期/字×8 字/次+1]=264 个周期

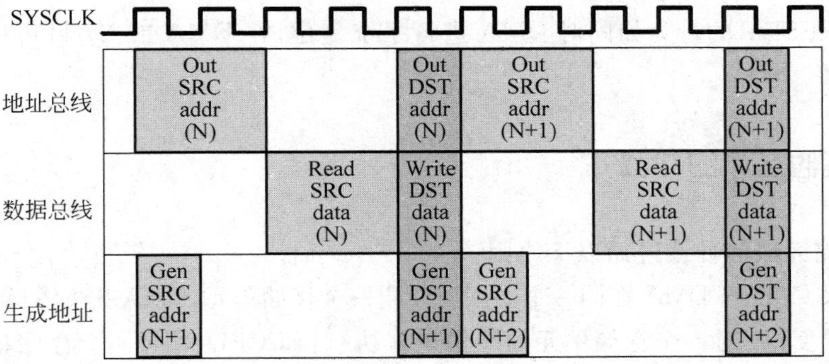

图 12-4　具有一个延时周期的四级流水线结构(McBSP 作为数据源)

12.4　CPU 仲裁

通常情况下 DMA 与 CPU 是相互独立的，但当 CPU 与 DMA 同时访问一个内存单元时，需要仲裁机制。可产生潜在访问冲突的存储区域如下：

(1) XINTF 存储区域 0、区域 6 及区域 7。

(2) L4、L5、L6 及 L7 RAM。

(3) 外设单元 3 中的寄存器(McBSP-A、McBSP-B 及 ePWM1～ePWM6/HRPWM1～HRPWM6)。

12.4.1　外部存储区 XINTF 的仲裁

外部存储区 XINTF 的仲裁遵循以下原则：

(1) 如果 CPU 与 DMA 在同一个周期内访问 XINTF 单元，DMA 访问首先被执行，CPU 访问之后被执行(CPU 通道的优先级顺序为“写—读—获取”)。

(2) 如果 CPU 访问 XINTF 操作正在执行或被挂起，此时 DMA 访问请求到来，那么在执行完 CPU 的访问操作后才转入执行 DMA 的访问请求。例如，如果 CPU 访问的写操作与读操作都被挂起而正在执行获取操作，当获取操作完成后首先执行写操作，接着执行读操作，最后执行 DMA 的访问请求。

(3) 如果 CPU 与 DMA 同时操作，将产生一个周期的延时。

如果 CPU 与 DMA 用来写 XINTF 区域，XINTF 的写缓冲器将避免延时的产生，如果 CPU 与 DMA 执行 XINTF 的读操作，延时将产生。需要关心的是，如果 DMA 被延时，将有可能错过更高优先级的DMA操作，如ADC的DMA操作，此时DMA不能用于对XINTF进行访问。

DMA不支持放弃对XINTF的读操作，如果DMA正在执行一次XINTF访问操作，且DMA访问被延时（XREADY无反应），则可通过CPU产生HARDRESET来取消此次访问。HARDRESET的行为如同对DMA进行系统复位，在DMA或XINTF写缓冲器中的数据都将丢失。

12.4.2 其他区域的仲裁

其他存储区域的仲裁遵循以下原则：

(1) 如果CPU与DMA在同一个周期访问同一个存储单元，DMA比CPU的优先级高。

(2) 如果CPU对一个存储单元的操作正在执行，而CPU对同一个存储单元的另一次访问操作被挂起(例如，CPU正在处理一个内存单元的写操作，并且读操作被挂起)，如果此时DMA发起对同一个内存单元的访问，那么DMA的优先级比被挂起的CPU读操作要高。

如果CPU正在执行"读—修改—写"操作，而DMA对同一个存储单元进行写访问，若DMA的写请求出现在CPU的读操作和写操作之间，那么此次DMA访问操作将会丢失。因此，不建议同时使用CPU与DMA访问同一个存储单元。

12.5 通道优先级

6个DMA通道具有2种优先级方案：循环优先级方案和CH1高优先级方案。

12.5.1 循环优先级方案

在此模式下，所有DMA通道具有相同的优先级，且被使能的DMA通道以如下循环顺序进行访问：

CH1→CH2→CH3→CH4→CH5→CH6→CH1→CH2…

在这种情况下，当一个通道完成一次突发传送，转而执行下一个通道，用户可以为每个通道设定每次突发传送的数据大小。一旦CH6被执行完，如果没有其他被挂起的DMA通道，那么进入空闲状态。

在空闲状态下，CH1(如果使能)将首先被执行，然而如果此时正在执行通道 x，那么通道 x 到通道6之间被挂起的通道将先于CH1被执行，即所有的通道具有相同的优先级。例如，在一个循环中CH1、CH4及CH5通道被使用且CH4通道处在当前执行状态，如果在CH4执行完成前CH1与CH5的执行请求同时到来，CH1与CH5都被挂起，当CH4执行完成后CH5将会被执行，只有当CH5执行完成后CH1才能被执行，在CH1被执行完成后如果没有被挂起的通道，那么进入空闲状态。

通过 DMACTL[PRIORITYRESET]位可将循环状态机复位到空闲状态。

12.5.2 CH1 高优先级方案

在此模式下 CH1 通道具有最高的优先级，一旦 CH1 触发到来，其他通道完成当前字节的传送后（一次突发传送未完成），此通道的执行被终止，CH1 通道被执行，CH1 执行完成后继而执行刚才被中断的通道。此模式下 CH1 具有最高的优先级，而其他通道仍遵循循环优先级方案。

高优先级：CH1。

低优先级：CH2→CH3→CH4→CH5→CH6→CH1→CH2…

例如，在一个循环中 CH1、CH4 及 CH5 通道被使用且 CH4 通道处在当前执行状态，如果在 CH4 执行完成前 CH1 与 CH5 的执行请求同时到来，CH1 与 CH5 都被挂起，当 CH4 执行完成当前字节的传送后（不管一次突发传送是否完成），立即执行 CH1 通道，CH1 通道执行完成后继续执行 CH4 通道，CH4 执行完成后 CH5 将会被执行，在 CH5 被执行完成后如果没有被挂起的通道，那么进入空闲状态。

12.6 地址指针及发送控制

DMA 模块的内部状态机是 2 级嵌套的循环结构。当一个外部设备的中断触发信号到来时，内部循环开始一次突发传送，一次突发传送被定义为一次传送的最小单位，可通过 BURST_SIZE 寄存器为每个通道设定突发传送的数据量。BURST_SIZE 允许在一次突发传送中最多传送 32 个 16 位的字。通过 TRANSFER_SIZE 寄存器可设置每个外环的尺寸，定义了在一次传送过程中突发传送的循环次数。由于 TRANSFER_SIZE 是一个 16 位的寄存器，所以在一次传送过程中总数据量可满足任何传送要求。在每次传送的开始或结尾可产生一次 CPU 中断，这由 MODE.CHx[CHINTMODE]位决定。

在 MODE.CHx[ONESHOT]位的默认设置下，DMA 在一次外设中断触发下仅产生一次突发传送，在此次突发传送结束后，即使当前通道的触发信号再次到来，状态机也将根据优先级顺序移动到下一个通道，这样可以防止一个通道独占 DMA 总线。如果所要传送的总数据量大于一次突发传送的最大数据量，可通过将 MODE.CHx[ONESHOT]置位来完成整个传送过程。但需要注意的是，在此模式下将会导致一次触发事件占用绝大部分的 DMA 带宽。

每个 DMA 通道都包含源地址与目标地址的映射地址指针（SRC_ADDR、DST_ADDR），这些指针在传送状态机运行过程中可独立控制，每次传送开始时，每个指针映射地址中的值将分别装载到其当前寄存器中。在内部循环运行时，每完成一个字的传送，源或目标寄存器 BURST_STEP 的值将被添加到当前 SRC/DST_ADDR 中。每次内环结束时，可采用 2 种方法清除当前地址指针：第一种（默认），将 SRC/DST_TRANSFER_STEP 寄存器中的标记值添加到相应的指针中；第二种，通过返回过程，返回地址将被加载到当前地址指针中，当返回过程开始时，SRC/DST_TRANSFER_STEP 寄存器被忽略。

当 SRC/DST_WRAP_SIZE 寄存器中设定的突发传送次数完成时，发生地址返回。每个 DMA 通道包含 2 个映射地址指针：SRC_BEG_ADDR 和 DST_BEG_ADDR，从而允许源与目标独立控制。与 SRC_ADDR 与 DST_ADDR 一样，在传送开始时，当前寄存器 SRC/DST_BEG_ADDR 将从其映射单元中加载数据，当设定的突发传送次数完成时，一个返回过程将发生：

(1) 当前寄存器 SRC_DST_BEG_ADDR 将根据 SRC/DST_WRAP_STEP 寄存器中的标记值进行增加。

(2) 当前寄存器 SRC_DST_BEG_ADDR 中的新值将装载到 SRC/DST_ADDR 当前寄存器中。

另外，返回计数器（SRC_DST_WRAP_COUNT）将会重新加载 SRC/DST_WRAP_SIZE 的值，为下次返回做准备，这就允许在一次传送过程中产生多次返回操作。

DMA 的地址指针有当前寄存器与映射寄存器，从而允许用户在 DMA 工作时为下次传送过程在映射寄存器中设定相应的值。具有映射单元的指针有：

(1) 源/目标地址指针（SRC/DST_ADDR）。

映射寄存器中的值即为读/写操作的首地址，每次传送开始时，映射寄存器中的值将装载到当期寄存器中。

(2) 源/目标开始地址指针（SRC_DST_BEG_ADDR）。

每次传送开始时，映射寄存器中的值将装载到当期寄存器中，当前寄存器的值在添加到 SRC/DST_ADDR 寄存器之前，将先根据 SRC/DST_WRAP_STEP 寄存器中的值进行增加。

对于每个通道，传送过程由以下长度值进行控制：

(1) 源和目标突发传送长度（BURST_SIZE，内部循环次数）。

BURST_SIZE 定义了一次突发传送所传递字的个数，在突发传送开始前，BURST_SIZE 的值被装载到 BURST_COUNT 寄存器中，每次完成一个字的传送，BURST_COUNT 减 1，直到归零时表明本次突发传送结束。当前通道的行为由 MODE 寄存器中的 ONE_SHOT 位定义，每次突发传送的最大字数由外设决定，如 ADC 的突发传送可为 16 个寄存器，McBSP 突发传送字数被限制为 1，因为其没有接收与发送缓冲器。对于 RAM 单元，突发传送的最大字数可由 BURST_SIZE 设定，为 32。

(2) 源和目标传送次数（TRANSFER_SIZE，外部循环次数）。

TRANSFER_SIZE 指定在每个 CPU 中断（如果被使能）产生前所发生的突发传送的次数。通过 MODE 寄存器中的 CHINTMODE 位可将中断配置成在传送开始时触发中断或在传送结束时触发中断。MODE 寄存器中的 CONTINUOUS 位可设定在传送完成后当前通道是继续使能还是禁止工作。在传送开始时，TRANSFER_SIZE 被装载到 TRANSFER_COUNT 寄存器中，TRANSFER_COUNT 不断监视突发传送的次数，直到其归零，表明

DMA 传送过程结束。

(3) 源/目标返回长度(SRC/DST_WRAP_SIZE)。

SRC/DST_WRAP_SIZE 定义了在当前地址指针返回开始位置前所发生的突发传送次数,用来实现一个环绕的地址类型功能。在传送开始时,SRC/DST_WRAP_SIZE 的值被装载到 SRC/DST_WRAP_COUNT 寄存器中,SRC/DST_WRAP_COUNT 监视突发传送所发生的次数,当归零时相应的源/目标地址指针的返回操作被执行。要禁止此项功能,设定此寄存器的值大于 TRANSFER_SIZE 的值。

对于每个源/目标指针,地址的改变可通过以下步长来控制:

(1) 源/目标突发传送步长(SRC/DST_BURST_STEP)。

每次突发传送,源地址及目标地址的增量步长由此寄存器设定。寄存器中的值是有符号二进制形式,从而地址可按要求增加或减少。如果不要求增加,如读取 McBSP 数据接收与发送寄存器,可将此寄存器设为 0。

(2) 源/目标传送步长(SRC_DST_TRANSFER_STEP)。

定义了在当前突发传送完成后,下一个突发传送的地址偏移量。当访问的寄存器或内存单元存在固定的地址间隔,可使用此功能。

(3) 源/目标返回步长(SRC/DST_WRAP_STEP)。

当返回计数器归零时,此寄存器定义了 BEG_ADDR 指针增加或减少字的个数,从而设定新的地址。

注:不管 DATASIZE 的值如何设定,STEP 寄存器的值默认是为 16 位地址设定步长,如果增加一个 32 位地址,该寄存器应当设定为 2。

以下模式定义了 DMA 2 级循环状态机的运行模式。

(1) 单次触发模式(ONESHOT)。

在一次外设中断触发信号到来时,如果使能单次触发模式,在 TRANSFER_COUNT 归零前 DMA 将连续执行突发传送。如果单次触发模式被禁止,则每次突发传送过程都要由中断触发信号进行触发,直到 TRANSFER_COUNT 归零。

(2) 连续触发模式(CONTINUOUS)。

如果连续触发模式被禁止,在传送结束后 CONTROL 寄存器中的 RUNSTS 位将清零,禁止 DMA 通道工作,如果要在此通道发起另一次传送过程,首先要将 CONTROL 中的 RUN 位置 1,以重新启动通道。如果连续触发模式被使能,则 RUNSTS 位在每次传送结尾不会被清除。

(3) 通道中断模式(CHINTMODE)。

用来定义 DMA 中断在传送开始时发生还是在传送结束时发生,如果要用连续模式实现“乒—乓”操作,则中断应在传送开始时发生,如果 DMA 没有工作在连续模式,中断通常在传送结束时产生。

以上所有特点及模式选择如图 12-5 所示。

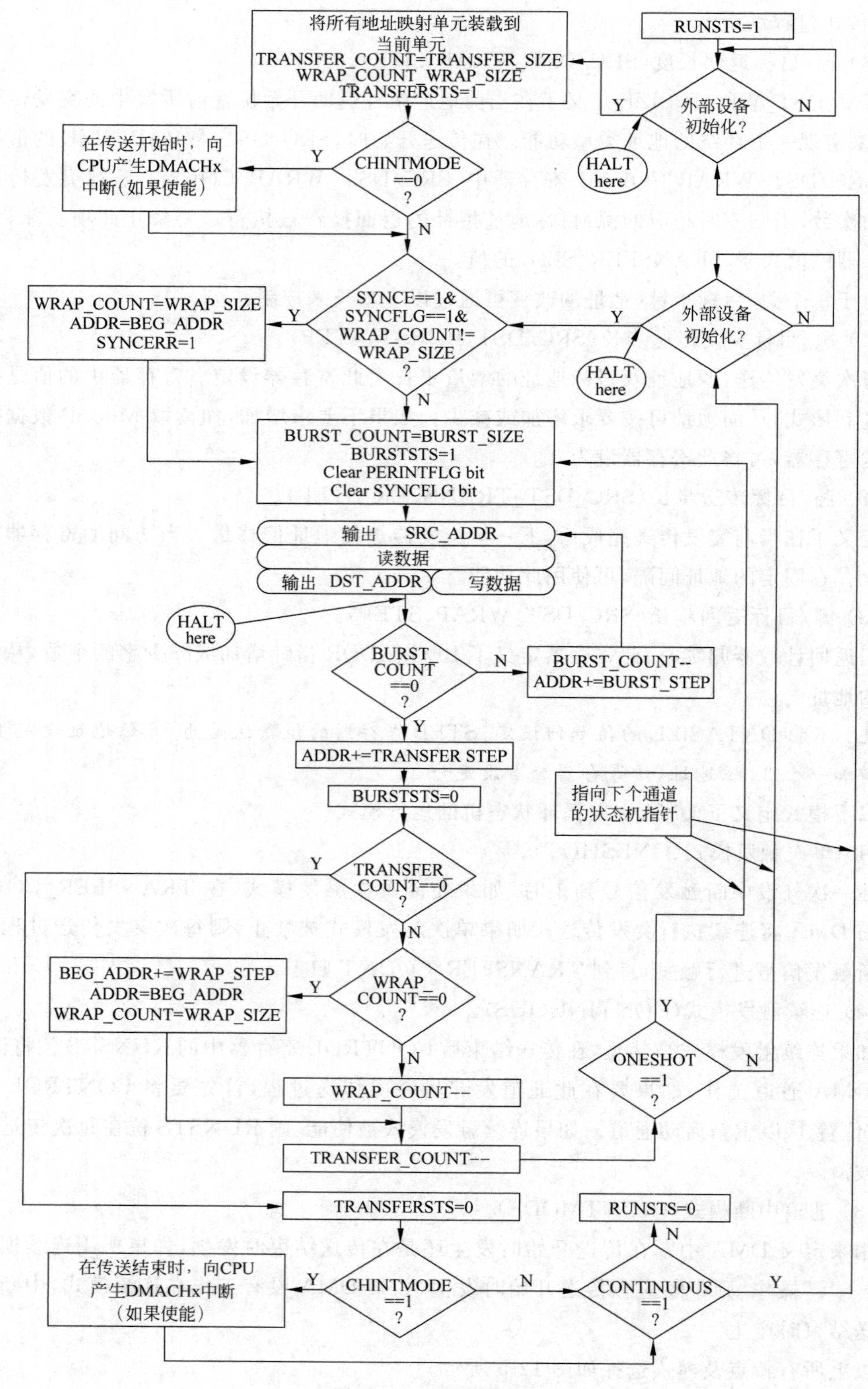
将所有地址映射单元装载到
当前单元
TRANSFER_COUNT=TRANSFER_SIZE
WRAP_COUNT_WRAP_SIZE
TRANSFERSTS=1
RUNSTS=1
外部设备
初始化?
HALT
here
在传送开始时，向
CPU产生DMACHx
中断（如果使能）
CHINTMODE
==0
?
WRAP_COUNT=WRAP_SIZE
ADDR=BEG_ADDR
SYNCERR=1
SYNCE==1&
SYNCFLG==1&
WRAP_COUNT!=
WRAP_SIZE
?
外部设备
初始化?
HALT
here
BURST_COUNT=BURST_SIZE
BURSTSTS=1
Clear PERINTFLG bit
Clear SYNCFLG bit
输出 SRC_ADDR
读数据
输出 DST_ADDR
写数据
HALT
here
BURST
COUNT
==0
?
BURST_COUNT--
ADDR+=BURST_STEP
ADDR+=TRANSFER STEP
BURSTSTS=0
指向下个通道
的状态机指针
TRANSFER
COUNT==0
?
BEG_ADDR+=WRAP_STEP
ADDR=BEG_ADDR
WRAP_COUNT=WRAP_SIZE
WRAP_
COUNT==0
?
ONESHOT
==1
?
WRAP_COUNT--
TRANSFER_COUNT--
TRANSFERSTS=0
RUNSTS=0
在传送结束时，向CPU
产生DMACHx中断
（如果使能）
CHINTMODE
==1
?
CONTINUOUS
==1
?
Y
N

图 12-5 DMA 状态图

12.7 ADC 同步特性

当 ADC 工作在连续转换模式且覆盖功能被使能时，DMA 提供了一种硬件方法去同步 ADC 的序列 1 中断(SEQ1INT)。在此模式下，ADC 连续地转换一个序列的 ADC 通道，且在序列末尾不对序列指针进行复位。由于 DMA 收到触发信号时并不知道 ADC 的序列指针指向哪个 ADC RESULT 寄存器，所以 DMA 与 ADC 之间存在潜在的步调不一致问题。因此，当 ADC 工作在上述模式时，每当转换序列指向 RESULT0 寄存器时，将给 DMA 提供一个同步信号，DMA 用这个同步信号去完成一个返回过程或开始一次传送，如果 DMA 不这样做，又有一个同步信号将会发生：

(1) 将 WRAP_SIZE 的值重新装载到 WRAP_COUNT 中。

(2) 将 BEG_ADDR 当前寄存器中的值装载到 ADDR 当前寄存器中。

(3) CONTROL 寄存器中的 SYNCERR 位置位。

这样的操作允许使用多个缓冲器来存储数据，并且在需要的时候再次产生 DMA 与 ADC 之间的同步信号。例如，ADC 在序列 1 中将转换 4 路通道，因为序列 1 的长度为 8，所以序列 1 每完成 2 次序列转换将复位自身序列并产生同步信号。假设用户希望将前 4 个转换结果通过 DMA 存放到缓冲器 A 中，将后 4 个转换结果通过 DMA 存放到缓冲器 B 中，如果 DMA 由于冲突而遗漏了一次触发信号，DMA 和 ADC 将会不同步，此时 DMA 将 CONTROL 寄存器中的 SYNCERR 位置 1，并重新开始上述同步过程，使 DMA 与 ADC 重新同步。

如图 12-6 所示，同步源可通过 MODE 寄存器中的 PERINTSEL 位来选择。对于被选择的源和通道，如果 SYNC 使能，该通道在 RUN 置位后接收到第一个 SYNC 信号时才开始传送，所有外设中断触发信号在第一个 SYNC 事件前被忽略。

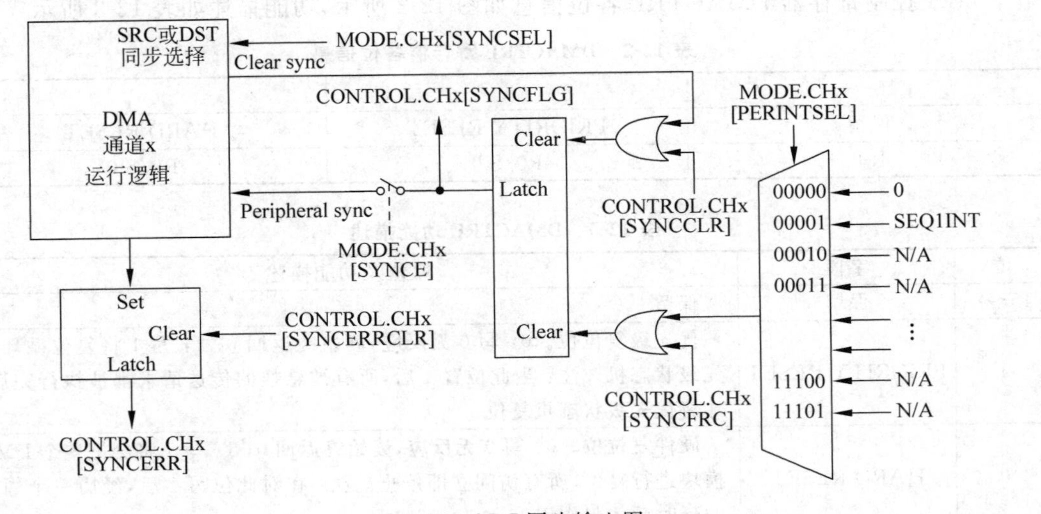

图 12-6 ADC 同步输入图

12.8 溢出检测特性

DMA 包含一个溢出检测逻辑。当 DMA 接收到一次外部中断触发信号时，CONTROL 寄存器中的 PERINTFLG 位置位，并将相应的通道在 DMA 状态机中挂起，当该通道的突发传送开始时，PERINTFLG 被清零。如果 PERINTFLG 置位后，在该通道的突发传送开始前又有新的触发信号到来，则第二个触发信号被丢失，并将 CONTROL 寄存器中的错误标志位 OVRFLG 置位，如图 12-7 所示。如果溢出中断被使能，该通道将向 PIE 模块发出中断请求。

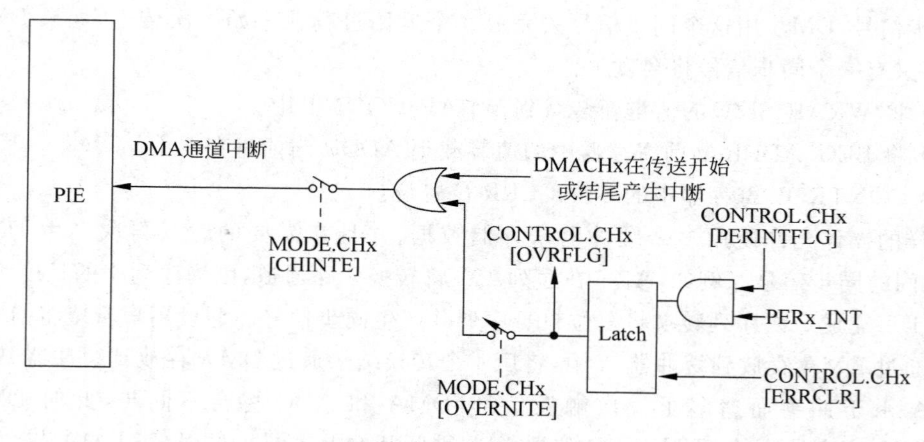

图 12-7 溢出检测逻辑

12.9 相关寄存器

DMA 控制寄存器 DMACTRL 各位信息如图 12-2 所示，功能描述如表 12-3 所示。

表 12-2 DMACTRL 寄存器各位信息

15～2	1	0
保留	PRIORITY RESET	HARD RESET
R-0	R0/S-0	R0/S-0

表 12-3 DMACTRL 功能描述

位	字段	取值及功能描述
15～2	保留	保留
1	PRIORITY RESET	优先级复位位。0：写 0 无反应，读始终返回 0；1：写 1 将复位循环优先级状态机。注：当此位置 1 后，所有被悬挂的传送请求都被执行完后，才将优先级状态机复位
0	HARD RESET	硬件复位位。0：写 0 无反应，读始终返回 0；1：写 1 将会把整个 DMA 模块进行复位，所有访问立即停止。注：在对此位写 1 后，经历一个周期的延时后才起作用

仿真控制寄存器 DEBUGCTRL 各位信息如表 12-4 所示，功能描述如表 12-5 所示。

表 12-4 DEBUGCTRL 寄存器各位信息

15	14～0
FREE	保留
R/W-0	R-0

表 12-5 DEBUGCTRL 功能描述

位	字段	取值及功能描述
15	FREE	仿真控制位。0：DMA 继续运行直到当前 DMA 读操作完成并且当前 DMA 被冻结；1：DMA 不受仿真挂起的影响
14～0	保留	保留

修正寄存器 REVISION 各位信息如表 12-6 所示，功能描述如表 12-7 所示。

表 12-6 REVISION 寄存器各位信息

15～8	7～0
TYPE	REV
R	R

表 12-7 REVISION 功能描述

位	字段	取值及功能描述
15～8	TYPE	DMA 类型指示位，用来表明此 DMA 模块的类型，不同型号 DSP 芯片的 DMA 模块的类型可能不同。0000：TMS320xF2833x 系列 DSP 中 DMA 的型号为类型 0
7～0	REV	DMA 修正指示位，用来表明 DMA 模块被改进过，不同型号的 DSP 芯片可能会对以前芯片内的 DMA 模块进行修正。0000：表明此 DMA 模块为首款，未被改进过

DMA 优先级控制寄存器 PRIORITYCTRL1 各位信息如表 12-8 所示，功能描述如表 12-9 所示。

表 12-8 PRIORITYCTRL1 寄存器各位信息

15～1	0
保留	CH1 PRIORITY
R-0	R/W-0

表 12-9 PRIORITYCTRL1 功能描述

位	字段	取值及功能描述
15～1	保留	保留
0	CH1 PRIORITY	用来控制 CH1 是否具有高优先级。0：所有通道具有相同优先级；1：CH1 具有较高优先级。注：只有当所有通道都禁止时，才能设置通道的优先级

DMA 优先级状态寄存器 PRIORITYSTAT 各位信息如表 12-10 所示，功能描述如表 12-11 所示。

表 12-10 PRIORITYSTAT 寄存器各位信息

15～7	6～4	3	2～0
保留	ACTIVESTS_SHADOW	保留	ACTIVESTS
R-0	R-0	R-0	R-0

表 12-11 PRIORITYSTAT 功能描述

位	字段	取值及功能描述
15～7	保留	保留
6～4	ACTIVESTS_SHADOW	通道状态映射寄存器。只有当 CH1 被设为高优先级时才用到此位段，当 CH1 正在执行时，ACTIVESTS 位被复制到映射单元中，表明被 CH1 所抢占的通道。当 CH1 执行完成时，映射寄存器单元中的值被复制到 ACTIVESTS 中，如果此位段的值是 0 或与 ACTIVESTS 位相同，表明 CH1 执行期间无通道被挂起。CH1 未使用高优先级模式时，此位段被忽略。000：无通道被挂起；001：CH1；……；110：CH6
3	保留	保留
2～0	ACTIVESTS	用来表明哪个通道正在执行。000：无通道被执行；001：CH1；……；110：CH6

模式寄存器 MODE 各位信息如表 12-12 所示，功能描述如表 12-13 所示。

表 12-12 MODE 寄存器各位信息

15	14	13	12	11	10	9	8
CHINTE	DATASIZE	SYNCSEL	SYNCE	CONTINUOUS	ONESHOT	CHINTMODE	PERINTE
R/W-0	R/W-0	R/W-0	R/W-0	R/W-0	R/W-0	R/W-0	R/W-0
7	6	5	4～0				
OVRINTE	保留		PERINTSEL				
R/W-0	R-0		R/W-0				

表 12-13 MODE 功能描述

位	字段	取值及功能描述
15	CHINTE	通道中断使能位。使能/禁止 DMA 通道向 CPU 发起中断(通过 PIE)。0：禁止中断；1：使能中断
14	DATASIZE	控制 DMA 通道的数据宽度。0：16 位数据宽度；1：32 位数据宽度
13	SYNCSEL	同步模式选择位，此位决定 SRC 或 DST 返回计数器是否由同步信号控制。0：SRC 返回计数器被控制；1：DST 返回计数器被控制
12	SYNCE	同步信号使能位。0：ADCSYNC 被忽略；1：如果通过 PERINTSEL 位选择 ADC，那么 ADCSYNC 同步信号被用来同步 ADC 中断信号与 DMA 返回计数器
11	CONTINUOUS	连续触发控制位。0：当 TRANSFER_COUNT 归零时，DMA 停止，并将 RUNSTS 位清零；1：当 TRANSFER_COUNT 归零时，DMA 重新初始化，并等待下次触发信号
10	ONESHOT	单次触发控制位。0：每次中断触发信号启动一次突发传送；1：一次中断触发信号完成所有突发传送

续表

位	字段	取值及功能描述
9	CHINTMODE	通道中断模式选择位。0：在一次传送开始产生中断事件；1：在一次传送结束产生中断事件
8	PERINTE	外设中断触发使能位，决定是否使用外设中断信号触发 DMA。0：外设中断触发信号被禁止；1：使能外设中断触发信号
7	OVRINTE	溢出中断使能位。0：禁止溢出中断；1：使能溢出中断
6～5	保留	保留
4～0	PERINTSEL	外设中断源选择位。为给定的 DMA 通道选择合适的外部中断信号触发源，只可选择一个中断源，DMA 突发传送也可通过强制寄存器 FERINTFRC 位强制产生

值(十进制)	中断源	同步信号	外设
0	无	无	无
1	SEQ1INT	ADCSYNC	ADC
2	SEQ2INT	无	
3	XINT1	无	外部中断信号
4	XINT2	无	
5	XINT3	无	
6	XINT4	无	
7	XINT5	无	
8	XINT6	无	
9	XINT7	无	
10	XINT13	无	
11	TINT0		CPU 定时器
12	TINI1		
13	TINT2		
14	MXEVTA		McBSP-A
15	MREVTA		
16	MXEVTB		McBSP-B
17	MREVTB		
18	ePWM1SOCA	无	ePWM1
19	ePWM1SOCB	无	
20	ePWM2SOCA	无	ePWM2
21	ePWM2SOCB	无	
22	ePWM3SOCA	无	ePWM3
23	ePWM3SOCB	无	
24	ePWM4SOCA	无	ePWM4
25	ePWM4SOCB	无	
26	ePWM5SOCA	无	ePWM5
27	ePWM5SOCB	无	
28	ePWM6SOCA	无	ePWM6
29	ePWM6SOCB	无	
30～31	保留	保留	保留

控制寄存器 CONTROL 各位信息如表 12-14 所示，功能描述如表 12-15 所示。

表 12-14 CONTROL 寄存器各位信息

15	14	13	12	11	10	9	8
保留	OVRFLG	RUNSTS	BURSTSTS	TRANSFERST	SYNCERR	SYNCFLG	PERINTFLG
R-0	R-0	R-0	R-0	R-0	R-0	R-0	R-0
7	6	5	4	3	2	1	0
ERRCLR	SYNCCLR	SYNCFRC	PERINTCLR	PERINTFRC	SOFTRESET	HALT	RUN
R0/S-0	R0/S-0	R0/S-0	R0/S-0	R0/S-0	R0/S-0	R0/S-0	R0/S-0

表 12-15 CONTROL 功能描述

位	字段	取值及功能描述
15	保留	保留
14	OVRFLG	溢出标志位：用来指示 PERINTFLG 置位时是否有新的外设中断触发信号到来。0：无溢出事件；1：有溢出事件。可通过 ERRCLR 对此位清零，OVRFLG 不受 PERINTFRC 的影响
13	RUNSTS	运行状态标志位：当向 RUN 位写 1 时将会对此位置位，表明 DMA 已经准备好接收外设中断触发信号。当 CONTINUOUS 位为 0 且 TRANSFER_COUNT 归零时会对此位清零，也可通过 HARDRESET、SOFTRESET 及 HALT 位对其清零。0：通道被禁止；1：通道被使能
12	BURSTSTS	突发传送状态标志位：当 DMA 突发传送开始时，BURST_COUNT 从 BURST_SIZE 中加载数据，此位将被置位。当 BURST_COUNT 归零时，此位清零，也可通过 HARDRESET、SOFTRESET 位对其清零。0：无有效的突发传送；1：DMA 正在执行或挂起一次突发传送
11	TRANSFERST	传送状态标志位：当 DMA 传送开始时，TRANSFER_COUNT 从 TRANSFER_SIZE 中加载数据，此位将被置位。当 TRANSFER_COUNT 归零时，此位清零，也可通过 HARDRESET、SOFTRESET 位对其清零。0：无有效的传送过程；1：DMA 正在执行一次传送过程
10	SYNCERR	同步错误标志位：当 ADCSYNC 同步事件发生时，如果 SRC 或 DST_WRAP_COUNT 不为 0，则此位置位。0：无同步错误；1：同步错误发生
9	SYNCFLG	同步信号标志位：用来表明 ADCSYNC 同步事件是否发生。0：无同步事件；1：同步事件发生。注：通过强制同步 SYNCFRC 位可将此位置位，通过 SYNCCLR 位可对其清零
8	PERINTFLG	外设中断触发事件标志位：用来指示外设中断触发事件是否发生，在第一次突发传送开始时，此位被清零。0：无外设中断事件发生；1：有外设中断事件发生。注：通过 PERINTFRC 位可将此位置位，通过 PERINTCLR 位可对其清零
7	ERRCLR	错误清除位。0：写 0 无反应；1：写 1 将清除同步错误标志位 SYNCERR、清除 OVRFLG 位。通常在第一次初始化 DMA 通道或出现溢出错误时使用此位
6	SYNCCLR	同步信号清除位。0：写 0 无反应；1：写 1 将清除被锁存的同步事件，并将 SYNCFLG 清零。通常在第一次初始化 DMA 通道时使用此位
5	SYNCFRC	同步信号强制位。0：写 0 无反应；1：写 1 将强制产生一次同步事件，并将 SYNCFLG 置位

续表

位	字段	取值及功能描述
4	PERINTCLR	外设中断信号清除位。0：写0无反应；1：写1将清除被锁存的外部中断事件，并将PERINTFLG清零。通常在第一次初始化DMA通道时使用此位
3	PERINTFRC	外设中断事件强制位。0：写0无反应；1：写1将强制产生一次外部中断事件，并将PERINTFLG置位
2	SOFTRESET	通道软件复位位：写1将结束当前读/写操作，并将以下位都清零：RUNSTS、TRANSFERSTS、BURSTSTS、BURST_COUNT、TRANSFER_COUNT、SRC_WRAP_COUNT、DST_WRAP_COUNT
1	HALT	通道停止位。0：写0无反应；1：写1将在当前读/写操作完成后，停止DMA所有工作，RUNSTS位被清零
0	RUN	通道运行位。0：写0无反应；1：写1将启动当前DMA通道，RUNSTS置位，也可将器件从HALT状态带出

突发传送长度寄存器BURST_SIZE位信息如表12-16所示，功能描述如表12-17所示。

表12-16　BURST_SIZE寄存器各位信息

15～5	4～0
保留	BURST_SIZE
R-0	R/W-0

表12-17　BURST_SIZE功能描述

位	字段	取值及功能描述
15～5	保留	保留
4～0	BURST_SIZE	定义了一次突发传送的数据个数。0～31(k)：一次突发传送传递$k+1$个字

突发传送计数寄存器BURST_COUNT位信息如表12-18所示，功能描述如表12-19所示。

表12-18　BURST_COUNT寄存器各位信息

15～5	4～0
保留	BURSTCOUNT
R-0	R/W-0

表12-19　BURST_COUNT功能描述

位	字段	取值及功能描述
15～5	保留	保留
4～0	BURSTCOUNT	表明一次突发传送中未被传送的数据个数。 0～31(k)：一次突发传送中还剩余k个字未被传送

源突发传送步长寄存器 SRC_BURST_STEP 功能描述如表 12-20 所示。

表 12-20 SRC_BURST_STEP 功能描述

位	字段	取值及功能描述
15～0	SRCBURSTSTEP	定义了在一次突发传送结束后，源地址增加/减少的步长。0x0FFF：将地址增加 4095；……；0x0001：将地址增加 1；0x0000：地址不变；0xFFFF：将地址减少 1；0xFFFE：将地址减少 2；……；0xF000：将地址减少 4096

目标突发传送步长寄存器 DST_BURST_STEP 功能描述如表 12-21 所示。

表 12-21 DST_BURST_STEP 功能描述

位	字段	取值及功能描述
15～0	DSTBURSTSTEP	定义了在一次突发传送结束后，目标地址增加/减少的步长。0x0FFF：将地址增加 4095；……；0x0001：将地址增加 1；0x0000：地址不变；0xFFFF：将地址减少 1；0xFFFE：将地址减少 2；……；0xF000：将地址减少 4096

外环传送长度寄存器 TRANSFER_SIZE 功能描述如表 12-22 所示。

表 12-22 TRANSFER_SIZE 功能描述

位	字段	取值及功能描述
15～0	TRANSFERSIZE	定义了在一次传送过程中突发传送的次数。0～65 535(k)：产生 $k+1$ 次突发传送

外环传送计数寄存器 TRANSFER_COUNT 功能描述如表 12-23 所示。

表 12-23 TRANSFER_COUNT 功能描述

位	字段	取值及功能描述
15～0	TRANSFERCOUNT	定义了在一次传送过程剩余的突发传送次数。0～65 535(k)：剩余 k 次突发传送

源传送步长寄存器 SRC_TRANSFER_STEP 功能描述如表 12-24 所示。

表 12-24 SRC_TRANSFER_STEP 功能描述

位	字段	取值及功能描述
15～0	SRCTRANSFERSTEP	定义了在一次突发传送结束后，源地址指针增加/减少的步长。0x0FFF：将地址增加 4095；……；0x0001：将地址增加 1；0x0000：地址不变；0xFFFF：将地址减少 1；0xFFFE：将地址减少 2；……；0xF000：将地址减少 4096

目标传送步长寄存器 DST_TRANSFER_STEP 功能描述如表 12-25 所示。

表 12-25 DST_TRANSFER_STEP 功能描述

位	字段	取值及功能描述
15～0	DSTTRANSFERSTEP	定义了在一次突发传送结束后，目标地址指针增加/减少的步长。0x0FFF：将地址增加 4095；……；0x0001：将地址增加 1；0x0000：地址不变；0xFFFF：将地址减少 1；0xFFFE：将地址减少 2；……；0xF000：将地址减少 4096

源/目标返回长度寄存器 SRC/DST_WRAP_SIZE 功能描述如表 12-26 所示。

表 12-26 SRC/DST_WRAP_SIZE 功能描述

位	字段	取值及功能描述
15～0	WRAPSIZE	定义了在返回开始地址指针前突发传送的次数。0～65 535(k)：经过 $k+1$ 次突发传送后返回

源/目标返回计数寄存器 SRC/DST_WRAP_COUNT 功能描述如表 12-27 所示。

表 12-27 SRC/DST_WRAP_COUNT 功能描述

位	字段	取值及功能描述
15～0	WRAPCOUNT	定义了在返回开始地址指针前剩余的突发传送的次数。0～65 535(k)：剩余 k 次突发传送

源/目标返回步长寄存器 SRC/DST_WRAP_STEP 功能描述如表 12-28 所示。

表 12-28 SRC/DST_WRAP_STEP 功能描述

位	字段	取值及功能描述
15～0	WRAPSTEP	定义了返回寄存器归零后，源/目标地址指针增加/减少的步长。0x0FFF：将地址增加 4095；……；0x0001：将地址增加 1；0x0000：地址不变；0xFFFF：将地址减少 1；0xFFFE：将地址减少 2；……；0xF000：将地址减少 4096

源开始地址指针的映射寄存器 SRC_BEG_ADDR_SHADOW 及 DST_BEG_ADDR_SHADOW 位信息如表 12-29 所示，功能描述如表 12-30 所示。

表 12-29 SRC_BEG_ADDR_SHADOW 及 DST_BEG_ADDR_SHADOW 寄存器各位信息

31～22	21～0
保留	BEGADDR
R-0	R/W-0

表 12-30 SRC_BEG_ADDR_SHADOW 及 DST_BEG_ADDR_SHADOW 功能描述

位	字段	取值及功能描述
31～22	保留	保留
21～0	BEGADDR	22 位地址单元

源开始地址指针的当前寄存器 SRC_BEG_ADDR 及 DST_BEG_ADDR 位信息如表 12-31 所示，功能描述如表 12-32 所示。

表 12-31 SRC_BEG_ADDR 及 DST_BEG_ADDR 寄存器各位信息

31～22	21～0
保留	BEGADDR
R-0	R/W-0

表 12-32 SRC_BEG_ADDR 及 DST_BEG_ADDR 功能描述

位	字段	取值及功能描述
31～22	保留	保留
21～0	BEGADDR	22 位地址单元

目标开始地址指针的映射寄存器 SRC_ADDR_SHADOW 及 DST_ADDR_SHADOW 位信息如表 12-33 所示，功能描述如表 12-34 所示。

表 12-33 SRC _ADDR_SHADOW 及 DST _ADDR_SHADOW 寄存器各位信息

31～22	21～0
保留	ADDR
R-0	R/W-0

表 12-34 SRC_ ADDR_SHADOW 及 DST_ ADDR_SHADOW 功能描述

位	字段	取值及功能描述
31～22	保留	保留
21～0	ADDR	22 位地址单元

目标开始地址指针的当前寄存器 SRC _ADDR 及 DST_ADDR 位信息如表 12-35 所示，功能描述如表 12-36 所示。

表 12-35 SRC _ADDR 及 DST _ADDR 寄存器各位信息

31～22	21～0
保留	ADDR
R-0	R/W-0

表 12-36 SRC _ADDR 及 DST _ADDR 功能描述

位	字段	取值及功能描述
31～22	保留	保留
21～0	ADDR	22 位地址单元

12.10 应用实例

【例 12-1】 DMA 模块的应用实例。

在本例中，ADC 在每个启动脉冲到来时转换 4 个通道，一共接收 10 个转换脉冲，DMA

模块在 SEQ1INT 信号的触发下完成数据的读取，并将结果存储在 DMABuf1[40]中。

程序清单 12-1：DMA 应用程序

```
//=============================================================
//aMain.c 文件
//=============================================================
#include "DSPF28335_Project.h"                //Device Headerfile and Examples Include File

//ADC start parameters
#if (CPU_FRQ_150MHZ)                          //默认 150 MHz SYSCLKOUT
//HSPCLK = SYSCLKOUT/2×ADC_MODCLK2 = 150/(2×3) = 25.0 MHz
  #define ADC_MODCLK 0x3
#endif
#if (CPU_FRQ_100MHZ)
//HSPCLK = SYSCLKOUT/2×ADC_   MODCLK2 = 100/(2×2) = 25.0 MHz
#define ADC_MODCLK 0x2
#endif
//ADC module clock = HSPCLK/2×ADC_CKPS =25.0MHz/(1×2) = 12.5MHz
#define ADC_CKPS    0x1
#define ADC_SHCLK   0xf                       //S/H 的宽度为 16 个 ADC 时钟
#define AVG1000                               //平均采样限制
#define ZOFFSET0x00                           //平均的归零校正值
#define BUF_SIZE    40                        //采样缓冲区大小
//====全局变量=============================================
Uint16 j=0;
#pragma DATA_SECTION(DMABuf1,"DMARAML4");
volatile Uint16 DMABuf1[40];
volatile Uint16 *DMADest;
volatile Uint16 *DMASource;
interrupt void local_DINTCH1_ISR(void);
//====主函数===================================================
void main(void)
{
   Uint16 i;
InitSysCtrl();                                //系统初始化
  DINT;                                       //关闭全局中断
  InitPieCtrl();                              //初始化中断控制寄存器
  IER = 0x0000;                               //关闭 CPU 中断
  IFR = 0x0000;                               //清除 CPU 中断信号
InitPieVectTable();                           //初始化中断向量表
 EALLOW;
   SysCtrlRegs.HISPCP.all = ADC_MODCLK;  //HSPCLK = SYSCLKOUT/ADC_MODCLK
   EDIS;
//中断服务函数链接
   EALLOW;
   PieVectTable.DINTCH1= &local_DINTCH1_ISR;
   EDIS;
   IER = M_INT7 ;                             //使能 INT7 (7.1 DMA Ch1)
   EnableInterrupts();
   InitAdc();                                 //初始化 ADC
```

```
//ADC 配置
    AdcRegs.ADCTRL1.bit.ACQ_PS = ADC_SHCLK;
    AdcRegs.ADCTRL3.bit.ADCCLKPS = ADC_CKPS;
    AdcRegs.ADCTRL1.bit.SEQ_CASC = 0;     //非级联模式
    AdcRegs.ADCTRL2.bit.INT_ENA_SEQ1 = 0x1;
    AdcRegs.ADCTRL2.bit.RST_SEQ1 = 0x1;
    AdcRegs.ADCCHSELSEQ1.bit.CONV00 = 0x0;
    AdcRegs.ADCCHSELSEQ1.bit.CONV01 = 0x1;
    AdcRegs.ADCCHSELSEQ1.bit.CONV02 = 0x2;
    AdcRegs.ADCCHSELSEQ1.bit.CONV03 = 0x3;
    AdcRegs.ADCCHSELSEQ2.bit.CONV04 = 0x0;
    AdcRegs.ADCCHSELSEQ2.bit.CONV05 = 0x1;
    AdcRegs.ADCCHSELSEQ2.bit.CONV06 = 0x2;
    AdcRegs.ADCCHSELSEQ2.bit.CONV07 = 0x3;
    AdcRegs.ADCMAXCONV.bit.MAX_CONV1 = 3;  //每次 SOC 执行 4 次转换
    //初始化 DMA
DMAInitialize();
    //将 DMABuf1 清零
    for (i=0; i<BUF_SIZE; i++)
    {
  DMABuf1[i] = 0;
    }
//配置 DMA 通道
   DMADest = &DMABuf1[0];                    //把 DMA 的终点指向数组的起点
   DMASource = &AdcMirror.ADCRESULT0;  //把 DMA 的资源指向 ADC 结果寄存器
   DMACH1AddrConfig(DMADest,DMASource);
   DMACH1BurstConfig(3,1,10);
   DMACH1TransferConfig(9,1,0);
   DMACH1WrapConfig(1,0,0,1);
   DMACH1ModeConfig(DMA_SEQ1INT,PERINT_ENABLE,ONESHOT_DISABLE,
                    CONT_DISABLE,SYNC_DISABLE,SYNC_SRC,
   OVRFLOW_DISABLE,SIXTEEN_BIT,CHINT_END,CHINT_ENABLE);

   StartDMACH1();
//启动 SEQ1
    AdcRegs.ADCTRL2.bit.SOC_SEQ1 = 0x1;
    for(i=0;i<10;i++){
   for(j=0;j<1000;j++){}
 AdcRegs.ADCTRL2.bit.SOC_SEQ1 = 1;  //ADC 通常由 ePWM 或者定时程序触发,在本例中
                                    //ADC 为手动重启
 }
 //==========子函数==================================
 //INT7.1
 interrupt void local_DINTCH1_ISR(void)        //DMA Channel 1
 {
   //应答本次中断以接收更多中断
    PieCtrlRegs.PIEACK.all = PIEACK_GROUP7;
   //下面两行仅用于在调试时暂停处理器,在有其他代码的情况下可将它们删除
    asm ("ESTOP0");
    for(;;);
 }
```

```
//-----------------------------------
void DMAInitialize(void)
{
  EALLOW;
  //Perform a hard reset on DMA
  DmaRegs.DMACTRL.bit.HARDRESET = 1;
  asm (" nop");                                //one NOP required after HARDRESET
  //Allow DMA to run free on emulation suspend
  DmaRegs.DEBUGCTRL.bit.FREE = 1;
  EDIS;
}
//-----------------------------------
void DMACH1AddrConfig(volatile Uint16 *DMA_Dest, volatile Uint16 *DMA_Source)
{
  EALLOW;
  //Set up SOURCE address:
  DmaRegs.CH1.SRC_BEG_ADDR_SHADOW = (Uint32)DMA_Source;//指向缓冲区的起点
  DmaRegs.CH1.SRC_ADDR_SHADOW = (Uint32)DMA_Source;
  //Set up DESTINATION address:
  DmaRegs.CH1.DST_BEG_ADDR_SHADOW = (Uint32)DMA_Dest; //指向缓冲区的终点
  DmaRegs.CH1.DST_ADDR_SHADOW = (Uint32)DMA_Dest;
  EDIS;
}
//-----------------------------------
void DMACH1BurstConfig(Uint16 bsize, int16 srcbstep, int16 desbstep)
{
  EALLOW;
  //Set up BURST registers
  DmaRegs.CH1.BURST_SIZE.all = bsize;          //一次突发传送的字个数
  DmaRegs.CH1.SRC_BURST_STEP = srcbstep;       //每次传送之间的源地址增量
  DmaRegs.CH1.DST_BURST_STEP = desbstep;       //每次传送之间的目标地址增量
  EDIS;
}
//-----------------------------------
void DMACH1TransferConfig(Uint16 tsize, int16 srctstep, int16 deststep)
{
  EALLOW;
  //Set up TRANSFER registers
  DmaRegs.CH1.TRANSFER_SIZE = tsize;   //每次突发的传送个数,每次完成之后 DMA 中
                                       //断被触发
  DmaRegs.CH1.SRC_TRANSFER_STEP = srctstep;
                                  //WRAP 发送时 TRANSFER_STEP 被忽略
  DmaRegs.CH1.DST_TRANSFER_STEP = deststep;
                                  //WRAP 发送时 TRANSFER_STEP 被忽略
}
//-----------------------------------
void DMACH1WrapConfig(Uint16 srcwsize, int16 srcwstep, Uint16 deswsize, int16 deswstep)
{
  EALLOW;
  //配置 WRAP 寄存器
  DmaRegs.CH1.SRC_WRAP_SIZE = srcwsize;        //N 次突发之后回卷源地址
  DmaRegs.CH1.SRC_WRAP_STEP = srcwstep;        //源地址回卷的步长
  DmaRegs.CH1.DST_WRAP_SIZE = deswsize;        //N 次突发之后回卷目标地址
  DmaRegs.CH1.DST_WRAP_STEP = deswstep;        //目标地址回卷的步长
```

```
    EDIS;
}
//----------------------------------------
void DMACH1ModeConfig(Uint16 persel, Uint16 perinte, Uint16 oneshot, Uint16 cont, Uint16
synce, Uint16 syncsel, Uint16 ovrinte, Uint16 datasize, Uint16 chintmode, Uint16 chinte)
{
    EALLOW;
    //配置模式寄存器
    DmaRegs.CH1.MODE.bit.PERINTSEL = persel;     //DMA 通道设为外设中断源
    DmaRegs.CH1.MODE.bit.PERINTE = perinte;      //使能外设中断
    DmaRegs.CH1.MODE.bit.ONESHOT = oneshot;      //使能单次触发
    DmaRegs.CH1.MODE.bit.CONTINUOUS = cont;      //连续使能
    DmaRegs.CH1.MODE.bit.SYNCE = synce;          //外设同步使能/禁止
    DmaRegs.CH1.MODE.bit.SYNCSEL = syncsel;      //同步将影响源或终点
    DmaRegs.CH1.MODE.bit.OVRINTE = ovrinte;      //使能/禁止上溢中断
    DmaRegs.CH1.MODE.bit.DATASIZE = datasize;    //16/32 位数据传送
    DmaRegs.CH1.MODE.bit.CHINTMODE = chintmode;//在传送的开始/结束产生 CPU 中断
    DmaRegs.CH1.MODE.bit.CHINTE = chinte;        //使能通道对 CPU 的中断
    //清除所有虚假的标志位
    DmaRegs.CH1.CONTROL.bit.PERINTCLR = 1;       //清除所有虚假的中断标志位
    DmaRegs.CH1.CONTROL.bit.SYNCCLR = 1;         //清除所有虚假的同步标志位
    DmaRegs.CH1.CONTROL.bit.ERRCLR = 1;          //清除所有虚假的错误标志位
    //Initialize PIE vector for CPU interrupt
    PieCtrlRegs.PIEIER7.bit.INTx1 = 1;           //清除 PIE 中的 DMA 通道 1 中断
    EDIS;
}
//----------------------------------------
//清除 PIE 中的 DMA 通道 1 中断
void StartDMACH1(void)
{
    EALLOW;
    DmaRegs.CH1.CONTROL.bit.RUN = 1;
    EDIS;
}
//=============================================
//End of file
//=============================================
```

12.11 习题

1. 与通过 CPU 进行数据传输相比，DMA 的优势是什么？

2. DMA 模块可使用哪些外设中断？

3. DMA 总线上的资源有哪些？

4. 从 ADC 向 RAM 传送 256 个 int32 整数，每个通道使用 8 次突发传送，一共需要多少个周期？

5. 描述 DMA 6 个通道的优先级关系。

第13章

外部接口模块

外部接口(External Interface,XINTF)是一种异步接口,本章主要介绍 TMS320F28335 系列 DSP 的 XINTF 接口,与 TMS320x281x 系列 DSP 的 XINTF 接口相似,但具有更加完善的功能。

13.1 概述

如图 13-1 所示,XINTF 映射到 3 个固定的存储器映射区域,表 13-1 对 XINTF 模块的所有信号进行了详细说明。

表 13-1 XINTF 信号说明

信号名称	输入/输出特性	功能描述
XD[31:0]	I/O/Z	双向的数据总线,在 16 位模式下只使用 XD[15:0]
XA[19:1]	O/Z	地址总线,地址在 XCLKOUT 的上升沿被锁存到地址总线上,并保持到下一次访问操作
XA0/$\overline{\text{XWE1}}$	O/Z	在 16 位数据总线模式下,作为地址线的最低位 XA0 在 32 位数据总线模式下,作为低字节的写操作的选通线$\overline{\text{XWE1}}$
XCLKOUT	O/Z	输出时钟
$\overline{\text{XWE0}}$	O/Z	写操作的选通线,低电平有效
$\overline{\text{XRD}}$	O/Z	读操作的选通线,低电平有效
XR/$\overline{\text{W}}$	O/Z	读/写信号线,高电平时,表明读操作正在进行;低电平时,表明写操作正在进行
$\overline{\text{XZCS0/6/7}}$	O	区域 0/6/7 的片选信号线
XREADY	I	当为高电平时,表明外部设备已完成此次访问的相关操作,XINTF 可结束此次访问
$\overline{\text{XHOLD}}$	I	当为低电平时,表明有外部设备请求 XINTF 释放其总线
$\overline{\text{XHOLDA}}$	O/Z	当 XINTF 响应$\overline{\text{XHOLD}}$请求后,将$\overline{\text{XHOLDA}}$驱动到低电平

XINTF 每个区域都有一个片选信号线,当对一个区域进行读/写访问时要将相应的片选信号线驱动到有效电平。有些器件将两个区域的片选信号线在芯片内部通过与操作互连

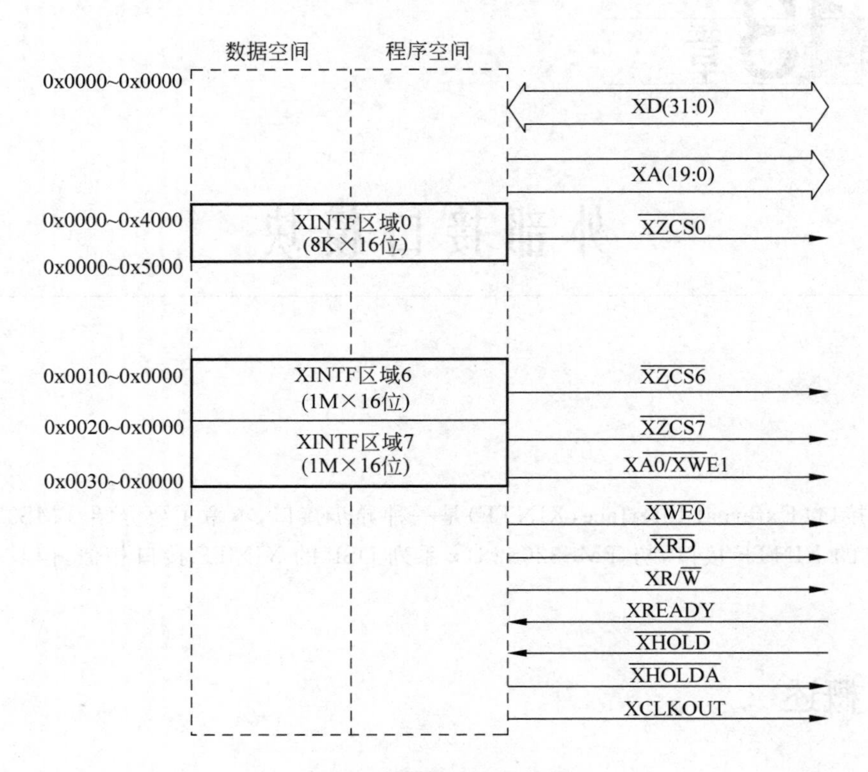

图 13-1 外部接口结构图

在一起,从而产生一个共用的信号线,在这种情况下,同一存储器可与 2 个 XINTF 区域相连,或与区分这 2 个 XINTF 区域的硬件逻辑电路相连。

XINTF 的 3 个存储区域中的任何一个都可通过编程设定独立的等待时间、选通信号建立时间及保持时间,且每个区域的读操作与写操作可配置不同的等待时间、选通信号建立时间及保持时间。另外,可通过使用 XREADY 信号线延长等待时间。XINTF 接口的这些特性允许其访问不同速率的外部存储器或设备。

通过 XTIMINGx 寄存器可配置每个区域的等待时间及选通信号的建立与保持时间。XINTF 接口的访问时序是以内部时钟 XTIMCLK 为基准的,XTIMCLK 信号频率可配置为与系统时钟 SYSCLKOUT 的频率相同或为 SYSCLKOUT 频率的一半。

13.1.1 与 TMS320x281x XINTF 接口的区别

TMS320F28335 系列 DSP 的 XINTF 接口与 TMS320x281x 系列 DSP 的 XINTF 基本相似,但存在如下区别。

(1) 数据总线宽度。

F28335 系列 DSP 的 XINTF 接口每个区域的数据总线宽度都可独立配置成 16 位或 32 位。在 32 位模式下可提高数据吞吐量,但并不改变相关区域存储单元的大小。281x 系列 DSP 的 XINTF 接口只具有 16 位的数据总线。

(2) 地址总线宽度。

在 F28335 系列中,XINTF 地址总线扩展到 20 位,区域 6 与区域 7 的寻址范围为 1M×16 位,在 281x 系列中,地址范围为 512K×16 位。

(3) DMA 访问。

在 F28335 系列中,XINTF 的 3 个区域都与片上 DMA 模块相连,支持 DMA 读取方式,281x 系列中不支持 DMA 读取。

(4) XINTF 时钟信号使能。

在 F28335 系列中,XINTF 时钟信号 XTIMCLK 默认情况下是被禁止的,以降低功耗,将 PCLKCR3 寄存器中的第二位置 1,可使能 XTIMCLK。关闭 XTIMCLK 并不影响 XCLKOUT 信号,XCLKOUT 信号具有独立的使能控制位。在 281x 系列中,XTIMCLK 始终处于使能状态。

(5) XINTF 引脚复用。

在 F28335 系列中,XINTF 的相关引脚是多路复用的,使用 XINTF 功能前首先要通过 GPIO MUX 寄存器将相应引脚配置为 XINTF 状态。在 281x 系列中,XINTF 有专用的引脚。

(6) 访问区域及片选信号。

在 F28335 系列中,XINTF 的存储区域缩减到 3 个:区域 0、区域 6 及区域 7,每个区域都有独立的片选信号。在 281x 系列中,一些存储区域共用同一个片选信号,如区域 0 与区域 1 共用 XZCS0AND1,区域 6 与区域 7 共用 XZCS6AND7。

(7) 区域 7 的映射。

在 F28335 系列中,区域 7 时刻被映射,区域 7 与区域 6 不存在任何共享地址单元,而 281x 系列中,输入信号 MPNMC 决定区域 7 是否被映射,区域 7 与区域 6 存在共享的地址单元。

(8) 区域存储映射地址。

在 F28335 系列中,区域 0 的存储空间为 4K×16 位,起始地址为 0x4000,区域 6 和区域 7 的存储空间都为 1M×16 位,起始地址分别为 0x100000 及 0x200000。在 281x 系列中,区域 0 存储空间为 8K×16 位,起始地址为 0x2000,区域 6 和区域 7 的存储空间分别为 512K×16 位及 516K×16 位。

(9) EALLOW 保护。

在 F28335 系列中,XINTF 相关寄存器都使用 EALLOW 保护,而 281x 系列中 XINTF 寄存器没有使用 EALLOW 保护。

13.1.2 与 TMS320x2834x XINTF 接口的区别

与 TMS320x2834x 系列 DSP 的 XINTF 接口主要区别如下。

(1) XA0 与 $\overline{\text{WE1}}$。在 F28335 系列中,XA0 与 $\overline{\text{WE1}}$ 使用同一引脚,在 2834x 系列中却使用不同的引脚。

(2) XBANK 周期选择。在 F28335 系列中,用户需要以 XTIMCLK 和 XCLKOUT 为基准信号来配置相应的等待时间,在 2834x 系列中则没有此要求。

13.1.3 XINTF 区域的访问

连接到 XINTF 区域上的外部存储器或设备可直接通过 CPU 或 CCS 进行访问。XINTF 的 3 个区域都具有独立的片选信号线，并且同一区域的读访问时序与写访问时序可单独配置。当一个区域被访问时，相应的片选信号线首先被拉到低电平。

XINTF 具有 20 位位宽的地址总线 XA，且被所有区域共用。XA 总线上的地址由所要访问的区域决定。

(1) 区域 0 使用的外部地址范围为 0x0000～0x00FFF，也就是说，如果要对区域 0 的第一个存储单元进行访问，需要将 0x0000 送到地址总线 XA 并将片选信号 $\overline{\text{XZCS0}}$ 拉低，如果对区域 0 的最后一个存储单元进行访问，需要将 0x00FFF 送到地址总线 XA 并将片选信号 $\overline{\text{XZCS0}}$ 拉低。

(2) 区域 6 与区域 7 使用的外部地址范围为 0x00000～0xFFFFF，对应的片选信号为 $\overline{\text{XZCS6}}$ 与 $\overline{\text{XZCS7}}$，CPU 访问哪个区域就会将相应区域的片选信号拉低。

13.1.4 XINTF 的“读访问紧跟写访问”的保护

在 F28335 CPU 的多级流水线中，读操作优先于写操作，因此，程序中的“读访问紧跟写访问”在实际执行中会发生颠倒，即“写访问紧跟读访问”。如图 13-2 所示，程序中要实现的功能为先向一个地址单元中写入数据，紧跟着从另一个地址单元中读取数据，但由于 F28335 CPU 的流水线操作，实际执行中两条指令的顺序将翻转。

在 F28335 系列 DSP 中，外设寄存器所在的存储单元都使用了硬件保护，从而防止访问序列发生翻转的情况，这些单元被称为“写访问紧跟读访问”流水线保护区域。XINTF 的区域 0 就具有上述保护功能，区域 0 的读/写操作将按照程序编写顺序执行，如图 13-3 所示。

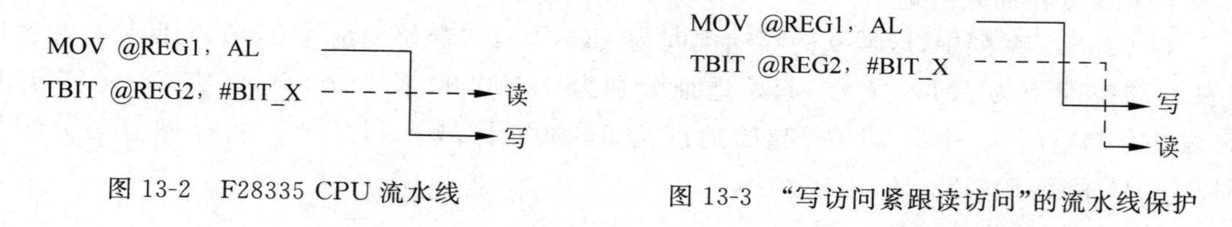

图 13-2 F28335 CPU 流水线　　图 13-3 “写访问紧跟读访问”的流水线保护

13.2 XINTF 功能配置简介

实际使用 XINTF 时，需根据 F28335 系列的器件工作频率、XINTF 时序特性及外部设备或存储器的时序要求来进行配置。由于 XINTF 配置参数的改变将会影响相关的访问时序，所以配置代码不能从 XINTF 内部区域执行。

13.2.1 XINTF 配置顺序

在对 XINTF 进行配置过程中不允许 XINTF 的相关操作处于运行状态，包括：CPU 流水线上的指令、对 XINTF 写缓冲器的写访问、区域数据的读/写、预取指令操作及 DMA 访问。为了保证没有上述操作在 XINTF 配置过程中被禁止，可遵循以下步骤：

（1）确保 DMA 访问被禁止；

（2）按照图 13-4 所示步骤修改 XTIMING0/6/7、XBANK 或 XINTCNF2 寄存器。

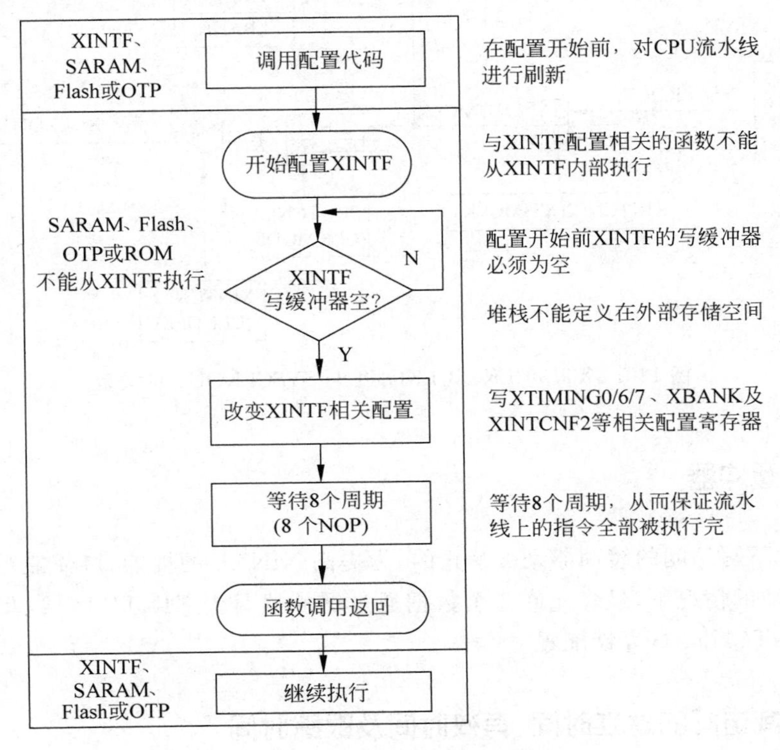

图 13-4 XINTF 配置步骤

13.2.2 时钟信号

XINTF 模块使用 2 路时钟信号：XTIMCLK 及 XCLKOUT，图 13-5 给出了这 2 路信号与系统时钟 SYSCLKOUT 的关系。

XINTF 区域的所有访问操作都是以 XTIMCLK 时钟为基准的，当对 XINTF 模块进行配置时，需配置 XTIMCLK 与系统时钟 SYSCLKOUT 之间的关系。通过 XINTFCNF2 寄存器中的 XTIMCLK 控制位可将 XTIMCLK 时钟频率设定为与 SYSCLKOUT 时钟频率相同或为 SYSCLKOUT 时钟频率的一半，默认情况下 XTIMCLK 时钟频率为 SYSCLKOUT 时钟频率的一半。

XINTF 区域的所有访问操作都开始于外部输出时钟 XCLKOUT 的上升沿，通过 XINTFCNF2 寄存器中的 CLKMODE 控制位可将 XCLKOUT 时钟频率设定为与 XTIMCLK 时钟频率相同或为 XTIMCLK 时钟频率的一半，默认情况下 XCLKOUT 时钟频率为 XTIMCLK 时钟频率的一半，即为 SYSCLKOUT 时钟频率的 1/4。为减小系统噪声，通过将 XINTCNF2[CLKOFF]置 1 可禁止 XCLKOUT 从引脚输出。

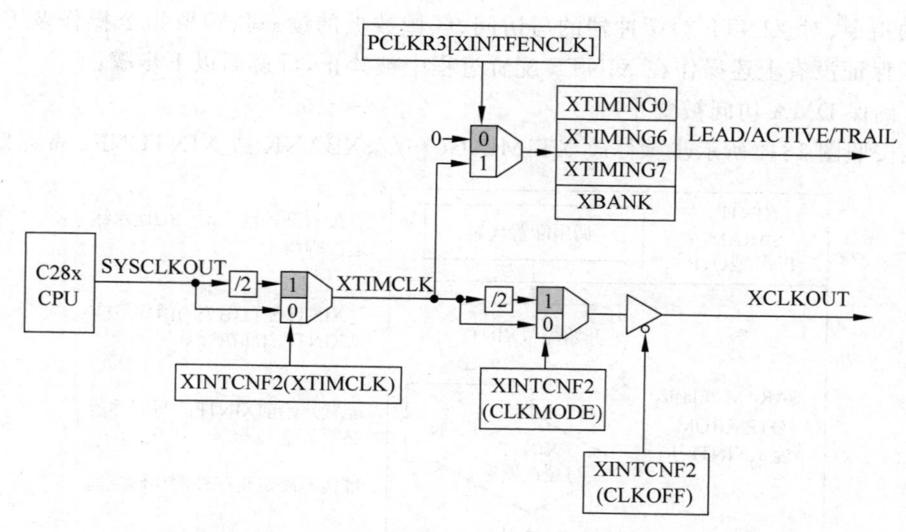

图 13-5 XTIMCLK、XCLKOUT 与 SYSCLKOUT 的关系

13.2.3 写缓冲器

默认情况下写访问的缓冲器是被禁止的，为提高 XINTF 的性能，可使能写缓冲器。在没有停止 CPU 的情况下，最多允许 3 个数据通过缓冲器写入 XINTF 区域，写缓冲器的深度可通过 XINTCNF2 寄存器配置。

13.2.4 区域访问的建立时间、有效时间及跟踪时间

XINTF 区域的写访问或读访问时序可分为 3 个部分：建立时间、有效时间及跟踪时间。通过配置每个区域的 XTIMING 寄存器可为该区域访问时序的 3 个部分设定相应等待时间，等待时间以 XTIMCLK 周期为最小单位，每个区域的读访问时序与写访问时序可独立配置。另外，为了与低速外部设备连接，可通过 X2TIMING 位将建立时间、有效时间及跟踪时间延长一倍。

1. 建立时间

在建立时间阶段，所要访问区域的片选信号被拉低，相应存储单元的地址被发送到地址总线 XA 上。建立时间可通过本区域 XTIMING 寄存器进行配置，默认情况下读/写访问都使用最大的建立时间，即 6 个 XTIMCLK 周期。

2. 有效时间

在有效时间内完成外部设备的访问，如果是读访问，读选通信号 $\overline{XRD}$ 被拉低，数据被锁存到 DSP 中；如果是写访问，写选通信号 $\overline{XWE0}$ 被拉低，数据被发送到数据总线 XD 上。如果该区域采样 XREDAY 信号，外部设备通过控制 XREDAY 信号可延长有效时间，此时有效时间可超过设定值；如果未使用 XREDAY 信号，总有效时间所包含的 XTIMCLK 周期数为相应寄存器 XTIMING 中的设定值加 1，默认情况下读/写访问的有效时间为 14 个

XTIMCLK 周期。

3. 跟踪时间

在跟踪时间内区域的片选信号仍保持低电平，但读/写选通信号被重新拉到高电平。跟踪时间也可通过本区域 XTIMING 寄存器设定，默认情况下读/写访问都使用最大的跟踪时间，即 6 个 XTIMCLK 周期。

根据系统需要，可配置合适的建立时间、有效时间及跟踪时间，以满足不同外部存储器及设备的读/写要求，在配置过程中需要考虑如下因素：

(1) 读/写访问 3 个阶段的最小等待时间要求。

(2) XINTF 的读/写时序。

(3) 外部存储器或设备的时序要求。

(4) DSP 器件与外部器件之间的附加延时。

13.2.5 区域的 XREADY 采样

如果 XINTF 模块使用 XREADY 采样功能，外部设备可扩展访问阶段的有效时间。XINTF 的所有区域共用一个 XREADY 输入信号线，但每个区域都可单独配置为使用或不使用 XREADY 采样功能。每个区域的采样方式有如下 2 种。

(1) 同步采样：同步采样中，XREADY 信号在总的有效时间结束前将保持一个 XTIMCLK 周期时间的有效电平。

(2) 异步采样：异步采样中，XREADY 信号在总的有效时间结束前将保持 3 个 XTIMCLK 周期时间的有效电平。

无论是同步采样还是异步采样，如果采样到的 XREADY 信号为低电平，那么访问阶段的有效时间将增加一个 XTIMCLK 周期，并且在下一个 XTIMCLK 周期内将会对 XREADY 信号重新采样，以上过程将重复进行，直到采样到的 XREADY 为高电平。

如果一个区域被配置为使用 XREADY 采样，那么这个区域的读访问与写访问都将使用 XREADY 采样功能。默认情况下，每一个区域都使用异步采样方式。当使用 XREADY 信号时，必须考虑 XINTF 最小等待时间的要求，同步采样方式与异步采样方式下的最小等待时间要求是不同的，主要取决于以下几点：

(1) XINTF 固有的时序特性。

(2) 外部设备的时序要求。

(3) DSP 器件与外部器件之间的附加延时。

13.2.6 数据总线宽度及连接方式

XINTF 每个区域的数据总线都可单独配置成 16 位或 32 位，XA0/$\overline{\text{XWE1}}$引脚的功能在两种总线宽度下也不同。当一个区域配置成 16 位总线模式时，XA0/$\overline{\text{XWE1}}$引脚的功能为地址的最后一位 XA0，如图 13-6 所示。当一个区域配置成 32 位总线模式时，XA0/$\overline{\text{XWE1}}$引脚的功能为低字段的选通信号线$\overline{\text{XWE1}}$，如图 13-7 所示。

$\overline{\text{XWE0}}$与 XA0/$\overline{\text{XWE1}}$信号线在 16 位数据总线与 32 位数据总线下的具体功能如

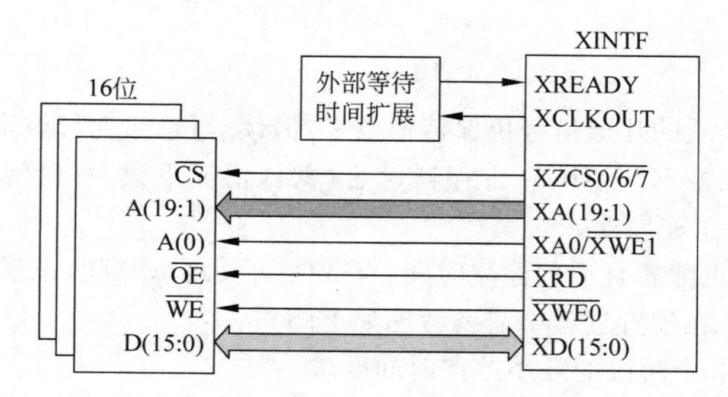

图 13-6 16 位数据总线的典型连接方式

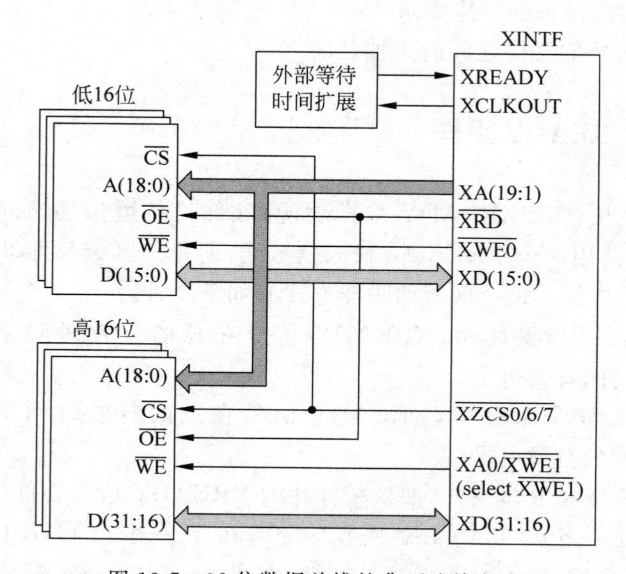

图 13-7 32 位数据总线的典型连接方式

表 13-2 所示。

表 13-2 $\overline{XWE0}$与 XA0/$\overline{XWE1}$具体功能

16 位总线宽度下的写访问	XA0/$\overline{XWE1}$	$\overline{XWE0}$
无访问操作	1	1
16 位偶数地址的访问	0	0
16 位奇数地址的访问	1	0
32 位总线宽度下的写访问	XA0/$\overline{XWE1}$	$\overline{XWE0}$
无访问操作	1	1
16 位偶数地址的访问	1	0
16 位奇数地址的访问	0	1
32 位地址访问	0	0

13.3 建立时间、有效时间及跟踪时间的具体配置

XINTF 每个区域的读/写时序都可通过 XTIMING 寄存器进行配置，同时每个区域都可使用或禁止 XREADY 采样功能，从而允许用户根据外部设备或存储器的要求来针对性地配置 XINTF，从而提高读/写效率。

表 13-3 给出了 XTIMING 寄存器中的参数与 XTIMCLK 周期之间的关系。

表 13-3 建立时间、有效时间及跟踪时间分别包含的 XTIMCLK 周期数

描述	包含的 XTIMCLK 周期数	
	X2TIMING＝0	X2TIMING＝1
LR：读访问的建立时间	XRDLEAD×T_c	XRDLEAD×2×T_c
AR：读访问的有效时间	(XRDACTIVE＋WS＋1)×T_c	(XRDACTIVE×2＋WS＋1)×T_c
TR：读访问的跟踪时间	XRDTRAIL×T_c	XRDTRAIL×2×T_c
LW：写访问的建立时间	XWRLEAD×T_c	XWRLEAD×2×T_c
AW：写访问的有效时间	(XWRACTIVE＋WS＋1)×T_c	(XWRACTIVE×2＋WS＋1)×T_c
TW：写访问的跟踪时间	XWRTRAIL×T_c	XWRTRAIL×2×T_c

注：(1) T_c为 XTIMCLK 的周期。

(2) WS 为使用 XREADY 时插入的额外周期，当一个区域忽略 XREADY 信号(USEREADY＝0)，那么 WS＝0。

每个区域的 XTIMING 寄存器配置必须满足最小等待时间的要求，最小等待时间主要由连接到 XINTF 接口上的外部设备决定，在使用过程中需查看相关说明文档。

以下将给出常用的几种情况下的时序要求。

1. 未使用 XREADY 采样功能时(USEREADY＝0)

当不使用 XREADY 信号时，必须满足：LR≥T_c、LW≥T_c。XTIMING 寄存器的相关配置必须满足表 13-4 要求，表 13-5 给出了相应的应用实例。

表 13-4 USEREADY＝0 时 XTIMING 寄存器配置要求

控制位	XRDLEAD	XRDACTIVE	XRDTRAIL	XWRLED	XWRACTIVE	XWRTRAIL	X2TIMING
有效配置	≥1	≥0	≥0	≥1	≥0	≥0	0 或 1

表 13-5 USEREADY＝0 时 XTIMING 寄存器配置实例

控制位	XRDLEAD	XRDACTIVE	XRDTRAIL	XWRLED	XWRACTIVE	XWRTRAIL	X2TIMING
无效配置	0	0	0	0	0	0	0 或 1
有效配置	1	0	0	1	0	0	0 或 1

2. 同步采样时(USEREADY＝1，READYMODE＝0)

当使用同步采样方式对 XREADAY 信号采样时，则必须满足：LR≥T_c、LW≥T_c及 AR≥2×T_c、AW≥2×T_c。XTIMING 寄存器的相关配置必须满足表 13-6 要求，表 13-7 给出了相应的应用实例。

表 13-6　USEREADY＝1、READYMODE＝0 时 XTIMING 寄存器配置要求

控制位	XRDLEAD	XRDACTIVE	XRDTRAIL	XWRLED	XWRACTIVE	XWRTRAIL	X2TIMING
有效配置	≥1	≥1	≥0	≥1	≥1	≥0	0 或 1

表 13-7　USEREADY＝1、READYMODE＝0 时 XTIMING 寄存器配置实例

控制位	XRDLEAD	XRDACTIVE	XRDTRAIL	XWRLED	XWRACTIVE	XWRTRAIL	X2TIMING
无效配置	0	0	0	0	0	0	0 或 1
无效配置	1	0	0	1	0	0	0 或 1
有效配置	1	1	0	1	1	0	0 或 1

3. 异步采样时(USEREADY＝1,READYMODE＝1)

当使用异步采样方式对 XREADAY 信号采样时,则必须满足:LR≥T_c、LW≥T_c及 AR≥2×T_c、AW≥2×T_c及 LR＋AR≥4×T_c、LW＋AW≥4×T_c。XTIMING 寄存器的相关配置必须满足表 13-8 要求,表 13-9 给出了相应的应用实例。

表 13-8　USEREADY＝1、READYMODE＝1 时 XTIMING 寄存器配置要求

控制位	XRDLEAD	XRDACTIVE	XRDTRAIL	XWRLED	XWRACTIVE	XWRTRAIL	X2TIMING
有效配置	≥1	≥2	0	≥1	≥2	0	0 或 1
有效配置	≥2	≥1	0	≥2	≥1	0	0 或 1

表 13-9　USEREADY＝1、READYMODE＝1 时 XTIMING 寄存器配置实例

控制位	XRDLEAD	XRDACTIVE	XRDTRAIL	XWRLED	XWRACTIVE	XWRTRAIL	X2TIMING
无效配置	0	0	0	0	0	0	0 或 1
无效配置	1	0	0	1	0	0	0 或 1
无效配置	1	1	0	1	1	0	0
有效配置	1	1	0	1	1	0	1
有效配置	1	2	0	1	2	0	0 或 1
有效配置	2	1	0	2	1	0	0 或 1

注:对于以上 3 种情况下的无效配置,XINTF 模块没有相应的硬件检错逻辑,需要由用户自己检错。

表 13-10 给出了建立时间与跟踪时间在 XTIMING 寄存器中的设定值与系统时钟 SYSCLKOUT 之间的关系,表 13-11 给出了有效时间在 XTIMING 寄存器中的设定值与系统时钟 SYSCLKOUT 之间的关系。

表 13-10　建立时间/跟踪时间设定值与 SYSCLKOUT 的关系

建立/跟踪时间设定值	[XTIMCLK]	X2TIMING	建立时间包含的 SYSCLKOUT 周期数	跟踪时间包含的 SYSCLKOUT 周期数
计算公式	0	0	建立时间设定值×1	跟踪时间设定值×1
	0	1	建立时间设定值×2	跟踪时间设定值×2
	1	0	建立时间设定值×2	跟踪时间设定值×2
	1	1	建立时间设定值×4	跟踪时间设定值×4

续表

建立/跟踪时间设定值	[XTIMCLK]	X2TIMING	建立时间包含的SYSCLKOUT周期数	跟踪时间包含的SYSCLKOUT周期数
0	x	x	配置无效	0
1	0	0	1	1
	0	1	2	2
	1	0	2	2
	1	1	4	4
2	0	0	2	2
	0	1	4	4
	1	0	4	4
	1	1	8	8
3	0	0	3	3
	0	1	6	6
	1	0	6	6
	1	1	12	12

表 13-11　有效时间设定值与 SYSCLKOUT 的关系

有效时间设定值	[XTIMCLK]	X2TIMING	有效时间包含的 SYSCLKOUT 周期数
计算公式	0	0	有效时间设定值×1+1(式 1)
	0	1	有效时间设定值×2+1(式 2)
	1	0	有效时间设定值×2+2(式 3)
	1	1	有效时间设定值×4+2(式 4)
0	0	x	如果使用 XREADY,1 或无效
	1	x	如果使用 XREADY,2 或无效
1	0	0	2
	0	1	3
	1	0	4
	1	1	6
2～7	0	0	按表中式 1 计算
	0	1	按表中式 2 计算
	1	0	按表中式 3 计算
	1	1	按表中式 4 计算

注：(1) XINTCNF2[XTIMCLK]用来控制 SYSCLKOUT 与 XTIMCLK 之间的比率。

(2) 每个区域都可在其 XTIMING 寄存器中配置 X2TIMING。

13.4　XBANK 区域切换

当访问操作从一个区域跨越到另一个区域时，为了及时地释放总线让其他设备获得访问权，低速设备需要额外的几个周期。区域切换允许用户指定一个特定的存储区域，当访问操作移入该区域或从该区域移出时，允许添加额外的延时周期。所指定的区域以及相应的额外延时周期可通过 XBANK 寄存器配置。

额外延时周期的选择要考虑 XTIMCLK 与 XCLKOUT 的信号频率，共有 3 种情况：

(1) XTIMCLK=SYSCLKOUT。

当 XTIMCLK=SYSCLKOUT 时，额外延时周期的配置位 XBANK[BCYC]无限制。

(2) XTIMCLK=1/2 SYSCLKOUT、XCLKOUT=1/2 XTIMCLK。

在此情况下，XBANK[BCYC]不能为 4 或 6，其他取值均可。

(3) XTIMCLK=1/2SYSCLKOUT、XCLKOUT=XTIMCLK 或者 XTIMCLK = 1/4 SYSCLKOUT。

当访问操作在两个区域切换时，必将有一个区域的访问发生在延时周期之前，另一个区域的访问发生在延时周期之后。为了能够添加准确的延时周期，要求第一个区域的访问总时间要大于添加的延时周期总时间。例如，当区域 7 被指定为特定区域，即移入或移出区域 7 的访问操作都将添加延时周期，如果区域 7 的访问操作发生在区域 0 的访问操作之后，则要求区域 0 访问操作的总时间要大于添加的延时周期总时间，如果区域 0 的访问操作发生在区域 7 的访问操作之后，则要求区域 7 访问操作的总时间要大于添加的延时周期总时间。

通过设定建立时间、有效时间及跟踪时间的值可保证区域的访问时间大于添加的延时周期总时间，由于 XREADY 只扩展有效时间，这里不做考虑。以下给出具体的配置原则。

(1) X2TIMING=0，则需遵循：

$$\text{XBANK[BCYC]} < \text{XWRLEAD} + \text{XWRACTIVE} + 1 + \text{XWRTRAIL}$$
$$\text{XBANK[BCYC]} < \text{XRDLEAD} + \text{XRDACTIVE} + 1 + \text{XRDTRAIL}$$

(2) X2TIMING=1，则需遵循：

$$\text{XBANK[BCYC]} < \text{XWRLEAD} \times 2 + \text{XWRACTIVE} \times 2 + 1 + \text{XWRTRAIL} \times 2$$
$$\text{XBANK[BCYC]} < \text{XRDLEAD} \times 2 + \text{XRDACTIVE} \times 2 + 1 + \text{XRDTRAIL} \times 2$$

表 13-12 给出了不同时序配置情况下 XBANK[BCYC]的有效取值。

表 13-12 XBANK[BCYC]有效取值

XBANK[BCYC]有效取值	总访问时间	XRDLEAD 或 XWRLEAD	XRDACTIVE 或 XWRACTIVE	XRDTRAIL 或 XWRTRAIL	X2TIMING
<5	1+(2+1)+1=5	1	2	1	0
<6	1+(3+1)+1=6	1	3	1	0
<7	2+(3+1)+1=7	2	3	1	0
<5	1×2+0×2+1+1×2=5	1	0	1	1
<5	1×2+1×2+1+0×2=5	1	1	0	1

13.5 XINTF 的 DMA 读/写访问

XINTF 支持以 DMA 方式访问片外程序或数据，通过输入信号 $\overline{\text{XHOLD}}$ 与输出信号 $\overline{\text{XHOLDA}}$ 共同完成。当 $\overline{\text{XHOLD}}$ 输入低电平时，表明有请求发送到 XINTF，以使 XINTF 所有输出引脚保持在高阻状态。当完成 XINTF 所有的外部访问后，$\overline{\text{XHOLDA}}$ 变为低电平,以通知外部设备 XINTF 已将其所有的输出口保持在高阻状态,并且其他设备可访问外部存储器或设备。

配置 XINTCNF2 寄存器的 HOLD 模式位,当检测到$\overline{XHOLD}$的有效信号时,自动产生$\overline{XHOLDA}$信号并允许对外部总线的访问。在 HOLD 模式下,CPU 仍可正常执行连接到存储总线上的片内存储空间。当$\overline{XHOLDA}$为低电平时,如果访问 XINTF,将产生未就绪标志,并将处理器挂起。XINTCNF2 寄存器中的状态标志位将显示$\overline{XHOLD}$与$\overline{XHOLDA}$信号的状态。

如果$\overline{XHOLD}$为低电平时 CPU 向 XINTF 写数据,由于此时写缓冲器被禁止,数据将不会进入写缓冲器,CPU 将停止工作。XINTCNF2 寄存器中的 HOLD 模式位优先于$\overline{XHOLD}$输入信号,从而允许用户使用代码判断是否有$\overline{XHOLD}$请求。输入信号$\overline{XHOLD}$在 XINTF 输入端被同步,同步时钟为 XTIMCLK,XINTCNF2 寄存器中的 HOLDS 位反映$\overline{XHOLD}$信号的当前同步状态。复位时,HOLD 模式被使能,允许利用$\overline{XHOLD}$信号从外部存储器加载程序。复位期间如果$\overline{XHOLD}$输入信号为低电平,则输出信号$\overline{XHOLDA}$也为低电平。在上电期间,$\overline{XHOLD}$同步锁存器中的不确定值将被忽略,并且在时钟稳定后将会被刷新,因此同步锁存器不需要复位。如果检测到$\overline{XHOLD}$信号为低电平,只有当所有当前被悬挂的 XINTF 操作完成后$\overline{XHOLDA}$才输出低电平,在$\overline{XHOLDA}$有效信号输出之前要一直保持$\overline{XHOLD}$处于有效电平。在 HOLD 模式下,XINF 接口的所有输出信号(XA[19:1]、XD[31:0]、XA0/$\overline{XWE1}$、$\overline{XRD}$、$\overline{XWE0}$、XR/$\overline{W}$、$\overline{XZCS0}$、$\overline{XZCS6}$和$\overline{XZCS7}$)都将保持在高阻状态。

13.6 相关寄存器

表 13-13 给出了 XINTF 的所有相关寄存器,通过配置这些寄存器可改变 XINTF 的访问时序。

表 13-13 XINTF 相关寄存器

寄存器名称	地址单元	大小(×16 位)	寄存器说明
XTIMING0	0x0000～0x0B20	2	XINTF 区域 0 的时序寄存器
XTIMING6	0x0000～0x0B2C	2	XINTF 区域 6 的时序寄存器
XTIMING7	0x0000～0x0B2E	2	XINTF 区域 7 的时序寄存器
XINTCNF2	0x0000～0x0B34	2	XINTF 配置寄存器
XBANK	0x0000～0x0B38	1	XINTF 区域切换控制寄存器
XREVISION	0x0000～0x0B3A	1	XINTF 版本寄存器
XRESET	0x0000～0x0B3D	1	XINTF 复位寄存器

注:所有寄存器都使用 EALLOW 保护。

每个区域都具有自己的时序寄存器,通过配置该寄存器可改变本区域的访问时序,时序寄存器的配置代码不能从本区域内执行。时序寄存器 XTIMING0/6/7 各位信息如表 13-14 所示,功能描述如表 13-15 所示。

表 13-14 XTIMING0/6/7 寄存器各位信息

31～23	22	21～18	17	16
保留	X2TIMING	保留	XSIZE	
R-0	R/W-1	R-0	R/W-1	

15	14	13	12	11～9	8
READYMODE	USEREADY	XRDLEAD		XRDACTIVE	XRDTRAIL
R/W-1	R/W-1	R/W-1		R/W-1	R/W-1

7	6	5	4～2	1	0
XRDTRAIL	XWRLEAD		XWACTIVE	XWRTRAIL	
R/W-1	R/W-1		R/W-1	R/W-1	

表 13-15 XTIMING0/6/7 功能描述

位	字段	取值及功能描述
31～23	保留	保留
22	XTIMING	该位指定 XRDLEAD、XRDACTIVE、XRDTRAIL、XWRLEAD、XWRACTIVE、XWRTRAIL 的实际值与寄存器中的设定值的比值。 0：比值为 1∶1；1：比值为 2∶1(上电与复位时的默认值)
21～18	保留	保留
17～16	XSIZE	数据总线宽度设定位，必须设定为 01b 或 11b，其他设定值无效。00、10：无效的设定值，将引起 XINTF 发生错误；01：32 位数据总线方式，此时 XA0/$\overline{XWE1}$引脚工作在$\overline{XWE1}$功能；11：16 位数据总线方式，此时 XA0/$\overline{XWE1}$引脚工作在 XA0 功能
15	READYMODE	XREADY 信号采样方式控制位，仅在 USEREADY＝1 时有效。0：同步采样；1：异步采样
14	USEREADY	区域 XREADY 信号采样使能位。0：当访问该区域时，忽略 XREADY 信号；1：当访问该区域时，对 XREADY 信号进行采样
13～12	XRDLEAD	读访问的建立时间中等待周期个数设定位。建立时间中所包含的等待周期是以 XTIMCLK 时钟周期为基本单位的，与 X2TIMING 位一起决定所包含的 XTIMCLK 周期数，建立时间＝XTIMCLK 周期数× XTIMCLK 周期。 X2TIMING＝0 时，00：无效值，01～11(k)：周期数＝ k； X2TIMING＝1 时，00：无效值，01～11(k)：周期数＝ 2× k。 默认情况下设定值为 11b，即周期数为 6(默认 X2TIMING＝1)
11～9	XRDACTIVE	读访问的有效时间中等待周期个数设定位。有效时间中所包含的等待周期是以 XTIMCLK 时钟周期为基本单位的，与 X2TIMING 位一起决定所包含的 XTIMCLK 周期数，由于有效时间中有额外的一个 XTIMCLK 周期，故总有效时间＝ XTIMCLK 周期数× XTIMCLK 周期＋ 1。 X2TIMING＝0 时，000～111(k)：周期数＝ k； X2TIMING＝1 时，000～111(k)：周期数＝ 2× k。 默认情况下设定值为 111b，即周期数为 14(默认 X2TIMING＝1)

续表

位	字段	取值及功能描述
8～7	XRDTRAIL	读访问的跟踪时间中等待周期个数设定位。跟踪时间中所包含的等待周期是以XTIMCLK时钟周期为基本单位的，与X2TIMING位一起决定所包含的XTIMCLK周期数，跟踪时间＝XTIMCLK周期数×XTIMCLK周期。 X2TIMING＝0时，00～11(*k*)：周期数＝*k*； X2TIMING＝1时，00～11(*k*)：周期数＝2×*k*。 默认情况下设定值为11b，即周期数为6(默认X2TIMING＝1)
6～5	XWRLEAD	写访问的建立时间中等待周期个数设定位。建立时间中所包含的等待周期是以XTIMCLK时钟周期为基本单位的，与X2TIMING位一起决定所包含的XTIMCLK周期数，建立时间＝XTIMCLK周期数×XTIMCLK周期。 X2TIMING＝0时，00：周期数＝0，01～11(*k*)：周期数＝*k*； X2TIMING＝1时，00：周期数＝0，01～11(*k*)：周期数＝2×*k*。 默认情况下设定值为11b，即周期数为6(默认X2TIMING＝1)
4～2	XWRACTIVE	写访问的有效时间中等待周期个数设定位。有效时间中所包含的等待周期是以XTIMCLK时钟周期为基本单位的，与X2TIMING位一起决定所包含的XTIMCLK周期数，由于有效时间中有额外的一个XTIMCLK周期，故总有效时间＝XTIMCLK周期数×XTIMCLK周期＋1 X2TIMING＝0时，000～111(*k*)：周期数＝*k*； X2TIMING＝1时，000～111(*k*)：周期数＝2×*k*。 默认情况下设定值为111b，即周期数为14(默认X2TIMING＝1)
1～0	XWRTRAIL	写访问的跟踪时间中等待周期个数设定位。跟踪时间中所包含的等待周期是以XTIMCLK时钟周期为基本单位的，与X2TIMING位一起决定所包含的XTIMCLK周期数，跟踪时间＝XTIMCLK周期数×XTIMCLK周期。 X2TIMING＝0时，00～11(*k*)：周期数＝*k*； X2TIMING＝1时，00～11(*k*)：周期数＝2×*k*。 默认情况下设定值为11b，即周期数为6(默认X2TIMING＝1)

XINTF配置寄存器XINTCNF2各位信息如表13-16所示，功能描述如表13-17所示。

表13-16　XINTCNF2寄存器各位信息

31～19	18～16
保留	XTIMCLK
R-0	R/W-1

15～12	11	10	9	8
保留	HOLDAS	HOLDS	HOLD	保留
R-0	R-x	R-y	R-0	R-1

7	6	5	4	3	2	1	0
WLEVEL		保留	保留	CLKOFF	CLKMODE	WRBUFF	
R-0		R-0	R-1	R/W-0	R/W-1	R/W-1	

注：x＝$\overline{\text{XHOLDA}}$输出信号，y＝$\overline{\text{XHOLD}}$输入信号。

表 13-17　XINTCNF2 功能描述

位	字段	取值及功能描述
31～19	保留	保留
18～16	XTIMCLK	此位用来配置 XINTF 模块的基准时钟 XTIMCLK 与系统时钟 SYSCLKOUT 之间的关系，XTIMCLK 时钟的配置代码不能存放在 XINTF 区域中。000：XTIMCLK ＝ SYSCLKOUT；001：XTIMCLK ＝ SYSCLKOUT 频率/2（默认）；010～111：保留。注：XTIMCLK 默认情况下是禁止的，在写 XINTF 相关寄存器前要通过 PCLKR3 寄存器使能
15～12	保留	保留
11	HOLDAS	此位反映输出信号$\overline{\text{XHOLDA}}$的当前状态，用户可通过读取该位判断 XINTF 接口是否正在进行对外部设备的访问。0：$\overline{\text{XHOLDA}}$为低电平；1：$\overline{\text{XHOLDA}}$为高电平
10	HOLDS	此位反映输入信号$\overline{\text{XHOLD}}$的当前状态，用户可通过读取该位判断外部设备是否正在请求对 XINTF 总线的访问。0：$\overline{\text{XHOLD}}$为低电平；1：$\overline{\text{XHOLD}}$为高电平
9	HOLD	此位允许外部设备驱动$\overline{\text{XHOLD}}$输入信号，并允许$\overline{\text{XHOLDA}}$输出信号。 此位为 1 时，$\overline{\text{XHOLD}}$与$\overline{\text{XHOLDA}}$都为低电平（允许访问 XINTF），那么在当前周期结束时将$\overline{\text{XHOLDA}}$信号强制到高电平，XINTF 脱离高阻状态。通过$\overline{\text{XRS}}$复位时，此位被清零。复位期间，如果$\overline{\text{XHOLD}}$为低电平，那么数据总线、地址总线及所有选通信号线都将为高阻状态，同时$\overline{\text{XHOLDA}}$被驱动到低电平。如果 HOLD 模式被使能且$\overline{\text{XHOLDA}}$为低电平，那么 CPU 内核仍可继续执行片内存储单元中的代码，如果发生 XINTF 访问，则产生一个未准备好信号并将 CPU 停止，直到$\overline{\text{XHOLD}}$信号被撤除。 0：自动允许外部设备的请求，并驱动$\overline{\text{XHOLD}}$与$\overline{\text{XHOLDA}}$为低电平（默认）； 1：不允许外部设备的请求，驱动$\overline{\text{XHOLD}}$为低电平并使$\overline{\text{XHOLDA}}$为高电平
8	保留	保留
7～6	WLEVEL	反映写缓冲器中数据的个数。00：写缓冲器空；01～11（k）：写缓冲器中有 k 个字符
5～4	保留	保留
3	CLKOFF	XCLKOUT 控制位。0：XCLKOUT 被使能（默认）；1：XCLKOUT 被禁止
2	CLKMODE	XCLKOUT 时钟频率控制位，CLKMODE 位的配置代码不能存放在 XINTF 区域。0：XCLKOUT＝XTIMCLK；1：XCLKOUT＝XTIMCLK/2（默认）
1～0	WRBUFF	写缓冲器深度控制位。00：无写缓冲器（默认）；01～11（k）：有 k 个写缓冲器。注：写缓冲器的深度可变，但要求在所有缓冲器都为空的情况下改变，否则将会发生不可预测的结果

区域切换控制寄存器 XBANK 各位信息如表 13-18 所示，功能描述如表 13-19 所示。

表 13-18　XBANK 寄存器各位信息

15～6	5～3	2～0
保留	BCYC	BANK
R-0	R/W-1	R/W-1

表 13-19 XBANK 功能描述

位	字段	取值及功能描述
15～6	保留	保留
5～3	BCYC	这些位定义在区域切换时插入的延时时间，延时时间是以 XTIMCLK 为最小时间单位的。复位时(XRS)，默认值为 7 个 XTIMCLK 周期(14 个 SYSCLKOUT 周期)。000：0 个 XTIMCLK 周期；001～111(k)：k 个 XTIMCLK 周期；BCYC 的默认值为 111b
2～0	BANK	指定使用区域切换功能的 XINTF 存储区域。000：区域 0 被指定；001～101：保留；110：区域 6 被指定；111：区域 7 被指定(复位时的默认选择)

版本修订寄存器 XREVISION 各位信息如表 13-20 所示，功能描述如表 13-21 所示。

表 13-20 XREVISION 寄存器各位信息

15～0
REVISION
R

表 13-21 XREVISION 功能描述

位	字段	取值及功能描述
15～0	REVISION	表明当前 XINTF 版本

XINTF 模块复位寄存器 XRESET 各位信息如表 13-22 所示，功能描述如表 13-23 所示。

表 13-22 XRESET 寄存器各位信息

15～1	0
保留	XHARDRESET
R-0	R/W-0

表 13-23 XRESET 功能描述

位	字段	取值及功能描述
15～1	保留	保留
0	XHARDRESET	硬件复位位。在 DMA 传送中，如果 CPU 检测到 XREADY 信号为低电平，可使用硬件复位位对 XINTF 进行复位。0：写 0 无反应，读始终返回 0；1：强制产生一次 XINTF 硬件复位，XTIMING、XBANK 及 XINTCNF2 寄存器将回到默认值，XINTF 的信号线将回到空闲电平，所有悬挂的访问操作都将被清除(包括写缓冲器中的数据)，DMA 产生的停止状态将被释放

13.7 读/写时序图

本节将给出 XINTF 模块典型配置情况下的读/写时序图。

图 13-8 给出了不同 XTIMCLK 与 XCLKOUT 频率下的读/写时序图，此图中默认

X2TIMING＝0、建立时间＝2、有效时间＝2 及跟踪时间＝2。

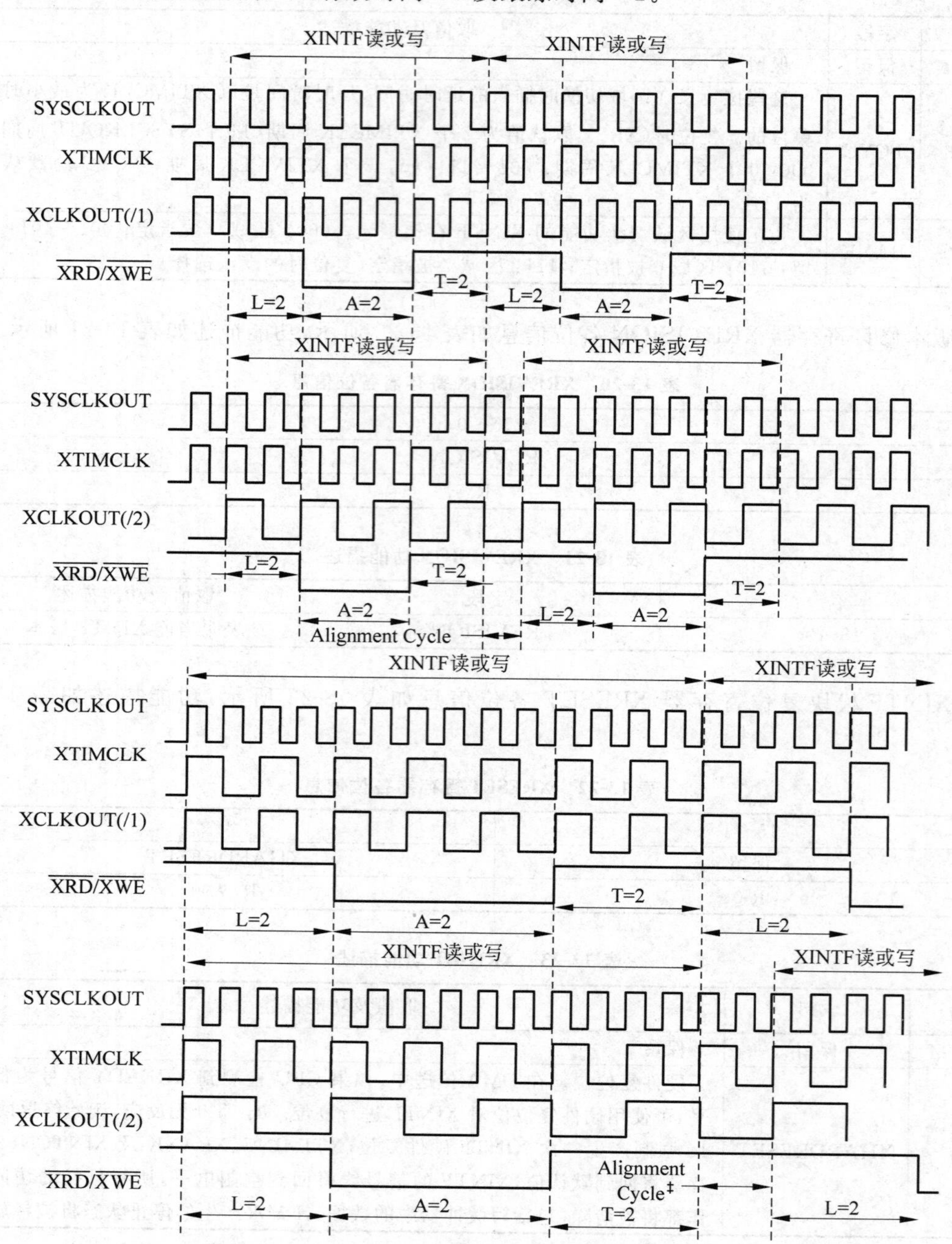

注：(1) L(Lead)代表建立时间；A(Active)代表有效时间；T(Trail)代表跟踪时间。
(2) X2TIMING=0、L=2、A=2、T=2。
(3) 所有访问都起始于XCLKOUT的上升沿。

图 13-8　XINTF 访问时序图

图 13-9、图 13-10 分别给出了 XTIMCLK＝SYSCLKOUT 与 XTIMCLK＝SYSCLKOUT/2 情况下的读访问时序图。

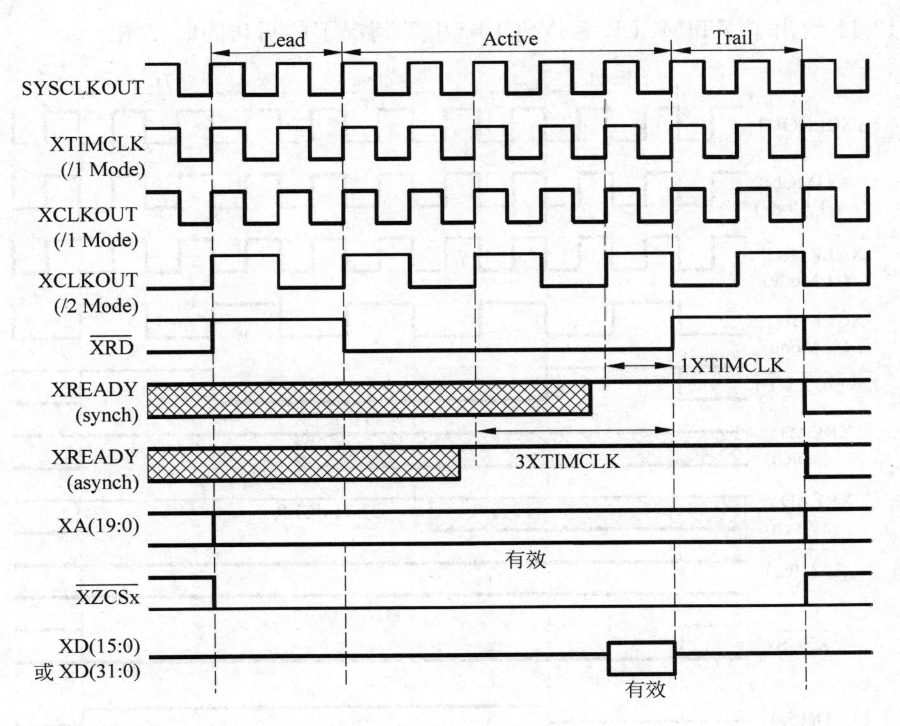

注：XRDLEAD=2， XRDACTIVE=4，XRDTRAIL=2。

图 13-9 XINTF 读访问时序图(XTIMCLK＝SYSCLKOUT)

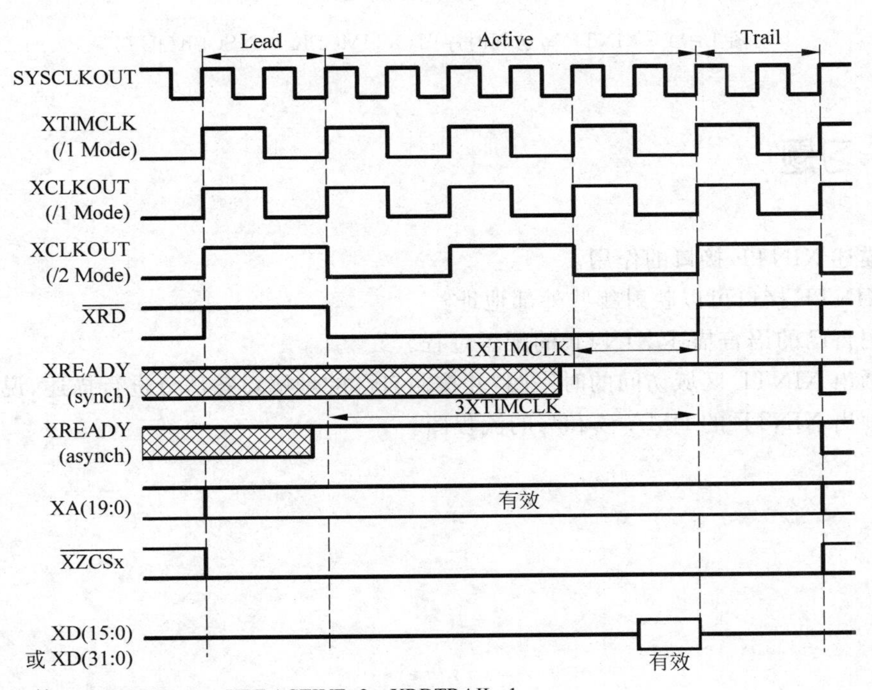

注：XRDLEAD=1， XRDACTIVE=3，XRDTRAIL=1。

图 13-10 XINTF 读访问时序图(XTIMCLK＝SYSCLKOUT/2)

图 13-11 给出了 XTIMCLK＝SYSCLKOUT 情况下的写访问时序图。

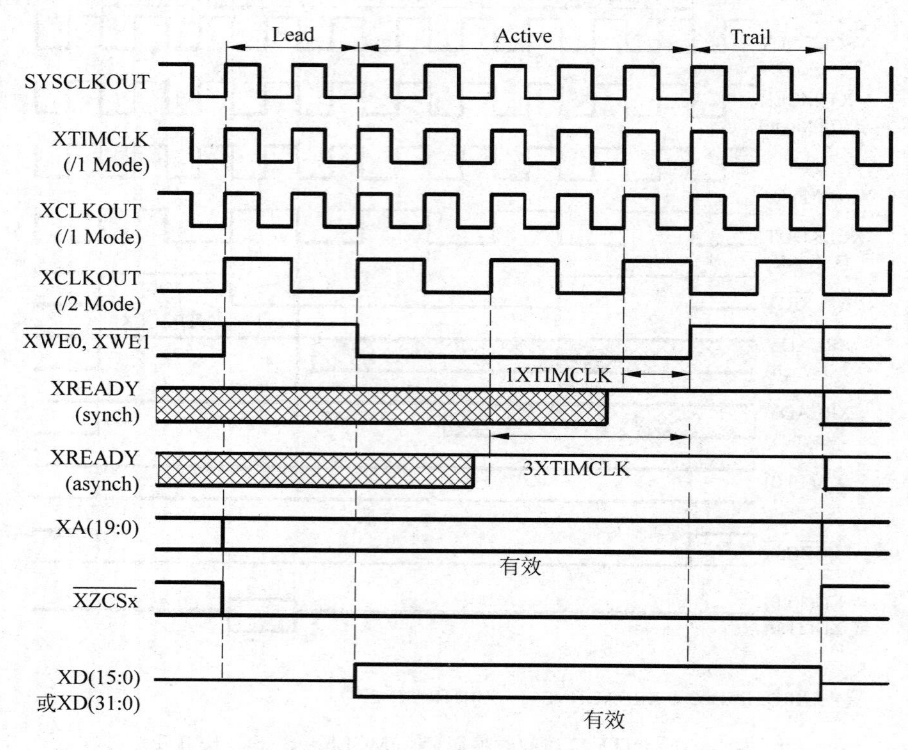

注：XRDLEAD=2，XRDACTIVE=4，XRDTRAIL=2。

图 13-11 XINTF 写访问时序图(XTIMCLK＝SYSCLKOUT)

13.8 习题

1. 描述 XINTF 接口的作用。
2. XINTF 接口可以映射哪些外部地址？
3. 用自己的语言描述 XINTF 的配置过程。
4. 画出 XINTF 区域访问的时序图，并按照自己的理解对各部分进行描述、说明。
5. 画出 XINTF 的 DMA 读和写的流程图。

第14章

高分辨率 HRPWM

HRPWM 模块可提供远高于使用传统数字 PWM 方法所能实现的分辨率。HRPWM 模块的主要特点为：

(1) 大大扩展了传统数字 PWM 的时间分辨率能力。

(2) 通常在有效 PWM 分辨率下降到低于 9～10 位时使用。在使用一个 100MHz 的 CPU/系统时钟的情况下，PWM 频率大于 200kHz 时会发生这种情况。

(3) 这个功能可被用在占空比和相移控制方法中。

(4) 通过对 ePWM 模块的比较器 A 和相位寄存器的扩展来进行更加精细的时间粒度控制或者边沿定位。

(5) HRPWM 功能，只在 ePWM 模块的 A 信号路径上提供(也就是说，在 EPWMxA 输出上提供)。EPWMxB 输出具有传统 PWM 功能。

14.1 HRPWM的特点

在通常的电机控制应用中，开关频率一般在几百 Hz 到十几 kHz 的范围内，ePWM 的分辨率是足以满足要求的。但是在开关电源(SMPS)等应用对象中，载波频率可达 MHz 级别，此时若 ePWM 计数的周期值很小，分辨率就不能满足这个要求了。传统的 PWM 产生方式的分辨率如图 14-1 所示。

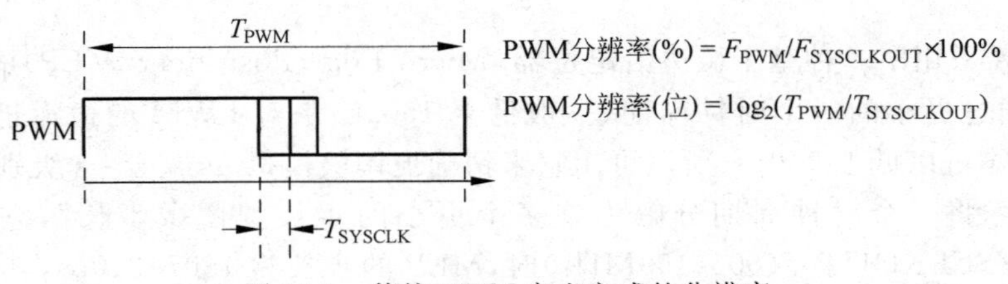

图 14-1　传统 PWM 产生方式的分辨率

假如开关频率为 5kHz，DSP 时钟频率为 100MHz，则

$$分辨率(\%) = 5000/(100\times10^{6})\times100\% = 0.005\%$$

$$分辨率(位) = \log_2(2\times10^{-4}/(100\times10^{-10}))\approx 14\text{bit}$$

假如开关频率为 50kHz,DSP 时钟频率为 100MHz,则

$$分辨率(\%)=50\,000/(100\times10^{6})\times100\%=0.05\%$$

$$分辨率(位)=\log_2(2\times10^{-5}/(100\times10^{-10}))\approx10\text{bit}$$

如果开关频率进一步提高,则传统的 PWM 方法的分辨率无法满足要求时,就需要使用 HRPWM。设 CPU 的时钟频率为 100MHz,HRPWM 的微步长为 180ps,则传统的 PWM 与 HRPWM 的分辨率对比如表 14-1 所示。

表 14-1 传统 PWM 与 HRPWM 的分辨率对比

PWM 开关频率/kHz	传统 PWM 分辨率		HRPWM 分辨率	
	位	%	位	%
20	12.3	0	18.1	0
50	11	0	16.8	0.001
100	10	0.1	15.8	0.002
150	9.4	0.2	15.2	0.003
200	9	0.2	14.8	0.004
250	8.6	0.3	14.4	0.005
500	7.6	0.5	13.8	0.007
1000	6.6	1	12.4	0.018
1500	6.1	1.5	11.9	0.027
2000	5.6	2	11.4	0.036

由表 14-1 可见,即使是产生 2MHz 的 PWM 脉冲,HRPWM 仍然可以保证超过 11 位的 PWM 分辨率。所以 HRPWM 这个模块有它特定的应用场合,一般是在超过 250kHz 的应用中使用(因为使用 MOSFET 和高频变压器,所以开关频率需要很高),这些应用目前基本都属于 DC—DC 变换器领域,包括:

(1) 单相的 buck(降压)、boost(升压)或者 flyback(反激)式的变换器。

(2) 多相的 buck(降压)、boost(升压)或者 flyback(反激)式的变换器。

(3) 相移式的全桥电路。

(4) D 类功率放大器的直接调制。

14.2 HRPWM 的原理

HRPWM 采用了一种基于微边沿定位器(Micro Edge Positioner,MEP)的技术。这一技术主要是通过更小的一个时钟周期(一般低至 150ps)来对 PWM 的边沿进行精确的采样,其最小间隔可以低至 150ps,所以可用它来精确地调整模拟 μs 甚至 ns 级别的脉冲。

MEP 技术将一个时钟周期分解为许多个更小的步长,叫"微步长",它的典型值是 150ps。在 SYSCLKOUT=(60~150MHz)时,MEP 的步长为 150~310ps,其中最大 MEP 步长基于最差情况过程、最大温度和最大电压。MEP 步长将随着低电压和高温度而增加,随着电压和冷却温度而降低。使用 HRPWM 特性的应用应该使用 MEP 缩放因子优化器(SFO)近似软件函数。在最终应用中使用 SFO 函数的细节请见 TI 软件库。SFO 函数有助于在 HRPWM 运行时动态地估计每个 SYSCLKOUT 周期内的 MEP 步数量。

图 14-2 给出了 MEP 的运行逻辑，它表明了一个稀疏(coarse)的系统时钟和 MEP 边沿定位步数之间的关系，这种关系是由比较 A 扩展寄存器(CMPAHR)来控制的。

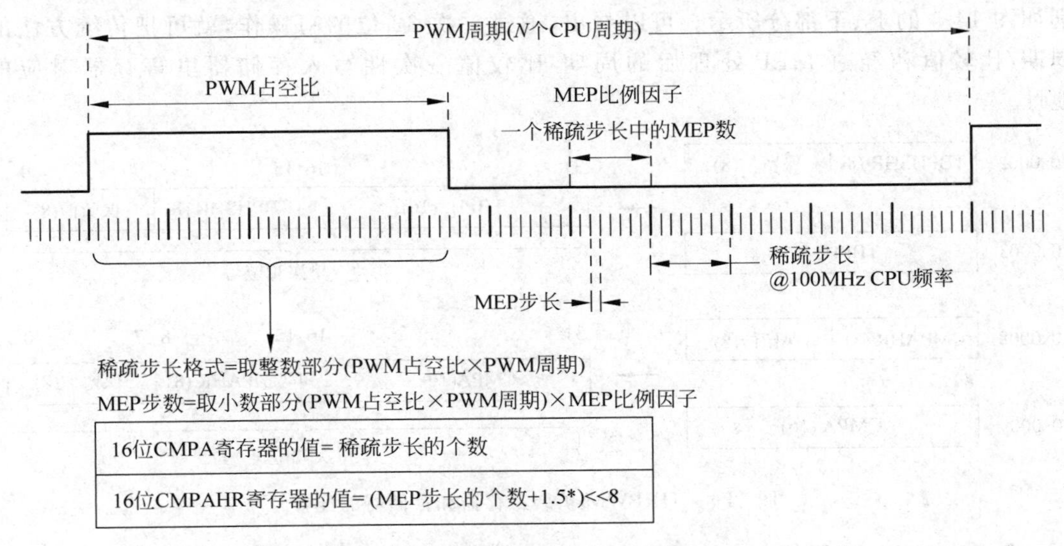

注：* 1.5用来对MEP的范围进行取整调节(Q8格式下的0x0180)。

图 14-2　MEP 的运行逻辑

由图 14-2 可知，为了产生高分辨率的 HRPWM 波形，首先要有基于传统方法输出的 PWM 波形，然后再进行 MEP 修正。其步骤如下：

(1) 根据需要输出的 PWM 开关频率(例如 200kHz 这样的高开关频率)和 PWM 极性配置(脉冲的高有效/低有效)来配置 ePWM 的时基子模块 TB、比较子模块 CC 和动作限定子模块 AQ，从而使能输出传统的 PWM 波形。注意：这里的 PWM 波形是在芯片的内部电路中完成的，并不是实际引脚的输出。

(2) 配置 HRPWM 子模块中的相关寄存器，从而使得 MEP 作用在传统方法输出的 PWM 波形上，根据需求的分辨率，调整 MEP 的个数。

(3) 产生实际输出到 DSP 引脚的高分辨率 PWM 波形。

HRPWM 模块专有的状态和控制寄存器并不多，如表 14-2 所示。

表 14-2　HRPWM 的寄存器

寄存器名	地址偏移量	是否有映射寄存器	描　述
TBPHSHR	0x0002	否	HRPWM 相位的扩展寄存器(高 8 位有效，低 8 位为保留位)
CMPAHR	0x0008	是	HRPWM 占空比的扩展寄存器(高 8 位有效，低 8 位为保留位)
HRCNFG	0x0020	否	HRPWM 的配置寄存器

14.2.1　控制 HRPWM

HRPWM 波形的产生是由 HRPWM 模块的相位扩展寄存器 TBPHSHR 或者占空比

的扩展寄存器 CMPAHR 与 ePWM 中的时基单元 TB、比较单元 CC 和动作限定单元 AQ 共同作用的。在周期和占空比 2 种扩展模式下，HRPWM 扩展寄存器和存储器的配置分别如图 14-3 的上、下部分所示。可以看出，通过一次 32 位的写操作，就可把传统方法的周期/比较值和经过 MEP 处理后的周期/比较值一次性写入存储器里寄存器对应的地址。

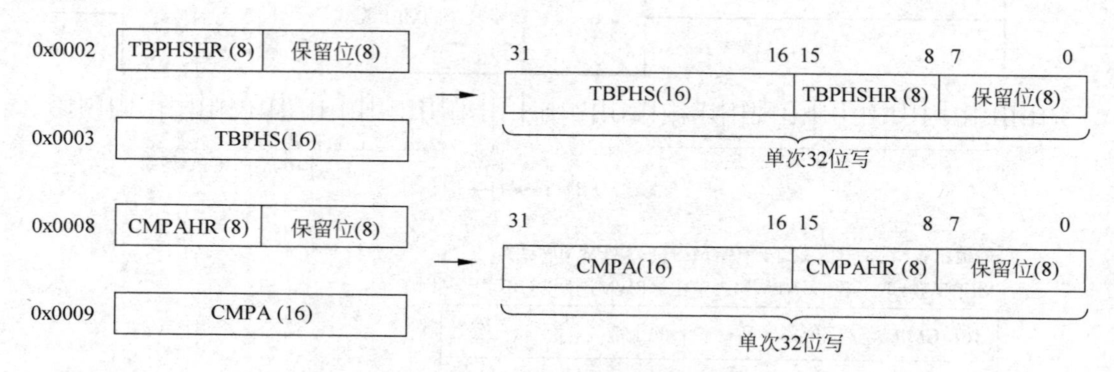

图 14-3 HRPWM 扩展寄存器和存储器的配置

在 F28335 DSP 器件中，只有 ePWM 的 A 通道支持 HRPWM 的输出，即一共有 6 路。HRPWM 与 ePWM 中其他模块的接口如图 14-4 所示。

14.2.2 配置 HRPWM

在 ePWM 配置了传统的 PWM 之后，再通过配置地址偏移量为 20h 处的 HRCNFG 寄存器，就能配置 HRPWM 的输出了。HRCNFG 寄存器有如下 3 种操作模式。

(1) 边沿模式：主要是配置 MEP 在何时对 PWM 的边沿位置进行精确控制，包括上升沿、下降沿和上升/下降沿的同时控制。前两者主要用于需要控制占空比的场合，后者则用于需要控制相移的场合，例如相移全桥的拓扑结构。

(2) 控制模式：在这种模式下，通过配置 CMPAHR 或者 TBPHSHR 来编程 MEP，从而分别实现对占空比的配置和对相位的配置。

(3) 阴影模式：在 CMPAHR 与 CMPA 寄存器的值一样时，这种模式与传统的 PWM 一样，提供双缓冲映射功能。在使用 TBPHSHR 进行控制时，这种模式无效。

14.2.3 HRPWM 的运行方式

HRPWM 中与 MEP 功能有关的扩展寄存器中，相关的操作都是通过写 8 位的寄存器实现的，所以 MEP 可以在 255 个离散的脉冲位置上调节传统 PWM 的边沿位置($2^8=256$，则 MEP=0 的时候相当于没有任何调整)，配合时基 TB 和比较单元 CC 一起工作，即可实现脉冲边沿调整的最优控制。MEP 技术可以在很宽的 PWM 载波频率范围、多种 CPU 时钟频率等条件下实现 PWM 输出分辨率的优化控制。MEP 个数、PWM 载波频率(定时中断频率)和 PWM 分辨率的典型数值关系如表 14-3 所示。

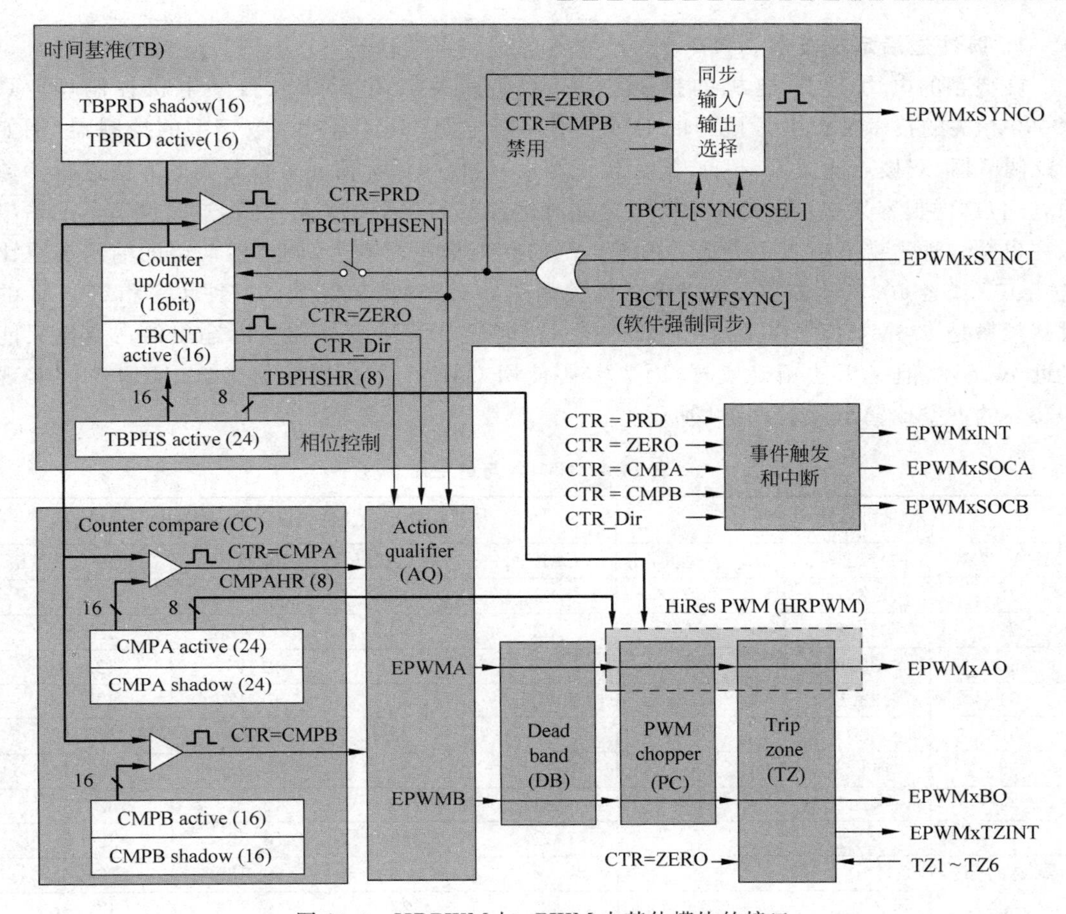

图 14-4 HRPWM 与 ePWM 中其他模块的接口

表 14-3 MEP 个数,PWM 频率与分辨率的关系

系统时钟/MHz	每个 SYSCLOCKOUT 的 MEP 个数	最小的 PWM 频率/Hz	最大的 PWM 频率/MHz	最大 PWM 频率对应的分辨率/位
50.0	111	763	2.50	11.1
60.0	93	916	3.00	10.9
70.0	79	1068	3.50	10.6
80.0	69	1221	4.00	10.4
90.0	62	1373	4.50	10.3
100.0	59	1526	5.00	10.1

注:(1) 假设系统时钟＝ SYSCLKOUT,即 CPU 的时钟频率。假设 ePWM 的时基没有分频,即 TBCLK＝SYSCLKOUT。

(2) 表 14-3 中假设的 MEP 时间分辨率为 180ps。实际的值要从器件手册中获取。在 F28335 上面,当 SYSCLKOUT 的时钟频率范围在 60～150MHz 时,MEP 的时间分辨率典型值为 150ps,最大值为 310ps。

(3) HRPWM 实际施加的 MEP 步长个数 ＝ $T_{SYSCLKOUT}$/MEP 时间分辨率。在表 14-3 的例子中,每个 SYSCLOCKOUT 的 MEP 个数＝SYSCLOCKOUT/180ps。

(4) 表 14-3 中所指的最小 PWM 频率是基于非对称模式下单向增计数的模式,即从 0 计满 65 535 才会触发 PWM 定时中断。

(5) 表 14-3 中的 PWM 分辨率是在最大的 PWM 载波频率情况下计算得到的,减小 PWM 的载波频率可以提供 PWM 分辨率。

1. 脉冲边沿定位技术

在典型的电力电子、电机的控制应用(例如开关电源 SMPS、数字电机控制(即 TI C2000 相关的技术文档中常提到的 DMC、不间断电源 UPS 等)中,数字型的控制器(例如 PID 调节器、双极点滤波器、超前/滞后校正等)一般使用标称值或者百分制的方法进行参数的表达,这样很容易在不同的功率等级之间理解参数的意义和调节参数,这时调节器的输出往往也是一种占空比或者百分数的形式。例如在某个运行点上,调节器期望的输出占空比是 0.405 或者 40.5%,若需要的 PWM 开关频率是 1.25MHz,系统的时钟频率和 ePWM 的时基频率是 100MHz,则在不使用 MEP 技术的时候,PWM 变换器实际输出的占空比只能接近 40.5%,但是无法精确实现,因为需要使用 CMPA 寄存器的值为 32.4 时才能实现 40.5%的占空比输出,如表 14-4 所示。

表 14-4 CMPA 与占空比

CMPA 与占空比			[CMPA:CMPAHR]与占空比			
CMPA(1)(2)(3)	占空比/%	高电平时间/ns	CMPA	CMPAHR	占空比/%	高电平时间/ns
28	35	280	32	18	40.405	323.24
29	36.3	290	32	19	40.428	323.42
30	37.5	300	32	20	40.45	323.6
31	38.8	310	32	21	40.473	323.78
32	40	320	32	22	40.495	323.96
33	41.3	330	32	23	40.518	324.14
34	42.5	340	32	24	40.54	324.32
			32	25	40.563	324.5
需要的值			32	26	40.585	324.68
32.4	40.5	324	32	27	40.608	324.86

注:(1) 假设系统时钟 SYSCLKOUT 和 ePWM 的时基 TBCLK 均为 100MHz,即 10ns。

(2) 当 PWM 周期寄存器的值为 80 时,相当于 80×10ns=800ns,PWM 的周期为 1/800ns=1.25MHz。

(3) 假设 MEP 的步长是 180ps。

但是实际情况下,CMPA 的值只能为整数,所以最接近的 PWM 边沿的位置偏移是 320ns,而不是 324ns,如图 14-5 所示。

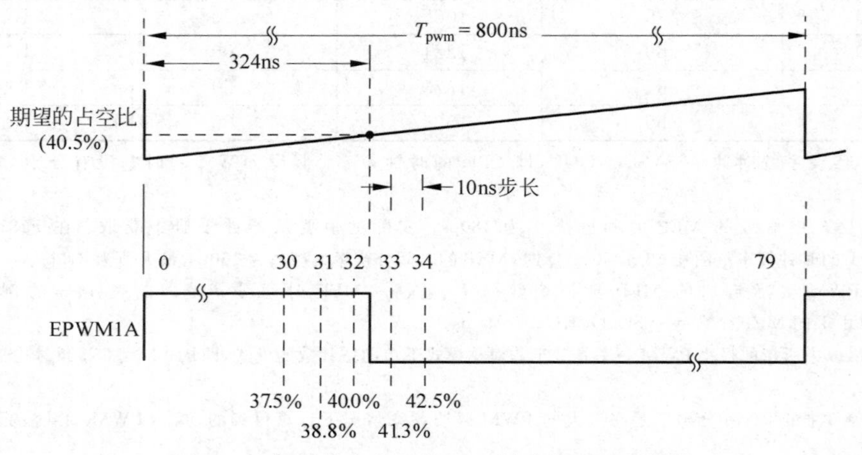

图 14-5 期望的占空比为 40.5%时的 PWM 波形

使用MEP技术对传统ePWM产生的PWM边沿进行修正,则可以产生更精确的PWM占空比输出。再结合表14-4和图14-5来看,在CMPA的值为32(320ns),180ps的MEP分辨率的情况下,只要22个MEP,即图14-5中PWM脉冲的下降沿的边沿位置为

$$320+180\times22/1000=323.96$$

离324ns的精确位置只差了40ps。

如果继续降低MEP的步长,则输出精度可以更高。

2. 比例的计算

通过前面的说明,已经知道了通过修改CMPA和CMPAHR寄存器的值进行配合,可以尽可能地保证输出PWM波形的精度。在理解上可能造成一种误区,就是先产生了传统的PWM波形,然后进行MEP修正才产生了HRPWM波形;实际情况是没有这种延时的,而且为了快速处理,需要建立一种映射关系,使得CPU可以把标称值形式(小数值)的占空比映射为最终通过一次寻址就写入32位[CMPA:CMPAHR]的寄存器组合(8位CMPA+8位保留位+16位CMPAHR)。为了完成这种映射,首先来一步步地探究MEP的处理过程。

在软件编程中,为了在不同功率等级的设备间进行移植,例如两个不同功率等级的变频器,控制算法一样,但是额定电流、转矩不同,PWM开关频率不同;又或者具体的、实际数值的单位不同,例如电机转子的位置,表示单位可能是rad/s、圈数、脉冲数甚至是m、cm等;比较好的处理方法是使用标称值或者百分数进行数据的表示,这样只要关心所处理的数值相对于基值的比例就行了。在MEP的处理过程中,因为PWM的开关频率、系统的时钟频率都有可能变化,所以为了方便计算,对它们采用归一化处理。这个过程共分两步。

首先假设所使用的参数如下。

(1) 系统时钟,即SysClockOut=10ns(100MHz)。

(2) PWM开关频率=1.25MHz(1/800ns)。

(3) 需要的PWM占空比设为0.405(40.5%)。

(4) 产生传统PWM需要的系统时钟周期数=800ns/10ns=80。

(5) 180ps MEP步长时,每个系统时钟周期可以调整的MEP个数=10ns/180ps≈55。

(6) 产生传统的PWM脉冲需要的比较寄存器的值为0.405×80=32.4。因为CMPA寄存器的值只能为整数,所以余下的0.4个系统时钟周期宽度的PWM占空比就是MEP的“用武之地”。

(7) 用来保持CMPAHR的值在1～255范围内的小数限幅常数:因为CMPAHR是高8位有效的寄存器,所以为了把它的值限制在1～255的范围内,需要给计算出的MEP加上偏移量,在F28335 DSP上默认为1.5($1.5\times2^8=384$,转换为十六进制即Q8格式下的0180h)。

CMPAHR的计算步骤如下。

第一步,计算传统PWM方法下比较寄存器CMPA的值:

$$\begin{aligned}\text{CMPA 的值}&=\text{取整(PWM 占空比}\times\text{PWM 周期值)}\\&=\text{取整}(0.405\times80)\\&=32\text{(即十六进制的 0x20)}\end{aligned}$$

第二步，计算 CMPAHR 的值：

CMPAHR 的值＝(取小数(PWM 占空比×PWM 周期值)×MEP 折算因子＋1.5)<<8
＝(取小数(32.4)×55 ＋ 1.5) <<8
＝6016
＝0x1780

实际上因为 CMPAHR 高 8 位有效，低 8 位为保留位，所以实际的 CMPAHR 的值＝0x1700。

这里的左移 8 位和前面的 1.5 转换为 0x0180 一样，都是把浮点数转换为定点数，因为是 8 位整数位，所以转换为 Q8，也就是左移 8 位(因为低 8 位是无效的保留位)。此外，从这两个步骤也可以看出，CMPA 寄存器是存储的传统 PWM 方法对应的比较值，CMPAHR 则是对应存储的 MEP 调整的值，因为 CMPAHR 最大调整达到接近一个时钟周期，但是又不足一个周期，所以它存储的是小数部分，而 CMPA 存储的是整数部分。

注意：在这个例子的计算过程中，假设 MEP 的分辨率(最小步长)是 180ps，所以在系统时钟为 100MHz 的情况下，每个系统时钟周期可以调整的 MEP 个数＝10ns/180ps＝55，定义为 MEP 折算因子。

3. 占空比循环周期的限制

因为 MEP 的计算、校正等需要一定的时钟周期，所以在 PWM 开始产生之后，MEP 并不能立即作用在传统的 PWM 波形上对其进行校正。在不启用 SFO 对 MEP 的预定标因子进行实时校正的话，在传统 PWM 开始产生之后，MEP 需要等待 3 个系统时钟周期才能开始起作用；如果启用了 SFO 校正的话，则需要 6 个系统时钟周期才能使用 MEP。以系统时钟频率为 100MHz，PWM 开关频率为 1MHz 为例，图 14-6 说明了占空比范围受到的限制。

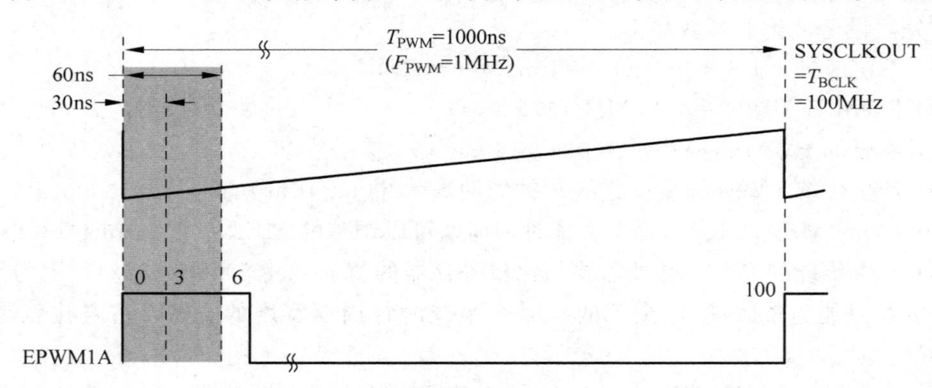

图 14-6　低占空比时 MEP 受到的限制

因为 MEP 的作用时间要滞后 3 个或者 6 个系统时钟周期(30 或者 60ns)，所以 MEP 的作用范围在占空比很低的时候受到了限制。以图 14-6 为例，如果传统的 PWM 波形在这个开关周期内占空比小于 3 个或者 6 个系统时钟周期，则 MEP 无法对其进行任何校正，原理不难解释，因为 MEP 还未开始工作，相当于 HRPWM 在这段时间内还未起作用。当然这样的情况在实际系统里是很少见的，例如，在逆变器输出电压控制的应用里，只有在期望的输出电压靠近零点的时候 PWM 占空比才会非常得小；如果把这么小的占空比作为额定状态，就是对 DSP 和开关器件等资源的浪费。

为了更方便地对最小的占空比限制进行快速查找，把常用的数据列举出来，如表 14-5 所示(仍以系统时钟频率为 100MHz，PWM 开关频率为 1MHz 为例)。

表 14-5　3 个和 6 个 SYSCLK/TBCLK 周期的占空比循环范围限制

PWM 开关频率/kHz	不使用 SFO：3 个 SYSCLOCKOUT 延时/(%)	使用 SFO：6 个 SYSCLOCKOUT 延时/(%)
200	0.006	0.012
400	0.012	0.024
600	0.018	0.036
800	0.024	0.048
1000	0.03	0.06
1200	0.036	0.072
1400	0.042	0.084
1600	0.048	0.096
1800	0.054	0.108
2000	0.06	0.12

因为 MEP 的校正需要 3 个或者 6 个时钟周期才能完成，所以在占空比特别小的情况下，MEP 可以调整的最小占空比是受到限制的，即在传统的 PWM 波形的占空比小于 3 个或者 6 个系统时钟周期时，MEP 无法对其进行任何校正。反过来思考：在 PWM 处于关断状态的时候，先让 MEP 的校正完成初始化，则之后 MEP 就可以有效修正脉冲边沿，相当于把 PWM 开关的逻辑改成反逻辑的，即相当于高有效和低有效进行了一个切换，或者把增计数和减计数模式进行了一个切换，则原来占空比很小的情况变成了占空比很大的情况，此时最小占空比的调整不存在限制了，但是最大的占空比反过来会受到限制，如图 14-7 所示。

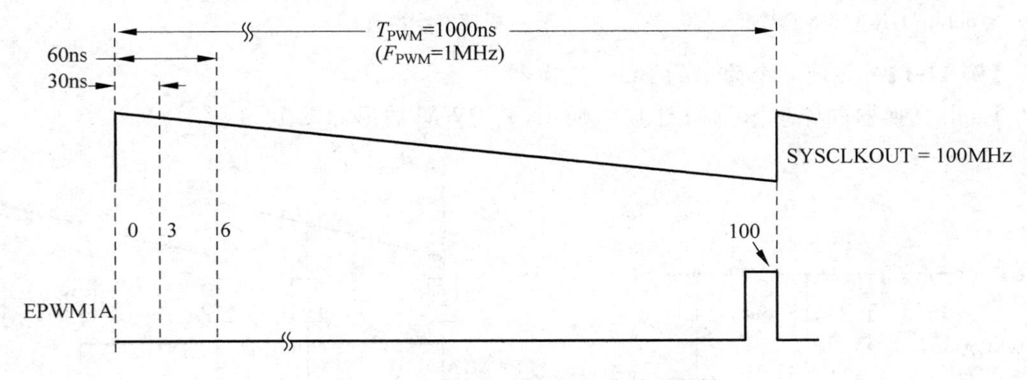

图 14-7　高占空比时 MEP 受到的限制

14.2.4　MEP 折算因子的优化软件

MEP 逻辑把传统 PWM 脉冲的边沿调整 0～255 个离散的 MEP 步长。在前面所讲到的例子中，使用的 MEP 都是 180ps 的典型值。在实际系统中，随着供电电压的波动、系统时钟频率的波动和 DSP 运行环境的变化(例如温度从十几度升到几十度)，MEP 折算因子也将随之变化,其变化趋势如下。

(1) 供电电压下降或器件温度升高：MEP 的步长增大。

(2) 供电电压升高或器件温度下降：MEP 的步长减小。

虽然这种变化(例如温度的上升)与控制周期相比要缓慢得多,并且不会超过一定的范围,但是 MEP 步长的漂移仍然会影响到 HRPWM 波形的分辨率。TI 提供了一个 MEP 折算因子的优化函数(SFO),它由 C 语言代码的形式提供,通过与 HRPWM 模块中内建的监视功能共同作用,实现 MEP 折算因子的后台调整,从而保证 HRPWM 的精度。因为 MEP 的波动相比于控制周期是较为缓慢的,因此,SFO 函数以后台程序的方式在其他程序运行的间隙缓慢地执行。

14.2.5 使用优化的汇编代码的 HRPWM 示例

为了更好地理解 HRPWM 的工作原理,在此使用 2 个示例进行说明。简单起见,在此假设 MEP 的步长固定为 150ps,且不需要使用 SFO 库函数。

首先定义 HRPWM 的头文件：

```
//////////////////////////////////////////////////////////////////////////////
//HRPWM 的配置
#define HR_Disable 0x0
#define HR_REP 0x1                          //上升沿控制
#define HR_FEP 0x2                          //下降沿控制
#define HR_BEP 0x3                          //边沿控制
#define HR_CMP 0x0                          //调整 CMPAHR
#define HR_PHS 0x1                          //调整 TBPHSHR
#define HR_CTR_ZERO 0x0                     //计数值 = 0 的事件
#define HR_CTR_PRD 0x1                      //周期匹配事件
```

【例 14-1】 实现一个简单的 Buck 变换器。

Buck 变换器的原理示意如图 14-8 所示,其 PWM 波形如图 14-9 所示。

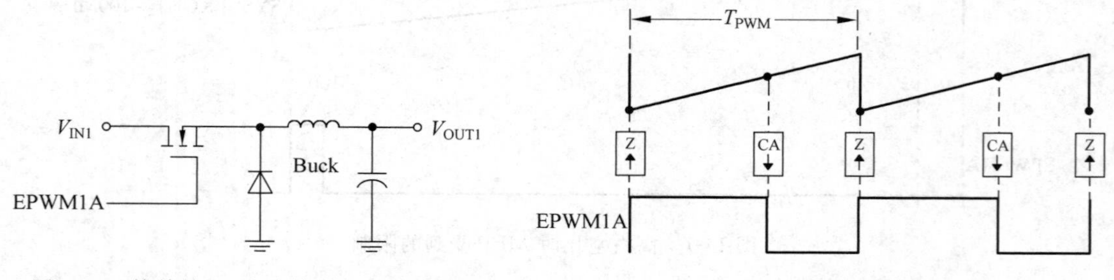

图 14-8 简单的 Buck 变换器拓扑示意图

图 14-9 Buck 变换器的 PWM 输出波形

既然是 Buck 变化,那开关频率自然是非常高的。在此假设使用的参数是：

(1) SYSCLOCKOUT＝100MHz。

(2) PWM 开关频率＝1MHz(非对称模式下,ePWM 的周期值为 100,计数器为增计数模式)。

(3) 期望的 PWM 分辨率为 12.7 位。

(4) MEP 步长为 150ps。

代码示意由两个主要部分组成：

(1) 初始化代码，仅执行一次。

(2) 实时运行代码，一般是定时执行的。

初始化代码为：

```
////////////////////////////////////////////////////////////////////////////
void HrBuckDrvCnf(void)
{
    //首先需要配置传统的 PWM
    EPwm1Regs.TBCTL.bit.PRDLD = TB_IMMEDIATE;               //立即装载模式
    EPwm1Regs.TBPRD = 100;                                   //开关频率为 1MHz
    hrbuck_period = 200;                                     //Q15 到 Q0 的转换
    EPwm1Regs.TBCTL.bit.CTRMODE = TB_COUNT_UP;
    EPwm1Regs.TBCTL.bit.PHSEN = TB_DISABLE;                  //EPWM1 是主模式
    EPwm1Regs.TBCTL.bit.SYNCOSEL = TB_SYNC_DISABLE;
    EPwm1Regs.TBCTL.bit.HSPCLKDIV = TB_DIV1;
    EPwm1Regs.TBCTL.bit.CLKDIV = TB_DIV1;
    //EPWMxB 都不能被调节，但是可以用来与 HRPWM 的波形做对比
    EPwm1Regs.CMPCTL.bit.LOADAMODE = CC_CTR_ZERO;
    EPwm1Regs.CMPCTL.bit.SHDWAMODE = CC_SHADOW;
    EPwm1Regs.CMPCTL.bit.LOADBMODE = CC_CTR_ZERO;  //可选的
    EPwm1Regs.CMPCTL.bit.SHDWBMODE = CC_SHADOW;    //可选的
    EPwm1Regs.AQCTLA.bit.ZRO = AQ_SET;
    EPwm1Regs.AQCTLA.bit.CAU = AQ_CLEAR;
    EPwm1Regs.AQCTLB.bit.ZRO = AQ_SET;                       //可选的
    EPwm1Regs.AQCTLB.bit.CBU = AQ_CLEAR;                     //可选的
    //配置 HRPWM 相关寄存器的初始化
    EALLOW;                      //HRPWM 的几个配置寄存器为 EALLOW 保护的
    //F28335 上只有 6 个 EPWMxA 可以调整
    EPwm1Regs.HRCNFG.all = 0x0;                              //初始化所有配置
    EPwm1Regs.HRCNFG.bit.EDGMODE = HR_FEP;                   //调整下降沿
    EPwm1Regs.HRCNFG.bit.CTLMODE = HR_CMP;
                                              //用 CMPAHR 完成 MEP 的调整
    EPwm1Regs.HRCNFG.bit.HRLOAD = HR_CTR_ZERO;  //在计数值为 0 时映射
    EDIS;
    MEP_ScaleFactor = 66 * 256;          //初始化为典型的 MEP 预定标因子值
    //100MHz 系统时钟频率的情况
    //后面使用 SFO 对 MEP 预定标因子进行实时调节
}
```

实时运行代码为（为了达到更快的处理速度，这里使用一段简单的汇编代码进行 CMPAHR 寄存器设置，其中汇编语言使用分号作为注释的标志符号）：

```
MPYU ACC,T,@_hrbuck_period          ; Q15 到 Q0 的转换
MOV T,@_MEP_ScaleFactor             ; MEP 预定标因子
MPYU P,T,@AL                        ; P <= T * AL,
MOVH @AL,P                          ; AL <= P, 把结果返回给 ACC
ADD ACC, #0x180                     ; MEP 调整
MOVL *XAR3,ACC                      ; CMPA:CMPAHR(31:8) <= ACC
                                    ; EPWM1B (Regular Res) 只用来对比
MOV *+XAR3[2],AH                    ; 把 ACCH 保存到 CMPB
```

【例 14-2】 使用 RC 滤波器实现一个简单的 DAC。

脉宽调制 PWM 的本质是把基波/调制波信号用三角载波(或者其他类型的载波,如抛物线形式的载波)进行叠加、调制,从而得到脉宽可变的方波波形。一般情况下载波的频率远高于调制波的频率,所以如果使用一个低通滤波器或者限波器等滤除载波频率的话,基本上可复原调制波的波形(当然会有一定的相位滞后、幅值衰减、谐波造成的波形畸变)。基于同样的道理,在不使用外部 DAC 芯片的情况下(一般外部 DAC 价格相对较高,而且性能相对价格的比值也很高;然而通常情况下 DAC 内部调制频率也在几百 kHz 到上 MHz,与 HRPWM 的作用频率范围较为吻合),并且不考虑相位滞后、幅值衰减等因素,可以使用 PWM 把想观察的信号调整输出,然后用简单的滤波电路提取出信号,就构成了一个基本的 DAC 电路,其基本示意如图 14-10 所示,输入的 PWM 波形如图 14-11 所示。

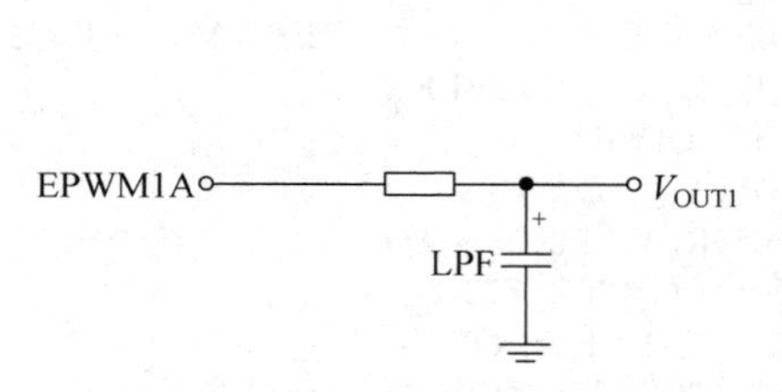

图 14-10 使用 RC 低通滤波器实现简单的 DAC

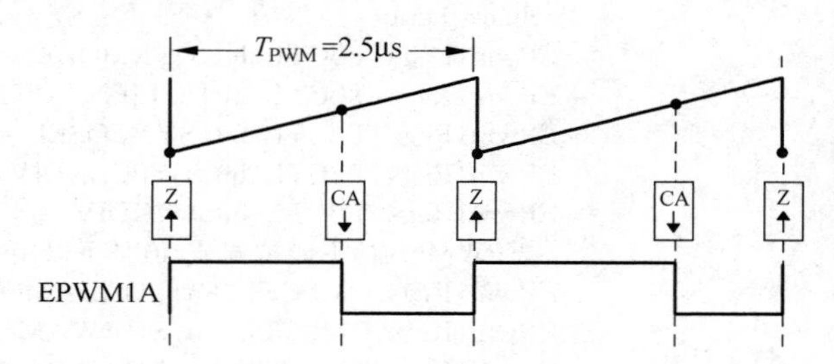

图 14-11 输入 DAC 的 PWM 波形

假设使用以下参数:

(1) PWM 开关频率=400kHz(在系统时钟频率为 100MHz 时,ePWM 周期值为 250)。

(2) PWM 调制模式为非对称的单向增模式。

(3) 需要的 PWM 分辨率为 14 位(考虑 MEP 步长为 150ps 的典型值情况)。

代码实例仍然分为初始化代码和实时运行代码。其中初始化代码为:

```
void HrPwmDacDrvCnf(void) {
//与前面 Buck 变换器的初始化代码类似,思路是一样的,先初始化传统 PWM
EPwm1Regs.TBCTL.bit.PRDLD = TB_IMMEDIATE;      //立即装载模式
EPwm1Regs.TBPRD = 250;                          //400kHz PWM
hrDAC_period = 250;                             //Q15 到 Q0 的转换
EPwm1Regs.TBCTL.bit.CTRMODE = TB_COUNT_UP;
EPwm1Regs.TBCTL.bit.PHSEN = TB_DISABLE;        //EPWM1 主模式
EPwm1Regs.TBCTL.bit.SYNCOSEL = TB_SYNC_DISABLE;
EPwm1Regs.TBCTL.bit.HSPCLKDIV = TB_DIV1;
EPwm1Regs.TBCTL.bit.CLKDIV = TB_DIV1;
//B 通道只用来对比
EPwm1Regs.CMPCTL.bit.LOADAMODE = CC_CTR_ZERO;
EPwm1Regs.CMPCTL.bit.SHDWAMODE = CC_SHADOW;
EPwm1Regs.CMPCTL.bit.LOADBMODE = CC_CTR_ZERO;
EPwm1Regs.CMPCTL.bit.SHDWBMODE = CC_SHADOW;
EPwm1Regs.AQCTLA.bit.ZRO = AQ_SET;
EPwm1Regs.AQCTLA.bit.CAU = AQ_CLEAR;
EPwm1Regs.AQCTLB.bit.ZRO = AQ_SET;
EPwm1Regs.AQCTLB.bit.CBU = AQ_CLEAR;
//配置 HRPWM 中 EALLOW 保护的寄存器
EALLOW;
```

```
EPwm1Regs.HRCNFG.all = 0x0;                          //清除所有配置
EPwm1Regs.HRCNFG.bit.EDGMODE = HR_FEP;               //下降沿控制发送
EPwm1Regs.HRCNFG.bit.CTLMODE = HR_CMP;               //使用 CMPAHR 控制 MEP
EPwm1Regs.HRCNFG.bit.HRLOAD = HR_CTR_ZERO;  //CTR=Zero 时加载映射寄存器的值
EDIS;
MEP_ScaleFactor = 66 * 256;                          //使用典型的 MEP 预定标因子
//可以添加 SFO 初始化
}
```

实时运行中驱动 HRPWM 的代码为：

```
EPWM1_BASE .set 0x6800   ; 0x00 6800 是 ePWM1 寄存器的地址
CMPAHR1 .set EPWM1_BASE+0x8
;==========================================================
这段代码可以放在定时中断或者一个循环里
;==========================================================
MOVW DP, #_HRDAC_In
MOVL XAR2,@_HRDAC_In                    ;指向输入的 Q15 格式的占空比 (XAR2)
MOVL XAR3,#CMPAHR1                      ;指向 HRCMPA 寄存器 (XAR3)
;EPWM1A 输出的 HRPWM
MOV T, *XAR2                            ;T <= duty
MPY ACC,T,@_hrDAC_period                ;Q15 到 Q0 的转换
ADD ACC,@_HrDAC_period<<15              ;双极性操作：有符号到无符号
MOV T,@_MEP_ScaleFactor                 ;MEP 预定标因子
MPYU P,T,@AL                            ;P <= T × AL，优化的定标
MOVH @AL,P                              ;AL <= P，把结果存入 ACC
ADD ACC, #0x180                         ;MEP 的范围限幅
MOVL *XAR3,ACC                          ;CMPA:CMPAHR(31:8) <= ACC
                                        ;ePWMxB 通道只用于对比观测
MOV *+XAR3[2],AH                        ;把 ACCH 存入 CMPB
```

14.3　HRWPM 的寄存器

HRPWM 的所有寄存器如表 14-6 所示。

表 14-6　HRPWM 的寄存器列表

寄存器名称	地址偏移量	长度(×16)/是否含有映射寄存器	描　述
时间基准寄存器			
TBCTL	0x0000	1/0	时基控制寄存器
TBSTS	0x0001	1/0	时基状态寄存器
TBPHSHR	0x0002	1/0	时基相位高分辨率寄存器
TBPHS	0x0003	1/0	时基相位寄存器
TBCNT	0x0004	1/0	时基计数寄存器
TBPRD	0x0005	1/1	时基周期寄存器
保留	0x0006	1/0	
比较寄存器			

续表

寄存器名称	地址偏移量	长度(×16)/是否含有映射寄存器	描　述
CMPCTL	0x0007	1/0	计数比较操作控制寄存器
CMPAHR	0x0008	1/1	计数比较器 A 的高分辨率寄存器
CMPA	0x0009	1/1	比较值寄存器 A
CMPB	0x000A	1/1	比较值寄存器 B
ePWM 中其他与 HRPWM 相关的寄存器			
ePWM	0x0000～0x001F	32	其他 ePWM 寄存器以及前面列出的所有 ePWM 寄存器
HRCNFG	0x0020	1	HRPWM 配置寄存器
EPWM/HRPWM 测试寄存器			
保留	0x0030 0x003F	16	

注：(1) 寄存器都是有内存映射地址的，所以能够使用程序空间的指针对其进行操作，只是因为这种方法不方便，所以在 C 编程时不用，但汇编编程还是要用的，例如 ePWM1 的 TBCTL 的地址为 0x6800，ePWM1 的 TBSTS 的地址偏移量为 0x0001，意味着它的地址是 0x6801。

(2) 表格的第三列，1/0 表示寄存器的地址长度是 1×16 位，含有 0 个映射寄存器。

HRPWM 配置寄存器(HRCNFG)如图 14-12 所示，功能描述如表 14-7 所述。

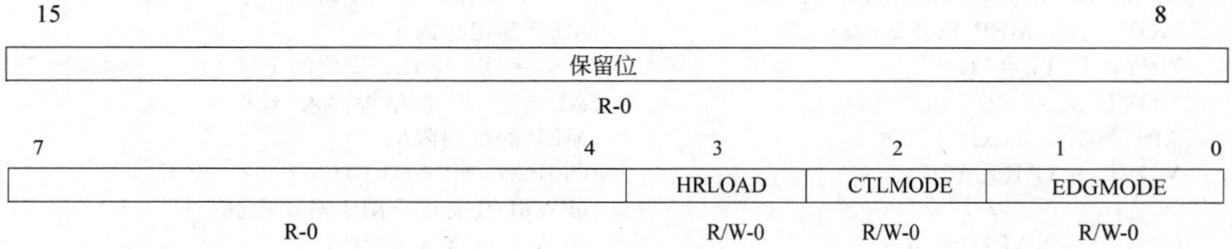

15～8			
保留位			
R-0			

7～4	3	2	1～0
	HRLOAD	CTLMODE	EDGMODE
R-0	R/W-0	R/W-0	R/W-0

注：R/W=读/写；R=只读；-n=复位后的值。

图 14-12　HRPWM 配置寄存器(HRCNFG)

表 14-7　HRCNFG 寄存器功能描述

位	描　述
保留位	保留位
HRLOAD	映射模式选择：决定了使用哪种时间事件来把 CMPAHR 影子寄存器中的值加载到实际的寄存器中。为 0，CTR = zero (计数值＝0)；为 1，CTR＝PRD (计数值＝周期值)。这种选择只在 CTLMode＝0 时才有效。 此外，这里选择的时间事件要和 ePWM 中的配置保持一致，即与比较寄存器 CMPCTL 的 LOADMODE 位一致。为了方便参考，列出 CMPCTL [LOADMODE]的含义：00，CTR＝0 时加载比较器的值；01，CTR＝PRD 时加载比较器的值；10，同时包含了上面的两种事件，所以不适用于 HRCNFG 的 HRLOAD 位；11，冻结状态，即不管什么时间事件都不会加载比较器的值，显然它与 HRCNFG 的 HRLOAD 位也是不兼容的
CTLMODE	控制模式：选择是由 CMP 还是 TBPHS 来控制 MEP。为 0，由 CMPAHR(8)寄存器来控制 PWM 波形的边沿(周期控制模式)(上电复位后的默认值)；为 1，由 TBPHSHR(8)寄存器来控制 PWM 波形的边沿(相位控制模式)

续表

位	描述
EDGMODE	边沿控制模式：决定MEP控制PWM的哪一个边沿。00：MEP校正功能被禁用(复位后的默认值)；01：MEP控制PWM波形的上升；10：MEP控制PWM波形的下降沿；11：MEP控制PWM波形的两个边沿

注：这个寄存器是EALLOW保护的。

计数器比较器A的高分辨率寄存器(CMPAHR)如图14-13所示，功能描述如表14-10所示。

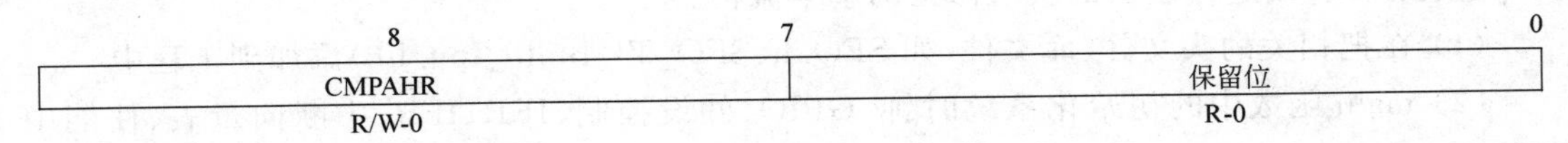

注：R/W=读/写；R=只读；-n=复位后的值。

图14-13 计数器比较其A的高分辨率寄存器(CMPAHR)

表14-8 CMPAHR寄存器功能描述

位	描述
CMPAHR	CMPAHR用来完成MEP控制，最小值需要为0x0001才能使能HRPWM的控制。合法的范围是1～255h
保留位	写入的结果都为0

TB相位高分辨率寄存器(TBPHSHR)如图14-14所示，功能描述如表14-9所示。

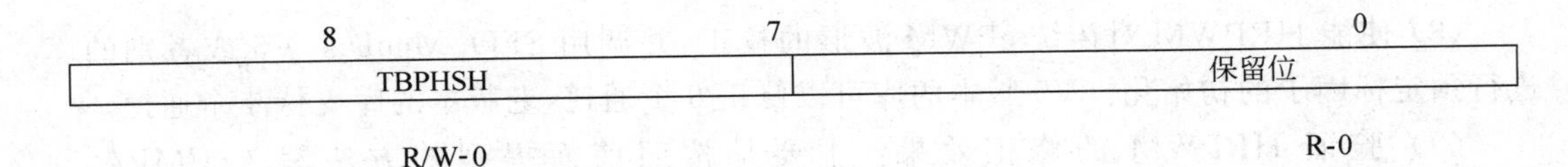

注：R/W=读/写；R=只读；-n=复位后的值。

图14-14 TB相位高分辨率寄存器(TBPHSHR)

表14-9 TBPHSHR寄存器功能描述

位	描述
TBPHSH	时间基准相位高分辨率位
保留位	写入的结果都为0

14.4 SFO的使用

SFO相关的头文件、源程序和库文件在TI网站上直接搜索是找不到的，它被包含在了C2833x/C2823x C/C++头文件和外设示例包中，可以在http://www.ti.com.cn/tool/cn/sprc530下载，也可以安装controlSUITE，从而取得相应的文件。其中包含了2个例子，一个是使用4个通道的HRPWM输出，工程名是hrpwm_sfo，它引用了SFO.h，使用的库文件是 SFO_TI_Build_fpu.lib；如果想使用 F28335 全部的 6 个 HRPWM 通道，则需要参考 hrpwm_sfo_v5 的例子，它引用了 SFO_V5.h，使用的库文件是 SFO_TI_Build_V5B_fpu.lib。后台校正 MEP 预定标因子的程序在这两个库文件之中，并没有将内容开放出来，不过相关的接口定义都解释得比较清楚，可以直接调用。此外，这 2 个例子默认都是运行在启用 FPU 的状态下，如果不使用 FPU，则需要在编译器选项去掉 FPU(删除 float_support＝fpu32，把 rts2800_fpu32.lib 改为 rts2800_ml.lib 或者 rts2800.lib)，并把 SFO 相关的库文件更换为不带 FPU 的。

SFO 库的具体使用方法请打开对应的库进行浏览。因篇幅所限，在此只给调用 SFO 的库进行 MEP 预定标因子的实时修正的基本流程。

(1) 在把相关的头文件、库文件(如 SFO.h、SFO_TI_Build_fpu.lib)添加到工程中。

(2) main 函数中的初始化系统时钟、GPIO、外设控制、IER、IFR、中断向量表、使能中断等。

(3) 关闭各个 ePWM 模块间的时钟同步。

(4) 根据需要校正的通道数，定义并初始化 MEP_ScaleFactor 的数组。

```
for(i=0;i<PWM_CH;i++)
{
  MEP_ScaleFactor[i] =0;
}
```

(5) 等待 SFO 的初始化完毕。

(6) 给 ePWM 和 HRPWM 的相关寄存器赋初值，例如开关频率、计数模式等。

(7) 重新使能各个 ePWM 模块间的时钟同步。

(8) 使能 HRPWM 对传统 ePWM 波形的校正，并调用 SFO_MepDis_V5 或者别的库进行预定标因子的初始化。V5 版本的库可以修正 6 个通道，老版本的库支持 4 个通道。

(9) 验证 HRPWM 的修正效果：主要是按照前面提到的方法写入 CMPA 和 CMPAHR 寄存器。举例说明，对这两个寄存器的赋值程序如下。

```
for(i=1;i<PWM_CH;i++)
{
    CMPA_reg_val = ((long)DutyFine * (*ePWM[i]).TBPRD)>>15;
    temp = ((long)DutyFine * (*ePWM[i]).TBPRD) ;
    temp = temp - ((long)CMPA_reg_val<<15);
    CMPAHR_reg_val = (temp*MEP_ScaleFactor[i])>>15;
    CMPAHR_reg_val = CMPAHR_reg_val << 8;
    CMPAHR_reg_val += 0x0180;
    //Example for a 32 bit write to CMPA:CMPAHR
     (*ePWM[i]).CMPA.all = ((long)CMPA_reg_val)<<16 | CMPAHR_reg_val;
}
```

如果暂时不需要修正，则可以使用：

```
(*ePWM[i]).CMPA.half.CMPA = ((long)DutyFine * (*ePWM[i]).TBPRD>>15);
```

(10) 因为 MEP 预定标因子在实际系统里也不会变化很快，所以可以把它放在主程序的后台循环中。

```
status = SFO_MepEn_V5(nMepChannel);
if (status == SFO_COMPLETE)
//在 SFO_MepEn_V5 完成时 (返回 1)
nMepChannel++;                              //移动到下一个通道
else if (status == SFO_OUTRANGE_ERROR)
//如果 MEP_ScaleFactor[nMepChannel]不同
{
 error();                                   //+/-15, status = 2 (超出范围,报错)
}
if(nMepChannel==PWM_CH)
nMepChannel =1;
//一旦到达最大通道数,返回通道 1 进行处理
```

14.5 习题

1. HRPWM 与传统 PWM 的区别是什么?

2. 在 F28335 上,当 EPWMxA 用于 HRPWM 功能时,EPWMxB 引脚有什么用途?

3. DSP 时钟频率为 150MHz,PWM 开关频率分别为 5kHz、50kHz 和 500kHz 时,计算传统 PWM 方法的分辨率。

4. DSP 时钟频率为 150MHz,PWM 开关频率分别为 5kHz、50kHz 和 500kHz 时,计算 HRPWM 的分辨率。

5. 设 CPU 的时钟频率和 TBCLK 都为 150MHz,MEP 步长为 150μs,PWM 开关频率为 1MHz,期望的 PWM 分辨率为 12 位、14 位,分别计算 CMPAHR 的值。

第15章

增强的控制器局域网络

增强控制器局域网络(eCAN)模块是完整的CAN控制器,并且与CAN2.0B标准有效兼容,它使用确定的协议与其他控制器进行串行通信。借助于32个完全可配置的邮箱和时间戳功能,eCAN模块可提供多用途的串行通信接口,即使在电噪声环境下也能可靠通信。

15.1 eCAN概述

eCAN的主要功能块和接口电路如图15-1所示。

eCAN模块有下列特性。

(1) 与2.0B版本的CAN协议完全兼容。

(2) 支持高达1Mbps的数据速率。

(3) 32个邮箱,每一个邮箱都有如下属性:可配置为接收或者发送;可使用标准或者扩展标识符进行配置;有一个可编程的验收过滤器屏蔽;支持数据和远程帧;支持0~8位数据;在接收和发送消息上使用一个32位时间戳;防止接收新消息;可以动态设定发送消息优先级;采用一个具有两个中断级别的可编辑中断机制;在发送或者接收超时时采用可编辑中断。

(4) 低功耗模式。

(5) 可编辑的总线活动时唤醒。

(6) 对远程请求消息的自动应答。

(7) 丢失仲裁或者错误情况下的帧自动重传。

(8) 由特定消息(与信箱16协同通信)同步的32位时间戳计数器。

(9) 自检测模式。可运行在接收自身消息的回路模式,用来提供一个虚拟的确认,从而不需要由其他节点来提供确认位的需要。

(10) 与其他TI CAN模块兼容。eCAN模块与在TMS470中使用的"高端CAN控制器(HECC)"相同;它们具有多种增强功能(如增加了具有独立验收屏蔽、时间戳等功能的邮箱数量),这些改进使eCAN模块在性能上超过了240x DSP系列所特有的CAN模块。所以,为240xCAN模块编写的代码不能直接移植到TMS320F28335的eCAN上。然而,

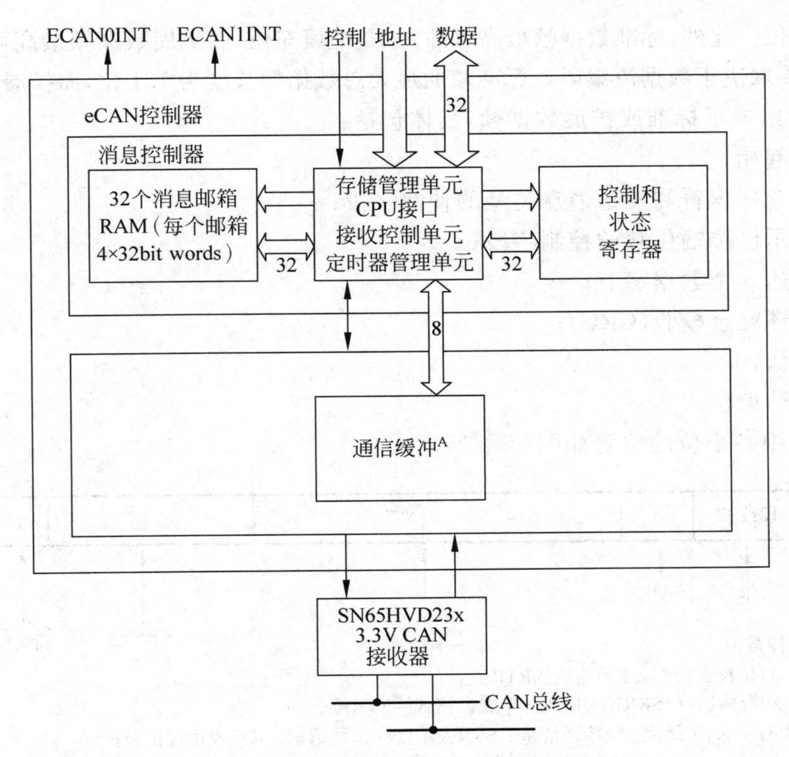

注：A表示对用户来说，通信缓冲区是透明的，用户代码无法访问它。

图 15-1　eCAN 的主要功能块和接口电路

eCAN 沿循着 240xCAN 同样的寄存器位布局结构和位功能（因为这两个器件中都装有寄存器），也就是说，在这两种平台上许多寄存器和位执行一样的功能。这就使得代码的迁移变得相对容易，对于用 C 语言编写的代码更是如此。

15.2　CAN 网络

控制器局域网络（CAN）使用串行多主机通信协议，它能有效地支持分布式实时控制，具有非常高的安全级别，并且通信速率可达 1Mbps。CAN 总线是嘈杂和恶劣的环境（如汽车和其他要求可靠通信的工业领域应用）的理想选择。高达 8 字节数据长度的已设定优先级的消息可以通过多主机串行总线发送，此总线使用一个仲裁协议和一个错误检测机制来确保高度的数据完整性。

CAN 协议支持 4 种不同的通信帧类型：

（1）数据帧将数据从发送节点发往数据接收器节点。

（2）节点发出远程帧请求发送具有同一标识符的数据帧。

（3）在总线检测错误时，任意一个节点所发送的帧。

（4）过载帧用于在前后两个数据帧或远程帧之间提供额外的延时。

此外，CAN2.0B 版技术规范定义了两种标识符字段长度不同的格式帧：11 位标识符的标准帧和 29 位标识符的扩展帧。CAN 标准数据帧包含 44～108 位，而 CAN 扩展数据帧包含 64～128 位。此外,标准数据帧最高可插入 23 个填充位,而扩展数据帧最高可插入 28 个填充位,这主要取决于数据流编码。标准帧的最大总数据帧长度为 131 位,而扩展帧为 156 位。

位字段组成了标准或扩展数据帧,具体包括:

(1) 帧起始;

(2) 包含标识符和发送消息类型的仲裁字段;

(3) 表示已传输位数的控制字段;

(4) 多达 8 个数据字节;

(5) 循环冗余校验(CRC);

(6) 确认;

(7) 帧结束位。

位字段中各个位的位置如图 15-2 所示。

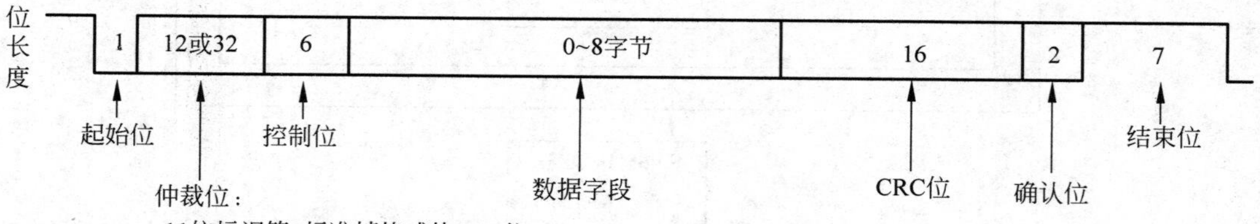

图 15-2 CAN 数据帧

eCAN 控制器为 CPU 提供 CAN 协议 2.0B 版本的完全功能。CAN 控制器最大限度地减少了 CPU 在通信开销中的负载,并通过提供额外的特性提高了 CAN 标准。eCAN 模块的架构如图 15-3 所示,它由一个 CAN 协议内核(CPK)和一个消息控制器组成。

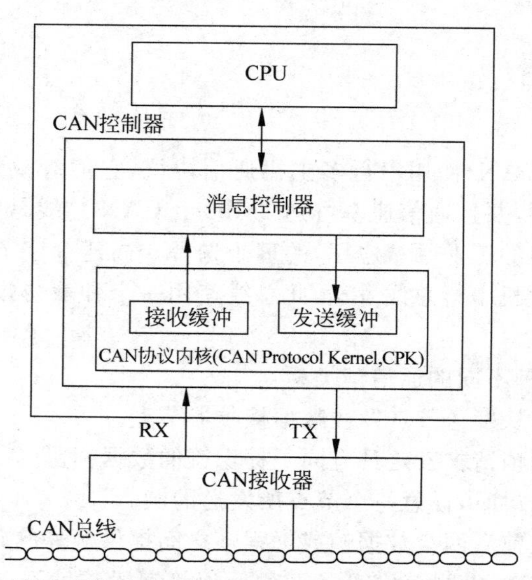

图 15-3 eCAN 模块的架构

根据CAN协议,CPK的一个功能是解码在CAN总线上接收到的所有消息,并把这些消息转移到接收缓冲器。CPK的另一个功能是根据CAN协议传输CAN总线上的消息。

CAN控制器的消息控制器是负责确定CPK接收到的任何信息是否必须被保留,以便用于CPU使用或是被丢弃。在初始化阶段,CPU指定消息控制器应用所使用的所有消息标识符。根据消息的优先级,消息控制器还负责发送下一条消息传输到CPK。

15.3 eCAN控制器概述

eCAN是一个带有内部32位架构的CAN控制器,其模块组成包括:

(1) CAN协议内核(CPK)。

(2) 消息控制器包括:

① 内存管理单元(MMU),包括CPU接口和接收控制单元(验收过滤)、定时器管理单元。

② 能存储32条消息的邮箱RAM。

③ 控制和状态寄存器。

在接收一个有效的CPK的消息后,消息控制器的接收控制单元确定接收到的消息是否必须存储到邮箱RAM中的32个消息对象中的一个对象中。接收控制单元检查状态、标识符和所有消息对象的屏蔽,以确定相应邮箱位置。收到的信息通过验收过滤后被存储在第一个邮箱。如果接收控制单元无法找到任何邮箱来存储接收到的消息,则该消息将被丢弃。

一条消息由11或29位标识符、一个控制字段,以及多达8个数据字节组成。

当一条消息必须传输时,消息控制器把该消息传输到CPK的发送缓冲区,以便在下次总线空闲状态时开始传输该消息。当必须传输多个消息时,已做好传输准备的、具有最高优先级的消息将由消息控制器传输到CPK中。如果两个邮箱具有相同的优先级,则名称中具有更大数字的邮箱被优先传输。

定时器管理单元包含一个时间戳计数器并且将一个时间戳置于所有验收到或已发送消息的附近。当一条消息还未收到或在允许的时间期限(超时)尚未传输时,会生成一个中断。时间戳的功能只有在eCAN模式时可用。

若要启动数据传输,必须在相应的控制寄存器设置传输请求(TRS.n)。整个传输过程中可能出现的错误处理在没有CPU介入的情况下执行。如果一个邮箱已经被配置用来接收消息,CPU就能很容易地使用CPU读指令读取其数据寄存器。在每一个成功的消息发送或接收到后,邮箱可配置为用来中断CPU。

15.3.1 标准CAN控制器(SCC)模式

SCC模式是eCAN的一种精简功能模式,也是默认模式。在这种模式下,只有16个邮箱(0~15)可用。它不提供时间戳功能,并且可接收屏蔽的寄存器数量也减少了。通过配置SCB位(CANMC.13),可在SCC模式或功能齐全的eCAN模式之间进行选择。

15.3.2 内存映射

eCAN 模块被映射到存储器中的两个不同地址段。第一段地址空间分配给控制寄存器、状态寄存器、接收屏蔽、时间戳和消息对象超时。到控制寄存器和状态寄存器的访问被限制为 32 位位宽访问。本地验收屏蔽、时间戳寄存器和超时寄存器均可以 8 位、16 位、32 位宽访问。第二个地址段用于访问邮箱，这种内存范围可以 8 位、16 位、32 位宽访问。

eCAN 模块的内存映射如图 15-4、图 15-5 所示。其中，图 15-4 所示的两个内存区块中的任一个使用的地址空间均为 512 字节。

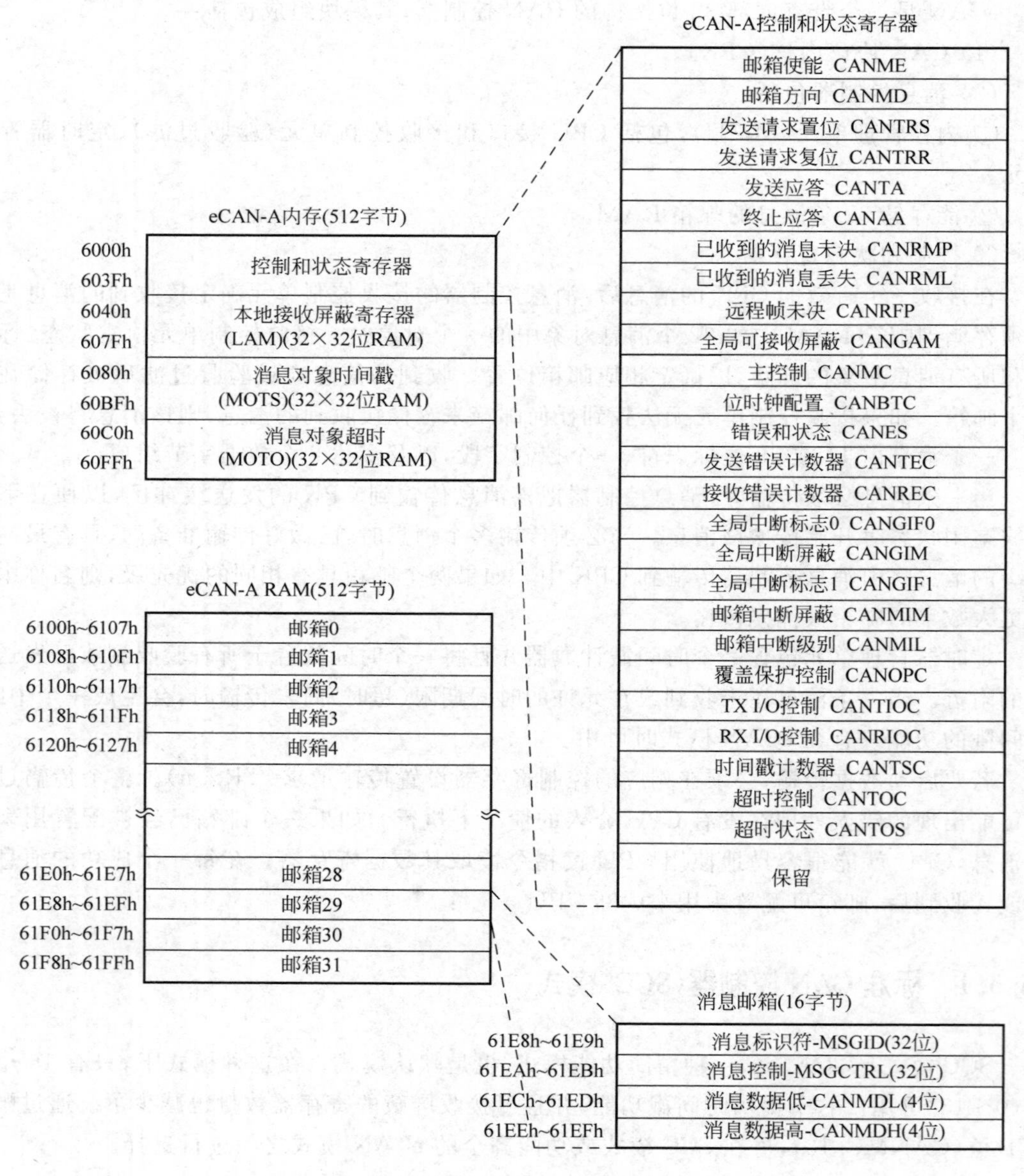

图 15-4 eCAN-A 内存映射

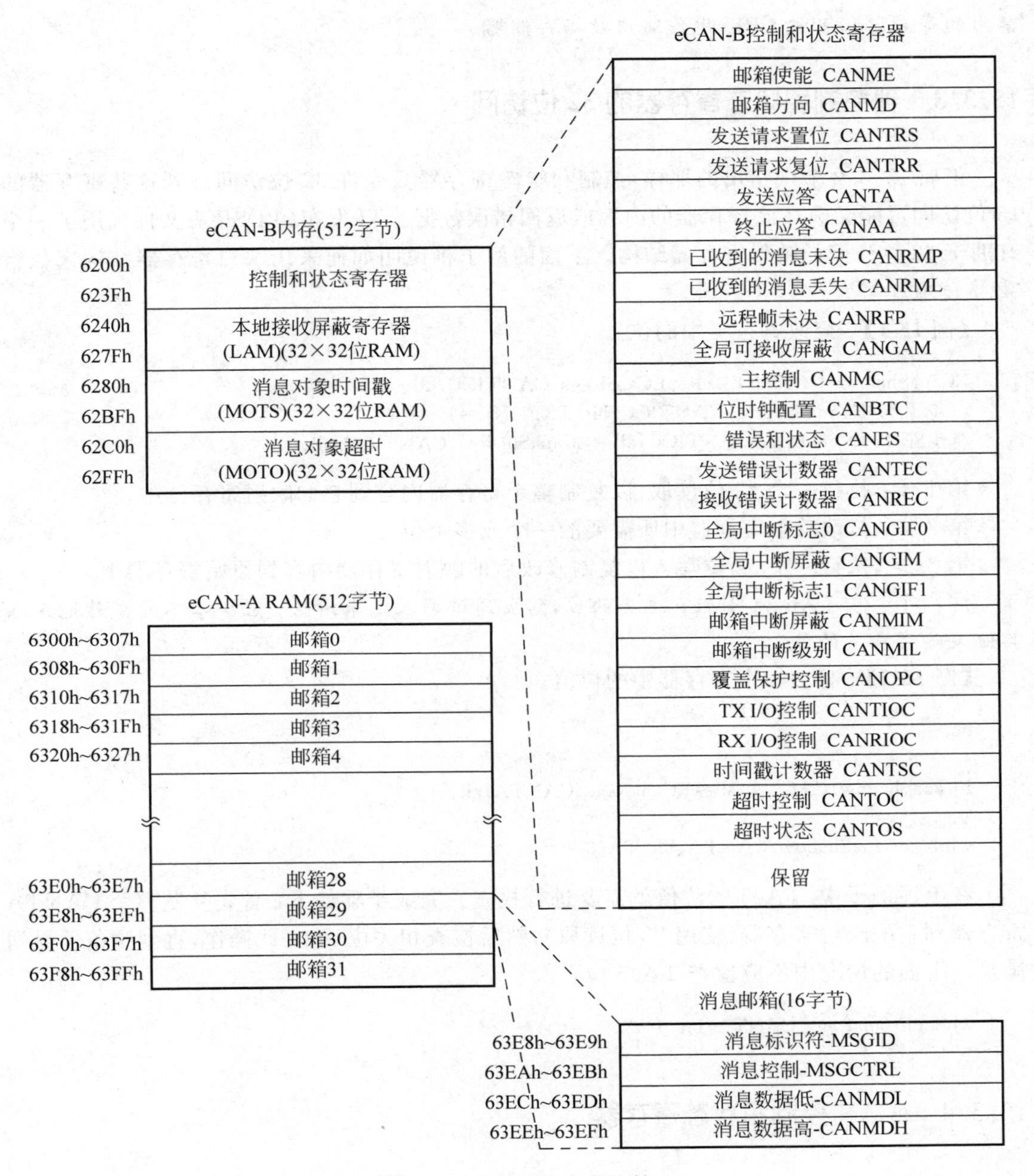

图 15-5　eCAN-B 内存映射

消息的存储可由 CAN 控制器或 CPU 寻址的 RAM 执行。CPU 通过修改 RAM 或附加寄存器中的各种邮箱来控制 CAN 控制器。各存储元件的内容都被用来进行验收过滤、消息传输和中断处理。

eCAN 内的邮箱模块提供了 32 个消息邮箱，这些邮箱有 8 字节数据长度、29 位标识符和几个控制位。每个邮箱都可配置为发送或接收。在 eCAN 模式下，每个邮箱都有独立的可验收屏蔽。

注：不在应用中使用的 LAMn、MOTSn 和 MOTOn 寄存器(即在 CANME 寄存器中被

禁用的寄存器),可被 CPU 用作通用数据存储器。

15.3.3 到控制和状态寄存器的 32 位访问

正如 15.3.2 节中指出的那样,控制和状态寄存器只允许 32 位访问。到这些寄存器的 16 位访问可能会破坏该寄存器的内容或返回错误数据。TI 发布的 DSP 头文件采用了一个有助于 32 位访问的映射寄存器结构。下面的例子将说明如何采用映射寄存器结构来执行 32 位读取和写入。

【例 15-1】 修改寄存器中的位。

```
ECanaShadow.CANTIOC.all=ECanaRegs.CANTIOC.all;
//步骤 1. ECanaShadow.CANTIOC.bit.TXFUNC=1
//步骤 2. ECanaRegs.CANTIOC.all=ECanaShadow.CANTIOC.all;
```

第 1 步:执行一个 32 位读取,以复制整个寄存器内容到它的映射寄存器中;

第 2 步:修改映射寄存器中所需要的一个或多个位;

第 3 步:执行一个 32 位写入以复制修改后的映射寄存器内容到原始寄存器中。

注: 对于像 TAn 和 RMPn 这类的位,需要通过写入 1 来清除;应小心不要意外地清除其他某些有意义的位。

【例 15-2】 检查一个寄存器中的位值。

```
do
{
ECanaShadow.CANTA.all=ECanaRegs.CANTA.all;
}
while(ECanaShadow.CANTA.bit.TA25==0);
```

在上述例子中,TA25 的位值就需要进行检查。完成步骤如下:首先复制整个 CANTA 寄存器到它的映射寄存器(使用 32 位读取),然后检查相关位,重复此操作,直到该条件得到满足。下面的情况中不应检查 TA25 位:

```
while(ECanaRegs.CANTA.bit.TA25==0);
```

15.3.4 eCAN 控制和状态寄存器

CPU 使用表 15-1 中列出的 CAN 寄存器来配置和控制 CAN 控制器和消息目标。

表 15-1 寄存器映射

寄存器名称	ECAN-A 地址	ECAN-B 地址	尺寸(×32)	说明
CANME	0x6000	0x6200	1	邮箱启用
CANMD	0x6002	0x6202	1	邮箱方向
CANTRS	0x6004	0x6204	1	发送请求设定
CANTRR	0x6006	0x6206	1	发送请求复位
CANTA	0x6008	0x6208	1	传输确认

续表

寄存器名称	ECAN-A 地址	ECAN-B 地址	尺寸(×32)	说　明
CANAA	0x600A	0x620A	1	中止确认
CANRMP	0x600C	0x620C	1	接收消息等待
CANRML	0x600E	0x620E	1	接收消息丢失
CANRFP	0x6010	0x6210	1	远程帧等待
CANGAM	0x6012	0x6212	1	全局验收屏蔽
CANMC	0x6014	0x6214	1	主器件控制
CANBTC	0x6016	0x6216	1	位时序配置
CANES	0x6018	0x6218	1	错误和状态
CANTEC	0x601A	0x621A	1	发送错误计数器
CANREC	0x601C	0x621C	1	接收错误计数器
CANGIF0	0x601E	0x621E	1	全局中断标志 0
CANGIM	0x6020	0x6220	1	全局中断屏蔽
CANGIF1	0x6022	0x6222	1	全局中断标志 1
CANMIM	0x6024	0x6224	1	邮箱中断屏蔽
CANMIL	0x6026	0x6226	1	邮箱中断级别
CANOPC	0x6028	0x6228	1	写覆盖保护控制
CANTIOC	0x602A	0x622A	1	TXI/O 控制
CANRIOC	0x602C	0x622C	1	RXI/O 控制
CANTSC	0x602E	0x622E	1	时间戳计数器(被保留在 SCC 模式中)
CANTOC	0x6030	0x6230	1	超时控制(被保留在 SCC 模式中)
CANTOS	0x6032	0x6232	1	超时状态(被保留在 SCC 模式中)

第一列的寄存器表示被映射至外设帧 1。

注：到控制和状态寄存器的访问只允许 32 位访问。这个限制并不适用于 RAM 区域的邮箱。更多信息请查阅 15.2.1 节。

15.4 消息对象

eCAN 模块有 32 个不同的消息对象(邮箱)。每个消息对象可以配置为发送或接收。每个消息对象有其各自的验收屏蔽。一个消息对象由一个消息邮箱组成，其中包括：29 位的消息标识符；消息控制寄存器；8 字节的信息数据；一个 29 位验收屏蔽；一个 32 位时间戳；一个 32 位超时值。

此外，位于寄存器中的相应的控制和状态位允许对消息对象的控制。

15.5 消息邮箱

消息邮箱是 RAM 区域的一部分，这些区域就是消息被接收后或被传输前 CAN 信息实际存储的地方。CPU 可将消息邮箱中不被用来存储消息的 RAM 区用作普通内存。每个邮箱包含：

(1) 消息标识符：29 位扩展标识符和 11 位标准标识符。

(2) 标识符扩展位，IDE(MSGID.31)。

(3) 验收屏蔽使能位，AME(MSGID.30)。

(4) 自动应答模式位，AAM(MSGID.29)。

(5) 发送优先级，TPL(MSGCTRL.12-8)。

(6) 远程传输请求位，RTR(MSGCTRL.4)。

(7) 数据长度代码，DLC(MSGCTRL.3-0)。

(8) 多达 8 字节的数据区字段。

每个邮箱可以配置为 4 个消息对象类型之一。发送和接收消息对象被用于一个发送器和多个接收器(一个到 n 个之间的通信连接)间的数据交换，而请求和应答消息对象被用于建立一对一通信连接。

表 15-2 列出了邮箱 RAM 的布局。表 15-3 是针对邮箱(eCAN-A)的 LAM、MOTS 和 MOTO 的地址。表 15-4 列出了 eCAN-B 邮箱 RAM 的布局。表 15-5 是针对邮箱(eCAN-B)的 LAM、MOTS 和 MOTO 的地址。表 15-6 为消息对象运行状态配置描述。

表 15-2 eCAN 邮箱 RAM 布局

邮箱	MSGIDMSGIDL-MSGIDH	MSGCTRLMSGCTRL-Rsvd	CANMDLCANMDL_L-CANMDL_H	CANMDHCANMDH_L-CANMDH_H
0	6100h～6101h	6102h～6103h	6104h～6105h	6106h～6107h
1	6108h～6109h	610Ah～610Bh	610Ch～610Dh	610Eh～610Fh
2	6110h～6111h	6112h～6113h	6114h～6115h	6116h～6117h
3	6118h～6119h	611Ah～611Bh	611Ch～611Dh	611Eh～611Fh
4	6120h～6121h	6122h～6123h	6124h～6125h	6126h～6127h
5	6128h～6129h	612Ah～612Bh	612Ch～612Dh	612Eh～612Fh
6	6130h～6131h	6132h～6133h	6134h～6135h	6136h～6137h
7	6138h～6139h	613Ah～613Bh	613Ch～613Dh	613Eh～613Fh
8	6140h～6141h	6142h～6143h	6144h～6145h	6146h～6147h
9	6148h～6149h	614Ah～614Bh	614Ch～614Dh	614Eh～614Fh
10	6150h～6151h	6152h～6153h	6154h～6155h	6156h～6157h
11	6158h～6159h	615Ah～615Bh	615Ch～615Dh	615Eh～615Fh
12	6160h～6161h	6162h～6163h	6164h～6165h	6166h～6167h
13	6168h～6169h	616Ah～616Bh	616Ch～616Dh	616Eh～616Fh
14	6170h～6171h	6172h～6173h	6174h～6175h	6176h～6177h
15	6178h～6179h	617Ah～617Bh	617Ch～617Dh	617Eh～617Fh
16	6180h～6181h	6182h～6183h	6184h～6185h	6186h～6187h
17	6188h～6189h	618Ah～618Bh	618Ch～618Dh	618Eh～618Fh
18	6190h～6191h	6192h～6193h	6194h～6195h	6196h～6197h
19	6198h～6199h	619Ah～619Bh	619Ch～619Dh	619Eh～619Fh
20	61A0h～61A1h	61A2h～61A3h	61A4h～61A5h	61A6h～61A7h
21	61A8h～61A9h	61AAh～61ABh	61ACh～61ADh	61AEh～61AFh
22	61B0h～61B1h	61B2h～61B3h	61B4h～61B5h	61B6h～61B7h
23	61B8h～61B9h	61BAh～61BBh	61BCh～61BDh	61BEh～61BFh

续表

邮箱	MSGIDMSGIDL-MSGIDH	MSGCTRLMSGCTRL-Rsvd	CANMDLCANMDL_L-CANMDL_H	CANMDHCANMDH_L-CANMDH_H
24	61C0h～61C1h	61C2h～61C3h	61C4h～61C5h	61C6h～61C7h
25	61C8h～61C9h	61CAh～61CBh	61CCh～61CDh	61CEh～61CFh
26	61D0h～61D1h	61D2h～61D3h	61D4h～61D5h	61D6h～61D7h
27	61D8h～61D9h	61DAh～61DBh	61DCh～61DDh	61DEh～61DFh
28	61E0h～61E1h	61E2h～61E3h	61E4h～61E5h	61E6h～61E7h
29	61E8h～61E9h	61EAh～61EBh	61ECh～61EDh	61EEh～61EFh
30	61F0h～61F1h	61F2h～61F3h	61F4h～61F5h	61F6h～61F7h
31	61F8h～61F9h	61FAh～61FBh	61FCh～61FDh	61FEh～61FFh

表 15-3　针对邮箱(eCAN-A)的 LAM、MOTS 和 MOTO 的地址

邮箱	LAM	MOTS	MOTO
0	6040h～6041h	6080h～6081h	60C0h～60C1h
1	6042h～6043h	6082h～6083h	60C2h～60C3h
2	6044h～6045h	6084h～6085h	60C4h～60C5h
3	6046h～6047h	6086h～6087h	60C6h～60C7h
4	6048h～6049h	6088h～6089h	60C8h～60C9h
5	604Ah～604Bh	608Ah～608Bh	60CAh～60CBh
6	604Ch～604Dh	608Ch～608Dh	60CCh～60CDh
7	604Eh～604Fh	608Eh～608Fh	60CEh～60CFh
8	6050h～6051h	6090h～6091h	60D0h～60D1h
9	6052h～6053h	6092h～6093h	60D2h～60D3h
10	6054h～6055h	6094h～6095h	60D4h～60D5h
11	6056h～6057h	6096h～6097h	60D6h～60D7h
12	6058h～6059h	6098h～6099h	60D8h～60D9h
13	605Ah～605Bh	609Ah～609Bh	60DAh～60DBh
14	605Ch～605Dh	609Ch～609Dh	60DCh～60DDh
15	605Eh～605Fh	609Eh～609Fh	60DEh～60DFh
16	6060h～6061h	60A0h～60A1h	60E0h～60E1h
17	6062h～6063h	60A2h～60A3h	60E2h～60E3h
18	6064h～6065h	60A4h～60A5h	60E4h～60E5h
19	6066h～6067h	60A6h～60A7h	60E6h～60E7h
20	6068h～6069h	60A8h～60A9h	60E8h～60E9h
21	606Ah～606Bh	60AAh～60ABh	60EAh～60EBh
22	606Ch～606Dh	60ACh～60ADh	60ECh～60EDh
23	606Eh～606Fh	60AEh～60AFh	60EEh～60EFh
24	6070h～6071h	60B0h～60B1h	60F0h～60F1h
25	6072h～6073h	60B2h～60B3h	60F2h～60F3h
26	6074h～6075h	60B4h～60B5h	60F4h～60F5h
27	6076h～6077h	60B6h～60B7h	60F6h～60F7h
28	6078h～6079h	60B8h～60B9h	60F8h～60F9h
29	607Ah～607Bh	60BAh～60BBh	60FAh～60FBh
30	607Ch～607Dh	60BCh～60BDh	60FCh～60FDh
31	607Eh～607Fh	60BEh～60BFh	60FEh～60FFh

表 15-4 eCAN-B 邮箱 RAM 布局

邮箱	MSGIDMSGIDL-MSGIDH	MSGCTRLMSGCTRL-被保留	CANMDLCANMDL_L-CANMDL_H	CANMDHCANMDH_L-CANMDH_H
0	6300h～6301h	6302h～6303h	6304h～6305h	6306h～6307h
1	6308h～6309h	630Ah～630Bh	630Ch～630Dh	630Eh～630Fh
2	6310h～6311h	6312h～6313h	6314h～6315h	6316h～6317h
3	6318h～6319h	631Ah～631Bh	631Ch～631Dh	631Eh～631Fh
4	6320h～6321h	6322h～6323h	6324h～6325h	6326h～6327h
5	6328h～6329h	632Ah～632Bh	632Ch～632Dh	632Eh～632Fh
6	6330h～6331h	6332h～6333h	6334h～6335h	6336h～6337h
7	6338h～6339h	633Ah～633Bh	633Ch～633Dh	633Eh～633Fh
8	6340h～6341h	6342h～6343h	6344h～6345h	6346h～6347h
9	6348h～6349h	634Ah～634Bh	634Ch～634Dh	634Eh～634Fh
10	6350h～6351h	6352h～6353h	6354h～6355h	6356h～6357h
11	6358h～6359h	635Ah～635Bh	635Ch～635Dh	635Eh～635Fh
12	6360h～6361h	6362h～6363h	6364h～6365h	6366h～6367h
13	6368h～6369h	636Ah～636Bh	636Ch～636Dh	636Eh～636Fh
14	6370h～6371h	6372h～6373h	6374h～6375h	6376h～6377h
15	6378h～6379h	637Ah～637Bh	637Ch～637Dh	637Eh～637Fh
16	6380h～6381h	6382h～6383h	6384h～6385h	6386h～6387h
17	6388h～6389h	638Ah～638Bh	638Ch～638Dh	638Eh～638Fh
18	6390h～6391h	6392h～6393h	6394h～6395h	6396h～6397h
19	6398h～6399h	639Ah～639Bh	639Ch～639Dh	639Eh～639Fh
20	63A0h～63A1h	63A2h～63A3h	63A4h～63A5h	63A6h～63A7h
21	63A8h～63A9h	63AAh～63ABh	63ACh～63ADh	63AEh～63AFh
22	63B0h～63B1h	63B2h～63B3h	63B4h～63B5h	63B6h～63B7h
23	63B8h～63B9h	63BAh～63BBh	63BCh～63BDh	63BEh～63BFh
24	63C0h～63C1h	63C2h～63C3h	63C4h～63C5h	63C6h～63C7h
25	63C8h～63C9h	63CAh～63CBh	63CCh～63CDh	63CEh～63CFh
26	63D0h～63D1h	63D2h～63D3h	63D4h～63D5h	63D6h～63D7h
27	63D8h～63D9h	63DAh～63DBh	63DCh～63DDh	63DEh～63DFh
28	63E0h～63E1h	63E2h～63E3h	63E4h～63E5h	63E6h～63E7h
29	63E8h～63E9h	63EAh～63EBh	63ECh～63EDh	63EEh～63EFh
30	63F0h～63F1h	63F2h～63F3h	63F4h～63F5h	63F6h～63F7h
31	63F8h～63F9h	63FAh～63FBh	63FCh～63FDh	63FEh～63FFh

表 15-5 针对邮箱(eCAN-B)的 LAM、MOTS 和 MOTO 的地址

邮箱	LAM	MOTS	MOTO
0	6240h～6241h	6280h～6281h	62C0h～62C1h
1	6242h～6243h	6282h～6283h	62C2h～62C3h
2	6244h～6245h	6284h～6285h	62C4h～62C5h
3	6246h～6247h	6286h～6287h	62C6h～62C7h
4	6248h～6249h	6288h～6289h	62C8h～62C9h

续表

邮箱	LAM	MOTS	MOTO
5	624Ah～624Bh	628Ah～628Bh	62CAh～62CBh
6	624Ch～624Dh	628Ch～628Dh	62CCh～62CDh
7	624Eh～624Fh	628Eh～628Fh	62CEh～62CFh
8	6250h～6251h	6290h～6291h	62D0h～62D1h
9	6252h～6253h	6292h～6293h	62D2h～62D3h
10	6254h～6255h	6294h～6295h	62D4h～62D5h
11	6256h～6257h	6296h～6297h	62D6h～62D7h
12	6258h～6259h	6298h～6299h	62D8h～62D9h
13	625Ah～625Bh	629Ah～629Bh	62DAh～62DBh
14	625Ch～625Dh	629Ch～629Dh	62DCh～62DDh
15	625Eh～625Fh	629Eh～629Fh	62DEh～62DFh
16	6260h～6261h	62A0h～62A1h	62E0h～62E1h
17	6262h～6263h	62A2h～62A3h	62E2h～62E3h
18	6264h～6265h	62A4h～62A5h	62E4h～62E5h
19	6266h～6267h	62A6h～62A7h	62E6h～62E7h
20	6268h～6269h	62A8h～62A9h	62E8h～62E9h
21	626Ah～626Bh	62AAh～62ABh	62EAh～62EBh
22	626Ch～626Dh	62ACh～62ADh	62ECh～62EDh
23	626Eh～626Fh	62AEh～62AFh	62EEh～62EFh
24	6270h～6271h	62B0h～62B1h	62F0h～62F1h
25	6272h～6273h	62B2h～62B3h	62F2h～62F3h
26	6274h～6275h	62B4h～62B5h	62F4h～62F5h
27	6276h～6277h	62B6h～62B7h	62F6h～62F7h
28	6278h～6279h	62B8h～62B9h	62F8h～62F9h
29	627Ah～627Bh	62BAh～62BBh	62FAh～62FBh
30	627Ch～627Dh	62BCh～62BDh	62FCh～62FDh
31	627Eh～627Fh	62BEh～62BFh	62FEh～62FFh

表 15-6 消息对象运行状态配置

消息对象运行状态	邮箱方向寄存器(CANMD)	自动应答模式位(AAM)	远程传输请求位(RTR)
发送消息对象	0	0	0
接收消息对象	1	0	0
请求消息对象	1	0	1
应答消息对象	0	1	0

15.5.1 发送邮箱

CPU将要发送的数据存储在一个配置为发送邮箱的邮箱中。在把数据和标识符写入到RAM中后，如果相应的TRS[n]位已设置，假如通过设置相应的CANME.n位邮箱被启用的话，则消息被发送。

如果不止一个邮箱被设为发送邮箱,并且不止一个 TRS[n]位被置位,则消息从具有最高优先级的邮箱按照优先级下降的次序依次发送。

在 SCC 兼容模式下,邮箱传输的优先级取决于邮箱号。最高的邮箱号(=15)包含最高优先级。

在 eCAN 模式下,邮箱传输的优先级取决于消息控制器字段(MSGCTRL)寄存器中的 TPL 字段的设置。具有最高 TPL 值的邮箱首先被发送。只有当在 2 个邮箱的 TPL 值相同时,更高号码的邮箱首先发送。

如果一个传输由于仲裁丢失或错误而失败,则消息将重新尝试传输。在重新传输前,CAN 模块检查是否有另外一个传输被请求,然后传输优先级最高的邮箱。

15.5.2 接收邮箱

每个进入消息的标识符与保存在使用适当屏蔽的接收邮箱内的标识符相比较。当两者匹配时,接收到的标注符、控制位和数据字节将被写进匹配的 RAM 位置。同时,相应的接收消息等待位 RMP[n](RMP.31-0)被设置,如果被启用则产生一个接收中断;如果未检测到匹配,则消息不存储。

当消息接收后,消息控制器从邮箱编号最高的邮箱开始搜索一个匹配的标识符。在 SCC 兼容模式下的 eCAN 的邮箱 15 具有最高接收优先级;在 eCAN 模式下,eCAN 的邮箱 31 具有最高接收优先级。

在读取数据后,CPU 必须将 RMP[n](RMP.31-0)复位。如果这个邮箱又接收到第二个消息,且验收消息等待位已经被设定,相应的消息丢失位(RML[n](RML.31-0))被设置。这种情况下,如果写覆盖保护位 OPC[n](OPC.31-0)被清除,则存储的消息被新消息写覆盖;否则,检查下一个邮箱。

如果一个邮箱被设置为一个接收邮箱并且发送请求位(RTR)被设置,则邮箱可以发送一个远程帧。一旦一个远程帧被发送,则邮箱的 TRS 位被 CAN 模块清除。

15.5.3 CAN 模块运行在正常配置中

如果 CAN 模块被用于正常配置下(即非自检测模式),则网络中至少要有 2 个 CAN 模块,且比特率设置相同。一个 CAN 模块不必设置为真正接收来自发送节点的消息,但是它应被设置为相同的比特率。这是因为,一个 CAN 发送模块期望 CAN 网络中至少一个节点确认已发送消息的正确接收。按照 CAN 协议技术规范,任何接收到信息的 CAN 节点将确认(除非应答机制被明确关闭),不管是否被设置为存储接收的消息。事实上,在 C28x DSP 中确认机制中是不可被关闭的。

在自测模式(STM)下,不需要另外一个节点。在该模式下,一个传输节点产生自己的确认信号。唯一的要求就是节点必须配置任一有效的比特率。也就是说,位时序寄存器不应该包含一个不被 CAN 协议所允许的值。

此外,在 STM 模式下,不能通过将 CANTX 和 CANRX 引脚连接在一起实现直接外部数字回路(而在使用 SCI/SPI/McBSP 模块时是可以这样做的)。在自检测模式(STM)下,

DSP可自动实现内部回路。

15.6 eCAN寄存器

1. 邮箱使能寄存器(CANME)

邮箱使能寄存器用于启用/禁用单独的邮箱,各位信息如图15-6所示,字段说明如表15-7所示。

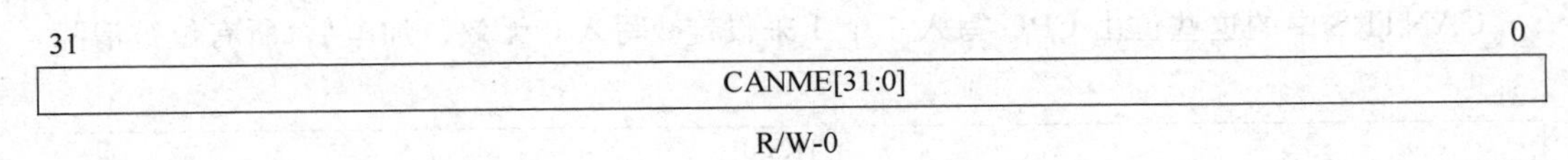

注：R/W=读取/写入；-n=复位后的值。

图15-6 邮箱使能寄存器(CANME)

表15-7 邮箱使能寄存器(CANME)字段说明

位	字段	说明
31:0	CANME[31:0]	邮箱使能位。加电后,CANME中的所有位都将被清除。被禁用的邮箱可以被用来作为CPU附加内存。1:CAN模块中相应的邮箱被启用。在写入任何标识符字段内容前,邮箱必须被禁用。如果CANME的相应位被设定,邮箱标识符的写入权限将被拒绝。0:对于eCAN,相应的邮箱RAM区段被禁用;然而,CPU可将其作为正常RAM进行访问

2. 邮箱方向寄存器(CANMD)

邮箱方向寄存器被用于配置邮箱的接收或发送操作,各位信息如图15-7所示,字段说明如表15-8所示。

注：R/W=读取/写入；-n=复位后的值。

图15-7 邮箱方向寄存器(CANMD)

表15-8 邮箱方向寄存器(CANMD)字段说明

位	字段	说明
31:0	CANMD[31:0]	1:邮箱方向位加电后,所有的位被清除。0:相应的邮箱被配置为一个接收邮箱。相应的邮箱被配置为一个发送邮箱

3. 发送请求设置寄存器(CANTRS)

发送请求设置寄存器各位信息如图15-8所示,字段说明如表15-9所示。

当邮箱n准备传送时,CPU应当设置TRSn位来启动传送。这些位通常由CPU设置和CAN模块逻辑操作清除。CAN模块可以为远程帧请求设置这些位。当传输成功或中止时,这些位被复位。如果邮箱被配置为接收邮箱,则CANTRS中相应的位被忽略,除非接收邮箱被配置用来处理远程帧。如果 RTR 位被设置，则接收邮箱的 TRS[n]位不能被忽视。因此，如果接收邮箱的 TRS 位被设置，那么接收邮箱(RTR 位被设置)也可以用来发送远程帧。一旦一个远程帧被发送，则邮箱的 TRS[n]位被 CAN 模块清除。因此，同一个邮箱可被用来从其他模式中请求一个数据帧。如果 CPU 试图设置一个位，而 eCAN 试图清除它，则该位被设置。

设置 CANTRS[n]引起特定消息 n 应该被发送。可以同时设置几个位。因此，所有关于 TRS 位的消息将被依次传送，如果没有设定 TPL 位指令，则首先传送邮箱编号最高的(=最高优先级)的邮箱。

CANTRS 中的这些位由 CPU 写入一个 1 来设定；写入 0 无效。加电后，所有位被清除。

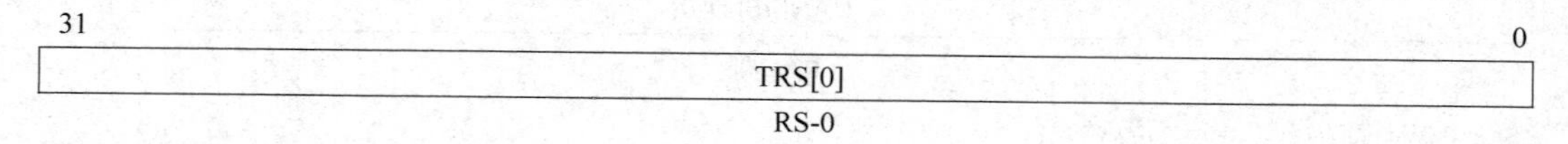

注：RS=读取/设置；-n=复位后的值。

图 15-8 发送请求设置寄存器(CANTRS)

表 15-9 发送请求设置寄存器(CANTRS)字段说明

位	字段	说　明
31:0	TRS[0]	1：发送请求设置位。0：在邮箱中设置 TRSn 传送消息。可同时设置几个位，所有的消息依次传送

4. 传输请求复位寄存器(CANTRR)

传输请求复位寄存器各位信息如图 15-9 所示，字段说明如表 15-10 所示。这些位只能通过 CPU 置位和由内部逻辑复位。当传输成功或者中断时，这些位被复位。如果 CPU 试图在 CAN 清除该位时设置该位，则该位被置位。

如果该请求是由相应位(TRS[n])发起的并且当前并未被处理的话，设置消息对象 n 的 TRR[n]位将取消传输请求。如果相应的消息当前正在被处理，则当传输完成(正常操作)或者由于丢失仲裁或检测到 CAN 总线线路上存在错误状态而导致传输中止时，该位被复位。当一个传输被中止时，相应的状态位(AA[31：0])被置位。当传输成功时，状态位(TA[31：0])被置位。传输请求复位状态可从 TRS[31：0]位读取。

CANTRR 寄存器位可以由 CPU 写入一个 1 来设置。

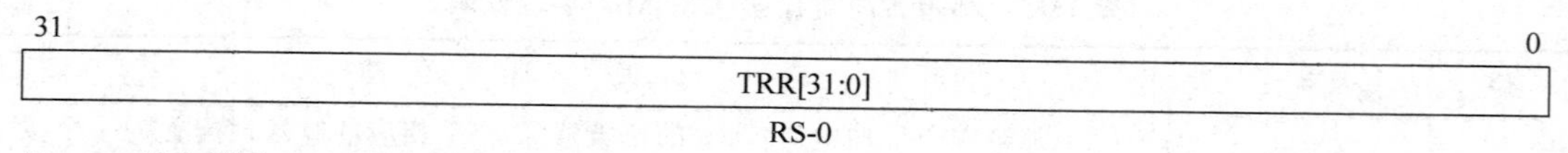

注：RS=读取/设置；-n=复位后的值。

图 15-9 传输请求复位寄存器(CANTRR)

表 15-10 传输请求复位寄存器(CANTRR)字段说明

位	字段	说　明
31:0	TRR[31:0]	1：发送请求复位位。0：TRRn 设置会取消传输请求

5. 传输确认寄存器(CANTA)

传输确认寄存器各位信息如图15-10所示,字段说明如表15-11所示。

如果邮箱n的消息被成功发送,则TAn位被置位。如果CANMIM寄存器中相应的中断屏蔽位被设置,此操作也将设置GMIF0/GMIF1(GIF0.15/GIF1.15)位。GMIF0/GMIF1位发起一个中断。

CPU通过写入一个1来复位CANTA中的位。如果一个中断已经产生,这也将清除中断。写入0无效。如果CPU试图在CAN清除该位时设置该位,则该位被置位。加电后,所有的位被清除。

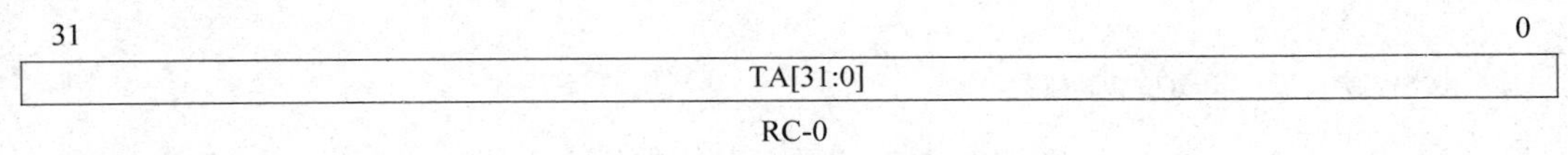

31　　　　　　　　　　　　　　　　0
TA[31:0]
RC-0

注:RC=读取/写入;-n=复位后的值。

图15-10　传输确认寄存器(CANTA)

表15-11　传输确认寄存器(CANTA)字段说明

位	字段	说　明
31:0	TA[31:0]	1:发送确认位。0:如果n邮箱的信息被成功发送,则该寄存器的n位被置位。消息未发送

6. 中断确认寄存器(CANAA)

中断确认寄存器各位信息如图15-11所示,字段说明如表15-12所示。

如果n邮箱中的信息传输被中断,则AA[n]位和AAIF(GIF.14)被置位,如果被启用,就可能会产生中断。

CANAA内的位由CPU中写入一个1来复位。写入0无效。如果CPU试图在CAN清除该位时设置该位,则该位被置位。加电后,所有位被清除。

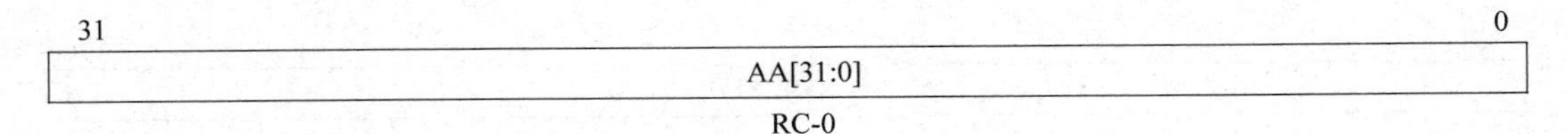

31　　　　　　　　　　　　　　　　0
AA[31:0]
RC-0

注:RC=读取/写入;-n=复位后的值。

图15-11　中断确认寄存器(CANAA)

表15-12　中断确认寄存器(CANAA)字段说明

位	字段	说　明
31:0	AA[31:0]	1:中断确认位。0:如果邮箱n中的消息传输被中止,则该寄存器的n位被置位。传输没被中止

7. 接收消息等待寄存器(CANRMP)

接收消息等待寄存器各位信息如图15-12所示,字段说明如表15-13所示。

如果邮箱n包含一条接收到的消息,则该寄存器的RMP[n]位被置位。这些位只能由CPU和内部逻辑置位。如果OPC[n](OPC[31:0])位被清除,则一个新的传入消息会写覆盖已存储的消息,否则下一个邮箱将被检查是否有相匹配的 ID。如果邮箱被写覆盖,相应的状态位 RML[n]被置位。通过在相应的位置将 1 写入 CANRMP 寄存器,可清除 CANRMP 和 CANRML 寄存器中的位。如果 CPU 试图在 CAN 清除该位时设置该位,则该位被置位。

如果 CANMIM 寄存器中相应的中断屏蔽位被置位,CANRMP 寄存器中的位可以设定 GMIF0/GMIF1(GIF0.15/GIF1.15)位发起一个中断。

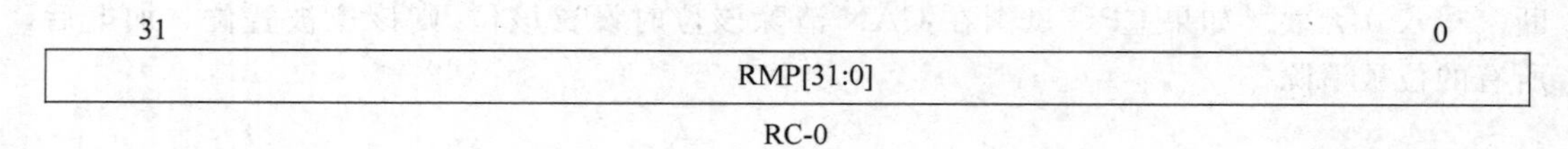

注:RC=读取/写入;-n=复位后的值。

图 15-12 接收消息等待寄存器(CANRMP)

表 15-13 接收消息挂等待寄存器(CANRMP)字段说明

位	字段	说明
31:0	RMP[31:0]	1:接收消息等待位。0:如果邮箱 n 包含一条接收到的消息,则该寄存器的 RMPn 位被置位。邮箱不包含消息

8. 接收信息丢失寄存器(CANRML)

接收消息丢失寄存器各位信息如图 15-13 所示,字段说明如表 15-14 所示。

如果在邮箱 n 中的一条旧信息被新信息写覆盖,则一个 RML[n]位被置位。这些位只能由 CPU 或者内部逻辑置位。通过在相应位置写入一个 1 到 CANRMP 寄存器,可清除这些位。如果 CPU 试图在 CAN 清除该位时设置该位,则该位被置位。如果 OPC[n](OPC[31:0])位被置位,则 CANRML 寄存器不被更改。

如果一个或多个 CANRML 寄存器被置位,则 RMLIF(GIF0.11/GIF1.11)位也被置位。RMLIM(GIM.11)位被置位会发起一个中断。

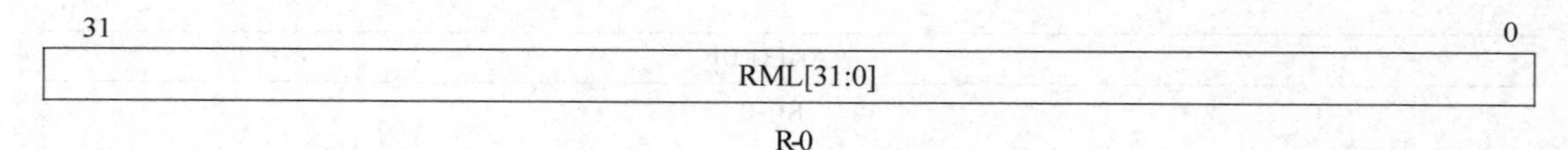

注:R=读取;-n=复位后的值。

图 15-13 接收信息丢失寄存器(CANRML)

表 15-14 接收信息丢失寄存器(CANRML)字段说明

位	字段	说明
31:0	RML[31:0]	接收信息丢失位。1:邮箱中有一条旧的未读消息被新消息写覆盖。没有信息丢失。0:通过清除设置 RMPn 位,RMLn 位被清除

9. 远程帧等待寄存器(CANRFP)

远程帧等待寄存器各位信息如图 15-14 所示,字段说明如表 15-15 所示。

每当 CAN 模块收到一个远程帧请求,远程帧等待寄存器中的相应位 RFP[n]被置位。如果一个远程帧被存储在一个接收邮箱(AAM=0,CANMD=1),则 RFPn 位不会被置位。

为了防止自动应答邮箱回复一个远程帧请求，CPU 必须通过设置相应的传输的要求复位 TRR[n]位来清除 RFP[n]标志和 TRS[n]位。AAM 位也可以通过 CPU 清除，以便停止模块发送消息。

如果 CPU 试图在 CAN 模块对一个位置位的同时对其复位，则该位不会被置位。CPU 不能中断一个正在进行的传输。

31 ... 0
RFP [31:0]
RC-0

注：RC=读取/写入；-n=复位后的值。

图 15-14 远程帧等待寄存器(CANRFP)

表 15-15 远程帧等待寄存器(CANRFP)字段说明

位	字段	说 明
31:0	RFP[31:0]	远程帧等待寄存器。对于一个接收邮箱，如果一个远程帧被接收并且 TRSn 不受影响的话，RFTn 被设置。对于一个传送邮箱，如果一个远程帧被接收并且 TRSn 被设置且邮箱的 AAM 是 1 的话，RFTn 被设置。该邮箱 ID 必须和远程帧的 ID 相匹配。1：该模块接收远程帧请求。0：没有收到远程帧请求。该寄存器被 CPU 清除

对远程帧的处理如下：

如果收到一个远程帧(传入的消息将 RTR(MSGCTRL[4])=1)，使用适当的从最高邮箱编号开始降序屏蔽，CAN 模块将此标识符与邮箱的所有标识符相比较。

如果标识符匹配(消息对象被配置为发送邮箱并且消息对象中的 AAM(MSGID.29)被置位)，这个标识符被标记为将被发送(TRS[n]被置位)。

如果与标识符匹配的邮箱被配置为发送邮箱并且该邮箱的 AAM 位未设置，则该邮箱不会接收到这条消息。在发送邮箱内找到匹配标识符后，将不再继续比较。

借助于匹配标识符和被配置为接收邮箱的消息对象，会像处理一个数据帧一样处理这条消息并且接收消息等待(CANRMP)寄存器中相应位也被设置。然后，CPU 必须决定如何处理这种情况。

为了使 CPU 能够改变被配置为一个远程帧邮箱(AAM 设置)内的数据，必须先要设置邮箱编号并且改变 MCR 中的数据请求位(CDR(MC[8]))。然后，CPU 可以进行存取并清除 CDR 位以此告知 eCAN 存取已经完成。直到 CDR 位被清除后，该邮箱才能进行传输，并发送最新的数据。

要改变邮箱的标识符，必须先将邮箱禁用(CANMEn=0)。

为了使 CPU 能够从其他节点请求数据，必须先将邮箱配置为接收邮箱并设置 TRS 位。这种情况下，该模块发送一个远程数据请求并在发出请求的同一个邮箱内接收数据帧。因此，远程请求只需一个邮箱。请注意，CPU 必须设置 RTR(MSGCTRL.4)才能启动远程帧传输。一旦一个远程帧被发出，则邮箱的 TRS 位被 CAN 清除。在这种情况下，位 TA[n]将为该邮箱进行设置。

消息对象 n 的运行状态由 CANMDn(CANMD[31: 0])，AAM(MSGID[29])及 RTR

(MSGCTRL[4])一起配置。这显示了如何根据所需运行状态来配置消息对象。

总的来说,一个消息对象可以被配置为 4 种不同运行状态:

(1) 传输消息对象只能传输消息。

(2) 接收消息对象只能接收消息。

(3) 请求消息对象可以传输远程帧并且等待相应的数据帧。

(4) 回复消息对象能在相应的标识符收到远程请求帧时传输数据帧。

注: 当一个被配置为请求模式的消息对象与一个传输远程数据请求一起成功发送时,CANTA 寄存器不再被设置并且不再产生中断。当收到远程回复消息时,该消息的运行状态将和被配置为接收模式的消息对象的运行状态相同。

10. 全局验收屏蔽寄存器(CANGAM)

全局验收屏蔽寄存器由处于 SCC 模式下的 eCAN 使用,各位信息如图 15-15 所示,字段说明如表 15-16 所示。如果相应邮箱的 AME 位(MSGID[30])被设置,则全局验收屏蔽被用于邮箱 6~15。接收到的消息仅存储在第一个具有匹配标识符的邮箱中。

全局验收屏蔽寄存器由 SCC 的邮箱 6~15 使用。

31	30 29	28 16
AMI	被保留	GAM[28:16]
RWI-0	R-0	RWI-0

15 0
GAM[28:16]
RWI-0

注:RWI=可在任何时候读取,只能在初始化模式期间写入-n=复位后的值。

图 15-15 全局验收屏蔽寄存器(CANGAM)

表 15-16 全局验收屏蔽寄存器(CANGAM)字段说明

位	字段	说明
31	AMI	接收屏蔽标识符扩展位。可以接收标准和扩展帧。在扩展帧的情况下,标识符的所有 29 位被存储在邮箱中,全局验收屏蔽寄存器的所有 29 位被过滤器使用。在一个标准帧的情况下,只有头 11 个位(28~18 位)的标识符和全局接收屏蔽被使用。接收邮箱的 IDE 位是一个"无关"位并且由被发送消息的 IDE 位写覆盖。必须满足筛选标准,以便收到一条消息。要进行比较的位数是发送消息的 IDE 位值的函数。0:存储在邮箱中的标识符扩展位确定了哪些消息应该被收到。接收邮箱的 IDE 位决定了要进行比较的位数。滤波是不适用的。为了接收消息,MSGID 必须位匹配
30:29	被保留	读取未定义,写入无效
28:0	GAM28:0	全局验收屏蔽。这些位允许屏蔽一个传入消息的任何标识符位。接收到的标识符的相应位接收一个 0 或一个 1(无关)。收到的标识符位值必须与 MSGID 寄存器相应的标识符位相匹配

11. 主控制寄存器(CANMC)

主控制寄存器用于控制 CAN 模块的设置,各位信息如图 15-16 所示,字段说明如

表 15-17 所示。CANMC 寄存器的一些位受 EALLOW 保护。对于读取/写入操作,只支持 32 位的访问。

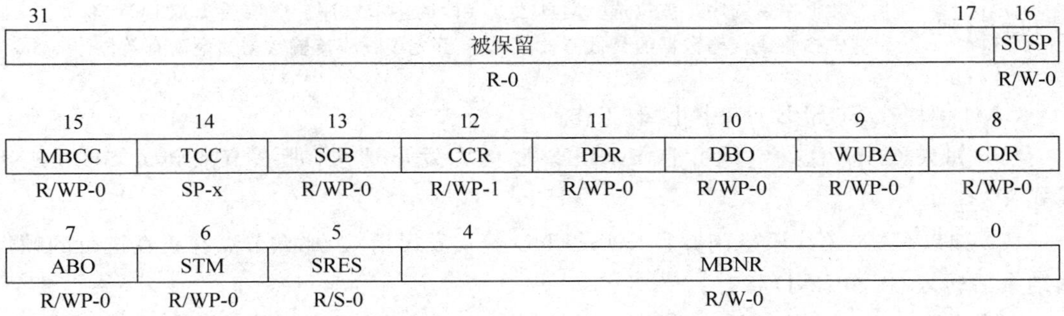

31–17	16
被保留	SUSP
R-0	R/W-0

15	14	13	12	11	10	9	8
MBCC	TCC	SCB	CCR	PDR	DBO	WUBA	CDR
R/WP-0	SP-x	R/WP-0	R/WP-1	R/WP-0	R/WP-0	R/WP-0	R/WP-0

7	6	5	4–0
ABO	STM	SRES	MBNR
R/WP-0	R/WP-0	R/S-0	R/W-0

注:R=读取,WP=只在EALLOW模式时写入,S=仅在EALLOW模式中设置;-n=复位后的值;X=不确定。请注意:只适用于eCAN,被保留在SCC中。

图 15-16 主控制寄存器(CANMC)

表 15-17 主控制寄存器(CANMC)字段说明

位	字段	说 明
31:17	被保留	读取未定义,写入无效
16	SUSP	SUSPEND(等待)。该位确定 SUSPEND 中 CAN 模块的运行(如断点或单步进仿真停止)。1:FREE(自由)模式。外设继续在 SUSPEND 模式中运行。在 SUSPEND 模式时,该节点将参与 CAN 正常通信(发送确认、产生错误帧、发送/接收数据)。0:SOFT(软)模式。在 SUSPEND 模式期间,当前传输完成后,外设关闭
15	MBCC	邮箱时间戳计数器清除位。该位保留在 SCC 模式并受 EALLOW 保护。1:在邮箱传输或接收成功后,时间戳计数器复位为 0。0:时间戳计数器不复位
14	TCC	时间戳计数器 MSB 清除位。该位保留在 SCC 模式并受 EALLOW 保护。1:时间戳计数器的 MSB 复位为 0。在内在逻辑的一个时钟周期后,TCC 位复位。0:时间戳计数器没被更改
13	SCB	SCC 兼容性位。该位保留在 SCC 模式并受 EALLOW 保护。1:选择 eCAN 模式。0:eCAN 处于 SCC 模式。只有邮箱 0～15 可以使用
12	CCR	更改配置请求。此位受 EALLOW 保护。 1:CPU 请求到配置寄存器 CANBTC 的写入访问和 SCC 的接收屏蔽寄存器(CANGAM,LAM[0]和 LAM [3])。该位置位后,在进入到 CANBTC 寄存器之前,CPU 必须等待,直到 CANES 寄存器的 CCE 标志为 1。如果 ABO 位没被置位,在总线关闭状态时,CCR 位也将被置位。BO 状态可以通过清除该位(在总线上的 128×11 连续隐性位之后)退出。 0:CPU 请求正常运作。这只有在配置寄存器 CANBTC 被设定到允许值后完成。在强制总线关闭恢复序列后,它还会退出总线关闭状态
11	PDR	断电模式请求。在从低功耗模式唤醒后,该位被 eCAN 模块自动清除。该位受 EALLOW 保护。1:请求本地断电模式。0:没有请求局部断电模式(正常操作)。 请注意:如果一个应用程序为一个邮箱将 TRSn 位置位,然后立即设定 PDR 位,CAN 模块在不传送数据帧的情况下进入 LPM。这是因为从 RAM 邮箱被转移到发送缓冲区的数据大约需要 80 个 CPU 周期。因此,应用必须确保在写入 PDR 位之前就已经完成所有等待的传输。TAn 位可被轮询,以确保传输的完成

续表

位	字段	说　明
10	DBO	数据字节顺序。该位选择消息数据字段的字节顺序。此位受 EALLOW 保护。1：首先接收或传输数据的最低有效位。0：首先接收或传输数据的最高有效位

CAN 模块在 SUSPEND(中止)时工作：

(1) 如果 CAN 总线空闲并且 SUSPEND 模式发出请求，那么节点转入 SUSPEND 模式。

(2) 如果 CAN 总线不空闲并且 SUSPEND 模式发出请求，那么节点在正在进行的帧传输结束后转入 SUSPEND 状态。

(3) 如果节点正在传输，SUSPEND 被请求时，那么节点在得到应答后转入 SUSPEND 状态。如果节点没有得到应答或出现其他错误，那么节点在发送一个错误帧后转入 SUSPEND 状态，对 TEC 做出相应的修改。第二种情况，即节点在发送错误帧后中止，则节点在解除中止状态后，重新传输原来的帧。传输相应的帧后 TEC 被修改。

(4) 如果节点正在接收时，当 SUSPEND 被请求时，它将在发出确认位后转入 SUSPEND 状态。如果出现任何错误，节点发送一个错误帧后转入 SUSPEND 状态。进入 SUSPEND 状态前对 REC 进行相应修改。

(5) 如果 CAN 总线空闲并且 SUSPEND 去除被请求，那么节点脱离 SUSPEND 状态。

(6) 如果 CAN 总线不空闲并且 SUSPEND 去除被请求，那么节点在总线进入空闲状态后脱离 SUSPEND 状态。因此，节点不接收任何会产生错误帧的“部分”帧。

(7) 节点中止时，它不参与传输或接收的任何数据。因此，既不会有确认位发送，也不会有错误帧发送。在 SUSPEND 状态期间，TEC 和 REC 都不会被修改。

12. 位时序配置寄存器(CANBTC)

CANBTC 寄存器用于配置 CAN 节点适当的网络时序参数，各位信息如图 15-17 所示，字段说明如表 15-18 所示。在使用 CAN 模块前，必须编辑该寄存器。该寄存器在用户模式中为写保护并且只能在初始化模式时写入。

注：为避免 CAN 模块不可预知的运行状态，CANBTC 寄存器绝不能使用 CAN 协议技术规范和 15.7.1 节中列出的位时序规则允许之外的值进行编辑。

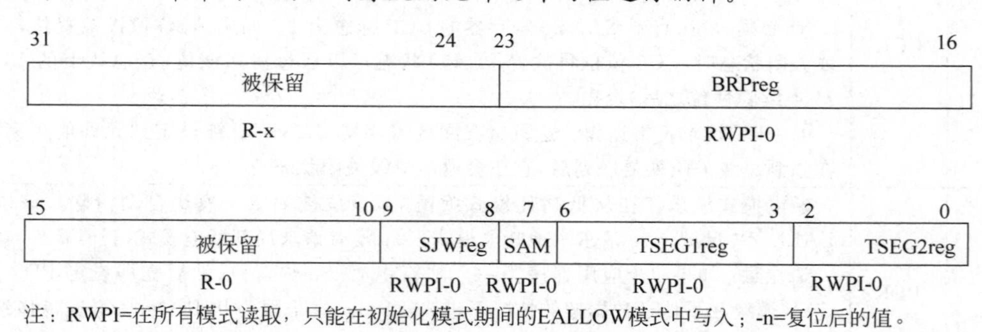

图 15-17　位-时序配置寄存器(CANBTC)

表 15-18 位时序配置寄存器(CANBTC)字段描述

位	字段	说 明
31:24	被保留	读取未定义,写入无效。
23:16	BRPreg	波特率分频器。该寄存器用于设置波特率设置的预分频器。一个 TQ 的长度被定义为: $$TO=\frac{1}{SYSCLKOUT/2}\times(BRPreg+1)$$ 在这里 SYSCLKOUT/2 是 CAN 模块时钟的频率。BRPreg 表示预分频器"寄存器的值";即写入 CANBTC 寄存器 23:16 位的值。CAN 模块访问它时,这个值会自动增加 1。增加值由符号 RP(BRP=BRPreg+1)表示。BRP 可在 1~256 内增加。 注意:对于 BRP=1 的特殊情况,信息处理时间(IPT)等于 3 时间份额(TQ)。这不符合 ISO11898 标准,该标准规定 IPT 要小于或等于 2TQ。因此,这种模式的用法(BRPreg=0)是不被允许的
15:10	被保留	读取未定义,写入无效
9:8	SJWreg	同步跳转宽度。SJW 参数表明,进行重新同步时,一个位中允许的加长或者缩短的 TQ 单位数量。 SJWreg 表示"同步跳转宽度"的"寄存器的值";即写入 CANBTC 寄存器 9:8 位的值。CAN 模块访问它时,这个值会自动增加 1。增加值由符号 SJW 表示 SJW=SJWreg+1。SJW 可在 1TQ~4TQ 内设定。SJW 的最大值由 TSEG2 和 4TQ 的最大值决定。SJW(最大值)=最小值[4TQ,TSEG2]
7	SAM	此参数设定了 CAN 模块所使用的样本数量来确定 CAN 总线的实际电平。当 SAM 位设定后,根据最后三个值的多数决定结果,由 CAN 总线确定电平。采样点设在同一点和两倍于 1/2TQ 的距离前的地方。 1:CAN 模块三次取样后进行取多数决定。只有当比特率预分频值大于 4 时(BRP>4)选择三重采样样本模式。 0:在采样点上 CAN 模块只能采样一次
6:3	TSEG1reg	时段 1。CAN 总线上位长取决于 TSEG1、TSEG2 和 BRP 参数。CAN 总线上的所有控制器必须有相同的比特率和位长。对于单个控制器的不同的时钟频率,波特率由上述参数进行调整。 此参数指定了 TQ 单位中 TSEG1 段的长度。TSEG1 将 PROP_SEG 和 PHASE_SEG1 段组合在一起:TSEG1=PROP_SEG+PHASE_SEG1。 在这里,PROP_SEG 和 PHASE_SEG1 是在 TQ 单位内这两个区段的长度。 TSEG1reg 表示时段 1 的"寄存器的值",即写入 CANBTC 寄存器 6:3 位的值。CAN 模块访问它时,这个值会自动增加 1。增加值由符号 TSEG1 表示:TSEG1=TSEG1reg+1。TSEG1 的值应被选择,这样 TSEG1 大于或等于 TSEG2 和 IPT 的值。更多关于 IPT 的信息,请参考 15.3.1 节。
2:0	TSEG2reg	时段 2。TSEG2 在 TQ 单位内定义了 PHASE_SEG2 的长度。TSEG2 可在 1TQ 至 8TQ 内设定,同时遵循下列时序规则:TSEG2 必须小于或等于 TSEG1,同时必须大于或等于 IPT。TSEG2reg 表示"时段 2"的"寄存器的值",即写入 CANBTC 寄存器 2:0 位的值。当 CAN 模块访问它时,这个值会自动增加 1。增加值由符号 TSEG2 表示:TSEG2=TSEG2reg+1

13. 错误和状态寄存器(CANES)

CAN 模块的状态由错误和状态寄存器(CANES)和错误计数器寄存器显示,这些在本节中进行描述,各位信息如图 15-18 所示,字段说明如表 15-19 所示。

错误和状态寄存器包含 CAN 模块的实际状态的信息并且显示总线错误标志以及错误状态标志。如果这些错误标志的一个被设定,那么所有其他的错误标志的当前状态被冻结,只有第一个错误被存储。为了更新随后的 CANES 寄存器,被设定的错误标志必须通过将 1 写入到寄存器中进行确认。这个动作也会清除标志位。

31–25	24	23	22	21	20	19	18	17	16
被保留	FE	BE	SA1	CRCE	SE	ACKE	BO	EP	EW
R-0	RC-0	RC-0	R-1	RC-0	RC-0	RC-0	RC-0	RC-0	RC-0

15–6	5	4	3	2	1	0
被保留	SMA	CCE	PDA	Rsvd	RM	TM
R-0	R-0	R-1	R-0	R-0	R-0	R-0

注:R=读取;C=清除;-n=复位后的值。

图 15-18 错误和状态寄存器(CANES)

表 15-19 错误和状态寄存器(CANES)字段说明

位	字段	说明
31:25	被保留	读取未定义,写入无效
24	FE	格式错误标志。发生在总线上的一个格式错误。1:这意味着总线上的一个或多个固定格式的位字段有错误电平。0:没有检测到任何格式错误,CAN 模块能够正确发送和接收
23	BE	位错误标志。1:接收到的位与仲裁域以外被发送为不匹配或者在仲裁域传输期间,发送的是一个显性位,却收到了一个隐性位。0:没有检测到位错误
22	SA1	停留在显性错误。在硬件复位、软件复位或总线关闭状态后,SA1 位一直为 1。当在总线上检测到隐性位时,该位被清除。1:CAN 模块从未检测到一个隐性位。0:CAN 模块检测到一个隐性位
21	循环冗余码校验错误(CRCE)	CRC 错误。1:CAN 模块收到一个 CRC 错误。0:CAN 模块从未收到一个 CRC 错误
20	SE	填充错误。1:发生一个填充位错误。0:未发生填充位错误
19	ACKE	确认错误。1:CAN 模块没有收到确认。0:所有消息已收到正确确认
18	BO	总线关闭状态。CAN 模块处于总线关闭状态。 1:CAN 总线上存在一个异常错误率。当发送错误计数器(CANTEC)已达到 256 的限值时,会出现这种情况。总线关闭期间,不能接收或发送任何消息。清除 CANMC 寄存器中 CCR 位退出总线关闭状态,或者如果自动总线打开(ABO)(CANMC.7)位被设定,在收到 128×11 接收位后退出。离开总线关闭状态后,错误计数器都被清除。 0:正常运行
17	EP	错误被动状态。1:CAN 模块处于错误被动模式,CANTEC 已达到 128。0:CAN 模块处于错误主动模式。
16	EW	1:警告状态。两个错误计数器(CANREC 或 CANTEC)之一已达到 96 级警告级别。0:两个错误计数器(CANREC 或 CANTEC)值均低于 96

续表

位	字段	说　明
15:6	被保留	读取未定义,写入无效
5	SMA	等待模式确认。在等待模式被激活后,一个时钟周期延时达到一个帧的长度后,该位被置位。当电路不在运行模式时,用调试工具激活等待模式。在等待模式期间,CAN 模块将被冻结,无法接收或发送任何帧。然而,如果在等待模式被激活时,CAN 模块正在传输或接收一个帧,则模块只在帧的末尾进入等待模式,运行模式就是当 SOFT(软模式)被激活(CANMC.16=1)时的模式。1:该模块已进入等待模式。0:该模块不在等待模式
4	CCE	更改配置使能。该位显示了配置的访问权。经过一个时钟周期的延时,该位被置位。1:CPU 具有到配置寄存器的写入访问权限。0:CPU 被拒绝到配置寄存器的写入访问。 请注意:CCE 位的复位状态为 1。也就是说,复位时,可以写入位时序寄存器。然而,一旦 CCE 位被清除(作为模块初始化的一部分),当可以再次把 CCE 位置为 1 前,CANRX 引脚必须感测到高电平
3	PDA	断电模式确认。1:CAN 模块已经进入断电模式。0:正常运行
2	被保留	读取未定义,写入无效
1	RM	接收模式。CAN 模块处于接收模式。不管邮箱配置如何,该位反映了 CAN 模块实际运行状态。1:CAN 模块正在接收消息。0:CAN 模块没有接收消息
0	TM	发送模式。CAN 模块处于发送模式。不管邮箱配置如何,该位反映了 CAN 模块实际运行状态。1:CAN 模块正在发送消息。0:CAN 模块没有发送消息

14. CAN 错误计数寄存器(CANTEC/CANREC)

CAN 模块包含两个错误计数器:接收错误计数器(CANREC)和发送错误计数器(CANTEC),各位信息如图 15-19 和图 15-20 所示。可以通过 CPU 接口读取这两个计数器的值。根据 CAN 协议技术规范 2.0 版本,这些计数器是递增或递减的。

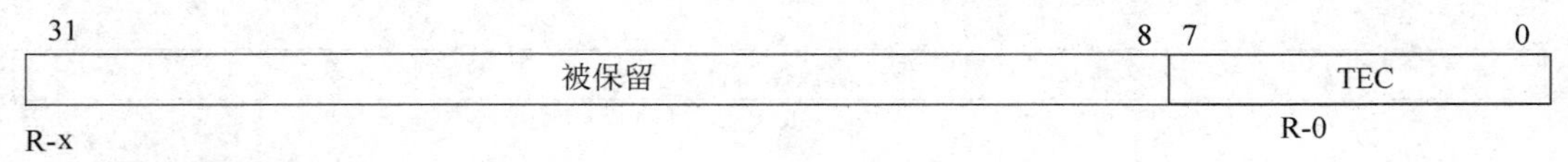

图 15-19　发送错误计数器寄存器(CANTEC)

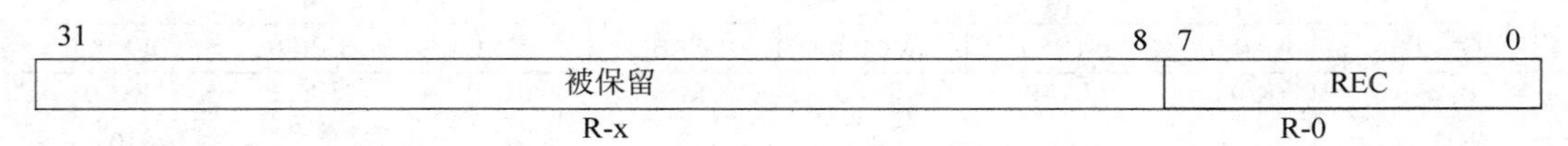

图 15-20　接收错误计数器寄存器(CANREC)

接收错误计数器达到或超过了错误被动的上限值(128)后不会再增加。当一个消息被正确接收时,计数器被重新置位到 119～127(与 CAN 技术规范相比较)内的值。

在达到总线关闭状态后,发送错误计数器未定义,而接收错误计数器则改变其功能。在达到总线关闭状态后，接收错误计数器被清除。总线上每 11 个是连续隐性位后，随后它被递增。这些 11 个位与总线上的两帧之间的差相对应。如果计数器达到 128 且错误计数器功能被使能(自动总线打开位(ABO)(MC.7)置位)，则模块会自动变回总线开状态。所有内部标志被复位，并且错误计数器被清除。离开初始化模式后，错误计数器都被清除。

15. 中断寄存器

中断由中断标志寄存器、中断屏蔽寄存器和邮箱中断级别寄存器控制。

1）全局中断标志寄存器(CANGIF0/CANGIF1)

这些寄存器允许 CPU 识别中断源。

如果确实发生了相应的中断状况，则中断标志位被置位。全局中断标志的置位取决于 GIL 位在 CANGIM 寄存器中的设置。如果该位被置位，全局中断对在 CANGIF1 寄存器中的位进行置位；否则，在 CANGIF0 寄存器中进行置位。这也适用于 AAIF 和 RMLIF 中断标志。这些位将按照在 CANGIM 寄存器位中相应 GIL 位的设置被置位。

不管 CANGIM 寄存器中相应的中断屏蔽位是否被设置，以下位被置位：MTOFn、WDIFn、BOIFn、TCOFn、WUIFn、EPIFn、AAIFn、RMLIFn 和 WLIFn。

对于任何邮箱来说，只有当相应的邮箱中断屏蔽位(在 CANMIM 寄存器)被置位时，GMIFn 位才会被置位。

如果所有的中断标志位清零，并且一个新的中断标志被置位，当相应的中断屏蔽位被置位时，中断输出线被激活。中断线持续保持活跃直至 CPU 通过把 1 写入适当位或清除中断条件来清除中断标志。

必须通过在 CANTA 寄存器或 CANRMP 寄存器(取决于邮箱配置)的适当位上写入 1 来清除 GMIFx 标志，且不能在 CANGIFx 寄存器中清除。清除一个或多个中断标志且仍有一个或多个中断标志仍然被设定，会产生新的中断。通过写 1 到适当位来清除中断标志。如果 GMIFx 被设定，邮箱中断向量 MIVx 表示引起 GMIFx 设置的邮箱数量。在多个邮箱中断被等待的情况下，MIVx 总是显示分配给该中断线路的最高邮箱中断矢量。

全局中断标志寄存器各位信息如图 15-21 和图 15-22 所示，字段说明如表 15-20 所示。

31–24
被保留
R-x

23–18	17	16
被保留	MTOF0	TCOF0
R-x	R-0	RC-0

15	14	13	12	11	10	9	8
GMIF0	AAIF0	WDIF0	WUIF0	RMLIF0	BOIF0	EPIF0	WLIF0
R/W-0	R-0	RC-0	RC-0	R-0	RC-0	RC-0	RC-0

7–5	4	3	2	1	0
被保留	MIV0.4	MIV0.3	MIV0.2	MIV0.1	MIV0.0
R/W-0	R-0	R-0	R-0	R-0	R-0

注：R/W=读取/写入；R=只读；C=清除；-n=复位后的值。

图 15-21 全局中断标志寄存器 0(CANGIF0)

表 15-20 的字段说明同时适用于 CANGIF0 和 CANGIF1 寄存器。其中的中断标志，由 CANGIM 寄存器位中的 GIL 位的值来确定它们是否在 CANGIF0 或 CANGIF1 寄存器内

31–24
被保留
R-x

23–18	17	16
被保留	MTOF1	TCOF1
R-x	R-0	RC-0

15	14	13	12	11	10	9	8
GMIF1	AAIF1	WDIF1	WUIF1	RMLIF1	BOIF1	EPIF1	WLIF1
R/W-0	R-0	RC-0	RC-0	R-0	RC-0	RC-0	RC-0

7–5	4	3	2	1	0
被保留	MIV0.4	MIV0.3	MIV0.2	MIV0.1	MIV0.0
R/W-0	R-0	R-0	R-0	R-0	R-0

注：R/W=读取/写入；R=读取；C=清除；-n=复位后的值注意：只用于eCAN，被保留在SCC中。

图 15-22 全局中断标志寄存器 1(CANGIF1)

被设置：TCOFn、AAIFn、WDIFn、WUIFn、RMLIFn、BOIFn、EPIFn 和 WLIFn。如果 GIL=0,这些标志设置在 CANGIF0 寄存器中；如果 GIL=1,这些标志设置在 CANGIF1 寄存器中。相似地,CANGIF0 和 CANGIF1 寄存器对于 MTOFn 和 GMIFn 位的选择取决于 CANMIL 寄存器的 MILn 位。

表 15-20 全局中断标志寄存器(CANGIF0/CANGIF1)字段说明

位	字段	说明
31:18	被保留	被保留。读取未定义,写入无效
17	MTOF0/1	邮箱超时标志。在 SCC 模式下此位不可用。1：其中的一个邮箱没有在指定的时间帧内传输或接收消息。0：邮箱无超时。 请注意：MTOFn 位是否被设置在 CANGIF0 或 CANGIF1 中取决于 MIL 值 n。TOSn 被清除时,MTOFn 也被清除。TOSn 位在成功发送/接收后(最终)将被清除
16	TCOF0/1	时间戳计数器溢出标志位。1：时间戳计数器的 MSB 从 0 变为 1。0：时间戳计数器的 MSB 为 0,没有从 0 变为 1
15	GMIF0/1	全局邮箱中断标志。只有当在 CANMIM 寄存器中,相应的邮箱中断屏蔽位被设置时,才设置此位。1：其中一个邮箱成功发送或接收到一个消息。0：没有成功发送或接收到消息：
14	AAIF0/1	中止确认的中断标志。1：发送传输请求已中止。0：无传输已经被中止。 请注意：通过清除设置 AAN 位,AAIFn 位被清零。
13	WDIF0/WDIF1	写入被拒绝的中断标志。 1：CPU 的写入访问邮箱不成功。当邮箱标识符字段被写入时,WDIF 中断被置为有效的同时被启用。在写入 MBX 的 MSGID 字段前,它应该被禁用。如果 MBX 仍然是启用时尝试此操作,WDIF 位将被设置并且一个 CAN 中断被置为有效。 0：CPU 到邮箱的写入访问成功
12	WUIF0/WUIF1	唤醒中断标志。1：局部断电期间,该标志表明该模块已脱离睡眠模式。0：该模块仍处于睡眠模式或正常运行

续表

位	字段	说明
11	RMLIF0/1	至少一个接收邮箱,一个溢出条件已经发生并且 MILn 寄存器的相应位已清零。 0:无消息丢失。 请注意:通过清除设置 RMPn 位,RMLIFn 位被清零
10	BOIF0/BOIF1	总线关闭中断标志。1:CAN 模块已经进入总线关闭模式。0:CAN 模块仍然是在总线打开模式上
9	EPIF0/EPIF1	错误被动中断标志。1:CAN 模块已经进入错误被动模式。0:CAN 模块不在错误被动模式
8	WLIF0/WLIF1	警告级别中断标志。1:至少有一个错误计数器达到错误警告限值。0:没有一个错误计数器达到错误警告限值
7:5	被保留	读取未定义且写入无效
4:0	MIV0.4:0/MIV1.4:0	邮箱中断矢量。在 SCC 模式中只有 3:0 位可用。这个向量表示设定全局邮箱中断标志中的邮箱编号。它保持该矢量直到适当 MIFn 位被清除或更高优先级的邮箱中断发生。然后显示最高的中断矢量,邮箱 31 具有最高优先级。在 SCC 模式中,邮箱 15 具有最高优先级。邮箱 16~31 未使用。如果在 TA/RMP 寄存器中没有标志设置,GMIF1 或 GMIF0 也被清除,此值是未定义的

2) 全局中断屏蔽寄存器(CANGIM)

中断屏蔽寄存器的设置和中断标志寄存器相同。如果一个位被设定,相应的中断被启用。此寄存器受 EALLOW 保护。全局中断屏蔽寄存器各位信息如图 15-23 所示,字段说明如表 15-21 所示。

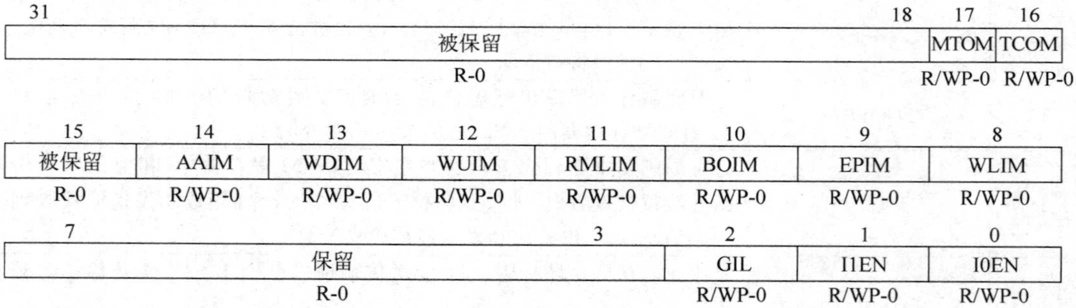

31–18	17	16
被保留	MTOM	TCOM
R-0	R/WP-0	R/WP-0

15	14	13	12	11	10	9	8
被保留	AAIM	WDIM	WUIM	RMLIM	BOIM	EPIM	WLIM
R-0	R/WP-0	R/WP-0	R/WP-0	R/WP-0	R/WP-0	R/WP-0	R/WP-0

7–3	2	1	0
保留	GIL	I1EN	I0EN
R-0	R/WP-0	R/WP-0	R/WP-0

注:R=读取;W=写入;WP=只在EALLOW模式时写入;-n=复位后的值。

图 15-23 全局中断屏蔽寄存器(CANGIM)

表 15-21 全局中断屏蔽寄存器(CANGIM)字段说明

位	字段	说明
31:18	保留	读取未定义,写入无效
17	MTOM	邮箱超时中断屏蔽。1:被启用。0:被禁用
16	TCOM	时间戳计数器溢出屏蔽。1:被启用。0:被禁用
15	被保留	读取未定义,写入无效
14	AAIM	中止确认中断屏蔽。1:被启用。0:被禁用

续表

位	字段	说　明
13	WDIM	拒绝写入中断屏蔽。1：被启用。0：被禁用
12	WUIM	唤醒中断屏蔽。1：被启用。0：被禁用
11	RMLIM	接收消息丢失中断屏蔽。1：被启用。0：被禁用
10	BOIM	总线关闭中断屏蔽。1：被启用。0：被禁用
9	EPIM	被动错误中断屏蔽。1：被启用。0：被禁用
8	WLIM	警告级别中断屏蔽。1：被启用。0：被禁用
7:3	被保留	读取未定义，写入无效
2	GIL	TCOF、WDIF、WUIF、BOIF、EPIF、RMLIF、AAIF 和 WLIF 中断的全局中断级别。1：所有的全局中断被映射到 ECAN1INT 中断线路。0：所有的全局中断被映射到 ECAN0INT 中断线路
1	I1EN	中断 1 使能。1：如果设定了相应的屏蔽，则该位在全局范围内启用针对 ECAN1INT 线路的所有中断。0：ECAN1INT 中断线路被禁用
0	I0EN	中断 0 启用。1：如果设定了相应的屏蔽，则该位在全局范围内启用针对 ECAN0INT 线路的所有中断。0：ECAN0INT 中断线路被禁用

因为各个邮箱在 CANMIM 寄存器都有独立的屏蔽位，所以在 CANGIM 中该 GMIF 没有相应的位。

3）邮箱中断屏蔽寄存器（CANMIM）

每个邮箱都有一个中断标志。根据邮箱配置，这可以是一个接收或发送中断。此寄存器受 EALLOW 保护。邮箱中断屏蔽寄存器各位信息如图 15-24 所示，字段说明如表 15-22 所示。

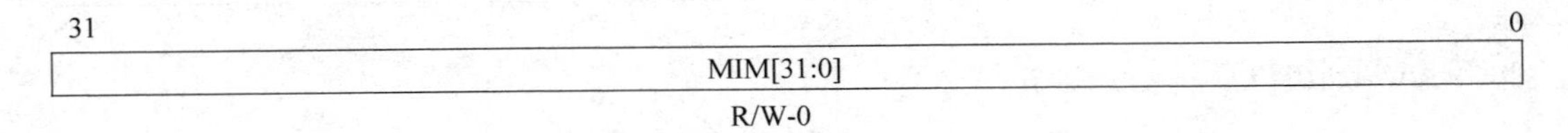

注：R/W=读取/写入；-n=复位后的值。

图 15-24　邮箱中断屏蔽寄存器（CANMIM）

表 15-22　邮箱中断屏蔽寄存器（CANMIM）字段说明

位	字段	说　明
31:0	MIM[31:0]	邮箱中断屏蔽。加电后，所有中断屏蔽位被清除，且中断被禁用。这些位允许任何邮箱中断被单独屏蔽。1：邮箱中断被启用。如果消息已成功发送（在一个发送邮箱的情况下），或者如果在没有收到任何错误的情况下消息已经被接收（在一个接收邮箱的情况下），会产生中断。0：邮箱中断被启用

4）邮箱中断级别寄存器（CANMIL）

32 个邮箱中的任一个都可能在两个中断线路之一引发中断。根据邮箱中断级别寄存器（CANMIL）的设置，中断一般会产生在 ECAN0INT（MIL[n]＝0）或 ECAN1INT 线路上（MIL[n]＝1）。

邮箱中断级别寄存器各位信息如图 15-25 所示，字段说明如表 15-23 所示。

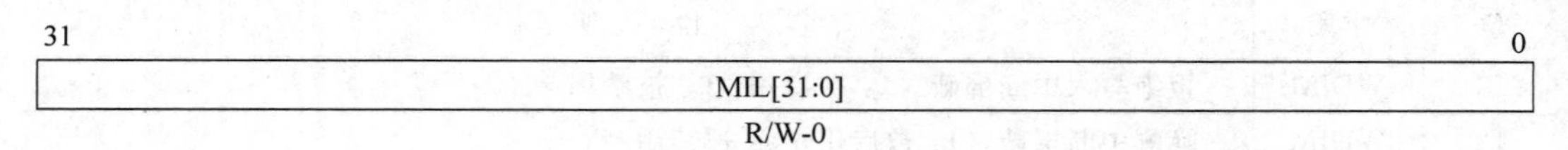

注：R/W=读取/写入；-n=复位后的值。

图 15-25 邮箱中断级别寄存器(CANMIL)

表 15-23 邮箱中断级别寄存器(CANMIL)字段说明

位	字段	说明
31:0	MIL[31:0]	邮箱中断级别。这些位允许单独选择任何邮箱的中断级别。1：邮箱中断产生在中断线路 1 上。0：邮箱中断产生在中断线路 0 上

16. 写覆盖保护控制寄存器(CANOPC)

写覆盖保护控制寄存器各位信息如图 15-26 所示，字段说明如表 15-24 所示。

如果邮箱 n(RMP[n]被置位为 1，且一个新的接收消息适合 n 邮箱)出现溢出情况，则新的信息存储取决于 CANOPC 寄存器中的设置。如果相应的 OPC[n]位被设置为 1，旧消息就被保护不被新消息写覆盖；这样一来，下个邮箱就会被检查与之相匹配的 ID。如果没有发现其他邮箱，在没有进一步通知的情况下消息丢失。如果 OPC[n]位被清除为 0，旧消息就会被新消息写覆盖。通过设置接收消息丢失位 RML[n]来进行通知。

对于读取/写入操作，只支持 32 位访问。

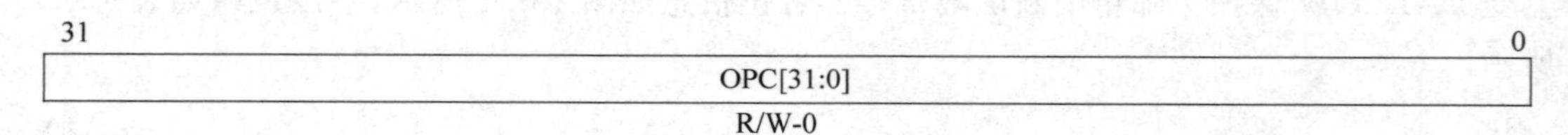

说明：R/W=读取/写入；-n=复位后的值。

图 15-26 写覆盖保护控制寄存器(CANOPC)

表 15-24 写覆盖保护控制寄存器(CANOPC)字段说明

位	字段	说明
31:0	OPC[31:0]	写覆盖保护控制位。1：如果 OPC[n]位被设置为 1，存储在该邮箱中的旧消息就被保护，不被新消息写覆盖。0：如果 OPC[n]位未被设定，旧消息就会被新消息写覆盖

17. eCANI/O 控制寄存器(CANTIOC,CANRIOC)

通过使用 CANTIOC 和 CANRIOC 寄存器来完成 CANTX 和 CANRX 引脚的配置，以便用于 CAN 中。TXI/O 控制寄存器(CANTIOC)各位信息如图 15-27 所示，字段说明如表 15-25 所示。RXI/O 控制寄存器(CANRIOC)各位信息如图 15-28 所示，字段说明如表 15-26 所示。

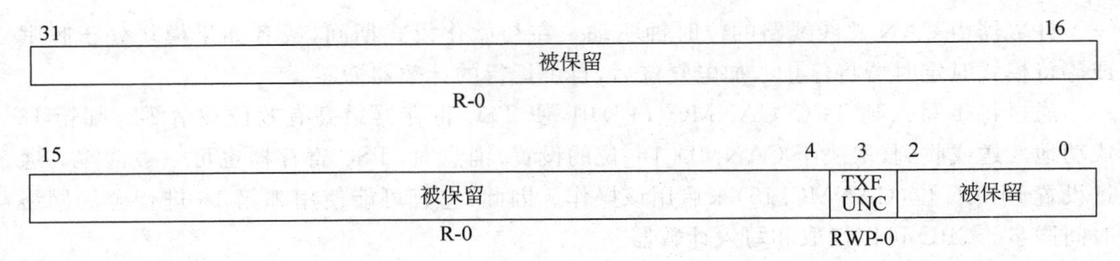

注：RWP=在所有模式中读取，只在EALLOW模式时写入；R=只读取；-n=复位后的值。

图 15-27　TXI/O 控制寄存器(CANTIOC)

表 15-25　TXI/O 控制寄存器(CANTIOC)字段说明

位	字段	说　明
31:4	被保留	读取未定义,写入无效
3	TXFUNC	该位必须为使用 CAN 模块功能而设定。1：CANTX 引脚被用于 CAN 传输功能。0：被保留
2:0	被保留	被保留

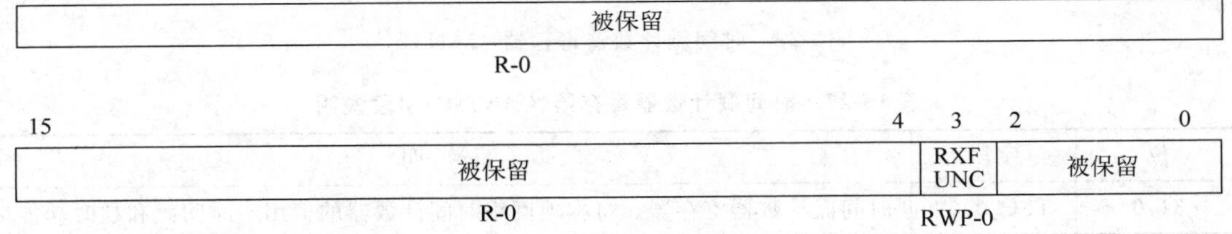

注：RWP=在所有模式中读取，只在EALLOW模式时写入；R=只读取；- n =复位后的值；X=不确定。

图 15-28　RXI/O 控制寄存器(CANRIOC)

表 15-26　RXI/O 控制寄存器(CANRIOC)字段说明

位	字段	说　明
31:4	被保留	读取未定义,写入无效
3	RXFUNC	该位必须为使用 CAN 模块功能而设定。1：CANTX 引脚被用于 CAN 接收功能。0：被保留
2:0	被保留	被保留

18. 定时器/计数器管理单元

当消息时发送/接收时,几个功能在 eCAN 中被执行以监测时间。eCAN 包含一个独立的状态机来处理时间控制功能。当访问寄存器时,这个状态机的优先级低于 CAN 状态机。因此,其他正在进行的活动可能会使时间控制功能延时。

1) 时间戳功能

为了得到一个接收或传送消息的时间指示,一个自由运行的 32 位定时器(TSC)在模块中被执行。当存储一个收到的消息或一个消息已被发出时,其内容就被写入到相应的邮箱中的时间戳寄存器中(消息对象的时间戳[MOTS])。

计数器由 CAN 总线线路的位时钟驱动。在初始化模式期间，或者如果模块处于睡眠或等待模式时定时器将停止。加电复位后，自由运行的计数器清零。

通过将 1 写入到 TCC(CANMC[14])中，使 TSC 寄存器最高有效位被清零。邮箱 16 成功地发送或收到(取决于 CANMD[16]位的设置)消息时，TSC 寄存器也可以被清零。通过设置 MBCC 位(CANMC.15)来启用该操作。因此，它有可能使用邮箱 16 进行全局网络时间同步。CPU 可以读取和写入计数器。

计数器的溢出由 TSC 计数器溢出中断标志进行检测(TCOFn-CANGIFn[16])。当 TSC 计数器的最高位变为 1 时一个溢出发生。因此，CPU 有足够的时间来处理这种情况。

(1) 时间戳计数器寄存器(CANTSC)。

时间戳计数寄存器保存在任何时刻的时间戳计数器的值，各位信息如图 15-29 所示，字段说明如表 15-27 所示。这是一个自由运行的 32 位定时器，它由 CAN 总线的位时钟计时。例如，在 1Mbps 时，CANTSC 会每 1μs 累加一次。

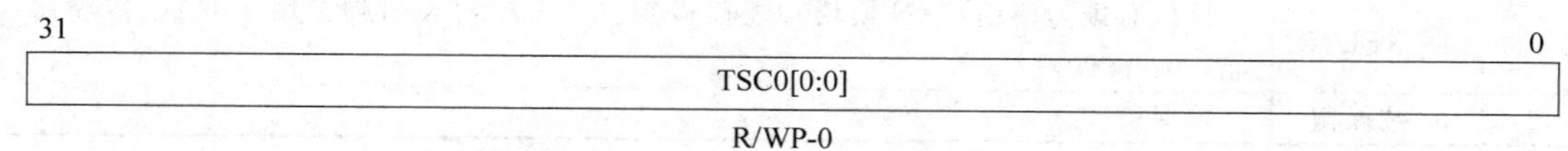

注：R=读取；WP=只在EALLOW启用模式下写入；-n=复位后的值。

请注意：只适用于eCAN模式，被保留在SCC中。

图 15-29 时间戳计数器寄存器(CANTSC)

表 15-27 时间戳计数器寄存器(CANTSC)字段说明

位	字段	说　明
31:0	TSC[0:0]	时间戳计数器寄存器。将本地网络时间计数器的值用于时间戳和超时功能

(2) 消息对象时间戳寄存器(MOTS)。

在相应的邮箱数据被成功发送或接收时，该寄存器保存 TSC 的值。每个邮箱都有自己的 MOTS 寄存器，各位信息如图 15-30 所示，字段说明如表 15-28 所示。

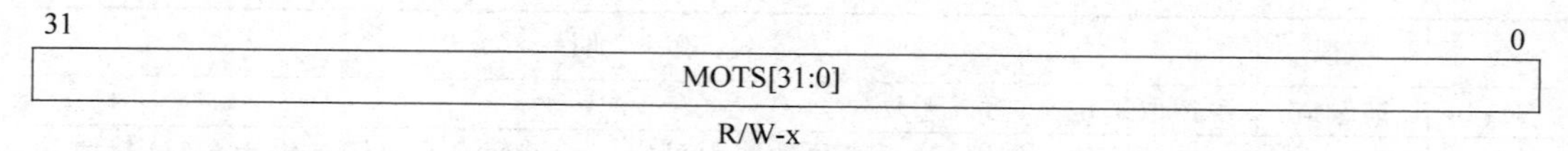

注：R/W=读取/写入；-n=复位后的值。

图 15-30 消息对象时间戳寄存器(MOTS)

表 15-28 消息对象时间戳寄存器(MOTS)字段说明

位	字段	说　明
31:0	MOTS[31:0]	消息对象时间戳寄存器。消息已被实际接收到或发出时的时间戳计数器(TSC)的值

2) 超时功能

为确保在预定义时间内所有消息都能发出或收到，所以每个邮箱都设置了自己的超时寄存器。如果消息在超时寄存器表明的时间内，没有发出或收到一个消息并且 TOC 寄存器中相应的 TOC[n]位被设定的话，那么在超时状态寄存器(TOS)中将设定一个标志。

对于发送邮箱，不论是成功发送还是发送请求中止的原因，当TOC[n]位或相应的TRS[n]位被清除时，TOS标志被清除。对于接收邮箱，当相应的TOC[n]位被清除时，TOS[n]标志被清除。CPU也可以通过往超时状态寄存器中写入一个1来清除超时状态寄存器的标志。

消息对象的超时寄存器(MOTO)被执行为一个RAM。状态机扫描所有的MOTO寄存器并将它们与TSC计数器的值进行比较。如果TSC寄存器的值等于或大于超时寄存器中的值，以及相应的TRS位(仅适用于发送邮箱)被设置，并且TOC[n]位被设置，则相应的TOS[n]位被设置。由于所有的超时寄存器都要按顺序进行扫描，所以在TOS[n]位设置之前会出现延时。

(1) 消息对象超时寄存器(MOTO)。

消息对象超时寄存器各位信息如图15-31所示，字段说明如表15-29所示。在相应的邮箱数据被成功发送或接收时，该寄存器保存TSC的超时值。每个邮箱都有其自己的MOTO寄存器。

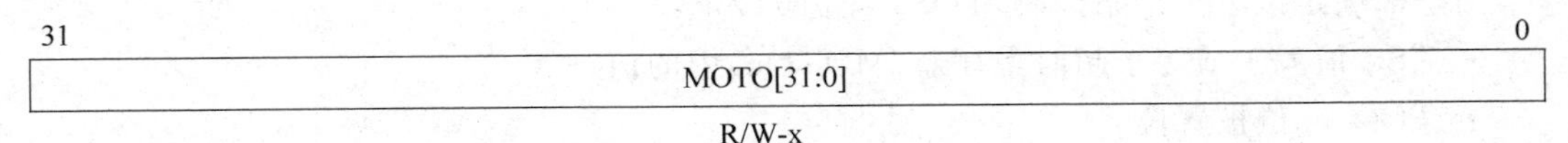

注：R/W=读取/写入；-n=复位后的值；x=不确定。

图15-31 消息对象超时寄存器(MOTO)

表15-29 消息对象超时寄存器(MOTO)字段说明

位	字段	说 明
31:0	MOTO[31:0]	消息对象超时寄存器。实际发送或接收消息的时间戳计数器(TSC)限值

(2) 超时控制寄存器(CANTOC)。

超时控制寄存器各位信息如图15-32所示，字段说明如表15-30所示。该寄存器控制指定的邮箱是否启用超时控制功能。

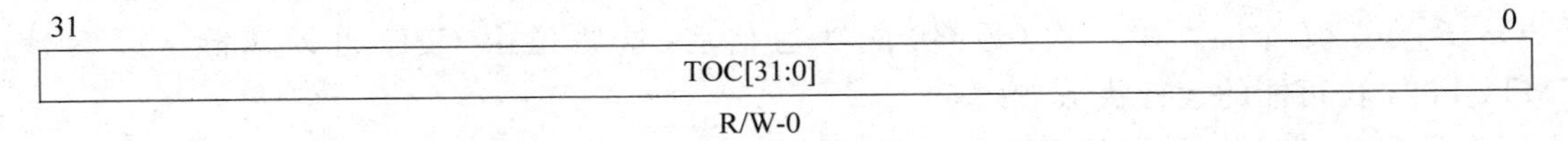

注：R/W=读取/写入；-n=复位后的值。

图15-32 超时控制寄存器(CANTOC)

表15-30 超时控制寄存器(CANTOC)字段说明

位	字段	说 明
31:0	TOC[31:0]	超时控制寄存器。1：TOCn位必须由CPU置位来启动邮箱的超时功能n。在设定TOC[n]位之前，相应的MOTO寄存器应当载入与TSC相关的超时值。 0：超时功能被禁用，从不设定TOS[n]标志

(3) 超时状态寄存器(CANTOS)。

超时状态寄存器各位信息如图15-33所示，字段说明如表15-31所示。该寄存器保存已超时邮箱的状态信息。

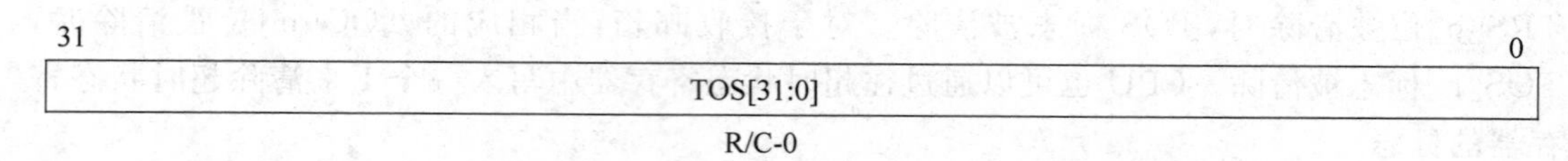

注：R/C=读取/清除；-n=复位后的值。

图 15-33 超时状态寄存器(CANTOS)

表 15-31 超时状态寄存器(CANTOS)字段说明

位	字段	说明
31:0	TOS[31:0]	超时状态寄存器。1：邮箱 n 已经超时。TSC 寄存器中的值大于或等于与邮箱 n 相对应的超时寄存器中的值并且 TOC[n]位被设定。0：没有发生超时或该邮箱的此功能被禁用

当全部满足以下三个条件时，TOS[n]位被设定：

- TSC 值大于或等于超时寄存器(MOTOn)中的值。
- TOC[n]位被置位。
- TRS[n]位被置位。

超时寄存器被作为一个 RAM 执行。状态机扫描所有超时寄存器并把它们与时间戳计数器的值进行比较。由于所有超时寄存器依次被扫描，即使发送邮箱已超时，TOS[n]位也有可能未被置位。在状态机扫描该邮箱的超时寄存器前，当邮箱已成功发送并清除了 TRS[n]位时这个情况会发生。对接收邮箱也是如此。在这种情况下，在状态机扫描该邮箱的超时寄存器时，RMP[n]位可被设置为 1。然而，接收邮箱可能在超时寄存器指定的时间前没有收到的消息。

3) 用户应用程序中 MTOF0/1 位的运行状态/用法

在邮箱接收/发送时，首先将这个标志置为有效，MTOF0/1 位被 CPK(和 TOS[n]位一起)自动清除。它也可以由用户清除(通过 CPU)。在超时的状态下，MTOF0/1 位以及 TOS[n]位)被置位。在一次(最终)成功通信后，这些位由 CPK 自动清除。以下是 MTOF0/1 位可能的运行状态/用法：

(1) 发生超时状况。MTOF0/1 位和 TOS[n]位都被置位。通信从未成功过，即帧从未被传送(或被接收)，一个中断被置为有效。应用程序来处理该问题，并最终把 MTOF0/1 位和 TOS[n]位都清除。

(2) 出现超时状况。MTOF0/1 位和 TOS[n]位都被置位。然而，通信最终成功，即帧被传送(或被接收)。MTOF0/1 位和 TOS[n]位都被 CPK 自动清除。因为发生中断被记录在 PIE 模块中，所以中断仍然被置为有效。当 ISR 扫描 GIF 寄存器时，它不会查看 MTOF0/1 位的设置情况。这就是虚中断情况。应用程序仅返回到主代码。

(3) 出现超时状况。MTOF0/1 位和 TOS[n]位都被置位。在执行与超时有关的 ISR 时，通信是成功的。这种状况必须谨慎处理。在中断被置为有效和 ISR 正尝试采取纠错操作时间之间，应用不应该重传一个邮箱。这样做的方式是轮询 GSR 寄存器中的 TM/RM 位，这些位表示了 CPK 是否正在发送/接收。如果在这样的情况下，应用程序应该一直等到通信结束再检查 TOS[n]位。如果通信仍然没有成功,那么该应用程序应采取纠错操作。

19. 邮箱布局

各个邮箱都由以下 4 个 32 位寄存器组成:

- MSGID—存储消息 ID。
- MSGCTRL—定义字节、传输优先级和远程帧的数目。
- CANMDL—4 字节数据。
- CANMDH—4 字节数据。

1) 消息标识符寄存器(MSGID)

对于一个给定的邮箱,该寄存器包含信息 ID 和其他控制位。消息标识符寄存器各位信息如图 15-34 所示,字段说明如表 15-32 所示。

31	30	29	28 ~ 0
IDE	AME	AAM	ID[28:0]
R/W-x	R/W-x	R/W-x	R/W-x

注: R/W=读取/写入; R=只读; -n=复位后的值; x=不确定。请注意: 当邮箱禁用时(CANME[n](CANME.31-0)=0),该寄存器只可写入。

图 15-34 消息标识符寄存器(MSGID)寄存器

表 15-32 消息标识符寄存器(MSGID)字段说明

位	字段	说明
31	IDE	标识符扩展位。IDE 位的特征根据 AMI 的位值变化。 当 AMI=1 时: 接收邮箱的 IDE 位是"无关",接收邮箱的 IDE 位被已传输消息的 IDE 位写覆盖; 必须满足过滤标准以接收一条消息; 要进行比较的位数是被发送消息的 IDE 位值的函数。 当 AMI=0 时: 接收邮箱的 IDE 位决定了要进行比较的位数; 过滤不适用的,为了接收消息,MSGID 必须位与位匹配。 当 AMI=1 时: IDE=1,收到的消息有扩展标识符; IDE=0,收到的消息有一个标准标识符。 当 AMI=0 时: IDE=1,要被接收的消息必须有一个扩展标识符; IDE=0,要被接收的消息必须有一个标准标识符
30	AME	验收屏蔽使能位。AME 只用于接收邮箱。它不能被设置为自动回复(AAM[n]=1,CANMD[n]=0)邮箱,否则邮箱的运行状态未定义。该位不能通过消息接收被修改。1: 使用相应的接收屏蔽。0: 没有使用接收屏蔽,所有标识符位必须与接收消息相匹配
29	AAM	自动应答模式位。该位唯有对配置为传输的消息邮箱有效。对于接收邮箱,该位无效,邮箱总是按正常接收操作配置。该位不能由一个消息接收修改。1: 自动应答模式。如果接收到匹配的远程请求,CAN 模块通过发送邮箱内容来应答远程请求。0: 正常传输模式。邮箱不会回复远程请求。远程请求帧的接收对消息邮箱没有影响
28:0	ID28:0	消息标识符。1: 在标准标识符模式中,如果 IDE 位(MSGID[31])=0,消息标识符存储在 ID[28:18]位中。在这种情况下,ID[17:0]位没有任何意义。0: 在扩展标识符模式中,如果 IDE 位(MSGID31)=1,消息标识符存储在 ID[28:0]位中

2）CPU 邮箱访问

只有邮箱被禁用时((CANME[31：0])=0)才能完成到标识符的写入访问。访问数据字段期间的关键是在 CAN 模块读取数据时，数据不会改变。因此，对于一个接收邮箱，到数据字段的写入访问被禁用。

对于发送邮箱，如果 TRS[31：0]或 TRR[31：0]标志被设置，访问通常被拒绝。在这些情况下，可将一个中断置为有效。有一种访问这些邮箱方法就是，在访问邮箱数据之前设定 CDR(MC[8])。

CPU 访问结束后，CPU 必须通过将 0 写入到它来清除 CDR 标志。CAN 模块在读取邮箱前后均会检查此标志。如果在这些检查中 CDR 标志被设置，则 CAN 模块不发送消息，但继续寻找其他的发送请求。CDR 标志的设置也将阻止拒绝写入中断(WDI)被置为有效。

3）消息控制寄存器(MSGCTRL)

对于一个发送邮箱，该寄存器指定要发送的字节数和传输优先级。它还指定远程帧的操作。消息控制寄存器各位信息如图 15-35 所示，字段说明如表 15-33 所示。作为 CAN 模块的初始化过程的一部分，MSGCTRL 寄存器的所有位都必须先初始化为零，然后再将不同的位字段初始化为所需的值。

31–16
被保留
R-0

15–13	12–8	7–5	4	3–0
被保留	TPL	被保留	RTR	DLC
R-0	RW-x	R-0	RW-x	RW-x

注：RW=随时读取，邮箱禁用或被配置为传输时写入；-n=复位后的值；x=不确定的。

图 15-35 消息控制寄存器(MSGCTRL)

表 15-33 消息控制寄存器(MSGCTRL)字段说明

位	字段	说明
31:13	被保留	被保留
12:8	TPL	传输优先级。这5位字段定义了这个邮箱相对于其他31个邮箱的优先级。数字越高拥有越高的优先级。当两个邮箱的优先级相同时，邮箱编号大的先进行传输。TPL只用于传输邮箱。TPL不用于SCC模式
7:5	被保留	被保留
4	RTR	远程传输请求位。 1：对于接收邮箱，如果TRS标志被设置，那么远程帧被传送，并在同一邮箱中收到相应的数据帧。一旦一个远程帧被发送，则邮箱的TRS位被CAN模块清除。对于传输邮箱，如果TRS标志被设置，那么远程帧被传送，但在另一邮箱中收到相应的数据帧。 0：无远程帧请求
3:0	DLC	数据长度代码。这些位中的数量决定发送或接收了多少字节的数据。有效值范围为0~8。9~15的值是不允许的

注：如果邮箱n被配置为传输((CANMD[31:0])=0)或邮箱被禁用((CANME[31:0])=0)，MSGCTRL寄存器只能被写入。

4）消息数据寄存器(CANMDL 和 CANMDH)

消息数据寄存器各位信息如图 15-36～图 15-39 所示。邮箱的 8 个字节用来存储 CAN

消息的数据字段。DBO(MC[10])的设置决定了存储数据的顺序。从CAN总线的数据传输或接收,从0字节开始。

- DBO(MC[10])=1时,数据存储或读取开始于CANMDL寄存器最低有效字节并结束于CANMDH寄存器最高有效字节。
- DBO(MC[10])=0时,数据存储或读取开始于CANMDL寄存器最高有效字节并结束于CANMDH寄存器最低有效字节。

如果邮箱n被配置为传输((CANMD[31:0])=0)或者邮箱被禁用((CANME[31:0])=0),CANMDL(n)和CANMDH(n)只能被写入。如果TRS[31:0]=1,寄存器CANMDL(n)和CANMDH(n)不能写入,除非CDR(MC[8])=1,且MBNR(MC[4:0])被设置为n。这些设置也适用于一个配置为答复模式(AAM(MSGID[29])=1)的消息对象。

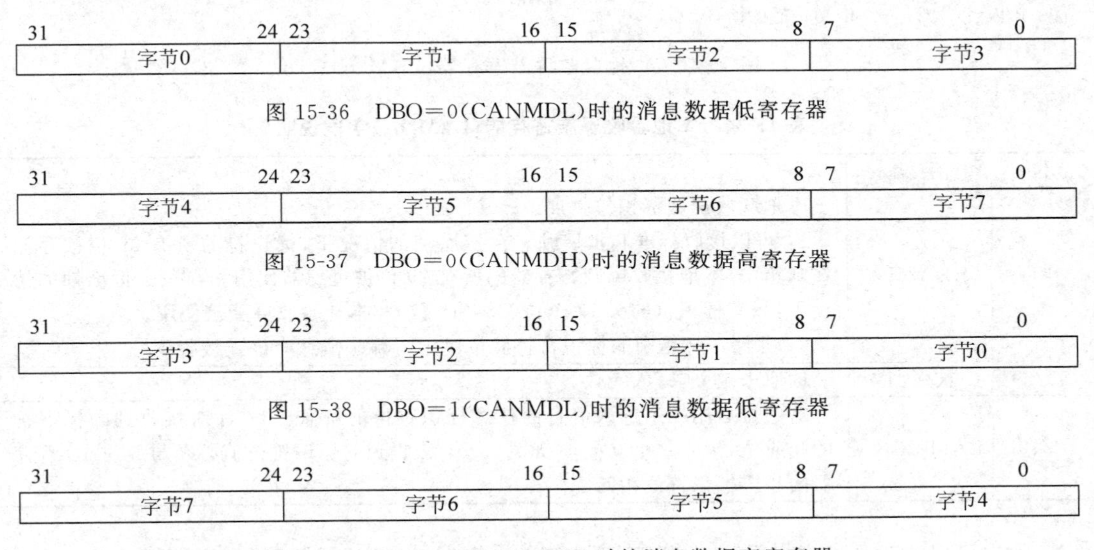

图15-36 DBO=0(CANMDL)时的消息数据低寄存器

图15-37 DBO=0(CANMDH)时的消息数据高寄存器

图15-38 DBO=1(CANMDL)时的消息数据低寄存器

图15-39 DBO=1(CANMDH)时的消息数据高寄存器

注: *超出有效接收数据的数据字段可以被任何消息接收修改,且是不确定的。*

20. 验收滤波器

首先将传入消息的标识符与该邮箱的消息标识符(被存储在该邮箱的消息)相比较。之后,验收屏蔽被用于屏蔽掉不应进行比较的标识符的位。

在SCC的兼容模式中,全局验收屏蔽(GAM)用于邮箱15~6。进入的消息被存储在有匹配标识符的编号最高的邮箱。如果在邮箱15~6中没有匹配的标识符,则把进入的消息与存储在邮箱5~3的标识符相比较,之后是邮箱2~0的标识符。

邮箱5~3使用SCC寄存器的局部验收屏蔽LAM[3]。邮箱2~0使用SCC寄存器的局部验收屏蔽LAM[0],用于特定用途,请参阅图15-40,字段说明如表15-34所示。要修改全局验收屏蔽寄存器(CANGAM)和SCC的两个本地验收屏蔽寄存器,CAN模块必须设置为初始化模式。eCAN的32个邮箱的任一个都有其各自的局部接收屏蔽LAM[0]~LAM[31]。在eCAN中没有全局验收屏蔽。用于比较的屏蔽选择取决于所用的模式(SCC或eCAN)。

本地接收过滤允许用户在本地屏蔽(无关)进入消息的任何标识符位。

在SCC中,本地验收屏蔽寄存器LAM[0]用于邮箱2~0。本地验收屏蔽寄存器LAM[3]

用于邮箱 5～3。对于邮箱 15～6,使用全局验收屏蔽(CANGAM)寄存器。

在 SCC 模块的硬件或软件复位后,CANGAM 被复位至零。在 eCAN 复位后,LAM 寄存器不会被修改。

在 eCAN 中,每个信箱(31～0)都有其各自的屏蔽寄存器 LAM[31:0]。进入的消息被存储在具有匹配标识符的编号最高的邮箱中。

31	30 29	28 16
LAMI	被保留	LAMn[28:16]
R/W-0	R/W-0	R/W-0

15 0
LAMn[15:0]
R/W-0

注：R/W=读取/写入；-n=复位后的值。

图 15-40 本地验收屏蔽寄存器(LAM[n])

表 15-34 本地验收屏蔽寄存器(LAM[n])字段说明

位	字段	说明
31	LAMI	本地验收屏蔽标识符扩展位。 1：可以接收标准和扩展帧。在扩展帧的情况下,标识符的所有 29 位被存储在邮箱中,本地接收屏蔽寄存器的所有 29 位被过滤器使用。在一个标准帧的情况下,只有标识符的头 11 个位(28～18 位)和本地验收屏蔽被使用。 0：存储在邮箱中的标识符扩展位决定了哪些消息应该被接收到
30:29	被保留	读取未定义,写入无效
28:0	LAM[28:0]	这些位启用一个进入消息的任意标识符位的屏蔽。1：针对接收到的标识符的相应位,接收一个 0 或 1(无关)。0：接收到的标识符位值必须与 MSGID 寄存器的相应标识符位相匹配

用户可以本地屏蔽传入消息的任何标识符位。值为 1 代表"无关"或者说明被操作的位既可接收 0,也可接收 1。值为 0 意味着进入的位值必须与消息标识符的相应位完全相匹配。

如果本地验收屏蔽标识符扩展位被置位(LAMI＝1,代表无关位),则可以接收标准和扩展帧。一个扩展帧使用存储在邮箱中标识符的所有 29 位,并且本地验收屏蔽寄存器的所有 29 位被用于过滤器。对于一个标准帧,只有标识符的头 11 个位(28～18 位)和局部接收屏蔽被使用。如果本地验收屏蔽标识符扩展位被复位(LAM＝0),存储在邮箱中的标识符扩展位确定收到的消息。

15.7 eCAN 配置

本节将解释初始化过程,并描述配置 eCAN 模块的过程。

15.7.1 eCAN 模块初始化

在使用 CAN 模块前必须将其初始化。如果模块在初始化模式,初始化是唯一可行的。

初始化进程的流程如图 15-41 所示。

编辑 CCR(CANMC[12])=1 设定初始化模式。只有在 CCE(CANES[4])=1 时,才可以进行初始化。此后,可以写入配置寄存器。

为了更改全局验收屏蔽寄存器(CANGAM)和两个本地验收屏蔽寄存器(LAM[0]和 LAM[3]),CAN 模块也必须在初始化模式中设定。

通过设定 CCRCANMC[12]=0,模块再次被激活。硬件复位后,初始化模式被激活。

注: 如果 CANBTC 寄存器被编程为 0 值或保留为初始值,CAN 模块从未离开初始化模式,当清除 CCR 位时,CCE(CANES[4])位仍为 1。

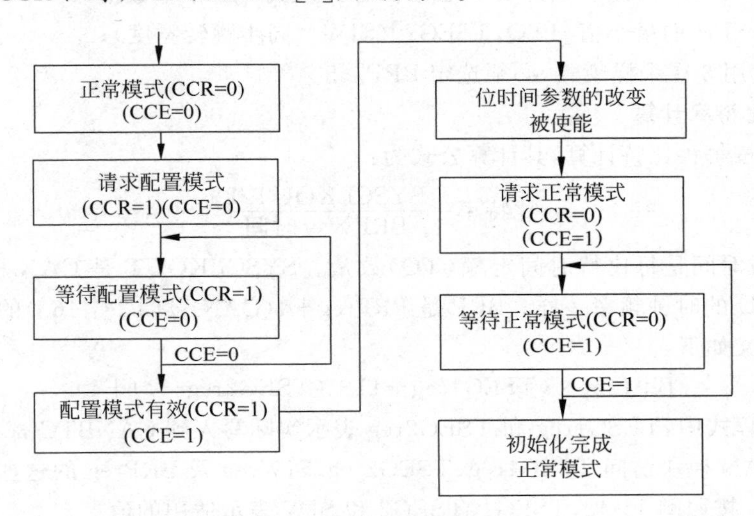

图 15-41　初始化流程图

初始化模式和正常模式(反之亦然)之间的转换与 CAN 网络进行同步。也就是说,在 CAN 控制器更改模式前,它一直等到检测到总线空闲序列(为 11 个隐性位)。一个停留在显性总线错误的事件中,CAN 控制器无法检测到一个总线空闲状态,因此无法执行模式转换。

1. CAN 位时序配置

CAN 协议技术规范把标称位时间分为 4 个不同的时间段。

(1) SYNC_SEG:这部分位时间用于同步总线上的不同节点。预计这一段内有一个边沿。这个部分始终是 1 个时间定额(TQ)。

(2) PROP_SEG:这部分位时间被用来补偿网络内的物理延时时间。它是总线线路上信号传播时间、输入比较器延时和输出驱动器延时总和的两倍。这部分被编程为 1~8 个时间定额(TQ)。

(3) PHASE_SEG1:这个相位被用于补偿正边沿相位误差。这部分可在 1~8 个时间定额(TQ)之间编辑,并可通过重新同步加长。

(4) PHASE_SEG2:这个相位被用于补偿负边沿相位误差。这部分可在 2~8 个时间定额(TQ)之间编辑,并可通过重新同步来缩短。

在 eCAN 模块中,CAN 总线上一个位的长度由参数 TSEG1(BTC[6:3])、TSEG2(BTC[20])和 BRP(BTC[23:16])确定。

就如由CAN协议定义的一样，TSEG1结合了PROP_SEG和PHASE_SEG1两个时间段。TSEG2定义了PHASE_SEG2时间段的长度。

IPT(信息处理时间)对应位读取处理所需的时间。IPT对应TQ的两个单位。确定位段值时必须满足以下的位定时规则：

- TSEG1(最小)≥TSEG2；
- IPT≤TSEG1≤16TQ；
- IPT≤TSEG2≤8TQ；
- IPT=3/BRP(由此产生的IPT必须四舍五入到下一个整数值)；
- 1TQ≤SJW的最小值[4TQ,TSEG2](SJW=同步跳转宽度)；
- 为了使用3次采样模式，必须选定BRP≥5。

2. CAN比特率计算

比特率乃按每秒比特计算，其计算公式为：

$$\text{比特率}=\frac{\text{SYSCLKOUT}/2}{\text{BRP}\times\text{位时间}}$$

在这里，位时间是每比特时间定额(TQ)数量。SYSCLKOUT是CAN模块系统的时钟频率，与CPU的时钟频率一样。BRP是BRPreg+1(CANBTC[23：16])的值。

位时间定义如下：

$$\text{Bit-time}=(\text{TSEG1reg}+1)+(\text{TSEG2reg}+1)+1$$

在上述方程式中，TESG1reg和TSEG2reg表示实际写入到CANBTC寄存器中相应字段的值。当CAN模块访问TSEG1reg、TSEG2reg、SJWreg及BRPreg的这些参数时，它们会自动增加1。按照图15-42，TSEG1、TSEG2和SJW表示适用的值。

$$\text{Bit-time}=\text{TSEG1}+\text{TSEG2}+1$$

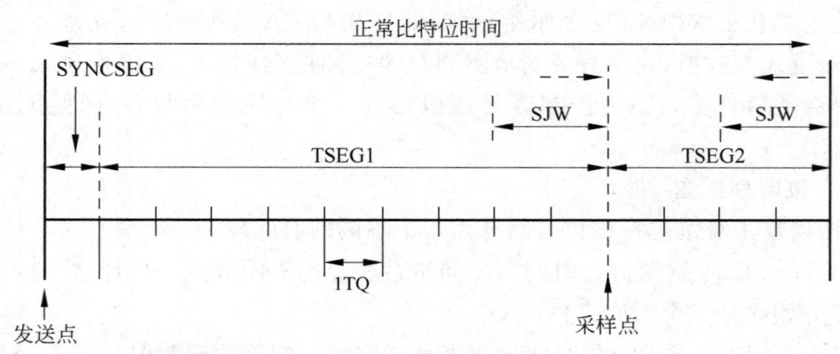

注：可以由SJW对TSEG1进行延长或对TSEG2进行缩短。

图15-42 CAN位时序

3. 针对75MHz系统时钟的位配置参数

针对不同CAN模块时钟、比特率和采样点的CANBTC位字段，这部分提供了示例值。请注意，这些值仅用于说明。在实际应用中，在选择的时序参数前，必须把各种实体的传播延时，如网络电缆和收发器/隔离器考虑在内。

表15-35显示了如何使用一个针对80%SP的15BT来改变BRPreg字段以实现不同的比特率。

表 15-35　比特率(BT=15,TSEG1reg=10,TSEG2reg=2,采样点=80%)的 BRP 字段

CAN 总线速度	BRP	CAN 模块时钟
1Mbps	BRPreg+1=5	15MHz
500kbps	BRPreg+1=10	7.5MHz
250kbps	BRPreg+1=20	3.75MHz
125kbps	BRPreg+1=40	1.875MHz
100kbps	BRPreg+1=50	1.5MHz
50kbps	BRPreg+1=100	0.75MHz

表 15-36 显示了如何实现与一个 15BT 的不同采样点。

表 15-36　实现与一个 15BT 的不同采样点

TSEG1reg	TSEG2reg	SP
10	2	80%
9	3	73%
8	4	66%
7	s5	60%

4. 针对 50MHz CAN 时钟的位配置参数

表 15-37 显示了如何使用一个针对 80%SP 的 10BT 来改变 BRPreg 字段以实现不同的比特率。

表 15-37　比特率(BT=10,TSEG1reg=6,TSEG2reg=1,采样点=80%)的 BRP 字段

CAN 总线速度	BRP	CAN 模块时钟
1Mbps	BRPreg+1=5	10MHz
500kbps	BRPreg+1=10	5MHz
250kbps	BRPreg+1=20	2.5MHz
125kbps	BRPreg+1=40	1.25MHz
100kbps	BRPreg+1=50	1MHz
50kbps	BRPreg+1=100	0.5MHz

表 15-38 显示了如何使用一个 20BT 实现不同采样点。

表 15-38　使用一个 20BT 实现不同采样点

TSEG1reg	TSEG2reg	SP
15	2	85%
14	3	80%
13	4	75%
12	5	70%
11	6	65%
10	7	60%

注：对于一个 150MHz 的 SYSCLKOUT,最低的比特率能达到 11.719kbps。对于一个 100MHz 的 SYSCLKOUT,能获得的最低的比特率为 7.812kbps。

5. EALLOW 保护

为了防止意外修改，一些关键的寄存器/eCAN 模块的位都受 EALLOW 保护。只有 EALLOW 保护已被禁用才可以改变这些寄存器/位。以下是在 eCAN 模块中受 EALLOW 保护的寄存器/位：CANMC[15：9]和 MCR[7：6]；CANBTC；CANGIM；MIM[31：0]；TSC[31：0]；IOCONT1[3]；IOCONT2[3]。

15.7.2 配置 eCAN 的步骤

下面的步骤必须在 EALLOW 被启用时完成。

配置 eCAN 的操作，必须执行以下步骤。

步骤 1：CAN 模块的使能时钟。

步骤 2：将 CANTX 和 CANRX 引脚设定为 CAN 功能：写入 CANTIOC[3:0]＝0x08。

步骤 3：复位后，CCR 位(CANMC[12])和 CCE 位(CANES[4])设置为 1。这使用户能够配置位时序配置寄存器(CANBTC)。

如果 CCE 位被设置(CANES[4]＝1)，进行下一步操作；否则，设置 CCR 位(CANMC[12]＝1)并等待，直到 CCE 位设置(CANES[4]＝1)。

步骤 4：使用适当的时序值对 CANBTC 寄存器进行配置，确保 TSEG1 和 TSEG2 不等于 0。如果两个值等于 0，则模块不能退出初始化模式。

步骤 5：对于 SCC 模式，现在对验收屏蔽寄存器编程。例如：写入 LAM(3)＝0x3C0000。

步骤 6：对主控制寄存器(CANMC)进行如下编程：清除 CCR(CANMC[12])＝0；清除 PDR(CANMC[11])＝0；清除 DBO(CANMC[10])＝0；清除 WUBA(CANMC[9])＝0；清除 CDR(CANMC[8])＝0；清除 ABO(CANMC[7])＝0；清除 STM(CANMC[6])＝0；清除 SRES(CANMC[5])＝0；清除 MBNR(CANMC[4：0])＝0。

步骤 7：将 MSGCTRLn 寄存器的所有位初始化为零。

步骤 8：验证 CCE 位是否被清零(CANES[4]＝0)，如果被清零则表明 CAN 模块已被配置。

这就完成了基本功能的设置。

1. 配置邮箱用于传输

为了传输一个消息，必须执行以下步骤(本例中以邮箱 1 为例)。

(1) 将 CANTRS 寄存器中适当位清零：清除 CANTRS[1]＝0(向 TRS 写入 0 无效；相反设置 TRR[1]并等待直到 TRS[1]清除)。如果 RTR 位被置位，TRS 可以发送一个远程帧。一旦一个远程帧被发送，则邮箱的 TRS 位被 CAN 模块清除。因此，同一个邮箱可被用来从其他节点中请求一个数据帧。

(2) 通过清除邮箱使能(CANME)寄存器的相应位来禁用邮箱，即 CANME. filter1＝0。

(3) 加载邮箱的消息标识符(MSGID)寄存器。

对于正常的发送邮箱(MSGID[30]＝0 和 MSGID[29]＝0)，清除 AME(MSGID[30])和 AAM(MSGID[29])位。在操作过程中，该寄存器通常不会被修改。只有在邮箱被禁用时，才能把它修改。例如：

- 写入 MSGID(1)=0x15AC0000。
- 消息控制字段寄存器(MSGCTRL[3:0])DLC 字段写入数据的长度。RTR 标志通常都会被清除(MSGCTRL[4]=0)。
- 通过清除 CANMD 寄存器的相应位来设置邮箱方向。
- 清除 CANMD[1]=0。

(4) 通过设置 CANME 寄存器的相应位设置邮箱启用。

设置 CANME[1]=1,这将邮箱 1 配置为传输模式。

2. 传输一个消息

为了开始一个传输(在这个例子中,对于邮箱进行传输),必须执行以下步骤。

(1) 将消息数据写入邮箱数据字段。

- 由于在配置时,DBO(MC[10])设置为 0,MSGCTRL[1]设置为 2,数据存储在 CANMDL[1]2 个最有效字节中。
- 写入 CANMDL[1]=xxxx0000h。

(2) 在发送请求寄存器中设定相应的标志(CANTRS[1]=1)来启动消息传输。现在 CAN 模块处理 CAN 消息的完整传输。

(3) 等待,直到相应邮箱的发送确认标志被设置(TA[1]=1)。成功传输后,CAN 模块设置此标志。

(4) 传输成功或中止传输后,模块将 TRS 标志复位为 0(TRS[1]=0)。

(5) 为了下一个传输(从同一邮箱)发送确认必须清除。

- 设置 TA[1]=1。
- 等到 TA 读取为 0。

(6) 要在同一邮箱发送另一条消息,邮箱 RAM 中的数据必须更新。设置 TRS[1]标志来启动下一个传输。写入邮箱 RAM 中的可以是半字(16 位)或整字(32 位),但模块总是从偶数边界返回 32 位。CPU 必须接收所有 32 位或其中的一部分。

3. 配置邮箱用于接收

为了配置接收邮箱,必须执行以下步骤(本例中以邮箱 3 为例)。

(1) 清除邮箱使能(CANME)寄存器的相应位来禁用邮箱,即 CANME[3]=0。

(2) 将所选的标识符写入相应的 MSGID 寄存器。标识符扩展位必须被配置为适合预计的标识符。如果使用验收屏蔽,验收屏蔽使能(AME)位必须被设定(MSGID[30]=1)。例如:写入 MSGID(3)=0x4f780000。

(3) AME 位如果设置为 1,必须设定相应的验收屏蔽。写入 LAM(3)=0x03c0000。

(4) 通过设置邮箱方向寄存器(CANMD[3]=1)的相应标志,将邮箱配置为一个接收邮箱。确保此操作不会影响该寄存器中的其他位。

(5) 如果邮箱中的数据受到保护,现在需要对写覆盖保护控制寄存器(CANOPC)进行编程。如果没有消息必须被丢弃,这种保护是非常有用的。如果设置了 OPC,该软件必须确保一个额外的邮箱(缓冲邮箱)被配置用来存储“溢出”的消息;否则,消息可能会在没有任何通知的情况下丢失。写入 OPC[3]=1。

(6) 通过设置邮箱中的使能寄存器(CANME)相应的标志来启用邮箱。这必须通过读取 CANME,并写回(CANME|=0x0008)的方法来完成以确保没有其他标志被意外更改。

对象现在被配置为接收模式。该对象的任何传入消息都将自动处理。

4. 接收一个消息

以邮箱 3 为例。当接收到一个消息时，接收消息等待寄存器(CANRMP)的相应标志被设为 1，并产生一个中断。然后，CPU 可以从邮箱 RAM 中读取消息。在 CPU 从邮箱读取消息之前，应先清除 RMP 位(RMP[3]=1)。CPU 还应该检查接收消息丢失标志 RML[3]=1。根据不同的应用，CPU 来决定如何处理这种情况。

读取数据后，CPU 需要检查 RMP 位有没有被模块再次设置。如果 RMP 位已被设置为 1，说明数据有可能已损坏。因为当 CPU 读取旧消息的同时收到一个新消息，所以 CPU 需要再次读取数据。

5. 过载情况下的处理

如果 CPU 无法快速地处理重要的信息，那么为该标识符配置多个邮箱的方法应该是可取的。下面是一个例子，其中对象 3、4 和 5 有相同的标识符并且共用相同的屏蔽。在 SCC 模式中，屏蔽就是 LAM(3)。对于 eCAN，每个对象都有自己的 LAM：LAM(3)、LAM(4) 和 LAM(5)，它们都需要以相同值进行编程。

为了确保无消息丢失，针对对象 4 和 5 设置了 OPC 标志，这样就防止了未读消息被写覆盖。如果 CAN 模块一定要存储接收到的消息，它首先要检查邮箱 5。如果该邮箱是空的，那么消息就被存储在该邮箱。如果对象 5 的 RMP 标志被设置(邮箱被占用)，那么 CAN 模块将检查邮箱 4 的状态。如果邮箱 4 也被占用，那么模块将检查邮箱 3 并将消息存储在该邮箱，这是由于并未针对邮箱 3 设置 OPC 标志。如果邮箱 3 的内容之前尚未读取，那么它设置对象 3 的 RML 标志，该标志可以启动一个中断。

对象 4 产生一个中断使 CPU 立刻读取邮箱 4 和邮箱 5 的方法也是可行的。该技术同样适用于请求超过 8 字节数据(即不止一条消息)的消息。这种情况下，消息的所有数据都能在邮箱中收集到并立刻读取。

15.7.3 远程帧邮箱的处理

远程帧处理有两个功能。一个功能是针对来自另一个节点的数据，另一个功能是针对需要应答的模块的数据请求。

1. 从另一个节点请求数据

为了从另一个节点请求数据，该对象被配置为接收邮箱。这个例子使用对象 3，CPU 需要做到以下几点：

(1) 把消息控制字段寄存器(CANMSGCTRL)的 RTR 位设置为 1。写入 MSGCTRL(3)=0x12。

(2) 向消息标识符寄存器(MSGID)中写入正确的标识符。写入 MSGID(3)=0x4F780000。

(3) 为该邮箱设置 CANTRS 标志。由于邮箱被配置为接收，因此它只是发送一个远程请求消息到其他节点。设置 CANTRS[3]=1。

(4) 该模块把应答存储在邮箱，并在接收 RMP 位时对其进行设置。这个操作可以启动一个中断。此外，请确保没有其他邮箱具有相同的 ID。等待 RMP[3]=1。

(5) 阅读收到的消息。

2. 应答一个远程请求

(1) 把该对象配置作为一个发送邮箱。

(2) 启用邮箱前,设定 MSGID 寄存器中的自动应答模式(AA)(MSGID[29])位。写入 MSGID(1)=0x35AC0000。

(3) 更新数据字段。写入 MDL,MDH(1)=xxxxxxxxh。

(4) 通过把 CANME 标志设置为 1 来启用邮箱。写入 CANME[1]=1。

当从另一个节点收到远程请求时,TRS 标志自动置位,数据传送到那个节点。收到的消息和发送的消息的标识符是相同的。

数据传输后,TA 标志被置位。之后 CPU 可以更新数据。等待 TA[1]=1。

3. 更新数据字段

要更新被配置为自动应答模式的对象的数据,需要执行以下步骤。这个顺序也可以用来更新被 TRS 标志设置为正常传输对象的数据。

(1) 设置更改数据请求(CDR)(MC[8])位和主控制寄存器(CANMC)中对应对象的邮箱号码(MBNR)。这就是告诉 CAN 模块,CPU 想要更改的数据字段。例如,对于对象 1,写入 MC=0x0000101。

(2) 把信息数据写入邮箱数据寄存器。例如,写入 CANMDL(1)=xxxx0000h。

(3) 清除 CDR 位(MC[8])来启用对象。写入 MC=0x00000000。

15.7.4 中断

有 2 种不同类型的中断。一种中断类型是与邮箱相关的中断,例如,接收消息等待中断或中止确认中断;另一种中断类型是处理错误或系统相关中断源的系统中断,例如,被动错误中断或唤醒中断。请参考图 15-43。

下列事件可以启动 2 个中断中的一个。

(1) 邮箱中断。

- 消息接收中断:收到一个消息;
- 信息传输中断:成功发送一个消息;
- 中止确认中断:等待传输被中止;
- 接收消息丢失中断:旧消息被一个新消息(在旧邮件被读取前)写覆盖;
- 邮箱超时中断(只在 eCAN 模式):在预定的时间帧内其中一条消息没有被发送或未收到。

(2) 系统中断。

- 写入拒绝中断:CPU 试图写入一个邮箱,但不被允许;
- 唤醒中断:在一次唤醒后中产生中断;
- 总线关闭中断:CAN 模块进入总线关闭状态;
- 被动错误中断:CAN 模块进入被动错误模式;
- 警告级别中断:一个或两个错误计数器都大于或等于 96;
- 时间戳计数器溢出中断(只适用于 eCAN):时间戳计数器发生溢出。

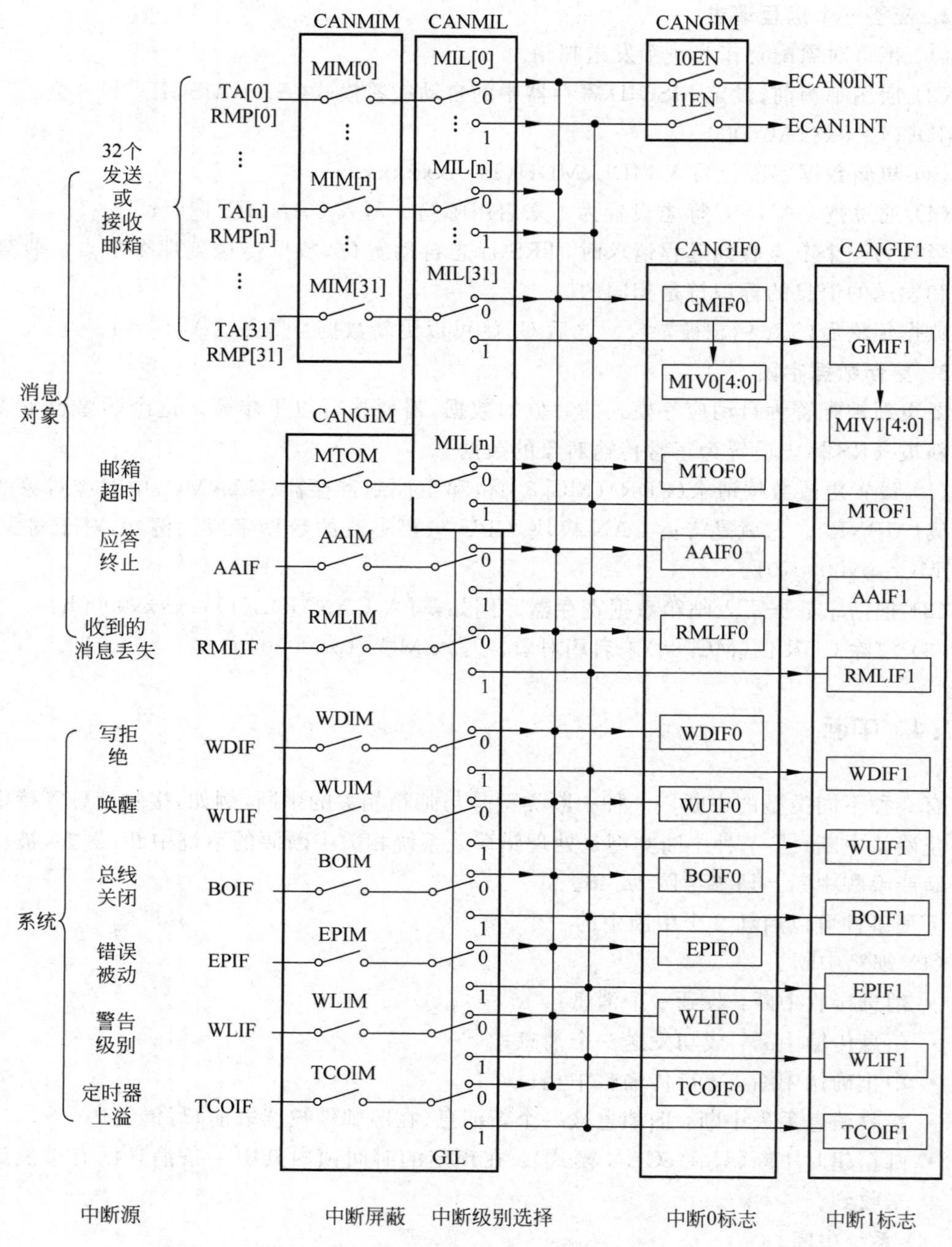

图 15-43　中断方案

1. 中断方案

中断方案如图 15-43 所示。如果发生相应的中断状况，则中断标志被置位。系统中断标志的置位取决于 GIL(CANGIM[2])的设置。如果被置位，全局中断对在 CANGIF1 寄存器中的位进行置位，否则，在 CANGIF0 寄存器中进行置位。

根据与产生中断的邮箱相对应的 MIL[n]位的设置，对 GMIF0/GMIF1（CANGIF0

[15]/CANGIF1[15])位进行置位。如果 MIL[n]位被置位，相应邮箱中断标志 MIF[N]设置 CANGIF1 寄存器中的 GMIF1 标志，否则，它设置 GMIF0 标志。

如果所有的中断标志被清零并且一个新的中断标志就被置位，相应的中断屏蔽位被置位，则 CAN 模块中断输出线路(ECAN0INT 或 ECAN1INT)被激活。中断线路持续保持有效直到由 CPU 在相应位写 1 来清除中断标志。

必须通过在 CANTA 寄存器或 CANRMP 寄存器(取决于邮箱配置)的相应位上写入 1 来清除 GMIF0(CANGIF0[15])或者 GMIF1(CANGIF0[15])位，且不能在 CANGIF0/CANGIF1 寄存器中清除。

在清除一个或多个中断标志后，一个或多个中断标志仍然等待，就会产生新的中断。通过写 1 到相应位的位置来清除中断标志。如果 GMIF0 或者 GMIF1 位被置位，邮箱中断矢量 MIV0(CANGIF0[4：0])或 MIV1(CANGIF1[4：0])会表明引起 GMIF0/GMIF1 设置的邮箱号码。它总是显示分配给中断线路的最高邮箱中断矢量。

2. 邮箱中断

eCAN 的 32 个邮箱或 SCC 的 16 个邮箱中的每个邮箱都可以在两个中断输出线路 1 或 0 中的任一个上启动一个中断。这些中断可以根据邮箱配置为接收或传输中断。

有一个中断屏蔽位(MIM[n])和一个每个邮箱专用的中断级别(MIL[n])。若要在接收/发送事件上产生邮箱中断，必须设置 MIM 位。如果在接收邮箱收到一个 CAN 消息(RMP[n]=1)或由发送邮箱发送一个 CAN 消息(TA[n]=1)，则将一个中断置为有效。如果一个邮箱被配置为远程请求邮箱(CANMD[n]=1，MSGCTRL. RTR=1)，在接收到应答帧后，发生中断。应答帧传输成功后(CANMD[N]=0，MSGID. AAM=1)，一个远程应答邮箱产生中断。

如果相应的中断屏蔽位被置位，RMP[n]位或 TA[n]位的设置也将设定 GMIF0/GMIF1 寄存器内的 GMIF0/GMIF1(GIF0[15]/GIF1[15])标志。然后 GMIF0/GMIF1 标志产生一个中断，相应的邮箱矢量(即信箱号码)就可以从 GIF0/GIF1 寄存器中的 MIV0/MIV1 位字段中读取。如果多个邮箱中断等待，MIV0/MIV1 的实际值反映最高优先级中断矢量。中断的产生取决于邮箱中断级别(MIL)寄存器的设置。

在一个发送邮件被 TRR[n]位中止时，GIF0/GIF1 寄存器的中止确认标志(AA[n])和中止确认中断标志(AAIF)被置位。如果 GIM 寄存器中的屏蔽位 AAIM 被置位，一个中断在传输中止时被置为有效。清除 AA[n]标志会清除 AAIF0/AAIF1 标志。

通过设置 GIF0/GIF1 寄存器中的接收消息丢失标志 RML[n]和接收消息丢失中断标志 RMLIF0/RMLIF1 来通知一个丢失接收消息。如果一个中断应在丢失接收消息事件时发生，GIM 寄存器中的接收消息丢失中断屏蔽位(RMLIM)必须被置位。清除 RML[n]标志不会复位 RMLIF0/RMLIF1 标志。必须单独清除中断标志。

eCAN 的每个信箱(只在 eCAN 模式)被链接到一个消息对象——超时寄存器(MOTO)。如果超时事件发生(TOS[n]=1)，并且 CANGIM 寄存器中的邮箱超时中断屏蔽位(MTOM)被置位，则信箱超时中断被置为两个中断线路中的一个。按照相关邮箱的邮箱中断级别(MIL[n])选择邮箱超时中断的中断线路。

3. 中断处理

通过将两个中断线路中的一个置为有效，则 CPU 被中断。在中断处理后，一般也应清除中断源，中断标志必须由 CPU 清除。要做到这一点，中断标志必须清除寄存器 CANGIF0 或 CANGIF1 中的中断标志，通常通过向中断标志中写一个 1 来完成。在表 15-39 中也列出了一些例外情况。如果没有其他中断等待，这些例外情况也释放了中断线路。

表 15-39 eCAN 的中断置位/清除

中断标志	中断条件	GIF0/GIF1	清除机制
WLIFn	一个或两个错误计数器都≥96	GIL 位	通过写入一个 1 来清除
EPIFn	CAN 模块已进入“错误被动”模式	GIL 位	通过写入一个 1 来清除
BOIFn	CAN 模块已进入“总线关闭”模式	GIL 位	通过写入一个 1 来清除
RMLIFn	一个溢出状况已经发生在接收邮箱中的一个	GIL 位	通过清除 RMPn 设置清除位
WUIFn	CAN 模块已经离开了本地断电模式	GIL 位	通过写入一个 1 来清除
WDIFn	一个到邮箱的写入访问被拒绝	GIL 位	通过写入一个 1 来清除
AAIFn	一个传输请求被中止	GIL 位	通过清除 AAn 位来清除
GMIFn	成功进行数据传输的邮箱中的一个	MIL[n]位	通过在 CANTA 或 CANRMP 寄存器中的适当位写入 1 来清除
TCOFn	TSC 的最高有效位(MSB)从 0 改为 1	GIL 位	通过写入一个 1 来清除
MTOFn	其中一个邮箱未能在特定时间内完成发送/接收	MIL[n]位	通过清除指定时间帧内的 TOS[n]位来清除

注：(1) 中断标志，这是适用于 CANGIF0/CANGIF1 寄存器的中断标志位的名称。

(2) 中断条件，此列说明了引起中断被置为有效的条件。

(3) GIF0/GIF1 说明可以在 CANGIF0 或 CANGIF1 寄存器中设置中断标志位。这是由 CANGIM 寄存器的 GIL 位或 CANMIL 寄存器的 MIL[n]位确定的。此列说明了一个特定的中断是取决于 GIL 位还是 MIL[n]位。

(4) 清除机制，此列说明了如何可以清除一个标志位。一些位通过写入一个 1 来清除，还可以通过控制 CAN 控制寄存器中的一些位来清除其他位。

1) 中断处理配置

为了配置中断处理，邮箱中断优先级寄存器(CANMIL)、邮箱中断屏蔽寄存器(CANMIM)和全局中断屏蔽寄存器(CANGIM)都需要进行配置。配置步骤如下所述：

(1) 写入 CANMIL 寄存器，这定义了将一个传输置为中断线路 0 还是 1。例如，CANMIL＝0xFFFFFFFF 设置所有邮箱中断为 1 级。

(2) 配置邮箱中断屏蔽寄存器(CANMIM)来屏蔽不会引起中断的邮箱。该寄存器可设置为 0xFFFFFFFF，这将启动所有邮箱中断。未使用的邮箱无论如何不会引起任何中断。

(3) 现在配置 CANGIM 寄存器。标志 AAIM、WDIM、WUIM、BOIM、EPIM 和 WLIM (GIM[14：9])应一直被设置(启用这些中断)。此外，GIL(GIM[2])位可被设置为具有邮箱中断级别之外的全局中断。I1EN(GIM[1])和 I0EN(GIM[0])标志都应被设置以启动两条中断线路。标志 RMLIM(GIM[11])也可以根据 CPU 的负载设置。

这种配置将所有邮箱中断放置在线路 1 上，将所有系统中断放置在线路 0。因此，CPU 可以处理所有具有高优先级的系统中断(一直为重要中断)和具有较低优先级的邮箱中断(在其他线路上)。所有具有高优先级的消息也可以定向到中断线路 0。

2）邮箱中断处理

CPU 通过寄存器标志位来检查邮箱中断。GMIF0/GMIF1：已经接收或传输一个消息的对象中的一个。邮箱编号在 MIV0/MIV1(GIF0[4:0]/GIF1[4:0])中。正常的处理例程如下。

(1) 在引起中断的 GIF 寄存器上进行半字读取。如果该值为负，一个邮箱引起中断，检查 AAIF0/AAIF1(GIF0[14]/GIF1[14])位(中止确认中断标志)或 RMLIF0/RMLIF1(GIF0[11]/GIF1[11])位(接收消息丢失中断标志)；否则，发生一个系统中断。在这种情况下，每个系统中断标志都必须被检查。

(2) 如果 RMLIF(GIF0[11])标志引起了中断，则其中一个邮箱里的消息已经被新消息写覆盖。这不应该发生在正常操作中。CPU 通过写入 1 来清除该标志。想要找到发生中断的具体邮箱，CPU 还应检查接收消息丢失寄存器(RML)。根据应用情况，CPU 决定下一步操作。该中断和一个 GMIF0/GMIF1 中断一起发生。

(3) 如果是 AAIF(GIF.14)标志引起中断，CPU 将中止发送传输操作。CPU 应检查中止确认寄存器(AA[31:0])来找到造成中断的邮箱并在请求发生时再次发送那个消息。通过将 1 写入来清除该标志。

(4) 如果是 GMIF0/GMIF1(GIF0[15]/GIF1[15])标志造成中断，那么造成中断的邮箱编号可以从 MIV0/MIV1(GIF0/GIF1[4:0])字段读取。此矢量可被用于跳转到被处理的邮箱的位置。如果这是一个接收邮箱，CPU 应该如上所述读取数据并通过将 1 写入来清除 RMP[31:0]标志。如果这是一个发送邮箱，除非 CPU 需要发送更多数据，否则不会采取进一步操作。在这种情况下，如上所述的正常发送过程是必须的。CPU 需要通过写入一个 1 来清除发送确认位(TA[31:0])。

3）中断处理序列

为了 CPU 内核识别和处理 CAN 中断，在任何一个 CANISR 中，都必须进行以下操作。

(1) 在 CANGIF0/CANGIF1 寄存器中，最初造成中断的标志位必须清除。在这些寄存器中存在两种标志位。

① 非常相同位需要被清除。以下这些属于这一类：TCOFn、WDIFn、WUIFn、BOIFn、EPIFn 和 WLIFn。

② 第二组的位需要通过写入相关的寄存器的相应位来清除。以下这些属于这一类：MTOFn、GMIFn、AAIFn 和 RMLIFn。

- 通过清除 TOS 寄存器的相应位来清除 MTOFn 位。例如，如果由于 MTOFn 位被设置而使邮箱 27 造成了超时状态，为了清除 MTOFn 位，ISR(为超时状态做出合适的操作后)就需要清除 TOS[27]位。
- 通过清除 TA 或 RMP 寄存器的相应位来清除 GMIFn 位。例如，如果邮箱[19]已经被配置为传输邮箱并完成了传输，TA[19]被设定，转而设定 GMIFn 位。为了清除 GMIFn 位，ISR(采取适当操作后)需要清除 TA[19]位。如果邮箱 8 已被配置为一个接收邮箱并完成了接收，RMP[8]被设定，转而设定 GMIFn 位。为了清除 GMIFn 位，ISR(采取适当操作后)需要清除 RMP[8]位。
- 通过清除 AA 寄存器的相应位来清除 AAIFn 位。例如，如果由于 AAIFn 位被设置而使邮箱 13 的传输中止，ISR 就需要清除 AA[13]位来清除 AAIFn 位。

- 通过清除 RMP 寄存器的相应位来清除 RMLIFn 位。例如，如果由于 RMLIFn 位被设置而使邮箱 13 的消息被写覆盖，ISR 就需要清除 RMP[13]位来清除 RMLIFn 位。

(2) PIEACK 位相应的 CAN 模块必须写入一个 1，可以用下面的 C 语言语句完成：

```
PieCtrlRegs.PIEACK.bit.ACK9＝1;        //使能 PIE 对应的中断
```

(3) 与 CAN 模块相对应的 CPU 中断线路必须被启用，它可以用下面的 C 语言的语句完成：

```
IER|＝0x0100;          //使能 INT9
```

(4) 必须通过清除 INTM 位来全局启用 CPU 中断。

15.7.5 eCAN 断电模式

已执行本地断电模式，在这里，CAN 模块的内置时钟由 CAN 模块本身取消激活。

1. 进入和退出本地断电模式

在本地断电模式期间，CAN 模块的时钟被关闭(由 CAN 模块本身关闭)，并且只有唤醒逻辑仍然有效。其他外设继续正常运行。

通过写一个 1 到 PDR(CANMC[11])位来请求本地断电模式，以完成正在进行中的任何数据包的传输。传输完成后，状态位 PDA(CANES[3])被设置。这证实了 CAN 模块已经进入了断电模式。CANES 寄存器读取的值是 0x08(PDA 位被设定)，所有其他寄存器的读访问传送值 0x00。

当 PDR 位被清除或如果在 CAN 总线线路上检测到任何总线活动(如果已启用总线活动唤醒)，该模块离开本地断电模式。

可用 CANMC 寄存器的配置位 WUBA 启用或禁用总线活动上的自动唤醒。如果在 CAN 总线上有任何操作，模块就开始加电序列。模块一直等待直到它在 CANRX 引脚上检测到 11 个连续隐性位，之后它进入总线有效状态。

注：启动总线活动的第一个 CAN 消息不能被接收。这就意味着，在断电模式和自动唤醒模式收到的第一条消息丢失。

离开睡眠模式后，PDR 和 PDA 位被清除。CAN 错误计数器保持不变。

如果在 PDR 位被设定时模块正在传输消息，该传输继续，直至成功传输、丢失仲裁或在 CAN 总线线路上发生错误情况。然后，PDA 位被激活，这样该模块不会在 CAN 总线线路上引起错误状态。

为了执行本地断电模式，在 CAN 模块中使用了两个独立的时钟。一个时钟始终保持有效来确保断电操作(也就是说，唤醒逻辑，以及到 PDA(CANES[3])位的写和读取访问)。其他时钟的启用取决于 PDR 位的设置。

2. 进入和退出器件低功耗模式的预防措施(LPM)

在外设时钟被关闭时，28x DSP 具有两种低功耗模式：STANDBY(待机)和 HALT(暂停)。由于 CAN 模块通过网络连接到多个节点上，因此在进入和退出器件的低功耗模式前(如 STANDBY 和 HALT)，必须要小心。一个 CAN 数据包必须通过所有节点全部被接收，因此，如果在该过程的传输被中止，被中止的数据包就会违反 CAN 协议，致使所有节点产生错误帧。例如,如果一个节点退出 LPM 时在 CAN 总线上有数据流量,它可以“看到”一个被截断的数据包并用错误帧干扰总线。

在进入器件的低功耗模式前,必须考虑以下几点:

(1) CAN 模块已经完成了最后一个请求数据包的传输。

(2) CAN 模块已经向准备好进入 LPM 的 CPU 发送信号。

换言之,只有使 CAN 模块进入本地断电模式,器件才能进入低功耗模式。

3. 启用或禁用到 CAN 模块的时钟

CAN 模块不能使用,除非到该模块的时钟处于启用状态。通过使用 PCLKCR 寄存器的位 14 来启用或禁用。此位对从不使用 CAN 模块的应用程序有用。在此类应用中,CAN 模块的时钟可以永久关闭,从而节省一些电能。这个位的用途不是为了把 CAN 模块置于低功耗模式,并且也不应被用于此目的。与其他所有外设相似,到 CAN 模块的时钟在复位时被禁用。

4. CAN 控制器模块的外部可能故障模式

以下列出了一些在基于 CAN 的系统中的潜在故障模式。列出的故障模式在 CAN 控制器之外,因此需要在系统级别上对其进行评估。

(1) CAN_H 和 CAN_L 短接。

(2) CAN_H 和/或 CAN_L 短接至地。

(3) CAN_H 和/或 CAN_L 短接至电源。

(4) 故障 CAN 收发器。

(5) 对 CAN 总线的电气干扰。

15.8 应用实例

【例 15-3】 从 A 到 B 的传输。

```
#include "DSP28x_Project.h"                  //项目必需的头文件
#define TXCOUNT  100                          //传输需要的 TXCOUNT 时间
//全局变量
long      i;
long      loopcount = 0;
void main()
{
/* 定义 CAN 控制寄存器的映射寄存器,对这些寄存器的访问只有 32 位的访问被允许,16 位的访问有可能会破坏寄存器的值,特别是向 32 位寄存器的 16~31 位中的一位写入值时会发生 */
    struct ECAN_REGS ECanaShadow;
    //系统初始化
    InitSysCtrl();
    InitECanGpio();
    DINT;
    InitPieCtrl();
    IER = 0x0000;
    IFR = 0x0000;
    InitPieVectTable();
```

```
    InitECan();
//用户代码
/* 写入 MSGID */
    ECanaMboxes.MBOX25.MSGID.all = 0x95555555;          //扩展的标识符
/* 配置被测试的邮箱为发送邮箱 */
    ECanaShadow.CANMD.all = ECanaRegs.CANMD.all;
    ECanaShadow.CANMD.bit.MD25 = 0;
    ECanaRegs.CANMD.all = ECanaShadow.CANMD.all;
/* 使能被测试的邮箱 */
    ECanaShadow.CANME.all = ECanaRegs.CANME.all;
    ECanaShadow.CANME.bit.ME25 = 1;
    ECanaRegs.CANME.all = ECanaShadow.CANME.all;
/* 在主控制寄存器中写入 DLC */
    ECanaMboxes.MBOX25.MSGCTRL.bit.DLC = 8;
/* 写入邮箱的 RAM */
    ECanaMboxes.MBOX25.MDL.all = 0x55555555;
    ECanaMboxes.MBOX25.MDH.all = 0x55555555;
/* 开始传输 */
    for(i=0; i < TXCOUNT; i++)
    {
        ECanaShadow.CANTRS.all = 0;
        ECanaShadow.CANTRS.bit.TRS25 = 1;               //为被测试的邮箱设置 TRS
        ECanaRegs.CANTRS.all = ECanaShadow.CANTRS.all;
        do
     {
     ECanaShadow.CANTA.all = ECanaRegs.CANTA.all;
     } while(ECanaShadow.CANTA.bit.TA25 == 0 );         //等待 TA5 位被置位
        ECanaShadow.CANTA.all = 0;
        ECanaShadow.CANTA.bit.TA25 = 1;                 //清除 TA5
        ECanaRegs.CANTA.all = ECanaShadow.CANTA.all;
        loopcount ++;
    }
     asm(" ESTOP0");                                    //结束
}
```

15.9 习题

1. 查找资料，总结 CAN 总线的应用领域。
2. 描述 CAN 总线数据帧的格式。
3. eCAN 模块有哪些中断源？
4. 用自己的话描述 eCAN 的初始化序列。
5. 画出配置 eCAN 的流程图。

第16章

交流调速中常用算法及其DSP实现

20世纪上半叶,由于直流电机具有优越的调速性能,高性能可调速拖动系统都采用直流电机,而约占电力拖动总容量80%的不变速拖动系统则采用交流电机,这种分工在一段时期内已成为全世界公认的格局。虽然交流系统的调速方案早已问世,并获得了一定规模的应用,但在调速性能上始终无法与直流调速系统相匹配。直到20世纪60年代以后,随着功率半导体技术的不断发展,以电力电子变换器为核心的交流拖动系统开始问世,接着出现的交流电机矢量控制理论更为高性能交流调速系统提供了理论基础。伴随着大规模集成电路和计算机控制技术的出现,高性能交流调速系统也逐渐普及开来,打破了交、直流电机在拖动领域里的分工。目前交流调速系统已广泛应用于数控机床、风机、泵类等设备的动力源,并在节能减排、提高设备自动化方面起到了良好的作用。

本章将详细介绍交流电机变频调速原理,并对交流电机矢量控制系统中的典型环节(如坐标变换、电压空间矢量PWM、PID调节器等)给出具体的实现方法。

16.1 交流电机变频调速原理

16.1.1 变压变频调速基本原理

同步电机与异步电机的变频调速原理基本相同,本节以异步电机的变频调速系统进行介绍。交流异步电机转速公式如下:

$$n=\frac{60f}{p}(1-s) \tag{16-1}$$

式中,n为电机转速,单位为r/min;p为电机极对数;f为电源频率;s为转差率。

通过改变电源频率f来实现电机转速的调节具有调速范围宽、方便实现等优点,即所谓的变频调速系统。在对交流电机调速时,需要考虑的一个重要因素就是希望保持电机每极磁通量Φ_m维持在额定值。磁通太小时没有充分利用电机铁芯,是一种浪费,如果磁通太大会使铁芯饱和,从而消耗过大的励磁电流,引起绕组发热。在直流电机中,励磁系统与电枢是独立的,只要对电枢绕组进行适当的补偿,很容易保持磁通不变,但在交流电机中,维持磁通恒定却不是件容易的事。

根据电机学理论，交流异步电机定子绕组的感应电动势是定子绕组切割旋转磁场磁力线产生的，其有效值计算公式如下：

$$E_g = 4.44 N_s k_{ns} f \Phi_m \tag{16-2}$$

式中，E_g为气隙磁通在定子每相绕组中感应电动势的有效值；N_s为定子每相绕组串联的匝数；k_{ns}为定子的基波绕组系数；Φ_m为每极气隙磁通量，单位为Wb。

在式(16-2)中，N_s与k_{ns}都是与电机设计有关的参数，为固定值。要维持磁通不变，需要对E_g与f加以控制。

电机定子侧所要满足的电源电压平衡方程为：

$$\boldsymbol{U} = \boldsymbol{E}_g + \boldsymbol{I}(r + jx) \tag{16-3}$$

该式表示加在电机定子绕组上的电源电压$\boldsymbol{U}$，一部分用来抵抗感应电动势，另一部分消耗在阻抗上。其中，定子电流$\boldsymbol{I}$包含励磁分量$\boldsymbol{I}_f$与转矩分量$\boldsymbol{I}_t$，$\boldsymbol{I}_f$主要用来产生主磁通Φ_m，而转矩分量$\boldsymbol{I}_t$主要与负载的运动状态有关。当电机定子侧电动势较高时，可忽略定子绕组漏阻抗产生的压降，而认定定子相电压$\boldsymbol{U} \approx \boldsymbol{E}_g$，即：

$$U \approx 4.44 N_s k_{ns} f \Phi_m \tag{16-4}$$

通过改变电源频率f来调节电机转速时，需要考虑基频以下调速和基频以上调速两种情况，先分别加以说明。

1. 基频以下调速

在基频以下调速时，即电源频率小于额定频率f_N时，由式(16-2)可知，要保持磁通Φ_m不变，需要同时改变E_g，两者应满足如下关系：

$$\frac{E_g}{f} = 常数 \tag{16-5}$$

即通过保持电动势与电源频率的比值不变，来将气隙磁通维持在稳定值。

在实际控制系统中，定子绕组的感应电动势是难以直接测量和控制的，但通过以上分析可知，在电动势较高时，认定$\boldsymbol{U} \approx \boldsymbol{E}_g$。在实际控制系统中，通常使用如下控制方法：

$$\frac{U}{f} = 常数 \tag{16-6}$$

这就是通常所说的恒压频比控制。

需要注意的是，当电源频率比较低时，电源电压U和感应电动势E_g都比较小，定子漏阻抗所产生的压降在式(16-3)中所占的比例比较显著，此时不能忽略。如果此时继续按式(16-6)进行调节，将导致气隙磁通下降，影响电机的机械特性。实际使用中，在低频段可将定子电源电压U增大一些，以补偿定子压降，如图16-1所示。

图16-1中，b为带定子电压补偿时的变化特性，a为无补偿时的变化特性。

图16-2给出了异步电机恒压频比控制时的机械特性，其中ω_1频率下未使用定子电压补偿策略，ω_2频率下使用了定子电压补偿策略。从图16-2可以看到，当电机在基频以下调速时，曲线近似平行地下降，这说明减速后的电机仍保持原来较硬的机械特性，即具有恒转矩输出特性。但未做定子电压补偿时，最大转矩却随着电机转速的下降而减小，造成电机带载能力下降。低频时，若补偿适当，可维持最大转矩不变。

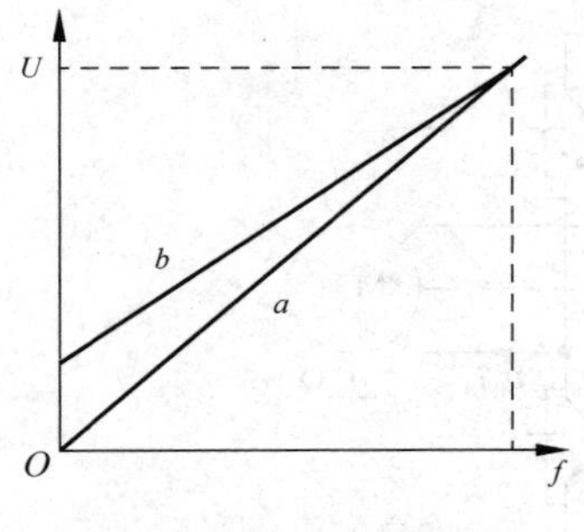

图 16-1 恒压频比控制图

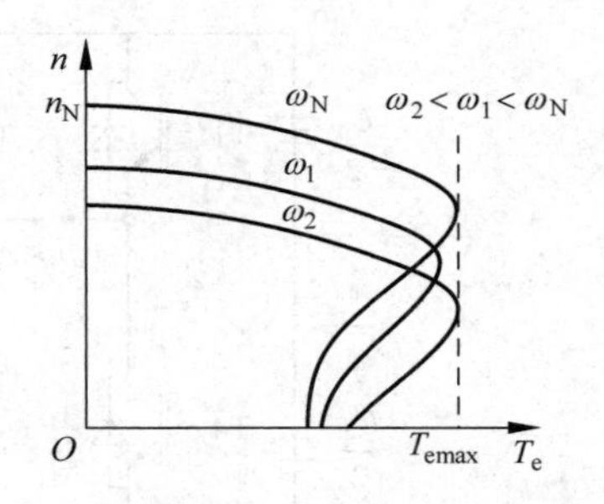

图 16-2 恒压频比控制时异步电机机械特性

2. 基频以上调速

交流电机基频以上调速不属于变压变频调速的范畴，因为如果频率升高到额定频率 f_N 以上，若仍按照恒压频比控制策略，需要将定子电压升高到额定电压以上，而这是不允许的。如果将定子电压维持在额定电压，而频率升高到额定频率以上，将迫使磁通与频率成反比地下降，相当于弱磁升速的情况。

在基频以下，磁通恒定时转矩也恒定，属于"恒转矩调速"性质，而在基频以上，转速升高时转矩降低，属于"恒功率调速"性质。

16.1.2 变压变频调速中的脉宽调制技术

交流电机变压变频调速系统需要具备频率与幅值同时可调的交流电源，但电网电源的频率与幅值都是固定的，所以需要变压变频器，即通常所说的 VVVF（Variable Voltage Variable Frequency）装置。早期的 VVVF 装置比较复杂，但随着电力电子技术的不断发展，以电力电子器件为核心的变压变频装置得到了广泛的应用，这类装置即通常所说的静止式变压变频器。从整体结构上来看，静止式变压变频器主要分为两大类："交—直—交"变压变频器与"交—交"变频器。"交—交"变频器常使用半控型器件，具有输入功率因数较低、谐波含量大、频谱复杂的特点，且最高输出频率不能超过电网频率的 1/2，一般主要用于轧机传动、球磨机等大容量、低转速的调速系统。"交—直—交"变频器常使用全控型器件，具有控制方便、谐波输出含量小等特点，现已得到广泛的应用，本书所介绍的变压变频调速系统都是基于电压源式"交—直—交"拓扑结构的。图 16-3 给出了两电平结构的电压源式"交—直—交"变压变频器的拓扑。

自基于脉宽调制（PWM）控制技术的变压变频器在 20 世纪 80 年代出现以后，由于其优良的性能，当今国内外生产的变压变频器都已使用这种技术。常用的 PWM 技术主要有正弦波脉宽调制（SPWM）技术和电压空间矢量脉宽调制（SVPWM）技术。

1. SPWM 技术

SPWM 技术是以正弦波作为变压变频器输出的期望波，用频率比期望波高得多的等腰三角波作为载波，并用频率和期望波相同的正弦波作为调制波，当调制波与载波相交时，它们的交点决定了逆变器的开关时刻，从而获得在正弦调制波的半个周期呈两边窄中间宽的一系列等幅不等宽的矩形波，此脉冲序列的基波即为期望的正弦波。SPWM 技术有单极性调制与双极性调制两种。如果在正弦调制波的半个周期内，三角载波只在正或负的一种极

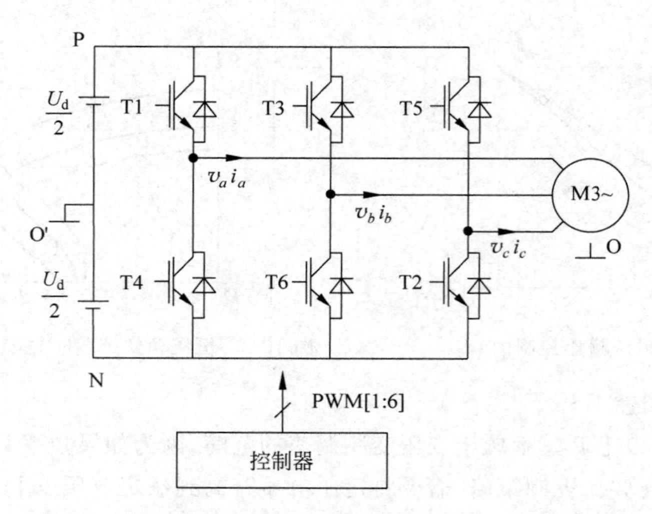

图 16-3　两电平电压源式“交—直—交”变压变频器

性内变化，所得到的 PWM 也在一个极性范围内，即单极性调制。如果在正弦波调制半个周期内，三角载波在正负极性之间连续变化，则输出的 PWM 脉冲也在正负之间进行变化，即双极性控制方式。图 16-4 给出了双极性调制下的三相桥式逆变器的输出波形。

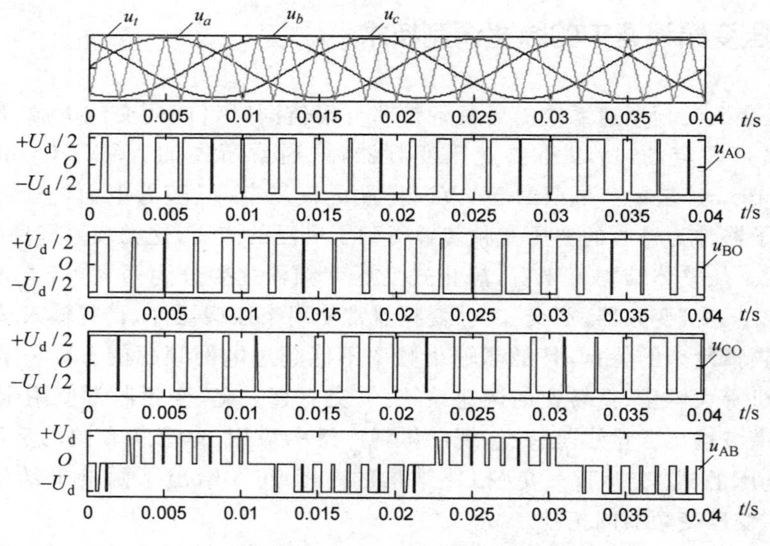

图 16-4　SPWM 双极性调制下逆变器输出波形

2. SVPWM 技术

传统 SPWM 技术的控制目的是使变频器输出脉冲的基波波形尽量接近正弦波，然而在交流调速系统中，使用变压变频电源的目的是在电机空间形成幅值稳定的圆形旋转磁场，从而产生恒定的电磁转矩。如果将变频器与电机看成一个整体，以跟踪圆形旋转磁场为目的来控制变频器工作，这种方法即通常所说的磁链跟踪控制，由于磁链轨迹的跟踪是通过控制不同的电压空间矢量实现的，所以又称为电压空间矢量 PWM 控制。SVPWM 控制的具体原理及 DSP 实现方法将在 16.3 节介绍。

16.1.3 交流电机矢量控制系统

无论是交流异步电机还是交流同步电机，其动态数学模型都是一个高阶、非线性、强耦合的多变量系统，通过坐标变换可使模型降阶并简化。矢量控制系统的核心是对三相定子电流进行坐标变换，从而可以将其等效为直流电机，对励磁电流分量与转矩电流分量分别控制，再经过相应的反变换，就能控制交流电机了。矢量控制系统的基本原理如图16-5所示。

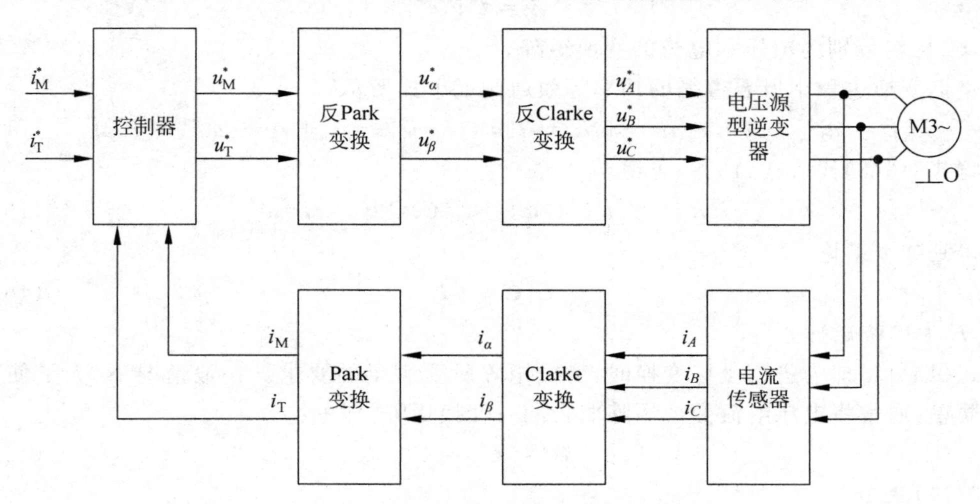

图16-5 矢量控制系统基本原理框图

电流给定信号为旋转坐标系上的两个垂直而独立的量 i_M^*、i_T^*，通过电流传感器采集的实际电流 i_A、i_B、i_C，经过Clark变化与Park变化得到旋转坐标系(MT坐标系)上的等效电流 i_M、i_T，给定量与反馈量通过调节器，输出MT轴上的给定电压信号 u_M^*、u_T^*，u_M^*、u_T^*，经过反Park得到两相静止坐标系上的给定值 u_α^*、u_β^*，再经过反Clark变化得到三相静止坐标系上的给定信号 u_A^*、u_B^*、u_C^*。u_α^*、u_β^* 或 u_A^*、u_B^*、u_C^* 可用于控制电压源型变压变频器，输出基波幅值与频率可调的交流电压。

16.2 坐标变换原理及实现

本节将给出矢量控制系统中常用的Clark与Park变换的基本原理，并给出基于TMS320F28335的实现方法。

16.2.1 坐标变换时的功率不变原则

假设在某坐标系下电机各绕组的电压和电流向量分别为 $\boldsymbol{u}$ 和 $\boldsymbol{i}$，在新坐标系下，电压电流向量为 $\boldsymbol{u}'$ 和 $\boldsymbol{i}'$，其中它们的定义如下：

$$\begin{cases} \boldsymbol{u} = [u_1, u_2, \cdots, u_n]^{\mathrm{T}} \\ \boldsymbol{i} = [i_1, i_2, \cdots, i_n]^{\mathrm{T}} \\ \boldsymbol{u}' = [u'_1, u'_2, \cdots, u'_n]^{\mathrm{T}} \\ \boldsymbol{i}' = [i'_1, i'_2, \cdots, i'_n]^{\mathrm{T}} \end{cases} \tag{16-7}$$

假设新坐标系与原坐标系下的变量存在如下关系：

$$\begin{cases} \boldsymbol{u} = \boldsymbol{C}_u \boldsymbol{u}' \\ \boldsymbol{i} = \boldsymbol{C}_i \boldsymbol{i}' \end{cases} \tag{16-8}$$

式中，$\boldsymbol{C}_u$与$\boldsymbol{C}_i$分别为电压和电流的变换矩阵。

坐标变换过程中所要遵循的功率等效原则如下式所示：

$$p = u_1 i_1 + u_2 i_2 + \cdots + u_n i_n = \boldsymbol{i}^{\mathrm{T}} \boldsymbol{u} = u'_1 i'_1 + u'_2 i'_2 + \cdots + u'_n i'_n = \boldsymbol{i}'^{\mathrm{T}} \boldsymbol{u}' \tag{16-9}$$

将式(16-8)代入式(16-9)可得：

$$\boldsymbol{i}^{\mathrm{T}} \boldsymbol{u} = (\boldsymbol{C}_i \boldsymbol{i}')^{\mathrm{T}} \boldsymbol{C}_u \boldsymbol{u}' = \boldsymbol{i}'^{\mathrm{T}} \boldsymbol{C}_i^{\mathrm{T}} \boldsymbol{C}_u \boldsymbol{u}' = \boldsymbol{i}'^{\mathrm{T}} \boldsymbol{u}' \tag{16-10}$$

可以得到如下结论：

$$\boldsymbol{C}_i^{\mathrm{T}} \boldsymbol{C}_u = \boldsymbol{E} \tag{16-11}$$

式中，$\boldsymbol{E}$为单位矩阵。

式(16-11)即为进行坐标变换时，变换矩阵所要满足的要求。一般情况下，为了使变换矩阵简单，通常将电压电流变换矩阵取为同一变换矩阵，即令：

$$\boldsymbol{C}_i^{\mathrm{T}} = \boldsymbol{C}_u = \boldsymbol{C} \tag{16-12}$$

式(16-11)变为：

$$\boldsymbol{C}^{\mathrm{T}} \boldsymbol{C} = \boldsymbol{E} \tag{16-13}$$

即：

$$\boldsymbol{C}^{\mathrm{T}} = \boldsymbol{C}^{-1} \tag{16-14}$$

根据以上推理得到如下结论：当电压和电流选取同样的变换矩阵时，在保证变换前后功率不变的前提下，变换矩阵的转置与其逆矩阵相等，这样的坐标变换属于正交变换。

16.2.2 Clarke 变换原理及实现

1. Clarke 变换原理

Clarke 变换即通常所说的 3/2 变换，是三相静止坐标系(ABC 坐标系)与两相静止坐标系($\alpha\beta$ 坐标系)之间的变换。为方便起见，通常将 A 轴与 α 轴重合，如图 16-6 所示。

假设三相坐标系中每相绕组的有效匝数为 N_3，两相坐标系中每相绕组的有效匝数为 N_2，则各相磁动势的大小为有效匝数与电流的乘积，其空间矢量均坐落在各自坐标轴上。当三相坐标系与两相坐标系中的磁动势相等时，任意时刻两套绕组在 α、β 轴上的投影都应相等，用数学公式描述如下：

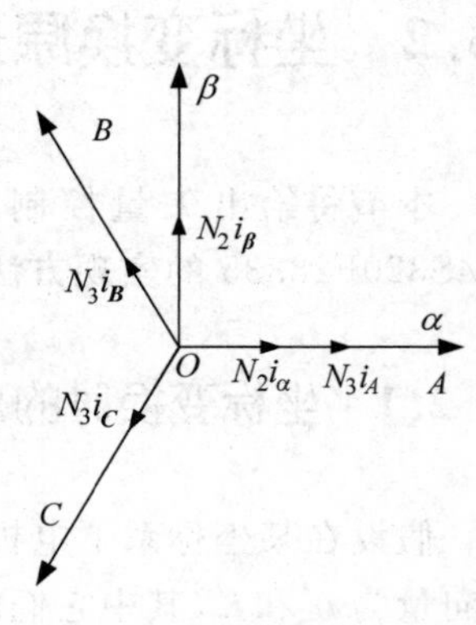

图 16-6 三相与两相坐标系

$$N_2 i_\alpha = N_3 i_A - N_3 i_B \cos 60^\circ - N_3 i_C \cos 60^\circ = N_3 \left(i_A - \frac{1}{2} i_B - \frac{1}{2} i_C \right) \tag{16-15}$$

$$N_2 i_\beta = N_3 i_B \sin 60^\circ - N_3 i_C \sin 60^\circ = \frac{\sqrt{3}}{2} N_3 (i_B - i_C) \tag{16-16}$$

将式(16-15)与式(16-16)写成矩阵形式，得：

$$\begin{bmatrix} i_\alpha \\ i_\beta \end{bmatrix} = \frac{N_3}{N_2} \begin{bmatrix} 1 & -\frac{1}{2} & -\frac{1}{2} \\ 0 & \frac{\sqrt{3}}{2} & -\frac{\sqrt{3}}{2} \end{bmatrix} \begin{bmatrix} i_A \\ i_B \\ i_C \end{bmatrix} \tag{16-17}$$

为了便于求取变换矩阵的可逆矩阵，通常将变换矩阵增广成方阵，在两相系统上增加零轴磁动势 $N_2 i_0$，并做如下定义：

$$N_2 i_0 = K N_3 (i_A + i_B + i_C) \tag{16-18}$$

把零轴电流也放入到变换矩阵中，得：

$$\begin{bmatrix} i_\alpha \\ i_\beta \\ i_0 \end{bmatrix} = \frac{N_3}{N_2} \begin{bmatrix} 1 & -\frac{1}{2} & -\frac{1}{2} \\ 0 & \frac{\sqrt{3}}{2} & -\frac{\sqrt{3}}{2} \\ K & K & K \end{bmatrix} \begin{bmatrix} i_A \\ i_B \\ i_C \end{bmatrix} = \boldsymbol{C}_{3/2} \begin{bmatrix} i_A \\ i_B \\ i_C \end{bmatrix} \tag{16-19}$$

增广后的三相坐标系到两相坐标系的变换方阵为：

$$\boldsymbol{C}_{3/2} = \frac{N_3}{N_2} \begin{bmatrix} 1 & -\frac{1}{2} & -\frac{1}{2} \\ 0 & \frac{\sqrt{3}}{2} & -\frac{\sqrt{3}}{2} \\ K & K & K \end{bmatrix} \tag{16-20}$$

根据16.2.1节介绍的功率不变条件，得：

$$\boldsymbol{C}_{3/2}^{-1} = \boldsymbol{C}_{3/2}^{\mathrm{T}} = \frac{N_3}{N_2} \begin{bmatrix} 1 & 0 & K \\ -\frac{1}{2} & \frac{\sqrt{3}}{2} & K \\ -\frac{1}{2} & -\frac{\sqrt{3}}{2} & K \end{bmatrix} \tag{16-21}$$

式(16-20)与式(16-21)两矩阵之积为单位阵，即：

$$\boldsymbol{C}_{3/2} \boldsymbol{C}_{3/2}^{-1} = \boldsymbol{C}_{3/2}^{\mathrm{T}} = \frac{3}{2} \left(\frac{N_3}{N_2} \right)^2 \begin{bmatrix} 1 & 0 & 0 \\ 0 & 1 & 0 \\ 0 & 0 & 2K^2 \end{bmatrix} = \boldsymbol{E} \tag{16-22}$$

根据式(16-22)，可得：

$$\begin{cases} \dfrac{N_3}{N_2} = \sqrt{\dfrac{2}{3}} \\ K = \dfrac{1}{\sqrt{2}} \end{cases} \tag{16-23}$$

将式(16-23)代入式(16-20)，得到三相/两相变换方阵为：

$$C_{3/2}=\sqrt{\frac{2}{3}}\begin{bmatrix}1 & -\frac{1}{2} & -\frac{1}{2}\\ 0 & \frac{\sqrt{3}}{2} & -\frac{\sqrt{3}}{2}\\ \frac{1}{\sqrt{2}} & \frac{1}{\sqrt{2}} & \frac{1}{\sqrt{2}}\end{bmatrix}\tag{16-24}$$

反之，对式(16-24)中方阵进行反变换，即可得到从两相坐标系到三相坐标系的变换矩阵：

$$C_{2/3}=C_{3/2}^{-1}=\sqrt{\frac{2}{3}}\begin{bmatrix}1 & 0 & \frac{1}{\sqrt{2}}\\ -\frac{1}{2} & \frac{\sqrt{3}}{2} & \frac{1}{\sqrt{2}}\\ -\frac{1}{2} & -\frac{\sqrt{3}}{2} & \frac{1}{\sqrt{2}}\end{bmatrix}\tag{16-25}$$

实际使用中，由于零轴电流 i_0 无实际意义，所以通常将 3/2 变换矩阵中的最后一行去掉，将 2/3 变换矩阵中的最后一列去掉，得：

$$\begin{bmatrix}i_\alpha\\ i_\beta\end{bmatrix}=\sqrt{\frac{2}{3}}\begin{bmatrix}1 & -\frac{1}{2} & -\frac{1}{2}\\ 0 & \frac{\sqrt{3}}{2} & -\frac{\sqrt{3}}{2}\end{bmatrix}\begin{bmatrix}i_A\\ i_B\\ i_C\end{bmatrix}\tag{16-26}$$

$$\begin{bmatrix}i_A\\ i_B\\ i_C\end{bmatrix}=\sqrt{\frac{2}{3}}\begin{bmatrix}1 & 0\\ -\frac{1}{2} & \frac{\sqrt{3}}{2}\\ -\frac{1}{2} & -\frac{\sqrt{3}}{2}\end{bmatrix}\begin{bmatrix}i_\alpha\\ i_\beta\end{bmatrix}\tag{16-27}$$

如果三相绕组是 Y 形连接且不带中线，则 $i_A+i_B+i_C=0$，即 $i_C=-i_A-i_B$，代入式(16-26)与式(16-27)并整理后，得：

$$\begin{bmatrix}i_\alpha\\ i_\beta\end{bmatrix}=\begin{bmatrix}\sqrt{\frac{3}{2}} & 0\\ \frac{1}{\sqrt{2}} & \sqrt{2}\end{bmatrix}\begin{bmatrix}i_A\\ i_B\end{bmatrix}\tag{16-28}$$

$$\begin{bmatrix}i_A\\ i_B\end{bmatrix}=\begin{bmatrix}\sqrt{\frac{2}{3}} & 0\\ -\frac{1}{\sqrt{6}} & \frac{1}{\sqrt{2}}\end{bmatrix}\begin{bmatrix}i_\alpha\\ i_\beta\end{bmatrix}\tag{16-29}$$

根据所使用的条件，电流变化矩阵也就是电压变换矩阵，同时也是磁链变换矩阵。

2. 实现方法

TMS320F28335 具有浮点处理单元，在浮点运算方面具有很强的处理能力，并且由于变换矩阵固定不变，可将矩阵中的分数转换成小数形式，然后参与计算，以节省开根号及除法运算带来的额外运算量。

本章中所有函数都使用子函数形式，首先在.h文件中进行函数声明，然后在.c文件中进行函数的具体定义，方便主函数对其进行调用。以下给出了Clarke变换的具体程序。

程序清单16-1：Clarke变换

```
//=============================================================
//Clarke.h 文件
//=============================================================
#ifndef   CLARKE_H
#define   CLARKE_H
#include "F28335_FPU_FastRTS.h"
//-------------------------------------------------------------
//定义Clarke变换用到的结构体对象类型,在创建多个实例时,只需将变量声明为CLARKE即可
//-------------------------------------------------------------
typedef struct {float32  As;                 //输入: 三相坐标系上的A轴分量
                float32  Bs;                 //输入: 三相坐标系上的B轴分量
                float32  Cs;                 //输入: 三相坐标系上的C轴分量
                float32  Alpha;              //输出: 两相静止坐标系上的α轴分量
                float32  Beta;               //输出: 两相静止坐标系上的β轴分量
                void  (*calc)();             //函数指针: 指向计算过程
               } CLARKE;
//-------------------------------------------------------------
//声明CLARKE_handle为CLARKE指针类型
//-------------------------------------------------------------
typedef CLARKE  *CLARKE_handle;
//-------------------------------------------------------------
//定义Clarke变换过程中的初始值
//-------------------------------------------------------------
#define CLARKE_DEFAULTS {  0, 0, 0, 0, 0, \
                (void (*)(Uint32))clarke_calc }
//-------------------------------------------------------------
//函数声明
//-------------------------------------------------------------
void clarke_calc(CLARKE_handle);
#endif
//=============================================================
//End of file.
//=============================================================
//=============================================================
//Clark.c 文件
//=============================================================
#include "DSPF28335_Project.h"
#include "F28335_FPU_FastRTS.h"
#include <math.h>
#include "clarke.h"
//-------------------------------------------------------------
//函数定义
//-------------------------------------------------------------
// *********************************
```

```
/*
  @ Description:
  @ Param
  @ Return
 */
// ***********************************
void clarke_calc(CLARKE * p)
{
    p->Alpha = 1.2247448714 * p->As;                    //sqrt(3/2)=1.224 744 871 4
    p->Beta = (p->As + 2 * p->Bs) * 0.7071067812;  //1/sqrt(2) = 0.707 106 781 2
}
//=====================================================
//End of file.
//=====================================================
```

以上两个文件完成了 Clarke 变换子函数的声明与定义，以下给出在主函数中的使用，需要注意的是要将 Clarke.c 这个文件添加到工程中。

```
//=====================================================
//aMain.c 文件
//=====================================================
#include "DSPF28335_Project.h"
#include "F28335_FPU_FastRTS.h"
#include <math.h>
#include "clarke.h"                              //将 Clarke 变换的相关声明包含进来
//声明 Iabc_to_Ialphabeta 为 CLARKE 型结构体变量，并将初值 CLARK_DEFAULTS 赋给该变量
CLARKE   Iabc_to_Ialphabeta = CLARKE_DEFAULTS;
float Ia , Ib;
float X, Y;
//-----------------------------------------------------------------------
//   主函数
//-----------------------------------------------------------------------
void main()
{
 InitSysCtrl();                                  //系统初始化
  DINT;                                          //关闭全局中断
 InitPieCtrl();                                  //初始化中断控制寄存器
  IER = 0x0000;                                  //关闭 CPU 中断
  IFR = 0x0000;                                  //清除 CPU 中断信号
 InitPieVectTable();                             //初始化中断向量表
 DELAY_US(5000L);
 //将 ABC 坐标系的电流变换到 Alpha Beta 坐标系
 Iabc_to_Ialphabeta.As = Ia;                     //将采样来的电流 Ia 赋值给 Clarke 变换模块
 Iabc_to_Ialphabeta.Bs = Ib;                     //将采样来的电流 Ib 赋值给 Clarke 变换模块
 Iabc_to_Ialphabeta.calc(&Iabc_to_Ialphabeta);   //启动计算过程
 X = Iabc_to_Ialphabeta.Alpha;                   //读取计算结果
 Y = Iabc_to_Ialphabeta.Beta;                    //读取计算结果
while(1);
}
```

16.2.3 Park 变换原理及实现

1. Park 变化原理

Park 变换即通常所说的两相旋转-两相静止坐标变换。两相旋转坐标系有多种叫法，通常以磁链定向的坐标系称为 MT 坐标系，此时旋转坐标系的 M 轴定位于磁链方向上，T 轴超前 M 轴 90°；而以转子磁极位置定向的坐标系通常称之为 dq 坐标系，此时旋转坐标系的 d 轴与转子磁极的 d 轴重合，q 轴超前 d 轴 90°。无论是 MT 坐标系还是 dq 坐标系，其与 $\alpha\beta$ 坐标系之间的变化矩阵都相同，只是两坐标系之间夹角的求取方式不同。现将两相静止坐标系与两相旋转坐标系画在同一张图上，如图 16-7 所示。

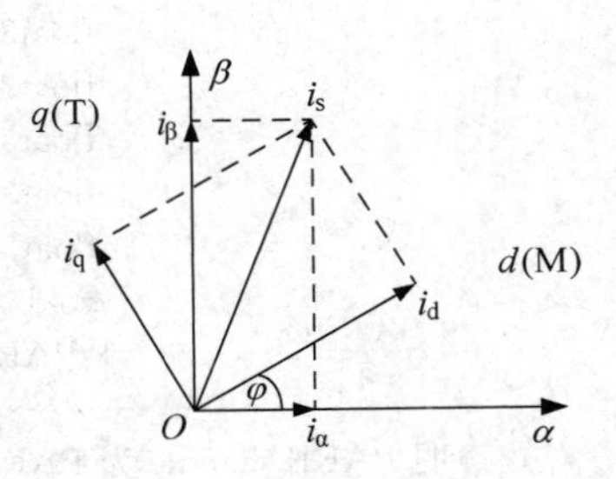

图 16-7 两相静止与两相旋转坐标系

同样以变换前后的磁动势不变为原则进行分析，并考虑到变换前后各相绕组匝数相同，可得如下关系：

$$\begin{cases} i_\alpha = i_d\cos\varphi - i_q\sin\varphi \\ i_\beta = i_d\sin\varphi + i_q\cos\varphi \end{cases} \tag{16-30}$$

写成矩阵形式，得：

$$\begin{bmatrix} i_\alpha \\ i_\beta \end{bmatrix} = \begin{bmatrix} \cos\varphi & -\sin\varphi \\ \sin\varphi & \cos\varphi \end{bmatrix} \begin{bmatrix} i_d \\ i_q \end{bmatrix} = \boldsymbol{C}_{2r/2s} \begin{bmatrix} i_d \\ i_q \end{bmatrix} \tag{16-31}$$

式中，r 代表旋转坐标系；s 代表静止坐标系。

$$\boldsymbol{C}_{2r/2s} = \begin{bmatrix} \cos\varphi & -\sin\varphi \\ \sin\varphi & \cos\varphi \end{bmatrix} \tag{16-32}$$

即为两相旋转坐标系变换到两相静止坐标系的变换阵。

将式(16-31)两边都乘以变换矩阵的逆矩阵，即得：

$$\begin{bmatrix} i_d \\ i_q \end{bmatrix} = \begin{bmatrix} \cos\varphi & -\sin\varphi \\ \sin\varphi & \cos\varphi \end{bmatrix}^{-1} \begin{bmatrix} i_\alpha \\ i_\beta \end{bmatrix} = \begin{bmatrix} \cos\varphi & \sin\varphi \\ -\sin\varphi & \cos\varphi \end{bmatrix} \begin{bmatrix} i_\alpha \\ i_\beta \end{bmatrix} \tag{16-33}$$

即两相静止坐标系变换到两相旋转坐标系的变换阵为：

$$\boldsymbol{C}_{2s/2r} = \begin{bmatrix} \cos\varphi & \sin\varphi \\ -\sin\varphi & \cos\varphi \end{bmatrix} \tag{16-34}$$

电压和磁链的旋转变换矩阵与电流的相同。

2. 实现方法

使用 C 语言实现 Park 变换如程序清单 16-2 所示。

程序清单 16-2：Park 变换

```
//=====================================================
//Park.h 文件
//=====================================================
#ifndef   PARK_H
#define   PARK_H
```

```
#include "F28335_FPU_FastRTS.h"
//------------------------------------------------------------------------------
//定义Park变换用到的结构体对象类型,在创建多个实例时,只需将变量声明为PARK类型即可
//------------------------------------------------------------------------------
typedef struct {float32  Alpha;          //输入:两相静止坐标系上的α轴分量
                float32  Beta;   //输入:两相静止坐标系上的β轴分量
                float32  Cos;    //输入:两相静止坐标与两相旋转坐标之间夹角的余弦值
                float32  Sin;    //输入:两相静止坐标与两相旋转坐标之间夹角的正弦值
                float32  Ds;     //输出:两相旋转坐标系上的d轴分量
                float32  Qs;     //输出:两相旋转坐标系上的q轴分量
                void  (*calc)();  //函数指针:指向计算过程
               } PARK;
//------------------------------------------------------------------------------
//声明PARK_handle为PARK指针类型
//------------------------------------------------------------------------------
typedef PARK *PARK_handle;
//------------------------------------------------------------------------------
//定义Park变换过程中的初始值
//------------------------------------------------------------------------------
#define PARK_DEFAULTS {   0, 0, \
   0, 0, \
   0, 0, \
           (void (*)(Uint32))park_calc }
//------------------------------------------------------------------------------
//函数声明
//------------------------------------------------------------------------------
void park_calc(PARK_handle);
#endif
//========================================================================
//End of file.
//========================================================================
//========================================================================
//Park.c文件
//========================================================================
#include "DSPF28335_Project.h"
#include "F28335_FPU_FastRTS.h"
#include <math.h>
#include "park.h"
//========= 函数定义===============================
// ***********************************
/*
  @ Description:
  @ Param
  @ Return
*/
// ***********************************
void park_calc(PARK *p)
{
 p->Ds = p->Alpha * p->Cos + p->Beta * p->Sin;
 p->Qs = p->Beta  * p->Cos - p->Alpha * p->Sin;
}
```

```
//=====================================================================
//End of file.
//=====================================================================
```

Park 变换函数的使用与 Clarke 变换相似，这里不再给出具体的使用例程。对于反 Clarke 变换和反 Park 变换，可使用上述相同的方法进行编程实现，这里也不再给出。

16.3 电压空间矢量 PWM 技术的实现

SPWM 追求输出频率和幅值可调、三相对称的正弦波供电电源，其控制原则是尽可能减少输出电压中的谐波含量，这种方法虽然具有数学模型简单、容易实现等优点，但电压利用率较低。对线电压有效值为 380V 的交流三相电源进行不可控整流时，直流侧输出电压为：

$$U_{\mathrm{d}} = \sqrt{2} \times 380\mathrm{V} \tag{16-35}$$

当调制度 $M=1$ 时，逆变器输出的相电压幅值为 $U_{\mathrm{d}}/2$，则线电压的有效值为：

$$U_A = \frac{U_{\mathrm{d}}/2}{\sqrt{2}} = 190\mathrm{V} \tag{16-36}$$

由此，得到输出线电压的有效值为：

$$U_{AB} = \sqrt{3}U_A = 329\mathrm{V} \tag{16-37}$$

可见，逆变器输出线电压的最大有效值不到 380V，电压利用率只有 86.5%。对此，科学工作者又提出了 3 次谐波注入法等技术，使调制度 $M>1$ 时不会出现过调制现象。目前最流行、效果最好的变压变频 PWM 技术当属电压空间矢量 PWM(SVPWM)技术，这种方法从电机角度出发，以得到幅值稳定的圆形旋转磁场为目的进行控制。本节将对 SVPWM 技术进行详细介绍，并给出相关程序。

16.3.1 SVPWM 技术基本原理

1. 电压空间矢量与磁链空间矢量的关系

电压空间矢量 PWM 将逆变器与交流电机看成一个整体，着眼于使电机得到圆形的旋转磁场，从而产生恒定的电磁转矩。它用三相逆变器的 8 个基本电压矢量来合成期望的参考电压矢量，建立逆变器功率器件的开关状态，从而实现对交流电机的恒磁通变压变频调速。由于该控制方法将逆变器与电机看成一个整体，所得的模型简单，便于微处理器实时控制，并具有转矩脉动小、噪声低、电压利用率高等优点，因此，目前无论在开环调速系统还是闭环调速系统中均得到广泛的应用。

假设三相交流电机由理想的三相交流电供电，则有：

$$\begin{bmatrix} u_A \\ u_B \\ u_C \end{bmatrix} = \frac{\sqrt{2}U_{\mathrm{L}}}{\sqrt{3}} \begin{bmatrix} \cos(\omega t) \\ \cos(\omega t - 2\pi/3) \\ \cos(\omega t - 4\pi/3) \end{bmatrix} \tag{16-38}$$

式中，u_A、u_B和u_C分别为加在电机A、B、C三相定子绕组上的电压；U_L为电源线电压的有效值；ω为电源电压的角频率。

由于电机的三相定子绕组在空间上互差120°，假设B绕组的空间相位超前A绕组120°，C绕组的空间相位超前B绕组120°，如图16-8所示。再考虑使合成电压矢量在三相坐标系上的投影要和分矢量相等，定义电压空间矢量为：

$$\boldsymbol{u}_s = \frac{2}{3}(u_A + u_B e^{j\gamma} + u_C e^{j2\gamma}) \tag{16-39}$$

式中，$\boldsymbol{u}_s$为电压空间矢量；$\gamma=120°$。

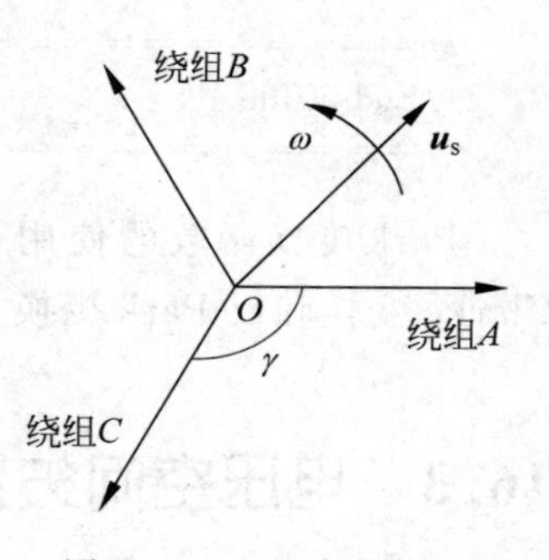

图16-8 电机定子绕组空间示意图

将式(16-38)代入式(16-39)，可得理想供电条件下的电压空间矢量：

$$\boldsymbol{u}_s = \frac{2}{3}\left(\frac{3}{2}U_m e^{j\omega t}\right) = U_m e^{j\omega t} \tag{16-40}$$

式中，$U_m = \dfrac{\sqrt{2}U_L}{\sqrt{3}}$；可见，理想条件下，合成电压空间矢量为幅值不变的圆形旋转矢量。

用合成空间矢量表示的定子电压方程式为：

$$\boldsymbol{u}_s = \boldsymbol{R}_s \boldsymbol{I}_s + \frac{d\boldsymbol{\Psi}_s}{dt} \tag{16-41}$$

式中，$\boldsymbol{u}_s$为定子三相电压合成空间矢量；$\boldsymbol{I}_s$为定子三相电流合成空间矢量；$\boldsymbol{\Psi}_s$为定子三相磁链合成空间矢量。

当电机的转速不是很低时，定子电阻压降在式(16-41)中所占的比例很小，可忽略不计，则定子合成电压与合成磁链空间矢量的近似关系为：

$$\boldsymbol{u}_s \approx \frac{d\boldsymbol{\Psi}_s}{dt} \tag{16-42}$$

或可以表示为：

$$\boldsymbol{\Psi}_s \approx \int \boldsymbol{u}_s dt \tag{16-43}$$

将式(16-40)代入式(16-43)得：

$$\boldsymbol{\Psi}_s = \psi_m e^{j(\omega t - \pi/2)} \tag{16-44}$$

式中，$\psi_m = \sqrt{\dfrac{2}{3}}\dfrac{U_L}{\omega}$，为电机磁链的幅值。

式(16-44)表明，当供电电源的压频比保持不变时，磁链幅值也保持不变，且电压空间矢量的方向为磁链圆的切线方向。当磁链矢量旋转一周时，电压矢量也旋转一周，其轨迹与磁链圆重合。这样，电机的旋转磁场轨迹问题就转化为电压空间矢量的运动轨迹问题。

2. 三相逆变器输出的基本电压空间矢量

图16-3所示的三相桥式电压源型逆变器主电路中，对于180°导电型的工作方式来说，3个桥臂的6个开关器件共可以形成8种状态。用S_A、S_B、S_C来表示3个桥臂的状态，规定1表示上桥臂开关器件导通，0表示下桥臂的开关器件导通。那么S_A、S_B、S_C的取值可以为000、100、110、010、011、001、101、111，这样就可以构成8个基本的空间矢量。基本空间矢量与桥臂状态的对应关系如表16-1所示。

表 16-1　电压空间矢量与桥臂状态对应关系

矢量标号	$S_A\ S_B\ S_C$	U_A	U_B	U_C	矢量表达式
u_0	000	0	0	0	0
u_1	100	$2/3U_d$	$-1/3U_d$	$-1/3U_d$	$2/3U_d e^{j0}$
u_2	110	$1/3U_d$	$1/3U_d$	$-2/3U_d$	$2/3U_d e^{j\pi/3}$
u_3	010	$-1/3U_d$	$2/3U_d$	$-1/3U_d$	$2/3U_d e^{j2\pi/3}$
u_4	011	$-2/3U_d$	$1/3U_d$	$1/3U_d$	$2/3U_d e^{j\pi}$
u_5	001	$-1/3U_d$	$-1/3U_d$	$2/3U_d$	$2/3U_d e^{j4\pi/3}$
u_6	101	$1/3U_d$	$-2/3U_d$	$1/3U_d$	$2/3U_d e^{j5\pi/3}$
u_7	111	0	0	0	0

注：表中U_A、U_B和U_C相电压的参考点为电机Y绕组的中性点O。

表16-1中U_A、U_B和U_C分别为逆变器的输出相电压。在111和000这两个工作状态时逆变器无电压输出，为无效的工作状态，称之为"零矢量"，于是$\boldsymbol{u}_1 \sim \boldsymbol{u}_6$这6个有效的电压空间矢量将整个空间分为6个扇区，如图16-9所示。

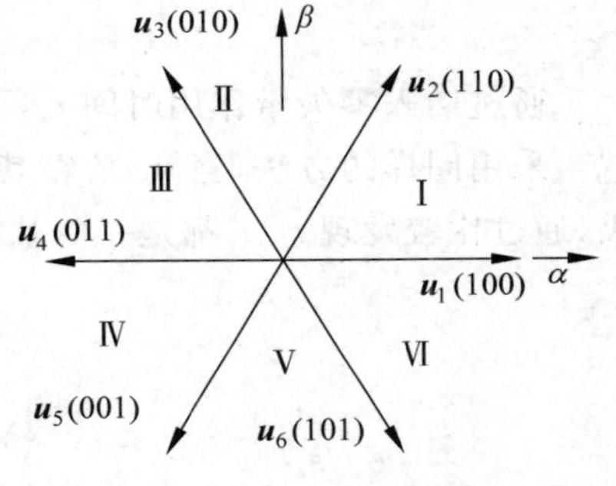

图16-9　电压空间矢量扇区示意图

3. 基本矢量作用时间计算

电机的磁链矢量可以表示为：

$$\begin{cases}\psi_i = \psi_{i-1} + \Delta\psi \\ \Delta\psi = \boldsymbol{u}_{\text{ref}} \times \Delta t\end{cases} \tag{16-45}$$

式中，ψ_i为当前磁链矢量；ψ_{i-1}为前次磁链矢量；$\Delta\psi_i$为磁链矢量的增量；$\boldsymbol{u}_{\text{ref}}$为施加的参考电压矢量；$\Delta t$为$\boldsymbol{u}_{\text{ref}}$的作用时间。

图16-10中，如果交流电机仅由常规的六拍阶梯波供电，即在一个周期内只有6个有效的电压空间矢量，每个电压矢量的作用时间为$\pi/3$，那么电机磁链矢量的轨迹呈六边形。如果要使磁链矢量逼近圆形，可以增加切换次数，设想在$\pi/3$的作用时间内，磁链的增量由图16-10中的$\Delta\psi_{11}$、$\Delta\psi_{12}$、$\Delta\psi_{13}$以及$\Delta\psi_{14}$组成。由于每段磁链增量都对应一个与其自身同相位的电压矢量，所以每段施加的参考电压空间矢量的相位各不相同，这时可以用基本电压矢量线性组合的方法获得。

以第一扇区为例，假设参考电压矢量$\boldsymbol{u}_{\text{ref}}$落在第一扇区，那么$\boldsymbol{u}_{\text{ref}}$可由$\boldsymbol{u}_1$、$\boldsymbol{u}_2$两个基本矢量来合成，如图16-11所示。以$\alpha$、$\beta$轴为基准，各矢量满足：

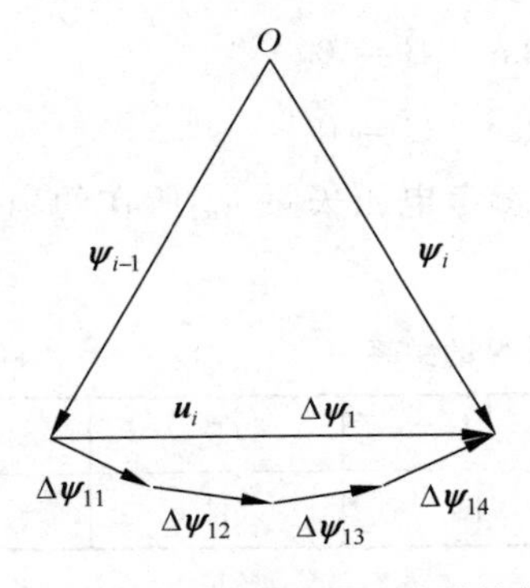

图16-10　逼近圆形时的磁链增量轨迹

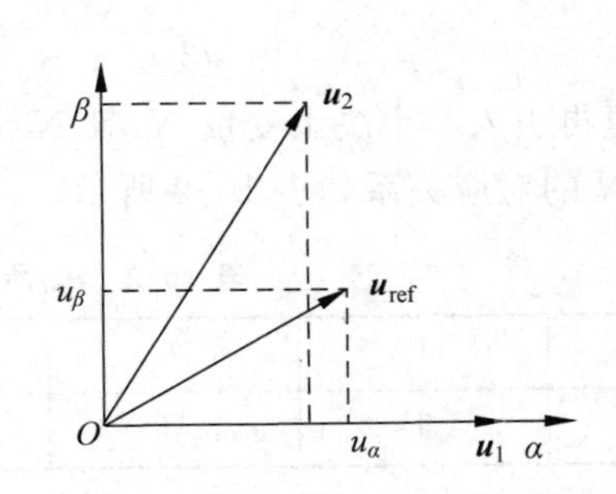

图16-11　参考电压矢量合成示意图

$$u_\alpha T_s = |\boldsymbol{u}_1| t_1 + |\boldsymbol{u}_2| t_2 \cos 60° \tag{16-46}$$

$$u_\beta T_s = |\boldsymbol{u}_2| t_2 \sin 60° \tag{16-47}$$

式中，u_α、u_β为$\boldsymbol{u}_{ref}$分别在α与β轴的分量；T_s为调制周期；t_1、t_2分别为$\boldsymbol{u}_1$、$\boldsymbol{u}_2$两个基本矢量的作用时间，默认逆时针动作方向，即$\boldsymbol{u}_1$先动作，$\boldsymbol{u}_2$后动作；$|\boldsymbol{u}_1|$、$|\boldsymbol{u}_2|$的大小为$2U_d/3$。由式(16-46)和式(16-47)可得：

$$\begin{cases} t_1 = \dfrac{\sqrt{3}\,T_s}{2U_d}(\sqrt{3}\,u_\alpha - u_\beta) \\ t_2 = \dfrac{\sqrt{3}\,u_\beta T_s}{U_d} \end{cases} \tag{16-48}$$

当逆变器输出零矢量$\boldsymbol{u}_0$和$\boldsymbol{u}_7$时，电机的定子磁链矢量是不受影响的。根据这个特点，在调制周期内插入零矢量作用时间t_0，以满足：

$$T_s = t_1 + t_2 + t_0 \tag{16-49}$$

通过插入零矢量作用时间t_0，可达到变频的目的。

采用同样的方法，当$\boldsymbol{u}_{ref}$落在其他区间的时候，也可以用相应的基本电压空间矢量来合成，通过比较发现t_1、t_2都是一些基本时间的组合。现在定义3个变量X、Y、Z，如下式所示：

$$\begin{cases} X = \dfrac{\sqrt{3}\,u_\beta}{U_d} T_s \\ Y = \dfrac{1}{2U_d}(\sqrt{3}\,u_\beta + 3u_\alpha) T_s \\ Z = \dfrac{1}{2U_d}(\sqrt{3}\,u_\beta - 3u_\alpha) T_s \end{cases} \tag{16-50}$$

这3个变量配合计算出的扇区值，就可以确定基本电压矢量的作用时间，这部分内容将在下面进行详细介绍。

4. 扇区判别

基本电压矢量将整个空间分成6个扇区，每个扇区都设定一个扇区号，如图16-9所示。只有确定参考电压矢量$\boldsymbol{u}_{ref}$所在的扇区，才能决定使用哪一组相邻的基本电压矢量。通常在矢量控制系统中，根据控制策略进行适当的坐标变换，可以给出两相静止坐标系，即$\alpha\beta$坐标系下参考电压矢量的分量u_α、u_β。在确定参考电压矢量所在扇区时，引入3个决策变量A、B、C，并做如下定义：

$$\begin{cases} u_\beta > 0 & A = 1, \text{else} \quad A = 0 \\ \sqrt{3}\,u_\alpha - u_\beta > 0 & B = 1, \text{else} \quad B = 0 \\ -\sqrt{3}\,u_\alpha - u_\beta > 0 & C = 1, \text{else} \quad C = 0 \end{cases}$$

这里再引入一个决策变量N，且$N=A+2B+4C$，参考电压矢量$\boldsymbol{u}_{ref}$所在的扇区Sector与变量N的对应关系如表16-2所示。

表16-2 $\boldsymbol{u}_{ref}$所在扇区Sector与N的关系

N	1	2	3	4	5	6
Sector	Ⅱ	Ⅵ	Ⅰ	Ⅳ	Ⅲ	Ⅴ

5. 脉冲波形选择

在参考电压矢量的合成过程中，一个调制周期内除了基本矢量作用时间 t_1、t_2 外，其余时间应由零矢量进行补充，不同的零矢量添加方式将产生不同的输出波形，但应遵循以下基本原则：使功率开关管的开关次数尽可能最少，即两个基本电压矢量之间的切换只能有一个桥臂的开关管动作。现在比较流行的有五段式与七段式 PWM 脉冲，五段式 SVPWM 具有开关损耗小、算法简单的特点，但是七段式 SVPWM 的谐波含量比五段式的低，在对电压波形的谐波含量要求比较严格的调速系统中应用更加广泛。所以本次设计采用七段式 SVPWM 调制方法。

七段式 SVPWM 通常以零矢量 $\boldsymbol{u}_0$ 开始，并以其结束，以 $\boldsymbol{u}_7$ 作为中间矢量，为了实现每次切换只有一个开关动作，就必须人为地改变基本矢量的作用顺序。以第Ⅰ区间为例，$\boldsymbol{u}_1$ 对应的开关状态为 100，而 $\boldsymbol{u}_2$ 对应的开关状态为 110，由于零矢量 $\boldsymbol{u}_0$(000)先动作，为满足开关次数最少原则，接下来首先应当动作的基本电压矢量为 $\boldsymbol{u}_1$(100)，接着切换为 $\boldsymbol{u}_2$(110)，然后再切换到零矢量 $\boldsymbol{u}_7$(111)，半个周期内的动作顺序为 $\boldsymbol{u}_0 \rightarrow \boldsymbol{u}_1 \rightarrow \boldsymbol{u}_2 \rightarrow \boldsymbol{u}_7$，而下半个周期矢量的切换顺序与前半个周期正好相反，这样就实现了整个调制周期中每次状态切换只有一个开关动作，且基本电压矢量的动作顺序为逆时针。对于第Ⅱ区间，采用同样的分析方法，为保证每次切换只有一个开关动作，前半个周期动作顺序为 $\boldsymbol{u}_0 \rightarrow \boldsymbol{u}_3 \rightarrow \boldsymbol{u}_2 \rightarrow \boldsymbol{u}_7$，于是基本矢量的动作顺序变成了顺时针方向。通过分析，当扇区数值为奇数时，两个基本矢量的动作顺序为逆时针，反之为顺时针。表 16-3 为七段式 SVPWM 基本矢量作用时间选择原则。

表 16-3　t_1、t_2 与 X、Y、Z 的对应关系表(七段式)

扇区	Ⅰ	Ⅱ	Ⅲ	Ⅳ	Ⅴ	Ⅵ
t_1	$-Z$	Z	X	$-X$	$-Y$	Y
t_2	X	Y	$-Y$	Z	$-Z$	$-X$

实际应用中当电压矢量给定值太大时会出现 $t_1 + t_2 > T_s$，此时要对上述计算出来的电压矢量的作用时间进行调整，具体方法如式(16-51)所示。

$$\begin{cases} t_1^* = \dfrac{t_1}{t_1 + t_2} T_s \\ t_2^* = \dfrac{t_2}{t_1 + t_2} T_s \end{cases} \tag{16-51}$$

由于每个调制周期内的 PWM 波被分为 7 段，零矢量的动作时间为 $t_0 = t_7 = (T_s - t_1 - t_2)/2$。这里再引入 3 个时间变量 T_a、T_b 和 T_c，并且做如下定义：

$$\begin{cases} T_a = (T_s - t_1^* - t_2^*)/4 \\ T_b = T_a + t_1^*/2 \\ T_c = T_b + t_2^*/2 \end{cases} \tag{16-52}$$

由于使用的基本矢量不同，PWM 脉冲的翻转时刻也不同，每个扇区内 PWM 波形产生模块中比较器的翻转时刻也不同，具体如表 16-4 所示。

表 16-4 每个扇区内的比较值

扇区	Ⅰ	Ⅱ	Ⅲ	Ⅳ	Ⅴ	Ⅵ
T_{CMPA}	T_a	T_b	T_c	T_c	T_b	T_a
T_{CMPB}	T_b	T_a	T_a	T_b	T_c	T_c
T_{CMPC}	T_c	T_c	T_b	T_a	T_a	T_b

以图 16-3 为例，如果开关管为高电平导通，可使用如下原则对 PWM 波形的翻转过程进行控制：

(1) 如果 $T_{CMPA} < T_{counter}$，PWM1＝1，否则 PWM1＝0。

(2) 如果 $T_{CMPB} < T_{counter}$，PWM3＝1，否则 PWM3＝0。

(3) 如果 $T_{CMPC} < T_{counter}$，PWM5＝1，否则 PWM5＝0。

注： ① PWM1、PWM3、PWM5 分别为图 16-3 中 T1、T3、T5 的控制脉冲；

② T4、T6、T2 的控制脉冲分别为 T1、T3、T5 控制脉冲取反，并添加死区时间。

现以第Ⅰ扇区为例，给出 PWM 脉冲波形，如图 16-12 所示。

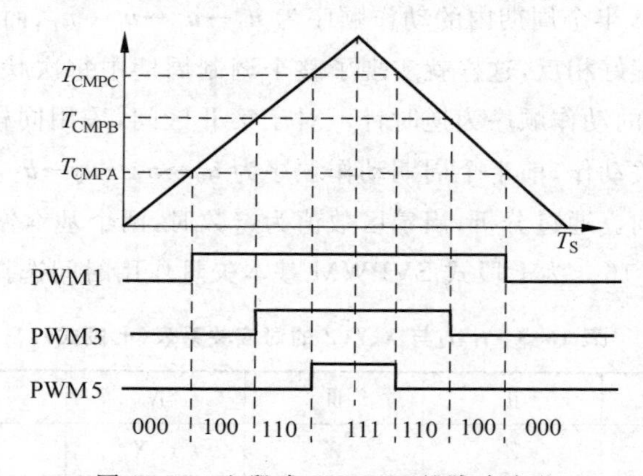

图 16-12 七段式 SVPWM 的脉冲波形

16.3.2 基于 DSP 的实现

使用 TI 公司 TMS320F28335 DSP 可方便实现电压空间矢量 PWM 控制算法，这里给出了相应的程序。但需要注意的是，这里仅仅给出了 SVPWM 的计算过程，即以下程序的最终计算结果是 T_{CMPA}、T_{CMPB} 和 T_{CMPC}，若要发出 PWM 脉冲，还要配置 ePWM 模块，这将在后续章节中介绍。

程序清单 16-3：两电平 SVPWM 算法

```
//==========================================================
//SVPWM_2L.h 文件
//==========================================================
#ifndef SVPWM_2L_H
#define SVPWM_2L_H
#include "F28335_FPU_FastRTS.h"
//----------------------------------------------------------
```

```
//定义两电平 SVPWM 算法中用到的结构体对象类型,在创建多个实例时,只需将变量声明为
//SVPWM_2L 类型即可
//----------------------------------------------------------------------------
typedef struct  {  float  Ualpha;          //输入:参考电压矢量在 α 轴上的分量 Uα
                   float  Ubeta;           //输入:参考电压矢量在 β 轴上的分量 Uβ
                   float  Vdc;             //输入:直流母线电压
                   float  T;               //输入:PWM 调制周期 Ts
                   float  Tcmpa;           //输出:A 相脉冲比较器的比较时刻 Tcmpa
                   float  Tcmpb;           //输出:B 相脉冲比较器的比较时刻 Tcmpb
                   float  Tcmpc;           //输出:C 相脉冲比较器的比较时刻 Tcmpc
                   void ( * calc)();       //函数指针:指向计算过程
                 } SVPWM_2L;
//----------------------------------------------------------------------------
//声明 SVPWM_2L_handle 为 SVPWM_2L 指针类型
//----------------------------------------------------------------------------
typedef SVPWM_2L  * SVPWM_2L_handle;
//----------------------------------------------------------------------------
//定义两电平 SVPWM 算法计算过程中的初始值
//----------------------------------------------------------------------------
#define SVPWM_2L_DEFAULTS {0, 0, 0, 1.0, \
  0.5,0.5,0.5,\
  (void ( * ) (Uint32))svpwm_2l_calc}
//----------------------------------------------------------------------------
//  函数声明
//----------------------------------------------------------------------------
void svpwm_2l_calc(SVPWM_2L_handle);
#endif
//============================================================================
//End of file.
//============================================================================
//============================================================================
//SVPWM_2L.c 文件
//============================================================================
#include "DSPF28335_Project.h"
#include "F28335_FPU_FastRTS.h"
#include <math.h>
#include " SVPWM_2L.h"
//========== 函数定义 ========================================================
// ***********************************
/*
  @ Description:
  @ Param
  @ Return
 */
// ***********************************
void svpwm_2l_calc(SVPWM_2L  * p)
{
 //定义动态局部变量
 float temp;
 float X, Y, Z, t1, t2;
 Uint16 A, B, C, N, Sector;
```

```
 float Ta, Tb, Tc;
 float K=1.73205081;                              //sqrt(3)/2 = 1.73205081
//将整个调制周期归一化处理,之后为 ePWM 模块赋值时再乘上调制周期;也可将此句屏蔽
//掉,直接计算时间
 p->T=1.0;
//先求取基本时间变量
 X= K * p->Ubeta/p->Vdc * p->T;
 Y=(K * p->Ubeta+3 * p->Ualpha)/(2 * p->Vdc) * p->T;
 Z=(K * p->Ubeta-3 * p->Ualpha)/(2 * p->Vdc) * p->T;
//扇区判别
 if(p->Ubeta>0)
   {A=1;}
 else
   {A=0;}
 if( (K * p->Ualpha - p->Ubeta)>0 )
   {B=1;}
 else
   {B=0;}
 if((-K * p->Ualpha - p->Ubeta)>0)
   {C=1;}
 else
   {C=0;}
 N=A+2 * B+4 * C;
 switch(N)
{
case 1:{Sector=2; break; }
case 2:{Sector=6; break; }
case 3:{Sector=1; break; }
case 4:{Sector=4; break; }
case 5:{Sector=3; break; }
case 6:{Sector=5; break; }
 default:{;}
 }
//根据参考电压矢量所在的扇区选择基本矢量作用时间
switch(Sector)
{
case 1: { t1=-Z; t2= X; break; }
case 2: { t1= Z; t2= Y; break; }
case 3: { t1= X; t2=-Y; break;}
case 4: { t1=-X; t2= Z; break; }
case 5: { t1=-Y; t2=-Z; break; }
case 6: { t1= Y; t2=-X; break; }
  default:{;}
}
//对过调制情况进行调整
if((t1+t2)>p->T)/
 {
  temp=t1+t2;
  t1=t1 * p->T/temp;
  t2=t2 * p->T/temp;
 }
```

```
//作用时间分配
    Ta=(p->T-t1-t2)/4;
    Tb=Ta+t1/2;
    Tc=Tb+t2/2;
  //根据扇区选择 A、B、C 三个通道的比较值
    switch(Sector)
      {
      case 1:{p->Tcmpa=Ta; p->Tcmpb=Tb; p->Tcmpc=Tc; break;}
      case 2:{ p->Tcmpa=Tb; p->Tcmpb=Ta; p->Tcmpc=Tc; break; }
      case 3:{ p->Tcmpa=Tc; p->Tcmpb=Ta; p->Tcmpc=Tb; break; }
      case 4:{ p->Tcmpa=Tc; p->Tcmpb=Tb; p->Tcmpc=Ta; break; }
      case 5:{ p->Tcmpa=Tb; p->Tcmpb=Tc; p->Tcmpc=Ta; break; }
      case 6:{ p->Tcmpa=Ta; p->Tcmpb=Tc; p->Tcmpc=Tb; break; }
        default:{;}
      }
  }
  //==========================================
  //End of file.
  //==========================================
```

在交流电机矢量控制系统中，将 SVPWM_2L.c 文件加到工程中，并通过如下几段程序可完成一次 SVPWM 控制子程序的例化与调用：

```
//-----------------------------------------------------------------------
#include "SVPWM_2L.h"                    //将 SVPWM_2L 算法的相关声明包含到本文件中
//声明 Svpwm 为 SVPWM_2L 型结构体变量，并将初值 SVPWM_2L _DEFAULTS 赋给该变量
SVPWM_2L   Svpwm = SVPWM_2L_DEFAULTS;
//两电平 SVPWM 算法
 Svpwm.Ualpha = Udq_to_Ualphabeta.Alpha;
 Svpwm.Ubeta   = Udq_to_Ualphabeta.Beta;
 Svpwm.T   = Ts;
 Svpwm.Vdc = Volt_current.Vdc;
 Svpwm.calc(&Svpwm);                     //启动计算过程
 //利用 ePWM 模块输出相应的 PWM 脉冲
 Epwm_modules.Duty1A = Svpwm.Tcmpa;  //调用 SVPWM_2L 模块的计算结果
 Epwm_modules.Duty2A = Svpwm.Tcmpb;
 Epwm_modules.Duty3A = Svpwm.Tcmpc;
 Epwm_modules.update(&Epwm_modules);   //完成脉冲输出
```

16.4　数字 PID 调节器的实现

一个完整的控制系统，按偏差的比例、积分和微分进行控制的调节器称为 PID 调节器，PID 调节器是连续系统中技术成熟、应用最为广泛的一种调节器。PID 调节器结构简单、参数易于调整，实际运行经验及理论分析证明，PID 调节器在大多数工业控制系统中能取得较满意的控制效果。本节介绍了 PID 调节器基本原理及离散化方法，给出了数字 PID 调节器的相关程序。

16.4.1 PID调节器的离散化

工程设计中，通常首先根据系统需要整定好模拟PID调节器的参数，然后采用相应的离散化算法对模拟PID调节器进行离散化处理，最后在计算机上编程实现。基于PID调节器的控制系统原理如图16-13所示。

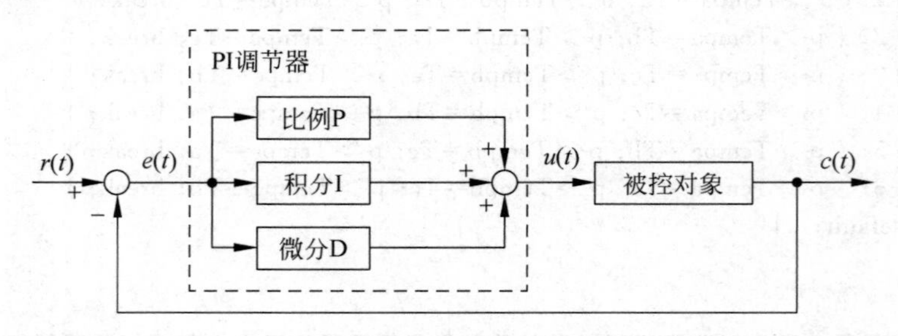

图16-13 PID控制系统

在模拟系统中，PID控制算法的模拟表达式为：

$$u(t)=K_{\mathrm{p}}\left[e(t)+\frac{1}{T_{\mathrm{i}}}\int_{0}^{t}e(t)\mathrm{d}t+T_{\mathrm{d}}\frac{\mathrm{d}e(t)}{\mathrm{d}t}\right] \tag{16-53}$$

式中，$u(t)$为调节器的输出信号；$e(t)$为偏差信号，即给定量与反馈量之差；K_{p}为比例系数；T_{i}为积分时间常数；T_{d}为微分时间常数。

将式(16-53)写成传递函数形式，得：

$$U(s)=\left(K_{\mathrm{P}}+\frac{K_{\mathrm{I}}}{s}+K_{\mathrm{D}}s\right)E(s) \tag{16-54}$$

式中，$K_{\mathrm{P}}=K_{\mathrm{p}}$，$K_{\mathrm{I}}=K_{\mathrm{p}}/T_{\mathrm{i}}$，$K_{\mathrm{D}}=K_{\mathrm{p}}T_{\mathrm{d}}$。

简单来说，PID调节器各校正环节的作用如下。

(1) 比例环节：成比例地反映控制系统的偏差信号$e(t)$，偏差一旦产生，控制器立即输出一个结果，从而保证系统的快速性。

(2) 积分环节：积分作用的强弱主要取决于积分时间常数T_{i}，T_{i}越大，积分作用越弱，反之越强。积分环节主要用于消除静态误差，提高系统的控制精度。

(3) 微分环节：能反映偏差信号的变化趋势，并在偏差信号变的过大或过小之前，在系统中引入一个有效的早期修正信号，从而加快系统的动作速度，缩短调节时间。

计算机系统是一种离散化系统，它只能根据采样时刻的偏差值计算控制量。因此，为了使计算机能够实现式(16-53)所示的功能，必须先将其离散化，用离散化的差分方程代替连续系统中的方程，然后编程实现相应的差分方程。

模拟调节器的离散化方法有多种，由于数字处理器是在线进行控制，对实时性要求较高，所以必须采用简单、可靠和足够精确的方法。常用的离散化方法有多种，主要有差分变化法、零阶保持器法和双线性变化法。在对模拟调节器进行离散化时，可直接对微分方程进行离散处理，也可对模拟调节器的传递函数进行离散。这里采用较为常见的后向差分法，对式(16-54)所示PID的传递函数进行离散化处理。使用后向差分法时，频域与Z域的转换公式为：

$$s = \frac{z-1}{zT} \tag{16-55}$$

式中,T 为采样周期。

将式(16-55)代入式(16-54)得:

$$U(z) = \left(K_P + K_I T \frac{z}{z-1} + \frac{K_D}{T}\frac{z-1}{z}\right)E(z) \tag{16-56}$$

式中,$K_P = K_p, K_I = K_p/T_i, K_D = K_p T_d$。

将式(16-56)以差分方程形式表示,即:

$$u(k) - u(k-1) = K_P[e(k) - e(k-1)] + K_I Te(k) + \frac{K_D}{T}[e(k) - 2e(k-1) + e(k-2)] \tag{16-57}$$

整理得:

$$\begin{aligned} u(k) &= u(k-1) + \left(K_P + K_I T + \frac{K_D}{T}\right)e(k) - \left(K_P + \frac{2K_D}{T}\right)e(k-1) + \frac{K_D}{T}e(k-2) \\ &= u(k-1) + a_0 e(k) - a_1 e(k-1) + a_2 e(k-2) \end{aligned} \tag{16-58}$$

式中,a_0、a_1、a_2 的定义如下:

$$\begin{cases} a_0 = K_P + K_I T + \dfrac{K_D}{T} = K_p\left(1 + \dfrac{T}{T_i} + \dfrac{T_d}{T}\right) \\ a_1 = K_P + \dfrac{2K_D}{T} = K_p\left(1 + \dfrac{2T_d}{T}\right) \\ a_2 = \dfrac{K_D}{T} = K_p \dfrac{T_d}{T} \end{cases} \tag{16-59}$$

式(16-58)即为数字 PID 调节器的增量式模型,是编程常用的形式之一。当 $T_d = 0$ 时,该式即变成数字 PI 调节器的增量式模型。

16.4.2 基于 DSP 的实现

以下给出了数字 PID 的程序清单。需要注意的是,程序中 a_0、a_1、a_2 的值在每次调用 PID 模块时都由式(16-59)进行计算得到,这主要是为了在程序调试阶段方便对 K_p、T_i 及 T_d 参数进行修改。当得到合适的 K_p、T_i 及 T_d 后,可直接修改程序,将 a_0、a_1、a_2 事先计算出来存放在内存单元中,以节省计算时间。可通过条件编译指令来实现上述功能的切换,具体说明见程序中注释。

程序清单 16-4:数字 PID 调节器

```
//=================================================================
//PID.h 文件
//=================================================================
#ifndef   PID_H
#define   PID_H
#include "F28335_FPU_FastRTS.h"
#define PID_DEBUG    1          //条件编译的判别条件
//-----------------------------------------------------------------
//定义 PID 计算用到的结构体对象类型,在创建多个实例时,只需将变量声明为 PID_FUNC 即可
```

```
//--------------------------------------------------------------------------
typedef struct {
              float Give;       //输入：系统待调节量的给定值
              float Feedback;   //输入：系统待调节量的反馈值
  //PID 调节器部分
                 float Kp;      //输入：对应式(16-53)中的 Kp
                 float Ti;      //输入：对应式(16-53)中的 Ti
                 float Td;      //输入：对应式(16-53)中的 Td
                 float T;       //输入：离散化系统的采样周期
                 float a0;      //输入：对应式(16-58)中的 a0
                 float a1;      //输入：对应式(16-58)中的 a1
                 float a2;      //输入：对应式(16-58)中的 a2
  float Ek;                     //中间变量：对应式(16-58)中的 e(k)
  float Ek_1;                   //中间变量：对应式(16-58)中的 e(k-1)
  float Ek_2;                   //中间变量：对应式(16-58)中的 e(k-2)
  float OutMax;                 //输入：PID 调节器的最大输出限幅
  float OutMin;                 //输入：PID 调节器的最小输出限幅
  float Output;                 //输出：PID 调节器的输出,对应式(16-58)中的 u(k)
  float LastOutput;             //中间变量：PID 上一周期的输出值,对应式(16-58)中的 u(k-1)
  void  ( * calc)();            //函数指针：指向计算过程
              } PID_FUNC;
//--------------------------------------------------------------------------
//声明 PID_FUNC_handle 为 CLARKE 指针类型
//--------------------------------------------------------------------------
typedef PID_FUNC  * PID_FUNC_handle;
//--------------------------------------------------------------------------
//定义 PID 调节器的初始值
//--------------------------------------------------------------------------
#define PID_FUNC_DEFAULTS {0,0, \
  0,0,0,\
  0.0002, \
  0,0,0, \
  0,0,0, \
  0,0,0,0 \
 (void ( * )(Uint32))PIDfunc_calc }
//--------------------------------------------------------------------------
//  函数声明
//--------------------------------------------------------------------------
void PIDfunc_calc(PID_FUNC_handle);
#endif
//==========================================================================
//End of file.
//==========================================================================
//==========================================================================
//PID.c 文件
//==========================================================================
#include "DSPF28335_Project.h"
#include "F28335_FPU_FastRTS.h"
#include <math.h>
#include "PID.h"
//========函数定义 ==================================
```

```
//*************************************
/*
  @ Description:
  @ Param
  @ Return
*/
//*************************************
void PIDfunc_calc(PID_FUNC *p)
{
 //使用条件编译指令进行切换
 #if PID_DEBUG  //在校正 PID 参数时,使用宏定义将 PID_DEBUG 设为 1,从而执行以下程序
     float a0,a1,a2;
   //这里每次都要计算 a0、a1、a2 的值
   a0 = p->Kp * (1 + p->T/p->Ti + p->Td/p->T);
   a1 = p->Kp * (1 + 2 * p->Td/p->T);
   a2 = p->Kp * p->Td/p->T;
   //计算 PID 调节器的输出
   p->Output = p->LastOutput + a0 * p->Ek - a1 * p->Ek_1 + a2 * p->Ek_2;
 #else  //当参数校正完成后,那么得到固定的 a0、a1、a2 的值,使用宏定义将 PID_DEBUG 设为 0,
        //从而执行以下过程
//当参数校正完成后,初始化时直接为 p->a0、p->a1、p->a2 赋值,省去计算过程
p->Output = p->LastOutput + p->a0 * p->Ek - p->a1 * p->Ek_1 + p->a2 * p->Ek_2;
 #endif
  //输出限幅
   if(p->Output > p->OutMax) p->Output = p->OutMax;
   if(p->Output < p->OutMin) p->Output = p->OutMin;
  //保存上一周期的值
   p->LastOutput = p->Output;
   p->Ek_1 = p->Ek;
   p->Ek_2 = p->Ek_1;
}
//==================================================
//End of file.
//==================================================
```

第17章

永磁同步电机矢量控制系统的DSP解决方案

三相永磁同步电机(PMSM)具有体积小、重量轻、转子无发热等特点,在高性能交流伺服系统中得到了广泛的应用,如工业机器人、数控机床、柔性制造系统等领域。本章首先介绍永磁同步电机的数学模型及以转子磁极定向的矢量控制系统原理,接着给出具体的实现方案,对 A/D 采样、转速测量等模块给出具体的实现方法,最后给出完整的程序代码。

17.1 永磁同步电机简介

永磁同步电机出现在 20 世纪 50 年代,它是由绕线转子同步电机发展而来。它利用永磁体取代电励磁系统,使电机结构变得简单,减少了加工和装配费用,还省去了励磁绕组、电刷和集电环。由于无须励磁电流,没有励磁损耗,提高了电机的效率和功率密度。

最初,由于受到功率开关元件、永磁材料和驱动技术发展水平的限制,永磁同步电机都采用矩形波形式,在原理和控制方式上与直流电机系统类似,习惯上称之为无刷直流电机。无刷直流电机控制方式较为简单,但这种电机的转矩存在较大的脉动,不适用于高性能伺服系统。为克服这一缺点,科学工作者在此基础上研制出了带位置传感器的正弦波永磁同步电机,通常简称为永磁同步电机。随着永磁材料性能的不断提高与完善,以及电力电子器件的发展和改进,加上永磁同步电机矢量控制技术的成熟与推广,目前永磁同步电机正向大功率、超高速、微型化和智能化方向发展。

永磁同步电机的定子符合一般交流电机的设计原则,与交流异步电机和电励磁同步电机的定子相似。永磁同步电机的转子磁极结构不同,其运行性能、适用场合以及制造工艺也不相同。根据永磁体在电机转子上的位置不同,永磁同步电机的转子磁路结构可以分为面贴式和内埋式两种,其中面贴式又分为凸出式和内插式,具体如图 17-1 所示。

由于永磁材料的相对回复磁导率十分接近 1,因此凸出式转子结构属于隐极式转子结构,其纵、横轴的等效电感相同,且与转子位置无关。这种结构的永磁磁极易于实现最优化设计,能使电机气隙磁密波形趋近于正弦波。而在内插式和内埋式转子中,相邻的永磁体之间有着磁导率很高的铁磁材料,属于凸极转子结构。由于转子磁路结构上的不对称使电机产生磁阻转矩,其大小与纵、横轴电感的差值成正比。

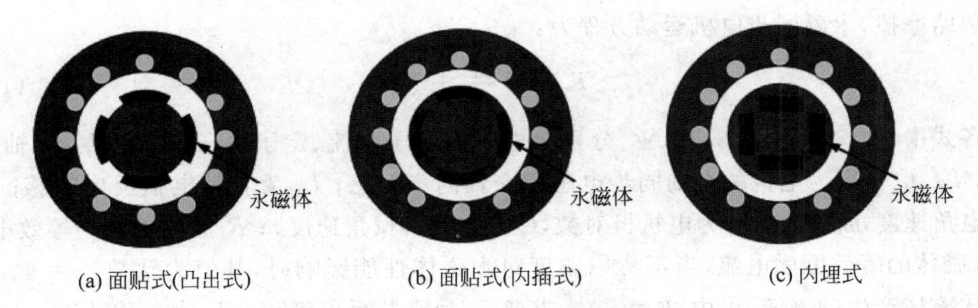

图 17-1　永磁同步电机转子磁极结构

凸出式永磁同步电机结构简单、制造方便、转动惯量小，在工业上应用较为广泛。这种电机易于优化设计，可将气隙磁场设计成近似正弦分布，进而减小磁场谐波及负面效应，提高电机的运行性能。内插式永磁同步电机可以充分利用转子磁路的结构不对称性产生的磁阻转矩，电机的功率密度获得了提高，并且动态性能也比面贴式电机好，缺点是制造成本和漏磁系数都比面贴式大。内埋式永磁同步电机的永磁体处在电机的转子内部，可以避免永磁体失磁。这种结构磁路气隙小，机械强度高，具有较大的凸极率，可以提高永磁电机的牵入同步能力、过载倍数和磁阻转矩，适合于弱磁运行，缺点是转子漏磁系数最大。

17.2　永磁同步电机数学模型

交流电机是一个非线性、强耦合的多变量系统。对于一般三相交流电机，常使用坐标变换将三相绕组等效为两相静止交流绕组或两相旋转直流绕组，变换后系统变量之间得到部分解耦，从而大大简化分析过程。分析永磁同步电机时，最常用的是 dq 轴数学模型，它不仅可用于分析永磁同步电机的稳态运行特性，还可用于分析电机的动态性能。

为简化分析过程，在建立模型之前，首先假设：

(1) 忽略电机铁芯饱和，不计涡流和磁阻损耗。

(2) 永磁材料的电导率为零，永磁体内部的磁导率与空气相同。

(3) 永磁体产生的磁场和定子绕组产生的电枢反应磁场在气隙中均为正弦分布。

(4) 转子上无阻尼绕组。

(5) 电机电流为对称三相电流。

永磁同步电机在 dq 坐标系下的电压方程和磁链方程分别为：

$$\begin{cases} u_{sd} = \dfrac{d\psi_{sd}}{dt} - \omega_r \psi_{sq} + R_s i_{sd} \\ u_{sq} = \dfrac{d\psi_{sq}}{dt} + \omega_r \psi_{sd} + R_s i_{sq} \end{cases} \tag{17-1}$$

$$\begin{cases} \psi_{sd} = L_d i_{sd} + L_{ad} i_f \\ \psi_{sq} = L_q i_{sq} \end{cases} \tag{17-2}$$

永磁同步电机电磁转矩方程为：

$$T_e = n_p(\psi_{sd} i_{sq} - \psi_{sq} i_{sd}) \tag{17-3}$$

忽略摩擦，永磁同步电机运动方程为：

$$T_e = J\frac{d\Omega}{dt} + T_L \tag{17-4}$$

以上各式中，i_{sd}、i_{sq}、u_{sd}、u_{sq}，Ψ_{sd}、Ψ_{sq}分别为电机的定子电流、定子电压和磁链在 dq 轴上的分量；L_d、L_q分别为电机的直轴同步电感和交轴同步电感；L_{ad}为直轴电枢反应电感；ω_r为电机电角速度，$\omega_r = n_p\Omega$（n_p为电机极对数，Ω 为电机机械角速度）；R_s为电机定子等效电阻；i_f为永磁体的等效励磁电流，当不考虑温度对永磁体性能影响时，其值为常数，$i_f = \Psi_f/L_{ad}$，Ψ_f为永磁体产生的磁链，可由 $\Psi_f = e_0/\omega_r$求取，e_0为空载反电动势；T_L为负载转矩；J 为电机的转动惯量。

为了使永磁同步电机 dq 坐标系上的方程与电压空间矢量 PWM 技术联系起来，将式(17-1)、式(17-2)与式(17-3)中有关量写成空间矢量形式，得：

$$\begin{cases} u_s = u_{sd} + ju_{sq} = R_s i_s + \dfrac{d\psi_s}{dt} + j\omega_r\psi_s \\ i_s = i_{sd} + ji_{sq} \\ \psi_s = \psi_{sd} + j\psi_{sq} \\ T_e = p(\psi_s \times i_s) \end{cases} \tag{17-5}$$

17.3 永磁同步电机矢量控制系统

矢量控制系统中最关键的问题是选取合适的旋转坐标系，通常永磁同步电机矢量控制系统大多使用转子磁极位置定向，即将旋转坐标系的 d 轴定位到转子磁极上，q 轴逆时针超前 d 轴 90°。由上节介绍的永磁同步电机数学模型可知，在系统参数不变的情况下，对电磁转矩的控制可最终归结于对 d 轴电流和 q 轴电流的控制。对给定的输出转矩，d 轴电流与 q 轴电流有多种不同的组合，不同的组合将影响系统的效率、功率因数、电机端电压以及转矩输出能力，因此形成了永磁同步电机的电流控制策略问题。通常，在永磁同步电机矢量控制系统使用 $i_{sd}=0$ 控制策略。本节所介绍的永磁同步电机矢量控制系统都是以转子磁极位置定向，且 $i_{sd}=0$ 的控制系统。

17.3.1 $i_{sd}=0$ 控制策略

永磁同步电机使用转子磁极位置定向，并使 $i_{sd}=0$，是最简单的电流矢量控制方法。$i_{sd}=0$ 时，从电机端口看，永磁同步电机等效为一台他励直流电机，三相定子电流 i_s 中只含有转矩电流 i_{sq}部分，且定子磁链空间矢量与永磁体磁链空间矢量正交。$i_{sd}=0$ 时，电机的输出转矩仅与转矩电流 i_{sq}相关，且成正比关系，即：

$$T_e = \psi_{sd} i_{sq} = \psi_f i_{sq} \tag{17-6}$$

式中，由于 $i_{sd}=0$，所以不会对 d 轴磁链产生增磁或去磁作用，此时 d 轴磁链即为永磁体产生的磁链。

图 17-2 为使 $i_{sd}=0$ 时电机空间矢量图。

由图17-2可得dq轴上的定子电压分量为：

$$\begin{cases} u_{sd} = -x_q i_s = -\omega_r L_q i_s \\ u_{sq} = e_0 + R_s i_s = \omega_r \psi_f + R_s i_s \end{cases} \tag{17-7}$$

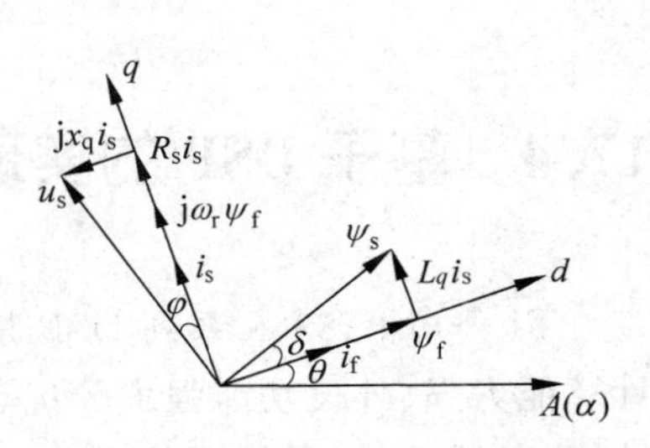

图17-2 永磁同步电机空间矢量图($i_{sd}=0$)

式(17-7)可作为矢量控制系统中的电压前馈单元的设计依据。

$i_{sd}=0$控制的最大优点在于电机的输出转矩与定子电流的幅值成正比，性能类似于他励直流电机，无去磁作用，控制简单，因此得到了广泛的应用。但使用$i_{sd}=0$控制时，电机功率因数稍低，电机和逆变器的容量不能充分利用。

除$i_{sd}=0$控制外，常见的还有功率因数等于1控制、恒磁链控制、定子电流最小控制等，这里不再介绍，有兴趣的读者可翻阅相关资料。

17.3.2 控制系统结构

图17-3给出了永磁同步电机转子磁极定向矢量控制系统结构。

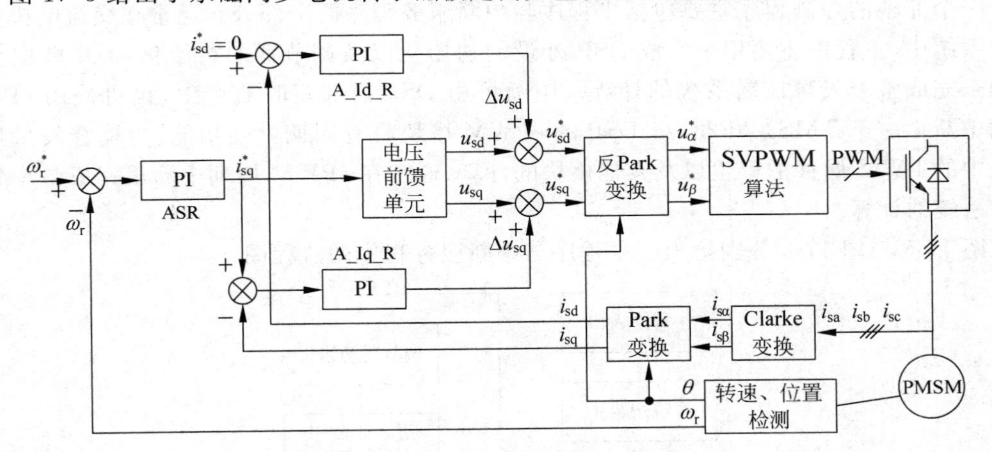

图17-3 永磁同步电机转子磁极定向矢量控制系统结构

永磁同步电机由变压变频器供电，电机转子轴上安装有编码器，用于检测电机的磁极位置与A轴(α轴)之间的夹角θ和旋转速度ω_r。速度给定值ω_r^*与反馈值ω_r的偏差送入速度调节器ASR，输出为电机转矩电流给定值i_{sq}^*，该电流送入电压前馈单元计算定子电压d轴与q轴分量u_{sd}^*和u_{sq}^*，经过反Park变换后得到两相静止坐标系上的给定值u_α^*、u_β^*，用来实现SVPWM算法。图17-3中对电压前馈单元进行了补偿，使用调节器A_Id_R对d轴电流进行调节，使用A_Iq_R对q轴电流进行调节。

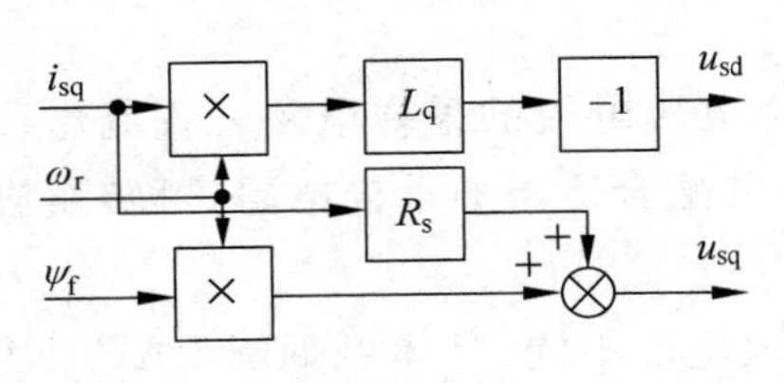

图17-4 电压前馈单元($i_{sd}=0$)

根据永磁同步电机$i_{sd}=0$控制的数学模型，构造相应的电压前馈单元如图17-4所示。

图17-3中的所有调节器及电压前馈单元都可使用软件实现，从而实现三相永磁同步电机的全数字矢量控制系统。

17.4 基于 DSP 的实现

TI 公司 F2833x 系列 DSP 是专门设计的电机控制类处理器，配有浮点处理单元，具有计算能力强、外设功能强大等优点，本节将用其完成三相交流永磁同步电机矢量控制系统的计算，对涉及的 ADC 采样模块、ePWM 等模块给出了具体的程序。本节所设计的程序是基于以下几个条件的：

(1) 主电路使用两电平电压源型逆变器，共需 6 路控制脉冲。

(2) 三相永磁同步电机使用 Y 型接法，且不带中线。

(3) 使用 TMS320F2833x DSP 作为主控制器。

(4) 功率器件的开关频率为 5kHz，即中断周期为 200μs。

17.4.1 程序整体结构设计

一个完整的控制程序主要包括主程序与中断服务程序两个部分。通常在交流电机矢量控制系统中，主程序主要用来完成 DSP 外设的初始化以及调节器的初始化，而中断服务程序用来完成整个矢量控制系统的计算。中断可由 DSP 内部定时器产生，也可使用 ePWM 周期中断。由于 TMS320F2833x DSP 的 ePWM 模块具有周期中断功能，为配合矢量控制系统中的 PWM 脉冲的产生以及其他模块的计算，通常在 ePWM 周期中断里完成整个矢量控制系统的计算。

图 17-5 与图 17-6 分别给出了主程序与中断服务程序的流程图。

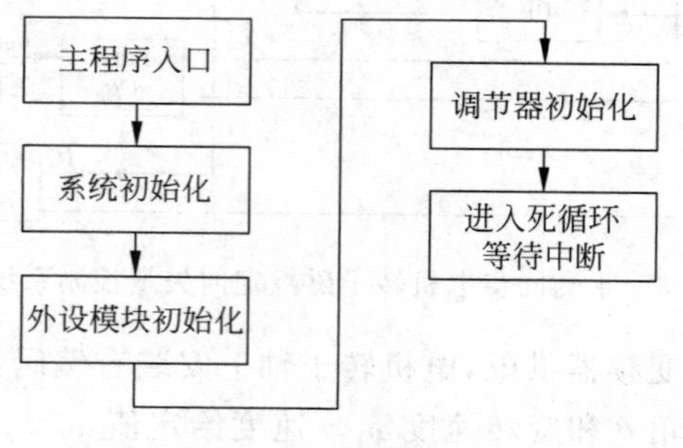

图 17-5 主程序流程图

17.4.2 ADC 模块配置

为了便于理解下面给出的采样计算子程序，这里给出电压电流的采样电路。直流母线电压与定子电流经过霍尔传感器，如 LV28-P、LA28-NP，并配合适当的采样电阻，可转换成电压小信号，图 17-7 给出了电压电流传感器的接线图。

图 17-7(a)中，根据不同的接法，原边待测电流的输入范围不同，具体可翻阅 LA28-NP 相关资料。这里选择一种接法，原边电流 i_1 的输入范围为 $-8\sim8$A，副边电流 i_m 输出范围为

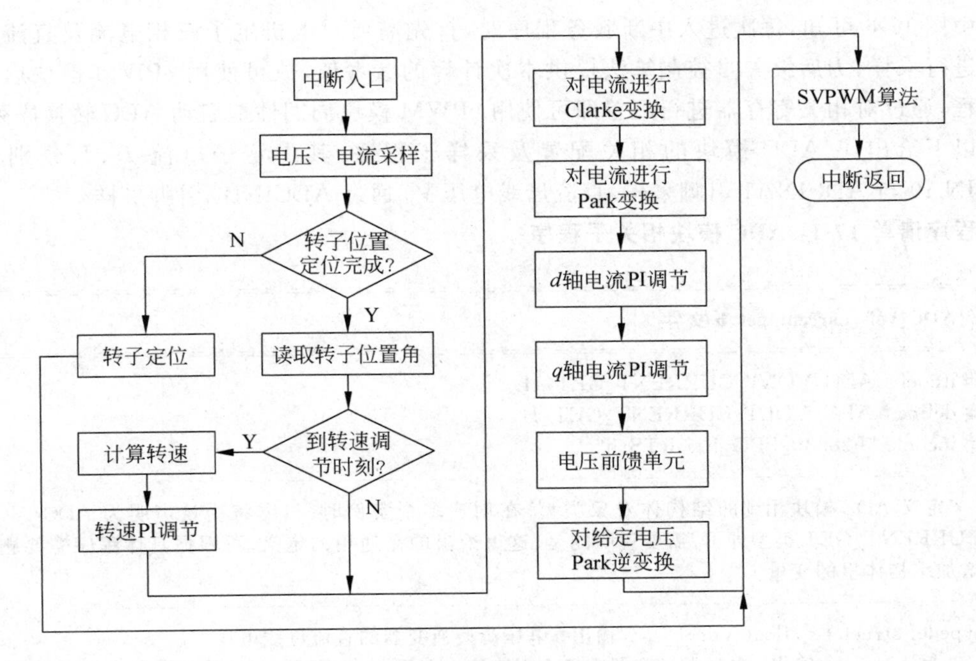

图 17-6 中断服务程序流程图

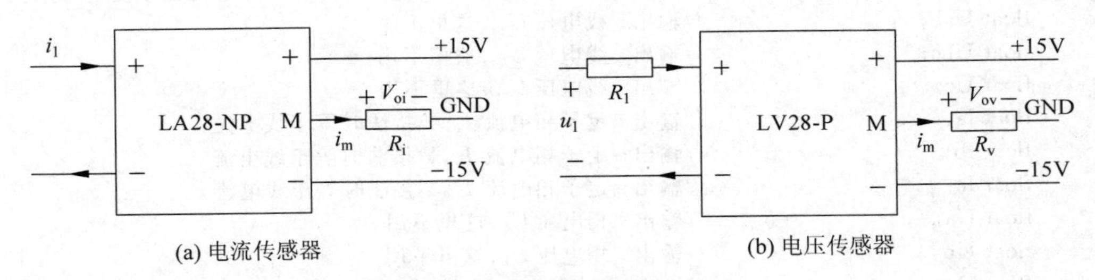

图 17-7 电压、电流传感器接线图

−24～24mA，且成比例地反映原边电流的大小。输出电流近似成恒流源性质，流经采样电阻 R_i 时会产生压降，通过测量采样电阻 R_i 上的电压 V_{oi} 值，即可判断原边电流的大小。其计算公式为：

$$i_1 = \frac{V_{oi}}{R_i \times 0.024} \times 8 \tag{17-8}$$

由于电机定子电流为交流电性质，故以 GND 为参考点的 V_{oi} 也将在正负范围内变化，此时可通过 18.2.6 节介绍的偏置电路，将 V_{oi} 限定到 0～3V 内，然后再连接到 DSP 的 A/D 输入引脚上。

图 17-7(b)中，LV28-P 的原边输入电流范围为 −10～10mA，副边电流 i_m 输出范围为 −25～25mA，且成比例地反映原边电流的大小。由此得，电压 u_1 计算公式为：

$$u_1 = \frac{V_{ov}}{R_v \times 25} \times 10 \times R_1 \tag{17-9}$$

由于直流母线电压为直流电压，故 V_{ov} 也为直流电压信号，可直接将其连接到 DSP 的 ADC 采样引脚上。

由图 17-6 可知，每次进入中断服务程序时，首先需要对电机定子三相电流及直流母线电压进行采样，为后续矢量控制算法提供本次计算的参考值，故可使用 ePWM 模块启动采样过程，通过对相关寄存器进行配置即可使用 ePWM 模块周期性地启动 ADC 转换序列。

以下给出了 ADC 模块的相关配置及采样子程序，其中定子电流 I_a、I_b 分别通过 ADCINA0 与 ADCINA1 引脚采样，直流母线电压 V_{dc} 通过 ADCINB7 引脚采样。

程序清单 17-1：ADC 模块相关子程序

```
//===========================================================================
//ADC_volt_current_get.h 文件
//===========================================================================
#ifndef   ADC_VOLT_CURRENT_GET_H
#define   ADC_VOLT_CURRENT_GET_H
#include "F2833x_FPU_FastRTS.h"
//---------------------------------------------------------------------------
/*定义 ADC 模块用到的结构体对象类型,在创建多个实例时,只需将变量声明为 ADC_VOLT_
CURRENT_GET 类型即可.需要说明的是,这里给出的是通用的定义,可根据具体程序需要删除或
增加结构体里的变量*/
//---------------------------------------------------------------------------
typedef struct {   float Vdc;     //输出:电压源型逆变器的直流母线电压 Vdc
    float Vpo;//输出:电压源逆变器阳极 P 对直流中点 O 的电压 Vpo,三电平逆变器中使用,这里不用
    float Von;//输出:电压源逆变器直流中点 O 对阴极 P 的电压 Von,三电平逆变器中使用,这里不用
    float Uab;                  //输出:线电压 Uab,这里不用
    float Ubc;                  //输出:线电压 Ubc,这里不用
    float Uca;                  //输出:线电压 Uca,这里不用
    float Ia;                   //输出:定子相电流 Ia,Y 接法时等于线电流
    float Ib;                   //输出:定子相电流 Ib,Y 接法时等于线电流
    float Ic;                   //输出:定子相电流 Ic,Y 接法时等于线电流
    float Ua;                   //输出:相电压 Ua,这里不用
    float Ub;                   //输出:相电压 Ub,这里不用
    float Uc;                   //输出:相电压 Uc,这里不用
    float Vfdc;  //输出:励磁回路的 H 桥逆变器的直流供电电压 Vfdc,在电励磁同步电机中使用,
                 //这里不用
    float If;                   //输出:电励磁同步电机的励磁电流 If,这里不用
    float Volt_channelA0;       //输出:DSP 采样通道 A0 对应引脚上的电压值
            float Volt_channelA1;
            float Volt_channelA2;
            float Volt_channelA3;
            float Volt_channelA4;
            float Volt_channelA5;
            float Volt_channelA6;
            float Volt_channelA7;
            float Volt_channelB0;//输出:DSP 采样通道 B0 对应引脚上的电压值
              float Volt_channelB1;
              float Volt_channelB2;
              float Volt_channelB3;
              float Volt_channelB4;
              float Volt_channelB5;
              float Volt_channelB6;
              float Volt_channelB7;
```

```
void (*init)();                    //指向 ADC 模块的初始化子函数
void (*read)();                    //指向 ADC 模块的采样计算子函数
  }ADC_VOLT_CURRENT_GET;
//-----------------------------------------------------------------------------
//声明 ADC_VOLT_CURRENT_GET handle 为 ADC_VOLT_CURRENT_GET 指针类型
//-----------------------------------------------------------------------------
typedef ADC_VOLT_CURRENT_GET   *ADC_VOLT_CURRENT_GET_handle;
//-----------------------------------------------------------------------------
//定义 ADC 模块的初始值
//-----------------------------------------------------------------------------
#define ADC_VOLT_CURRENT_GET_DEFAULTS {0,0,0,\
  0,0,0,\
  0,0,0,\
  0,0,0,\
  0,0,\
  0,0,0,0,0,0,0,0,\
  0,0,0,0,0,0,0,0,\
                    (void (*)(long))ADC_volt_current_get_Init,\
                    (void (*)(long))ADC_volt_current_get_Calc}
//-----------------------------------------------------------------------------
//  函数声明
//-----------------------------------------------------------------------------
void ADC_volt_current_get_Init(); //ADC 模块初始化子程序
void ADC_volt_current_get_Calc(ADC_VOLT_CURRENT_GET_handle);  //ADC 模块采样计算
                                                              //子程序

#endif
//===========================================================================
//End of file.
//===========================================================================
//===========================================================================
//ADC_volt_current_get.c 文件
//===========================================================================
#include "DSPF2833x_Project.h"
#include "F2833x_FPU_FastRTS.h"
#include <math.h>
#include "ADC_volt_current_get.h"
#define  ADC_CHANNELS  16 //定义采样通道数,这里默认对16个通道都采样,可根据实际需
                          //要进行修改
//========= 函数定义=============================
//**********************************
/*
  @ Description: ADC 模块初始化子程序
  @ Param
  @ Return
 */
//**********************************
void ADC_volt_current_get_Init()
{
EALLOW;
   #if (CPU_FRQ_150MHZ)          //如果系统时钟 SYSCLKOUT 为 150MHz
   #define ADC_MODCLK   0x3      //HSPCLK = SYSCLKOUT/2×ADC_MODCLK2 =
```

```
                                    //150MHz/(2×3) = 25.0MHz
    #endif
    #if (CPU_FRQ_100MHZ)            //如果系统时钟 SYSCLKOUT 为 100MHz
    #define ADC_MODCLK    0x2       //HSPCLK = SYSCLKOUT/2×ADC_MODCLK2 =
                                    //100MHz/(2×2)= 25.0MHz
    #endif
    EDIS;
  InitAdc();  //ADC 模块底层硬件初始化,此函数在 TI 公司示例文件 DSPF2833x_Adc.c 中,使用
              //时将其添加到工程中
//开始对 ADC 模块进行配置
    EALLOW;
    SysCtrlRegs.HISPCP.all = ADC_MODCLK;  //HSPCLK = SYSCLKOUT/ADC_MODCLK
    EDIS;
    AdcRegs.ADCTRL1.bit.ACQ_PS =0xf;       //设置启动脉冲的宽度
    AdcRegs.ADCTRL3.bit.ADCCLKPS = 0x1;   //设置采用 2 分频
    AdcRegs.ADCTRL1.bit.SEQ_CASC = 1;     //1: 设置为级联模式
//设置 SEQ1 序列具有最大转换的通道数,最大转换通道数 n=MAX_COONV1+1
AdcRegs.ADCMAXCONV.bit.MAX_CONV1= ADC_CHANNELS-1;
AdcRegs.ADCTRL2.bit.EPWM_SOCA_SEQ1 = 1;  //使能 ePWMx_SOCA 启动信号,即使用
                //ePWM 模块启动转换过程为 SEQ1 序列的每次转换过程设定相应的采样通道
    AdcRegs.ADCCHSELSEQ1.bit.CONV00 = 0x0;  //设置转换序列 SEQ1 的第一次转换过程为
                                            //ADCINA0 通道,以下设置同理
    AdcRegs.ADCCHSELSEQ1.bit.CONV01 = 0x1;   //ADCINA1
    AdcRegs.ADCCHSELSEQ1.bit.CONV02 = 0x2;   //ADCINA2
    AdcRegs.ADCCHSELSEQ1.bit.CONV03 = 0x3;   //ADCINA3
    AdcRegs.ADCCHSELSEQ2.bit.CONV04 = 0x4;   //ADCINA4
    AdcRegs.ADCCHSELSEQ2.bit.CONV05 = 0x5;   /ADCINA5
    AdcRegs.ADCCHSELSEQ2.bit.CONV06 = 0x6;   //ADCINA6
    AdcRegs.ADCCHSELSEQ2.bit.CONV07 = 0x7;   //ADCINA7
    AdcRegs.ADCCHSELSEQ3.bit.CONV08 = 0x8;   //ADCINB0
    AdcRegs.ADCCHSELSEQ3.bit.CONV09 = 0x9;   //ADCINB1
    AdcRegs.ADCCHSELSEQ3.bit.CONV10 = 0xa;   //ADCINB2
    AdcRegs.ADCCHSELSEQ3.bit.CONV11 = 0xb;   //ADCINB3
    AdcRegs.ADCCHSELSEQ4.bit.CONV12 = 0xc;   //ADCINB4
    AdcRegs.ADCCHSELSEQ4.bit.CONV13 = 0xd;   //ADCINB5
    AdcRegs.ADCCHSELSEQ4.bit.CONV14 = 0xe;   //ADCINB6
    AdcRegs.ADCCHSELSEQ4.bit.CONV15 = 0xf;   //ADCINB7
  //设置 ePWM1_SOCA 为 ADC 模块的启动信号
  EPwm1Regs.ETSEL.bit.SOCAEN = 1;                 //使能 A 组的启动信号 SOCA
  EPwm1Regs.ETSEL.bit.SOCASEL = ET_CTR_ZERO;  //选择 SOCA 信号产生的时刻为
                                              //CTR= ZERO
  EPwm1Regs.ETPS.bit.SOCAPRD = ET_1ST;           //每次触发事件都产生一个启动信号
  EPwm1Regs.ETCLR.bit.SOCA = 1;                  //清除 SOCA 标志位
}
// ***********************************
/*
  @ Description: ADC 采样计算子程序
  @ Param
  @ Return
*/
// ***********************************
```

```
//电压传感器原边电阻
#define R1_Udc  27.3                                    //kΩ,对应图17-7(b)中的R1
//电压传感器副边转换电阻
#define Rm_Udc 99                                       //Ω,对应图17-7(b)中的Rv
//电流传感器的副边转换电阻的大小
#define Rm_Ia   99                                      //Ω,对应图17-7(a)中的采样电阻Ri
#define Rm_Ib   99
//--------------------------------------------------------------------------------
void ADC_volt_current_get_Calc(ADC_VOLT_CURRENT_GET *p)
{
 while (AdcRegs.ADCST.bit.SEQ1_BSY == 1);          //检测整个转换过程是否完成
//计算每个通道对应引脚上的电压值
 p->Volt_channelA0 = 3.0 * (AdcRegs.ADCRESULT0>>4) /4095.0;
 p->Volt_channelA1 = 3.0 * (AdcRegs.ADCRESULT1>>4) /4095.0;
 p->Volt_channelA2 = 3.0 * (AdcRegs.ADCRESULT2>>4) /4095.0;
 p->Volt_channelA3 = 3.0 * (AdcRegs.ADCRESULT3>>4) /4095.0;
 p->Volt_channelA4 = 3.0 * (AdcRegs.ADCRESULT4>>4) /4095.0;
 p->Volt_channelA5 = 3.0 * (AdcRegs.ADCRESULT5>>4) /4095.0;
 p->Volt_channelA6 = 3.0 * (AdcRegs.ADCRESULT6>>4) /4095.0;
 p->Volt_channelA7 = 3.0 * (AdcRegs.ADCRESULT7>>4) /4095.0;
 p->Volt_channelB0 = 3.0 * (AdcRegs.ADCRESULT8 >>4) /4095.0;
 p->Volt_channelB1 = 3.0 * (AdcRegs.ADCRESULT9 >>4) /4095.0;
 p->Volt_channelB2 = 3.0 * (AdcRegs.ADCRESULT10>>4) /4095.0;
 p->Volt_channelB3 = 3.0 * (AdcRegs.ADCRESULT11>>4) /4095.0;
 p->Volt_channelB4 = 3.0 * (AdcRegs.ADCRESULT12>>4) /4095.0;
 p->Volt_channelB5 = 3.0 * (AdcRegs.ADCRESULT13>>4) /4095.0;
 p->Volt_channelB6 = 3.0 * (AdcRegs.ADCRESULT14>>4) /4095.0;
 p->Volt_channelB7 = 3.0 * (AdcRegs.ADCRESULT15>>4) /4095.0;
//计算直流母线电压,其中400/Rm_Upo*R1_Upo为与霍尔传感器相关电路有关
 p->Vdc = (400/Rm_Udc * R1_Udc) * p->Volt_channelB7;
 p->Ia = (333.333/Rm_Ia) * (-5.0*p->Volt_channelA0/3.0 + 2.54);
                                         //333.333为电流传感器的原边与副边匝比=8/0.024
 p->Ib = (333.333/Rm_Ib) * (-5.0*p->Volt_channelA1/3.0 + 2.54);
 p->Ic = -(p->Ia+p->Ib);
 AdcRegs.ADCTRL2.bit.RST_SEQ1=1;                      //复位整个SEQ1转换序列
 AdcRegs.ADCST.bit.INT_SEQ1_CLR = 1;                  //对IN_SEQ1中断标志位清零
}
//===============================================================================
//End of file.
//===============================================================================
```

17.4.3 eQEP 模块配置

eQEP 模块主要用来测量转子位置角与电机转速,该模块的初始化及转速计算程序已在第 8 章中给出,这里不再讲述。

在电机转动之前,转子初始位置是未知的,但在永磁同步电机矢量控制系统中,转子位

置必须是已知的，所以对电机进行矢量控制前必须对转子初始位置角进行检测，或直接将转子定位到初始位置。转子初始位置角检测方法有多种，如定子侧高频注入法等，这里不做介绍。以下介绍一种比较简单的转子定位方法，即在变频调速开始前，在定子中通入一定的电流，通过电磁力使转子转动一定的角度，使转子磁极与 α 轴重合。

转子定位过程如图 17-8 所示。

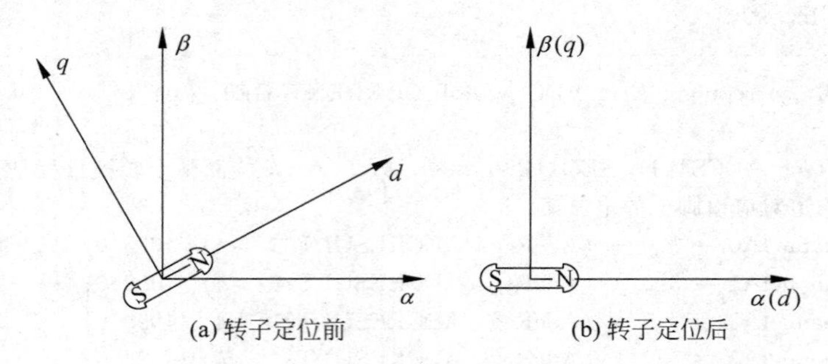

图 17-8 转子定位过程

图 17-8(a)表示转子处于一个未知的位置，这时给定子一个直流电流 i_s，i_s的 β 轴分量为 0，α 轴分量的最大值等于额定电流，此时将产生一个坐落于 α 轴上的磁场，这个磁场与转子磁场产生相互作用力，从而使转子 d 轴旋转到与 α 轴重合，如图 17-8(b)所示。

17.4.4 ePWM 模块配置

ePWM 模块的主要功能如下。

(1) 产生逆变器所需的 6 路控制脉冲。

(2) 产生周期中断，在其中断服务函数里完成整个矢量控制系统的计算。

(3) 启动 ADC 模块的转换序列。

程序清单 17-2：ePWM 模块相关子程序

```
//=========================================================
//ePWMs.h 文件
//=========================================================
#ifndef  EPWMS_H
#define  EPWMS_H
#include "F2833x_FPU_FastRTS.h"
//---------------------------------------------------------------------------
/*定义使用 ePWM 模块用到的结构体对象类型。需要说明的是，结构体里包含的变量可用于控制
6 个 ePWM 模块，而本次设计只用了其中 3 个，用户可以根据需要增加或删除结构体里的变量 */
//---------------------------------------------------------------------------
typedef struct { float PeriodMax;      //输入：三角波计数器的最大值，以 TBCLK 为最小时间单位
  float Duty1A;                        //输入：ePWM1 模块 A 通道脉冲的占空比
  float Duty1B;                        //输入：ePWM1 模块 B 通道脉冲的占空比
                 float Duty2A;
                 float Duty2B;
                 float Duty3A;
                 float Duty3B;
```

```
                float Duty4A;
                float Duty4B;
                float Duty5A;
                float Duty5B;
                float Duty6A;
                float Duty6B;
    void ( * init)();                    //指向 ePWM 模块的初始化子函数
    void ( * update)();                  //指向 ePWM 模块脉冲更新子函数
} EPWMS;
//-------------------------------------------------------------------------
//声明 EPWMS _handle 为 EPWMS 指针类型
//-------------------------------------------------------------------------
typedef EPWMS    * EPWMS_handle;
//-------------------------------------------------------------------------
//定义 ePWM 模块的初始值
//-------------------------------------------------------------------------
# define EPWMS_DEFAULTS { 15000.0, \
  0, 0, 0, 0, 0, 0, \
                          0, 0, 0, 0, 0, 0, \
                          (void ( * )(long))ePWMs_Init,\
                          (void ( * )(long))ePWMs_Update}
//-------------------------------------------------------------------------
//函数声明
//-------------------------------------------------------------------------
void ePWMs_Init(EPWMS_handle);
void ePWMs_Update(EPWMS_handle);
# endif
//=========================================================================
//End of file.
//=========================================================================
//=========================================================================
//ePWM.c 文件
//=========================================================================
# include "DSPF2833x_Project.h"
# include "F2833x_FPU_FastRTS.h"
# include <math.h>
# include "ePWMs.h"
//宏定义 ePWM 模块的中断使能功能
# define   PWM1_INT_ENABLE   1
# define   PWM2_INT_ENABLE   1
# define   PWM3_INT_ENABLE   1
# define   PWM4_INT_ENABLE   1
# define   PWM5_INT_ENABLE   1
# define   PWM6_INT_ENABLE   1
# define   DBTIME_FED   300  //定义上升沿延时时间,当 TBCLK = SYSCLKOUT 时,配置成
                             //300 代表延时 3μs
# define   DBTIME_RED   300  //定义下降沿延时时间,当 TBCLK = SYSCLKOUT 时,配置成
                             //300 代表延时 3μs
//======== 函数定义===============================
// ***********************************
/ *
```

```
  @ Description:ePWM1～ePWM3 初始化函数
  @ Param
  @ Return
 */
// ************************************
void ePWMs_Init(EPWMS * p)
{
//-----------初始化 ePWM1 模块-----------------------------
// **** 初始化 ePWM1 模块相关 GPIO 引脚工作在 ePWM 状态 ****
InitEPwm1Gpio();
// **** 设定 ePWM1 模块的基准时钟 TBCLK ****
//设定计数器的最大值,当使用上升-下降计数模式时,三角波周期为 PeriodMax * 2 * TBCLK
EPwm1Regs.TBPRD = p->PeriodMax;
EPwm1Regs.TBPHS.half.TBPHS = 0x0000;                //相位为 0
 EPwm1Regs.TBCTR=0x0000;                            //计数器清零
// **** 初始化比较值 ****
 EPwm1Regs.CMPA.half.CMPA=p->PeriodMax;             //设定 ePWM1 模块通道 A 的比较值
 EPwm1Regs.CMPB=0;                                  //设定 ePWM1 模块通道 B 的比较值
// **** 设定计数器的计数模式 ****
 EPwm1Regs.TBCTL.bit.CTRMODE=TB_COUNT_UPDOWN;  //上升-下降计数模式
 EPwm1Regs.TBCTL.bit.PHSEN=TB_ENABLE;          //使能相位校正功能
 EPwm1Regs.TBCTL.bit.HSPCLKDIV=0;              //设定 TBCLK 与 SYSCLKOUT 的关系
 EPwm1Regs.TBCTL.bit.CLKDIV=0;   //设定 TBCLK 与 SYSCLKOUT 的关系 TBCLK =
                                 //SYSCLKOUT/(CLKDIV×HSPCLKDIV)
// **** 映射寄存器功能设定 ****
 EPwm1Regs.CMPCTL.bit.SHDWAMODE=CC_SHADOW;    //使能 CPMA 的映射寄存器
 EPwm1Regs.CMPCTL.bit.SHDWBMODE=CC_SHADOW;    //使能 CMPB 的映射寄存器
 EPwm1Regs.CMPCTL.bit.LOADAMODE=CC_CTR_ZERO;  //CTR=0 时,将映射寄存器
                                              //CMPA 的值装载到当前寄存器
 EPwm1Regs.CMPCTL.bit.LOADBMODE=CC_CTR_ZERO;  //CTR=0 时,将映射寄存器
                                              //CMPB 的值装载到当前寄存器
// **** 设定功能限定单元的动作 ****
//上升沿计数时,当 CTR=CMPA 时,将 ePWM1A 设定位为高电平
 EPwm1Regs.AQCTLA.bit.CAU=AQ_SET;
//上升沿计数时,当 CTR=CMPA 时,将 ePWM1A 设定位为低电平
 EPwm1Regs.AQCTLA.bit.CAD=AQ_CLEAR;
 //以下两条程序用来设定 ePWM1B 的动作限定,当使用 DeadBand 模块时,这两条程序可以省略
 EPwm1Regs.AQCTLB.bit.CBU=AQ_CLEAR;           //在事件 B 且增计数时清除 PWM1B
 EPwm1Regs.AQCTLB.bit.CBD=AQ_SET;             //在事件 B 且减计数时置位 PWM1B
   // **** 设定死区模块 ****
 EPwm1Regs.DBCTL.bit.OUT_MODE = DB_FULL_ENABLE;    //ePWMA 与 ePWMB 添加死区
 EPwm1Regs.DBCTL.bit.POLSEL = DB_ACTV_HIC; //ePWMA 不翻转,ePWMB 翻转
 EPwm1Regs.DBCTL.bit.IN_MODE = DBA_ALL;  //ePWMA 作为上升沿与下降延时的参考脉
                                         //冲信号
 EPwm1Regs.DBRED = DBTIME_FED;                //设定上升沿延时时间
 EPwm1Regs.DBFED = DBTIME_FED;                //设定下降沿延时时间
//-----------初始化 ePWM2 模块-----------------------------
// **** 初始化 ePWM2 模块相关 GPIO 引脚工作在 ePWM 状态 ****
InitEPwm2Gpio();
// **** 设定 ePWM2 模块的基准时钟 TBCLK ****
 EPwm2Regs.TBPRD=p->PeriodMax;
```

```
 EPwm2Regs.TBPHS.half.TBPHS=0x0000;
 EPwm2Regs.TBCTR=0x0000;
//**** 初始化比较值 ****
 EPwm2Regs.CMPA.half.CMPA=p->PeriodMax;
 EPwm2Regs.CMPB=0;
//**** 设定计数器的计数模式 ****
 EPwm2Regs.TBCTL.bit.CTRMODE=TB_COUNT_UPDOWN;
 EPwm2Regs.TBCTL.bit.PHSEN=TB_ENABLE;
 EPwm2Regs.TBCTL.bit.HSPCLKDIV=0;
 EPwm2Regs.TBCTL.bit.CLKDIV=0;
//**** 映射寄存器功能设定 ****
 EPwm2Regs.CMPCTL.bit.SHDWAMODE=CC_SHADOW;
 EPwm2Regs.CMPCTL.bit.SHDWBMODE=CC_SHADOW;
 EPwm2Regs.CMPCTL.bit.LOADAMODE=CC_CTR_ZERO;
 EPwm2Regs.CMPCTL.bit.LOADBMODE=CC_CTR_ZERO;
//**** 设定功能限定单元的动作 ****
 EPwm2Regs.AQCTLA.bit.CAU=AQ_SET;
 EPwm2Regs.AQCTLA.bit.CAD=AQ_CLEAR;
 EPwm2Regs.AQCTLB.bit.CBU=AQ_CLEAR;
 EPwm2Regs.AQCTLB.bit.CBD=AQ_SET;
  //**** 设定死区模块 ****
 EPwm2Regs.DBCTL.bit.OUT_MODE = DB_FULL_ENABLE;
 EPwm2Regs.DBCTL.bit.POLSEL = DB_ACTV_HIC;
 EPwm2Regs.DBCTL.bit.IN_MODE = DBA_ALL;
 EPwm2Regs.DBRED = DBTIME_RED;
 EPwm2Regs.DBFED = DBTIME_FED;
//-----------初始化ePWM3模块-----------------------------
//**** 初始化ePWM3模块相关GPIO引脚工作在ePWM状态 ****
InitEPwm3Gpio();
//**** 设定ePWM3模块的基准时钟 TBCLK ****
 EPwm3Regs.TBPRD=p->PeriodMax;
 EPwm3Regs.TBPHS.half.TBPHS=0x0000;
 EPwm3Regs.TBCTR=0x0000;
//**** 初始化比较值 ****
 EPwm3Regs.CMPA.half.CMPA=p->PeriodMax;
 EPwm3Regs.CMPB=0;
//**** 设定计数器的计数模式 ****
 EPwm3Regs.TBCTL.bit.CTRMODE=TB_COUNT_UPDOWN;
 EPwm3Regs.TBCTL.bit.PHSEN=TB_ENABLE;
 EPwm3Regs.TBCTL.bit.HSPCLKDIV=0;
 EPwm3Regs.TBCTL.bit.CLKDIV=0;
//**** 映射寄存器功能设定 ****
 EPwm3Regs.CMPCTL.bit.SHDWAMODE=CC_SHADOW;
 EPwm3Regs.CMPCTL.bit.SHDWBMODE=CC_SHADOW;
 EPwm3Regs.CMPCTL.bit.LOADAMODE=CC_CTR_ZERO;
 EPwm3Regs.CMPCTL.bit.LOADBMODE=CC_CTR_ZERO;
//**** 设定功能限定单元的动作 ****
 EPwm3Regs.AQCTLA.bit.CAU=AQ_SET;
 EPwm3Regs.AQCTLA.bit.CAD=AQ_CLEAR;
 EPwm3Regs.AQCTLB.bit.CBU=AQ_CLEAR;
 EPwm3Regs.AQCTLB.bit.CBD=AQ_SET;
```

```
    //**** 设定死区模块 ****
    EPwm3Regs.DBCTL.bit.OUT_MODE = DB_FULL_ENABLE;
    EPwm3Regs.DBCTL.bit.POLSEL = DB_ACTV_HIC;
    EPwm3Regs.DBCTL.bit.IN_MODE = DBA_ALL;
    EPwm3Regs.DBRED = DBTIME_RED;
    EPwm3Regs.DBFED = DBTIME_FED;
}
//**********************************
/*
   @ Description: 比较值更新函数
   @ Param
   @ Return
 */
//**********************************
void ePWMs_Update(EPWMS *p)
{
 //更新 ePWM1～ePWM3 模块的比较值
  EPwm1Regs.CMPA.half.CMPA = (int)(2.0 * p->PeriodMax * p->Duty1A);
  EPwm2Regs.CMPA.half.CMPA = (int)(2.0 * p->PeriodMax * p->Duty2A);
  EPwm3Regs.CMPA.half.CMPA = (int)(2.0 * p->PeriodMax * p->Duty3A);
}
//==========================================
//End of file.
//==========================================
```

17.4.5 PMSM 转子磁极定向矢量控制系统源程序

程序针对的三相永磁同步电机为凸出式结构，其参数如下：额定功率为 $P_N=500$W；额定转速为 2000r/min；极对数为 3；定子相电阻 $R_s=0.78\Omega$；横轴同步电感 $L_d=8.5$mH；纵轴同步电感 $L_q=8.5$mH。

以下将给出永磁同步电机转子磁极定向矢量控制系统的主程序及中断服务程序，程序中.h 文件所对应的.c 文件必须添加到工程中来。在调试过程中，需要遵循如下步骤：

(1) 全局变量 Enable_flag 默认为 0，在变量观察窗口将其置 1 可使程序继续向下执行；

(2) Enable_flag 置 1 后，程序将会进入 ePWM1 周期中断，由于 LockRotor_flag 默认为 1，所以进入中断后，首先执行转子定位程序；

(3) 转子定位结束后，通过将 LockRotor_flag 清零，可启动矢量控制程序；

(4) 通过 CCS 中的 Graph 观察 Dlog 的第三和第四通道，可观察转速给定与转速反馈曲线；

(5) 在调试过程中，通过将 Enable_flag 清零，可立即封锁脉冲，并将各个调节器设置为默认值。

程序清单 17-3：永磁同步电机矢量控制系统主程序与中断服务程序

```
//==========================================
//aMain.c 文件
//==========================================
```

```
#include "DSPF2833x_Project.h"
#include "F2833x_FPU_FastRTS.h"
#include <math.h>
#include "dlog4ch.h"
//将用户定义的头文件包含进来
#include "ADC_volt_current_get.h"
#include "ePWMs.h"
#include "eQEP_pos_speed_get.h"
#include "clarke.h"
#include "park.h"
#include "ipark.h"
#include "PIfunc.h"
#include "SVPWM_2L.h"
//=======宏定义===================================
#define  T   0.0002                          //PWM调制周期,也是离散化时的采样周期,单位 s
#define  PI   3.141592654
#define  PI2  6.283185307
//****永磁同步电机参数****
#define  MaxRPM  2000                        //额定转速,单位 r/min
#define  p   3                               //电机极对数
#define  Rs  0.78                            //定子电阻,单位 Ω
#define  Ld  0.0085                          //直轴电感,单位 H
#define  Lq  0.0085                          //交轴电感,单位 H
#define  KeSha 0.303                         //电机转子磁链,单位 Wb
#define  PWMS_FRC_DISABLE  0x0000  //宏定义,禁止 ePWM 模块强制功能
#define  PWMS_ALBL   0x0005  //宏定义,强制 ePWMA 为低电平、ePWMB 为低电平
#define  PWMS_AHBH   0x000A  //宏定义,强制 ePWMA 为高电平、ePWMB 为高电平
#define  PWMS_AHBL   0x0006  //宏定义,强制 ePWMA 为高电平、ePWMB 为低电平
#define  PWMS_ALBH   0x0009  //宏定义,强制 ePWMA 为低电平、ePWMB 为高电平
#define  SPEED_STEP  0.0005                  //速度步长,标称值,用于速度给定环节
//======== 全局变量 ================================
volatile Uint16 Enable_flag = 0;             //全局使能位
volatile Uint16 LockRotor_flag = 1;          //转子定位使能位
volatile Uint16 LiCi_OK_flag = 1;            //永磁同步电机磁场由永磁体建立
volatile Uint16 LockRotor_OK_flag = 0;       //转子定位结束标志位,定位前为 0,定位后为 1
volatile Uint32 Time_speed_cnt = 0;     //每次中断加 1,当达到速度调节周期时,进行速度 PI 调节
//定义 PI 调节器的参数及输出限幅值
volatile float Isdref=0, IsdKp=2, IsdKi=15, IsdLimit = 50;                    //isd PI 调节器
volatile float Isqref=1, IsqKp=2, IsqKi=15, IsqLimit = 50;                    //isq PI 调节器
volatile float Speedref=0, SpeedKp=0.02, SpeedKi=0.1, SpeedLimit=2.0;    //速度 PI 调节器
volatile float Speedgive_pu=0.05;  //变量,用来存储速度斜坡函数的目标值,这里速度给定以标准
                                   //化形式表示
volatile float Mech_speed_w=0;        //变量,机械角速度
volatile float Elec_speed_w=0;        //变量,电角速度
//以下结构体变量的定义与用户在相应头文件里的定义有关,为便于理解,读者可翻阅本书前面
//介绍的相关文件
//ADC采样模块对应的结构体变量
ADC_VOLT_CURRENT_GET  Volt_current = ADC_VOLT_CURRENT_GET_DEFAULTS;
//角度与速度测量模块对应的结构体变量
EQEP_POS_SPEED_GET  Pos_speed = EQEP_POS_SPEED_GET_DEFAULTS;
EPWMS  Epwm_modules = EPWMS_DEFAULTS;  //ePWM模块对应的结构体变量
```

```
//坐标变换
//Clarke 变换：电流 ia、ib、ic 向 iα、iβ 变换对应的结构体变量
CLARKE  Iabc_to_Ialphabeta = CLARKE_DEFAULTS;
//Park 变换：电流 iα、iβ 向 id、iq 变换对应的结构体变量
PARK  Ialphabeta_to_Idq = PARK_DEFAULTS;
//Park 变换：电压 uα、uβ 向 ud、uq 变换对应的结构体变量
PARK  Ualphabeta_to_Udq = PARK_DEFAULTS;
//反 Park 变换：电压 ud、uq 向 uα、uβ 变换对应的结构体变量
IPARK  Udq_to_Ualphabeta = IPARK_DEFAULTS;
//PI 调节器对应的结构体变量
PI_FUNC  ASR = PI_FUNC_DEFAULTS;            //速度 PI 调节器 ASR
PI_FUNC  A_Isd_R = PI_FUNC_DEFAULTS;        //d 轴电流 PI 调节器 A_Isd_R
PI_FUNC  A_Isq_R = PI_FUNC_DEFAULTS;        //q 轴电流 PI 调节器 A_Isq_R
//两电平矢量 PWM 算法对应的结构体变量
SVPWM_2L Svpwm = SVPWM_2L_DEFAULTS;
//Dlog 模块对应的变量
int16 DlogCh1 = 0;
int16 DlogCh2 = 0;
int16 DlogCh3 = 0;
int16 DlogCh4 = 0;
DLOG_4CH dlog = DLOG_4CH_DEFAULTS;
int16 Dlog_cnt=-256;
//=========函数声明===============================
void Dlog_init(void);                         //Dlog 初始化函数
interrupt void epwm1_timer_isr(void);         //ePWM1 周期中断服务函数
void clear_states(void);                      //状态清除函数
//=========主程序=================================
void main()
{
 InitSysCtrl();                               //系统初始化
  DINT;                                       //关闭全局中断
 InitPieCtrl();                               //初始化中断控制寄存器
  IER = 0x0000;                               //关闭 CPU 中断
  IFR = 0x0000;                               //清除 CPU 中断信号
 InitPieVectTable();                          //初始化中断向量表
//延时 50ms，等待控制板上其他模块完成初始化
 DELAY_US(50000L);
 //****初始化 Dlog****
  Dlog_init();
 //****ePWM 模块初始化部分****
 EALLOW;
 SysCtrlRegs.PCLKCR0.bit.TBCLKSYNC = 0;     //在配置 ePWM 模块前先禁止 TBCLK 时钟
 EDIS;
//配置 ePWM1 模块的周期中断功能
 EPwm1Regs.ETSEL.bit.INTSEL = ET_CTR_ZERO;  //选择计数器值=0 为中断事件
 EPwm1Regs.ETSEL.bit.INTEN = 1;             //使能相应的中断
 EPwm1Regs.ETPS.bit.INTPRD = ET_1ST;        //每次中断事件发生时都产生一次中断请求
 EPwm1Regs.ETCLR.bit.INT = 1;               //清中断标志位
 EALLOW;
 PieVectTable.EPWM1_INT = &epwm1_timer_isr; //配置中断向量地址
 EDIS;
```

```
 IER |= M_INT3;                                //使能 CPU INT3 模块的中断功能
 PieCtrlRegs.PIEIER3.bit.INTx1 = 1;            //使能 PIE 模块中 EPWM INTn
//由于在 ePWM.c 文件中设定 TBCLK = SYSCLKOUT,且为增减计数模式,故三角波周期=
//2×15 000×6.67ns=200μs
 Epwm_modules.PeriodMax = 15000;               //设定计数器的最大计数值
 Epwm_modules.init(&Epwm_modules);             //调用 ePWM 模块的初始化函数,开始初始化
 EALLOW;
 SysCtrlRegs.PCLKCR0.bit.TBCLKSYNC = 1;        //配置完成后,重新使能 TBCLK 时钟信号
 EDIS;
//在矢量系统开始工作前,强制 ePWM1~ePWM3 模块输出脉冲为低电平,避免开关管误开通
 EPwm1Regs.AQCSFRC.all = PWMS_ALBL;
 EPwm2Regs.AQCSFRC.all = PWMS_ALBL;
 EPwm3Regs.AQCSFRC.all = PWMS_ALBL;
 // **** ADC 模块初始化 ****
 Volt_current.init(&Volt_current);             //调用 ADC 模块初始化函数
 // **** eQEP 模块初始化 ****
 Pos_speed.init(&Pos_speed);                   //调用 eQEP 模块初始化函数
 // **** 初始化调节器 ****
 ASR.Kp = SpeedKp;
 ASR.Ki = SpeedKi;
 ASR.OutMax = SpeedLimit;
 ASR.OutMin =-SpeedLimit;
 A_Isd_R.Kp = IsdKp;
 A_Isd_R.Ki = IsdKi;
 A_Isd_R.OutMax = IsdLimit;
 A_Isd_R.OutMin =-IsdLimit;
 A_Isq_R.Kp = IsqKp;
 A_Isq_R.Ki = IsqKi;
 A_Isq_R.OutMax = IsqLimit;
 A_Isq_R.OutMin =-IsqLimit;
// **** 开始工作 ****
//等待,直到 Enable_flag=1 时开始向下执行,调试时可直接通过 CCS 设定 Enable_flag 的值
 while(Enable_flag==0);
 EINT;                                         //开 CPU 中断
 ERTM;
//死循环
 while(1)
 {
//如果在运行过程中,Enable_flag 被清零,那么强制各个 ePWM 模块输出为低电平
   if(Enable_flag==0)
 {
   EPwm1Regs.AQCSFRC.all = PWMS_ALBL;
   EPwm2Regs.AQCSFRC.all = PWMS_ALBL;
   EPwm3Regs.AQCSFRC.all = PWMS_ALBL;
   clear_states();
 }
   else                                        //正常运行时,禁止 ePWM 模块的强制功能
 {
   EPwm1Regs.AQCSFRC.all = PWMS_FRC_DISABLE;
   EPwm2Regs.AQCSFRC.all = PWMS_FRC_DISABLE;
   EPwm3Regs.AQCSFRC.all = PWMS_FRC_DISABLE;
```

```
   }
  }
}
//========================================
//中断服务函数
//========================================
/*
  @ Description: ePWM1 周期中断服务函数
  @ Param
  @ Return
*/
void epwm1_timer_isr()
{
 //采样电压电流
 Volt_current.read(&Volt_current);
 //将ABC坐标系的电流变换到α、β坐标系,Clarke变换
 Iabc_to_Ialphabeta.As = Volt_current.Ia;
 Iabc_to_Ialphabeta.Bs = Volt_current.Ib;
 Iabc_to_Ialphabeta.calc(&Iabc_to_Ialphabeta);
 //----开始对转子进行初始定位------------------------------------------------
/*如果转子磁场建立完成,开始转子定位,由于永磁同步电机转子磁场由永磁体建立,LiCi_OK_flag
始终为1。在电励磁同步电机调速过程中,可通过此位判断转子磁场是否建立完成*/
 if(LiCi_OK_flag==1)
   {
   if( LockRotor_flag ==1 )                          //转子定位过程
   {
 //电流 Park 变换
   Ialphabeta_to_Idq.Alpha=Iabc_to_Ialphabeta.Alpha;
   Ialphabeta_to_Idq.Beta =Iabc_to_Ialphabeta.Beta;
   Ialphabeta_to_Idq.Cos=1;
   Ialphabeta_to_Idq.Sin=0;
   Ialphabeta_to_Idq.calc(&Ialphabeta_to_Idq);
   //转子定位需要给定αβ轴电流,这里将旋转变换角设定为0,即可直接给定dq轴电流
   //给定d轴电流,并进行调节
        A_Isd_R.Give = 1.0;                          //单位A
        A_Isd_R.Feedback=Ialphabeta_to_Idq.Ds;
        A_Isd_R.Kp=IsdKp;
        A_Isd_R.Ki=IsdKi;
        A_Isd_R.OutMax = IsdLimit;
        A_Isd_R.OutMin =-IsdLimit;
        A_Isd_R.calc(&A_Isd_R);
        IsqKp=IsdKp;
        IsqKi=IsdKi;
   //给定q轴电流,并进行调节
        A_Isq_R.Give = 0;
        A_Isq_R.Feedback=Ialphabeta_to_Idq.Qs;
        A_Isq_R.Kp=IsqKp;
        A_Isq_R.Ki=IsqKi;
        A_Isq_R.OutMax = IsqLimit;
        A_Isq_R.OutMin =-IsqLimit;
        A_Isq_R.calc(&A_Isq_R);
   //电压前馈
```

```
            Udq_to_Ualphabeta.Ds=A_Isd_R.Output;
            Udq_to_Ualphabeta.Qs=A_Isq_R.Output;
            Udq_to_Ualphabeta.Cos=1;
            Udq_to_Ualphabeta.Sin=0;
            Udq_to_Ualphabeta.calc(&Udq_to_Ualphabeta);
            Time_LockRotor++;
            LockRotor_OK_flag=0;
    }
  else if(LockRotor_OK_flag==0)                   //转子初始定位过程结束
      {
    LockRotor_OK_flag=1;                          //转子定位结束后,将此位置1
//转子定位过程编码器将转动,这里在定位结束后对eQEP模块重新初始化
     EQep2Regs.QEPCTL.bit.SWI=1;
      }
   }
  //----转子定位结束-----------------------------------------------------
//----启动电机,并进行矢量闭环控制算法的实现------------------------------------
  if(LockRotor_OK_flag==1)  //保证在转子定位结束后,才进行矢量闭环控制算法
    {
  //速度给定,斜坡函数
  if(Time_speed_cnt==100)                         //100×200μs=20 000μs=20ms
    {
  //把速度给定限定在额定转速内,支持正反转
  if( Speedgive_pu > 1)
         { Speedgive_pu = 1;}
  else if( Speedgive_pu < -1)
         { Speedgive_pu = -1;}
  if( Speedref > Speedgive_pu )
         {
        Speedref -= SPEED_STEP;
            if( Speedref < Speedgive_pu)
              { Speedref = Speedgive_pu;}
         }
  else if( Speedref < Speedgive_pu)
         {
        Speedref += SPEED_STEP;
        if( Speedref > Speedgive_pu)
          {Speedref = Speedgive_pu;}
         }
 Pos_speed.calc(&Pos_speed);                      //读取当前转速
  //转速调节 PI
  ASR.Give = Speedref * MaxRPM;                   //速度给定
  ASR.Feedback = Pos_speed.Speed_Mr_Rpm;          //速度反馈
  ASR.Kp = SpeedKp;
  ASR.Ki = SpeedKi;
  ASR.OutMax = SpeedLimit;
  ASR.OutMin =-SpeedLimit;
  ASR.calc(&ASR);
 Time_speed_cnt = 0;                              //对计数器清零,随后进入下一个计数周期
    }
  else
```

```
        { Time_speed_cnt++; }
      //读取 d 轴与 α 轴之间的夹角
    Pos_speed.calc(&Pos_speed);
    Pos_speed.ElecTheta = Pos_speed.ElecTheta * PI2; //在 eQEP 角度测量函数里,一周角度范围
                                                      //对应 0~1,这里将其化为 0~2pi
      if(Pos_speed.ElecTheta>PI)
        { Pos_speed.ElecTheta-=PI2; }
      //将 αβ 坐标系下的子电流转换到 dq 坐标系,Park 变换
      Ialphabeta_to_Idq.Alpha = Iabc_to_Ialphabeta.Alpha;
      Ialphabeta_to_Idq.Beta =Iabc_to_Ialphabeta.Beta;
      Ialphabeta_to_Idq.Cos = cos(Pos_speed.ElecTheta);
      Ialphabeta_to_Idq.Sin = sin(Pos_speed.ElecTheta);
      Ialphabeta_to_Idq.calc(&Ialphabeta_to_Idq);
      //Isd 调节 PI
      A_Isd_R.Give = 0;                                 //采用 i_sd=0 控制策略
      A_Isd_R.Feedback =Ialphabeta_to_Idq.Ds;
      A_Isd_R.Kp =IsdKp;
      A_Isd_R.Ki =IsdKi;
      A_Isd_R.OutMax = IsdLimit;
      A_Isd_R.OutMin =-IsdLimit;
      A_Isd_R.calc(&A_Isd_R);
      IsqKp=IsdKp;
      IsqKi=IsdKi;
      //Isq 调节 PI
      A_Isq_R.Give = ASR.Output;                      //转矩电流的给定值 = 转速 PI 调节器的输出
      A_Isq_R.Feedback =Ialphabeta_to_Idq.Qs;
      A_Isq_R.Kp =IsqKp;
      A_Isq_R.Ki =IsqKi;
      A_Isq_R.OutMax = IsqLimit;
      A_Isq_R.OutMin =-IsqLimit;
      A_Isq_R.calc(&A_Isq_R);
    //电压前馈单元,并将 dq 坐标系下的电压给定转换到 αβ 坐标系
      Mech_speed_w = Pos_speed.Speed_Mr_Rpm * PI2 / 60;     //机械角速度
      Elec_speed_w = Mech_speed_w * Pos_speed.PolePairs;     //电角速度
      Udq_to_Ualphabeta.Ds =A_Isd_R.Output- Ialphabeta_to_Idq.Qs * Elec_speed_w * Ld;
      Udq_to_Ualphabeta.Qs =A_Isq_R.Output+ Ialphabeta_to_Idq.Qs * Rs+KeSha * Elec_speed
_w;
      Udq_to_Ualphabeta.Cos = cos(Pos_speed.ElecTheta);
      Udq_to_Ualphabeta.Sin = sin(Pos_speed.ElecTheta);
      Udq_to_Ualphabeta.calc(&Udq_to_Ualphabeta);
    }
  //----两电平逆变器的控制---------------------------------------------------------
  //两电平 SVPWM 算法
  Svpwm.Ualpha = Udq_to_Ualphabeta.Alpha;                  //电压前馈单元的输出 u_α
  Svpwm.Ubeta  = Udq_to_Ualphabeta.Beta;                   //电压前馈单元的输出 u_β
  Svpwm.Vdc = Volt_current.Vdc;                            //通过 ADC 模块测量的直流母线电压
  Svpwm.calc(&Svpwm);
  //使用 ePWM 模块输出相应的 PWM 脉冲
  Epwm_modules.Duty1A = Svpwm.Tcmpa;
  Epwm_modules.Duty2A = Svpwm.Tcmpb;
  Epwm_modules.Duty3A = Svpwm.Tcmpc;
```

```
 Epwm_modules.update(&Epwm_modules);
 //----逆变器控制算法完成-----------------------------------------------
 //----将变量波形进行量化,配合 CCS 的 Graph 功能进行显示-------------------
Dlog_cnt+=1;
if(Dlog_cnt==257){Dlog_cnt=-256;}
DlogCh1 = (int16) (Dlog_cnt);
DlogCh2 = (int16) (Dlog_cnt);
DlogCh3 = (int16) ( ASR.Give / MaxRPM * 512 );
DlogCh4 = (int16) ( ASR.Feedback / MaxRPM * 512 );
dlog.update(&dlog);
EPwm1Regs.ETCLR.bit.INT = 1;                          //清除中断标志位
 PieCtrlRegs.PIEACK.all = PIEACK_GROUP3;
}
//======== 函数定义=================================
/*
  @ Description: 状态复位子函数
  @ Param
  @ Return
*/
void clear_states()
{
Speedgive_pu=0;
Volt_current = ADC_VOLT_CURRENT_GET_DEFAULTS;
Pos_speed = EQEP_POS_SPEED_GET_DEFAULTS;
Epwm_modules = EPWMS_DEFAULTS;
Iabc_to_Ialphabeta = CLARKE_DEFAULTS;
Ialphabeta_to_Idq = PARK_DEFAULTS;
Ualphabeta_to_Udq = PARK_DEFAULTS;
Udq_to_Ualphabeta = IPARK_DEFAULTS;
ASR = PI_FUNC_DEFAULTS;
A_Isd_R = PI_FUNC_DEFAULTS;
A_Isq_R = PI_FUNC_DEFAULTS;
Svpwm = SVPWM_2L_DEFAULTS;
}
/*
  @ Description: Dlog 初始化子函数
  @ Param
  @ Return
*/
void Dlog_init(void)
{
dlog.iptr1 = &DlogCh1;
dlog.iptr2 = &DlogCh2;
dlog.iptr3 = &DlogCh3;
dlog.iptr4 = &DlogCh4;
dlog.trig_value = 0x0;
dlog.size = 0x400;
dlog.prescalar = 1;
dlog.init(&dlog);
}
//=================================================
//End of file.
//=================================================
```

第18章

自己动手打造最小系统板

本章主要介绍 TMS320F28335 DSP 的最小系统设计,对构成最小系统的基本模块如电源电路、时钟电路等进行详细的介绍,给出设计原则及最终的参考电路,并对 XINTF 与 FPGA 的接口电路进行详细的设计。本章首先介绍 TMS320F2833x 系列 DSP 的 Boot 引导方式,然后详细介绍最小硬件系统的设计方案,最后给出 PCB 设计原则及相应的抗干扰措施。

18.1 Boot 引导方式选择

18.1.1 Boot 介绍

目前在系统设计时普遍遇到一个问题,即低速外设如何与高速 CPU 进行匹配。通常 TI 公司的 DSP 具有很高的时钟频率,如 TMS320F28335 最高时钟频率可达 150MHz,而大部分存储设备的访问时间都很慢,尤其是非易失的串行存储设备,其访问时间最快也要几十 ns。如果以传统方式 CPU 到非易失存储设备读取指令然后运行,那么高速 CPU 将花费大量的读/写等待时间,影响程序运行效率,无法满足复杂的实时性较高的系统需要。目前在实时性要求较高的系统中,普遍使用的程序运行方式是 Boot 引导方式。此时,将程序存放在非易失的存储设备里,如片内 Flash、片外 SPI-EEPROM 或 SPI-Flash 等,CPU 复位后首先进入引导加载程序,将非易失存储器里的程序加载到内部 SARAM 中,然后根据引导加载程序指定的程序入口地址,在片内 SARAM 中运行相应的程序,这样就解决了高速 CPU 与低速设备之间的匹配问题,提高了系统的整体效率。

18.1.2 引导方式的选择

本节主要介绍 TMS320F2833x 系列 DSP 引导方式的选择。TMS320F2833x 系列 DSP 的 Boot ROM 是位于片内地址空间 0x3FE000～0x3FFFFF 的一块 8K×16 位的只读存储器,片内 Boot ROM 在出厂时固化了引导加载程序以及定点和浮点数学表,这里我们只关心引导加载程序。为了适应不同系统的要求，引导加载程序支持多种不同的引导方式，由相应的控制引脚决定，如表18-1所示。

表18-1 引导模式与控制引脚之间的关系

引导方式	GPIO87/XA15	GPIO86/XA14	GPIO85/XA13	GPIO84/XA12
跳转到Flash(Boot to Flash)	1	1	1	1
SCI-A引导	1	1	1	0
SPI-A引导	1	1	0	1
I2C引导	1	1	0	0
eCAN-A引导	1	0	1	1
McBSP-A引导	1	0	1	0
跳转到XINTF×16	1	0	0	1
跳转到XINTF×32	1	0	0	0
跳转到OTP	0	1	1	1
并行GPIO I/O引导	0	1	1	0
并行XINTF引导	0	1	0	1
跳转到SARAM	0	1	0	0
检测引导模式分支	0	0	1	1
跳转到Flash，忽略ADC校准	0	0	1	0
跳转到SARAM，忽略ADC校准	0	0	0	1
SCI-A引导，忽略ADC校准	0	0	0	0

表18-1中，电复位后，默认使能GPIO87、GPIO86、GPIO85及GPIO84这四个引脚的内部上拉功能，如果选择Boot to Flash引导方式，则无须为这四个引脚外接控制电路；上电复位过程结束后，系统启动引导加载程序，此时必须设定好相应控制引脚的电平状态，在引导加载程序中将会对相应的引脚电平进行采样，之后决定进入何种引导方式。

由于片内SARAM具有易失性，所以要将程序存放到非易失的存储器内，以保证上电后系统能可靠工作。由于TMS320F28335片内具有256KB的Flash存储空间，为省去片外存储器并提高系统可靠性，通常将程序存放到片内Flash中，芯片上电后通过Boot to Flash引导方式跳转到Flash空间执行程序。需要说明的是，Boot to Flash引导方式并不会自动将Flash存储空间中的程序复制到SARAM中，需要通过#pragma CODE_SECTION(epwm2_timer_isr, "ramfuncs")指令将Flash中的程序段复制到SARAM中执行，指令中的epwm2_timer_isr为函数名，可替换为任何一个。通常该指令将实时性要求较高或对时间有严格要求的子函数复制到SARAM中执行，从而获取较高的执行效率，而其他程序则可继续放在Flash内执行。

由于不需要外接控制电路，本次设计使用Boot to Flash引导方式，具体引导流程如图18-1所示。

需要说明的是，通常Boot to Flash引导方式在程序调试完成后使用，即设计完成后的程序固化阶段。而在调试过程中，可使用仿真器对引导方式直接配置，而无须关心相关控制引脚的状态，由于调试阶段通常使用28335_RAM_Link.cmd文件，为方便程序调试，可使用Boot to SARAM引导方式，即程序直接在SARAM中执行。Boot to SARAM引导方式的流程如图18-2所示。

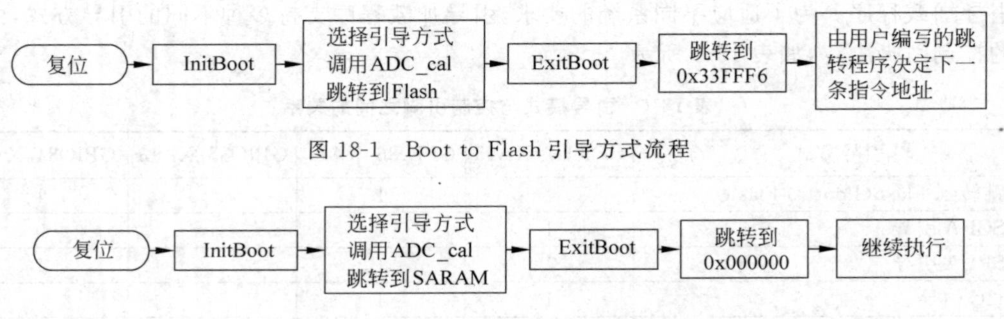

图 18-1 Boot to Flash 引导方式流程

图 18-2 Boot to SARAM 引导方式流程

18.2 硬件系统设计

一个完整的 DSP 硬件系统设计主要包括最小系统设计和外围电路设计。最小系统设计主要包括电源电路、复位电路、时钟电路及 JTAG 仿真接口部分。外围电路则需根据系统要求进行针对性的设计，本节主要给出了几种常用的外围接口电路设计方案，如 GPIO 驱动电路、ADC 模拟输入通道的调理电路及 XINTF 与 FPGA 的接口电路。图 18-3 给出了一个完整 DSP 硬件系统的基本结构。

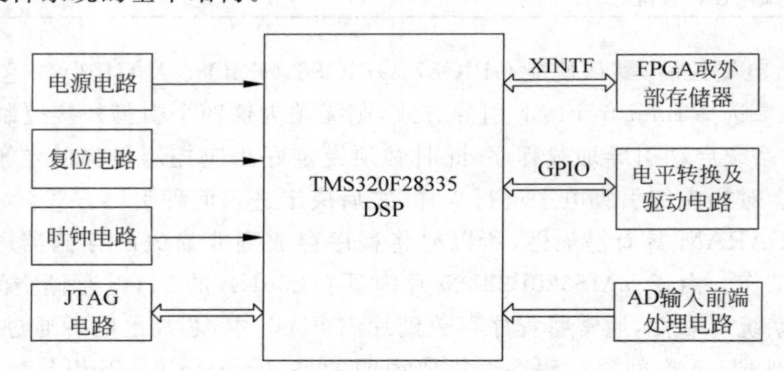

图 18-3 DSP 硬件系统基本结构

通过对本节的学习，可使读者尤其是初学者对 TMS320F2833x 系列 DSP 的硬件系统有一个比较直观的了解，熟悉电路的基本设计原则，从而达到能自己动手设计一款最小系统板的目的。本节的所有设计都是针对 TMS320F28335 芯片的，其他系列芯片与其类似。

18.2.1 电源电路设计

低功耗一直是电子系统设计的重要指标，为降低芯片功耗，TI 公司的 TMS320F2833x 系列 DSP 采用双电源供电方案，即内核电压和 I/O 电压。以下将给出电源系统设计的具体步骤。

1. 电气规范及要求

了解芯片的电气规范是设计电源系统的首要条件，这些电气规范主要包括最大可承受电压、推荐工作电压、芯片单个引脚承受的电流及整个芯片的功率损耗等。表18-2与表18-3分别给出了TMS320F2833x的最大额定值与推荐工作值。

表18-2 TMS320F2833x最大额定值范围

电气参数	电压参考点或条件说明	参考值
电源电压范围：V_{DDIO}、V_{DD3VFL}	V_{SS}	−0.3～4.6V
电源电压范围：V_{DDA2}、V_{DDAIO}	V_{SSA}	−0.3～4.6V
电源电压范围：V_{DD}	V_{SS}	−0.3～2.5V
电源电压范围：V_{DD1A1S}、V_{DD2A1S}	V_{SSA}	−0.3～2.5V
电源电压范围：V_{SSA2}、V_{SSAIO}、$V_{SS1AGND}$、$V_{SS2AGND}$	V_{SS}	−0.3～0.3V
输入电压范围：V_{IN}	V_{SS}	−0.3～4.6V
输出电压范围：V_{O}	V_{SS}	−0.3～4.6V
输入钳制电流：I_{IK}（$V_{IN}<0$ 或 $V_{IN}>V_{DDIO}$）		±20mA
输入钳制电流：I_{OK}（$V_{O}<0$ 或 $V_{O}>V_{DDIO}$）		±20mA
运行环境温度范围：T_{A}	A版本	−40～85℃
	S版本	−40～125℃
	Q版本	−40～125℃
结温范围：T_{J}		−40～150℃
贮存温度范围：T_{stg}		−65～150℃

在超出表18-2中所列的最大额定值范围下工作可能会造成器件的永久损坏，长时间工作在最大额定值情况下会影响芯片的可靠性并缩短其使用寿命；所有电压值的参考点都是V_{SS}，除非额外注明；每个引脚上的持续钳制电流为±2mA，这包括模拟输入，此模拟输入有一个内部钳制电路，能够将高于V_{DDA2}或低于V_{SSA2}的电压限制在一个二极管导通压降范围内。

表18-3 TMS320F2833x推荐值范围

电气参数	参考条件	最小值	标称值	最大值	单位
I/O供电电压：V_{DDIO}		3.135	3.3	3.465	V
CPU供电电压：V_{DD}	工作频率为150MHz	1.805	1.9	1.995	V
	工作频率为100MHz	1.71	1.8	1.89	
电源地：V_{SS}、V_{SSIO}、V_{SSAIO}、V_{SSA2}、$V_{SS1AGND}$、$V_{SS2AGND}$			0		V
ADC供电电压(3.3V)：V_{DDA2}、V_{DDAIO}		3.135	3.3	3.465	V
ADC供电电压：V_{DD1A18}、V_{DD2A18}	工作频率为150MHz	1.805	1.9	1.995	V
	工作频率为100MHz	1.71	1.8	1.89	
Flash供电电压：V_{DD3VFL}		3.135	3.3	3.465	V
器件时钟	F28335/F28334	2		150	MHz
	F28332	2		100	
高电平输入电压，V_{IH}	除X1之外所有输入	2		V_{DDIO}	V
	X1	$0.7V_{DD}-0.05$		V_{DD}	
低电平输入电压，V_{IL}	除X1之外所有输入			0.8	V
	X1			$0.3V_{DD}+0.05$	

续表

电气参数	参考条件	最小值	标称值	最大值	单位
高电平时拉电流：$V_{OH}=2.4V$，I_{OH}	除组 2 之外的所有 I/O			−4	mA
	组 2			−8	
低电平时灌电流：$V_{OL}=V_{OL}$，I_{OL}	除组 2 之外的所有 I/O			4	mA
	组 2			8	
环境温度：T_A	型号 A	−40		85	℃
	型号 S	−40		125	
	型号 Q	−40		125	
结温：T_J				125	℃

注：组 2 包括如下引脚：GPIO28、GPIO29、GPIO30、GPIO31、TDO、XCLKOUT、EMU0、EMU1、XINTF 相关引脚、GPIO35～87 及$\overline{XRD}$。

为保证最小系统能可靠工作，系统电源电压应满足表 18-3 推荐的工作条件，但仅仅满足电压要求还不够，还要考虑电源芯片的最大输出电流，而电源芯片的最大输出电流主要由 DSP 最大电流损耗及外围电路的电流损耗决定。表 18-4 给出了 SYSCLKOUT＝150MHz 时 TMS320F283335 芯片的电流损耗，现对表中测试条件进行说明。

（1）条件 A：以下外设的时钟被使能，包括 ePWM1/2/3/4/5/6、eCAP1/2/3/4/5/6、eQEP1/2、eCAN-A、SCI-A/B（FIFO 模式）、ADC、I2C、CPU 定时器 0/1/2，PWM 引脚以 150kHz 的频率翻转状态，所有引脚都悬空。

（2）条件 B：Flash 被禁止、XCLKOUT 输出被关闭，eCAN-A、SCI-A、SPI-A、I2C 的外设时钟被使能。

（3）条件 C：Flash 被禁止，所有外设时钟被关闭。

（4）条件 D：Flash 被禁止，所有外设时钟被关闭，输入时钟也被禁止。

表 18-4　SYSCLKOUT＝150MHz 时 F28335 电源引脚的流耗

模式	测试条件	I_{DD}		I_{DDIO}		I_{DD3VFL}		I_{DDA18}		I_{DDA33}	
		典型	最大	典型	最大	典型	最大	典型	最大	典型	最大
程序在 Flash 中运行	条件 A	290mA	315mA	30mA	50mA	35mA	40mA	30mA	35mA	1.5mA	2mA
IDLE	条件 B	100mA	120mA	60μA	120μA	2μA	10μA	5μA	60μA	15μA	20μA
STANDBY	条件 C	8mA	15mA	60μA	120μA	2μA	10μA	5μA	60μA	15μA	20μA
HALT	条件 D	150μA		60μA	120μA	2μA	10μA	5μA	60μA	15μA	20μA

表 18-4 中，I_{DDIO}电流取决于 I/O 引脚上的负载。表中标明的 I_{DD3VFL}电流为闪存读取电流，不包括用于擦除/写入操作的额外电流。闪存编程期间，要从 V_{DD}和 V_{DD3VFL}汲取额外电流，在设计电源时应该将这个额外电流考虑在内。I_{DDA18}包括进入 V_{DD1A18}和 V_{DD2A18}引脚的电流。为了测试 IDLE、STANDBY 和 HALT 模式下的 I_{DDA18}电流，必须通过写 PCLKCR0 寄存器来关闭 ADC 模块的时钟。I_{DDA33}包括进入 V_{DDA2}和 V_{DDAIO}引脚的电流。典型值适用于常温和推荐的标准电压下。当在 SARAM 中运行相同的代码时，由于 SARAM 的等待时间为 0，CPU 执行效率更高，耗电量也会增加。HALT 模式下 I_{DD}电流将随温度非线性增加。

此外，F2833x 系列 DSP 包括一个降低器件电流损耗的方法，由于每个外围设备都有一个独立的时钟使能位，所以可通过关闭指定模块中无用的时钟来减少电流损耗，此位也可利用三种低功耗模式中的任一个来进一步减少电流损耗。由于电源芯片的选择应满足系统最大电流损耗的要求，F2833x 系列 DSP 的此项功能并不影响电源芯片的选择，但却可以通过减少电流损耗的方法来实现低功耗特性。表 18-5 给出了由关闭时钟所实现的流耗减少的典型值。

表 18-5　外设模块电流损耗的典型值(SYSCLKOUT＝150MHz)

外设模块	I_{DD}电流/mA	外设模块	I_{DD}电流/mA
ADC	8	eCAN	8
I2C	2.5	McBSP	7
eQEP	5	CPU 定时器	2
ePWM	5	XINTF	10
eCAP	2	DMA	10
SCI	5	FPU	15
SPI	4		

表 18-5 中，复位时所有外设时钟被禁用，只有在外设时钟被打开后，才可对外设寄存器进行写入/读取操作。对于具有多个实例的外设，指的是单个模块电流损耗值，例如，ePWM 模块的 5mA 电流指的是一个 ePWM 模块。ADC 模块的 I_{DD} 电流为 8，这个数字代表了 ADC 模块数字部分汲取的电流，关闭 ADC 模块的时钟也将消除取自 ADC (I_{DDA18})模拟部分的电流。运行 XINTF 总线对 I_{DDIO}电流有明显的影响。电流增加量与以下因素有关：多少个地址/数据引脚从一个周期切换到另一个；切换的速度；使用的接口是 16 位还是 32 位以及这些引脚上的负载。

下面是进一步减少流耗的其他方法：

- 如果代码运行在 SARAM 中，闪存模块可被断电，这将使 VDD3VF 电源的电流减少 35mA(典型值)。
- 当 XCLKOUT 被关闭时，I_{DDIO}流耗减少 15mA(典型值)。
- 通过禁用输出功能引脚上的上拉电阻器和 XINTF 引脚的上拉电阻器可大大节省 I_{DDIO}，通过这样可以节省 35mA(典型值)。

基线 I_{DD}电流的典型值为 165mA(此电流是指当内核在无外设被启用的情况下执行空操作时的电流)。估计一个 DSP 应用系统所需的 I_{DD}电流，使用到的外设所汲取的电流必须被添加到基线 I_{DD}电流上。

2. 上电顺序要求

通常初学者对多电源系统中的上电顺序理解不深刻，在硬件设计中经常忽略这个问题，认为只要电源电路满足系统的电压与电流要求就可以了，其实不然。上电顺序是多电源系统设计中必须要考虑的问题，对提高系统稳定性、消除上电瞬间的不稳定状态有重要作用。下面就以 TMS320F28335 的供电系统来说明上电顺序的重要性。

TMS320F28335 工作在 150MHz 频率下需要 1.9V 的内核电压及 3.3V 的 I/O 电压。如果内核先于 I/O 模块上电，那么 I/O 引脚将不会产生不稳定的未知状态。反之，如果 I/O 模块先于内核上电，由于此时内核不工作，I/O 输出缓冲器中的晶体管有可能打开，从而在输出引脚上产生不确定状态，对整个系统造成影响。为了避免这种情况的发生，V_{DD}引脚上电应早于 V_{DDIO}引脚上电，或与之同时，以确保 V_{DD}引脚在 V_{DDIO}引脚达到 0.7V 之前先达到 0.7V。

注： 器件上电之前，不应将大于二极管导通压降(0.7V)的电压应用于任何数字引脚上(对于模拟引脚，这个值是比 V_{DDA} 高 0.7V 的电压值)，因为应用于未加电的器件引脚上的电压会以一种无意的方式偏置内部的 P-N 结，并产生不确定的状态。

3. 具体解决方案

最简单的双电源供电系统设计通过两个线性稳压器件产生内核电压和 I/O 电压。采用线性稳压器件设计供电系统，硬件电路比较简单，电压谐波小，但同时也存在转换效率低等问题。目前效率最高的电源稳压方式是采用 PWM 控制方式的 DC/DC 开关电源，具有效率高、压降小等特点，但价格相对较高。TI 公司针对其 DSP 供电系统提供了多种电源稳压芯片，较为常用的如表 18-6 所示。

表 18-6 TI 公司常用电源芯片

型 号	类 型	描 述
TPS767D301	LDO	带有使能端的 3.3V 和一个可调输出通道，每路输出电流最大可达 1A
TPS758xx	LDO	带有使能端的单路稳压器，最大输出电流 3A，支持 3.3V、2.5V 等
TPS79xx	LDO	带有使能端的单路稳压器，最大输出电流 7.5A，支持 3.3V、2.5V 等
TPS62110	DC/DC	输出电流为 1.2A 的 DC/DC 转换器，四方扁平封装
TPS6230	DC/DC	输出电流为 0.5A 的 DC/DC 转换器，WCSP 封装

在 TI 公司生产的 LDO 稳压芯片中，TPS758xx 系列具有一定的代表意义，该系列具有如下特点：

- 降压型稳压芯片，最大输出电流为 3A。
- 固定输出的电压有 3.3V、2.5V、1.8V 及 1.5V 四个等级，可调输出电压为 1.22～5V。
- 3A 时的电压跌落为 150mV(TPS75833)。
- 具有使能输入端 EN。
- 共有 5 个引脚，具有 TO-220 和 TO-263 两种封装形式，如图 18-4 所示。

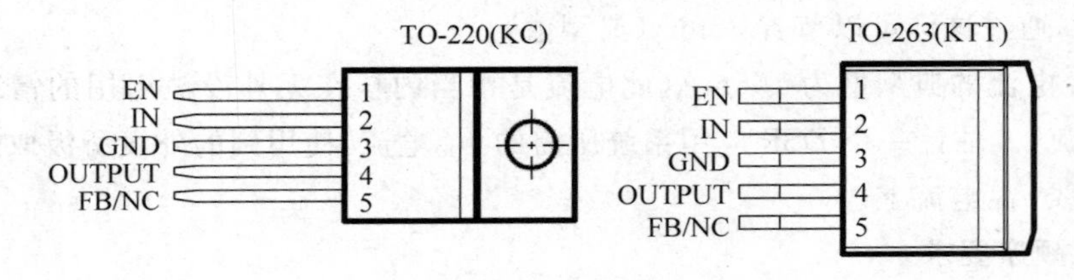

图 18-4 TPS758xx 引脚及封装

本次设计使用 TPS75833 产生 3.3V 电压，使用输出电压可调的 TPS75801 稳压器产生 1.9V 电压，由于两款芯片都具有使能输入端，配合外部逻辑电路可控制上电顺序。TPS75833 使用较为简单，无须外接反馈电阻，可直接产生稳定的 3.3V 输出电压。TPS75801 需要外接反馈电阻，输出电压的大小与反馈电阻的取值有关，其典型应用电路如图 18-5 所示。

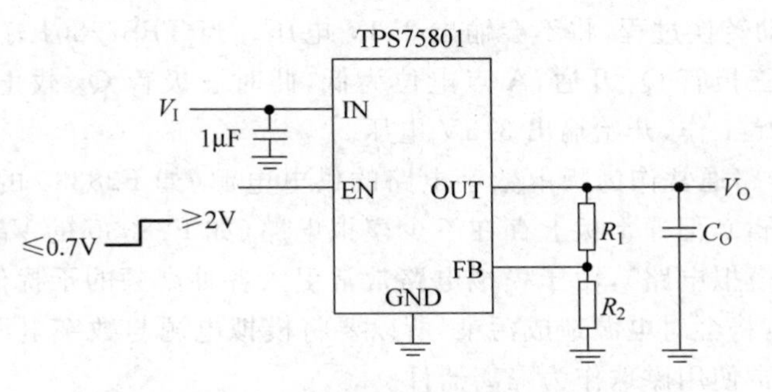

图 18-5　TPS75801 典型应用电路

其输出电压计算公式如下：

$$V_O = V_{ref} \times \left(1 + \frac{R_1}{R_2}\right)$$

其中，V_{ref} 为芯片内部参考电压 1.224V。

通常 R_2 参考电阻的取值为 30.1kΩ，要想得到 1.9V 的输出电压，R_1 取值为 16.6kΩ。

综合以上所述，设计出系统板的电源电路如图 18-6 所示。

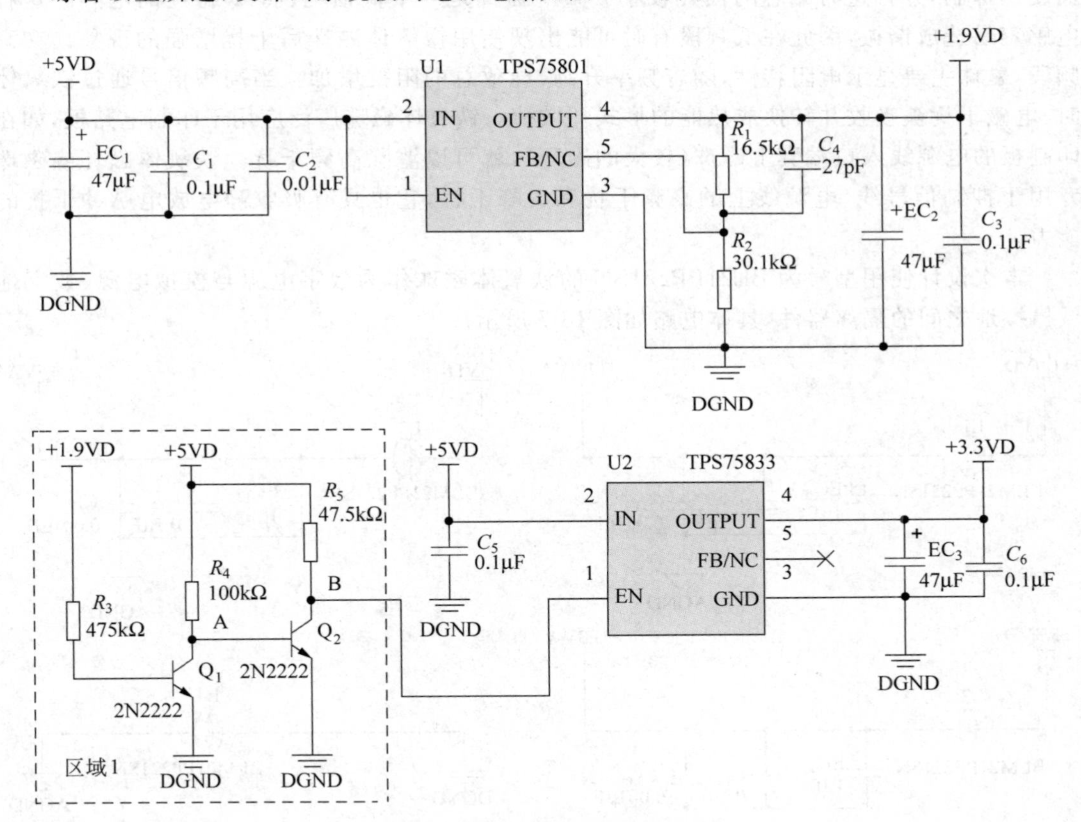

图 18-6　系统板电源电路

图 18-6 中，区域 1 内为上电顺序控制逻辑电路。其工作原理为：当 TPS75801 输出的 1.9V 电源电压正处在上升期，且未达到 Q_1 的开通电压时，三极管 Q_1 截止，A 点电位为高，于是三极管 Q_2 导通，B 点电位为低，由于 B 点连接到 TPS75833 芯片的使能端 EN，此时

TPS75833 无法启动转换过程，将不会输出 3.3V 电压。当 TPS75801 输出的电源电压达到 Q_1 的开通电压时，三极管 Q_1 开通，A 点电位为低，此时三极管 Q_2 截止，B 点电位为高，将使能 TPS75833 开始工作，开始输出 3.3V 电压。

图 18-6 所示电路通常作为板上数字电路的供电电源（如 F28335 的 V_{DD}、V_{DDIO}、V_{DD3VFL} 或板上其他数字逻辑），但通常板上存在不少模拟电路（如 F28335 的 V_{DDA2}、V_{DDAIO}、V_{DD1A18}、V_{DD2A18} 或板上其他模拟电路），由于模拟电路常常引入各种高频的干扰信号，如果直接使用数字电源为其供电，将会对电源造成污染，所以要将模拟电源与数字电源进行有效隔离，在电子系统设计中通常使用磁珠作为隔离器件。

磁珠的全称为铁氧体磁珠滤波器（另有一种是非晶合金磁性材料制作的磁珠），是一种抗干扰元件，滤除高频噪声效果显著。铁氧体材料的特点是高频损耗非常大，具有很高的导磁率，铁氧体对低频电流几乎没有什么阻抗，而对较高频率的电流会产生较大的衰减。对于抑制电磁干扰用的铁氧体，其等效电路为一个电感和一个电阻串联，两个元件的值都与磁珠的长度成比例。当导线穿过这种铁氧体磁芯时，所构成的电感阻抗是随着频率的升高而增加。高频电流在其中以热量形式散发。在低频段，磁珠主要显示电感特性，电磁干扰被反射而受到抑制，并且这时磁芯的损耗较小。整个器件是一个低损耗、高 Q 特性的电感。这种电感容易造成谐振，因此在低频段有时可能出现使用铁氧体磁珠后干扰增强的现象。在高频段，磁珠主要显示电阻特性，随着频率升高，导致总的阻抗增加。当高频信号通过铁氧体时，电磁干扰被吸收并转换成热能的形式耗散掉。铁氧体磁珠广泛应用于印制电路板，如在印制板的电源线入口端套上磁珠（较大的磁环），就可以滤除高频干扰。铁氧体磁环或磁珠专用于抑制信号线、电源线上的高频干扰和尖峰干扰，它也具有吸收静电放电脉冲干扰的能力。

本次设计使用型号为 BL21PP221SN 的铁氧体磁珠作为数字电源与模拟电源、数字地域模拟地之间的隔离器件，具体电路如图 18-7 所示。

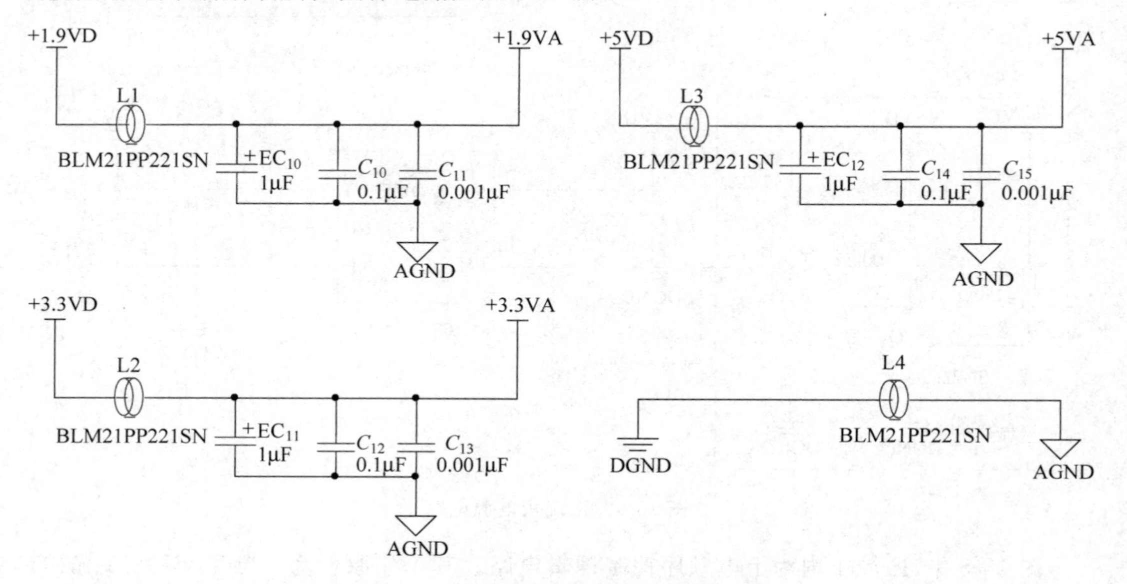

图 18-7　数字电源与模拟电源隔离电路

至此完成了电源系统的设计，将电源电压连接到相应的电源引脚即可。

18.2.2　复位电路设计

TMS320F2833x 系列 DSP 上电与断电期间对芯片的外部复位引脚 $\overline{\text{XRS}}$ 的要求如下：

- 上电期间，$\overline{\text{XRS}}$ 引脚必须在输入时钟稳定之后的 $t_{w(RSL1)}$（具体见表 18-7）时间内保持低电平，从而保证整个器件从一个已知的状态启动。
- 断电期间，$\overline{\text{XRS}}$ 引脚必须至少在 VDD 下降到 1.5V 之前的 8μs 内被拉至低电平，这样做可提高闪存（Flash）的可靠性。

上电时各信号应满足的要求如图 18-8 所示，图中时间参数的典型值如表 18-7 所示。

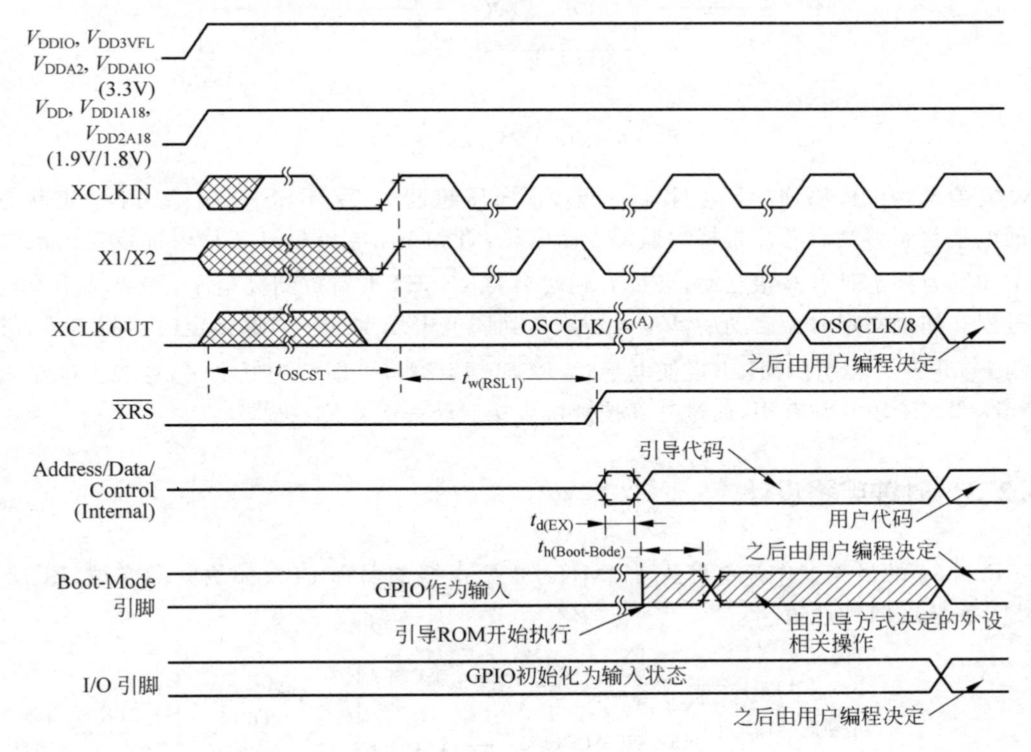

图 18-8　上电过程

表 18-7　时间参数典型值

参　　数	最小值	典型值	最大值	单位
$t_{w(RSL1)}$：时钟输入稳定后到 $\overline{\text{XRS}}$ 变为高电平的间隔	$32t_{c(OSCLK)}$			周期
$t_{d(EX)}$：$\overline{\text{XRS}}$ 变为高电平后到地址/数据线可用的间隔		$32t_{c(OSCLK)}$		周期
t_{OSCT}：时钟振荡器起振时间	1	10		ms
$t_{(boot-mode)}$：boot-mode 模式控制引脚的保持时间	$200t_{c(OSCLK)}$			周期

在一般电子系统中，通常使用 RC 复位电路，具有设计简单、成本低等优点，但却不能满足严格的时序要求。由于 DSP 系统对复位信号的低脉冲宽度及上升时间都有比较严格的要求，且需满足上电过程的时序要求，通常使用电源监测器来自动产生上电复位脉冲。

对于双电源供电系统，最简单的解决办法是使用两个电源监测器，分别监测内核电压及I/O电压，以确保上电过程中在内核电压与I/O电压没有达到阈值之前保持DSP为复位状态。由于在电源电路的设计中已经使用了上电顺序控制电路，这里只需要监测I/O电压即可。TI公司提供了多种电源监测芯片，本次设计使用带手动复位端的TPS3828-3.3，具体电路如图18-9所示。

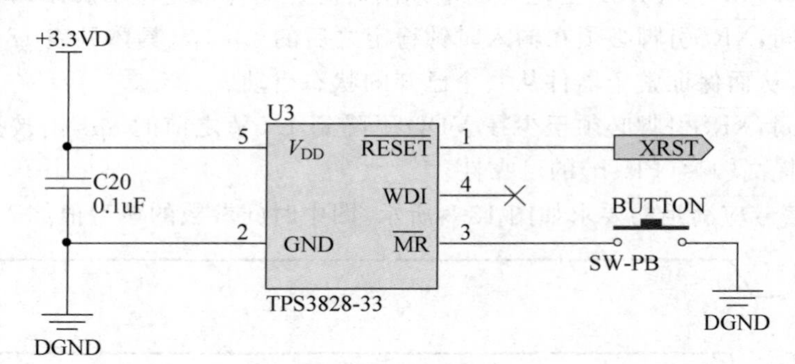

图18-9 复位电路

复位电路工作原理：上电期间，一旦V_{DD}电压超过1.1V，$\overline{RESET}$端将从不确定状态进入低电平状态。之后芯片将持续监测V_{DD}电压，直到V_{DD}电压超过芯片内部设定的阈值电压V_T时，内部定时器开始启动，经过t_d延时后将$\overline{RESET}$重新拉到高电平，完成整个上电复位过程。如果在定时器启动后，V_{DD}电压跌落到阈值电压V_T以下，那么定时器将清零，继续监测V_{DD}电压。当引脚$\overline{MR}$出现低电平时，$\overline{RESET}$引脚将立即变为低电平，这在上电结束后的程序调试阶段非常有用，通过外部按键可直接启动一次复位过程。

18.2.3 时钟电路设计

F2833x的最高工作频率可达150MHz，主要由振荡器和PLL模块共同实现，图18-10给出了系统的时钟通道。

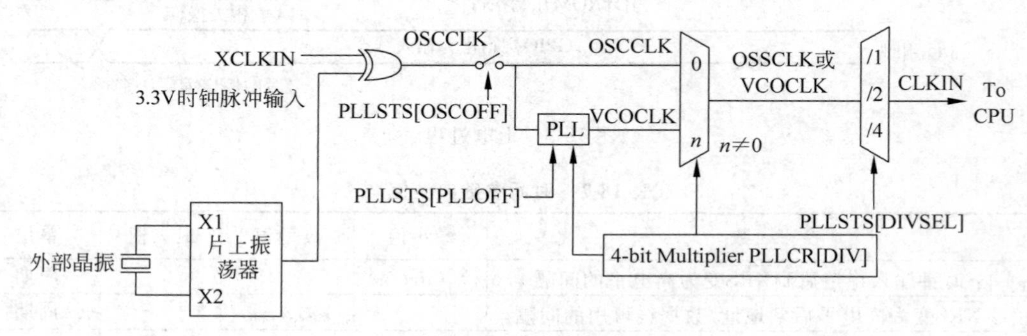

图18-10 时钟通道

F2833x具有一个内置振荡器，当使用内置振荡器时，只需在X1与X2引脚之间外接一个石英晶振，使用较为简单，如图18-11所示，其中，30MHz外部晶振为无源器件；电容典型取值$C_{L1}=C_{L2}=24pF$。

当不使用内置振荡器时，外部振荡器有两种接法：

- 3.3V 的外部振荡时钟可被直接接至 XCLKIN 引脚，X1 引脚接地，X2 引脚应被悬空。这种情况下的逻辑高电平不能超过 V_{DDIO}，如图 18-12 所示。
- 1.9V 的(100MHz 器件时为 1.8V)外部振荡时钟可以直接连接到 X1 引脚，X2 引脚应被悬空，而 XCLKIN 引脚应接地。这种情况下的逻辑高电平不应超过 V_{DD}，如图 18-13 所示。

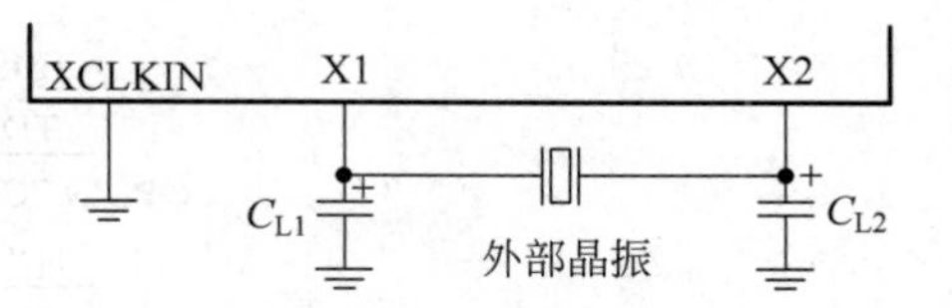

图 18-11　使用内部振荡器

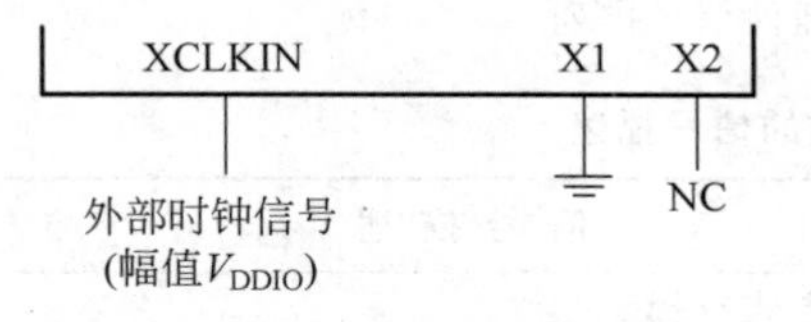

图 18-12　使用 3.3V 的外部振荡器

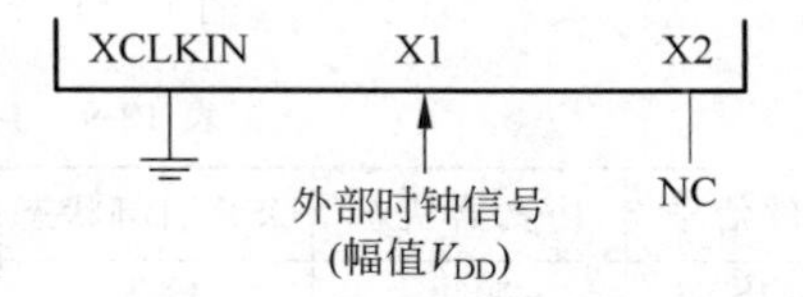

图 18-13　使用 1.9V 的外部振荡器

当使用外部振荡器时，只需将外部振荡电路产生的时钟脉冲输入到相应的引脚即可，外部振荡时钟脉冲通常由有源晶振产生。外部振荡时钟的脉冲频率至少要达到 30MHz，只有满足这个要求，经过 PLL 输出的系统时钟才能达到 150MHz。PLL 模块的 PLLCR[DIV]控制位与 PLLSTS[DIVSEL]控制位共同决定了系统时钟 SYSCLKOUT 的频率，如表 18-8 所示。

表 18-8　PLL 模块配置

PLLCR[DIV]的值	不同配置下 SYSCLKOUT 的输出频率		
	PLLSTS[DIVSEL]=0 或 1	PLLSTS[DIVSEL]=2	PLLSTS[DIVSEL]=3
0000(PLL 被旁路)	OSCLK/4(默认)	OSCLK/2	OSCLK
0001～1010(转换为十进制 k)	(OSCLK×k)/4	(OSCLK×k)/2	保留
1011～1111	保留	保留	保留

注：PLLSTS[DIVSEL]默认情况下为 4 分频，引导 ROM 将这个配置改为 2 分频；写 PLLCR 寄存器前 PLLSTS[DIVSEL]必须为 0；PLLSTS 与 PLLCR 寄存器只有通过$\overline{XRS}$或 Watchdog 复位到默认值，仿真器与时钟丢失检测逻辑的复位信号无效。

系统初始化时，将 PLLCR[DIV]配置为 1010b，PLLSTS[DIVSEL]配置为 2，在振荡时钟为 30MHz 时即可令 SYSCLKOUT=150MHz。

18.2.4　JTAG 接口电路设计

JTAG 是基于 IEEE 1149.1 标准的一种边界扫描测试方式，F2833x 系列 DSP 都集成了 JTAG 控制端口。结合仿真器与仿真软件，利用 JTAG 端口可访问 DSP 内部的所有资源，包括片内寄存器以及所有的存储空间，提供了一个实时在线仿真与调试环境，方便开发人员进行系统的软件调试。

仿真器通过一个 14 脚的标准接插件与 DSP 的 JTAG 端口进行通信，图 18-14 是标准接插件上的信号定义，表 18-9 给出了具体引脚的描述。

信号	引脚	引脚	信号
TMS	1	2	$\overline{\text{TRST}}$
TDI	3	4	无连接
PD(VCC)	5	6	GND
TDO	7	8	GND
TCK_RET	9	10	GND
TCK	11	12	GND
EMU0	13	14	EMU1

Header 7×2

图 18-14 JTAG 标准接插件信号排列

表 18-9 JTAG 接插件上的信号描述

接插件信号	仿真器状态	DSP 引脚状态	信 号 描 述
TMS	输出	输入	JTAG 测试方式选择
TDI	输出	输入	测试数据输入
TDO	输入	输出	测试数据输出
TCK	输出	输入	测试时钟，TCK 是仿真器输出的 10.368MHz 的测试时钟
$\overline{\text{TRST}}$	输出	输入	测试复位
EMU0	输入	输出/输入	仿真引脚 0
EMU1	输入	输出/输入	仿真引脚 1
PD(VCC)	输入	输出	此信号用于指示仿真器的连接状态，必须接到 V_{CC}
TCK_RET	输入	输出	测试时钟返回
GND			地线，与系统 GND 相连

仿真器与 DSP 的 JTAG 测试引脚的可靠连接对整个系统非常重要，当仿真器和 DSP 之间的间距大于 6 英寸时，需要为信号增加缓冲驱动。图 18-15 与图 18-16 分别给出了间距小于 6 英寸和大于 6 英寸时的连接电路，其中，$\overline{\text{XRS}}$脚的下拉电阻典型值可选为 470Ω，其他电阻典型值可选为 10kΩ。

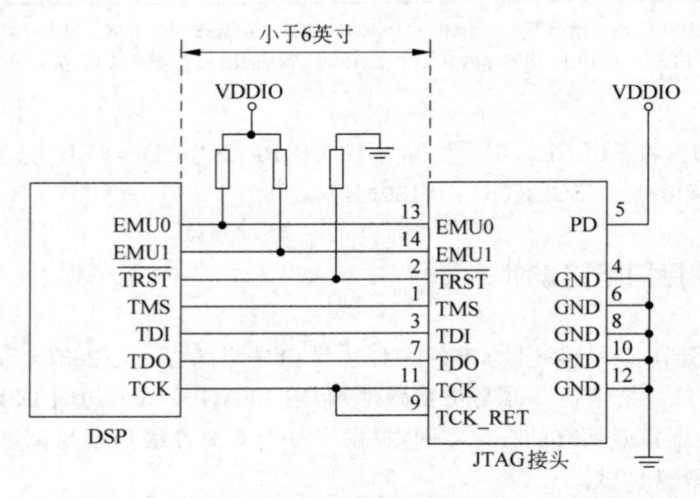

图 18-15 仿真器和 DSP 连接示意图(间距小于 6 英寸)

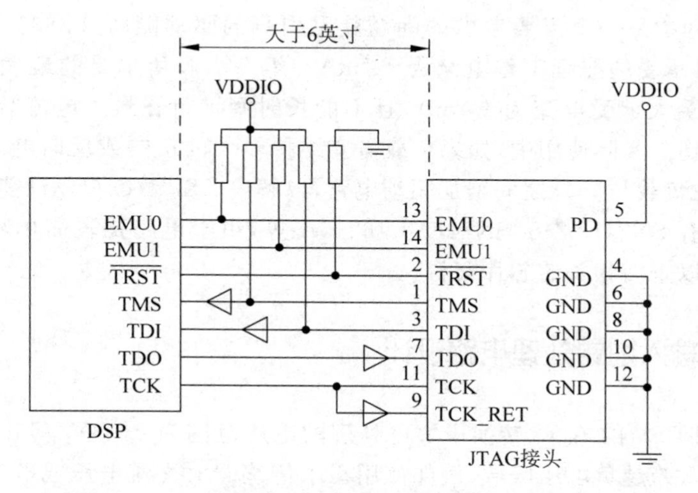

图 18-16 仿真器和 DSP 连接示意图(间距大于 6 英寸)

18.2.5 GPIO电平转换及驱动电路设计

这部分内容其实并不能算在 DSP 的最小系统中,但在实际使用中常常遇到不同电平之间进行数据交换的情况,例如 VME 总线的高电平典型值为 5V,而 DSP 的 I/O 引脚最大承受电压为 4.6V,要实现 DSP 与 VME 总线之间的数据交换,不可避免地要涉及电平转换电路。现今,各大芯片生产商都提出了不同的电平转换解决方案,并量产了一系列的电平转换芯片,用户在使用时只需根据自己系统需求及成本要求选择合适的转换芯片即可。TI 公司也推出了一系列的电平转换芯片,比较有代表性的有 TXB0108、SN74LVC16245A。图 18-17 给出了使用 TXB0108 实现 3.3V 与 5V 之间电平转换的典型电路。

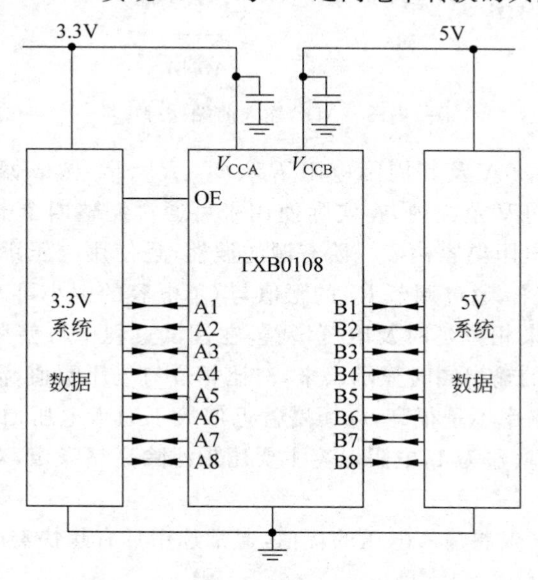

图 18-17 TXB0108 典型应用电路

I/O 使用过程中另一个需要考虑的问题就是引脚的驱动能力，F2833x 系列 DSP 驱动能力较差，引脚可承受的连续工作电流为±2mA。组 2 引脚所承受的最大电流为±8mA，其他 I/O 引脚的最大承受电流为±4mA，且不能长时间维持在最大电流状态，以免对 I/O 内部电路造成损伤。实际使用中，如果负载需要维持较大的正向或反向电流，如 LED 驱动电路等，此时可在负载与 I/O 之间增加驱动电路，以解决 DSP I/O 口驱动能力不足的问题，常用的驱动芯片有 SN74LS245、SN74LVC16245A 等，由于电路比较简单，这里不再给出，有兴趣的读者可以查阅相关的芯片资料。

18.2.6 ADC 输入前端处理电路设计

F2833x 系列 DSP 的 ADC 转换模块可处理的电压范围为 0～3V，但在实际使用中，待测量电压范围常常跨越负电压区域，例如使用霍尔传感器对交流电压或电流采样后的值通常在－2.5～2.5V 之间(电路不同，霍尔传感器输出电压也不同)，此时就不能直接将电压接到 ADC 输入口上，否则将损坏 ADC 采样模块。另外，在实际使用中，待测电压通常夹杂着高频噪声信号，为防止尖峰电压损坏 ADC 采样模块，同时为得到较为纯净的输入信号，需要对信号进行滤波处理。利用运算放大器可实现以上功能，如图 18-18 所示。

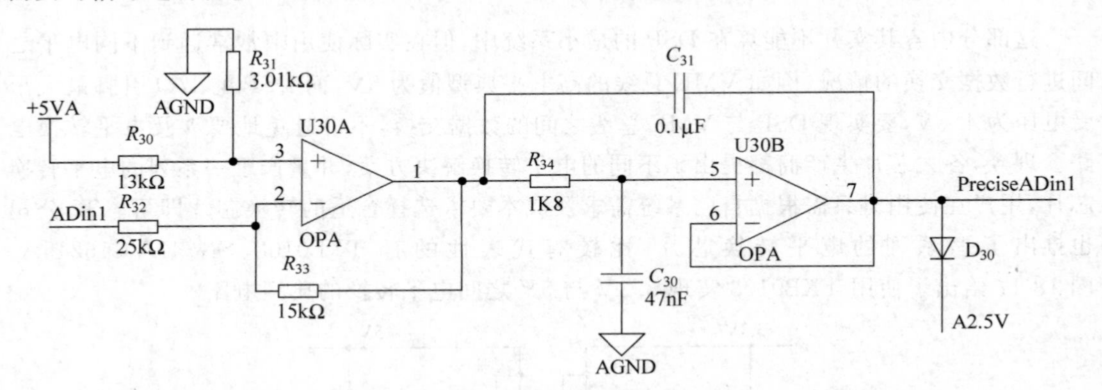

图 18-18 ADC 输入前端处理电路

图中运算放大器 U30A 及其周围电阻 R_{30}、R_{31}、R_{32}、R_{33} 构成偏置电路，可将－2.5～2.5V 的电压偏置到 0～3V 范围内，在实际使用中可通过调整四个电阻的阻值来改变偏置范围。U30B 及其周围电阻电容构成一阶有源滤波器，且使用电压跟随式输出，使前端电压与采样点很好地隔离开来，通过调节 R_{34} 的阻值与 C_{30} 电容的大小可改变截止频率。但需要注意的是，滤波器会带来相位延时及电压增益，在调试过程中可使用双通道示波器将运放 U30A 的输出与 U30B 的输出同时显示出来，对比相位与电压幅值，满足系统要求即可。一般情况下，电压基波的频率不是很高，电压增益近似等于通带电压增益，而电压跟随式一阶有源滤波器的通带电压增益为 1，电阻电容主要用来滤除高频噪声，对基波电压的相位影响基本可以忽略。

图 18-18 中 D_{30} 用来限制输入电压的幅值，通常选用具有超快响应速度的瞬态抑制二极管，即通常所说的 TVS 管。

18.2.7 XINTF接口与FPGA的通信设计

F2833x系列CPU具有很高的时钟频率,最短指令周期为6.67ns,并且内置FPU浮点处理单元,易于实现各种复杂的控制算法。但正如大多数控制器一样,其CPU采用串行的数据处理机制,在对数据量大、速度要求高、高实时性和高可靠性的底层信号进行处理时并无优势可言,如高性能图像处理、多电机控制系统。可编程逻辑器件是一种可以由用户定义和设置逻辑功能的数字集成电路,目前广泛使用的主要有CPLD和FPGA两种。CPLD与FPGA的制作工艺有很大的差别,但开发流程上却基本相似,用户可根据系统特点进行选择。由于采用并行的数据处理机制,可编程逻辑器件在高速大规模数据处理方面有着无可替代的优势,随着工艺水平与开发工具的不断完善,其在数字系统中扮演的角色也从逻辑胶合者提升到核心器件。

目前,比较主流的实时控制平台都将DSP与FPGA集成在一块电路板上,两者通过并行或串行接口进行通信,DSP主要用来实现复杂的控制算法,而FPGA则用来处理底层的逻辑转换。F2833x的XINTF模块具有很强的数据收发能力,通常将其作为与FPGA的通信接口。为配合XINTF收发,FPGA内部需要编写控制逻辑,例18-1给出了使用Verilog HDL编写的控制逻辑,现对程序进行如下说明:

- XINTF使用16位地址线及16位数据总线,访问区间为区域7。
- FPGA通过接收XINTF的数据来控制DAC LTC2624。
- FPGA内部使用普通逻辑资源实现了8个16位的寄存器,XINTF可对其进行读/写操作(这里仅仅是为了向读者展示FPGA的控制逻辑,实际使用中可使用FPGA内部的大规模集成RAM块)。
- DSP发起读/写访问时,要参照下面给出程序中定义的地址。
- 以下程序既可用于FPGA也可用于CPLD,无特殊区别。

```
module F28335_XINTF_RW_Logic(
    XZCS7_n, XRD_n, XWE0_n, XRW, XA, XD, //F28335 读/写控制信号及地址与数据总线
    //LTC2624
    FPGA_LTC2624_A, FPGA_LTC2624_B, FPGA_LTC2624_C, FPGA_LTC2624_D,
    //在 FPGA 内部定义 8 个 16bit 的寄存器
    FPGA_MEMORY1_Recv, FPGA_MEMORY2_Recv, FPGA_MEMORY3_Recv, FPGA_
MEMORY4_Recv,
    FPGA_MEMORY5_Recv, FPGA_MEMORY6_Recv, FPGA_MEMORY7_Recv, FPGA_
MEMORY8_Recv,
                            );
//----端口声明---------------------------------
input XZCS7_n, XRD_n, XWE0_n, XRW;
input[15:0] XA;
inout[15:0] XD;
output[15:0] FPGA_LTC2624_A, FPGA_LTC2624_B, FPGA_LTC2624_C, FPGA_LTC2624_D,
   reg[15:0] FPGA_LTC2624_A, FPGA_LTC2624_B, FPGA_LTC2624_C, FPGA_LTC2624_D,
output[15:0] FPGA_MEMORY1_Recv, FPGA_MEMORY2_Recv, FPGA_MEMORY3_Recv,
FPGA_MEMORY4_Recv,
```

```
        FPGA_MEMORY5_Recv, FPGA_MEMORY6_Recv, FPGA_MEMORY7_Recv, FPGA_MEMORY8_Recv,
    reg[15:0] FPGA_MEMORY1_Recv, FPGA_MEMORY2_Recv, FPGA_MEMORY3_Recv, FPGA_MEMORY4_Recv,
        FPGA_MEMORY5_Recv, FPGA_MEMORY6_Recv, FPGA_MEMORY7_Recv, FPGA_MEMORY8_Recv,
input[15:0] FPGA_MEMORY1_Send, FPGA_MEMORY2_Send, FPGA_MEMORY3_Send, FPGA_MEMORY4_Send,
        FPGA_MEMORY5_Send, FPGA_MEMORY6_Send, FPGA_MEMORY7_Send, FPGA_MEMORY8_Send,
//----为 FPGA 上的设备定义在 XINTF 总线上的地址-----------------------
parameter
  FPGA_LTC2624_A_ADDR = 16'h001D,//
  FPGA_LTC2624_B_ADDR = 16'h001E,
  FPGA_LTC2624_C_ADDR = 16'h002F,
  FPGA_LTC2624_D_ADDR = 16'h0020,
  FPGA_MEMORY1_ADDR =16'h0100,
  FPGA_MEMORY2_ADDR =16'h0101,
  FPGA_MEMORY3_ADDR =16'h0102,
  FPGA_MEMORY4_ADDR =16'h0103,
  FPGA_MEMORY5_ADDR =16'h0104,
  FPGA_MEMORY6_ADDR =16'h0105,
  FPGA_MEMORY7_ADDR =16'h0106,
  FPGA_MEMORY8_ADDR =16'h0107,
//---------------------------------------------------------
wire[15:0] XD_in;
assign XD_in = XD;
reg[15:0] XD_out=0;
wire XD_dir;
assign XD_dir = XRW;
assign XD = (XD_dir==1'b1)? XD_out : 16'hzzzz;      //XD_dir=1: output; XD_dir=0: input;
//----XINTF 从 FPGA 中读取数据---------------------------------
always@(negedge XRD_n)
begin
if(!XZCS7_n)
  begin
    case(XA)
  FPGA_LTC2624_A_ADDR: begin XD_out<=16'h0000 ; end
  FPGA_LTC2624_B_ADDR: begin XD_out<=16'h0000 ; end
  FPGA_LTC2624_C_ADDR: begin XD_out<=16'h0000 ; end
  FPGA_LTC2624_D_ADDR: begin XD_out<=16'h0000 ; end
  FPGA_MEMORY1_ADDR: begin XD_out<=FPGA_MEMORY1_Send ; end
  FPGA_MEMORY2_ADDR: begin XD_out<=FPGA_MEMORY2_Send ; end
  FPGA_MEMORY3_ADDR: begin XD_out<=FPGA_MEMORY3_Send ; end
  FPGA_MEMORY4_ADDR: begin XD_out<=FPGA_MEMORY4_Send ; end
  FPGA_MEMORY5_ADDR: begin XD_out<=FPGA_MEMORY5_Send ; end
  FPGA_MEMORY6_ADDR: begin XD_out<=FPGA_MEMORY6_Send ; end
  FPGA_MEMORY7_ADDR: begin XD_out<=FPGA_MEMORY7_Send ; end
```

```
    FPGA_MEMORY8_ADDR: begin XD_out<=FPGA_MEMORY8_Send ; end
    default: begin end
        endcase
    end
  end
  //----XINTF 向 FPGA 写入数据-----------------------------------
  always@(posedge XWE0_n)
  begin
  if(!XZCS7_n)
    begin
      case(XA)
    FPGA_LTC2624_A_ADDR: begin FPGA_LTC2624_A<=XD_in; end
    FPGA_LTC2624_B_ADDR: begin FPGA_LTC2624_B<=XD_in; end
    FPGA_LTC2624_C_ADDR: begin FPGA_LTC2624_C<=XD_in; end
    FPGA_LTC2624_D_ADDR: begin FPGA_LTC2624_D<=XD_in; end
    FPGA_MEMORY1_ADDR: begin FPGA_MEMORY1_Recv <=XD_in; end
    FPGA_MEMORY2_ADDR: begin FPGA_MEMORY2_Recv <=XD_in; end
    FPGA_MEMORY3_ADDR: begin FPGA_MEMORY3_Recv <=XD_in; end
    FPGA_MEMORY4_ADDR: begin FPGA_MEMORY4_Recv <=XD_in; end
    FPGA_MEMORY5_ADDR: begin FPGA_MEMORY5_Recv <=XD_in; end
    FPGA_MEMORY6_ADDR: begin FPGA_MEMORY6_Recv <=XD_in; end
    FPGA_MEMORY7_ADDR: begin FPGA_MEMORY7_Recv <=XD_in; end
    FPGA_MEMORY8_ADDR: begin FPGA_MEMORY8_Recv <=XD_in; end
    default: begin end
        endcase
    end
  end
  endmodule
  //====End of file=======================
```

18.3 PCB 布局布线及 EMI 抑制措施

随着高速 DSP 系统的板级设计越来越复杂，对于系统开发人员来说，系统易于检测和调试的特点是非常重要的。另外，由于系统较为复杂，如何降低噪声干扰、提高板子的电磁兼容性也是需要考虑的重要问题。

18.3.1 PCB 设计原则

大多数初学者在设计 PCB 时首先想到的是采用几层板，因为板子的层数不同，价格通常也相差很大，同时信号走线与布局的复杂度也不同。除此之外，还有一些需要注意的问题。

1）板子层数

这里所指的板子层数主要针对信号层而言，对于简单的且对成本控制比较严格的场合可使用单层板或双层板。当板上器件较多，信号与电源走线较为复杂，且对电磁兼容性要求比较高的场合可使用多层板。现在普遍使用的一种设计方法是在普通双层板中内嵌两层铜膜，这两层铜膜分别用来布置系统的电源与地，即通常所说的“四层板”，这里所指的“四层板”其实包括两个信号层、一个电源层及一个地层。

2）信号探测点

为了方便测试，需要在重要的信号线上安放信号探测点，借助于示波器或逻辑分析仪可以监测该探测点处的信号是否符合要求。探测点必须放置在需要经常监测的信号线上，比如电源和地，这样可方便地观察电源质量和信号的完整性。

3）子系统的独立性

对于比较复杂的系统，如果能将其分割成几个比较简单且相互独立的子系统，将会非常有利于调试，因为简单独立的子系统比复杂系统更容易发现问题。最理想的情况是把整个系统分成若干个相互独立的子系统，这些子系统可以独立工作和调试。如调试 SCI 模块时不用考虑 XINTF 模块，或调试 XINTF 时无须考虑 SCI 的收发状态。当系统中存在多个主控芯片时，最好每个芯片的调试都不影响其他芯片工作。

4）跳线或拨码开关

F28335 可以使用不同的 Boot 引导方式，虽然一个系统只需要使用一个特定的引导方式，但是为不同引导方式预留设置方法会使调试更加便利。这些都可通过跳线或拨码开关实现。

18.3.2 EMI 抑制措施

在电子系统设计中，电磁干扰(EMI)是不得不考虑的危害之一，而且这种危害具有一定的隐蔽性，检测比较困难，所以通常考虑从源头上限制电磁干扰信号的产生。以下给出了电子系统中最为常见的三种干扰源，并给出了具体解决办法。

1）供电电源

当负载突变时会导致电源线中产生电流尖峰，电流尖峰对电源线上的其他器件会产生较为强烈的电磁干扰。例如，F28335 DSP 的 ePWM 模块输出的脉宽调制信号经驱动芯片 SN74LVC16245A 驱动光电转换器件，而 SN74LVC16245A 与 DSP 使用同一个 3.3V 电源电压，当 PWM 为高电平时，SN74LVC16245A 将会吸收较大的电流，从而在 3.3V 电源线上产生电流尖峰，此电流尖峰可能会对电源线上的 DSP 造成电磁干扰。

以上问题的典型解决办法是在 DSP 的供电引脚上添加 100nF 的旁路电容。另外，通常在供电电源线上放置磁珠，将尖峰电流转化成热量散发掉，磁珠应该靠近需要保护的 IC 芯片，如图 18-19 所示。

2）高频信号线

高频信号线，如 SPI 模块的 SPICLK 信号，通常结束于另一个 IC 器件的输入引脚。通常 COMS 器件的输入引脚等效为一个 100kΩ 的电阻和 10pF 的电容并联连接的负载，高频信号线对此负载频繁地充放电同样可产生尖峰电流，此时带有尖峰电流的高频信号线将发射电磁波。

针对上述问题，最简单的解决办法就是使高频信号线在板上的距离尽可能短，这样做的目的相当于缩短电磁波的发射天线，从而减少电磁波的发射。另一个办法是在高频信号线中串联约 50Ω 的电阻，限制尖峰电流的产生，实践证明这个电阻对信号线传输速率的影响可忽略不计，但却可大大减小尖峰电流。

3）时钟振荡器

通常数字系统中持续的高频信号都发生在时钟振荡电路，高频时钟信号的电磁兼容措施可参照高频信号线的解决办法。但当使用外部无源晶振连接到外部时钟振荡器时，需要外接合适的电容，从而形成高频回路 C_s-X-C_s，如图 18-19 所示。

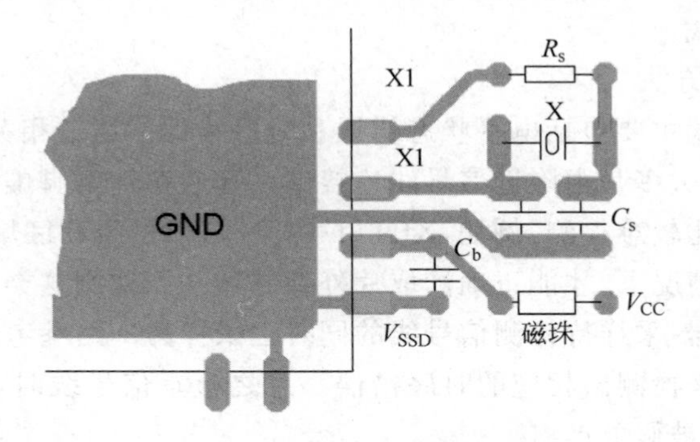

图 18-19 EMI 抑制措施

F28335 最小系统信号走线较多，尤其当与 FPGA 配合时，需要在一块电路板上集成的信号线更加密集，通常使用四层板工艺。下面将结合图 18-20 说明四层板电源层与地层设计时应注意的几个问题：

(1) 应注意连接到电源层上的通孔的孔径大小，因为它们将直接破坏电源层的完整性。

(2) 电源层中不应当有埋藏的走线，如图 18-20 中的 A 所示，当使用埋藏走线时，应将其靠近板子的四周，如图 18-20 中的 B 所示。

(3) 不应当有如图 18-20 中的 C 所示的大切口，最好将其转成如图 18-20 中的 D 所示的一排通孔。

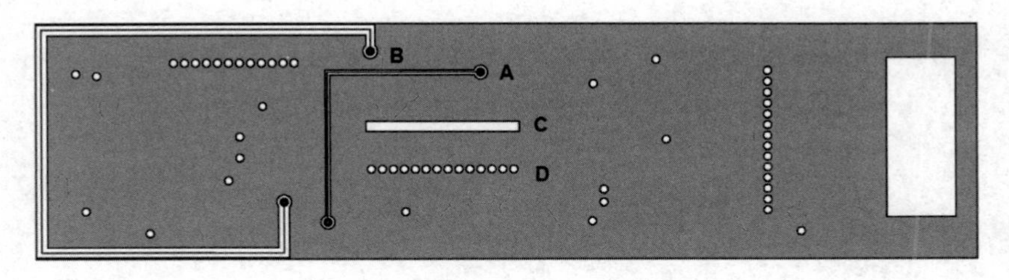

图 18-20 电源层或地层

18.3.3 硬件调试方法

通常测试工作是比较复杂的，需要使用各种方法和各种仪器查找已出现问题的原因，同时还要对潜在的缺陷给出补救方法。下面介绍常用的一些调试方法。

1）系统电源与复位信号的检测

设计任何一个硬件系统，首要任务是保证系统电源和复位信号的正确性。电源信号存在的问题主要包括短路故障、输出电压过大或过小、电压纹波干扰。在系统上电前，可使用万用表测量电源和地是否短接，如果发生短接则可能是焊接时相邻的电源与地引脚连接到一起，或者电源芯片损坏。当出现电压过大与过小时，应仔细检查反馈电阻阻值是否正确，尤其当电源电压过小时，应检查负载是否过大，芯片输出电流是否满足要求。在电路板的布局布线中如果没有处理好地线，将会给电源和地带来很大的纹波干扰，使用示波器可快速查找出此类问题。

对 DSP 的复位信号，主要检测其边沿跳变是否满足要求以及信号的纯净度，这些问题通过示波器可快速查找。

2）信号线的检测方法

通常信号线的错误主要包括电平状态错误和时序错误。通过相关仪器可迅速检测出电平状态错误，这类错误大多是由附近信号线连接到一起或芯片引脚虚焊导致的。

信号的时序错误比较难检测，例如，XINTF 的读/写信号线和区域片选信号线只有在满足一定的时序要求的情况下，才能正确读取片外存储器。当检测这类信号线的时序问题时，通常使用多通道示波器，采样待检测信号线的同时也采样另一路参考信号线，通过与技术文档中的标准时序对比来检测出相应的时序错误。总之检查信号线时，一定要采用同步信号对比检测法，否则容易被假象迷惑。

参考文献

[1] TMS320F2833x/F28334/F28332/F28235/F28234/F28232 Digital Signal Controller (Rev. M) Datasheet. Texas Instruments, 2012,8.

[2] Programming TMS320xF2833xx and F2833xxx Peripherals in C/C++ Application Note. Texas Instruments, 2012,2.

[3] Hardware Design Guidelines for TMS320F2833xx and TMS320F2833xxx DSCs Application Note. Texas Instruments, 2011,8.

[4] TMS320F2833x FPU Primer Application Note. Texas Instruments, 2010,9.

[5] Common Object File Format (COFF) Application Note. Texas Instruments, 2009,4.

[6] TMS320280x and TMS320F2801x ADC Calibration Application Note. Texas Instruments, 2007,3.

[7] TMS320F2833x Optimizing C/C++ Compiler v6.1 User's Guide. Texas Instruments, 2012,6.

[8] TMS320F2833x Assembly Language Tools v6.1 User's Guide. Texas Instruments, 2012,6.

[9] TMS320xF2833x, 2823x Direct Memory Access (DMA) Reference Guide. Texas Instruments, 2011,4.

[10] TMS320xF2833xx, F2833xxx DSP Peripherals Reference Guide. Texas Instruments, 2011,4.

[11] TMS320xF2833x, 2823x System Control and Interrupts Reference Guide. Texas Instruments, 2010,3.

[12] TMS320xF2833x, 2823x External Interface (XINTF) Reference Guide. Texas Instruments, 2010,1.

[13] TMS320F2833x, 2823x Serial Communications Interface (SCI) Reference Guide. Texas Instruments, 2009,7.

[14] TMS320xF2833x, 2823x Enhanced Pulse Width Modulator (ePWM) Reference Guide. Texas Instruments, 2009,7.

[15] TMS320xF2833x, 2823x DSC Serial Peripheral Interface (SPI) Reference Guide. Texas Instruments, 2009,6.

[16] TMS320xF2833x, 2823x Enhanced Capture [ECAP] Module Reference Guide. Texas Instruments, 2009,6.

[17] TMS320F2833x DSP CPU and Instruction Set Reference Guide. Texas Instruments, 2009,2.

[18] TMS320F2833x Floating Point Unit and Instruction Set Reference Guide. Texas Instruments, 2008,8.

[19] TMS320xF2833x, 2823x Boot ROM Reference Guide. Texas Instruments, 2008,7.

[20] TMS320xF2833x, 2823x Enhanced Quadrature Encoder Pulse Module Reference Guide. Texas Instruments, 2008,12.

[21] TMS320xF2833x, 2823x Analog-to-Digital Converter (ADC) Module Reference Guide. Texas Instruments, 2007,10.

[22] Using the TMS320C2000 DMC to Build Control Systems User Guide. Texas Instruments, 2011,1.

[23] EEPW 网站,牛人业话栏目. http://www.eepw.com.cn/news/articlelist/type/39.

图书资源支持

感谢您一直以来对清华版图书的支持和爱护。为了配合本书的使用，本书提供配套的素材，有需求的用户请到清华大学出版社主页(http://www.tup.com.cn)上查询和下载，也可以拨打电话或发送电子邮件咨询。

如果您在使用本书的过程中遇到了什么问题，或者有相关图书出版计划，也请您发邮件告诉我们，以便我们更好地为您服务。

我们的联系方式：

地　　址：北京海淀区双清路学研大厦 A 座 707

邮　　编：100084

电　　话：010－62770175－4604

资源下载：http://www.tup.com.cn

电子邮件：weijj@tup.tsinghua.edu.cn

QQ：883604(请写明您的单位和姓名)

扫一扫

资源下载、样书申请

新书推荐、技术交流

用微信扫一扫右边的二维码，即可关注清华大学出版社公众号“书圈”。